JN446328

Analysis of Mechanical Drafting and Drawing

알기 쉬운

기계제도 도면해석

이국환 · 고병갑 · 박종남 · 양진호
이양창 · 이태근 · 김영상 공저

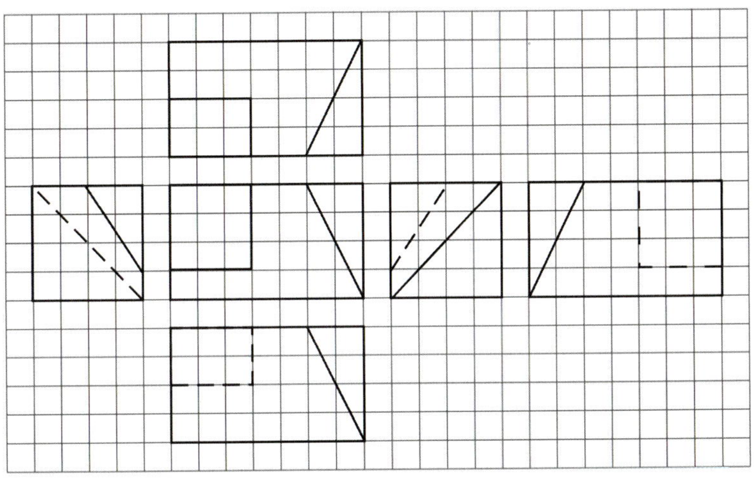

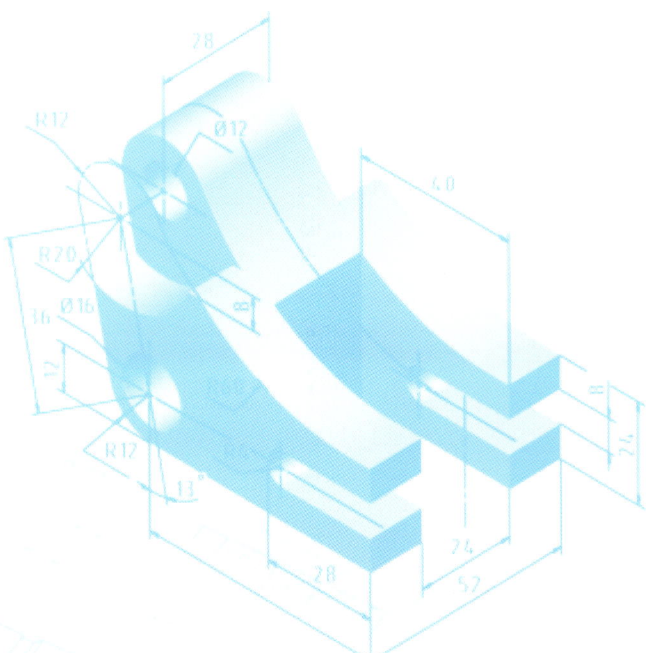

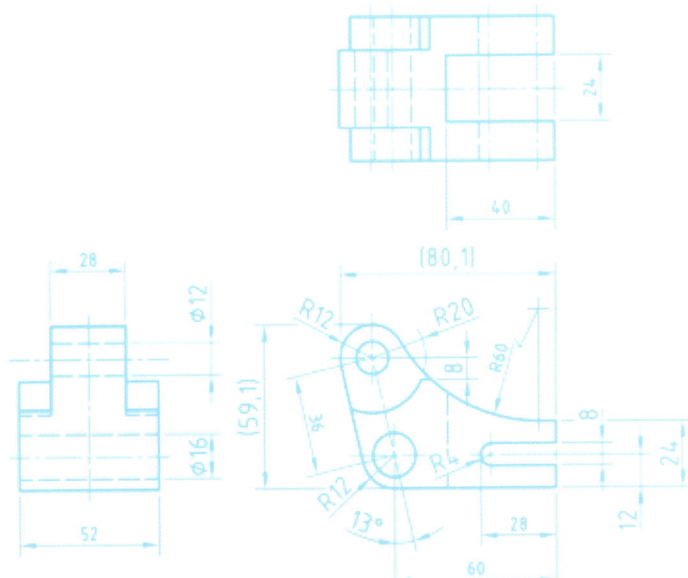

JINSAEM 진샘미디어

PREFACE

어떤 기계나 시스템, 구조물 등을 제작하려고 하면 먼저 세밀히 검토하여 최종 목적에 알맞은 확실하고 정확한 제작기획을 세워야 한다. 따라서 이 계획을 실제로 통합하는 기술을 설계(Design)라고 한다.

도면(Drawing)이란 기계와 제품, 시스템과 부품, 구조물의 모양, 크기, 위치, 정밀도, 가공 방법, 재질 등을 미리 약속된 규정에 따라 투상, 선, 문자, 기호 등을 사용해서 용지에 그려진 것을 말한다. 이와 같이 2차원의 용지(제도지)에 3차원의 기계를 도형 및 기호로 표시하여 도면으로 나타내는 것을 기계제도(Mechanical drawing)라 하며, 도면의 작성과 제도(도면의 제작, 작도)는 알기 쉽고, 정확하며, 빠르게 전달되도록 제도되어 있어야 한다.

왜냐하면 설계에서 부터 생산, 가공·제작, 설치, 사용에 이르기까지 필요한 기술적인 내용이 모두 포함된 정보가 도면이기에 나라마다 산업 분야에 있어 개발자, 설계자를 비롯한 현장 실무자들에게는 유일한 의사소통 수단이기 때문이다.

4차 산업혁명 시대에 있어 과학기술의 발달로 첨단기술이 적용된 기계, 제품이나 시스템을 개발하는 데 있어 기본이자 필수적인 분야가 바로 기계기술 분야이다. 또한 기계기술 분야의 설계에 있어 가장 기본이 되는 것은 설계 도면(Drawing)이다. 이러한 도면은 기계, 제품이나 시스템을 만들기 위해 기본적이며 필수적으로 사용되는 도식적 언어이다. 그러므로 기계부품이나 제품을 설계하고 제작하려면 가장 먼저 도면을 이해하고 해석해야만 한다.

기계도면을 이해하고 해석한다는 것은 설계자가 완성한 설계도면을 통하여 의도하고자 하는 형상, 구조, 상세부와 전체적인 조립상태(조립도) 등을 비롯한 동작 메커니즘을 정확히 이해하고 파악해야만, 가공하고 제작하고자 하는 부품과 제품에 잘 반영할 수가 있으며 따라서 최종으로 좋은 성능과 품질을 갖춘 제품이 만들어 지는 것이기 때문이다.

이러한 도면을 이해하고 해석하는 훈련은 도면을 그리기 전에 도면이 그려지는 규칙을 잘 파악한 후 설계를 하고 또 설계 후 가공·제작되어져 나온 실제 제품과의 비교를 통한 도면의 수정 및 보완 등 반복적이며 꾸준한 실무적 경험 습득으로부터 나온다는 사실이다.

산업 현장에서 전문적이고 능력있는 엔지니어(기술자)가 되기 위해서는 도면을 올바르게 읽을 수 있는 능력을 갖춘다는 것은 매우 중요하다. 즉, 자기만의 자질이며 역량인 것이다.

도면을 올바르게 읽을 수 있는 능력이 없거나 잘못 읽는다면 결과적으로 나오는 제품은 당연히 불량품에 지나지 않는다.

따라서 경영, 개발과 설계, 제품 기획, 제품 디자인, 생산 설비의 설계, 가공 공정과 제작, 생산 및 품질 관리, 제품 구매 및 판매 영업 등의 전반적 업무에 이르기 까지 관련된 실무자들은 하나의 도면에 대하여 똑같은 내용으로 정확하게 이해하는 능력을 갖추어야만 좋은 성능과 품질의 제품으로 고객들에게 감동을 줄 수가 있다.

빠르고 정확하게 도면을 읽고 해석하는 비결은 투상법에 의한 2차원(평면적)과 3차원(입체적)으로 기계나 구조물의 모양, 크기, 자세, 위치, 면의 표면, 재료, 가공 방법 등의 파악은 물론 관련된 도면 정보를 이해하는 종합적인 능력을 기르는 것이다. 이러한 능력을 기르기 위해서는 정해진 제도규격을 익히고 스스로 도면을 설계하고, 제도하며, 더 나아가 응용 설계를 할 수 있는 능력을 향상시키는 것이 가장 좋은 방법이겠지만 한정된 교육환경의 현실로는 참 어려운 일이다.

그래서 효율적인 학습과 더불어 꾸준하고 반복적인 연습과 훈련이 필요한 것이다.

도면해석이란, 다음과 같이 요약할 수 있다.

1. **도면을 읽고, 그 의미를 2차원, 3차원으로 이해해야 한다.**
2. **머릿속에 물체의 모양과 자세를 입체적으로 떠올리는 공간지각 능력의 학습과 배양이다.**
3. **도면을 읽어내는 능력을 향상하는 방법은 입체적 도형(등각 투상, 등각도)으로 그리는 연습이 반드시 필요하며, 이를 제3각법에 의한 투상으로 표현하는 꾸준한 연습과 적용으로 응용력을 키우는 것이다.**

본 저서인 '알기 쉬운 기계제도 도면해석'은

새로 개정된 KS 및 ISO 규격을 인용한 설명과 자료를 제시함으로써 급변하는 첨단 과학기술을 기반으로 하는 대변환의 산업사회에 있어 기계기술이 적용되며 또한 연계된 산업 분야로의 진출과 적응에 진정으로 도움을 주고자 하였다.

정확하고 바르게 도면을 읽는 능력을 키워서 산업사회에서 빠르게 적응하고 능력을 발휘할 수 있도록 하는데 초점을 맞추기 위해 저술된 '알기 쉬운 기계제도 도면해석'의 특징은 다음과 같다.

첫째로, 도면을 읽는 순서대로 단원을 세분화하여 체계적으로 학습을 할 수 있도록 하고, **단원마다 다양한 연습문제(과제)와 도면을 제시하여 흥미를 유도**함으로써 학습 효과를 높이고자 하였다.

둘째로, 각 단원에서는 **최신 KS 및 ISO 규격을 기준으로 관계지식과 다양한 실무수행을 위한 기본지식을 미리 학습하도록 제시**하고 도면의 난이도별 배치로 학습 성취도에 따라 학습 진도를 스스로 결정하도록 하였다.

셋째로, 기계나 구조물의 조립도면은 물론 조립품으로 구성되는 **각 부품의 기능을 이해하여 관련 자료를 데이터 북 등에서 정확하게 인용할 수 있도록 하여**, 도면을 보는 사람을 위한 학습은 물론 예비 설계 기술자의 학습에도 도움을 주도록 노력하였다.

넷째로, **기계도면을 중심으로 기계, 금형, 디자인, 건축, 전기 · 전자, 반도체, 토목, 설비 · 시공 · 건설 등 도면이 필요한 모든 산업분야에서도 활용할 수 있도록, 기본 도면을 연습하고 이해하기 쉽게 풀이하였다. 또한 도면의 이해와 활용할 수 있는 사고력을 증진시키도록 하였다.**

다섯째로, **본 저서에 포함되는 모든 예시(사례) 도면을 비롯한 연습문제 등의 도면은, 도면해석에 있어 도면에 대해 정확하고 상세한 설명(해설)을 하기 위해 또한 알기 쉽게 이해하도록, 저자들이 그린 도면들로 그 독창성과 차별성은 아주 뛰어나다고 자부한다.**

저자들의 오랫동안의 다양한 산업현장 실무 경험과 능력을 기반으로 또한 대학에서의 교육 경험을 반영하여 저술한 본 저서가 기계기술 분야와 관련 분야에서 산업발전에 기여하는 모든 분들에게 진심으로 많은 도움을 주었으면 하는 바람을 가진다.

또한 실무에 적용하고 응용하여 새로운 가치를 창출하는데 좋은 설계 지침서가 되어지길 바라는 바이다.

끝으로 이 책을 출간하는 데 수고를 해 주신 진샘미디어의 사장님, 이사님을 비롯한 편집부 관계자들에게 감사를 드린다.

2022년 12월

저자 일동

CONTENTS

PART 1
기계도면의 기본

CHAPTER 01 | 도면의 표준규격

CHAPTER 02 | 투상법의 원리

CHAPTER 03 | 여러 가지 투상도

CHAPTER 04 | 여러 가지 단면도

CONTENTS

CHAPTER 05 | 크기 · 위치 · 자세치수

CHAPTER 06 | 표면 거칠기와 결 기호

CHAPTER 07 | 보통 · 치수 허용차, 끼워 맞춤공차 기호

CONTENTS

PART 2
기계요소 도면의 이해

CHAPTER 01 | 체결용 부품

CHAPTER 02 | 회전체 고정용

CONTENTS

CHAPTER 03 | 축과 축 이음

CHAPTER 04 | 베어링

CONTENTS

CHAPTER 05 | 전동용 부품

CHAPTER 06 | 기어(Gears)

CHAPTER 07 | 스프링 · 래칫 휠 · 캠

CONTENTS

PART

1

기계도면의 기본

CHAPTER

01 도면의 표준규격

1.1 표준규격

도면(drawing)에 따라 설계 작업을 할 때, 설계자가 직접 설명하지 않더라도 의문을 일으킴이 없이 설계자의 의도를 정확히 이해하려면 도면을 그리는데 일정한 규격이 필요하다. 이것이 곧 설계 및 제도에 있어 필수적인 도면의 표준규격이다. 또 일정한 표준규격에 맞게 제품을 생산하면 생산을 능률화할 수 있고, 제품의 균일화와 품질의 향상, 제품 상호간의 호환성 등이 확보된다.

따라서 나라마다 환경과 특성에 알맞은 공업표준규격이 제정되어 있으며 각국의 공업규격을 보면 표 1-1과 같다.

[표 1-1] 각국의 공업규격

나라명	규격기호	제정년도
한국 공업규격	KS[Korean (Industrial) Standards]	1966
영국 공업규격	BS[British Standards]	1901
독일 공업규격	DIN[Deutsche Industrie Normen]	1917
미국 공업규격	ANSI[American National Standards Institute]	1918
스위스 공업규격	VSM[Normen des Vereins Schweizerischer Machinenin-dustrieller]	1918
일본 공업규격	JES-JIS[Japanese Industrial Standards]	1921(1952)
국제표준화기구	ISA-ISO[International Organization for Standardization]	1928(1947)

한편 우리나라는 일반공업에 적용되는 공통적이고 기본적인 제도통칙이 1966년에 KS A 0005로 제정되었으며, 기계제도도 KS B 0001로 1967년에 제정, 공포되었다. KS규격에서 규정한 분야별 분류 및 기계부문별 분류를 보면 다음 표 1-2와 1-3과 같다.

[표 1-2] KS 규격에 의한 부문별 분류

분 류 기 호	KS A	KS B	KS C	KS D	KS E	KS F	KS G	KS H	KS K	KS L	KS M
부 문	기본	기계	전기	금속	광산	토건	일용품	식료품	섬유	요업	화학

[표 1-3] KS 규격에 의한 기계부문의 분류

KS 규격번호	분 류
B 0001 ~ 0905	기계기본
B 1001 ~ 2809	기계요소
B 3001 ~ 4000	공구
B 4001 ~ 4920	공작기계
B 5201 ~ 5361	측정계산용 기계기구, 물리기계
B 6003 ~ 6831	일반기계
B 7001 ~ 7916	산업기계, 농업기계
B 8101 ~ 8161	철도용품

1.2 도면의 크기와 양식

KS A 0106(ISO 5457)에서는 도면의 크기 및 양식에 대하여 규정하고, KS M ISO 216의 종이 재단치수를 A열과 B열로 나누어 규정한 것 중에서 A열을 도면크기로 사용하도록 하고 있다.

1 도면의 크기

제도용지로 사용하는 백지, 인쇄(프린팅 및 플로팅 포함)용지, 복사용지 등을 대상물의 크기와 복잡성을 고려하여 자세하고 명확한 제도가 가능할 때 불필요한 여백이 생기지 않는 범위 내에서 도면크기가 결정되어 있다.

(1) 용지를 재단하거나 재단하지 않을 때 **표 1-4**와 **그림 1-1**에서 권장하는 크기와 제도영역을 마련하여 사용하고 있다.

[표 1-4] A열 도면크기와 제도영역 윤곽 치수 단위 : mm

구분 / 크기 / 공차 / 호칭기호	재단할 경우		제도영역(윤곽 치수)		재단하지 않을 경우	
	a1	b1	a2	b2	a3	b3
	(주)		±0.5		±2	
A0	841	1189	**821**	**1159**	880	1230
A1	594	841	**574**	**811**	625	880
A2	420	594	**400**	**564**	450	450
A3	297	420	**277**	**390**	330	330
A4	210	297	**180**	**277**	240	330

[주] KS M ISO 216에서 정한 공차는 150㎜ 이하는 ±1.5㎜, 150㎜ 초과 600㎜ 이하는 ±2㎜, 600㎜ 이상은 ±3㎜이다.
[비고] A0보다 큰 크기를 사용할 때에는 KS M ISO 216에서 정한 규정[4 A0(1682×2378), 2 A0(1189×1682)]에 따른다.

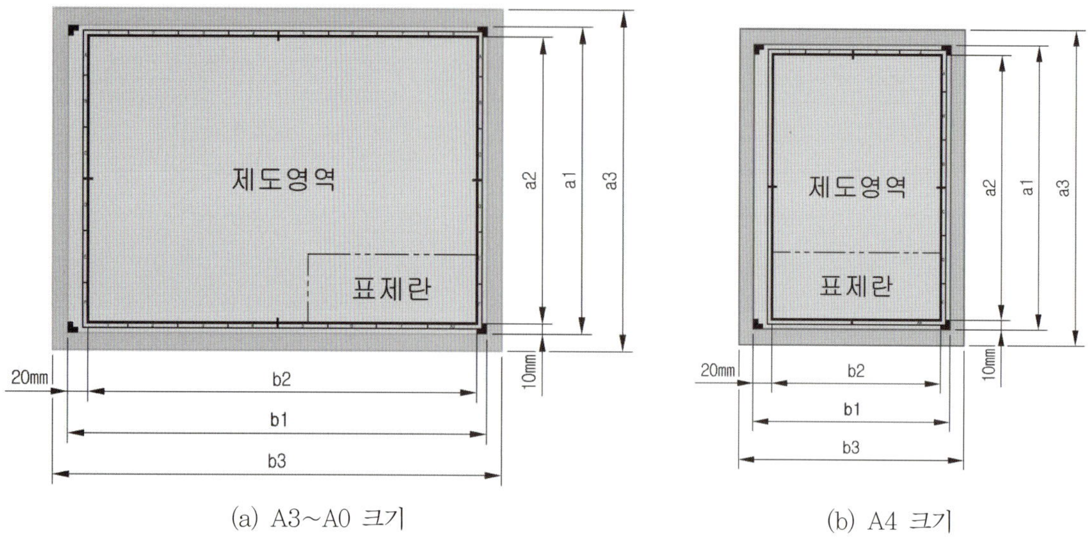

[그림 1-1] A열 도면크기

(2) 도면크기는 **그림 1-2**와 같이 각 변을 이등분하여 짧은 변에 평행하도록 분할해서 얻어진 치수로 결정되고 A0과 A1의 경우 면적비율은 2:1이며, A0 크기(841×1189)의 실제 넓이는 약 1m²이다.

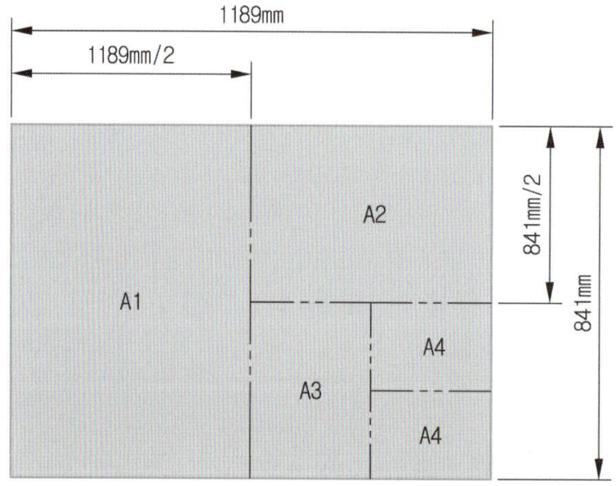

[그림 1-2] 도면크기의 이등분 원리

(3) 도면크기의 표시는 **그림 1-3**과 같이 표제란이 있는 오른쪽 아래의 도면구역 표시 칸 안에 표시되어 있다.

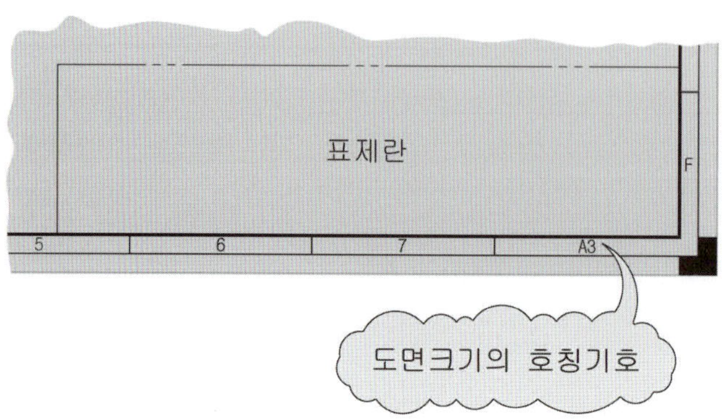

[그림 1-3] 도면크기의 호칭을 표시하는 위치

2 도면의 양식

도면의 파손방지, 이용과 관리의 편의를 위해 필요한 윤곽선(테두리선, Borders line), 표제란(Title block), 윤곽선과 윤곽(Borders line and frame), 중심마크, 제도영역(Drawing area), 도면의 구역표시(Grid reference system), 재단마크(Trimming marks) 등이 설치되어 있는데 이것을 도면의 양식이라고 한다.

(1) 표제란(Title block)

표제란은 특정한 사항 즉, 등록정보 번호(도면번호), 도면의 법적 소유자 명(회사이름 또는 소속명칭), 도면 명칭(제품명칭)의 기본정보를 반드시 나타내고 작성년월일, 제도자・설계자・검도자・승인자 등의 이름, 각법(투상법), 단위, 척도, 관련 도면번호 등의 부가적 정보를 나타내는 양식을 말한다.

① 표제란의 위치는 **그림 1-4**의 **(a)**와 같이 A0 크기부터 A3 크기까지는 용지의 긴 쪽을 가로방향으로 한 제도영역 안의 오른쪽 아래 구석에 있으며, **(b)(c)**와 같이 A4 크기는 길이방향으로 세워놓은 상태에서 짧은 쪽 세로 방향의 아래에 있다.

② 표제란은 도면과 같은 방향에서 읽도록 위치하고 있다.

③ 표제란은 제도, 도면의 이용과 관리・복사・마이크로필름 촬영・검색 등에 편리하도록 정상적인 방향에서 보았을 때 도면의 오른쪽 아래 구석에 있고, 그 길이는 **그림 1-4**와 같이 170㎜ 이하로 그려져 있다.

④ 표제란의 ⓐ칸에는 도면관리에 필요한 등록 도면번호가 문자기호와 아라비아 숫자 등으로 표시되고 부여된 도면번호는 취소할 수 없으며 오른쪽 구석이나 가장 아래 부분에 표시되어 있다.

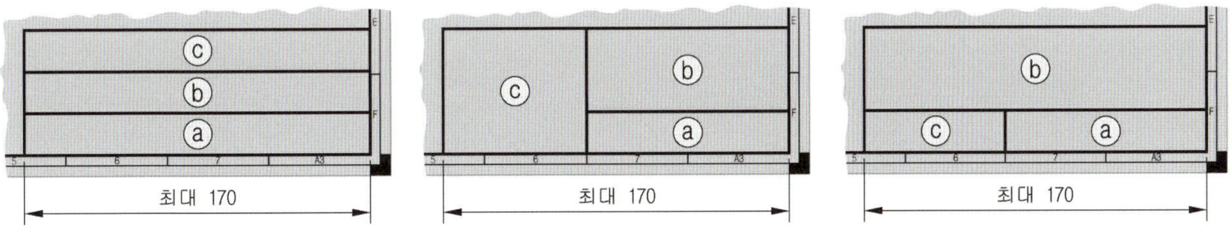

(a) A3~A0 크기 (b) A4 크기 (c) A4 크기

[그림 1-4] 표제란의 크기와 기본정보 표시의 영역 위치

⑤ 표제란의 ⓑ칸에는 설계된 도면제목(제품명칭 또는 부품명칭)이 표시되고 반드시 도면번호 위쪽에 있다.

⑥ ⓒ칸에는 회사이름(도면의 법적 소유자 이름)이 그림이나 문자기호(로고・상징그림・등록상표)로 표시되어 있다.

⑦ **그림 1-5**와 같이 도면내용에 대한 해석상의 차이나 오류를 방지하기 위해 표제란 영역 안의 위나 왼쪽에는 각법(투상법)・척도・단위가 반드시 표시되어 있다. KS 규격에서는 각법은 3각법, 단위는 ㎜로 기입함을 표준(원칙)으로 한다.

⑧ 편의상 도면번호는 **그림 1-6**과 같이 표제란의 대각선 방향의 위치에 추가로 표시되어 있는 경우도 있다. 이 때, 표제란의 반대방향에서도 읽을 수 있도록 문자와 숫자가 거꾸로 표시되어 있다.

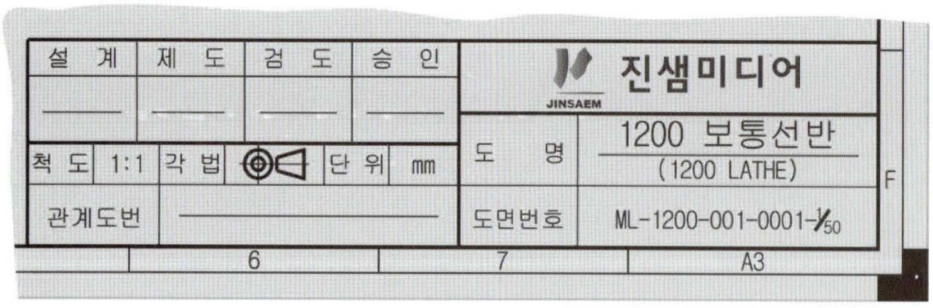

[그림 1-5] 표제란의 부가정보 표시(A3 크기)

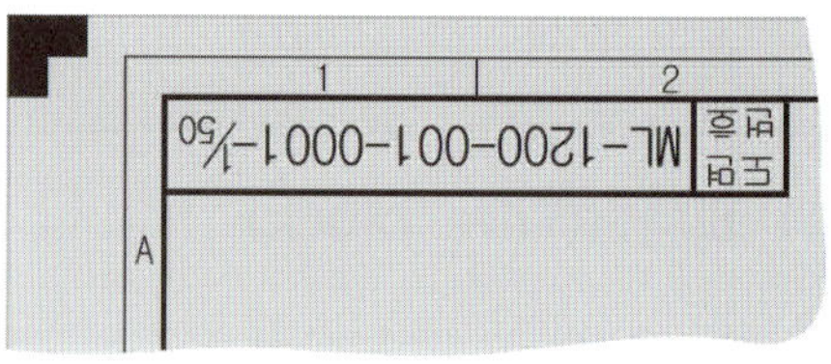

[그림 1-6] 도면번호의 추가표시 위치

(2) 윤곽선(테두리선)과 윤곽(Borders line and frame)

용지의 가장자리와 제도영역을 한정해주고, 가장자리가 찢어져서 내용이 훼손되지 않도록 예방하기 위해 **그림 1-7**과 같이 공간을 설치하는 테두리를 도면의 윤곽선이라 하고, 가장자리와 윤곽선 사이의 빈 공간을 도면의 윤곽이라 한다.

① 표제란에서 가장 멀리 떨어진 왼쪽에는 도면을 철하기 위한 구멍 뚫기의 여유를 주기 위해 윤곽 나비가 20㎜로 설치되어 있다.

② 나머지 윤곽의 나비는 복사할 때 충분히 잡을 수 있는 나비로써 A0 크기부터 A4 크기까지 모두 10㎜로 설치되어 있다.

③ 윤곽선 굵기는 A0 크기부터 A4 크기까지 0.7㎜ 굵기의 실선으로 그어져 있다.

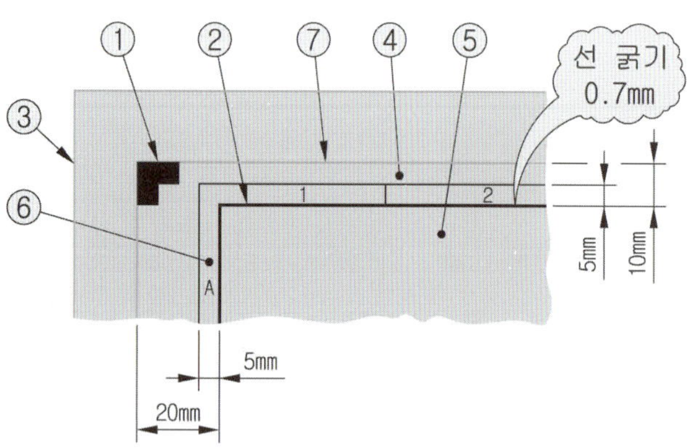

① 재단마크(Trimming marks)
② 윤곽선(테두리선, Borders line)
③ 재단하지 않은 용지의 가장자리(Un-trimming edges)
④ 윤곽(Frame)
⑤ 제도영역(Drawing area)
⑥ 도면의 구역표시(Grid reference system)
⑦ 재단한 용지의 가장자리(Trimming edges)

[그림 1-7] 윤곽선 설치와 윤곽 나비

(3) 중심마크(Centering marks)

복사, 마이크로필름 촬영, 접기, 철하기 위한 구멍 뚫기를 할 때 도면의 위치결정을 편리하도록 하기 위해서 **그림 1-8**과 같이 마련된 용지의 대칭인 중심에 4개의 짧은 실선으로 표시되어 있는 것을 중심마크라고 한다.

① 중심마크는 재단할 경우 용지의 대칭 열 중심에 4개가 설치되어 있으며 위치 허용차는 ±1㎜이다.

② 중심마크는 그림 1-8과 같이 도면의 구역표시 한계선으로부터 윤곽선 안쪽으로 10㎜까지는 0.5㎜의 굵기, 10㎜ 이상은 0.7㎜ 선 굵기의 실선으로 그어져 있다.

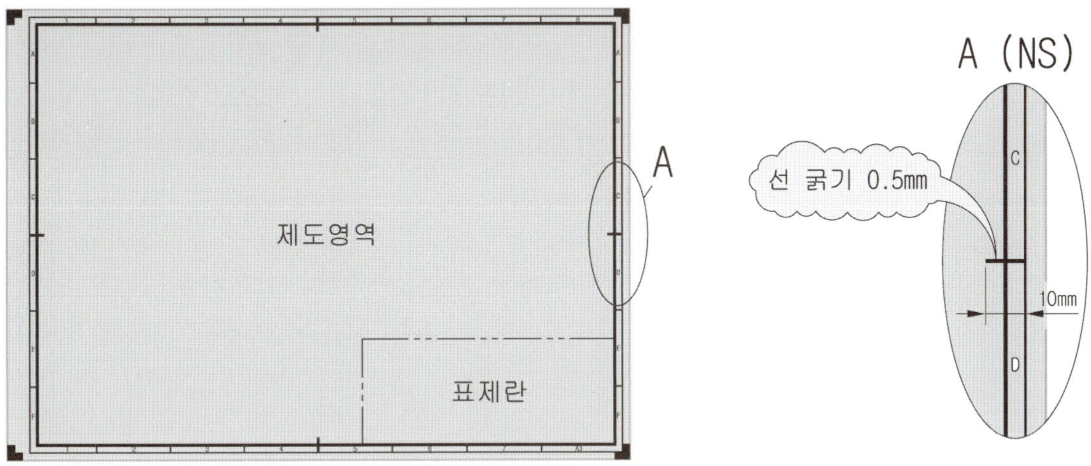

[비고] NS는 Non-Scale(Not to Scale)의 약자로 그림의 크기가 치수에 비례하지 않는 "비례가 아님"을 뜻한다.

[그림 1-8] 중심마크(재단된 용지의 경우)

(4) 도면의 구역 표시(Grid reference system)

도면의 내용을 읽거나 설명할 때 설명 부분의 위치 즉, 도형의 위치, 상세한 부분의 위치, 내용의 추가 및 수정 등의 위치를 나타내거나 도면을 읽기 쉽도록 그림 1-9와 같이 가로와 세로방향으로 구역을 나누어 표시해 주는 양식을 도면의 구역표시라고 한다.

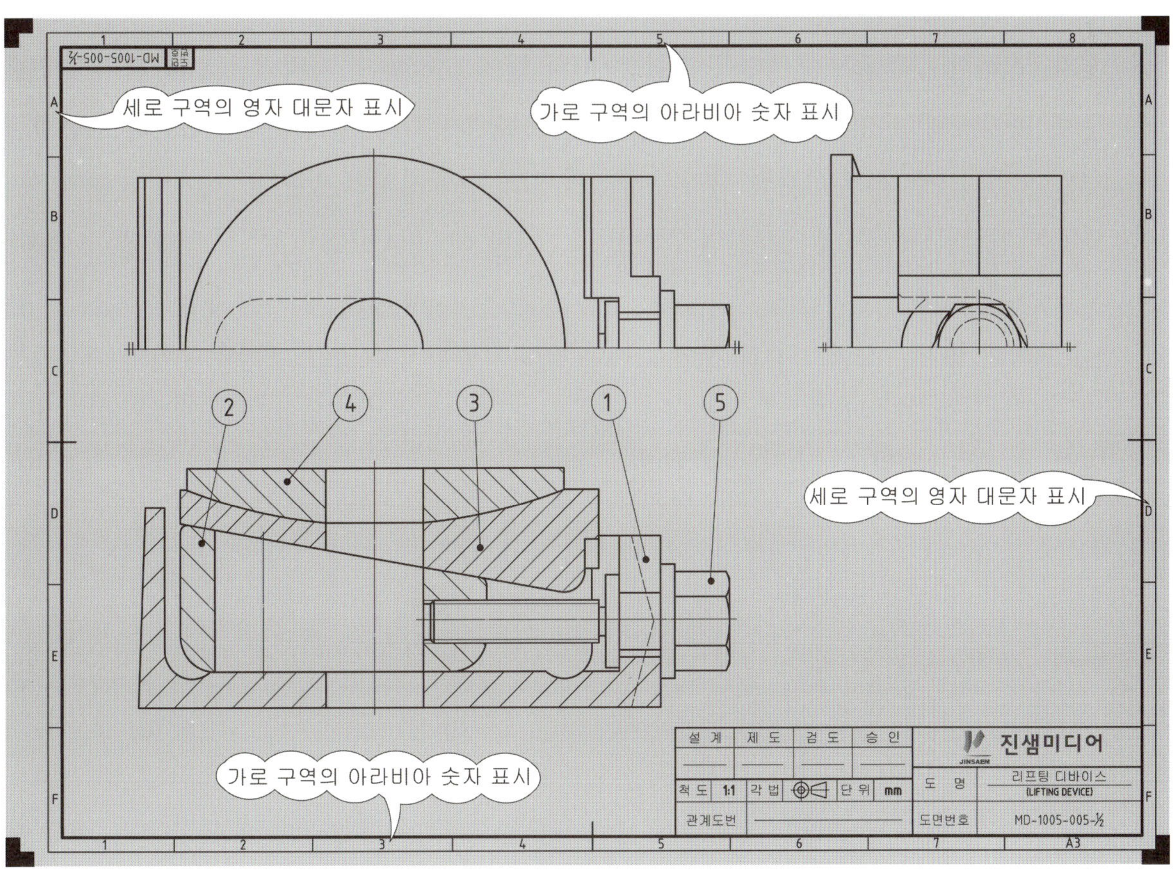

[그림 1-9] 도면의 구역이 표시된 도면(A3 도면의 예시)

① 각 구역의 나비는 **그림 1-9** 및 **그림 1-10**에서와 같이 중심마크를 기준하여 50mm 간격의 짝수로 분할되어 있으며 **표 1-5**는 분할 수를 규격으로 정한 것을 나타내고 있다.

② 세로방향의 구역표시는 **그림 1-9**에서와 같이 위쪽에서 아랫방향으로 영문자의 대문자가 수직체로 표시되어 있으며, 「I」와 「O」 문자는 숫자와 혼동할 우려가 있어서 사용하지 않고 있다.

③ 가로방향의 구역표시는 **그림 1-9**에서와 같이 왼쪽에서 오른쪽 방향으로 숫자가 수직체로 표시되어 있다.

[표 1-5] 도면의 구역표시 분할 수

분할 수 \ 도면크기	A0	A1	A2	A3	A4
가로방향(긴 쪽)	24	16	12	8	6
세로방향(짧은 쪽)	16	12	8	6	4

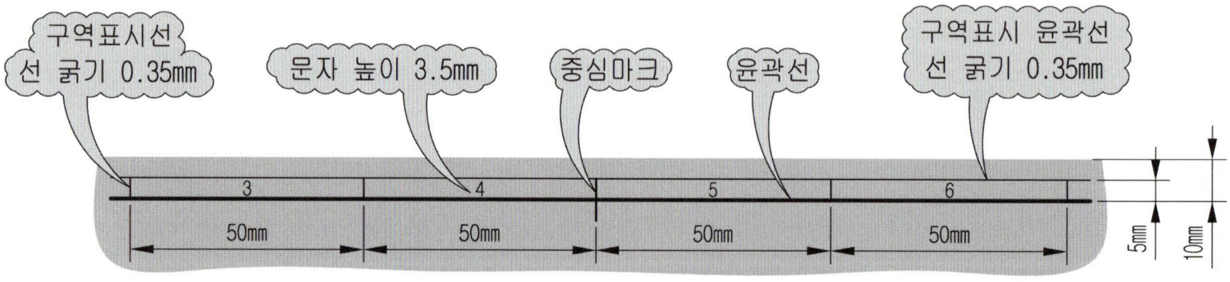

[그림 1-10] 구역표시 간격과 선 굵기

④ 구역표시선과 구역표시 윤곽선은 **그림 1-10**과 같이 0.35mm 굵기의 실선으로 그어져 있다.

⑤ 문자, 숫자 크기는 3.5mm이며, 표제란을 읽는 방향에서 수직으로 읽을 수 있도록 도면의 윤곽선과 도면의 구역표시 윤곽선 사이의 중간에 있도록 표시되어 있다.

⑥ 도면이 연장된 크기여서 영문자의 알파벳을 초과될 때 「AA, BB, CC…」 등과 같이 이중문자로 표시되어 있다.

⑦ A4 크기의 용지는 **그림 1-11**과 같이 나비와 길이가 짧아서 구역을 구분하기 쉽기 때문에 도면의 구역표시를 위쪽과 오른쪽에만 표시되어 있다. 이 경우에도 왼쪽과 아래의 중심마크는 당연히 표시되어 있다.

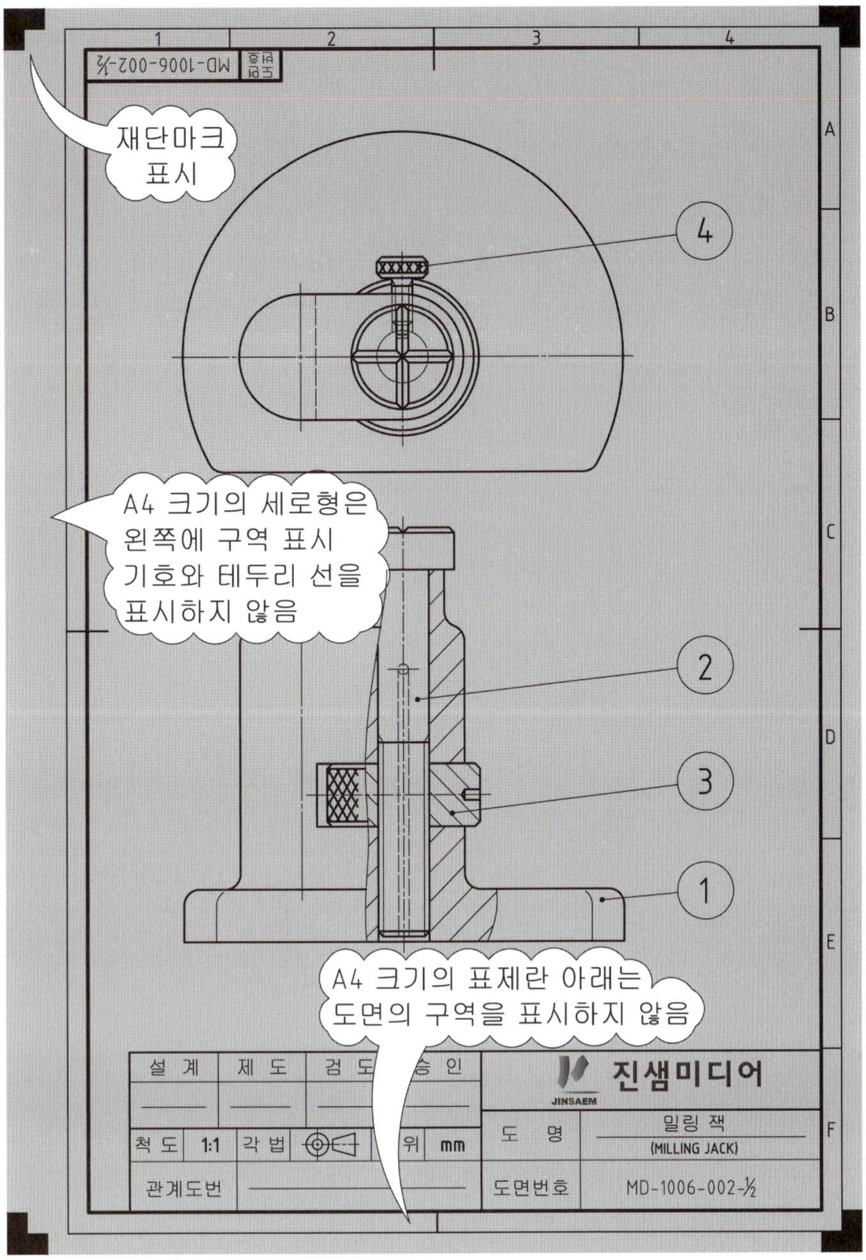

[그림 1-11] 재단마크가 표시된 도면(A4 도면의 예시)

(5) 재단마크(Trimming marks)

복사나 출력된 도면을 정해진 크기대로 자르기에 편리하도록 도면의 가장자리 4개의 모서리에 접하여 그림 1-12와 같이 안쪽으로 두 개의 직선이 그어져 있는 것을 재단마크라 한다.

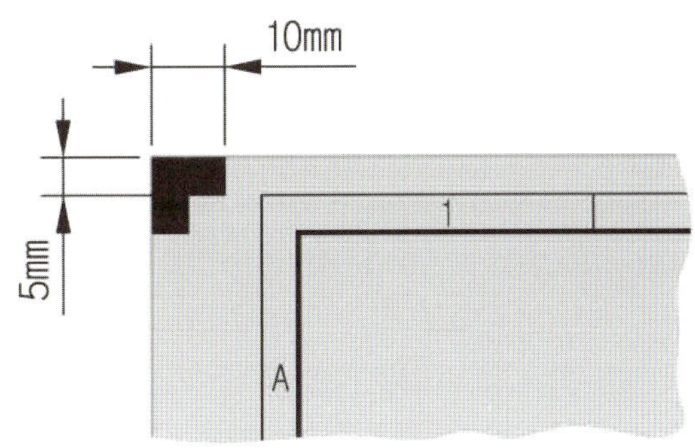

[그림 1-12] 재단마크의 크기

(6) 부품표 또는 부품란(Item lists or Item lists block)

제도된 해당 부품에 부여된 번호(품번, Part number), 부품명칭(품명, Part name), 재질(Material), 수량(Quantity), 처리(Treatment) 등 제작을 위해 도형으로 표시할 수 없는 생산에 필요한 부가적 정보를 표시한 것을 부품표, 부품목록 또는 부품란이라고 한다.

그림 1-13의 **(a)**와 같이 윤곽선 안쪽의 표제란 위 또는 **(b)**와 같이 표제란 건너편에 표시하거나 **그림 1-14**와 같이 A4 크기 용지에 별도로 표시하고 있다. 이와 같은 기준은 추가되는 부품을 나머지 공백에 원활하고 효과적으로 기입하기 위해서다.

5	맞춤 핀	SM 45C	2	KS B 1320-3m6x20
4	핸들 볼	SM 45C	1	
3	핸들 바	SM 45C	1	
2	레버	SM 20CK	1	
1	베이스	SM 20CK	1	
품 번	품 명	재 질	수 량	비 고

설 계	제 도	검 도	승 인	진샘미디어 JINSAEM	
척 도 1:1	각 법	단 위 mm		도 명	리밍 지그 (REAMING JIG)
관계도번				도면번호	JR-01-001-0002-2/2

(a) 표제란 위(위방향으로 계속해서 기입)

품 번	품 명	재 질	수 량	비 고
1	본 체	SC 450	1	
2	크랭크 휠	SF 440A	1	
3	크랭크	SF 440A	1	
4	스퍼기어	SF 440A	1	
5	축	SCM 415	1	
6	미끄럼 베어링 - A	C 5102 B	2	
7	미끄럼 베어링 - B	C 5102 B	1	
8	가이드 축	SCM 415	1	
9	미끄럼 베어링 - C	C 5102 B	1	
10	힌지 축	SCM 415	1	

(b) 표제란 반대편(아래방향으로 계속해서 기입)

[그림 1-13] 부품표의 도면영역 안의 위치

1) 한 장에 여러 개의 부품을 제도한 도면의 경우

제도영역에 충분하게 표제란의 표시가 가능한 경우에는 **그림 1-13**과 같이 해당 도면의 윤곽선 안에 접하여 표시되며, 그렇지 못할 경우와 회사의 업무규정에 의해 부품표를 별도로 표시해야 하는 경우는 **그림 1-14**와 같이 해당 도면과 분리되어 있다.

1	2		3	4
JINSAEM 진샘미디어	도 명	링크 장치 (LINK UNIT)	도면 번호	M-02-002-0003-3/3

품번	품명	재질	수량	비고
1	본 체	SC 450	1	
2	크랭크 휠	SF 440A	1	
3	크랭크	SF 440A	1	
4	스퍼기어	SF 440A	1	
5	축	SCM 415	1	
6	미끄럼 베어링 - A	C 5102 B	2	
7	미끄럼 베어링 - B	C 5102 B	1	
8	가이드 축	SCM 415	1	
9	미끄럼 베어링 - C	C 5102 B	1	
10	힌지 축	SCM 415	1	

[그림 1-14] 해당 도면과 별도로 표시된 부품표

① 부품표가 **그림 1-13, 1-16**의 **(a)**와 같이 표제란과 접하여 위에 표시된 경우에는 표제란의 위에서 품번 첫머리 번호부터 표시되어 있다.

② 부품표가 **그림 1-13, 1-16**의 **(b)**와 같이 표제란의 반대편 윤곽선 안쪽에 접하여 설치된 경우에는 윤곽선 안쪽에서 품번 첫머리 번호부터 표시되어 있다.

③ 부품표는 표제란을 읽는 방향과 같은 방향에서 읽도록 표시되어 있고 윤곽선은 0.7㎜의 실선으로 그어져 있다.

④ 제도영역에 부품표를 설치할 수 없어서 **그림 1-14**와 같이 해당된 도면과 별도로 표시된 경우에는 도면번호, 도명, 회사명 등이 위에 설치된 후 아래 방향으로 품번 첫머리 번호부터 아래 순서로 표시되어 있다.

⑤ 해당 도면과 분리된 부품표는 A4 크기로 윤곽선 안에 가는 실선의 칸에 의해 표시되어 있으며, 양식 마련은 **그림 1-14**와 같다.

⑥ 부품번호는 총 조립도나 부분 조립도에서 각 부품에 부여한 번호와 반드시 일치되어 있다.

⑦ 부품명은 해당부품의 기능을 상징하는 이름을 붙이거나 표준 부품과 관계될 경우 표준 부품명칭으로 표시되어 있으며, 영문자일 경우 대문자로 표시되어 있다.

⑧ 수량은 해당 부품이 총 조립이 되었을 때의 수량(전체 수량)이 표시되어 있다.

⑨ 재질은 재료의 유형과 질을 나타내는 명칭이나 기호로 표시되어 있으며, 표준 재료일 경우에는 표준 명칭이나 기호가 표시되어 있다.

⑩ 비고나 참고란에는 도면에서 완전하게 제시하지 못한 부가정보들을 표시하고 있다. 예를 들면, 다른 도면에 그려진 부품, 표준 부품과 관련 부품들을 안내하는 도면번호, 회사명, 제품번호, 관련 기준이나 코드, 관련 규격 이름이나 번호, 표준품의 호칭, 소재치수, 전체 사이즈치수(가로×세로×높이), 무게(중량), 가공처리(도금, 열처리, 표면경화처리 등), 공정, 납기 특히 주의를 요하는 설계자 의견 등의 모든 정보들이 표시되어 있다.

2) 한 장에 한 개의 부품을 제도한 도면의 경우

부품의 크기와 복잡성에 따라 도면의 크기를 결정해 한 장의 도면에 한 개의 부품만을 제도한 경우에는 **그림 1-13**의 **(a)**, **그림 1-17**과 같이 표제란에 부품표가 표시되어 있다.

3 도면의 변경(도면내력 · 이력) 표시

검도(check)와 승인(approve)을 거친 후 가공 및 제작도면으로 사용하기 위한 승인절차를 거치면 어떤 경우라도 도면에 담겨진 정보를 임의로 지우거나 변경할 수 없다.

그림 1-15의 **(a)**와 같이 설계실수로 인한 수정 및 보완, 주문자의 설계변경 요구, 설계개조 및 개량 등의 사유로 모양, 크기, 치수, 공차, 재질, 가공 정밀도 등 제작도면에 담겨진 정보들이 변경된 경우에는 그 내력(이력)이 **(b)**와 같이 표시되어 있다. 도면이 변경된 순서 즉 변경일자 순으로 해당치수 중간에 줄을 긋고, 그 옆에 삼각형 안에 숫자를 1부터 기입한 기호로 표기한다. 그리고 변경 내용과 사유를 간결하고 명확하게 기입한다(예를 들면, 치수 61→65로 치수변경).

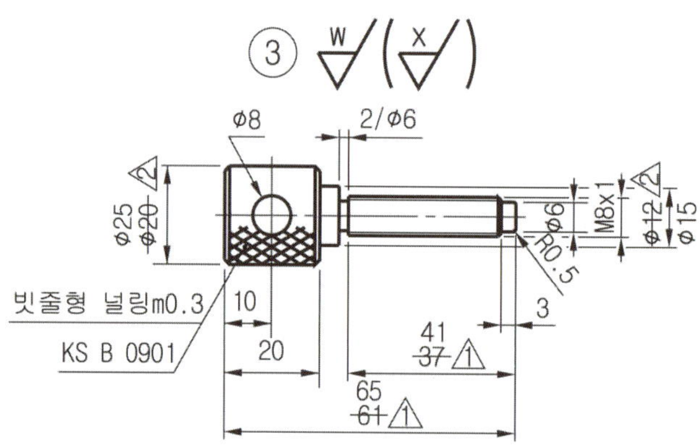

(a) 도면 변경(예시)

5	6		7	8			
일련번호	기 호	변경일자	변경 내용 / 사유	서명 변경자	서명 검 도	승 인	
1	△1	2007.01.23	치수변경 / 설계실수				A
2	△2	2007.01.28	치수변경 / 설계변경				
3	△3						
4	△4						
5	△5						
6	△6						B

(b) 도면 변경란(예시)

[그림 1-15] 도면의 변경

(1) 도면 변경표 또는 변경란(Revision lists or Revision lists block)

변경된 정보에 대한 내력(이력)을 표시하는 양식을 도면 변경표 또는 도면 변경란이라고 한다.

도면 변경표의 위치는 그림 1-16의 (a), (b)와 같이 부품표 및 주서(notes 또는 주기)의 표시 위치에 따라 위치가 달라지며, 해당 도면과 분리되어 있지 않다.

① 도면 변경란은 보통 그림 1-16의 (a)와 같이 표제란의 왼쪽이나 건너편에 설치되어 있거나, (b)와 같이 표제란 위 또는 부품표 왼쪽에 표시되어 있다.

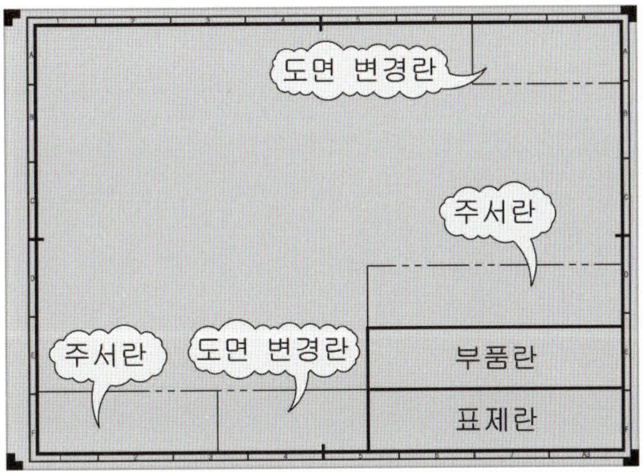

(a) 표제란 위에 부품란이 위치한 경우

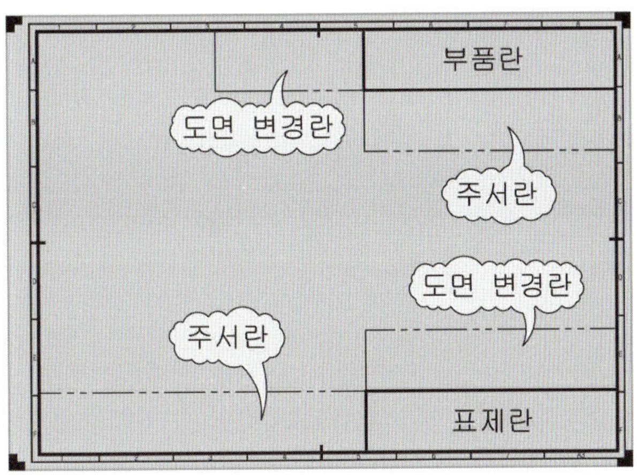

(b) 표제란 반대편에 부품란이 위치한 경우

[그림 1-16] 도면 변경란 및 주서란의 위치

② 일련번호는 도면 변경란의 위치에 따라 부품표와 같이 첫 머리번호 순서부터 표시되어 있다.

③ 변경란의 기호는 변경된 부분에 표시되는 기호가 동일하게 표시되며, 변경하는 사람이 임의로 만든 기호가 표시되어 있다.

④ 변경일자는 실제 변경한 일자로 표시되어 있다.

⑤ 변경내용 및 사유는 그림 1-15의 (a)와 같이 변경 전의 정보를 지우지 않은 상태에서 도면의 해당 부분에 변경기호와 변경 정보가 표시되어 있고 그림 1-15의 (b)와 같이 요약한 사유가 표시되어 있다.

⑥ 서명은 변경 당사자(설계자)와 이를 승인하는 상급자(검도자·승인자)의 서명이 일자와 같이 표시되어 있다.

(2) 주서란(Notes, 주기란)

일반공차, 표면거칠기의 비교 값, 표면처리, 다듬질 등 가공·제작과 생산에 관련된 기술적인 부가적 정보들이 도면을 읽을 때 도움이 되도록 문장으로 표시하는 곳을 주의사항(注意事項)란, 주(注)란, 주기(注記)란, 주석(注釋)란 또는 주서(注書)란 이라고 한다.

① 주서를 표시하는 위치는 그림 1-17과 같이 도면의 여백을 활용하되 도면과 부가적 정보의 대조 비교가 쉽도록 표제란을 기준으로 부품란의 위치에 따라 제도영역의 빈 공간에 표시되어 있다. 일반적으로 표제란 위에 기입한다. 표제란 위에 부품란이 있을 경우는 그림 1-17과 같이 부품란 위에 표기한다.

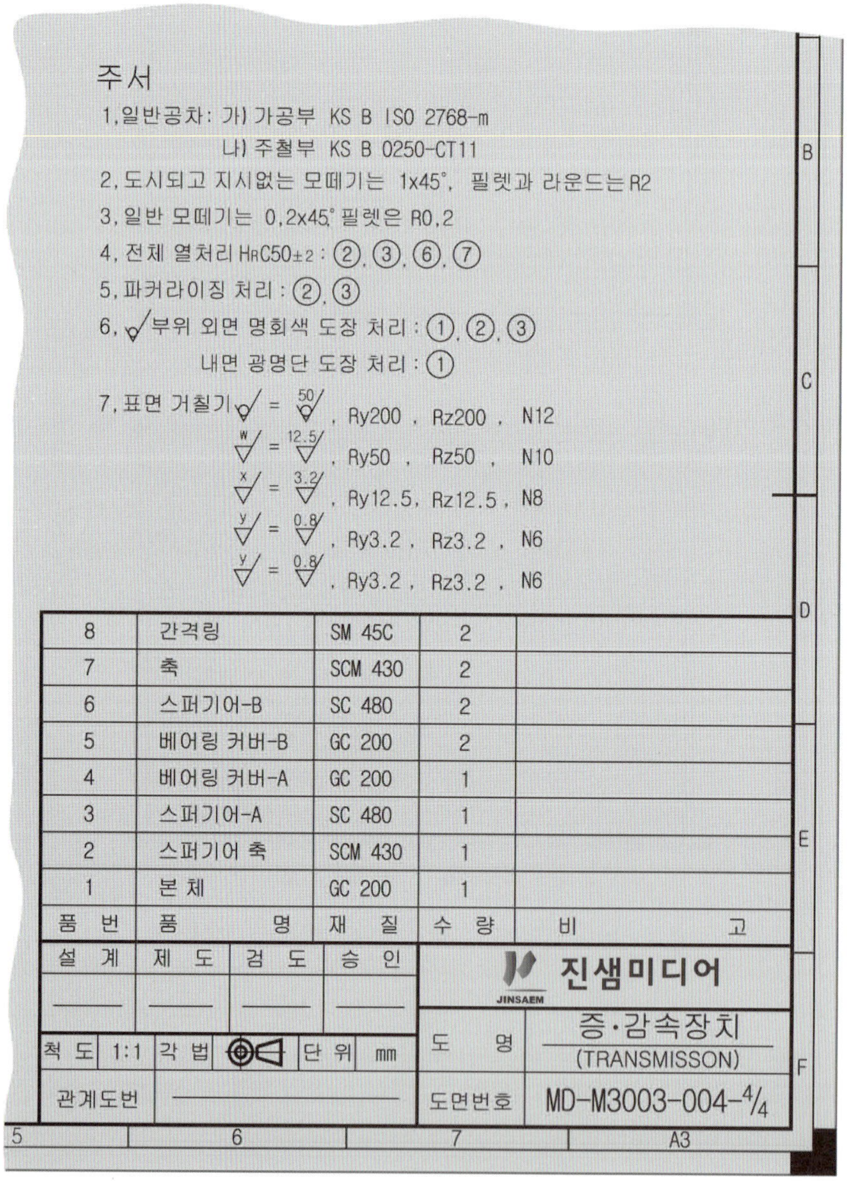

[그림 1-17] 주서란의 표시

② 문장의 끝에는 도면의 축소 때 알아 보기가 어려우므로 마침표를 사용하지 않는다.

③ 문장은 간단하고 명료하게 단정적으로 표현되어 있다.

(예 : '…**한다**', '…**할 것**')

④ 한글로 표시되는 것이 원칙이며, 외래어도 한글 표기법에 의해 표시되어 있으며 혼동될 우려가 있을 경우 괄호를 사용하여 원어가 표시되어 있다.

(예 : **'브래킷'**, **'브래킷(Bracket)'**)

⑤ 같은 크기의 모떼기(chamfer)가 여러 곳일 때 치수를 모두 기입하면 복잡해지므로 같은 크기의 모떼기에 공통으로 적용되는 치수가 표시되어 있다.

(예 : **도시하고 지시하지 않은 모떼기는 1×45° 또는 C1으로 표기**)

⑥ 2개 이상의 부품에 공통적으로 적용되는 부가적 정보가 표시되어 있다.

(예 : **파커라이징 처리** – ②, ③ 또는 **고주파 열처리** – ①, ②)

파커라이징(Parkerizing) 처리는 철강에 Mn, Fe의 인산염 피막을 입히는 부식을 방지하는 방청법으로 '인산염피막처리(흑피막)'라고 한다.

⑦ 도형에 표시되는 표면거칠기 간략기호의 거칠기 값 등이 표시되어 있다.

⑧ 가공·제작과 생산과정에 필요한 설계자나 주문자의 부가적 설명이 표시되어 있다.

4 도면번호

도면번호는 법적 소유자의 기술정보 관리목적과 방법에 따라 도면의 등록, 보관, 출도 등에 있어서 다른 도면 명칭을 갖는 부품도면과 구분하는 것 등의 관리에 편리하도록 **표 1–6**과 같은 분류방법에 따라 표시되며, 회사마다 번호의 부여방법이 다를 수 있다.

도면이 부서 또는 회사 책임자의 승인을 얻으면 자체 생산관련 부서나 협력회사에 출도가 된다. 출력이 나 복사된 도면은 생산에 사용되거나, 사무실에 보관되면서 공정 및 생산관리 등에 활용되거나 거래와 기술자료로 보관되기 때문에 업무의 효율과 표준화를 위해 도면번호를 기입하는 것이다.

[표 1–6] 도면번호 표시 예

전체 조립도		부분 조립도		부품도	
도면번호	도 명	도면번호	도 명	도면번호	도 명
ML–0–00–0001–1/1	선반 (Lathe)	ML–0–01–001–1/39	기어 박스 (Gear Box)	ML–0–01–001–2/39	몸체(Body)
				ML–2–01–002–3/39	커버(Cover)
				·	
				·	
				·	
				ML–3–01–038–39/39	기어–8(Gear–8)
		ML–1–02–030–1/19	심압대 (Tail Stock)	ML–0–02–001–2/19	본체(Main Body)
				·	
				·	
				·	
				ML–3–02–017–18/19	센터(Center)
				ML–2–02–018–19/19	리드나사(Lead Screw)

1) 일련번호 순서로 표시된 경우

하나의 제품군을 전문적으로 생산 또는 다양한 제품들을 생산하는 회사에서 주로 표시하는 경우로써, 생산되는 제품 순서대로 번호를 아래의 보기와 같이 표시하고 있다.

[보기] 3 – 0001 – 0010 – 11 / 25

- 25: 한 제품(맨 앞의 0001)에 대한 도면의 총 수는 25장임을 표시
- 11: 현재 도면의 수로써 총 25장의 도면 중 11번째 도면임을 표시
- 0010: 현재 도면에 부여된 도면번호임을 표시
- 0001: 제품 분류번호 또는 모델종류를 표시하며 처음 생산한 제품임을 표시

〈 참고 도면의 크기가 A3일 때에는 맨 앞에 「3」을 표시하여 「3-0001-0010-11/25」로 표시될 수 있다.〉

① 제품 분류번호 앞에는 법적 소유자를 문자나 그림기호로 의미를 덧붙여서 표시된 경우도 있다.
(C회사에서 생산한 제품일 경우를 예로 들면, 「C0001-0010-11/25」로 표시된 경우)

② 제품 분류번호 앞에는 법적 소유자와 종류를 문자나 그림기호로 의미를 나란히 덧붙여서 표시된 경우도 있다.
(C회사에서 생산한 전기제품일 경우를 예로 들면, 「CE0001-0010-11/25」로 표시된 경우)

2) 의미번호로 표시된 경우

한 회사에서 여러 가지 제품군을 생산할 때 위의 **표 1-6**에서와 같이 표시되며, 아래 보기는 그 뜻을 설명하고 있다.

[보기] ML – 0 – 01 – 001 – 1 / 39

- 39: 한 제품에 대한 도면의 총 수는 39장임을 표시
- 1: 현재 도면의 수로써 총 39장의 도면 중 1번째 도면임을 표시
- 001: 현재 도면에 부여된 도면번호임을 표시
- 01: 현재 도면이 1번째 부분 조립도임을 표시
- 0: 현재 도면이 A0 크기임을 표시
- ML: 제품군을 표시[기계류(Machine), 선반(Lathe)]

〈 참고 형식(모델)을 표시할 때는 제품군 표시 앞에 붙여서 「1200ML-0-01-001-1/39」로 표시될 수 있다.〉

그림 1-17은 앞에서 설명한 도면의 양식(A2 크기), 부품표(부품란), 주서란의 표기, 표제란의 작성과 도면번호의 기입 등을 모두 반영하여 완성된 설계 도면의 예시이다.

그림 1-18은 외국의 경우에 있어 표제란의 여러 유형(형식)의 사례를 보여주고 있다.

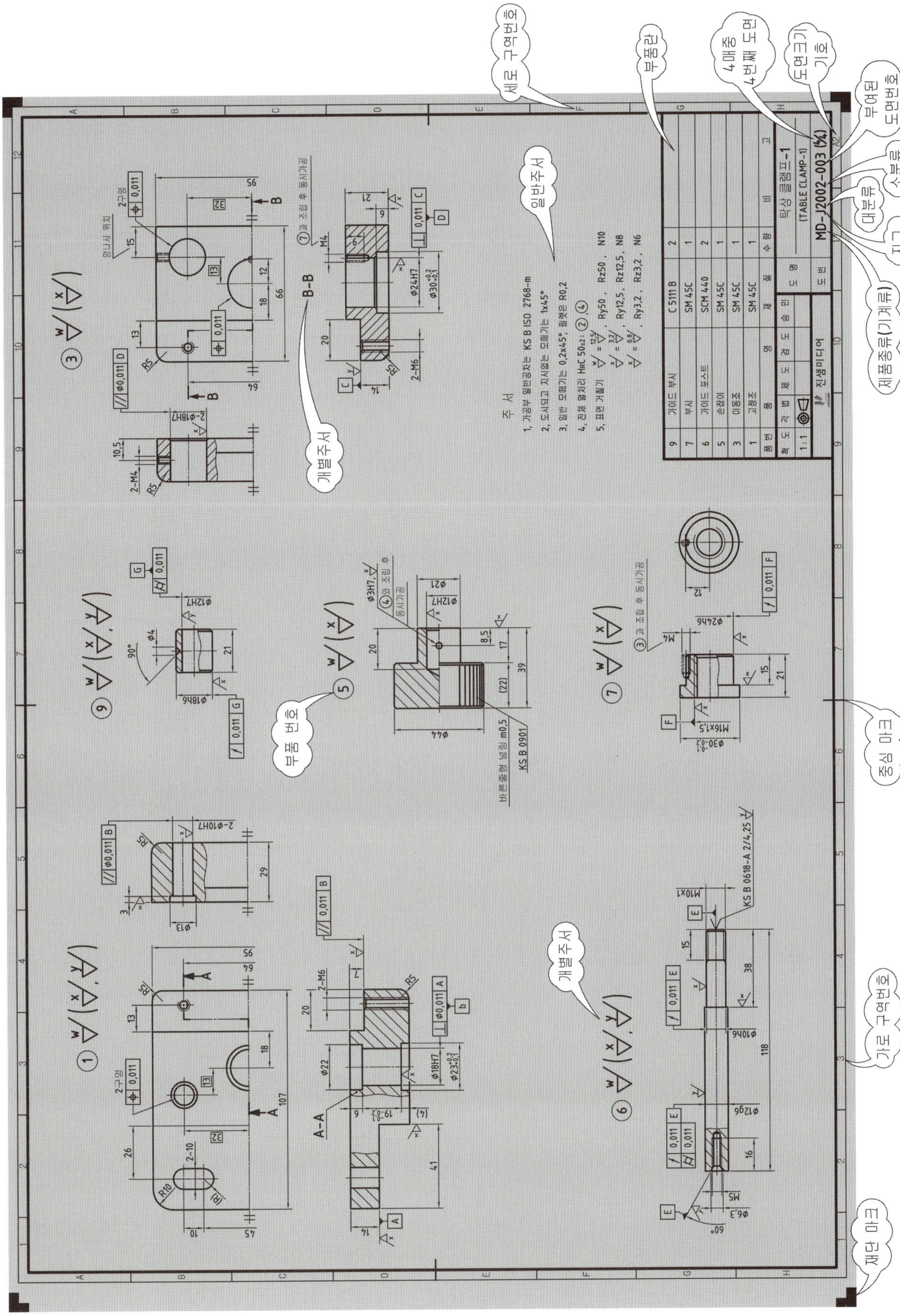

[그림 1-17] 도면의 양식과 도면번호

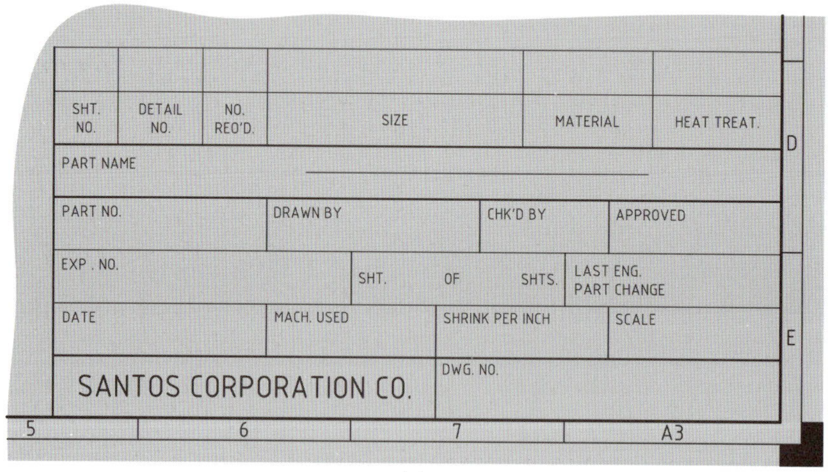

(a)

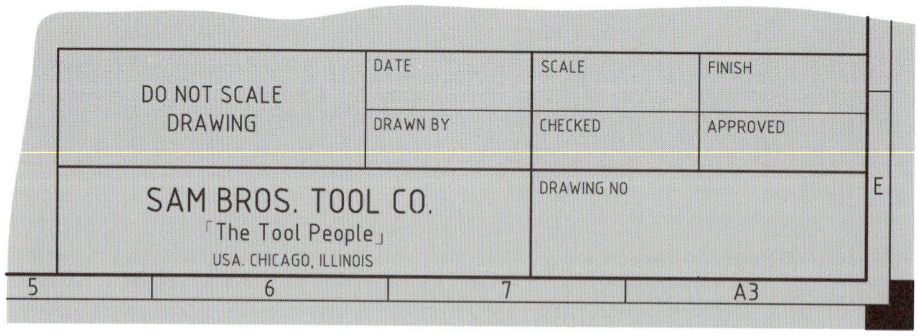

(b)

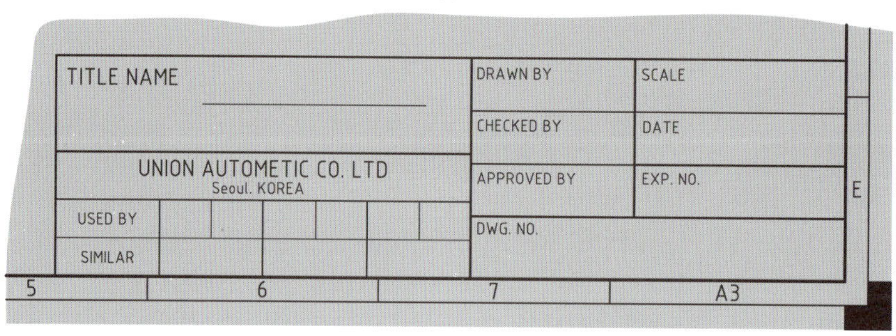

(c)

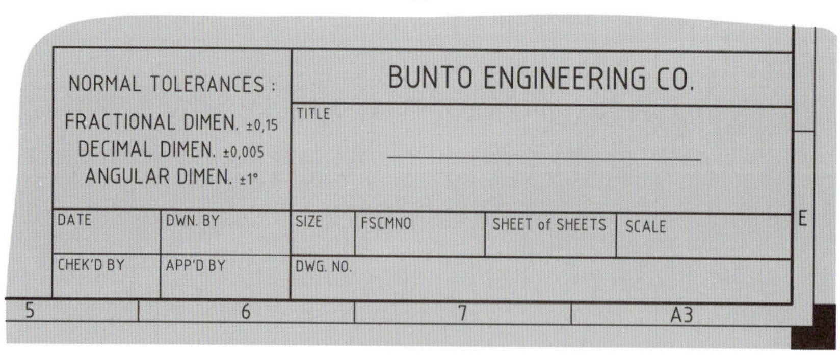

(d)

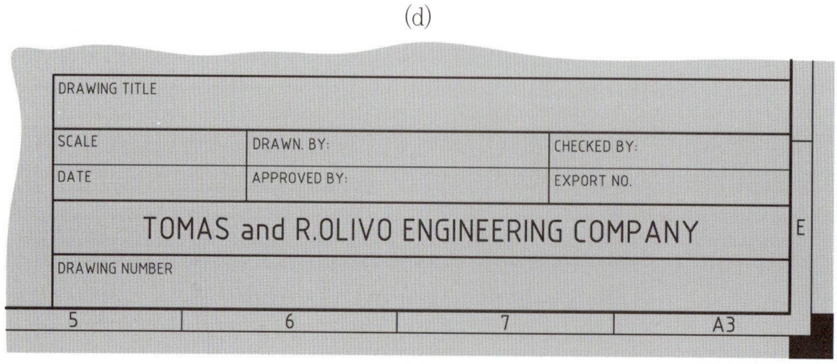

(e)

[그림 1-18] 표제란의 여러 유형(외국의 경우)

5 부품번호

각 부품이 순서대로 모두 조립되어 하나의 제품으로 되었을 때 구성하고 있는 각 부품의 조립된 위치를 확인하기 위해 **그림 1-19**, **그림 1-20**과 같이 각 부품에 일련번호로 표시되어 있다.

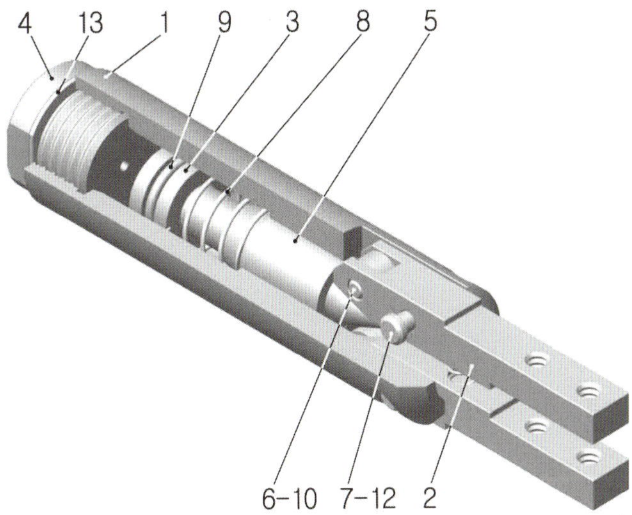

(a) 조립 등각도(조립도)

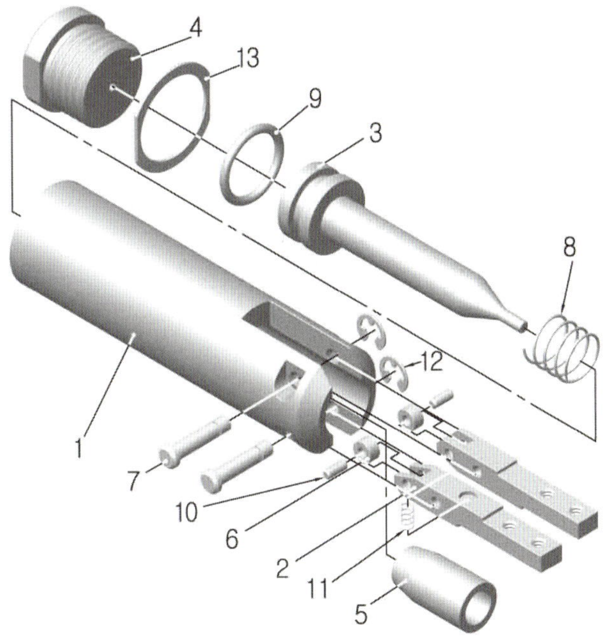

(b) 조립·분해설명 등각도(분해도)

[그림 1-19] 조립 및 분해 등각도의 부품번호 표시

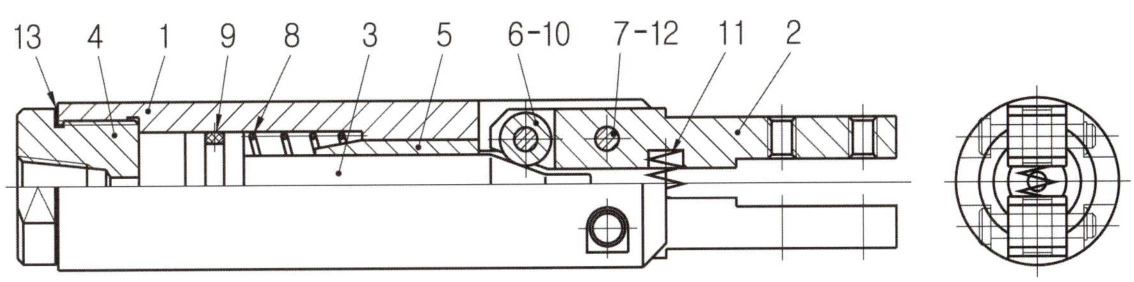

[그림 1-20] 조립도(조립단면도)의 부품번호 표시

① 조립도에 표시되는 같은 부품은 같은 부품번호가 표시되며, 한 개의 부품만으로 완성된 부품은 부품번호가 부여되지 않는다.

② 부품번호는 아라비아 숫자로 표시되며, 같은 도면에서 사용되는 다른 문자와 동일한 문자체로 표시되어 있다.

③ 부품번호는 치수나 이와 비슷한 다른 용도의 숫자 등의 크기와 구별되는 2배의 크기로 표시되어 있다.

④ **그림 1-21**과 같이 부품번호를 원둘레로 표시할 때는 각각의 부품번호를 지름 11±1㎜의 가는 실선인 원으로 둘러싸서 표시하도록 한다.

⑤ 부품번호는 관련 부품이 그려진 밖에 표시되며, **그림 1-21**의 **(b)**와 같이 지시선으로 표시되고 **(a)**, **(c)**와 같이 인출선으로 연결되어 표시되어 있다.

⑥ 각 부품번호가 표시될 때 지시선이나 인출선이 서로 교차되어 표시되지 않으며, 표시되기에 적합할 정도로 짧고 수평 및 수직선에 대하여 15° 이상 기울어지게 표시되어 있다.

⑦ 부품번호는 명확하고 알아보기 쉽도록 수직 또는 수평방향으로 배치하여 표시되어 있다.

⑧ 조립도가 그려진 도면이 복잡할 경우 위의 **그림 1-19**의 **(a)**, **1-20**에서와 같이 관련 부품을 하나의 지시선이나 인출선에 「-」를 사용해 묶어서 표시되어 있다.

⑨ 한 도면 내에서 표시되는 부품이 다른 부분에 있더라도 혼동될 우려가 없을 경우에는 중복해서 표시하지 않는다.

⑩ 부품번호의 일련번호 순서는 조립순서에 따라(분해의 역순), 부품의 중요도에 따라(하위 부품순서, 중요부품부터 덜 중요한 부품 순서 등) 그 제품의 특성에 따른 이유에 따라 표시되어 있다.

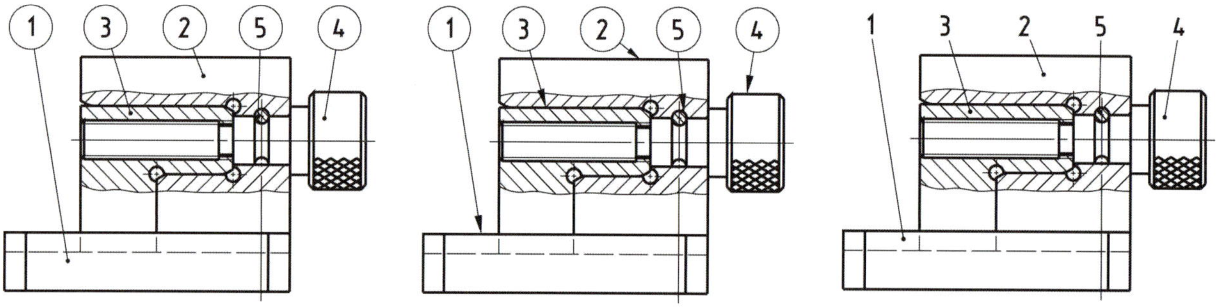

(a) 인출선 사용과 원둘레 표시 (b) 지시선 사용과 원둘레 표시 (c) 인출선 사용과 원둘레 없음

[그림 1-21] 부품번호의 지시와 인출 표시(부분 조립단면도)

그림 1-22는 위의 **그림 1-21**에서 설명한 인출선을 사용해 부품번호를 표시하고, 부품번호를 해석한 도면의 예시(사례)를 보여준다.

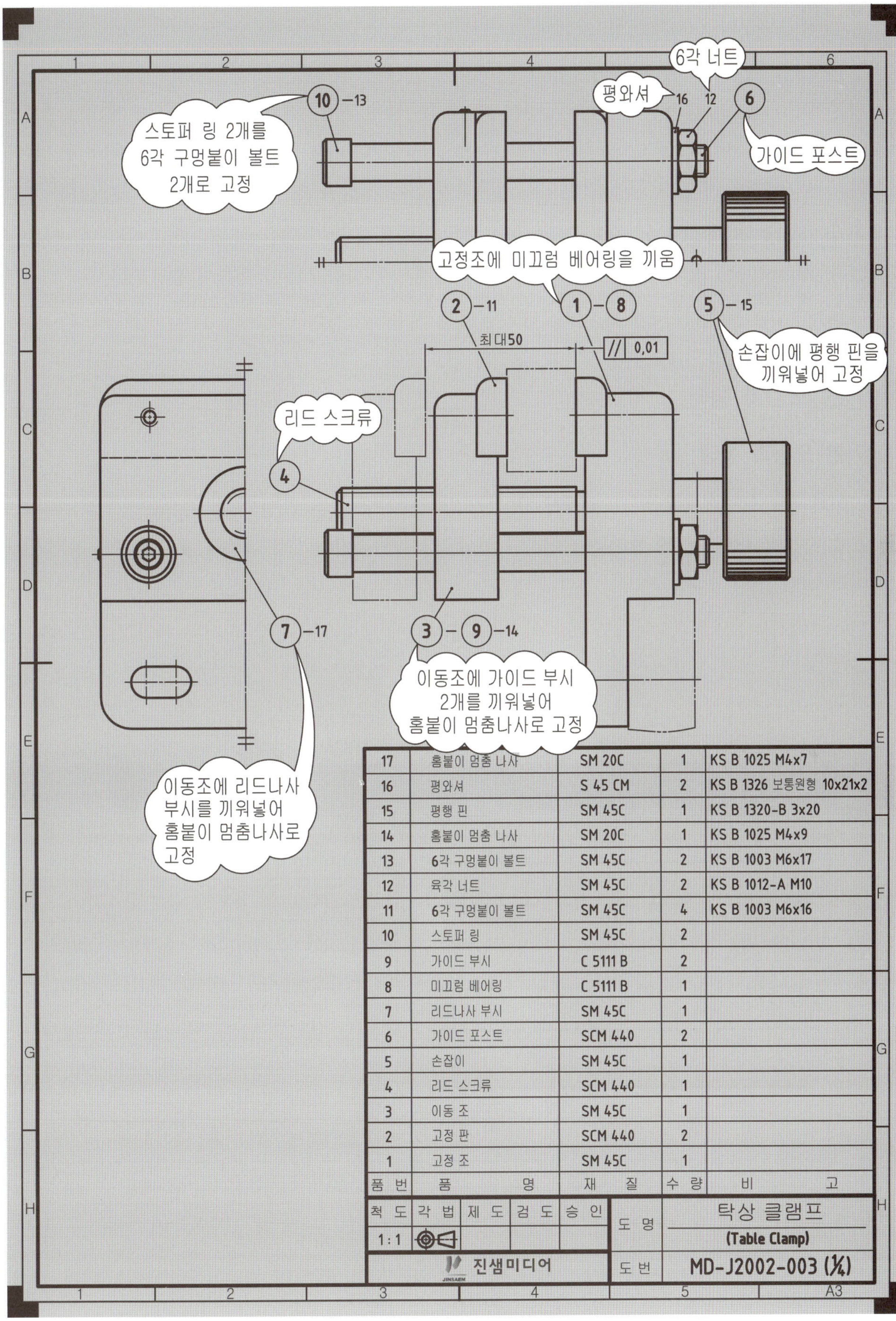

품번	품명	재질	수량	비고
17	홈붙이 멈춤 나사	SM 20C	1	KS B 1025 M4x7
16	평와셔	S 45 CM	2	KS B 1326 보통원형 10x21x2
15	평행 핀	SM 45C	1	KS B 1320-B 3x20
14	홈붙이 멈춤 나사	SM 20C	1	KS B 1025 M4x9
13	6각 구멍붙이 볼트	SM 45C	2	KS B 1003 M6x17
12	육각 너트	SM 45C	2	KS B 1012-A M10
11	6각 구멍붙이 볼트	SM 45C	4	KS B 1003 M6x16
10	스토퍼 링	SM 45C	2	
9	가이드 부시	C 5111 B	2	
8	미끄럼 베어링	C 5111 B	1	
7	리드나사 부시	SM 45C	1	
6	가이드 포스트	SCM 440	2	
5	손잡이	SM 45C	1	
4	리드 스크류	SCM 440	1	
3	이동 조	SM 45C	1	
2	고정 판	SCM 440	2	
1	고정 조	SM 45C	1	

척도	각법	제도	검도	승인	도명	탁상 클램프 (Table Clamp)
1:1					도번	MD-J2002-003 (1/4)
진샘미디어						A3

[그림 1-22] 부품번호의 해석

1.3 선(Lines)

기본적인 제도(Drafting 또는 Design)에 사용되는 선은 연필, 제도용 펜 및 자동 제도기(플로팅) 등으로 제도할 때 적용하는 규정이 다를 수 있고 도면에 사용된 선은 반드시 도면을 축소, 확대, 복사 및 마이크로필름화 등에 알맞도록 기본적인 선의 모양과 형태에 알맞은 굵기로 그려져 있다.

최근에는 CAD(Computer Aided Design, 컴퓨터 응용설계)에 의한 설계를 하고 있으며, 선은 라인타입(linetype, 선의 종류 및 형태)에 의해 설계자가 자동으로 선택하여 활용한다.

대표적인 CAD로는 오토캐드(AutoCAD)가 널리 사용되고 있다.

1 기본 모양과 형태

(1) 기본 모양과 형태

길이가 굵기의 1/2 이상이고 시작과 끝이 끊김이 있거나 없는 직선 또는 곡선모양으로 연결되도록 기하학적으로 표시된 형태를 선이라고 하며, 길이가 굵기의 1/2 이하로 표시된 모양을 점(dot)이라 한다.

표 1-7에서는 KS A 0109[제도-표시의 일반 원칙(선에 대한 기본사항)]에서는 선의 기본 모양과 형태의 종류에 따른 고유번호와 명칭을 부여하고 이것을 기초로 하여 선의 종류가 세분화 되어 있다.

[표 1-7] 선의 고유번호, 그어진 기본 모양과 형태 및 명칭(KS A 0109)

고유번호	그어진 기본 모양과 형태	명 칭
01		실선(Continuous line)
02		파선(Dashed line)(은선, 숨은선)
04		일점 (긴)쇄선(Long dashed dotted line)
05		이점 (긴)쇄선(Long dashed double-dotted line)
08		일(긴)점 (긴)쇄선(Long dashed short dashed line)
09		이(긴)점 (긴)쇄선(Long dashed double-short dashed line)
10		일점 (짧은)쇄선(Dashed dotted line)
12		이점 (짧은)쇄선(Double dashed dotted line)

[비고] 1. 고유번호 03, 06, 07, 11, 13, 14, 15의 그어진 기본 모양 및 형태와 명칭은 기계제도에서 사용하지 않으므로 이 표에서 다루지 않았음.
2. 자유 실선, 지그재그 실선, 일정의 파형 실선, 일정의 나선형 실선 등은 고유번호 01(실선)의 기본 모양과 형태를 변형한 선임.
3. 고유번호 08, 09의 명칭에서 점이라 함은, KS A 0109의 해설에서 연필제도를 할 때 그리기 어려워 길게 그린 관례에 따라 긴 점을 그냥 '점'이라 부르기로 했음.
4. 이 표에서 규정한 그어진 기본 모양과 형태에 근거하여 KS A 0112(제도-도형의 표시방법 원칙)와 KS A ISO 128-24 [제도-표시의 일반원칙(기계제도에 사용하는 선)]로 기계제도에 사용되는 선을 별도로 규정하고 있음.

(2) 선 굵기와 종류

선의 종류별 굵기는 도면의 크기에 따라 선택하여 사용되고 있으며 굵기의 수열은 공통비 1:≒1.4(도면의 크기, 문자의 크기)에 근거해서 굵기 종류를 구분하고 있다.

1) 선 굵기

① 기계제도에 사용되는 선은 2종류의 굵기가 사용되고 있는데 굵은 선과 가는 선이며 굵기 비는 2:1의 비율로 긋도록 규정하고 특별한 경우에는 굵은 선의 2배(아주 굵은 선)로 그어져 있다.

② KS A 0112(도형의 표시방법 원칙)에서는 한 도면에서 2종류의 굵기 선만을 사용하고 있다는 의미가 아니라고 설명하고, 1 : ≒1.4의 비율로 굵은 선과 중간선, 중간선과 가는 선을 적용하는 것이 좋다고 했다.

즉 외형선의 굵기를 굵은 선으로 했을 경우 숨은선(파선, 은선)은 중간선으로 긋고 치수선, 치수 보조선, 중심선, 해칭, 지시선·인출선, 자유 실선, 지그재그 선 등은 가는 선으로 긋도록 권고하고 있다.

③ 한 도면 안에서 그어진 한 종류의 선 굵기와 형태는 일정하게 그어져 있어야 한다.

④ 한 종류의 선 굵기로 그어진 2개의 선은 구별하기 어려울 수 있기 때문에 각각의 선 굵기는 ±0.1d를 넘지 않게 긋도록 규정하고 있다.

2) 선에 대한 기본사항(KS A 0109)에서 규정하고 있는 선의 굵기 종류

0.13㎜, 0.18㎜, 0.25㎜, 0.35㎜, 0.5㎜, 0.7㎜, 1㎜, 1.4㎜, 2㎜의 9종류로 규정하고 있다.

3) 도형의 표시방법 원칙(KS A 0112)과 기계제도에 사용하는 선(KS A 1SO 128-24)의 굵기 종류

KS A 0109(선에 대한 기본사항)에서 정한 굵기를 기본으로 하여 도면의 축소복사나 마이크로필름화에서 해상도 확보가 어려울 경우를 대비해 0.13㎜와 0.18㎜의 굵기는 가급적 사용하지 않도록 권고하고 있으며 다음과 같은 7종류의 굵기로 규정하고 있다.

0.25㎜, 0.35㎜, 0.5㎜, 0.7㎜, 1㎜, 1.4㎜, 2㎜

(4) 선 굵기에 따른 용도

① **0.25㎜** : 치수선, 치수 보조선, 해칭선, 중심선, 지시선, 인출선, 회전 단면선, 기준선, 피치선, 가상선, 무게 중심선, 파단선, 부품번호의 기입 원, 치수공차, 특수 기호 등을 기입하는 굵기

② **0.35㎜** : 숨은선, 일반 주서, 치수 기입용 화살표 및 숫자, 문자, 기호 등을 기입하는 굵기

③ **0.50㎜** : A2용지 이하의 윤곽선, 양식 테두리, 외형선, 부품번호, 개별 주서 등을 기입하는 굵기

④ **0.70㎜** : A0, A1, A2용지의 윤곽선, 외형선, 부품번호, 개별 주서 등을 기입하는 굵기

⑤ **1㎜** : A0, A1 및 A0 연장 용지의 도면 윤곽선, 외형선, 부품번호 및 개별 주서 등을 기입하는 굵기

2 표시된 선의 우선순위

(1) 투상도에서 선이 겹칠 때의 우선순위

그림 1-23과 같이 ① 외형선 ② 숨은선 ③ 절단선 ④ 가는 일점쇄선(중심선과 대칭선) ⑤ 가는 이점쇄선(가상선) ⑥ 가는 실선(상관선, 치수선, 치수 보조선, 인출선, 기입(지시)선, 해칭선, 회전단면의 윤곽선, 짧은 중심선) 등의 우선순위로 도시되어 있다.

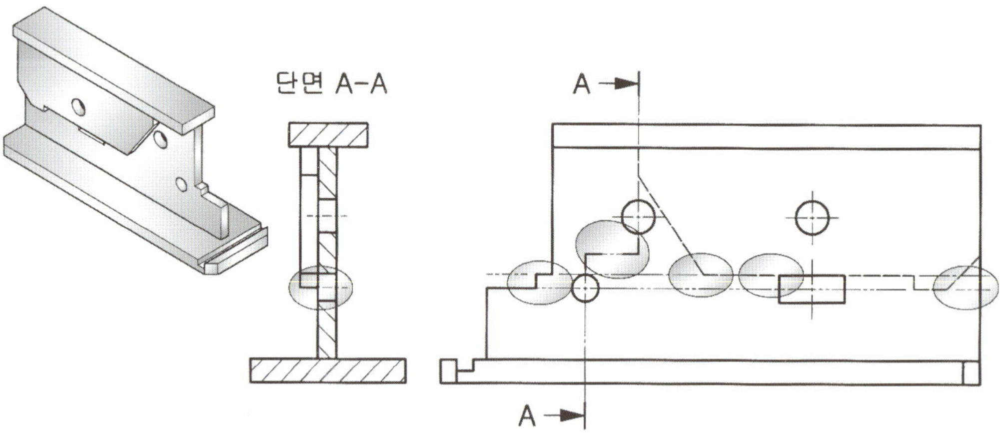

[그림 1-23] 투상도에서 겹치는 선

(2) 부품도에서 선이 겹칠 때의 우선순위

투상도에서 선이 겹칠 때 우선으로 해석하는 외형선 보다 그림 1-24와 같이 숫자, 문자, 기호가 더 우선적으로 해석된다.

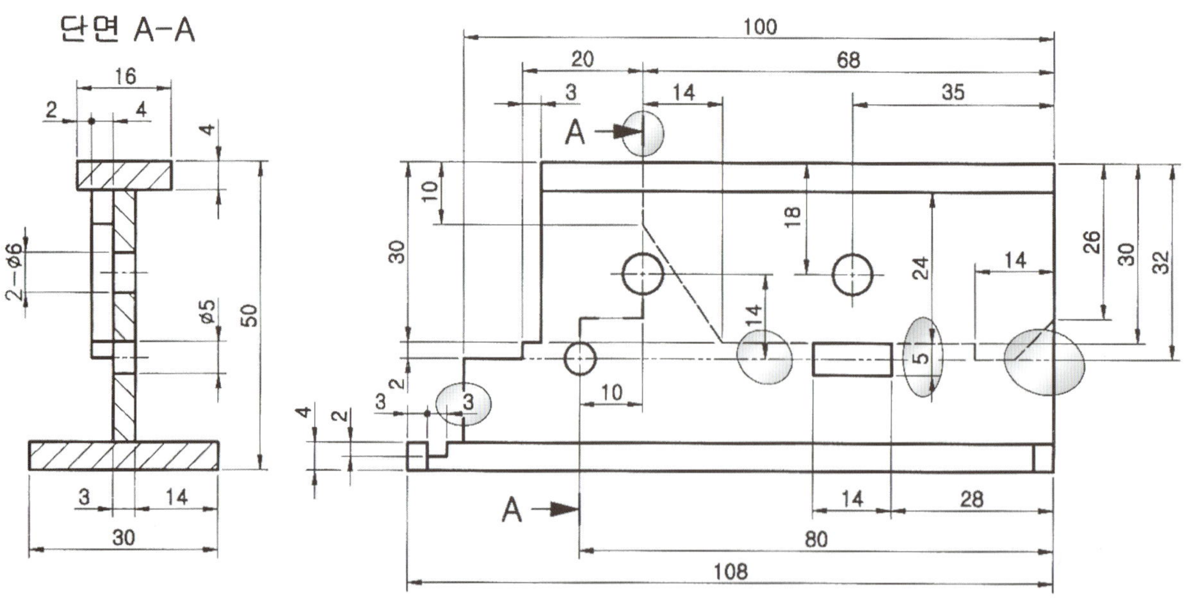

[그림 1-24] 투상도에서 겹치는 선

3 선의 종류와 용도

한국공업규격(KS)에 따르면 선의 종류는 크게 실선, 파선(은선), 쇄선의 3종이 있으며 용도는 다음과 같다.

① **실선** : 물체의 보이는 부분의 모양(형상)을 표시하는 선(외형선, 상관선)은 굵은 실선을 사용하며, 치수선, 치수보조선, 인출선, 해칭선 등은 가는 실선에 포함된다.

② **파선(은선)** : 보이지 않는 부분의 모양을 표시하는 선에 사용하며 실선 굵기의 1/2로 한다. 파선의 건너뜀은 도형의 크기와 알맞게 조화를 이루어야 한다.

③ **쇄선** : 중심선, 인접 외형선, 회전 단면의 외형선, 절단부 쇄선, 경계선, 기준선 등에 사용하며 일점쇄선과 이점쇄선이 있다.

표 1.8은 선의 용도에 의한 종류와 굵기를 나타낸 것이고, 그림 1-25는 선의 종류 및 선 굵기의 사용 예시를 나타내는 도면으로 일부분은 부분적으로 단면도(부분 단면도)로 도시하였다.

그림 1-26은 용도별로 선의 명칭을 설명한 도면이다.

[표 1-8] 선의 형태별, 용도별(KS A 0112) 명칭과 해석

구분 고유번호	구분 기호	형태별 명칭	용도별 명칭	형 태	용 도	그림 1-25에 표시된 번호
01.2	A	굵은 실선	외형선	————	A1 물체의 보이는 윤곽을 나타내는 선	1.1
			상관선		A2 물체의 보이는 면들이 만나는 윤곽을 나타내는 상관선	1.2 1.6
01.1	B	가는 실선 (직선 또는 곡선)	상관선	————	B1 물체의 보이는 필렛(fillet)과 라운드(round) 부분이 만나는 윤곽을 나타내는 상관선	2.7
			치수선		B2 치수를 표시하기 위해 긋는 선	2.1
			치수 보조선		B3 치수 보조선, 국부투상을 위한 연장선	2.2
			지시선, 인출선		B4 지시하기 위해 긋는 선, 도형에서 이끌어 내어 표시하기 위해 긋는 선	2.3
			해칭선		B5 단면 부분을 다른 부분과 구별되도록 규칙적인 간격의 경사지게 그은 선	9.1
			회전 단면선		B6 회전단면을 한 부분의 윤곽을 나타내는 선	2.4
			중심선		B7 짧은 중심선	2.5 4.3
	C	자유 가는 실선	파단선	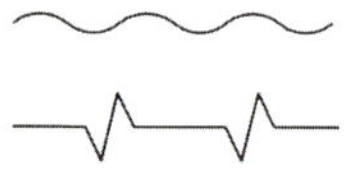	C1 부분투상, 부분단면, 도형 도시의 단축을 하기 위한 경계를 손으로 그리는 선	7.1
	D	지그재그 가는 실선			D1 부분투상, 부분단면, 도형 도시의 단축을 하기 위한 경계를 기계적으로 그리는 선	
02.2	E	굵은 파선	숨은선	------	E1 물체의 보이지 않은 윤곽을 나타내는 선	3.1
					E2 물체의 보이지 않은 면들이 만나는 윤곽을 나타내는 상관선	
02.1	F	가는 파선			F1 물체의 보이지 않은 윤곽을 나타내는 선	
					F2 물체의 보이지 않은 필렛(fillet)과 라운드(round) 부분이 만나는 윤곽을 나타내는 상관선	

[표 1-8] 선의 형태별, 용도별(KS A 0112) 명칭과 해석(계속)

구 분		형태별 명칭	용도별 명칭	형 태	용 도	그림 1-25에 표시된 번호
고유 번호	기호					
04.1 또는 08.1 또는 10.1	G	가는 일점쇄선	**중심선**		G1 중심을 나타내는 선	4.1
					G2 대칭을 나타내는 선	
					G3 중심의 이동 궤적을 나타내는 선	4.2
	H	가는 일점쇄선으로 끝부분 및 방향이 변하는 부분을 굵게 그린 선	**절단선**	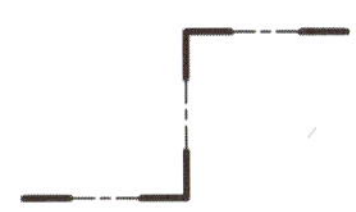	H1 단면도를 그리는 경우에 절단 위치를 도형에 나타내는 선	8.1
04.2 또는 08.2 또는 10.2	J	굵은 일점쇄선	**특수 지정선**		J1 특별히 요구되는 사항을 적용할 범위나 면적을 나타내는 선	5.1
05.1 또는 12.1	K	가는 이점쇄선	**가상선**		K1 인접 부품의 윤곽을 참고로 나타내거나 지그 또는 고정 장치 등의 위치를 윤곽으로 나타내는 선	6.1 6.2
					K2 움직이는 부품의 이동 중 특정위치나 최대로 이동한 위치의 한계를 물체의 윤곽으로 나타내는 선	6.3
					K3 물체가 되풀이 되는 윤곽을 나타내는 선	6.5
					K4 물체의 가공 전, 가공 후의 윤곽을 나타내는 선	6.4
					K5 절단면의 앞에 위치하는 물체의 윤곽을 나타내는 선	6.6

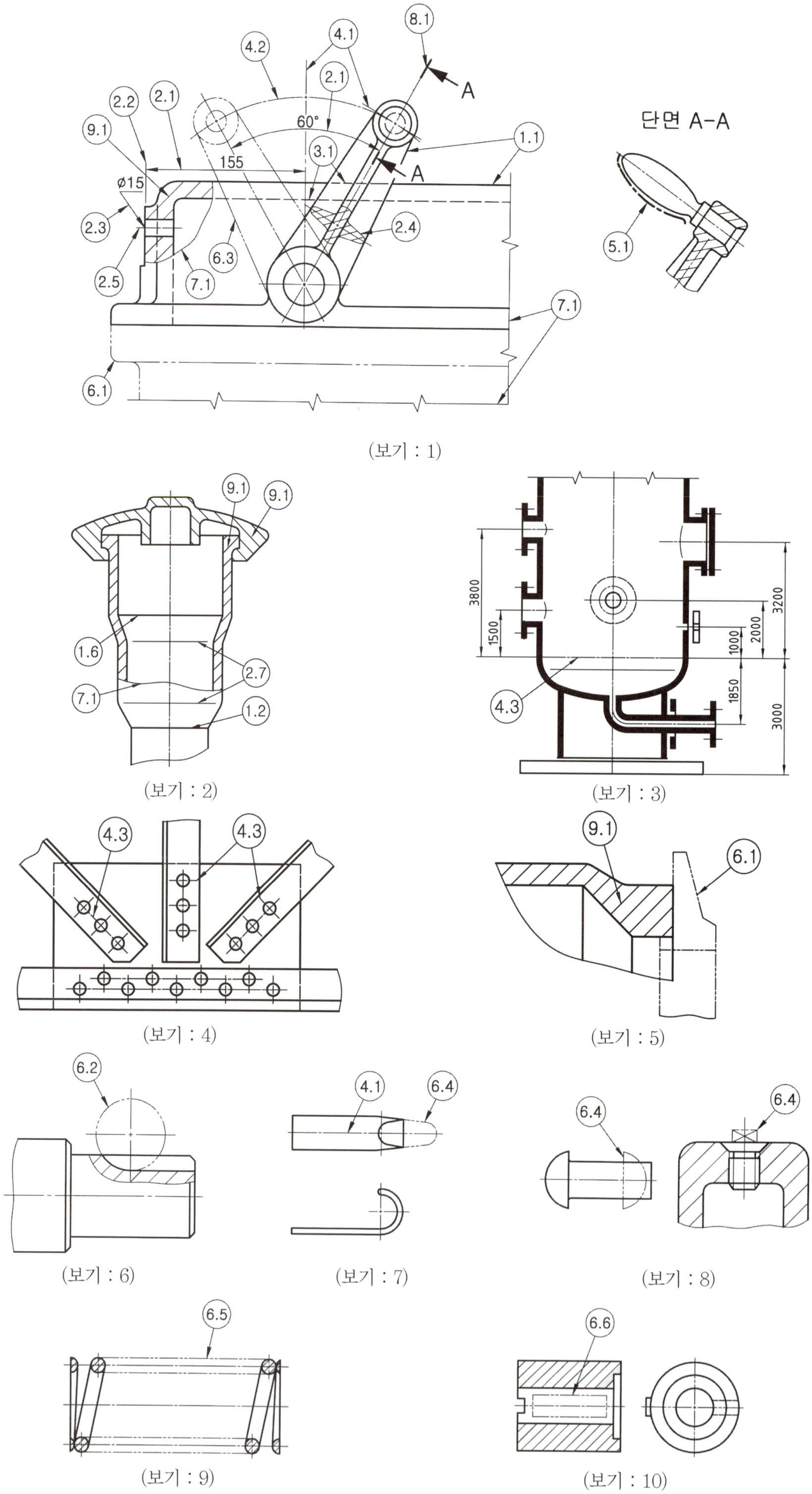

[그림 1-25] 선의 사용 보기(부품도 및 조립도)

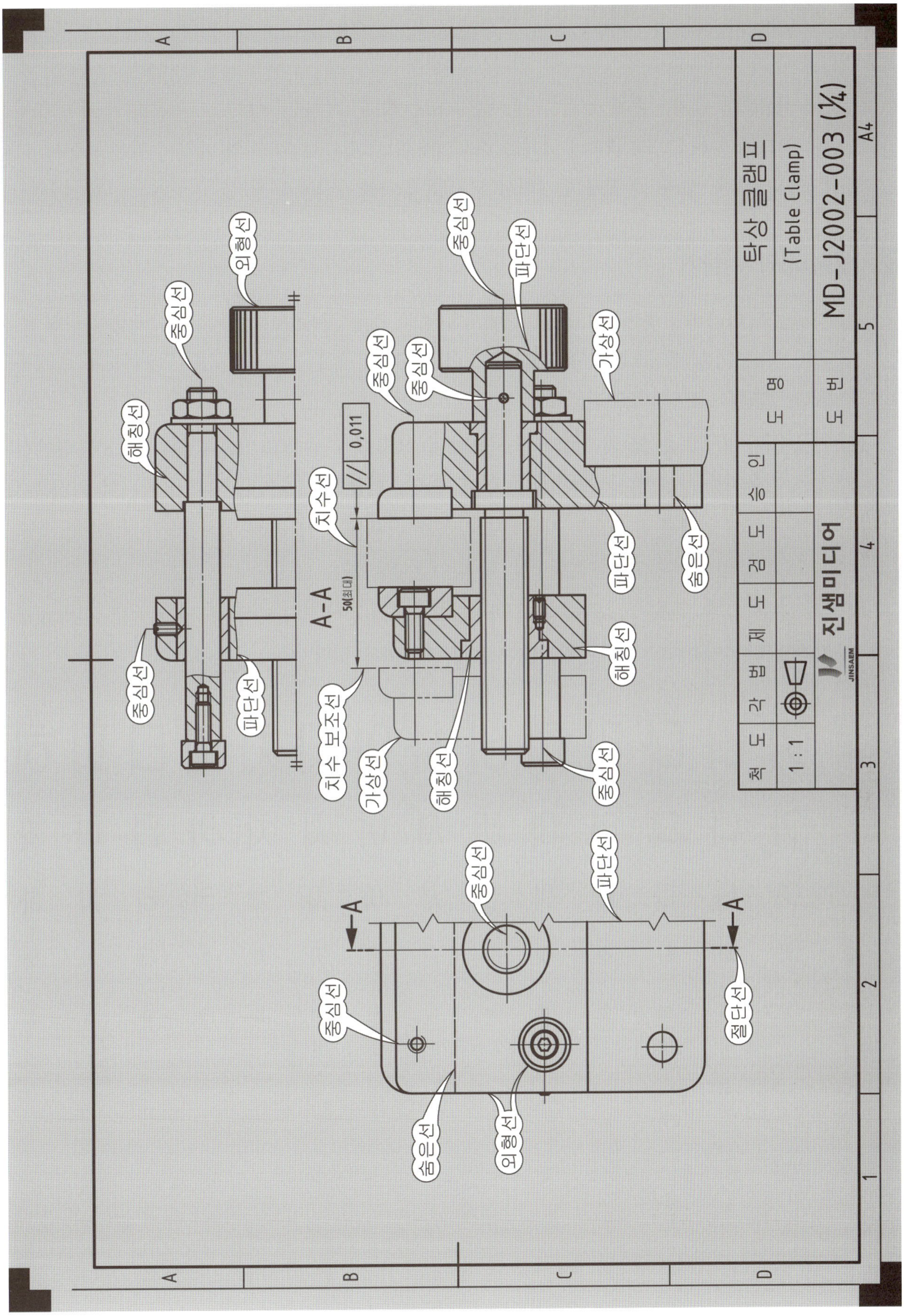

[그림 1-26] 용도별 선의 명칭(조립도면)

1.4 문자(Letters) · 아라비아 숫자(Arabic Numerals) · 기호(Symbols)

제도에 사용되는 문자 · 숫자 · 기호는 도면을 축소, 확대, 복사 및 마이크로필름화 등에 알맞도록 도면의 크기에 따라 그 크기와 선 굵기로 사용되어 있으며, 크기와 선의 굵기 수열은 공통비 1:≒ 1.4(도면의 크기, 선의 굵기)에 근거해서 크기별 종류를 규정하고 있다.

1 체(형태)와 기울기

(1) 영문자와 아라비아 숫자는 ISO 3098에서 규정한 체를 사용하고 한글은 고딕체를 응용하여 선 끝이 둥근 체를 수직으로 사용하고 한 도면 안에서는 같은 형태의 체를 사용하도록 규정하고 있다. (그림 1-27, 1-28 참조)

(2) 기울기는 수직 또는 15°의 기울기를 사용할 수 있도록 허용하고 있으나 하나의 도면 안에서는 같은 기울기를 사용한다고 규정하고 있다. 다만, 한글은 기울어진 체가 규정되어 있지 않다.

(3) 해당 국가의 문자를 우선으로 사용하도록 하고 이해를 돕기 위해 원어를 같이 제도할 경우에는 괄호를 사용하여 그 안에 원어를 써 넣어 사용하도록 규정하고 있다.

(4) 문자의 선 끝은 축소, 확대, 복사 및 마이크로필름화 등에 알맞도록 둥글기로 만들어진 형태를 가진 문자 · 아라비아 숫자 · 기호를 사용하도록 하고 있다.

[그림 1-27] 한글 문자의 형태(선 끝이 둥글어야 함)와 크기

10mm 1234567890 *1234567890*

ABCDEFGHIJKLMN *ABCDEFGHIJKLMN*

7mm OPQRSTUVWXYZ *OPQRSTUVWXYZ*

abcdefghijklmnop *abcdefghijklmnop*

qrstuvwxyz *qrstuvwxyz*

5mm 1234567890 *1234567890*

(a) B형 수직체 (b) B형 경사체

[그림 1-28] B형 수직체(입체), 경사체(사체)의 아라비아 숫자 및 영문자의 서체

2 크기(높이) 종류와 선의 굵기

(1) ISO 규격에서는 최대 높이를 크기로 정하여 2.5mm, 3.5mm, 5.0mm, 7.0mm, 10.0mm, 14mm, 20 mm로 7종류를 규정하고 있는데, 현재 KS규격에서는 조각용 서체의 크기와 같이 중심높이를 크기로 정하고 있다.

(2) ISO 규격에서는 크기에 따른 선의 굵기는 **표 1-9**와 같이 문자크기의 1/10로 규정하고 있으나 현재 KS규격에서는 규정을 변경하지 않고 있을 뿐 실제 크기와 선 굵기는 같다.

[표 1-9] 문자·아라비아 숫자·기호 등의 크기(높이)와 선 굵기 해석

ISO 규격		현 KS규격 (조각용 서체 기준)		사용 보기
크기 (높이)	선 굵기 (높이의 1/10)	크기 (높이)	선 굵기 (높이의 1/9)	
2.5mm	0.25mm	2.24mm	0.25mm	치수공차, 도형 안의 표면거칠기 기호 등
3.5mm	0.35mm	3.15mm	0.35mm	치수, 공차기호, 치수기입용 화살표, 도형 안의 표면거칠기 기호, 일반주서, 지시주서, 도면양식의 구역표시 기호, 표제란·부품표·도면 변경란의 세부항목의 제목 등
5.0mm	0.50mm	4.50mm	0.50mm	A0 도면크기 이하의 도명, 도면번호, 부품번호, 개별주서, 표면거칠기 대표기호, 요목표의 제목 등
7.0mm	0.70mm	6.30mm	0.70mm	
10.0mm	1.00mm	9.00mm	1.00mm	A0 크기와 A1 및 A0 연장크기의 도면의 부품번호, 개별주서, 표면거칠기 대표기호, 요목표의 제목 등
14.0mm	1.40mm	12.50mm	1.40mm	
20.0mm	2.00mm	18.00mm	2.00mm	

3 주서(Notes)

(1) 도면에 기입되는 주서는 투상도와 치수기입을 위한 개별주서와 표제란의 위나 옆에 기입되는 일반 주서로 구분하여 해석되며, 읽기 편의를 위해 가로쓰기로 되어 있다.

(2) 투상도와 관련된 개별주서는 치수의 크기보다 한 단계 또는 두 단계 큰 크기로, 치수기입과 관련되는 개별주서는 치수의 크기와 같은 크기로 되어 있다.

(3) 일반주서는 「**...할 것**」, 「**...으로 한다**」 등으로 구성되어 있어야 하며, 「**....해도 됨**」, 「**...현장 맞춤할 것**」 등의 문장인 경우에는 설계자의 의도가 불분명(불명확)하기 때문에 제작을 유보해야 한다.

1.5 척도(Scale)

도형은 보통 실물의 크기에 의하여 축소 또는 확대하여 그려야 할 때가 있는데 도형상의 축소 또는 확대하여 그리는 길이의 비율을 척도라고 한다. 척도의 종류는 실척, 축척, 배척으로 구별한다.

도면은 특별한 경우를 제외하고 실물 크기의 실척(현척)으로 그려져 있으며, 축척이나 배척으로 그리는 경우에는 실제 크기와 혼동을 주므로 사용하지 않으며 불가피한 경우 표 1-10에서 정한 척도 값으로 제도하게 되어 있다.

(1) 실척(현척 : Full scale, Full size)

실물과 같은 크기로 그릴 경우의 척도이며, 치수나 모양(형상)에 착오가 적다.

(2) 축척(Contraction scale)

실물보다 작게 그릴 경우의 척도이며 크기, 모양 및 구조에 따라 도형이나 치수를 명확히 할 수 있는 축척을 선택해야 한다.

(3) 배척(Enlarged scale)

실물보다 크게 그릴 경우의 척도이며, 작고 복잡한 부품을 그릴 때 주로 사용한다.

그림 1-29에서는 여러 척도의 사용 예를 보여주고 있다.

(a)는 확대도의 척도(S=5:1)를 표시하고 있으며, **(b)**는 표제란에 두 가지 척도를 모두 표시하고 있다. 전체 척도는 S=1:1이고 한 부품의 척도만이 배척(S=2:1)이며 괄호로 표기하였다. **(c)**는 전체 척도가 실척으로 표시 되어있다.

동일도면에서 서로 다른 척도를 사용하였을 경우 각 그림마다 부품번호 옆이나 표제란의 일부에 척도를 기입해야 한다. 그림의 형태가 치수에 비례하지 않을 때에는 치수밑에 밑줄을 긋거나 "비례가 아님" 또는 NS(Non Scale, Not to Scale)로 표시해야 한다. 사진으로 축소 또는 확대하는 도면에는 그 척도에 의해서 자의 눈금 일부를 기입하여야 한다.

[표 1-10] 척도의 종류 및 실척·축척·배척의 값

종 류	값
실 척	**1 : 1[1)]**
축 척	1 : 2[2)] 1 : 5 1 : 10 1 : 20 1 : 50 1 : 100 1 : 200
배 척	2 : 1 5 : 1 10 : 1 20 : 1 50 : 1

[비고] 1) 1 : 1, 1/1이라고도 사용한다. 실척을 현척이라고도 한다.
2) 1 : 2, 1/2으로도 사용하며 이러한 척도는 A : B로 표시하며, A는 실물의 크기(길이), B는 도형의 크기(길이)로 한다.

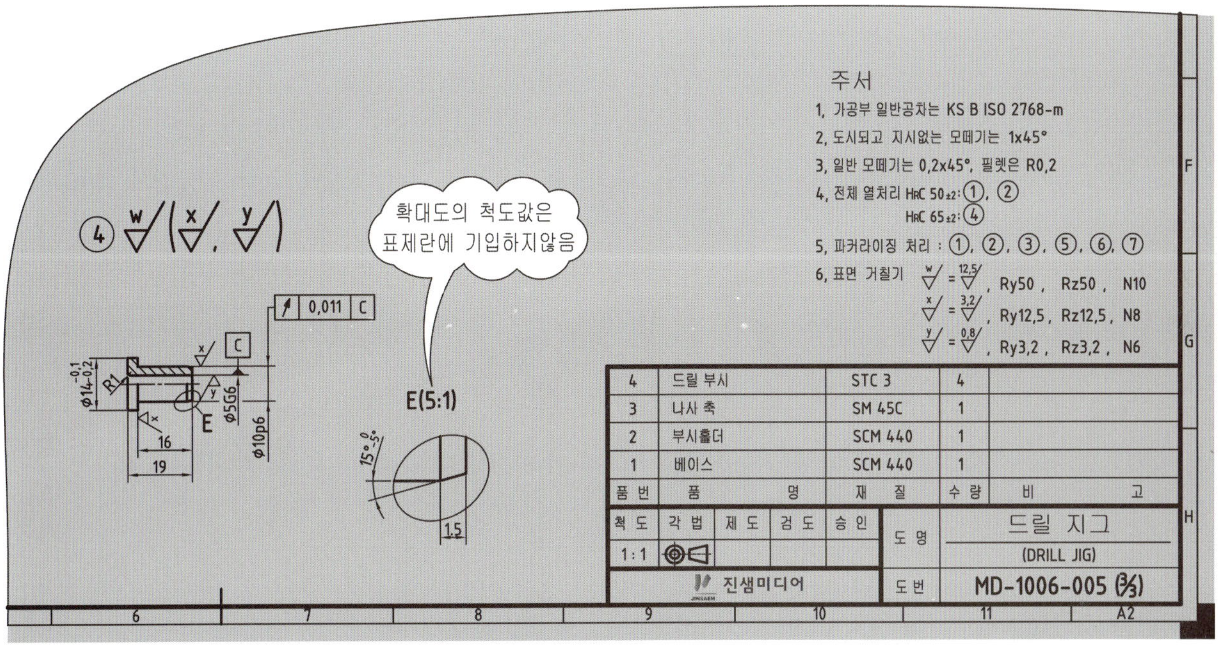

(a) 확대도에 표시된 척도(S = 5∶1)

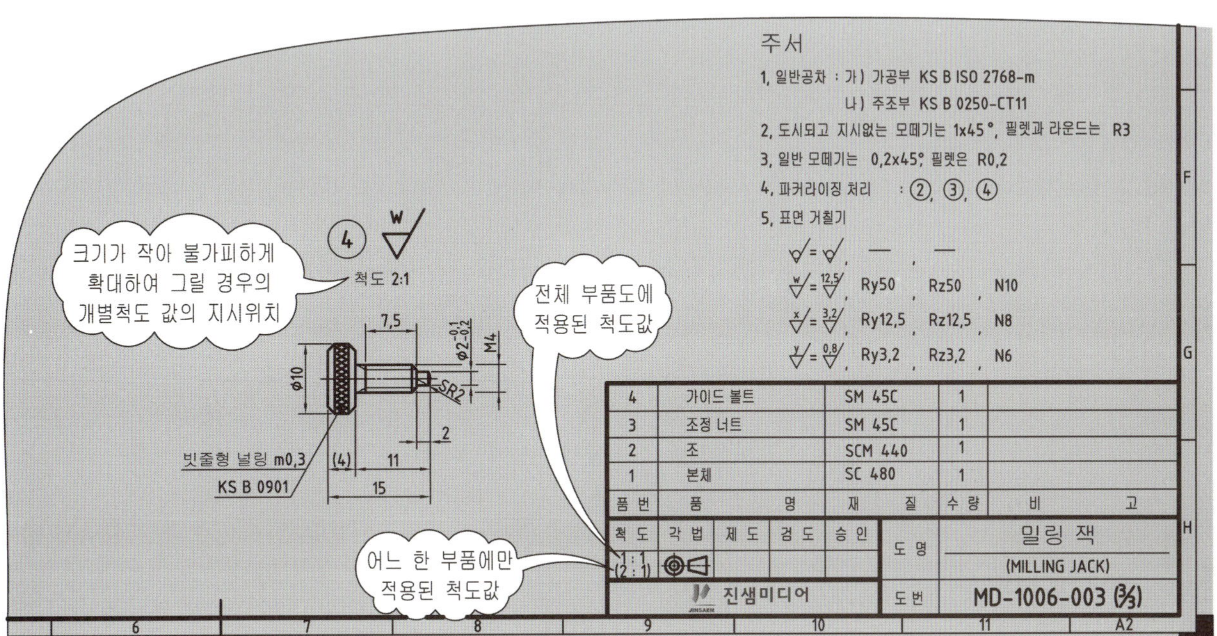

(b) 표제란에 표시된 척도

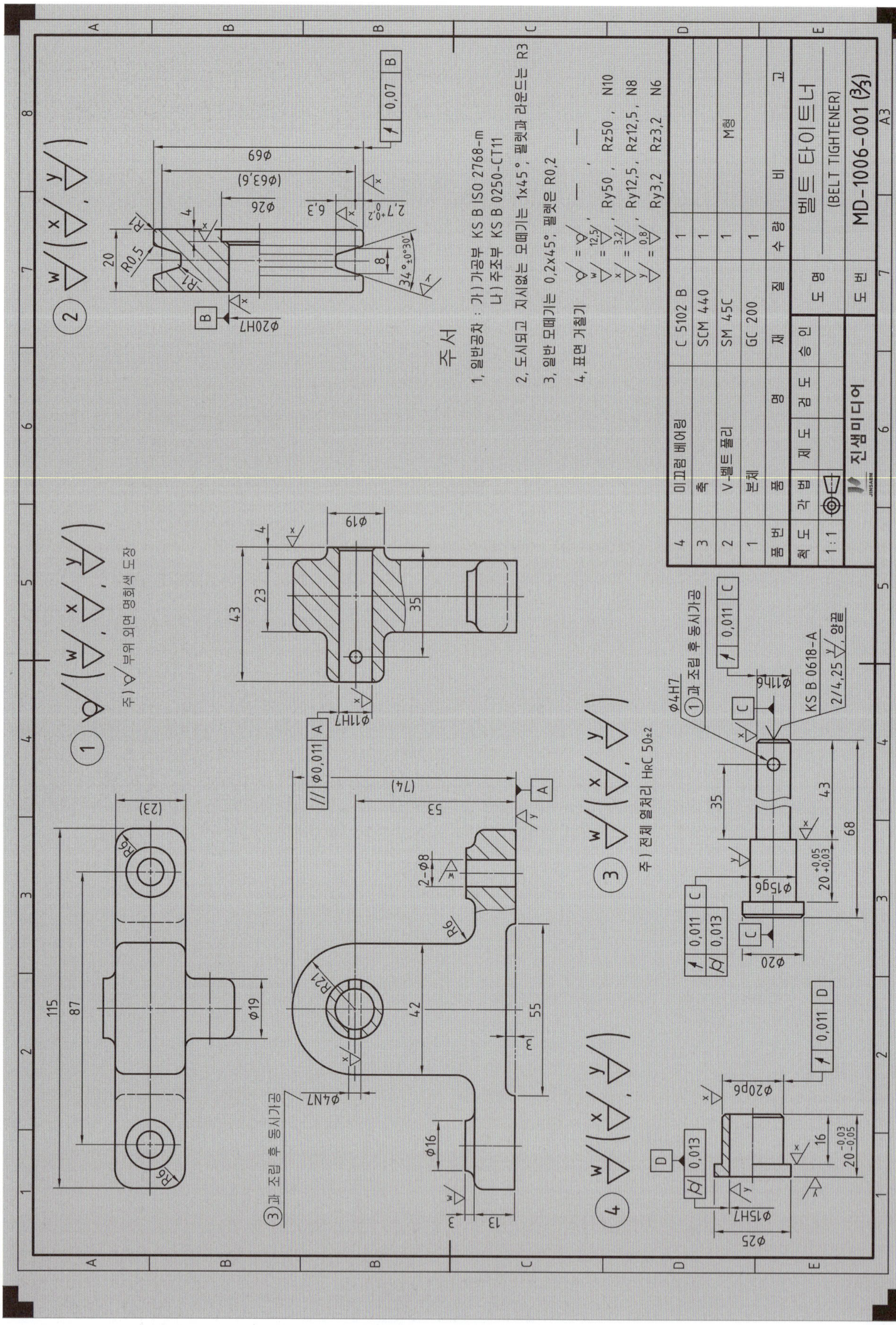

(c) 표제란에 표시된 척도(S = 1:1)

[그림 1-29] 척도 표기

치수의 기입에 있어서 치수 수치(값)와 물체(도형)의 길이가 일치하지 않을 때에는 치수 숫자 밑에 굵은 실선을 그어 **그림 1-30**과 같이 표시한다.

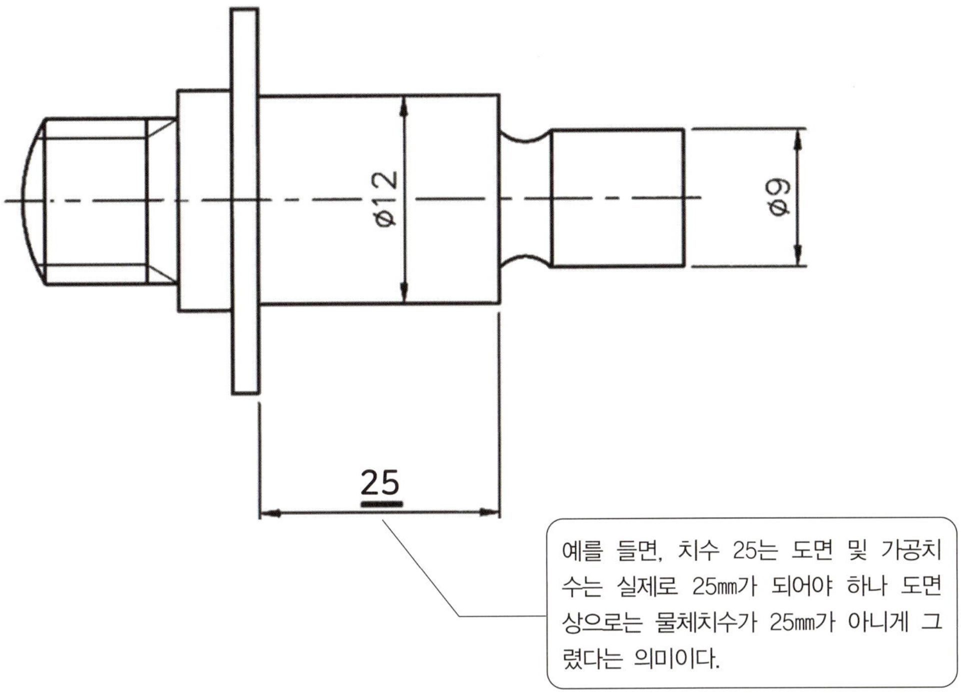

[그림 1-30] 도형과 치수가 비례하지 않는 경우의 치수기입

MEMO

연습문제-1 위의 그림 1-29 도면(도명: 벨트 타이트너)을 보고 아래의 질문에 답하시오.

1 도면에 마련된 양식의 내용을 간추리고 설명하라.

2 도면의 명칭(Drawing Title)은 무엇이며, 제조한 조립품은 어디에 무엇을 하기 위해 사용하는가?

3 도면의 크기와 총 몇 장의 도면 중에서 몇 번째 도면인가?

4 ③번 부품이 ①에 끼워지는 것을 치수로 확인할 수 있는데 두 부품의 조립관계를 알 수 있는 치수가 표시된 도면의 구역 두 군데를 적어라.

5 ③번 부품이 ①에 끼워 빠지지 않도록 고정하는 구멍의 위치치수로 확인할 수 있는데 두 부품의 조립관계를 알 수 있는 위치치수가 표시된 도면의 구역 두 군데를 적어라.

연습문제-1 모범답안

1 도면에 마련된 양식의 내용을 간추리고 설명하라.

(1) 표제란(Title block)

표제란은 특정한 사항 즉, 등록정보 번호(도면번호), 도면의 법적 소유자 명(회사이름 또는 소속명칭), 도면명칭(제품명칭)의 기본정보를 반드시 나타내고 제도자·설계자·검도자·승인자 등의 이름, 각 법(투상법), 단위, 척도, 관련 도면번호 등의 부가적 정보를 나타내는 양식을 말한다.

(2) 윤곽선(테두리선)과 윤곽(Borders line and frame)

용지의 가장자리와 제도영역을 한정해주고, 가장자리가 찢어져서 내용이 훼손되지 않도록 예방하기 위해 공간을 설치하는 테두리를 도면의 윤곽선이라 하고, 가장자리와 윤곽선 사이의 빈 공간을 도면의 윤곽이라 한다.

(3) 중심마크(Centering marks)

복사, 마이크로필름 촬영, 접기, 철하기 위한 구멍 뚫기를 할 때 도면의 위치결정을 편리하도록 하기 위해서 마련된 용지의 대칭인 중심에 4개의 짧은 실선으로 표시되어 있는 것을 중심마크라고 한다.

(4) 도면의 구역 표시(Grid reference system)

도면의 내용을 읽거나 설명할 때 설명부분의 위치 즉 도형의 위치, 상세한 부분의 위치, 내용의 추가 및 수정 등의 위치를 나타내거나 도면을 읽기 쉽도록 가로와 세로방향으로 구역을 나누어 표시해 주는 양식을 도면의 구역표시라고 한다.

(5) 재단마크(Trimming marks)

복사나 출력된 도면을 정해진 크기대로 자르기에 편리하도록 도면의 가장자리 4개의 모서리에 접하여 안쪽으로 두 개의 직선이 그어져 있는 것을 재단마크라 한다.

(6) 부품표 또는 부품란(Item lists or item lists block)

제도된 해당 부품에 부여된 번호(품번), 부품명칭(품명), 재질, 수량, 처리 등 제작을 위해 도형으로 표시할 수 없는 생산에 필요한 부가적 정보를 표시한 것을 부품표 또는 부품란이라고 한다.

2 도면의 명칭(Drawing Title)은 무엇이며, 제조한 조립품은 어디에 무엇을 하기 위해 사용하는가?

▶ 도면명칭 : 벨트 타이트너(Belt Tightener)

▶ 두 축 사이를 V벨트에 의해 구동될 때 축 사이의 간격이 좁혀지거나, 벨트의 늘어짐(처짐) 현상이 발생할 때 V벨트를 밖으로 밀어내어 긴장(팽팽)하도록 타이트(tight)하게 하는 장치이다.

3 **도면의 크기와 총 몇 장의 도면 중에서 몇 번째 도면인가?**

▶ 도면의 크기 : A3(420×297㎜)

▶ 총 3매의 도면 중에서 3번째 도면

4 **③번 부품이 ①에 끼워지는 것을 치수로 확인할 수 있는데 두 부품의 조립관계를 알 수 있는 치수가 표시된 도면의 구역 두 군데를 적어라.**

▶ ③번 부품 : E-4구역(∅11h6)

▶ ①번 부품 : B-4구역(∅11H7)

5 **③번 부품이 ①에 끼워 빠지지 않도록 고정하는 구멍의 위치치수로 확인할 수 있는데 두 부품의 조립관계를 알 수 있는 위치치수가 표시된 도면의 구역 두 군데를 적어라.**

▶ ③번 부품 : D-4구역(35 치수)

▶ ①번 부품 : B-5구역(35 치수)

MEMO

연습문제-2 ▶선 연습(1)	보충 설명해 주는 등각 투상도와 함께 제시한 번호 ①부터 ⑩까지의 각 부품의 투상도 제도에 사용된 선의 용도에 의한 명칭을 모두 쓰시오.

①

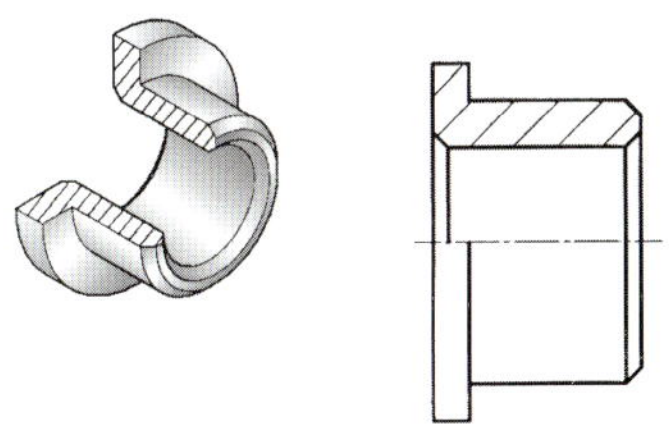

②

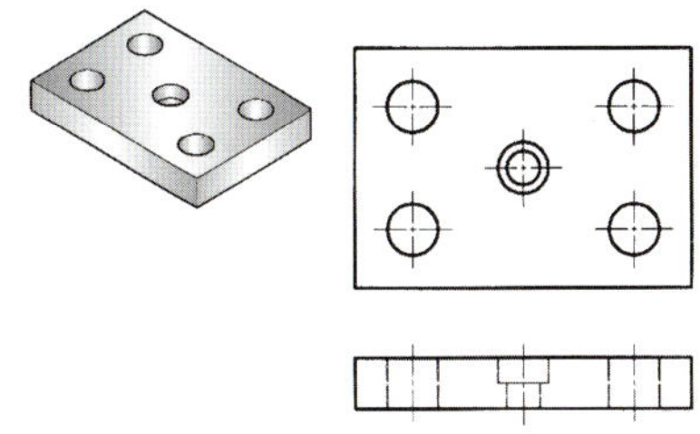

③

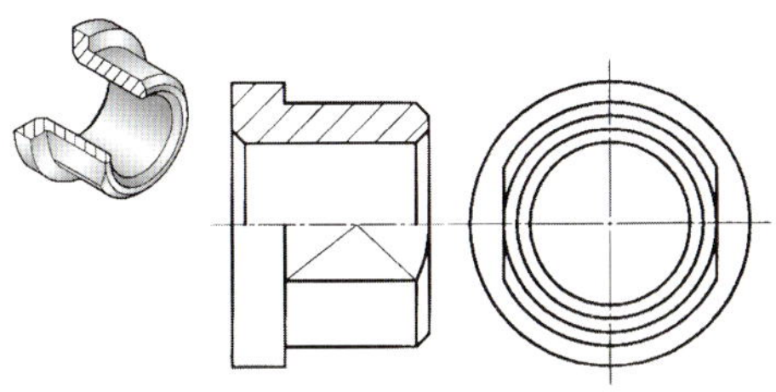

④

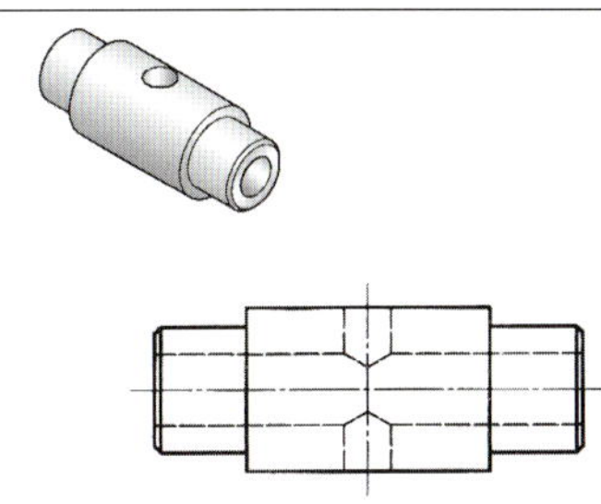

⑤

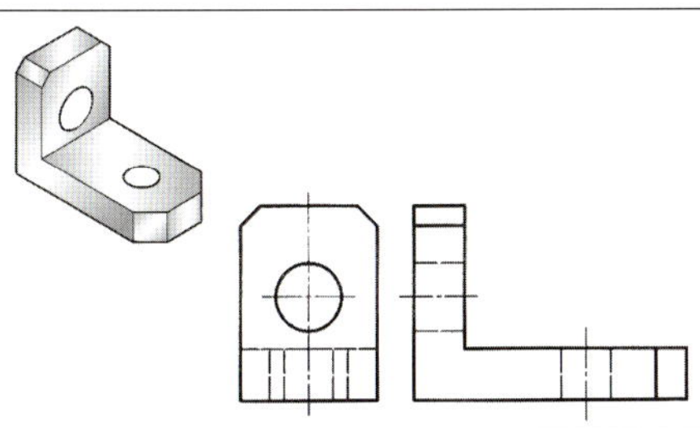

⑥

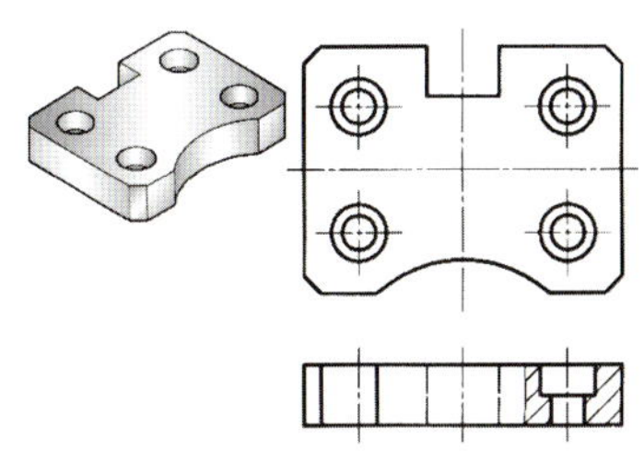

⑦

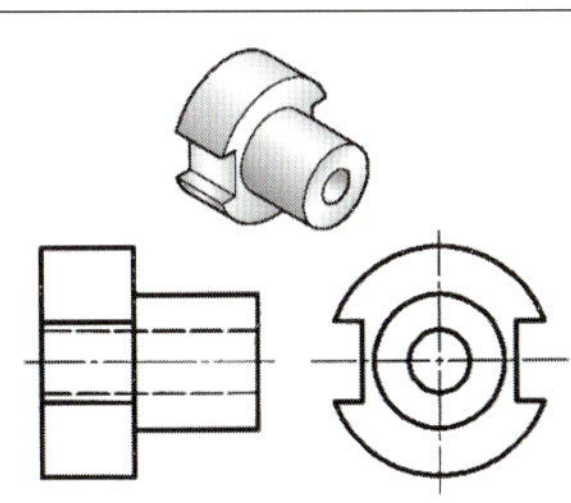

⑧

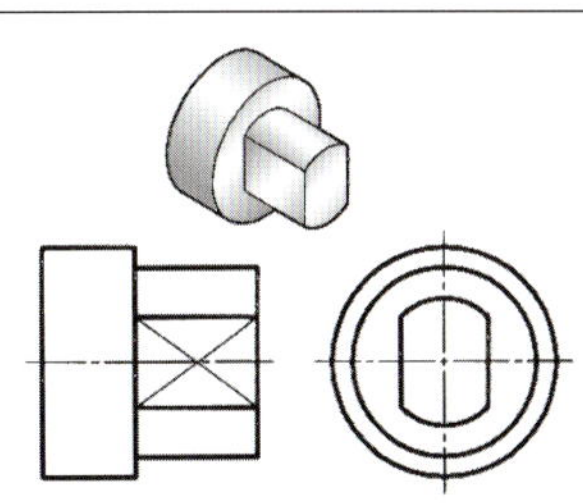

⑨

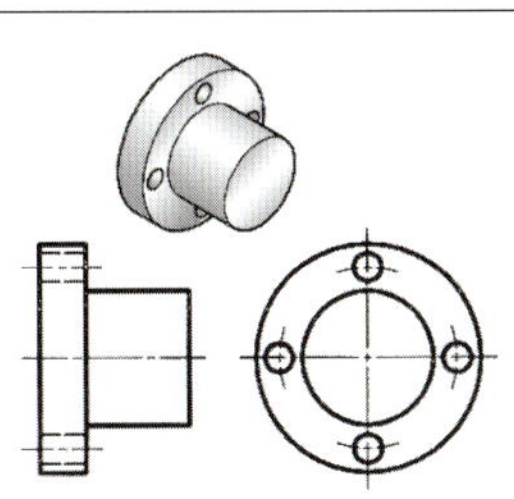

⑩

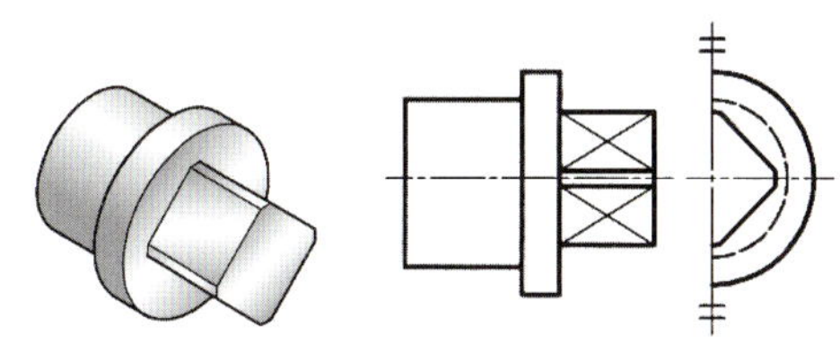

1.	
2.	
3.	
4.	
5.	
6.	
7.	
8.	
9.	
10.	

연습문제-2 ▶선 연습(1) | 모범답안

①

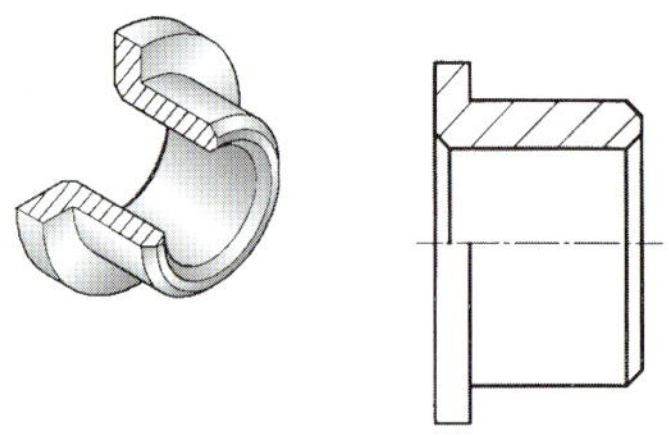

②

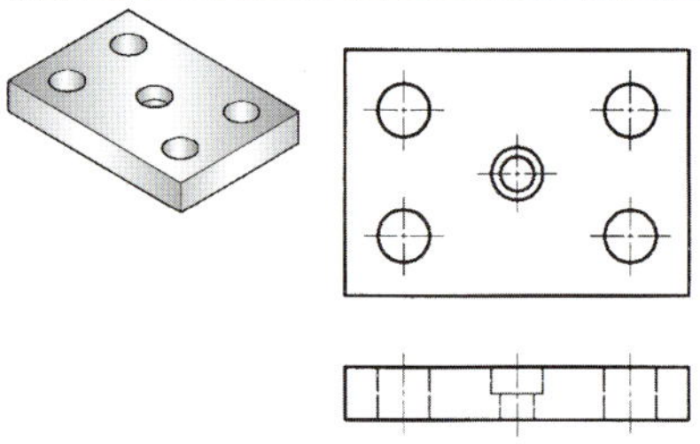

③

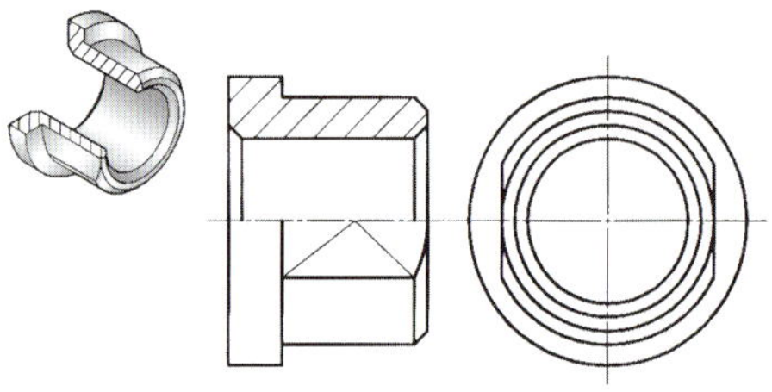

④

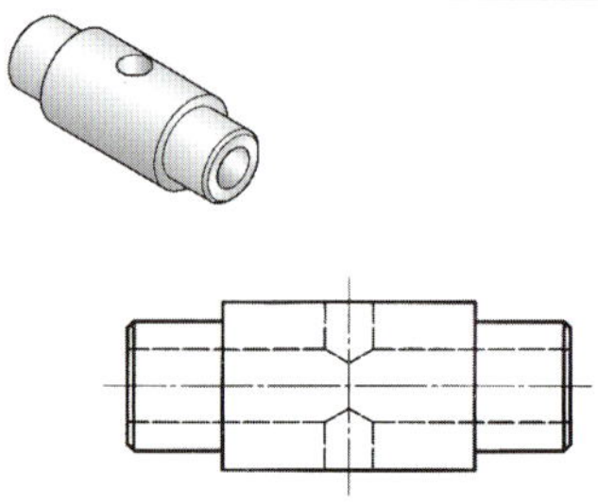

⑤

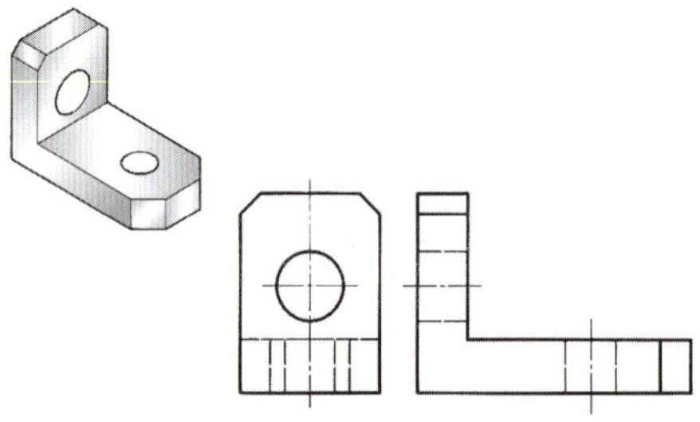

⑥

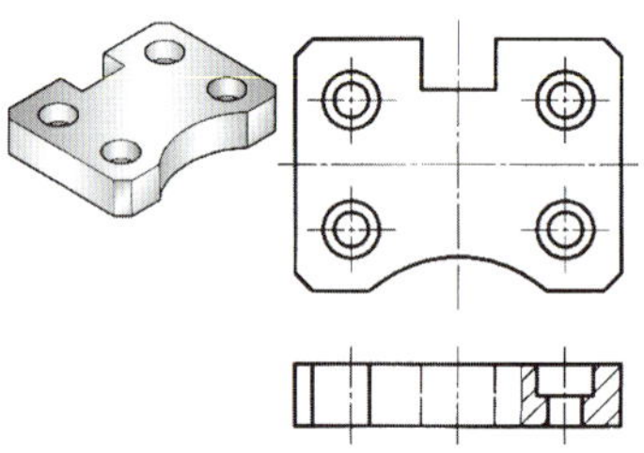

⑦

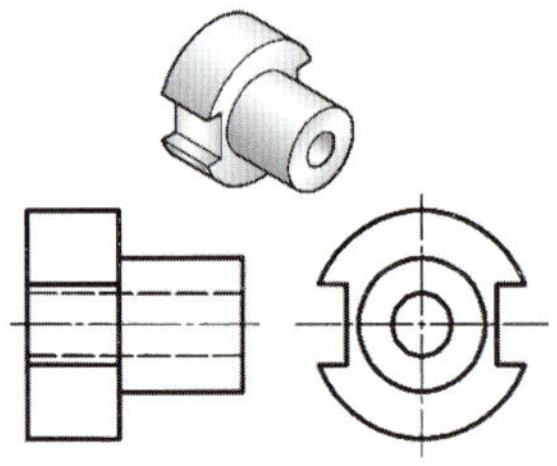

⑧

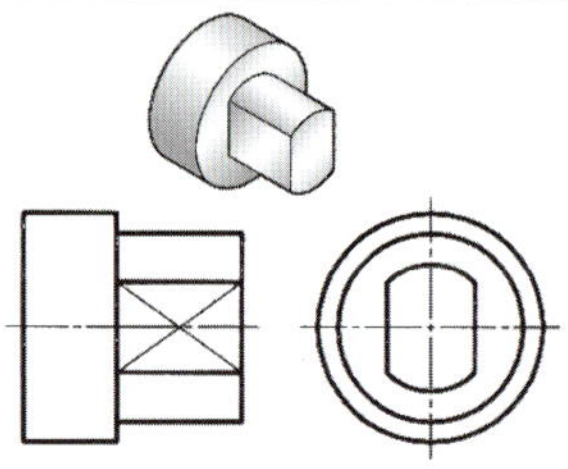

⑨

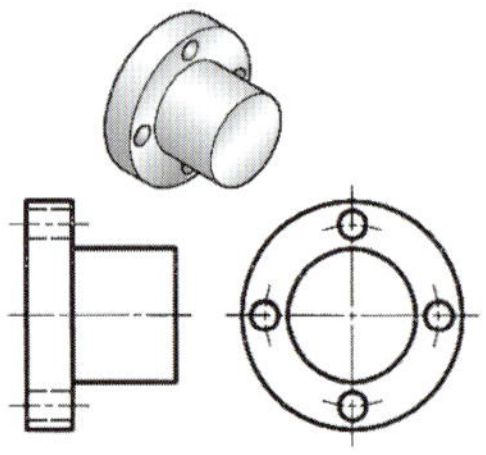

⑩

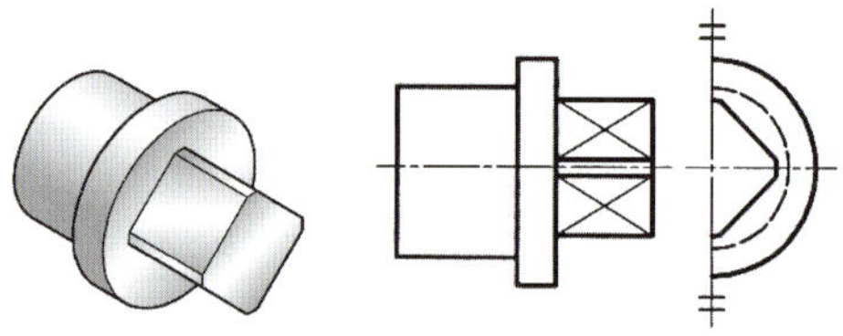

1.	외형선, 중심선, 해칭선
2.	외형선, 숨은선, 중심선
3.	외형선, 중심선, 해칭선, 특수지정(용도)선(원통면에 평면이 있음을 나타내는 가는 실선의 대각선, 새 규격에 없음)
4.	외형선, 숨은선, 중심선
5.	외형선, 숨은선, 중심선
6.	외형선, 숨은선, 중심선, 파단선, 해칭선
7.	외형선, 숨은선, 중심선
8.	외형선, 중심선, 특수지정(용도)선(원통면에 평면이 있음을 나타내는 가는 실선의 대각선, 새 규격에 없음)
9.	외형선, 숨은선, 중심선
10.	외형선, 숨은선, 중심선, 특수지정(용도)선(원통면에 평면이 있음을 나타내는 가는 실선의 대각선, 새 규격에 없음)

연습문제-3 ▶ 선 연습(2)	보충 설명해 주는 등각 투상도와 함께 제시한 번호 ①부터 ⑧까지의 각 부품의 투상도 제도에 사용된 선의 용도에 의한 명칭을 모두 쓰시오.

①

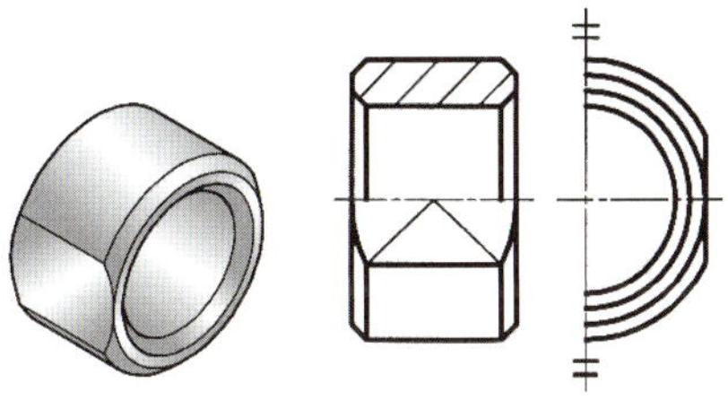

②

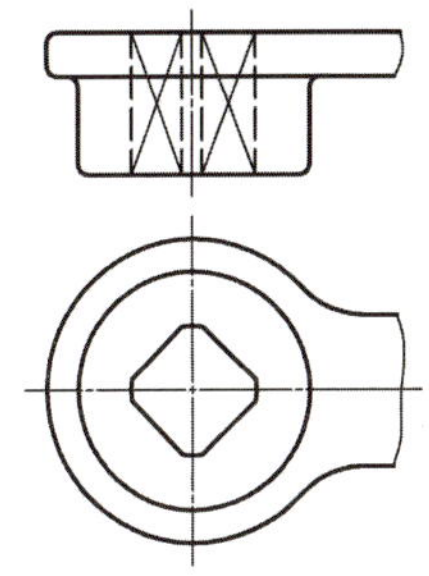

③

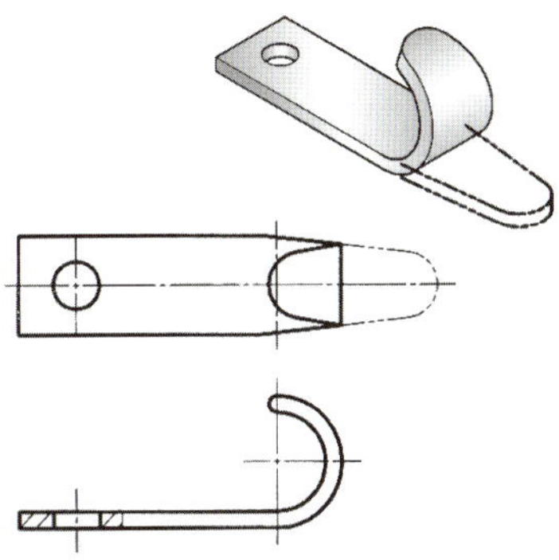

④

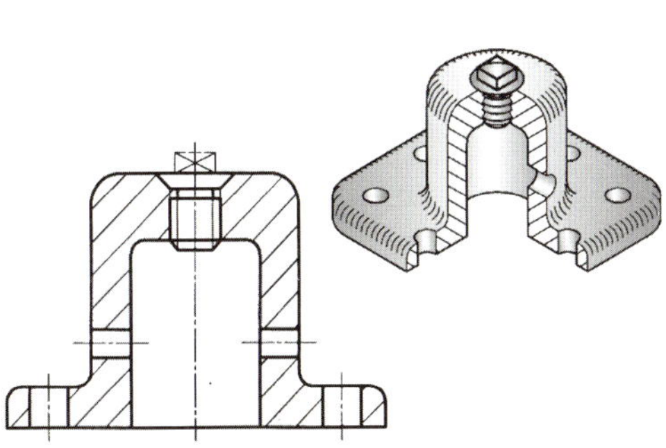

⑤

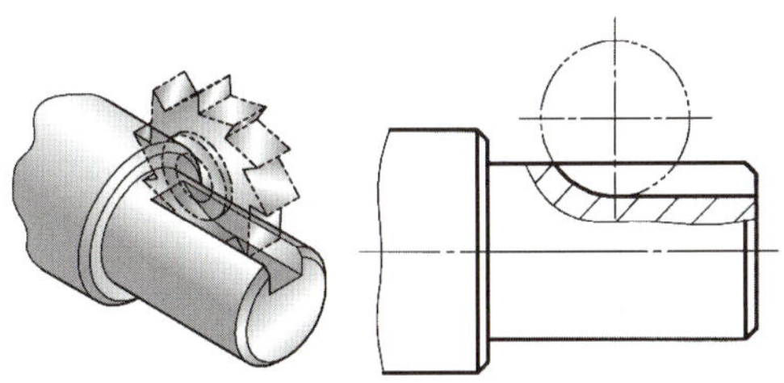

⑥

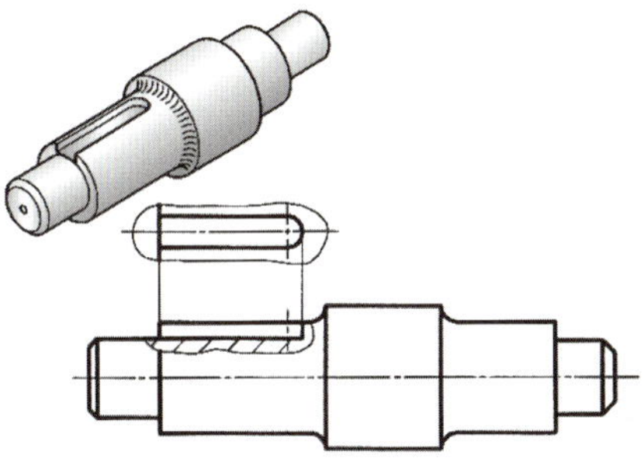

⑦

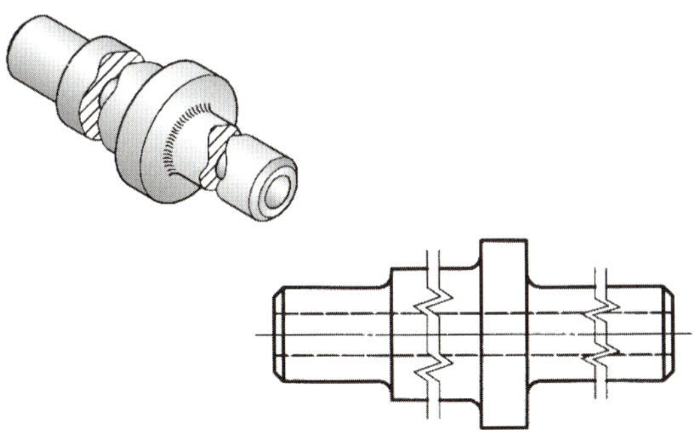

⑧

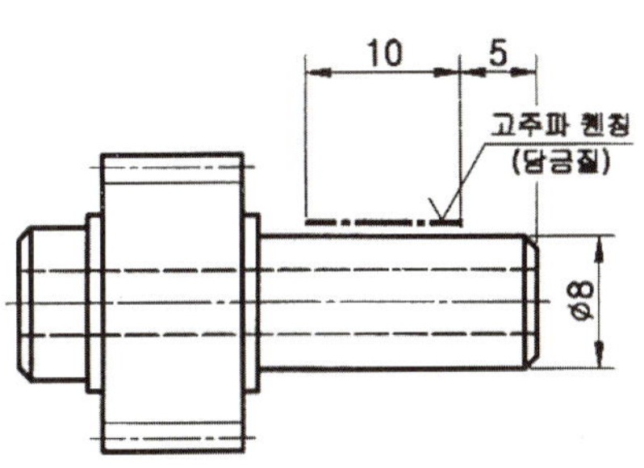

1.	
2.	
3.	
4.	
5.	
6.	
7.	
8.	

연습문제-3 ▶ 선 연습(2) | 모범답안

①

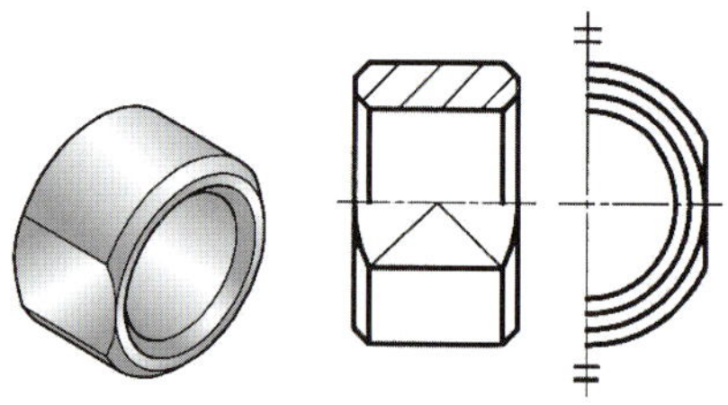

②

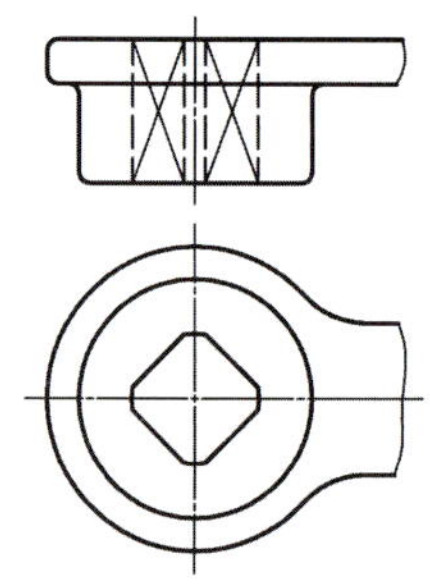

③

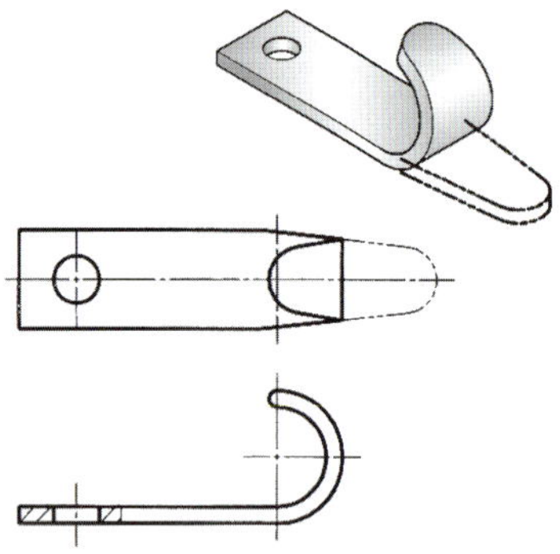

④

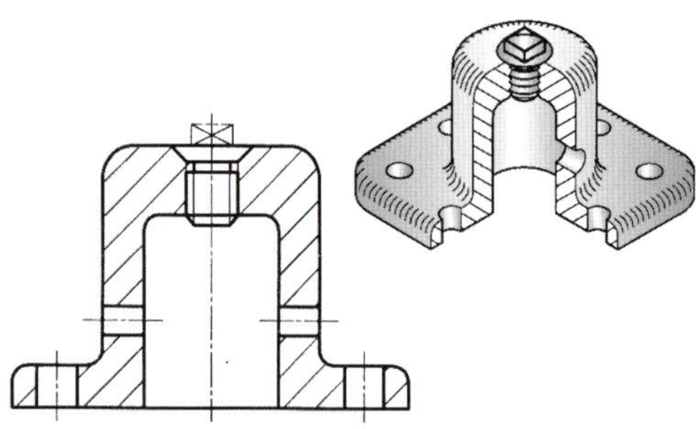

⑤

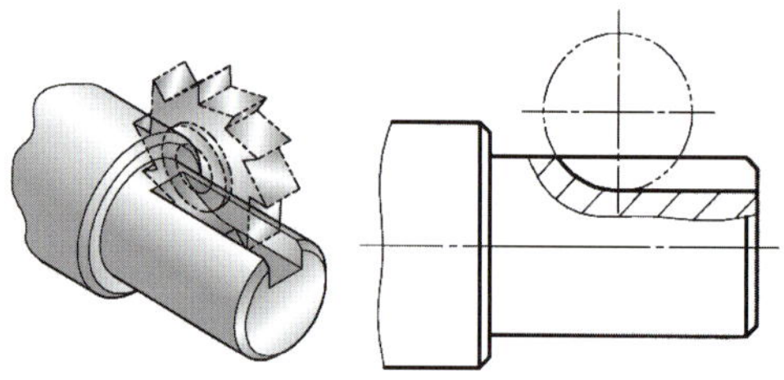

⑥

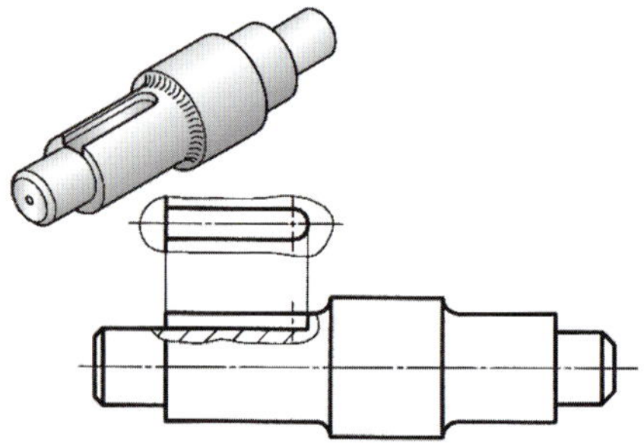

⑦

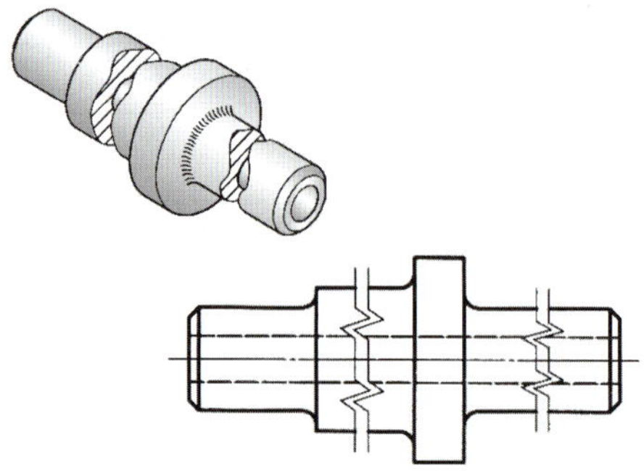

⑧

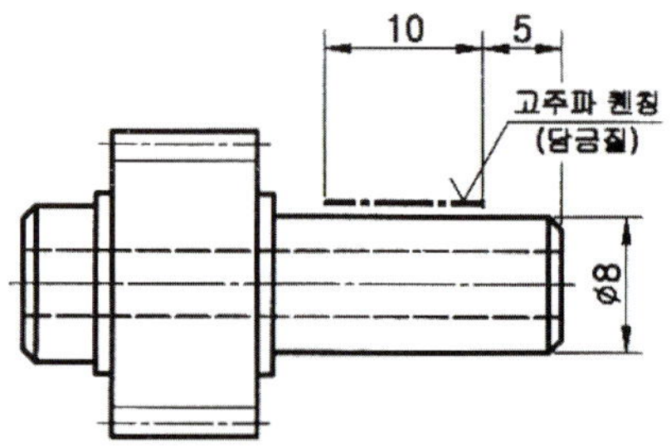

1.	외형선, 중심선, 해칭선, 특수지정(용도)선(원통면에 평면이 있음을 나타내는 가는 실선의 대각선, 새 규격에 없음)
2.	외형선, 숨은선, 중심선, 파단선, 특수지정(용도)선(원통면에 평면이 있음을 나타내는 가는 실선의 대각선, 새 규격에 없음)
3.	외형선, 중심선, 가상선, 파단선, 해칭선
4.	외형선, 가상선, 중심선, 해칭선, 특수지정(용도)선(나사의 골을 나타내는 선, 새 규격에 없음)
5.	외형선, 가상선, 파단선, 중심선, 해칭선
6.	외형선, 파단선, 중심선, 해칭선
7.	외형선, 숨은선, 파단선, 중심선
8.	외형선, 숨은선, 중심선, 특수지정(용도)선(특수처리 범위를 지정하는 선, 나사부의 지정범위를 나타내는 선으로 새 규격에는 없음)

CHAPTER

02 투상법의 원리

2.1 정 투상도(Orthographic projection drawing)

그림 2-1의 (a)와 같이 화면 뒤에 물체를 놓았다고 가정하고 시점으로부터 물체의 각 윤곽점에 광선을 비추었다면 화면에 커진 모양의 윤곽을 얻을 수 있는데 거리에 따라 화면에 얻어지는 윤곽 크기는 다르게 나타난다.

그림 2-1의 (b)와 같이 화면 앞에 물체를 놓고 보는 시점이 이론적으로 무한대의 거리에 있다고 가정하여 광선을 비추었다면 물체에 이르는 시선들의 길이는 길어져 결국은 서로 평행한 무한대의 거리가 되고 화면과는 수직을 이루게 되는데, 이 때 시점과 물체 및 화면의 거리에 상관없이 화면에 얻어지는 물체의 윤곽은 물체의 실제크기와 같은 그림을 얻을 수 있게 된다.

이와 같은 원리로 얻어져 그려진 그림을 정 투상도(orthographic projection drawing)라 하고 그림 2-2, 그림 2-3과 같이 기계나 구조물의 제작용 조립도와 부품도면을 그리는데 사용하는 투상방법이다.

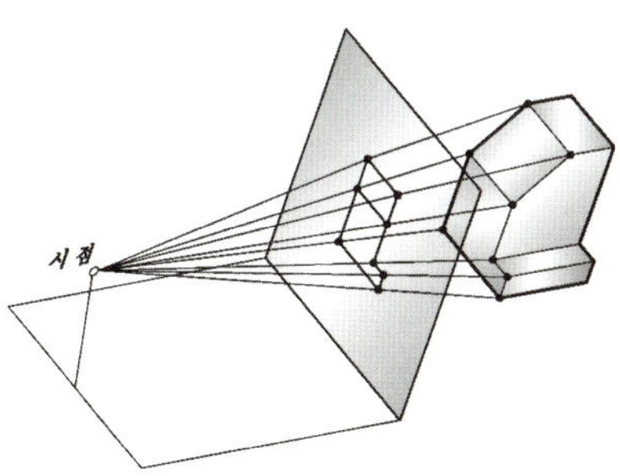

① 시점과 물체 사이의 투상 기본원리

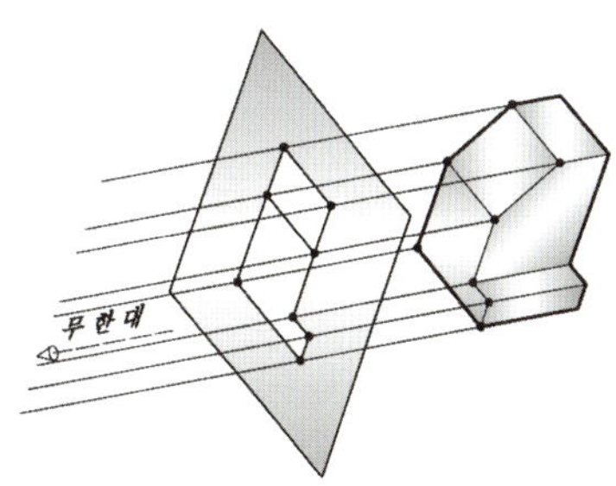

② 무한대 평행 광선의 정 투상 원리

(a) 화면 뒤에 물체를 놓았을 때

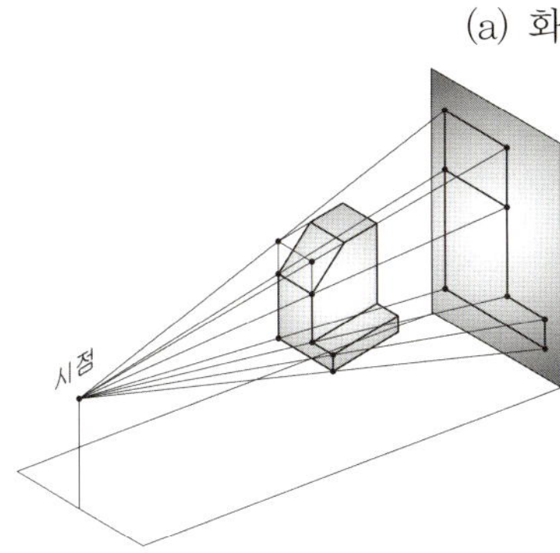

① 시점과 물체 사이의 투상 기본원리

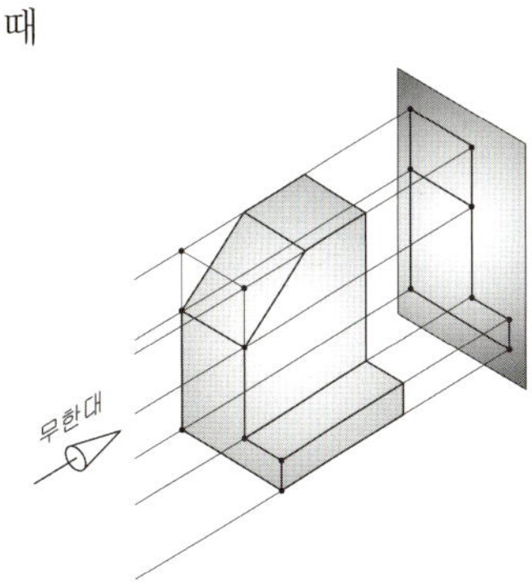

② 무한대 평행 광선의 정 투상 원리

(b) 화면 앞에 물체를 놓았을 때

[그림 2-1] 투상원리

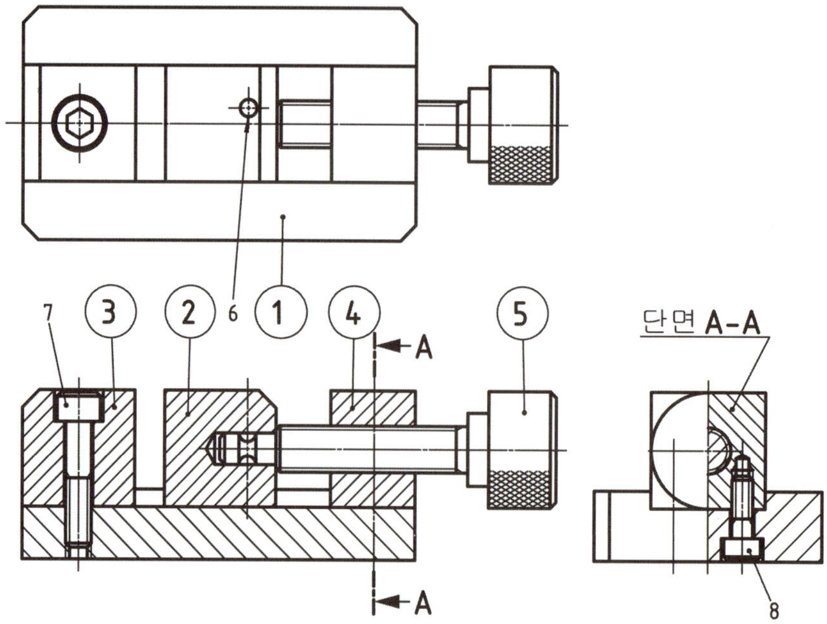

[그림 2-2] 정 투상도로 그려진 제작용 조립도면

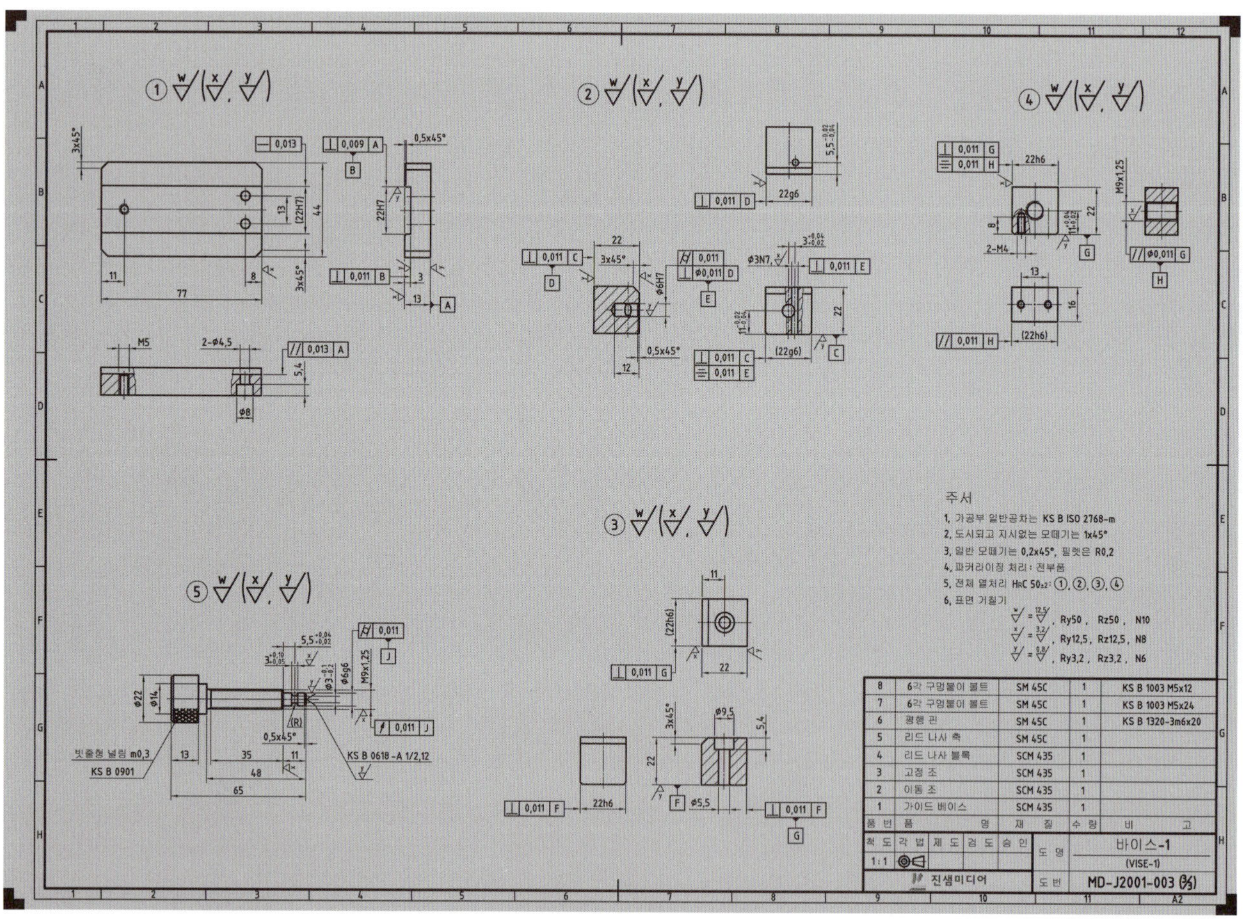

[그림 2-3] 정 투상도로 그려진 제작용 부품도면

2.2 등각 투상도(Isometric projection drawing)

그림 2-4의 (a)와 같이 물체를 들어 올려서 왼쪽 또는 오른쪽으로 돌린 다음 앞쪽 또는 뒤쪽으로 기울여서 두 개의 모서리가 수평선과 30°가 되게 하여 무한대의 수평 시선으로 얻은 물체의 윤곽을 그리게 되면 (b)와 같이 세 모서리는 120°의 등각을 이루는 그림을 그릴 수 있게 된다.

이렇게 등각을 이루는 입체형의 그림을 얻을 수 있다고 하여 등각 투상도(isometric projection drawing)라고 하며 그림 2-5, 그림 2-6과 같이 주로 기계나 구조물의 조립・분해를 설명하는 입체형의 그림을 그리는데 사용하는 투상방법이다.

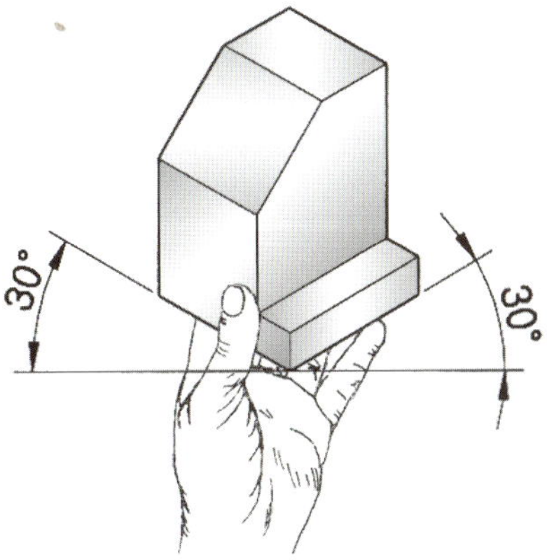

(a)

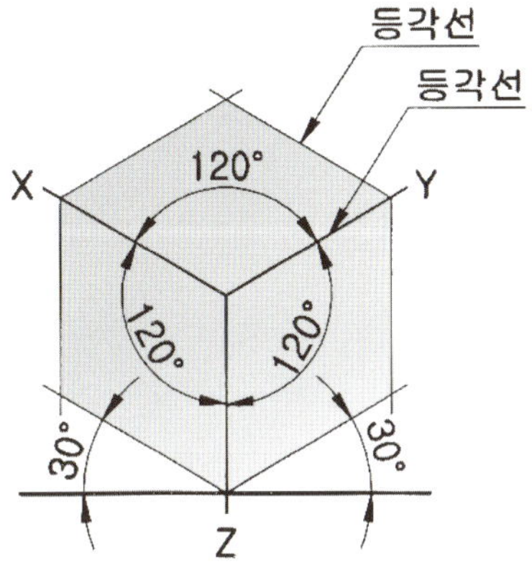

(b)

[그림 2-4] 등각 투상도의 원리

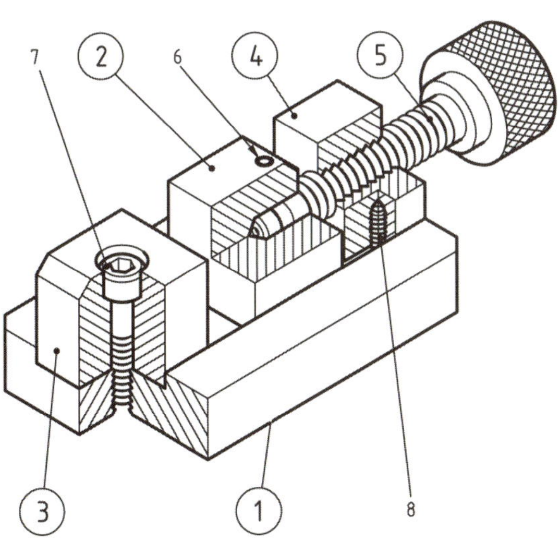

[그림 2-5] 조립 등각 투상도

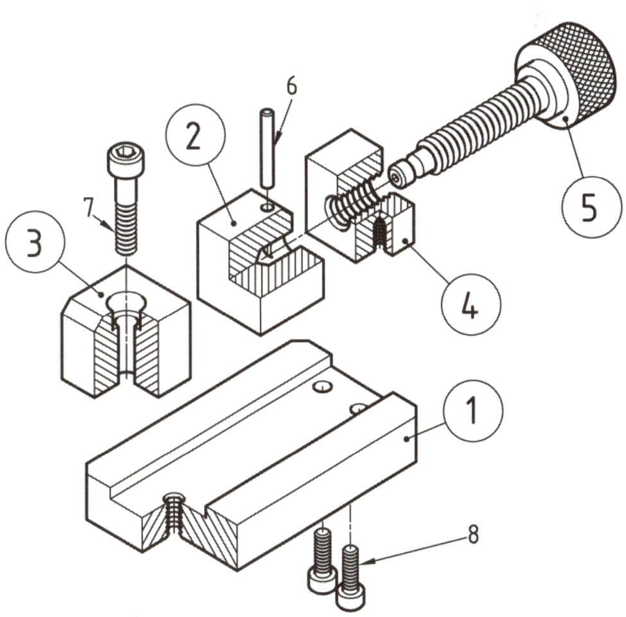

[그림 2-6] 부품의 분해・조립 설명용 등각 투상도

2.3 사 투상도(Oblique projection drawing)

그림 2-7의 **(a)**와 같이 물체를 들어 올려서 왼쪽 또는 오른쪽으로 돌려 앞면 모서리를 평행하도록 하여 무한대의 수평 시선으로 얻은 물체의 윤곽을 그리게 되면 **(b)**와 같이 육면체의 세 모서리는 경사축이 45°, 30°, 60°의 각을 이루는 입체적인 그림을 사 투상도(oblique projection drawing)라고 한다.

45°의 경사축으로 그린 것을 카발리에도(cavalier projection drawing), 60°의 기울어진 축으로 그린 그림을 캐비닛도(cabinet projection drawing)라고 한다.

한 개의 도형으로 물체의 한 면만을 중점적으로 엄밀하고 정확하게 나타낼 수 있는 투상도로서, 주로 전자 제품의 사용 방법을 설명하거나 기계 등의 제어 방법을 설명하는 설명서(매뉴얼), 가구 제품 등을 그릴 때 주로 사용한다.

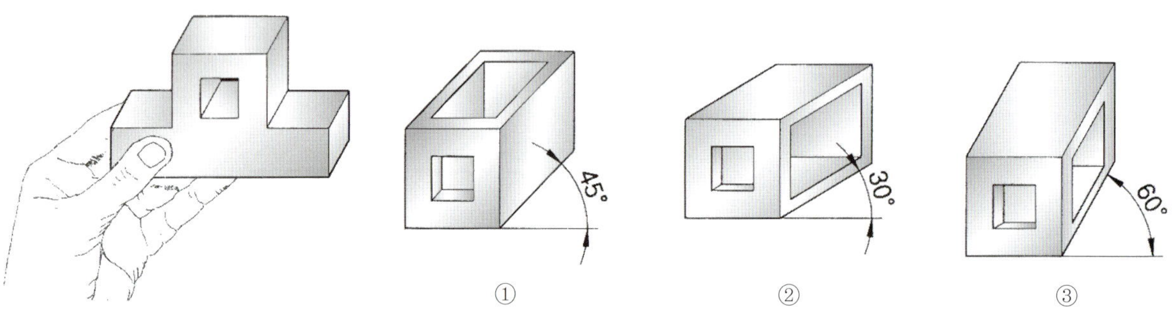

(a) 사 투상의 원리　(b) 경사축의 선정

[그림 2-7] 사 투상의 원리와 경사축

1 사 투상의 경사축 길이 비율

정면은 정 투상도의 정면도와 같은 크기로 그리고 경사축의 길이는 그림 2-8과 같이 그리고자 하는 크기에 적당하도록 정면도의 길이에 대하여 1 : 1, 1 : 3/4, 1 : 5/8, 1 : 1/2, 1 : 3/8의 비율로 그려진다.

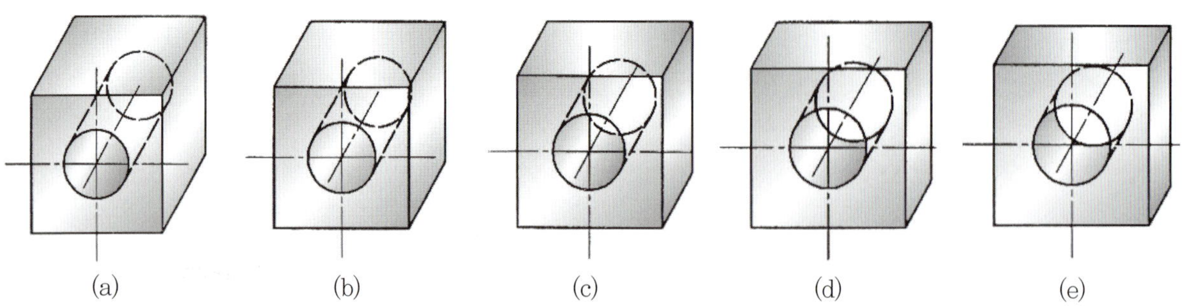

[그림 2-8] 사 투상의 경사축 길이 비율

2 사 투상의 경사축 선정

경사축은 중요 면과 물체 전체의 모양을 이해하기 쉬운 쪽을 선택하여 **그림 2-9**와 같이 경사축을 선정하여 그려진다.

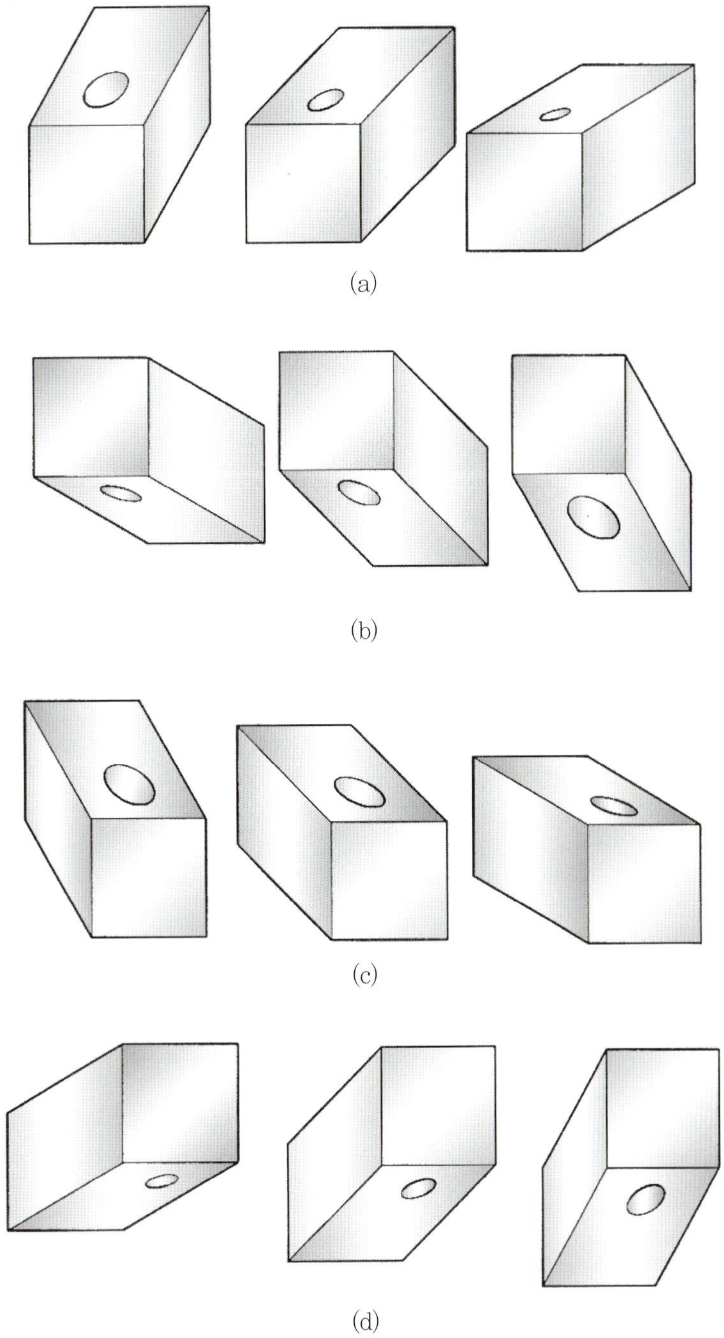

[그림 2-9] 사 투상의 경사축 선정

2.4 정 투상방법의 원리

정 투상도는 그림 2-10과 같이 물체의 각 면(화면)과 바라보는 위치에서 시선을 평행하게 연결하면, 실제 크기의 투상도를 눈과 물체 사이에 설치해 놓은 투상면에서 얻고, 그림 2-11과 같이 펼쳐 놓은 원리이다.

1 투상면(화면)의 설치

물체의 특징에 따라 도면을 그리기에 충분한 투상도의 수를 얻기 위해서 그림 2-10, 그림 2-11, 그림 2-12, 그림 2-13과 같이 필요한 만큼의 투상면이 설치되어 펼쳐진 보기로써 물체의 특징이 잘 나타나는 쪽이 정면으로 설치된다.

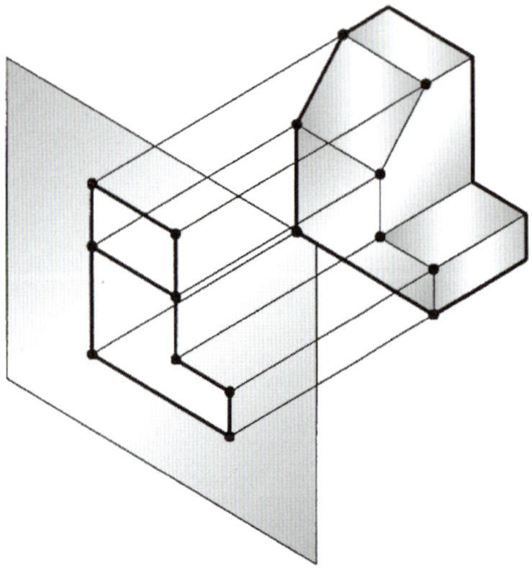

[그림 2-10] 정면의 1개면에 설치한 투상면

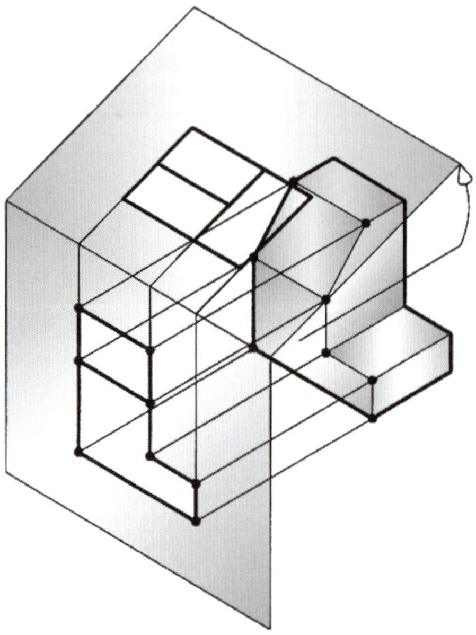

[그림 2-11] 정면, 윗면의 2개면에 설치한 투상면

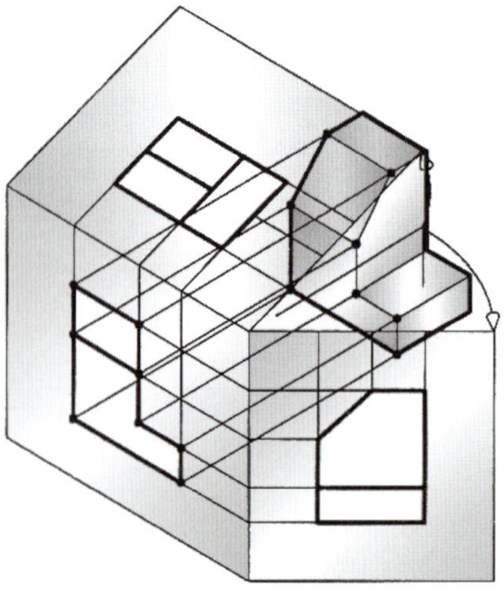

[그림 2-12] 우측면까지의 3개면에 설치한 투상면

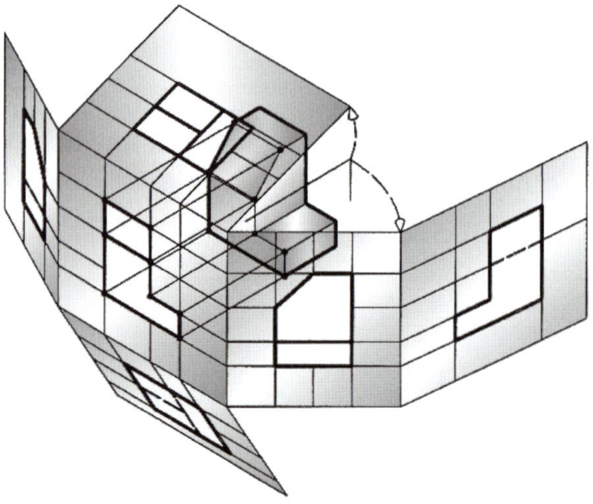

[그림 2-13] 6개의 면에 설치한 투상면

2 3개의 기본 투상면 설치와 보는 방향

그림 2-14와 같이 제1상한과 제3상한에서 분리된 투상상자에 3개의 기본 투상면을 설치하고 공간에 물체를 넣어 각 면과 바라보는 위치에서 시선을 평행하게 연결하면, 실제의 면과 같은 크기의 투상도를 보는 물체의 사이에 설치해 놓은 투상면에서 얻는 원리이다.

정 투상방법은 제1상한(면각)과 제3상한(면각)에서 분리된 투상상자에 물체를 넣고 얻은 투상도의 배열에 따라 제1각법과 제3각법으로 나눈다.

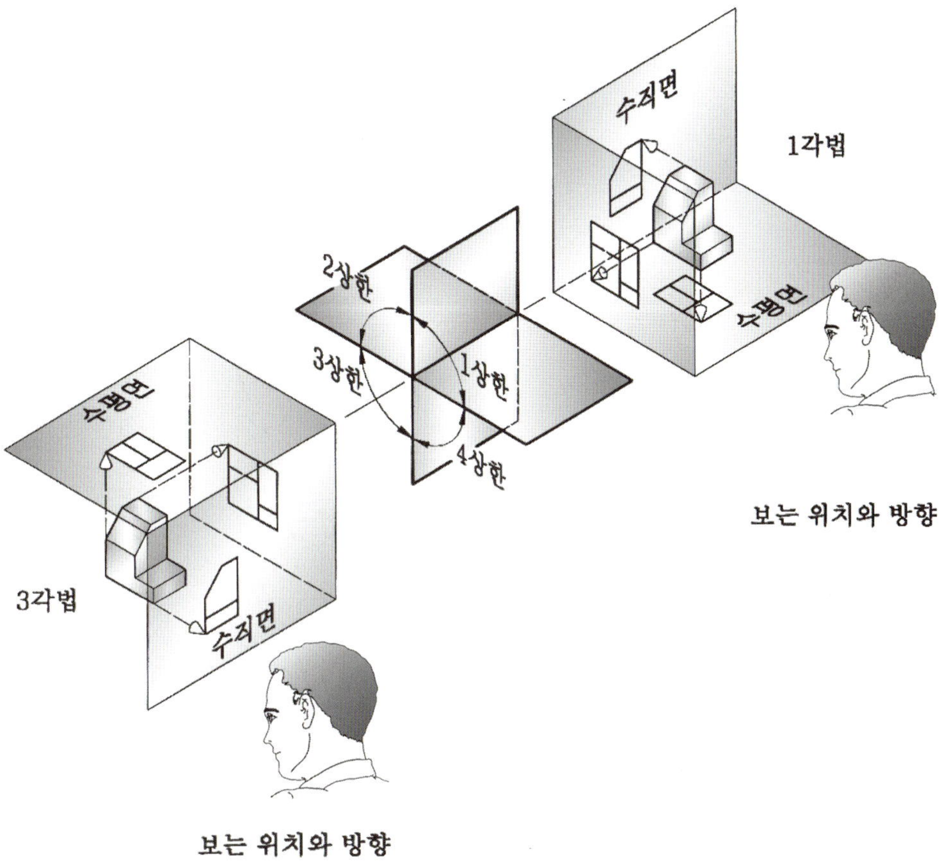

[그림 2-14] 3개의 기본 투상면 설치와 보는 위치 및 방향

3 투상면 펼치기와 투상도 배열

각각의 방향에 설치된 투상면에 나타낸 물체의 윤곽을 그림 2-14와 같이 바라 본 정면에 설치한 투상면을 기준하여 그림 2-15와 같이 상자를 모두 한 면으로 펴지도록 하여 배열시키고 윤곽을 그리면 그림 2-16과 같이 배치된다.

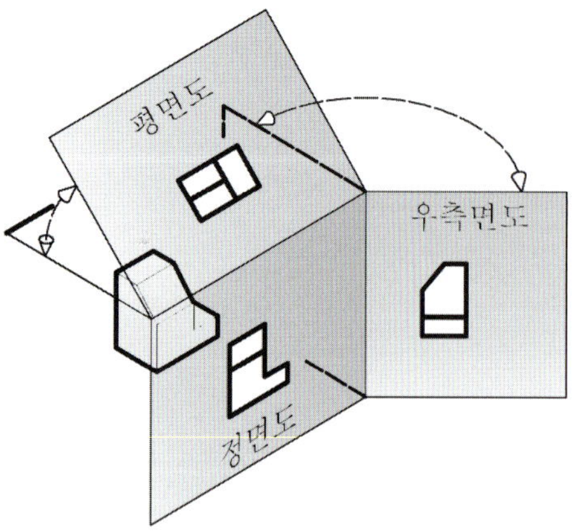

(a) 제3각법의 경우

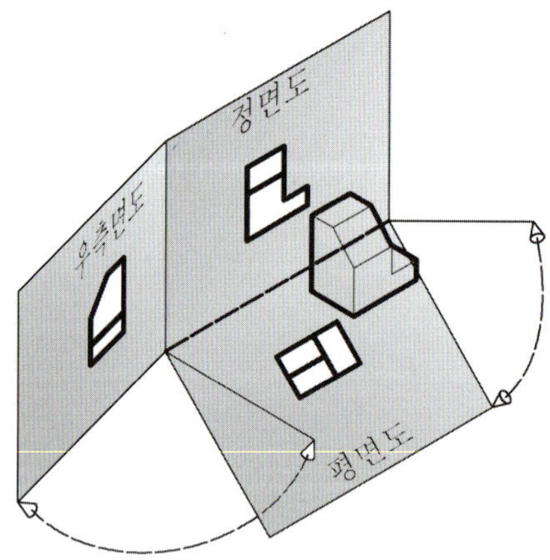

(b) 제1각법의 경우

[그림 2-15] 투상도를 얻은 투상면의 펼치기 원리

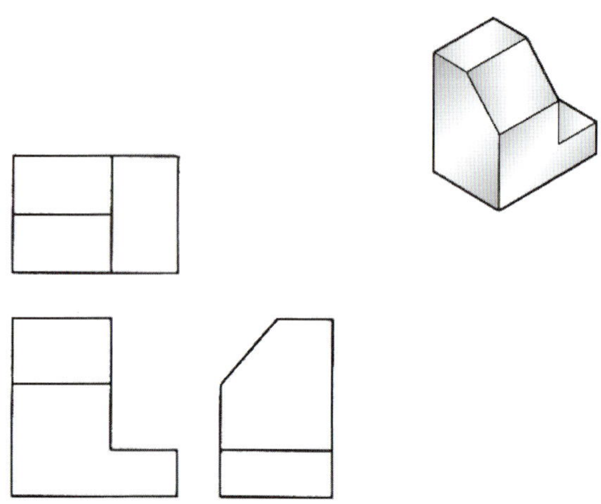

(a) 제3각법의 경우

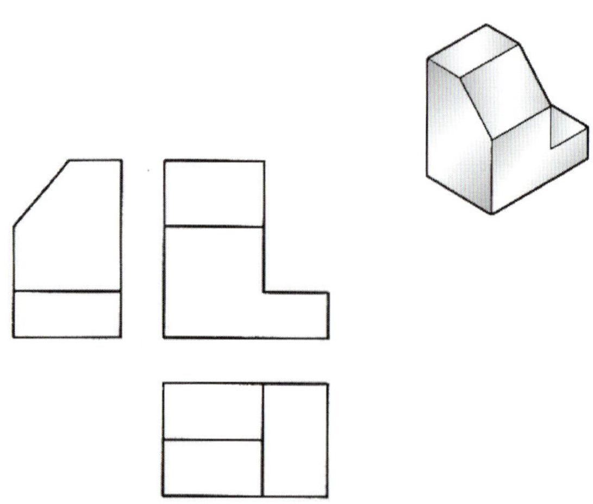

(b) 제1각법의 경우

[그림 2-16] 투상면의 펼치기로 얻은 투상도의 위치

2.5 제1각법과 제3각법의 원리

그림 2-17의 (a)와 같이 2개의 평면을 서로 직각으로 교차시켰을 때 각각 독립된 면각인 각각의 상한으로 4개의 공간을 만들 수 있으며 (b)는 4개로 분리된 상한의 공간 위에 투상상자가 만들어지도록 평면으로 덮으면 각각의 면각에 독립된 4개의 직6면체 공간을 얻을 수 있는 원리가 이용된다.

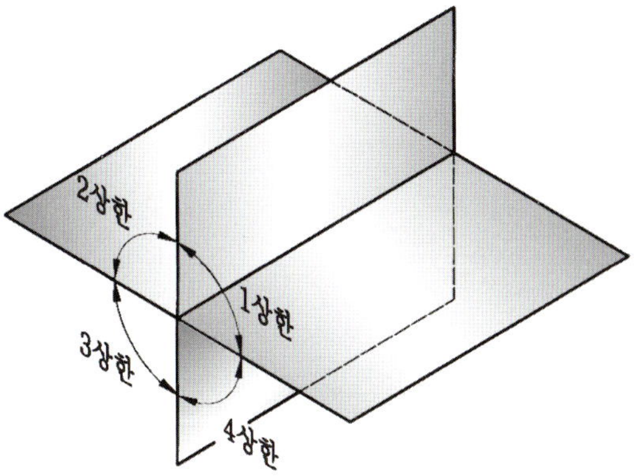

(a) 4개의 상한 구성

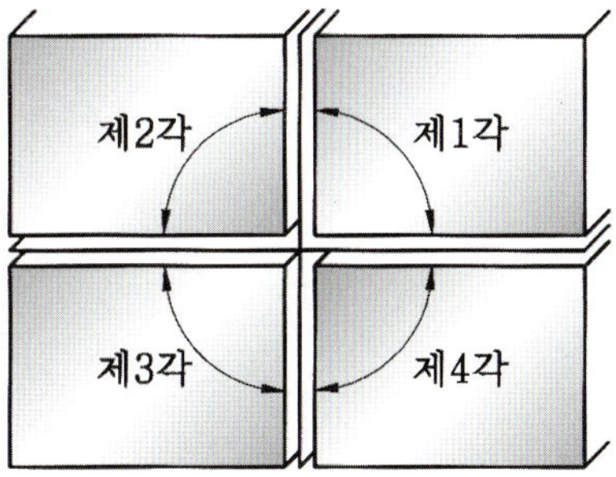

(b) 각각의 상한에 설치된 투상상자의 측면 모습

[그림 2-17] 4개 면각에 직6면체 투상상자의 설치

1 제1각법

그림 2-17과 같이 만들어진 4개의 면각 중에서 제1면각에 설치한 투상상자의 직6면체는 6개의 화면으로 만들어진 공간이다.

이 직6면체의 투상상자를 그림 2-18의 (a)와 같이 떼어내고, (b)에서와 같이 직6면체의 투상상자 공간 안에 투상을 하고자 하는 물체를 각각의 면에 수직인 상태로 중앙에 놓고 「보는 위치」에서 물체 뒷면의 투상면에 비춰지도록 하여 처음 본 것을 정면도라 하고, 각 방향으로 돌아가며 비추어진 각각의 윤곽 그림을 얻는 방법을 제1각법이라 한다.

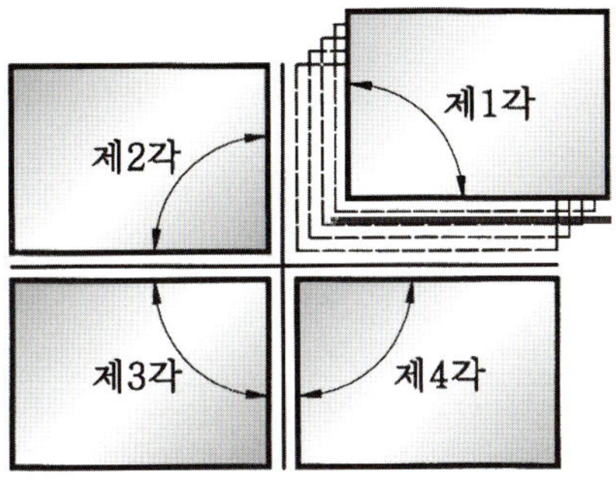

(a) 제1면각의 설치 공간 분리 모습

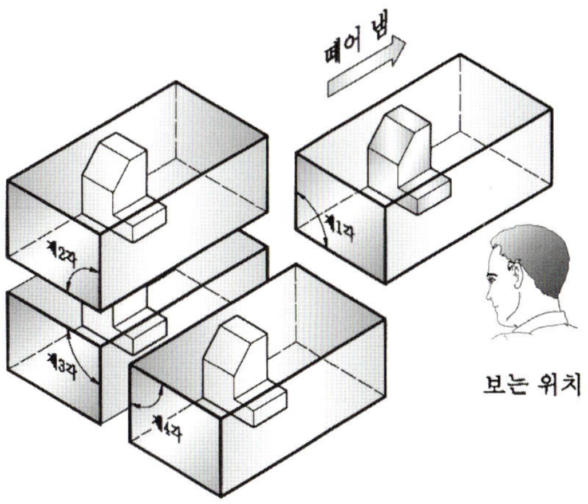

(b) 제1면각에 설치된 직6면체 공간의 분리 모습

[그림 2-18] 제1각법의 원리

그림 2-19는 제1각법으로 투상도를 얻는 원리를 보여주고 있다.

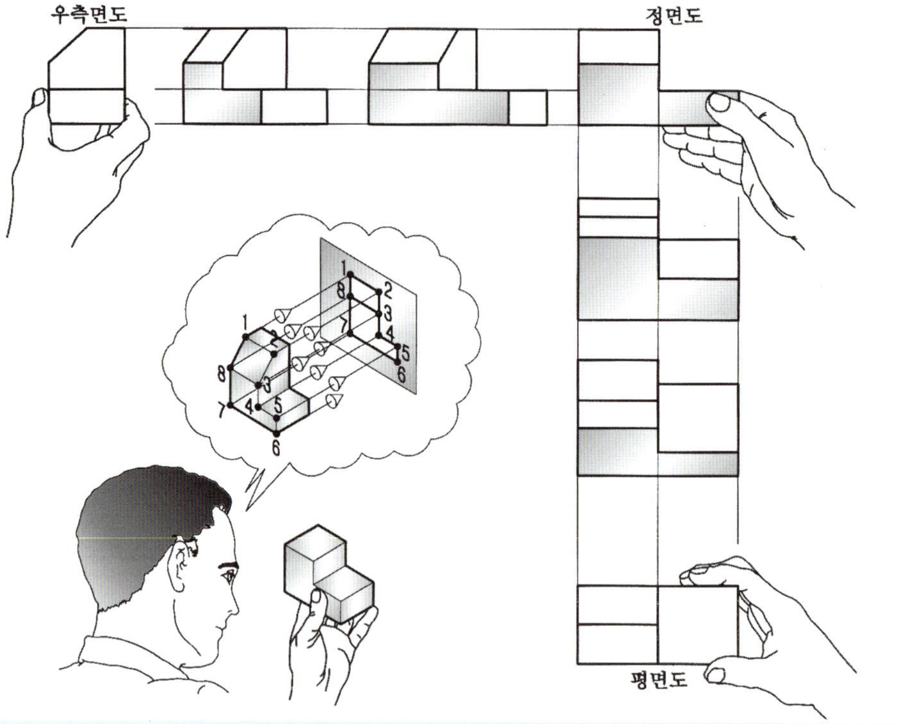

[그림 2-19] 제1각법으로 투상도를 얻는 원리

2 제3각법

그림 2-17과 같이 만들어진 4개의 면각 중에서 제3면각에 설치한 투상상자의 직6면체는 6개의 화면으로 만들어진 공간이다.

이 직6면체의 투상상자를 그림 2-20의 (a)와 같이 떼어내고, (b)에서와 같이 직6면체의 투상상자 공간 안에 투상을 하고자 하는 물체를 각각의 면에 수직인 상태로 중앙에 놓고 「보는 위치」에서 물체 앞면의 투상면에 비춰지도록 하여 처음 본 것을 정면도라 하고, 각 방향으로 돌아가며 비추어진 각각의 윤곽 그림을 얻는 방법을 제3각법이라 한다.

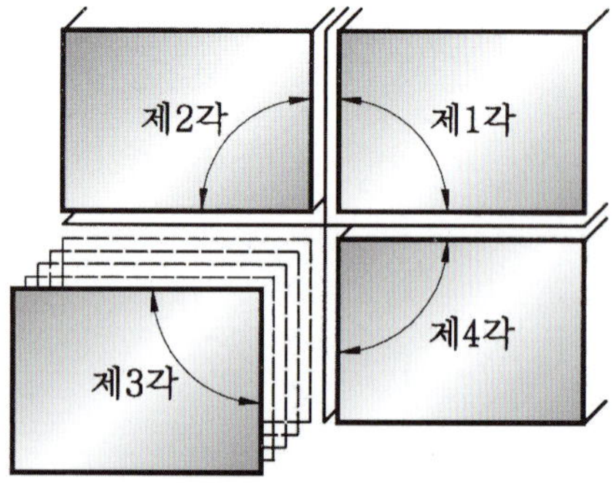

(a) 제3면각의 설치 공간 분리 모습

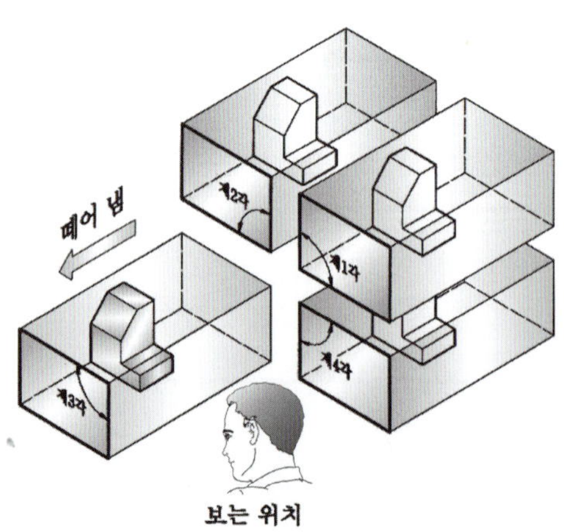

(b) 제3면각에 설치된 직6면체 공간의 분리 모습

[그림 2-20] 제3각법의 원리

그림 2-21은 제3각법으로 투상도를 얻는 원리를 보여주고 있다.

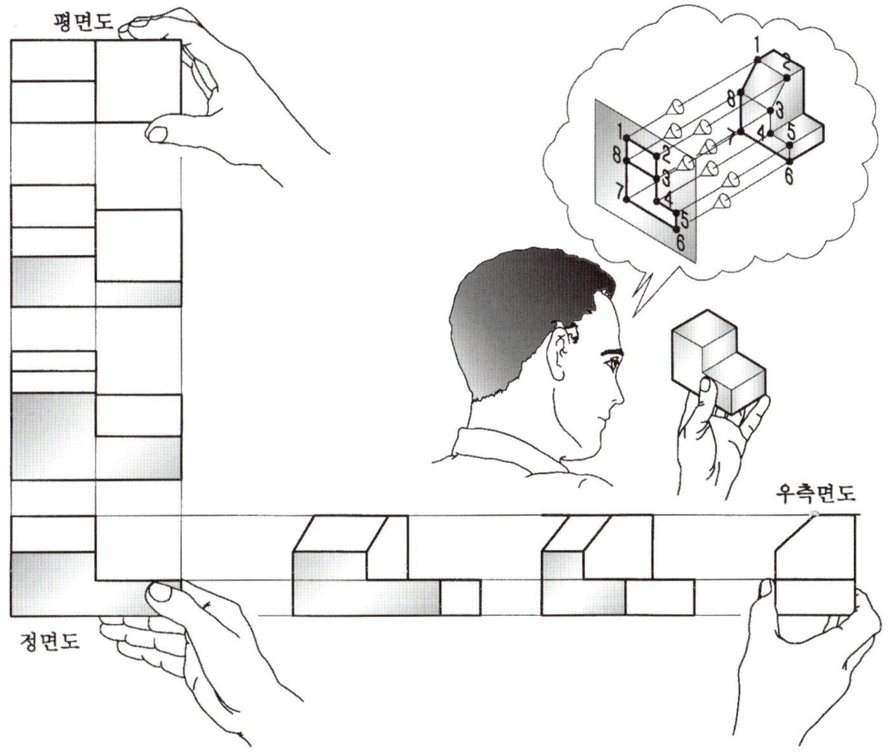

[그림 2-21] 제3각법으로 투상도를 얻는 원리

3 제3각법의 사용 예외

용지의 여백이 충분하지 못하여 정해진 위치에 투상도를 배열하지 못하는 경우나 투상도의 일부가 제3각법으로 정해진 위치에 배열하면 오히려 이해하기 곤란한 경우에는 상호관계를 나타내는 화살표와 문자를 이용하여 제1각법의 배열 방법을 사용하기도 한다.

4 제1각법 · 제3각법의 기호의 표시 위치

「**제1각법**」 또는 「**제3각법**」 문자를 표제란에 기입하거나 그림 2-22, 그림 2-23과 같은 각법의 대표기호를 표제란의 안이나 그 가까운 곳에 표시하고 있다.

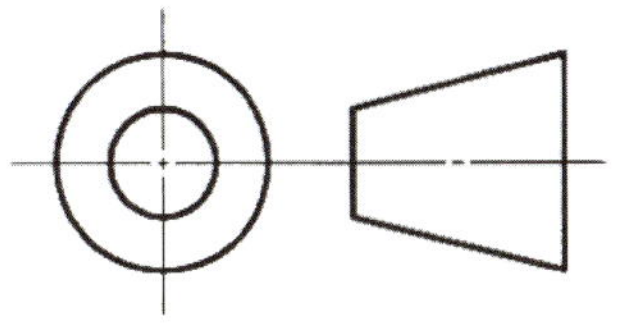

[그림 2-22] 제3각법 기호

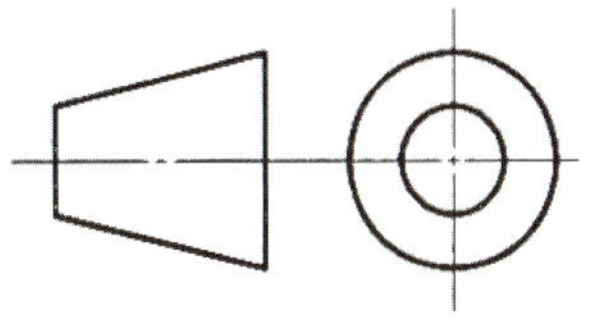

[그림 2-23] 제1각법 기호

참고 제3각법은 한국, 미국, 캐나다, 일본 등에서 사용하고, 제1각법은 독일, 프랑스, 스위스 등에서 사용하고 있다.

그림 2-24는 제3각법과 제1각법의 투상도에 따른 6면도의 배열 위치의 차이점을 보여주고 있다. 그림 2-25는 제3각법과 제1각법의 투상도에 따른 부품도면의 3면도 배열 위치의 비교를 나타내며, 도면에서 보듯이 정면도를 기준으로 평면도와 측면도의 위치가 각각 반대 위치에 배치된다.

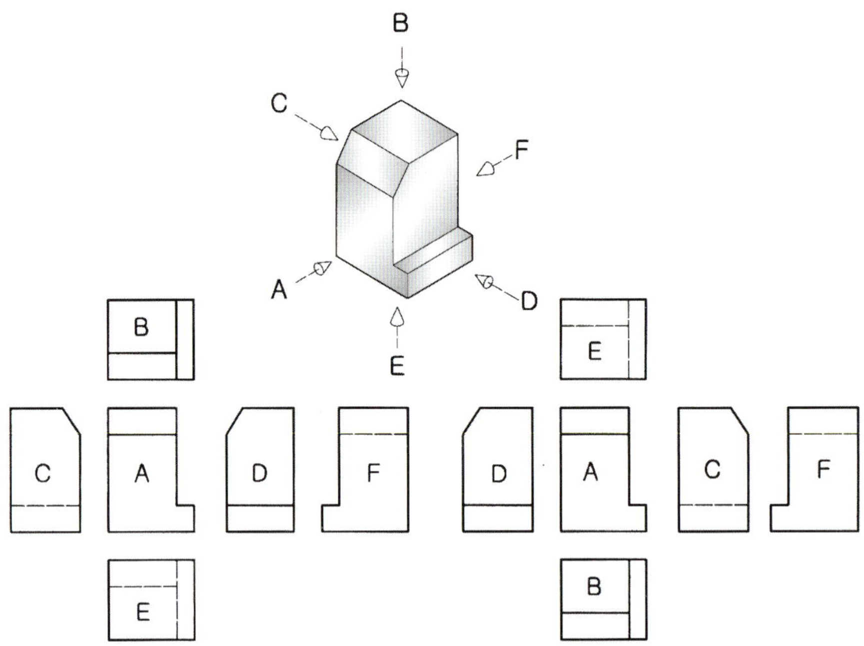

(a) 제3각법 (b) 제1각법

[보기] A : 정면도, B : 평면도, C : 좌측면도, D : 우측면도, E : 저면도, F : 배면도

[그림 2-24] 제3각법과 제1각법의 투상도 배열 위치

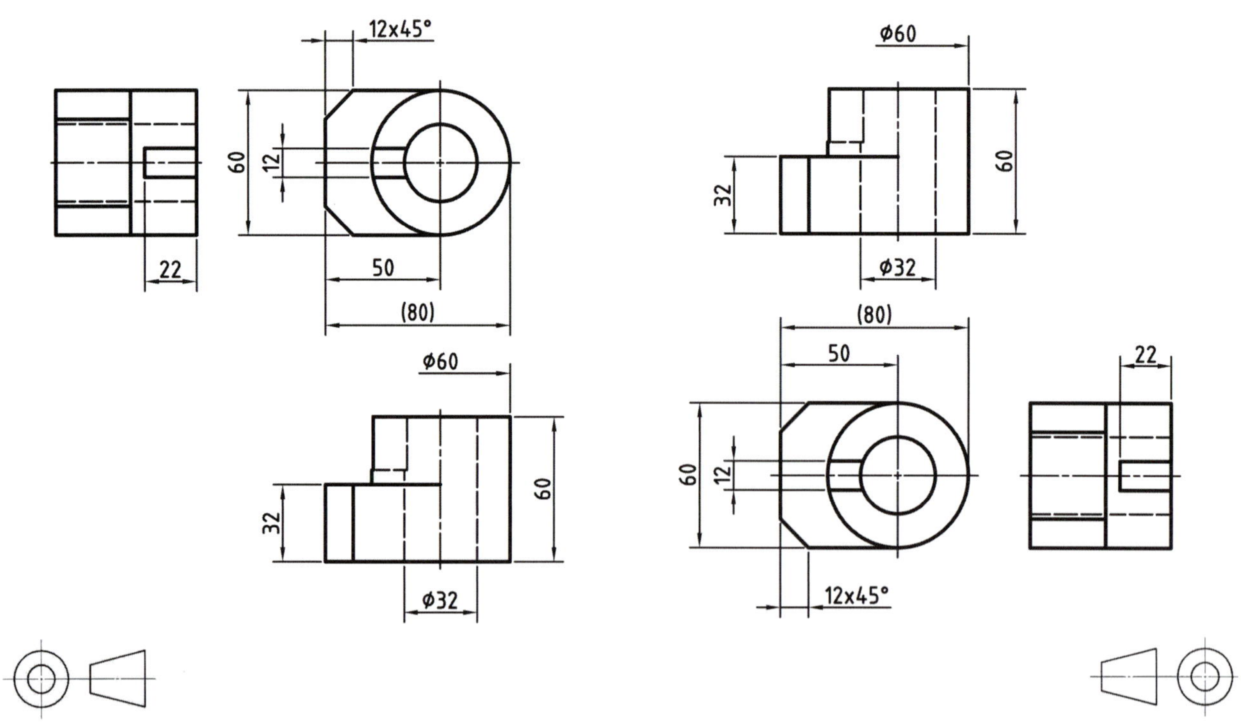

(a) 제3각법으로 그려진 부품도 (b) 제1각법으로 그려진 부품도

정면도를 기준으로 평면도와 측면도의 위치가 각각 반대 위치에 배치된다.

[그림 2-25] 제3각법과 제1각법에 따른 투상도의 비교

2.6 등각 투상도의 등각축 선정

등각 투상도는 자세히 나타내고자 하는 면의 순서로 보이도록 하는 결정이 중요하므로 먼저 등각축의 선정이 중요하며, **그림 2-26**은 자세히 나타내고자 하는 면을 기준으로 등각축을 선택한 예이다.

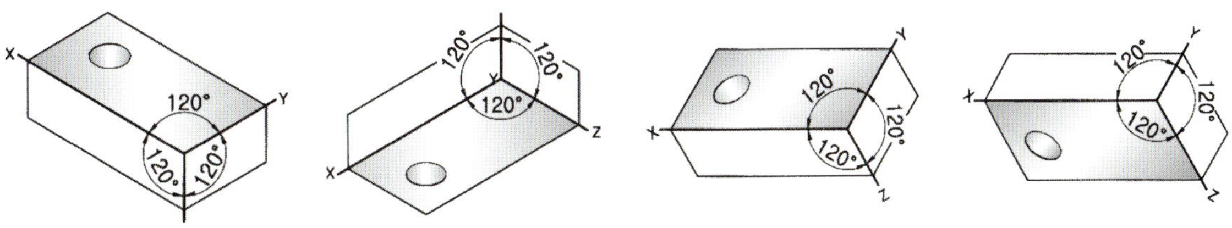

(a) (b) (c) (d)

[그림 2-26] 등각 투상의 등각축 선정

등각축이 결정되면, 등각 모눈종이를 이용하여 **그림 2-27**과 같이 벽돌을 쌓아 올리는 방법, **그림 2-28**과 같이 필요한 크기의 직6면체 재료를 마련하고 잘라내는 방법과 같은 순서로 그려진다.

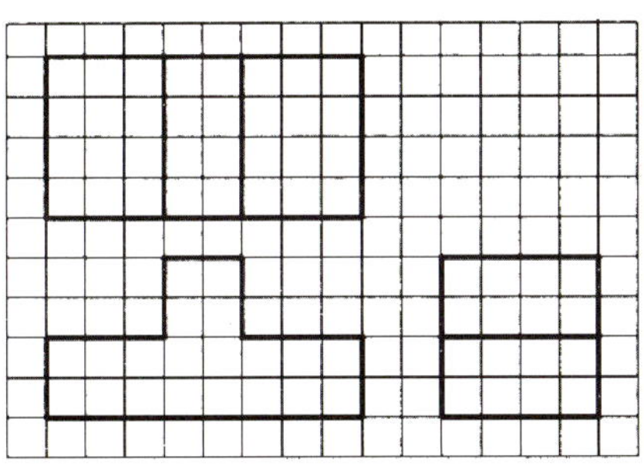

(정 투상도)

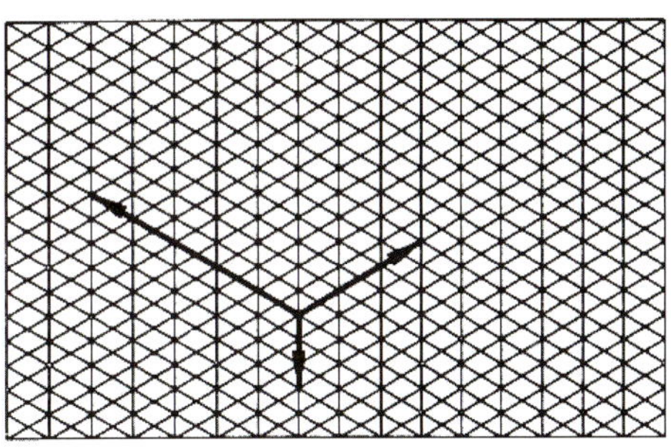

① 등각축을 선정한다.

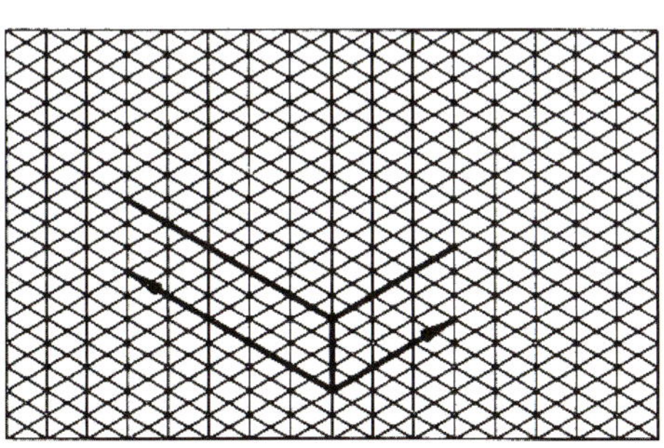

② 밑면의 두께를 만든다.

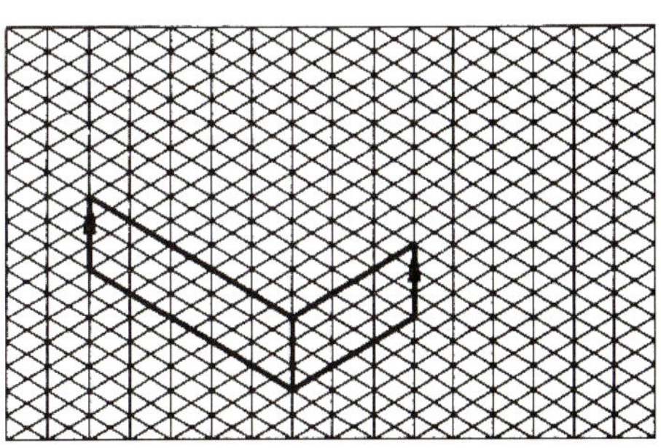

③ 앞면과 우측면을 만든다.

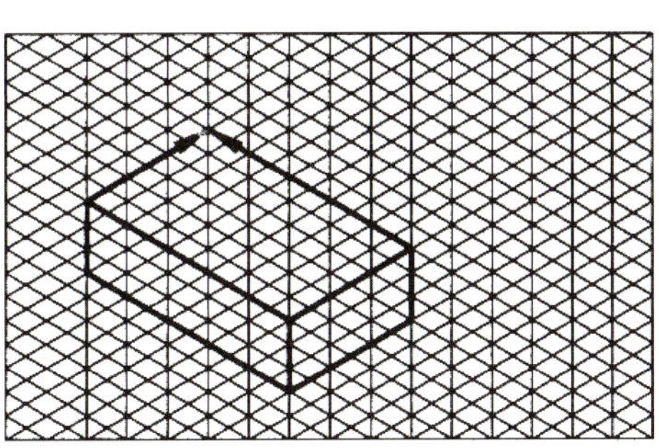

④ 밑면을 완성한다.

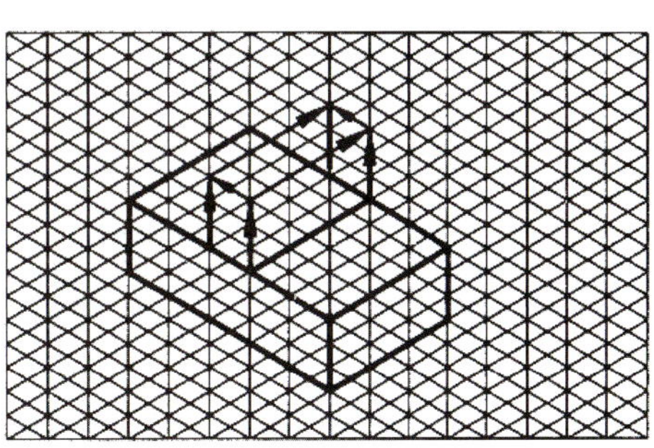

⑤ 위 중앙의 벽을 쌓는다.

[그림 2-27] 등각 투상도 그리기 순서 – 쌓아 올리는 방법

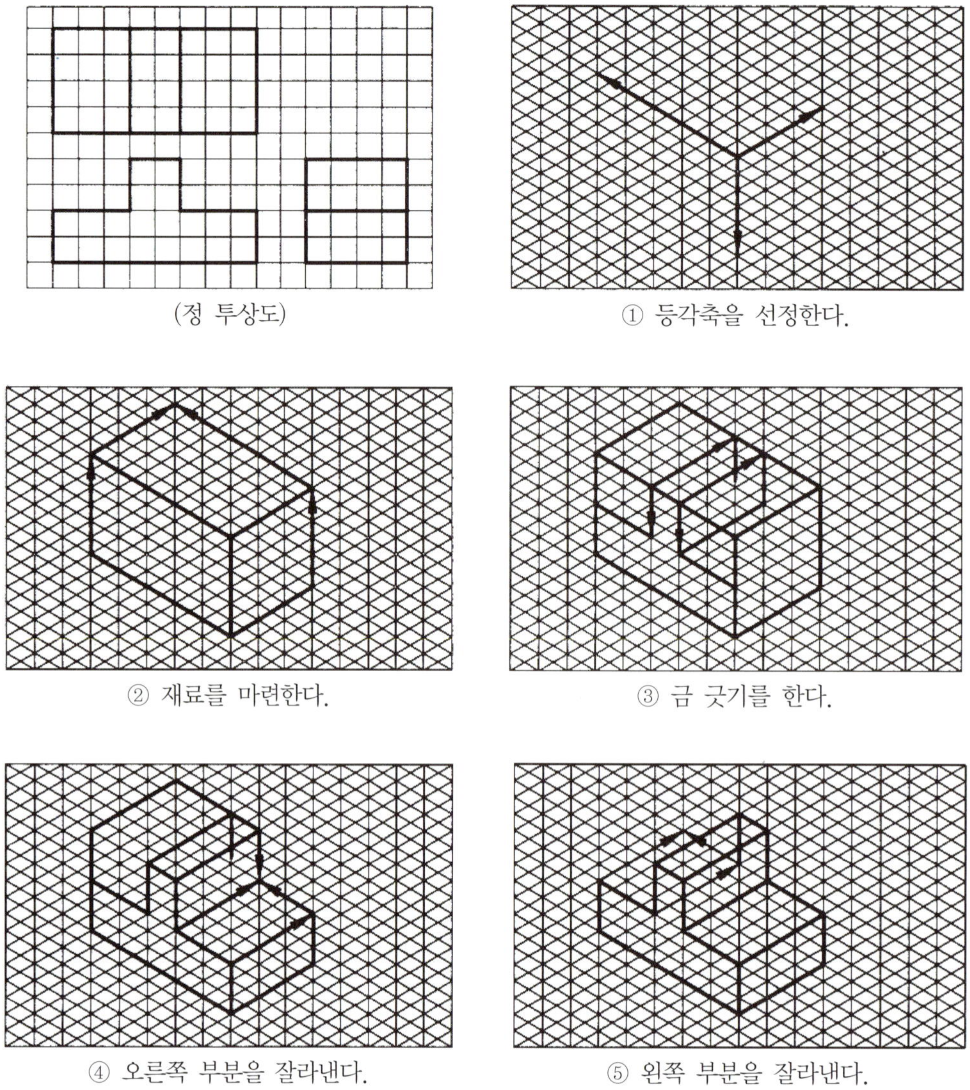

[그림 2-28] 등각 투상도 그리기 순서 – 잘라내기 방법

2.7 여섯 개의 투상면과 투상도 배치

1 제3각법의 투상면과 펼치기

그림 2-29와 같이 투명한 직6면체의 투상상자 안에 투상면과 수직으로 하여 공간의 중앙에 물체를 놓았다고 가정한다.

물체의 특징을 가장 잘 나타내는 쪽의 투상면을 정면도로 하고 각각의 방향에서 얻은 투상도를 그림 2-30과 같이 정면도의 면을 기준으로 앞쪽으로 펼쳐서 그림 2-31과 같이 배열하여 도시하게 된다.

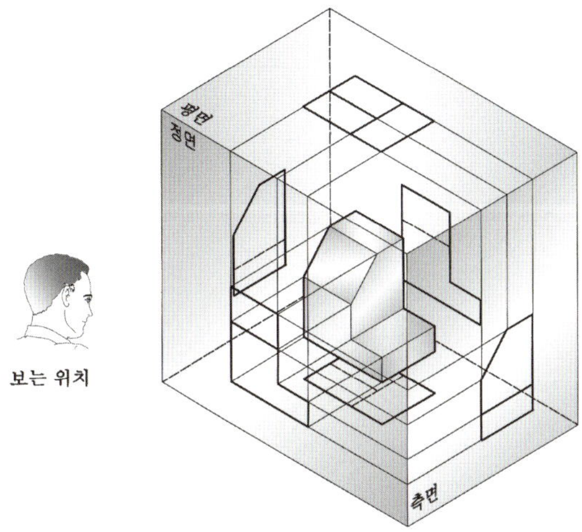

[그림 2-29] 여섯 개의 면이 설치된 투상상자

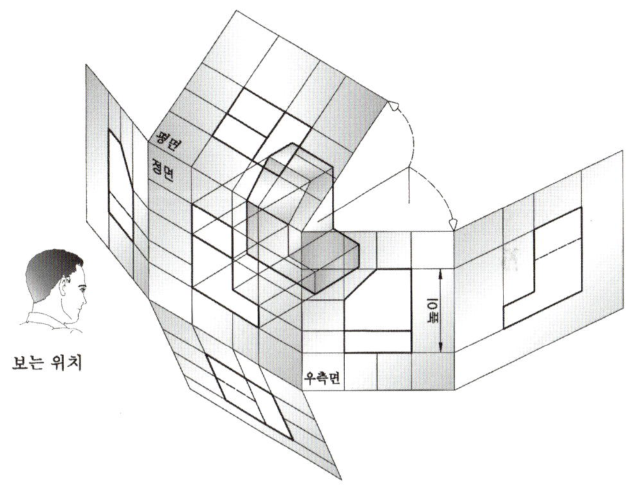

[그림 2-30] 여섯 개의 투상면 펼치기(제3각법의 경우)

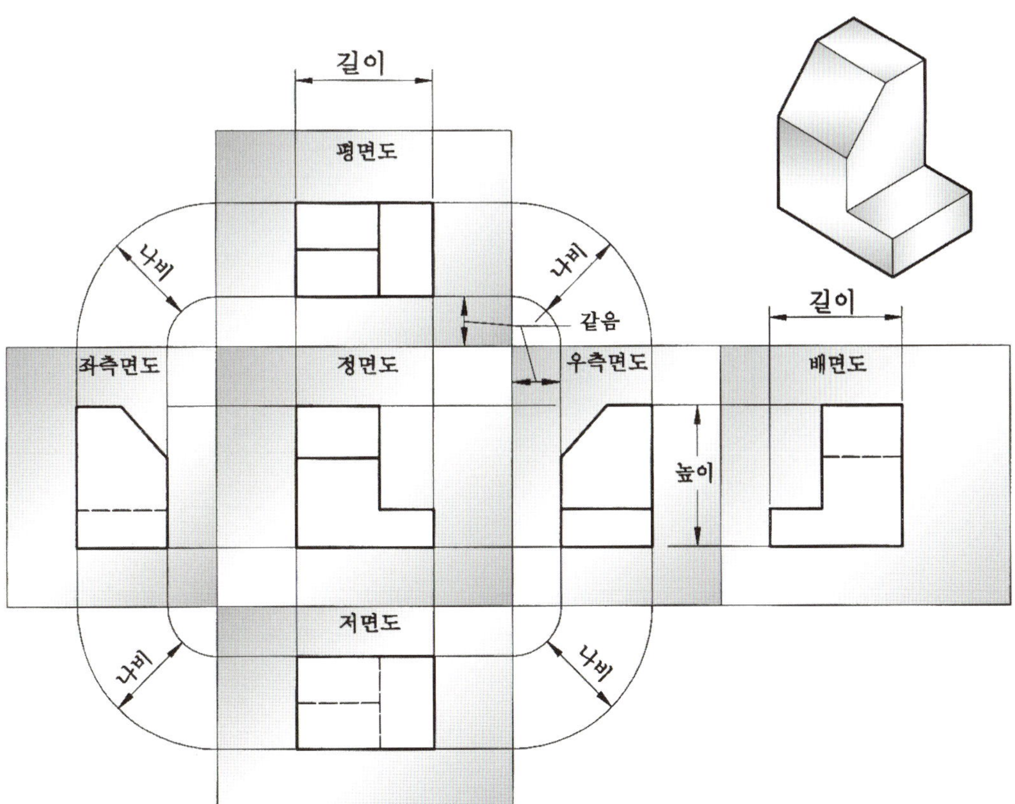

[그림 2-31] 여섯 개의 투상도 배열(제3각법의 경우)

2 제1각법의 투상면과 펼치기

그림 2-29와 같이 투명한 직6면체의 투상상자 안에 투상면과 수직으로 하여 공간의 중앙에 물체를 놓았다고 가정한다.

물체의 특징을 가장 잘 나타내는 쪽의 투상면을 정면도로 하고 각각의 방향에서 비춰져 얻은 투상도를 그림 2-32와 같이 정면도의 면을 기준으로 뒤쪽으로 펼쳐서 그림 2-33과 같이 배열하여 도시하게 된다.

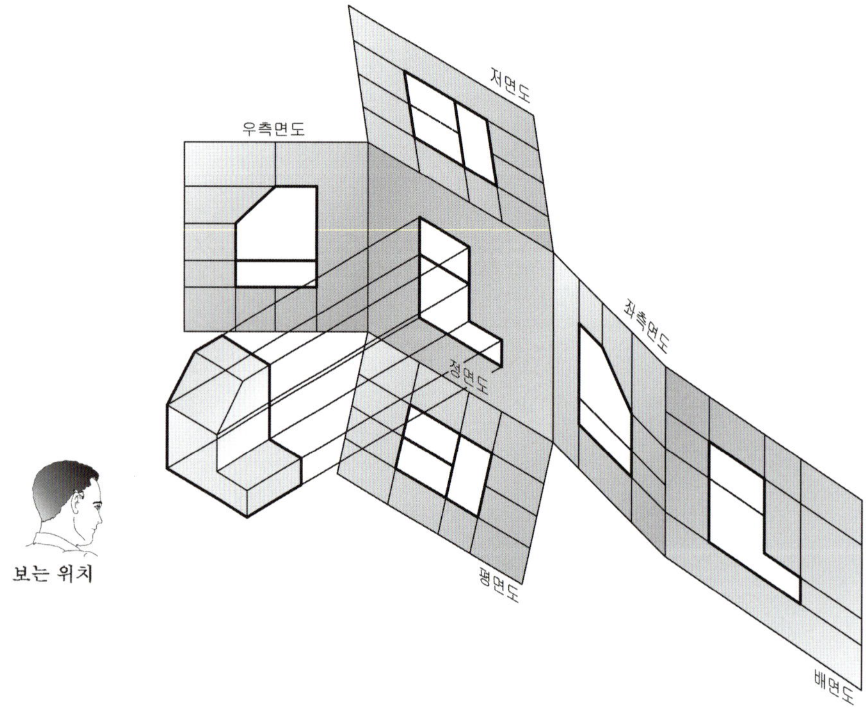

[그림 2-32] 여섯 개의 투상면 펼치기(제1각법의 경우)

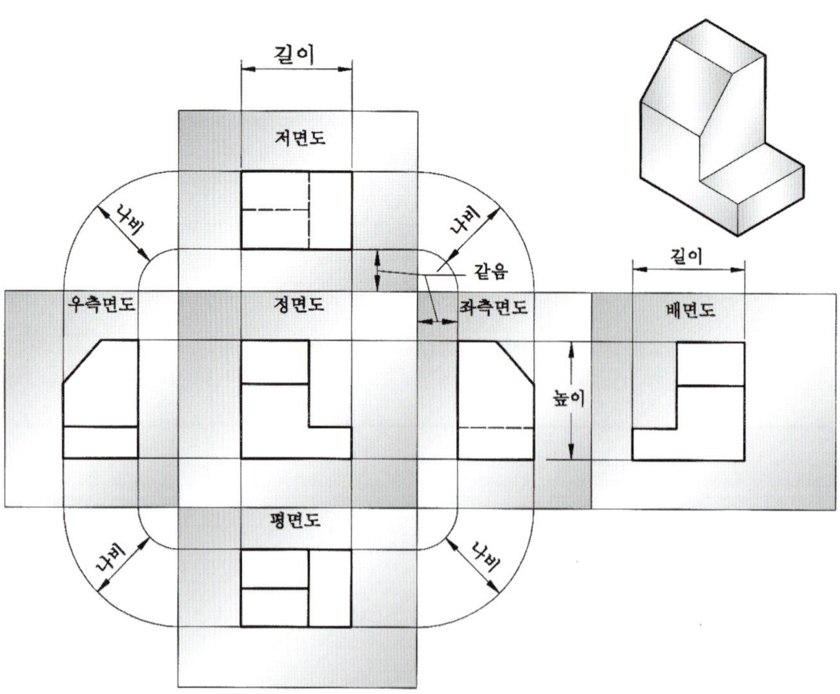

[그림 2-33] 여섯 개의 투상도 배열(제1각법의 경우)

2.8 선과 면의 크기분석

도면을 정확하게 읽기 위해서는 투상도를 보고 물체의 모양을 머릿속에 그려내야 하므로 투상도의 선이 실제크기로 표시되었는지, 어느 면이 진정한(정확한) 면으로 표시되었는지를 이해하는 능력이 필요하다.

1 선의 크기

그림 2-34와 같이 투상면에 평행한 직선은 진정한 크기(실제크기)로 나타나고, 투상면에 수직인 직선은 점으로, 투상면에 경사로 투상이 된 선은 실제크기보다 짧게 나타나게 된다.

2 면의 크기

그림 2-35와 같이 투상면에 평행한 평면은 진정한 크기(실제크기)의 모양으로 나타나고, 투상면에 수직인 평면은 직선으로, 투상면에 경사진 평면은 그 면이 축소되어 나타나게 된다.

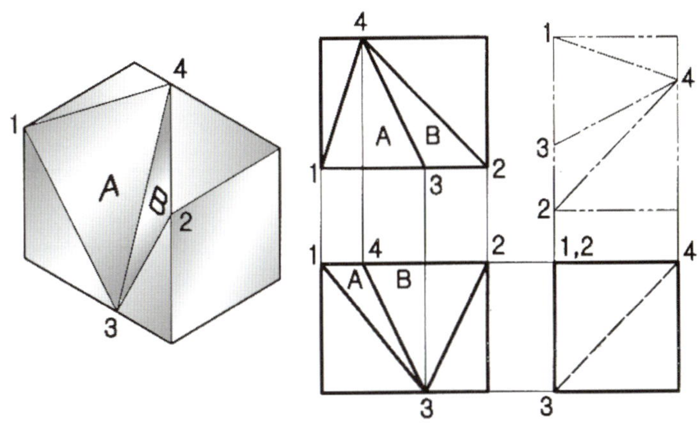

[그림 2-34] 선의 분석

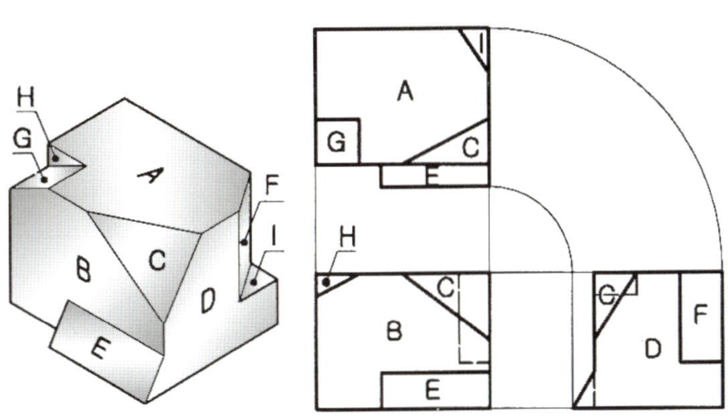

[그림 2-35] 면의 분석

2.9 투상도에 사용된 선의 분석

물체의 면과 면이 교차되어 가장자리(edge)로써 물체의 모양인 윤곽으로 분석되고 선은 외형선, 숨은선, 중심선으로 표시되는 것을 투상선이라고 하는데 보이지 않은 물체의 윤곽은 숨은선으로 분석한다.

① 외형선은 바깥에서 보이는 물체의 가장자리로써 **그림 2-36**과 같이 윤곽으로 분석한다.

② 평면의 끝을 나타내는 윤곽은 **(a)**와 같이 외형선으로 분석한다.

③ 보이는 두 평면의 만남은 **(b)**와 같이 외형선으로 분석한다.

④ 곡면의 한계가 능선으로 보이는 윤곽은 **(c)**와 같이 외형선으로 분석한다.

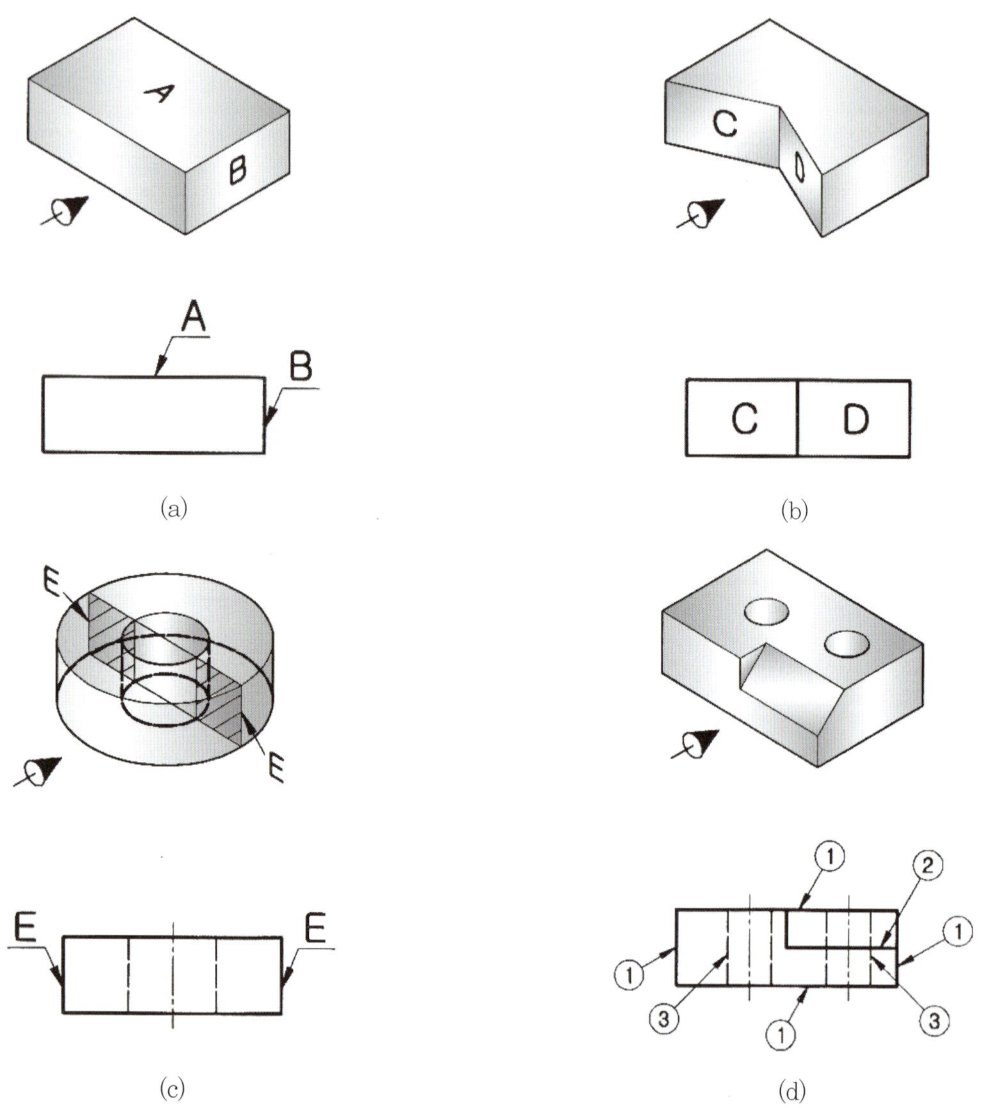

[그림 (d)의 보기] ① 평면의 끝면 ② 두 평면이 만나는 면 ③ 숨은선으로 그린 곡면의 한계를 나타내는 능선

[그림 2-36] 외형선의 분석

연습문제-1	**등각 투상도로 주어진 연습문제를 보고 화살표 방향으로 본 모양을 정면도로 선택하여 정투상 방법에 의한 제3각법으로 6면도를 제도(도면작성)하시오.**

〈참고〉

1. 손으로 제도할 때 : 연습문제에 표시된 한 눈금의 간격은 방안지 또는 모눈종이의 한 눈금과 같게 하여 숨은선 0.5㎜, 외형선 0.7㎜의 선 굵기인 샤프펜슬이나 나무연필을 사용하시오.
   - 준비물 : 0.5㎜와 0.7㎜인 샤프펜슬이나 나무연필, 삼각자 셋 180㎜, 지우개, 지우개판 등
2. CAD로 도면작성을 할 때 : 2D CAD인 AutoCAD로 도면을 작성하고, 프린터로 도면을 출력할 때는 외형선의 굵기는 0.2~0.25㎜, 숨은선의 굵기는 0.15㎜, 가는 실선의 굵기는 0.1㎜로 셋팅(setting, 설정)하여 프린트하는 것이 형상의 구분과 보기에 깔끔하다.

①

정면

②

③

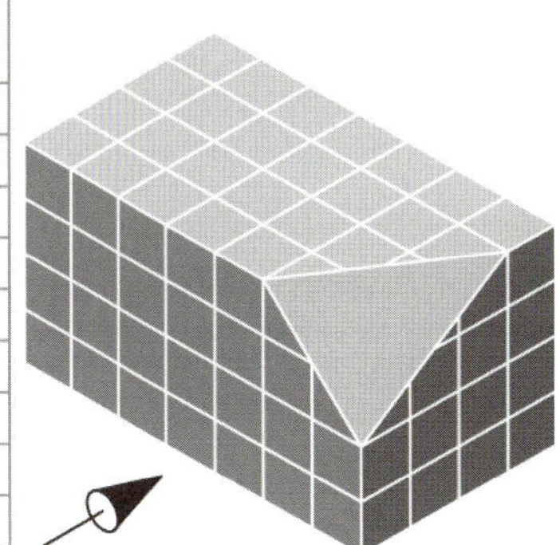

④

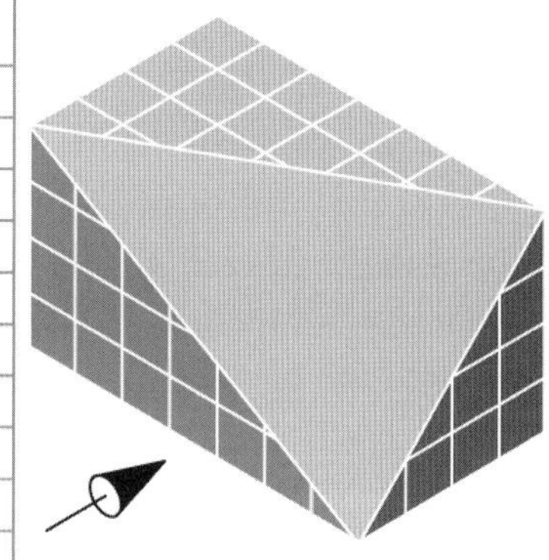

⑤

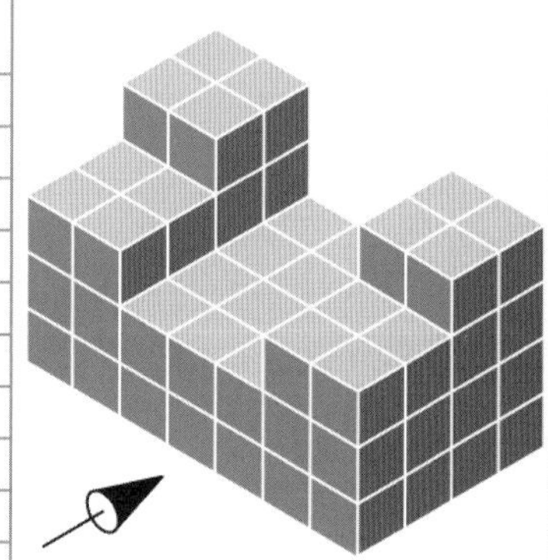

⑥

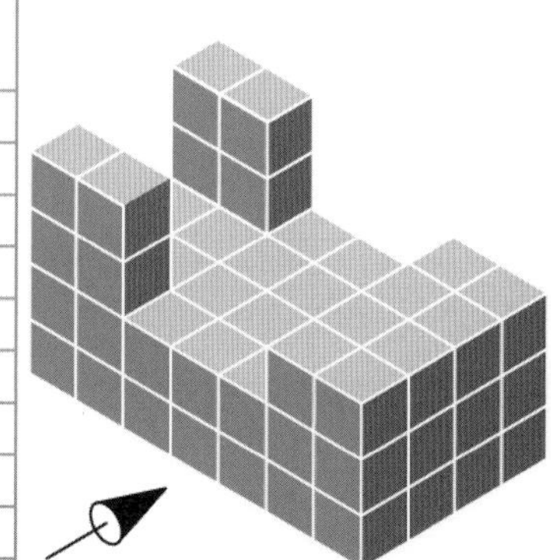

⑦

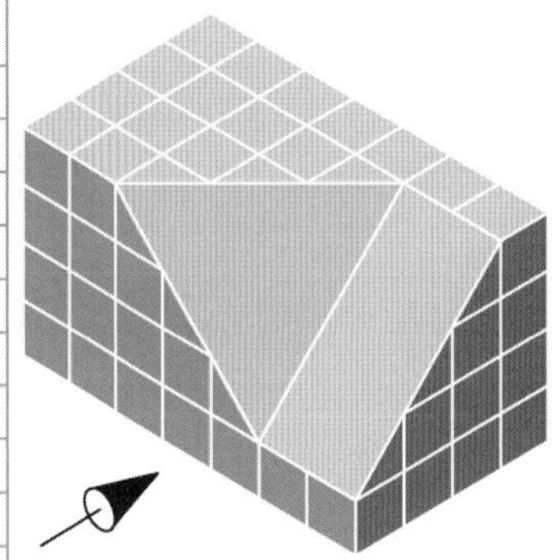

⑧

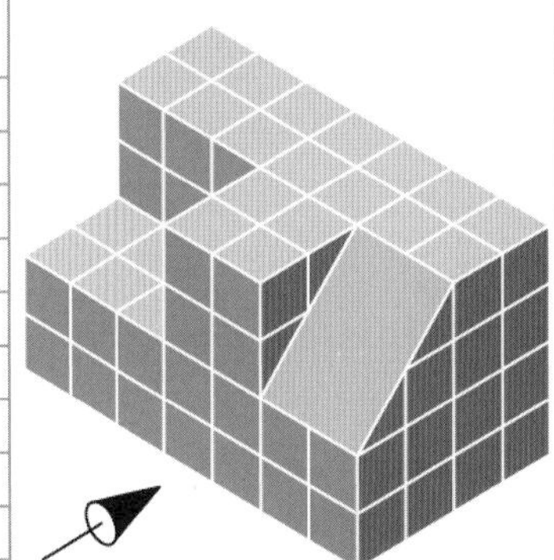

⑨

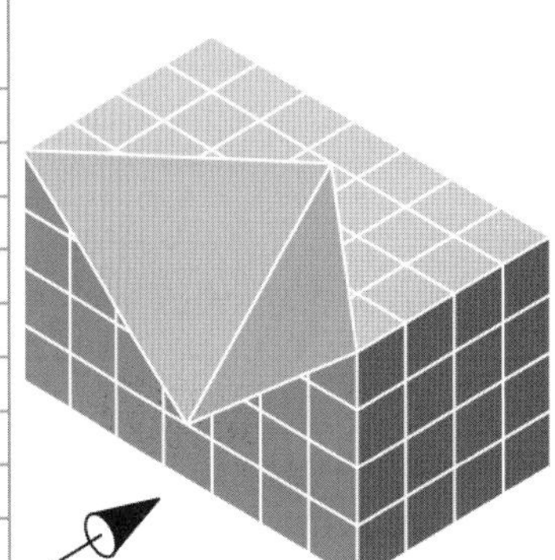

⑩

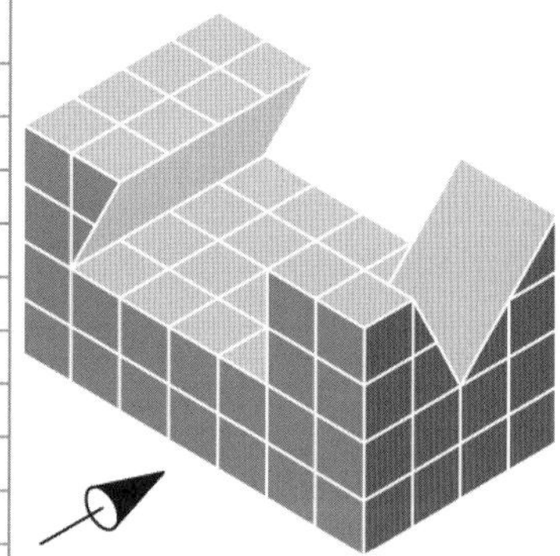

⑪

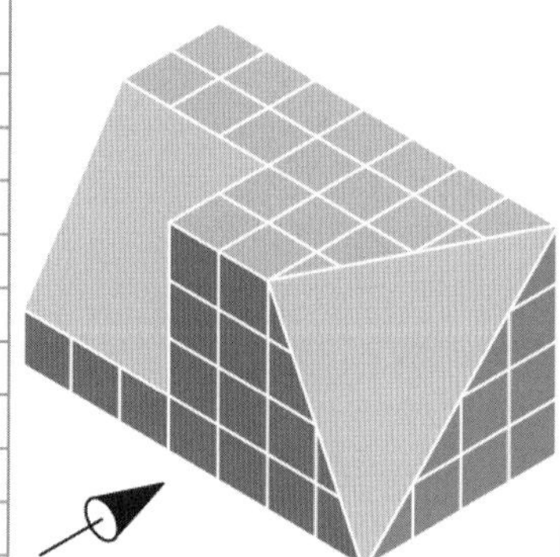

⑫

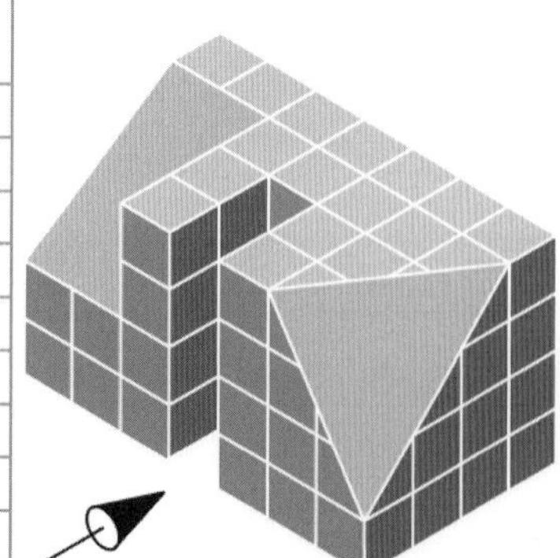

⑬

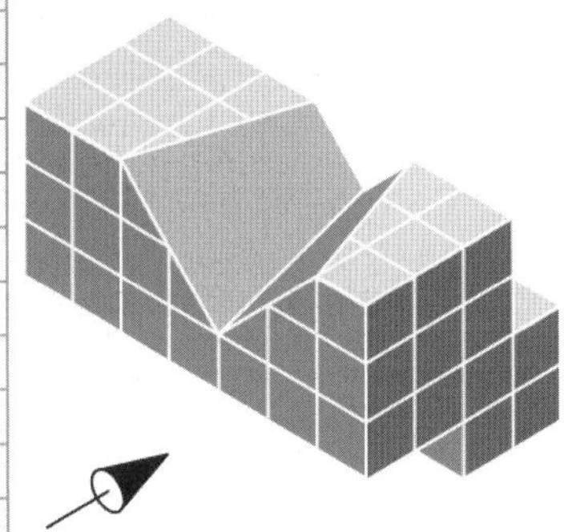

⑭

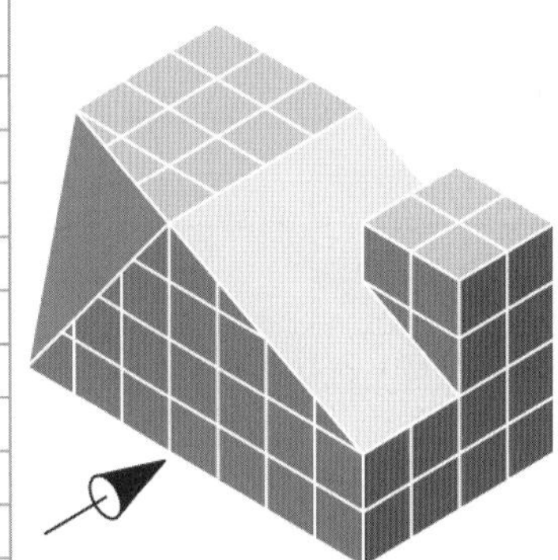

⑮

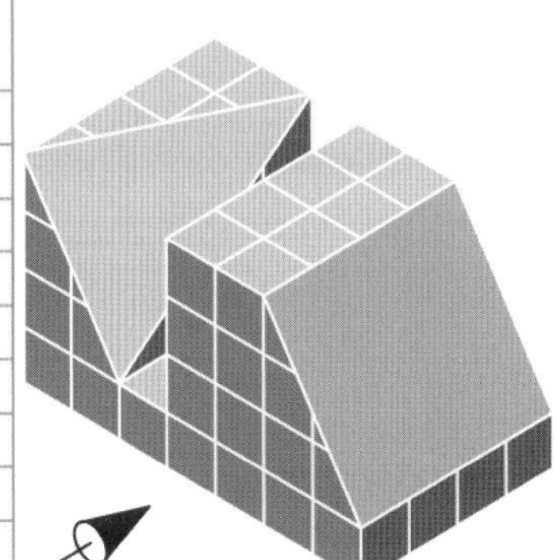

연습문제-1 모범답안

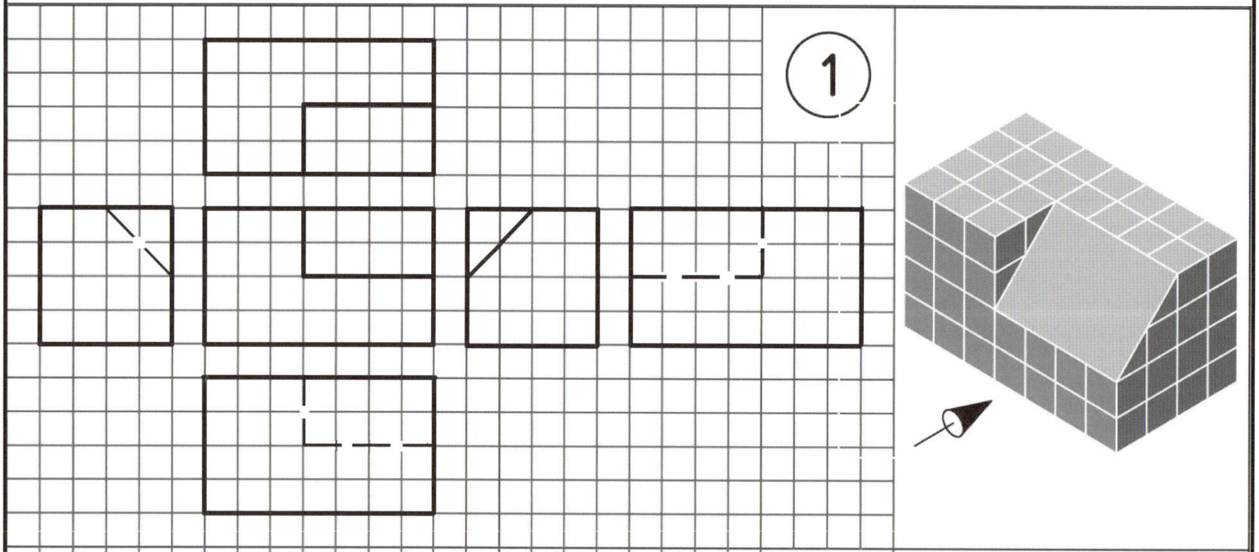

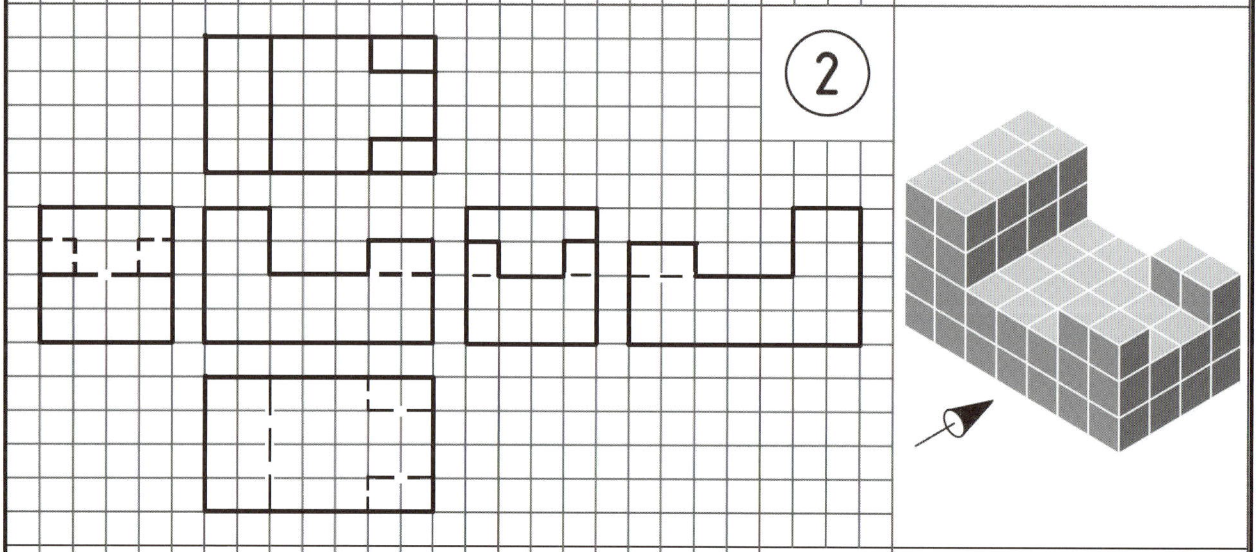

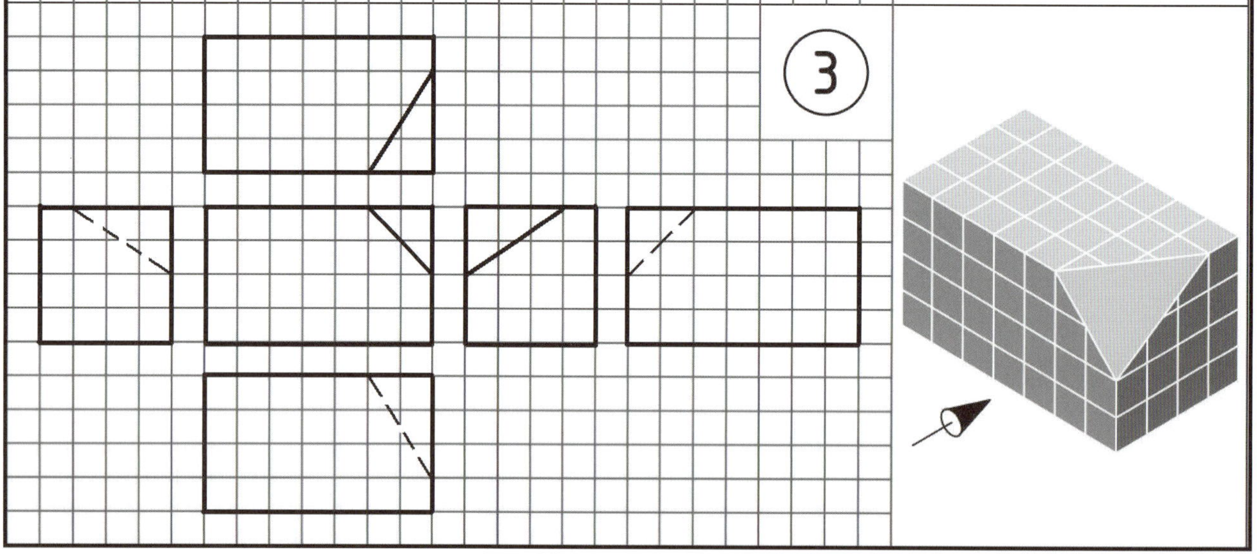

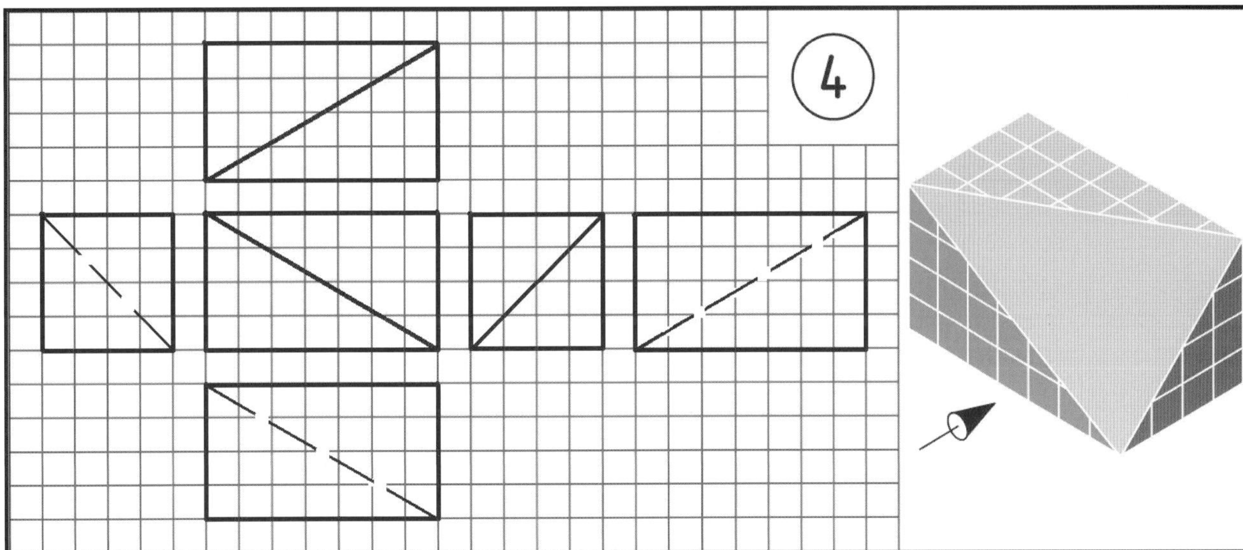
④

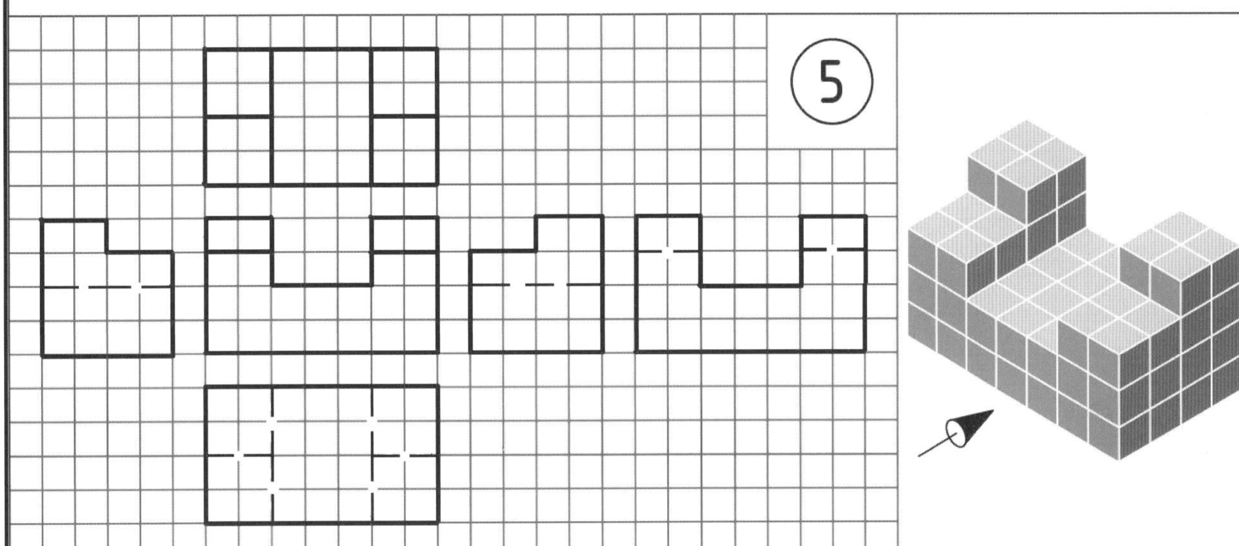
⑤

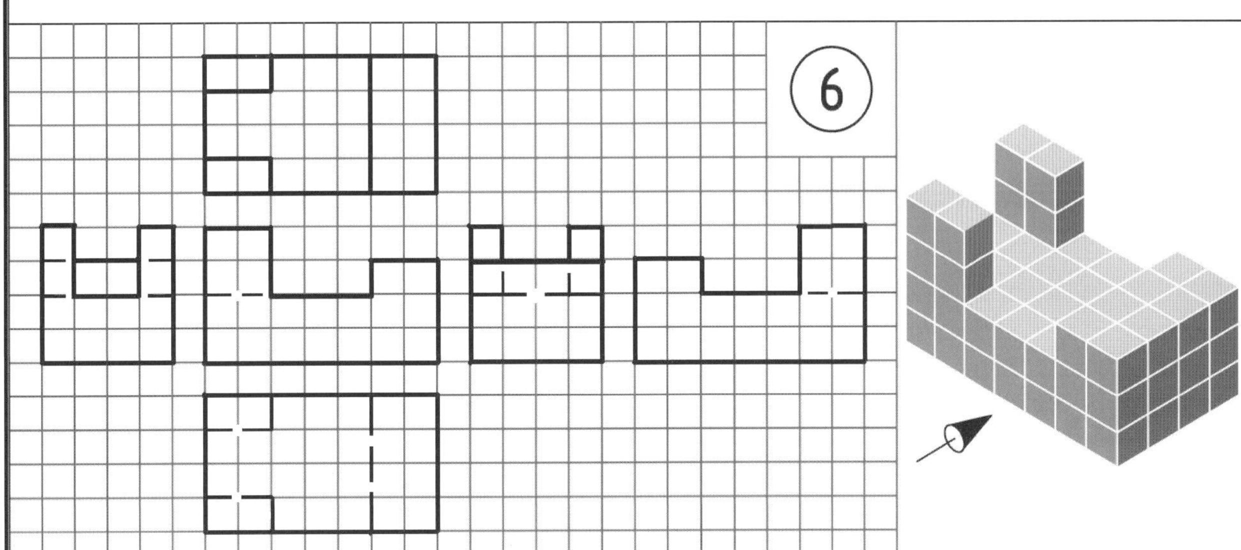
⑥

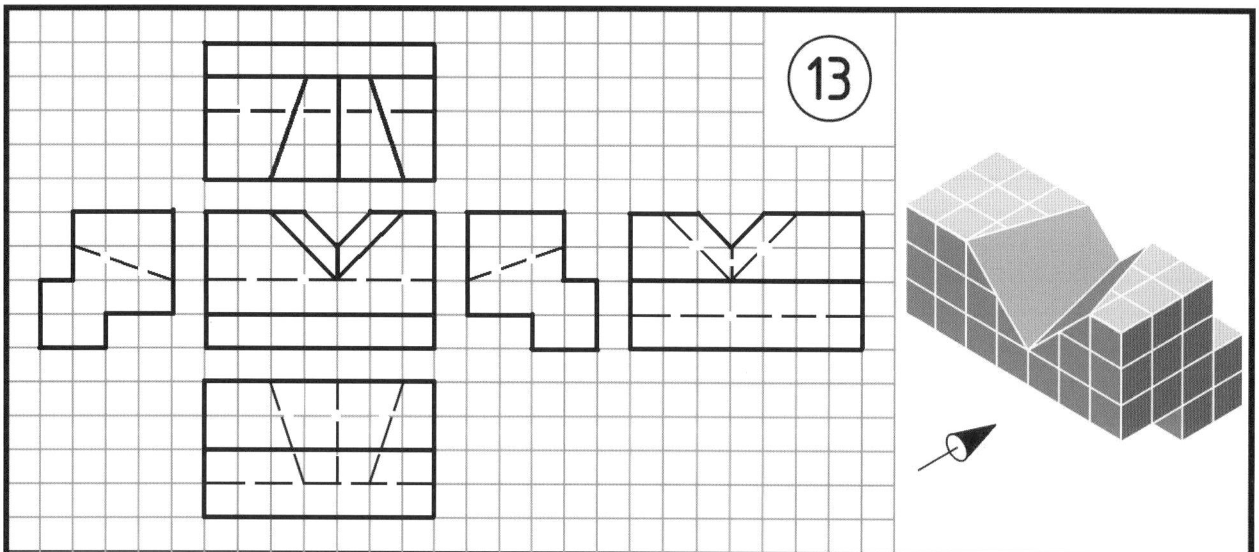
13

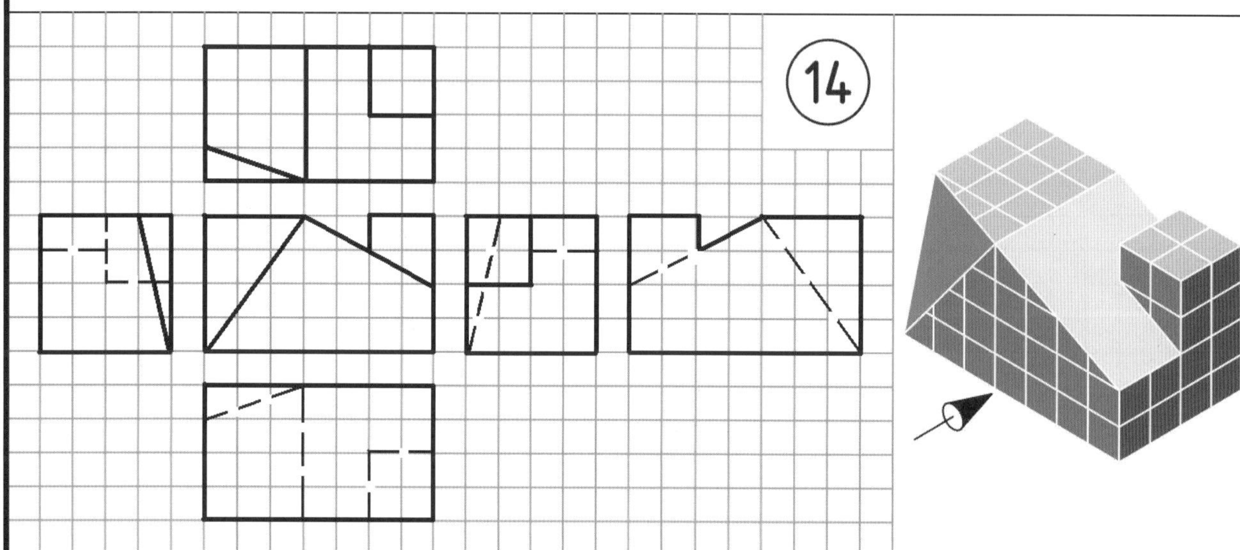
14

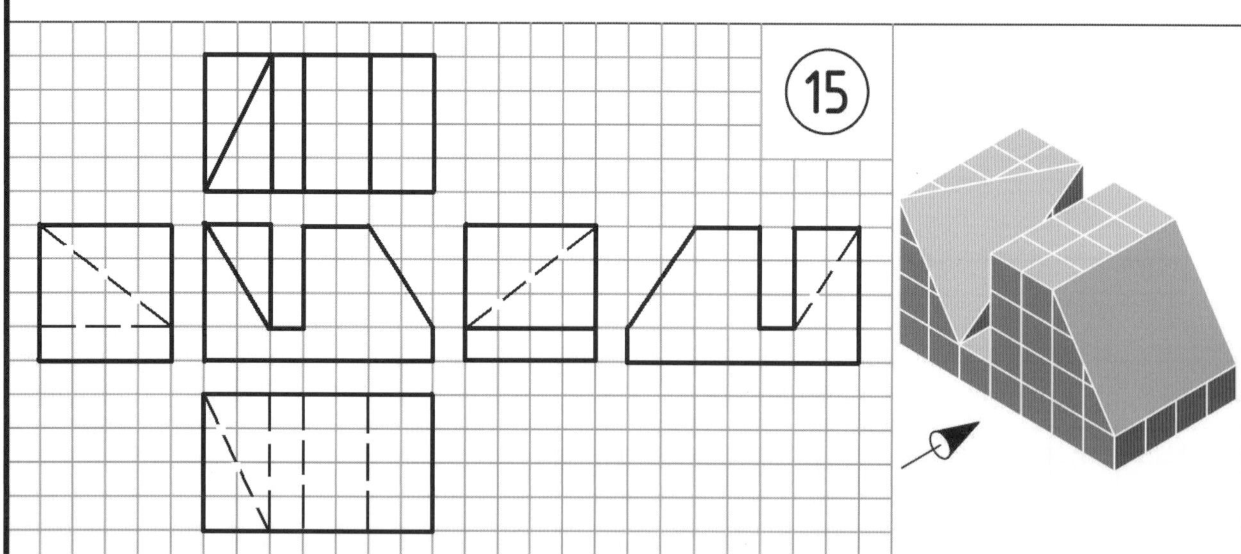
15

⑩

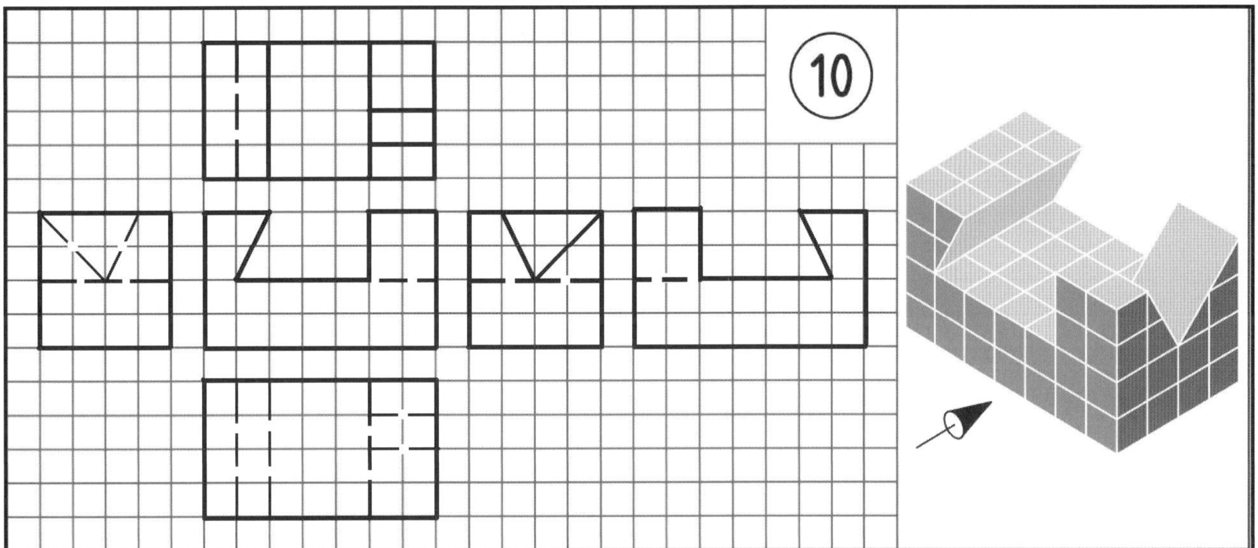

⑪

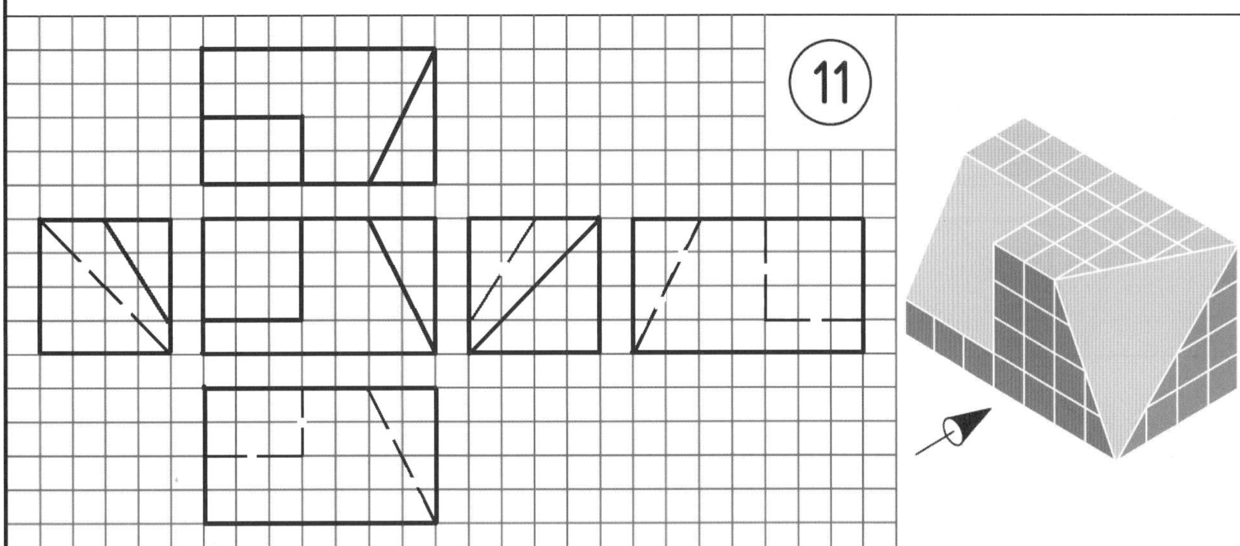

⑫

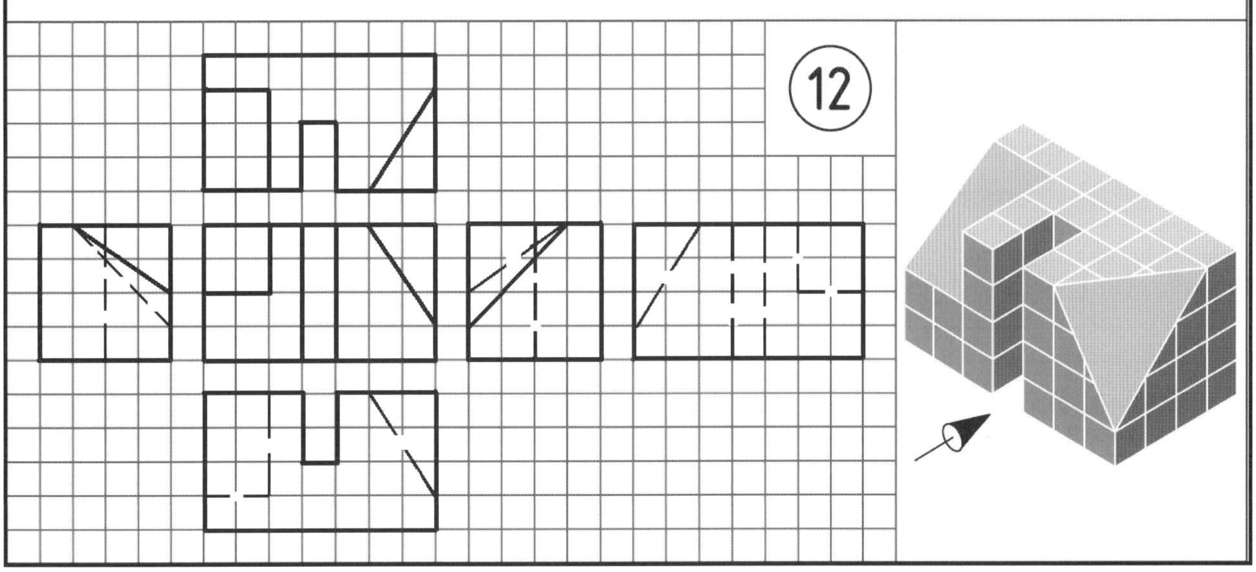

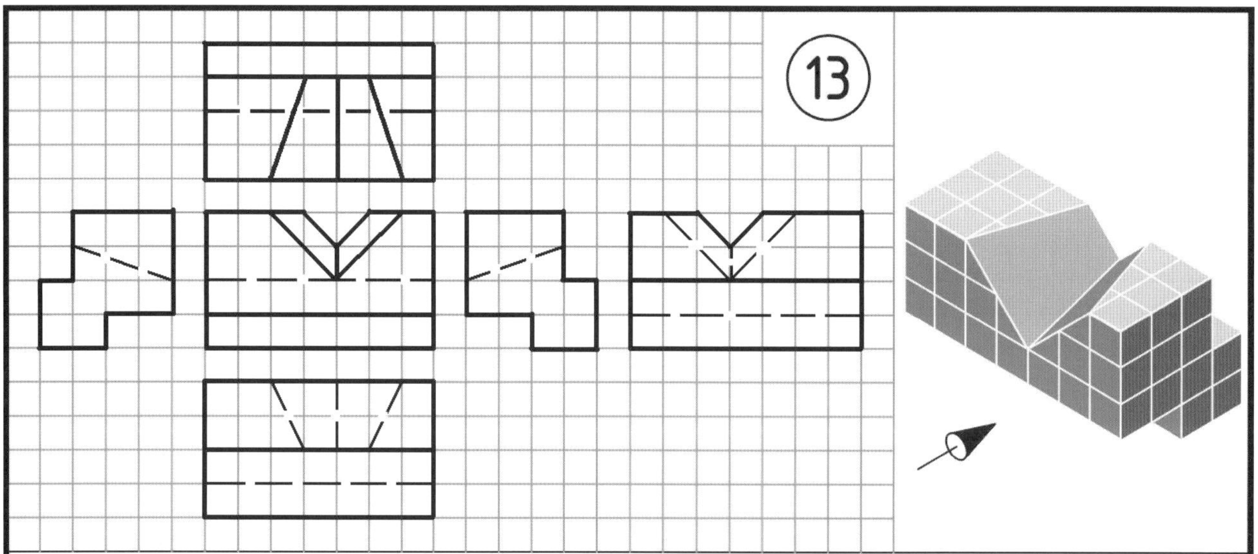
13

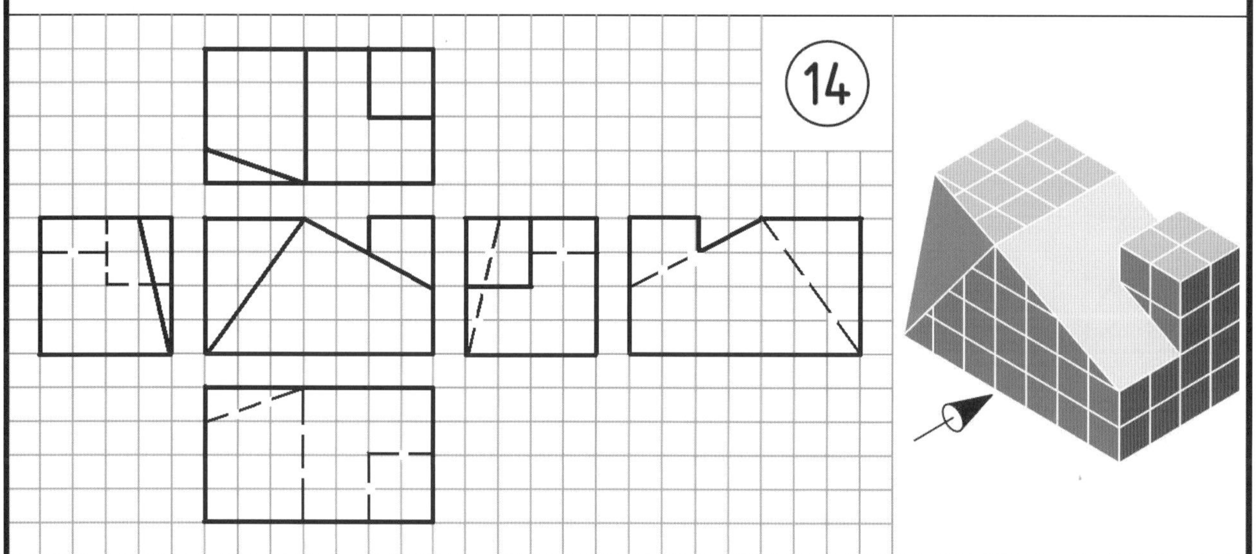
14

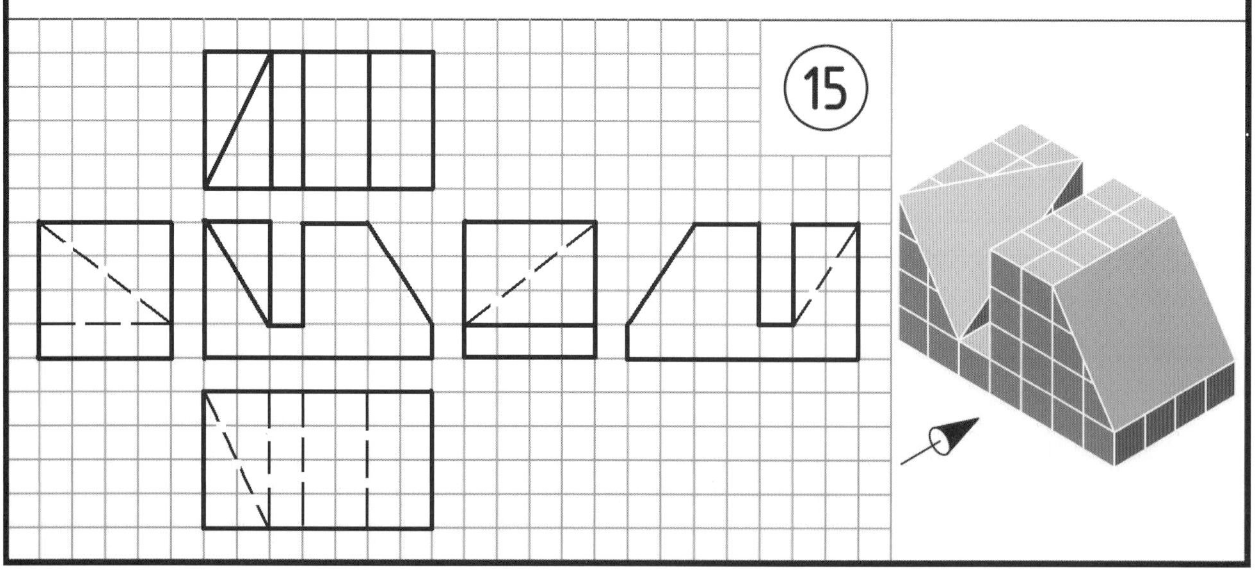
15

연습문제-2	등각 투상도로 주어진 연습문제를 보고 화살표 방향으로 본 모양을 정면도로 선택하여 정투상 방법에 의한 제3각법으로 6면도를 제도(도면작성)하시오.

〈참고〉

1. 손으로 제도할 때 : 연습문제에 표시된 한 눈금의 간격은 방안지 또는 모눈종이의 한 눈금과 같게 하여 숨은선 0.5㎜, 외형선 0.7㎜의 선 굵기인 샤프펜슬이나 나무연필을 사용하시오.
   - 준비물 : 0.5㎜와 0.7㎜인 샤프펜슬이나 나무연필, 삼각자 셋 180㎜, 지우개, 지우개판 등
2. CAD로 도면작성을 할 때 : 2D CAD인 AutoCAD로 도면을 작성하고, 프린터로 도면을 출력할 때는 외형선의 굵기는 0.2~0.25㎜, 숨은선의 굵기는 0.15㎜, 가는 실선의 굵기는 0.1㎜로 셋팅(setting, 설정)하여 프린트하는 것이 형상의 구분과 보기에 깔끔하다.

①

정면

②

③

④

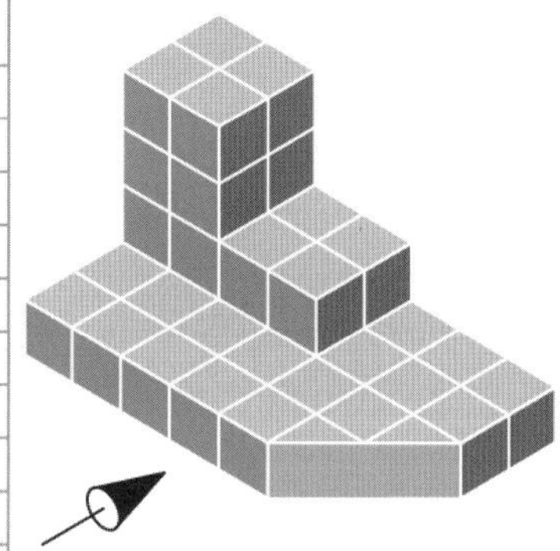

⑤

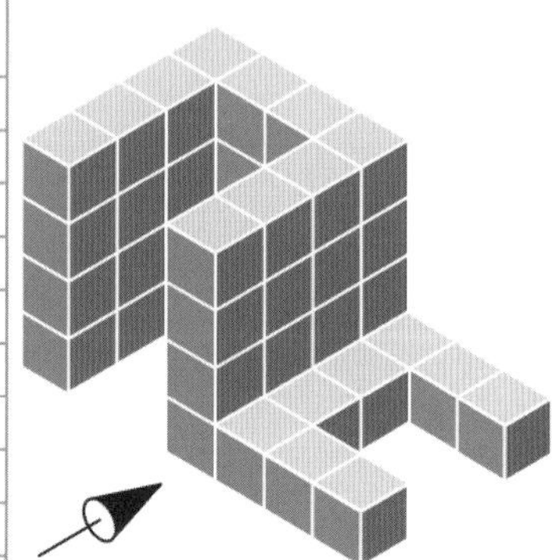

⑥

⑦

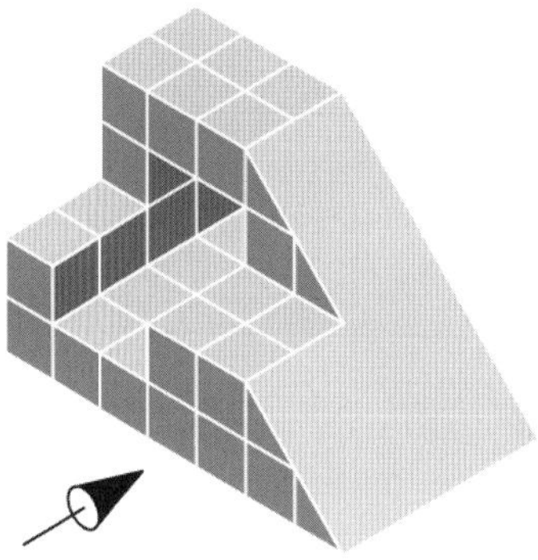

⑧

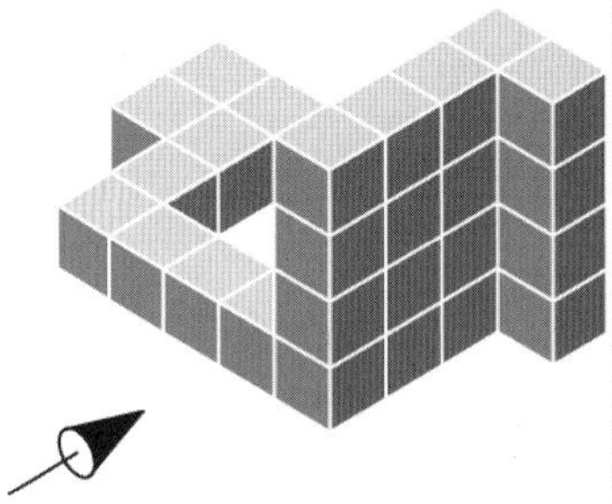

⑨

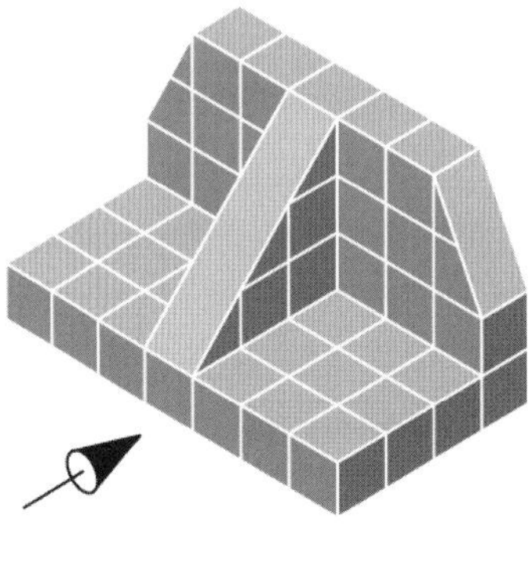

⑩

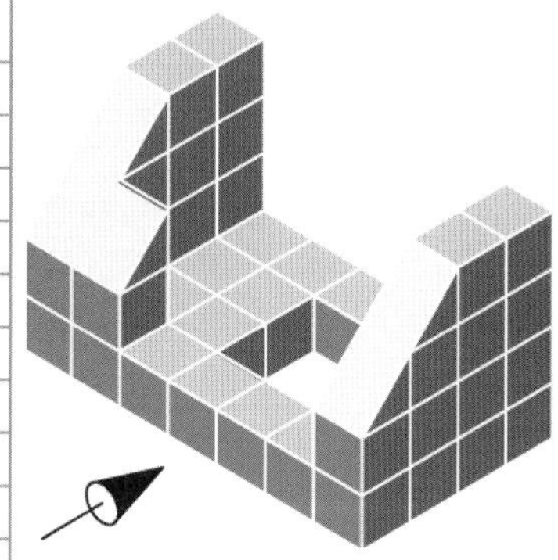

⑪

⑫

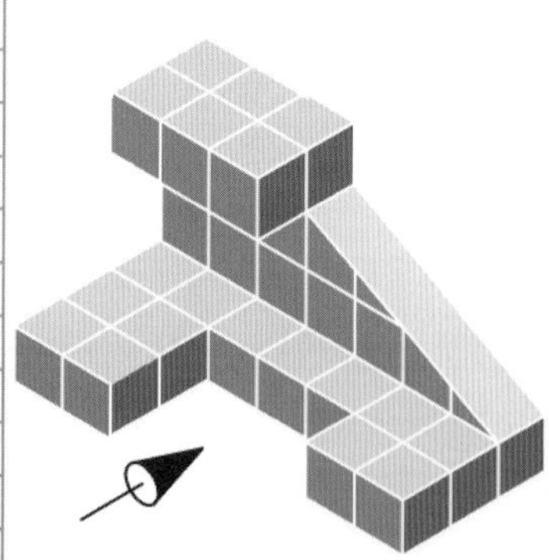

연습문제-2	모범답안

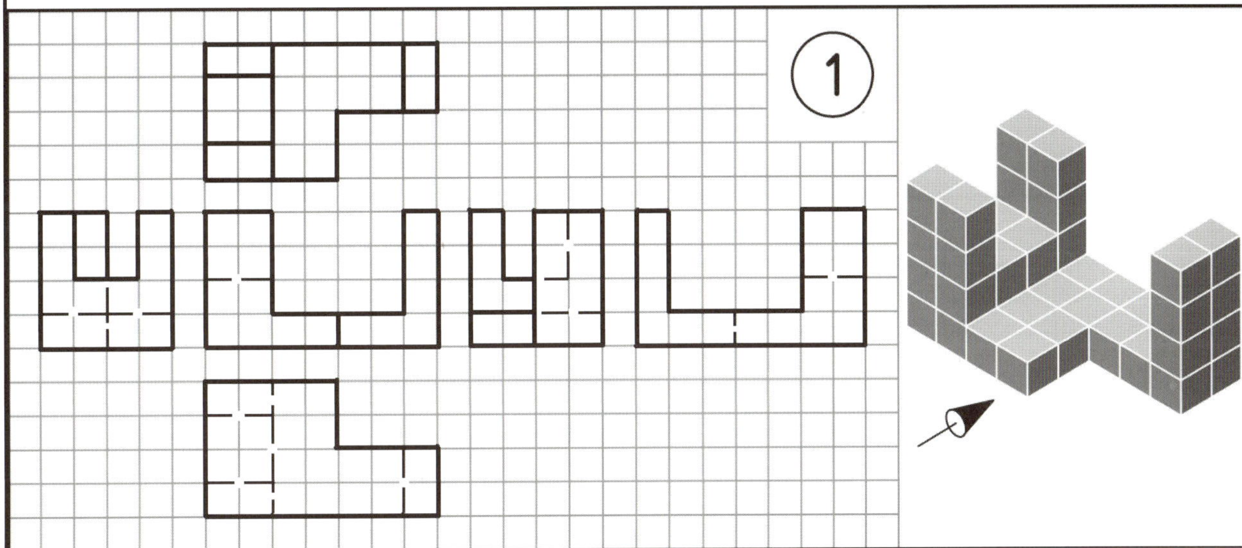

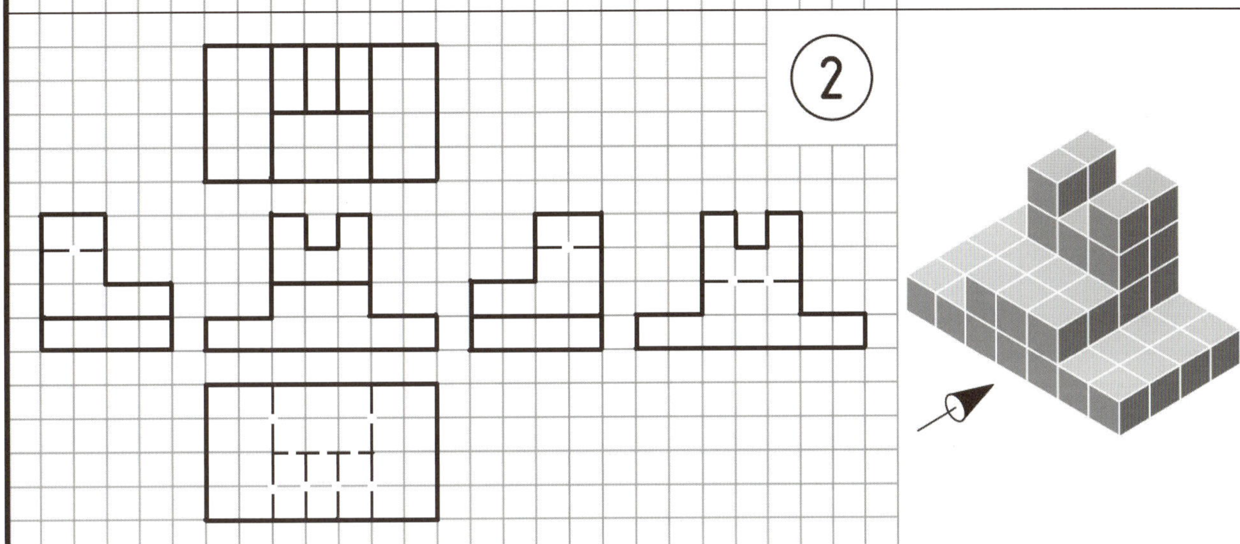

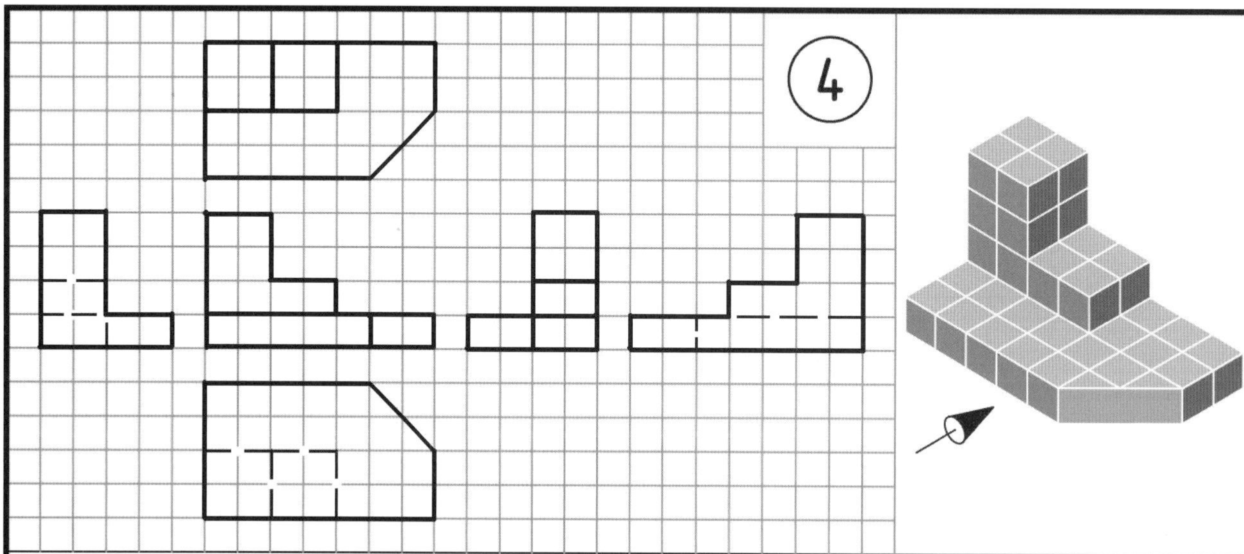
4

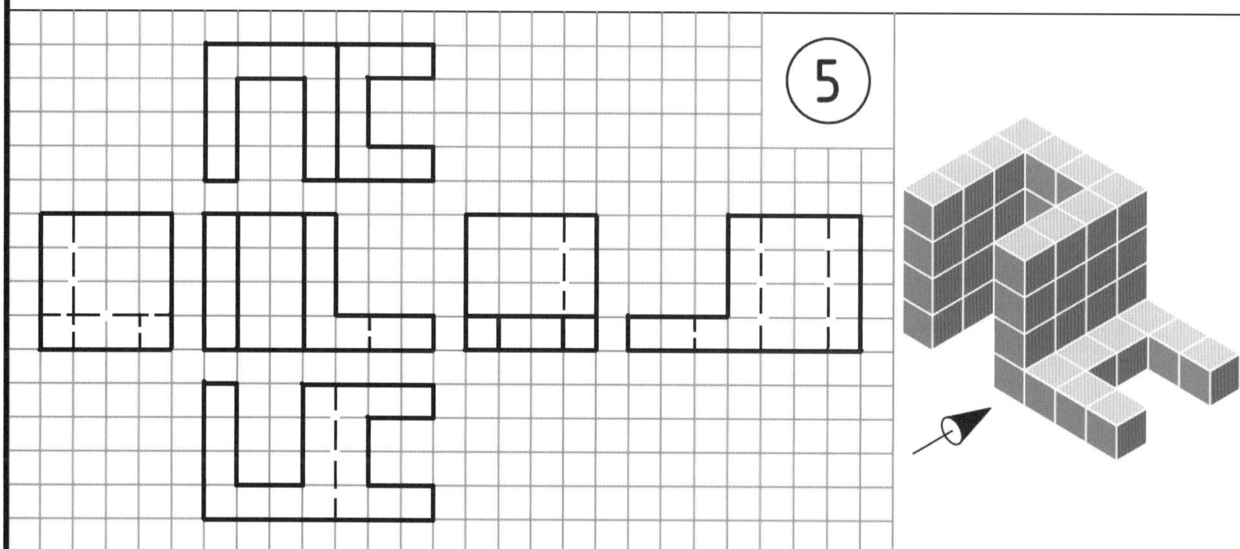
5

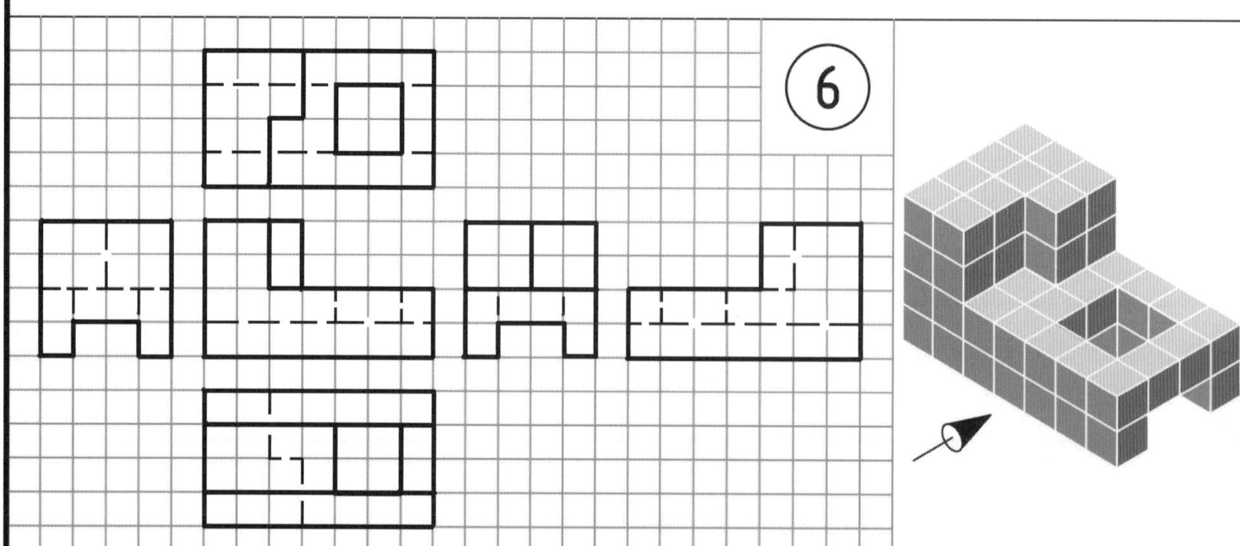
6

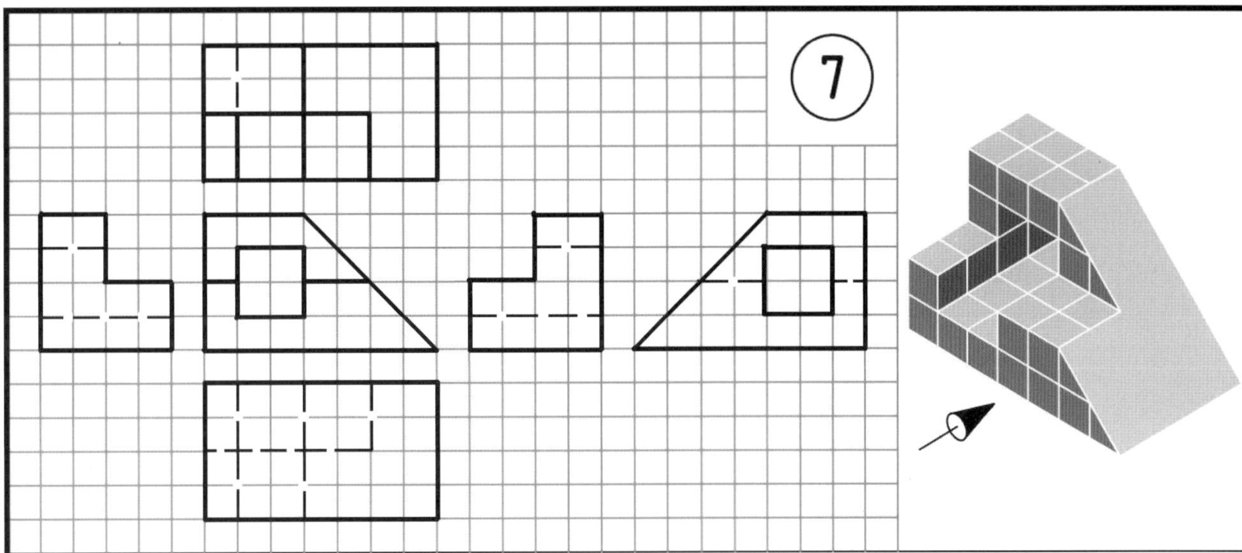
7

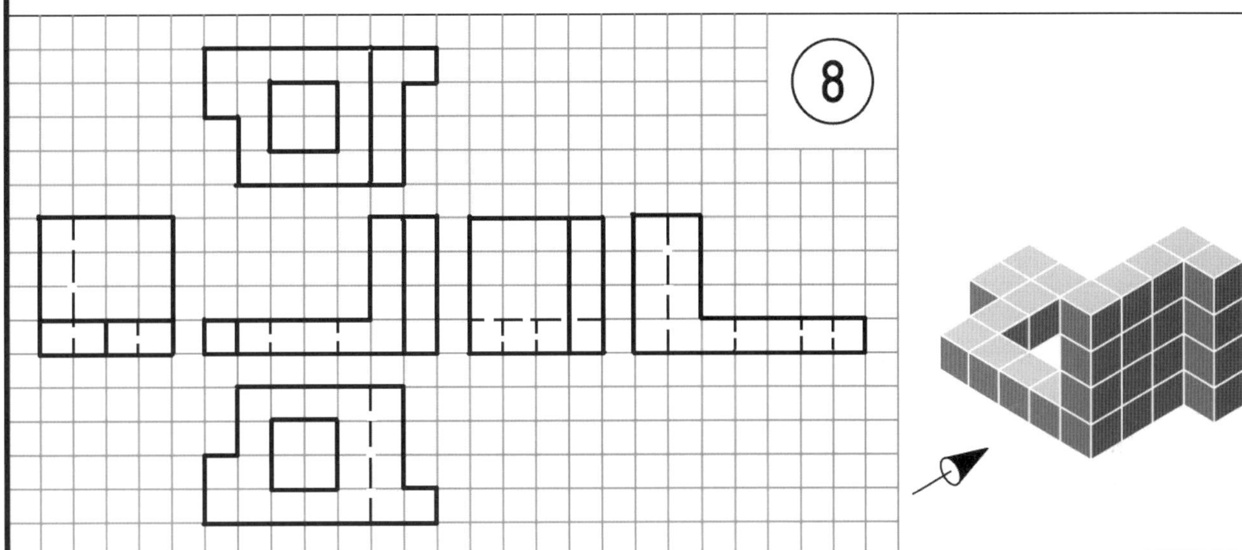
8

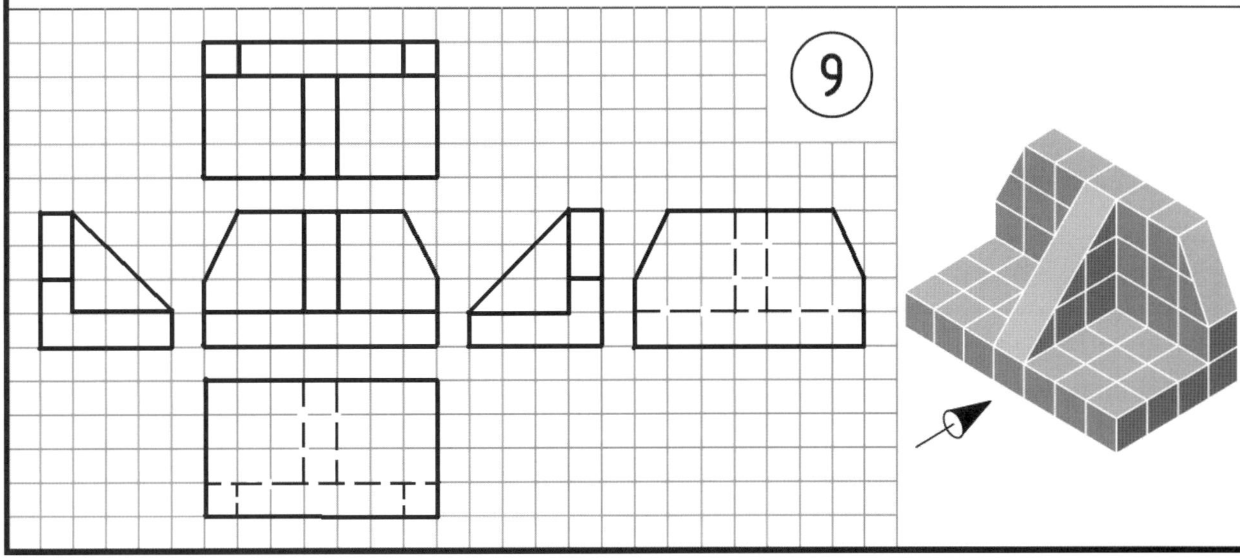
9

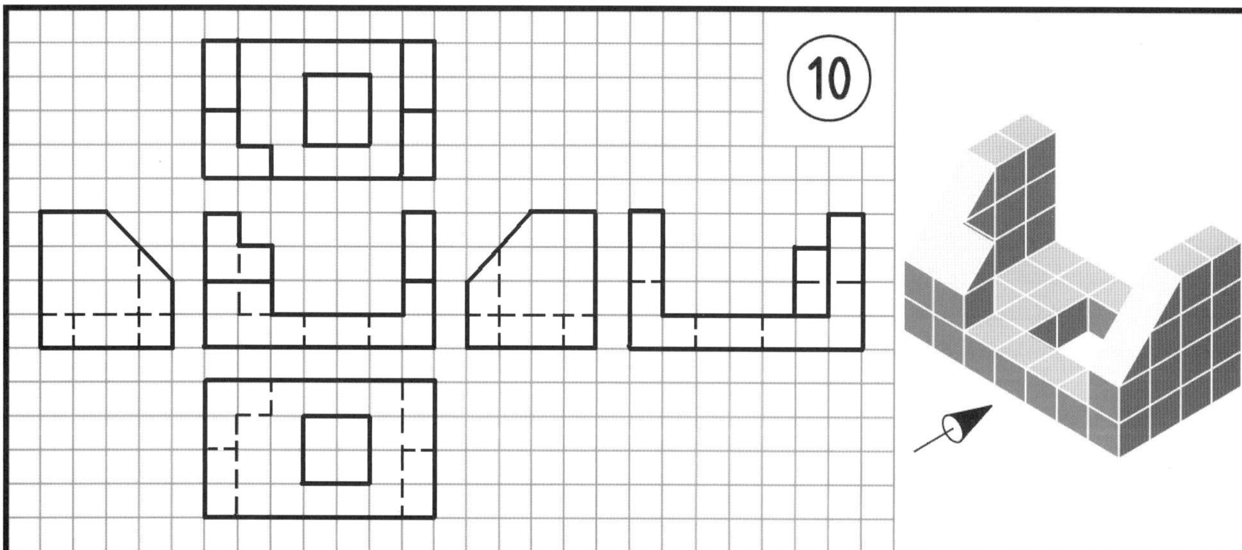
10

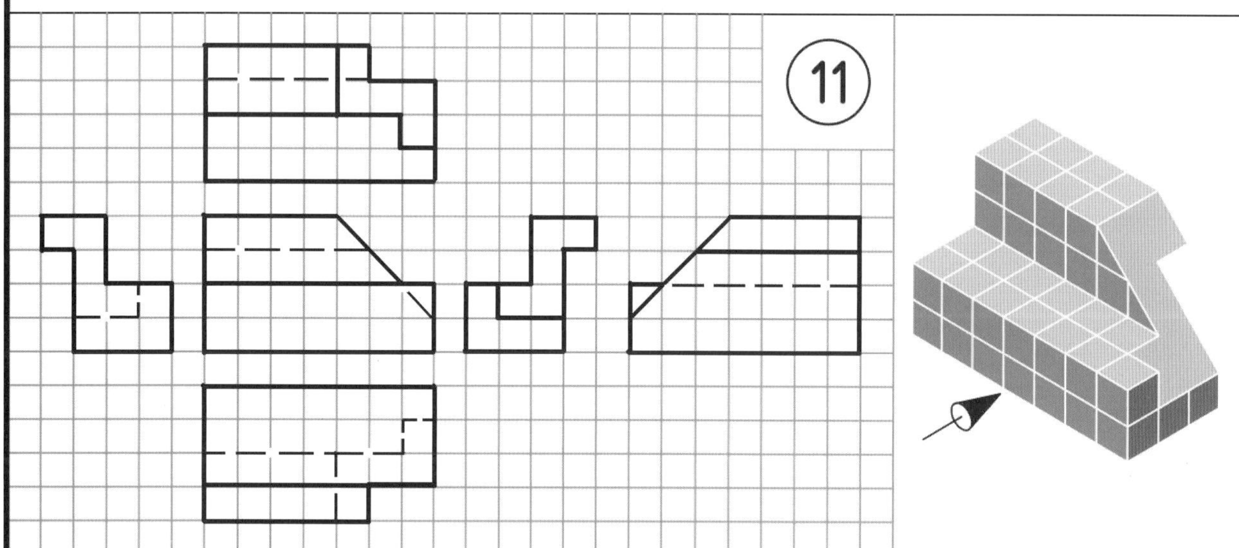
11

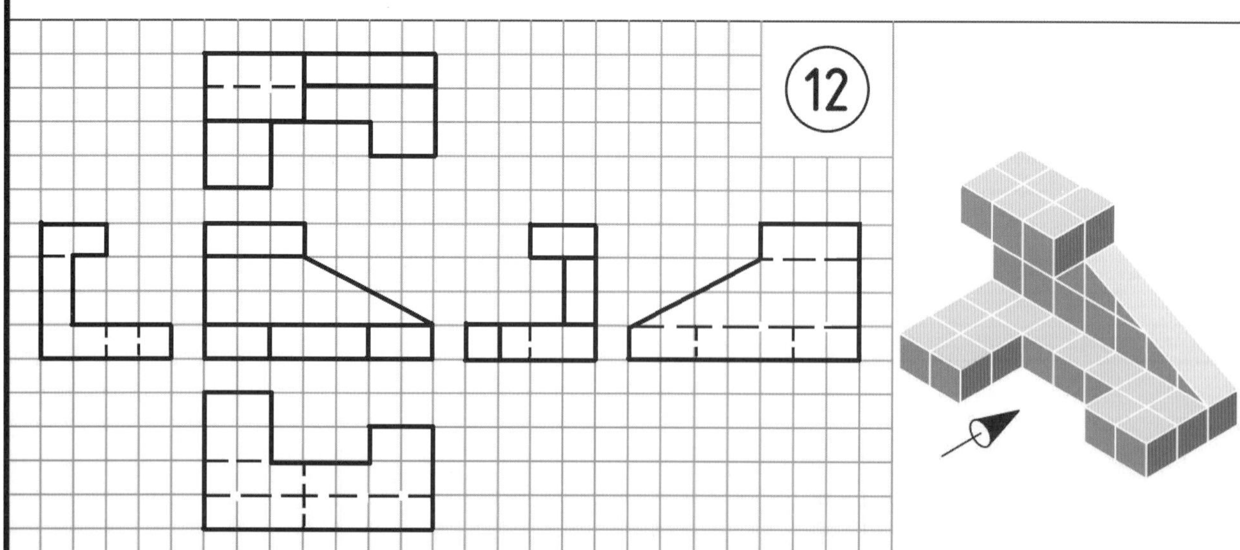
12

연습문제-3	**정투상 3면도(정면도 · 측면도 · 평면도)로 주어진 연습문제를 보고 투상도 배열에 맞는 등각축을 결정하여 제3각법에 의해 등각 투상도로 제도(도면작성)하시오.**

〈참고〉

1. 손으로 제도할 때 : 연습문제에 표시된 한 눈금의 간격은 등각방안지 또는 모눈종이의 한 눈금과 같게 하여 외형선 0.7㎜의 선 굵기인 샤프펜슬이나 나무연필을 사용하시오.
   - 준비물 : 0.7㎜의 샤프펜슬이나 나무연필, 삼각자 셋 180㎜, 지우개, 지우개판 등
2. CAD로 도면작성을 할 때 : 2D CAD인 AutoCAD로 도면을 작성하고, 프린터로 도면을 출력할 때는 외형선의 굵기는 0.2~0.25㎜, 숨은선의 굵기는 0.15㎜, 가는 실선의 굵기는 0.1㎜로 셋팅(setting, 설정)하여 프린트하는 것이 형상의 구분과 보기에 깔끔하다.

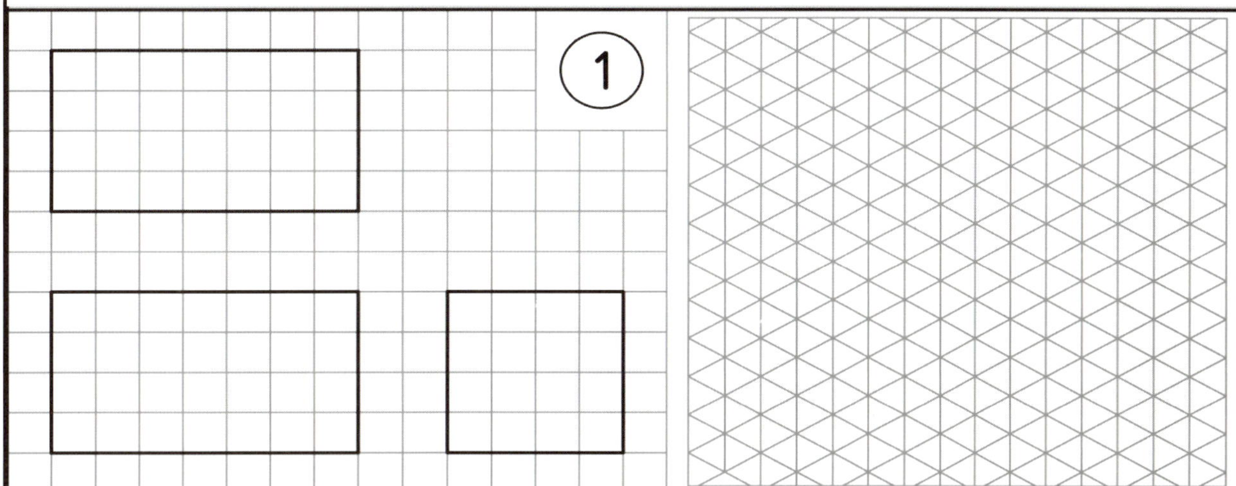

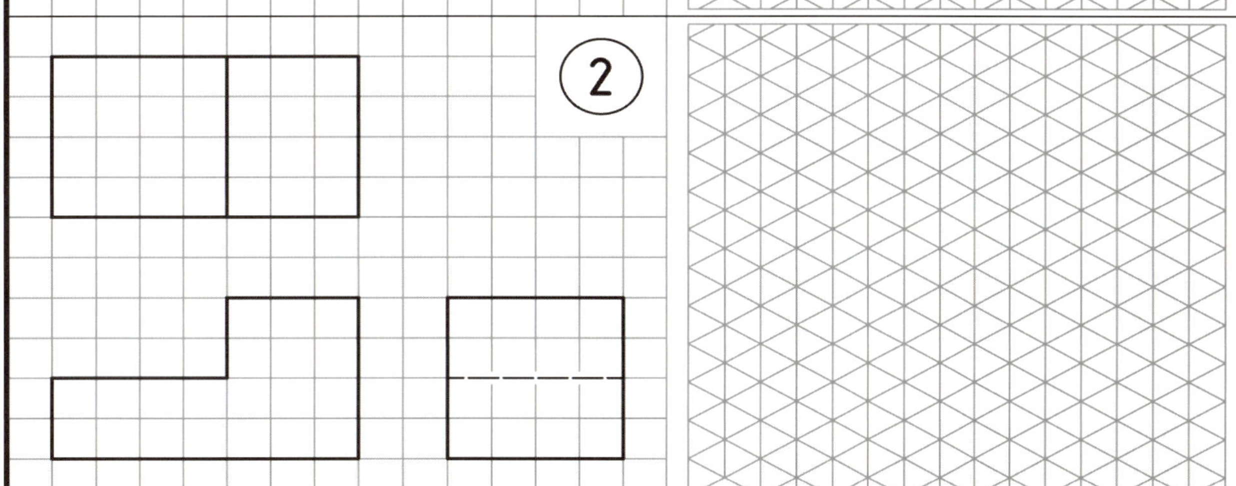

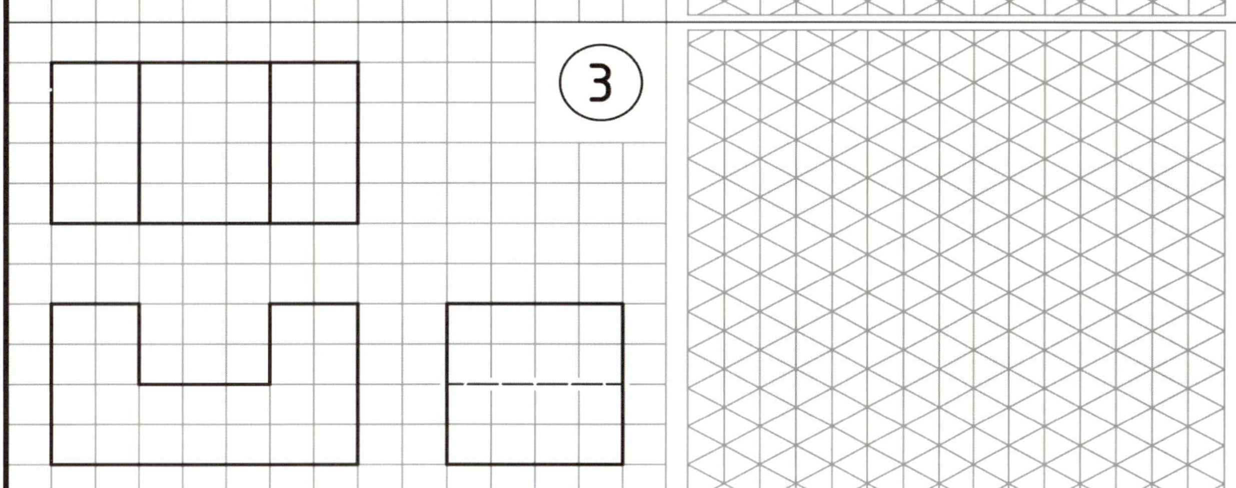

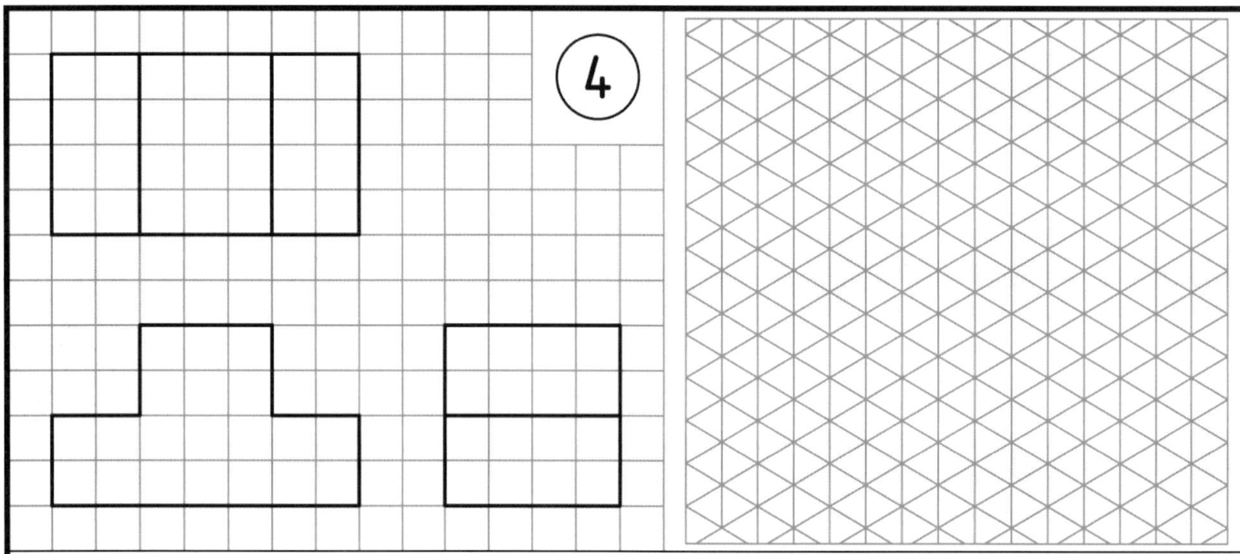
4

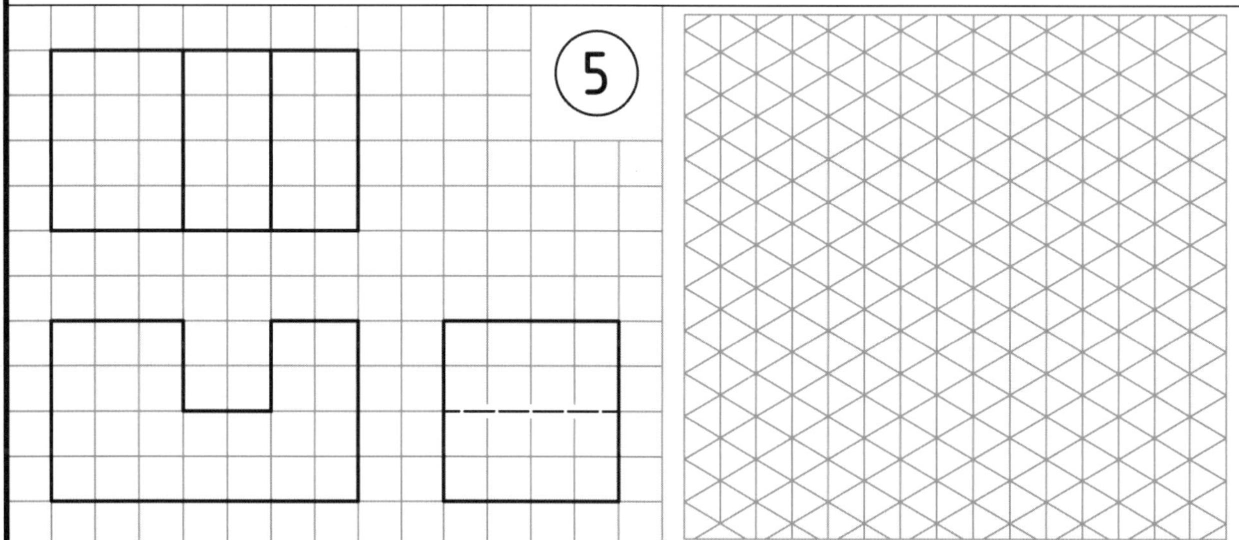
5

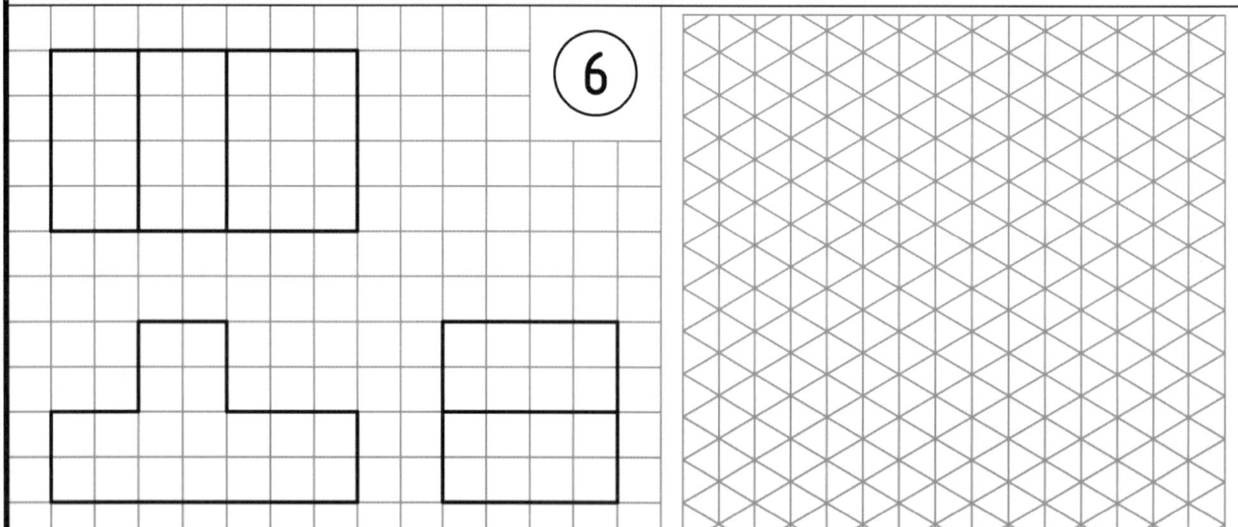
6

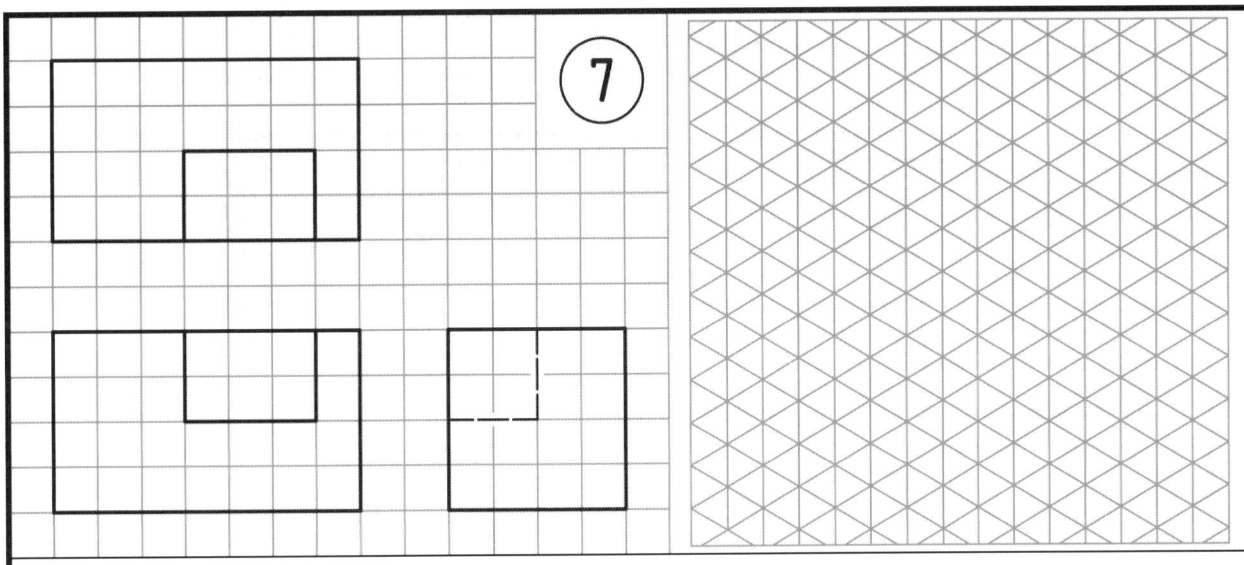
7

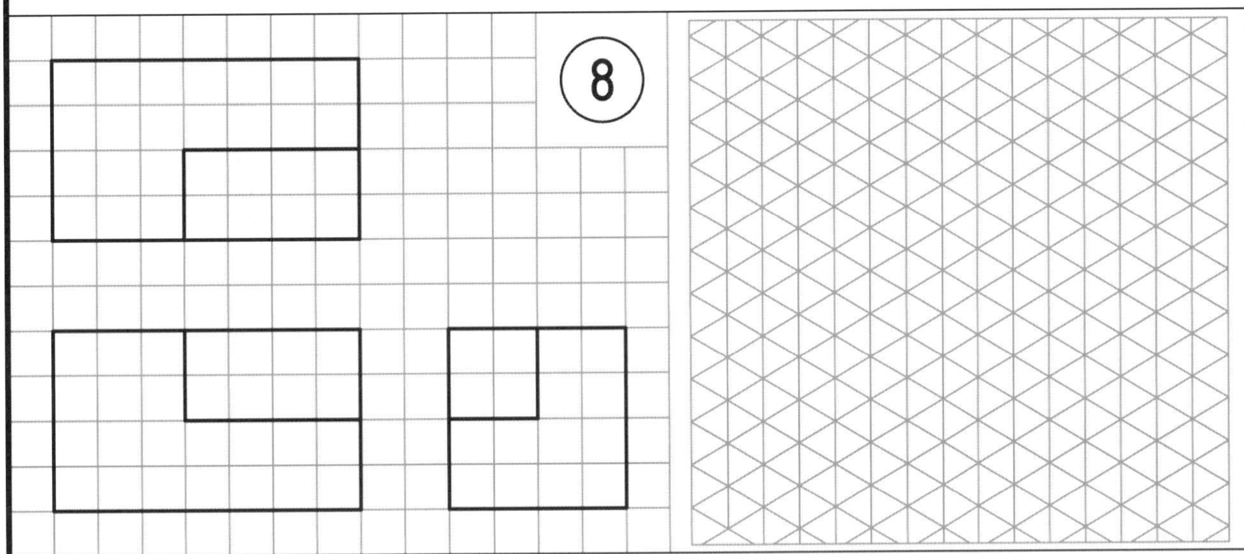
8

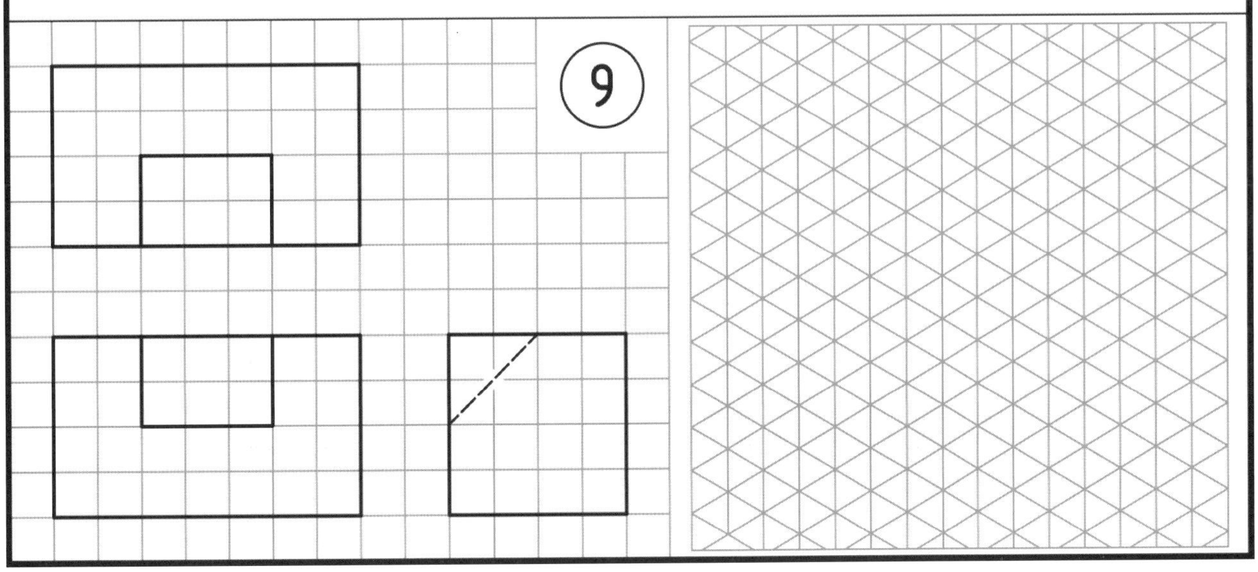
9

⑩

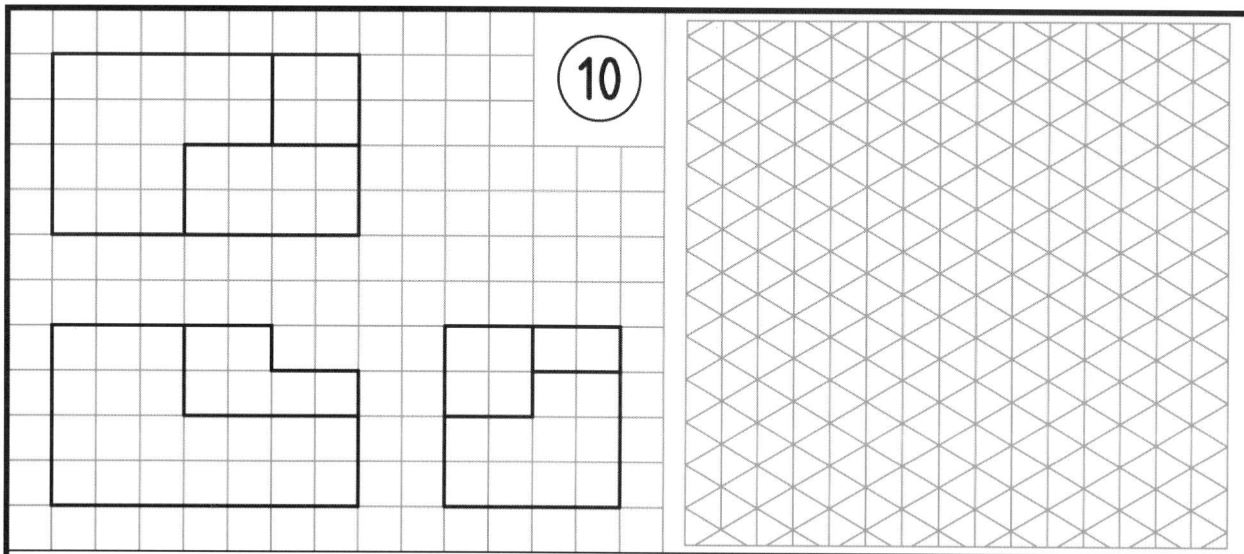

⑪

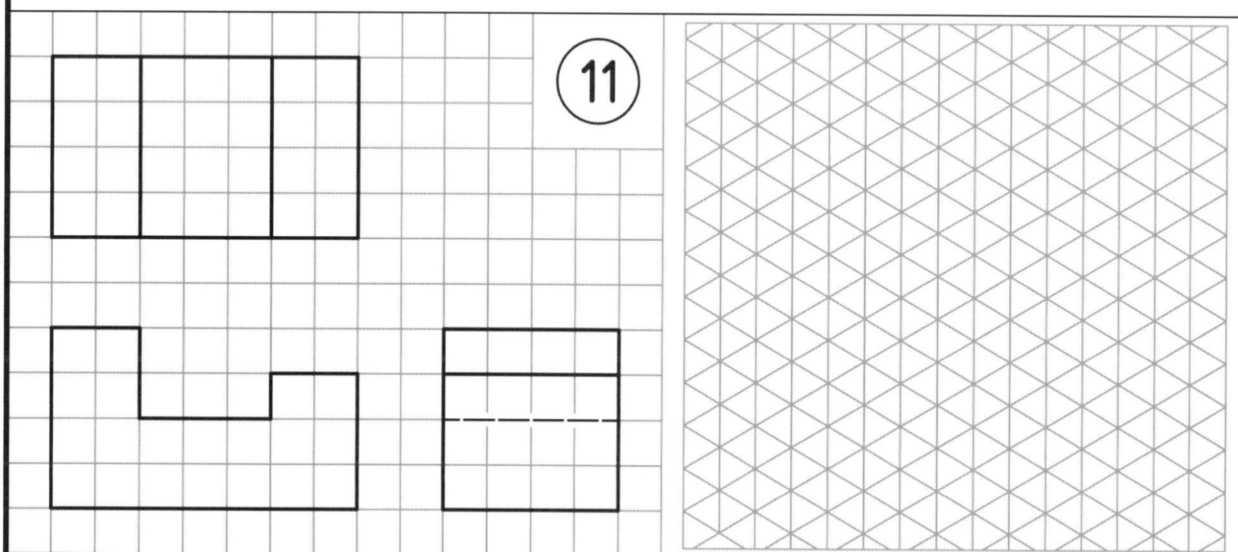

⑫

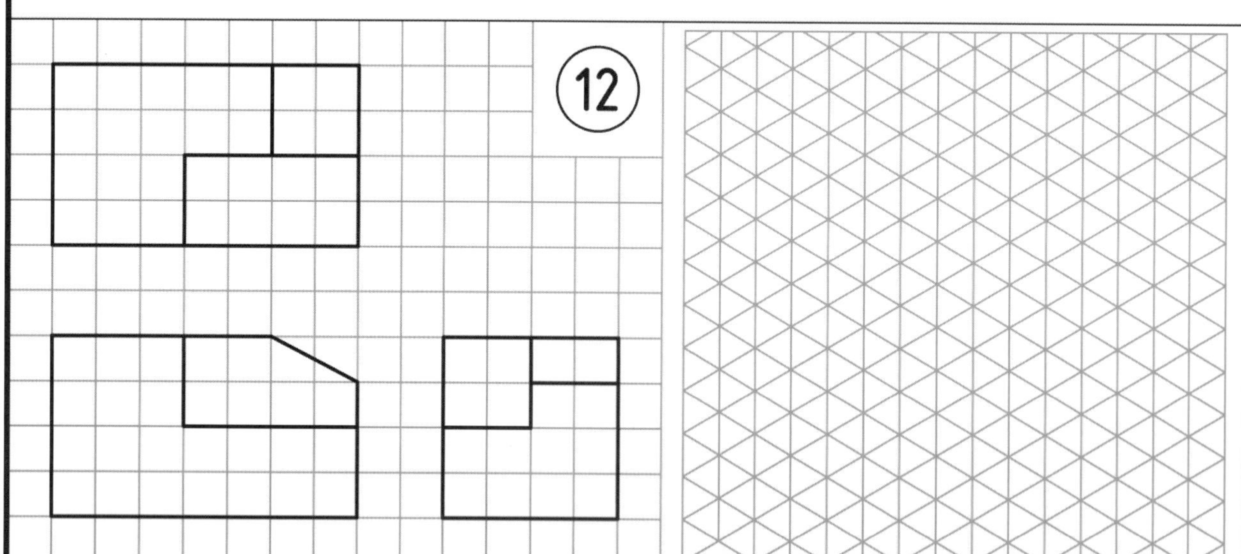

연습문제-3 모범답안

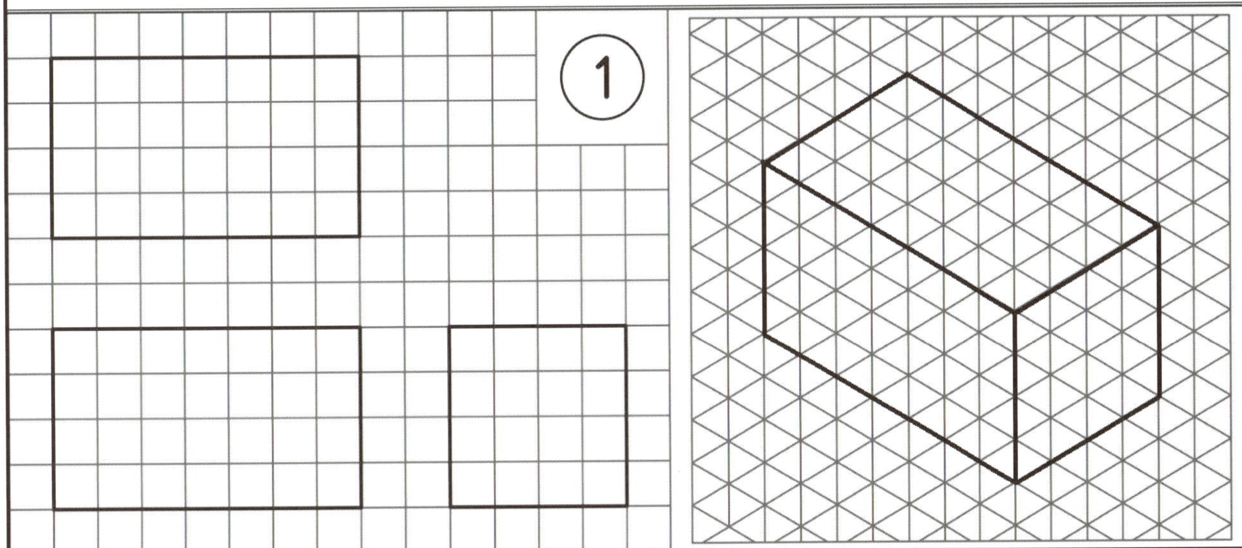

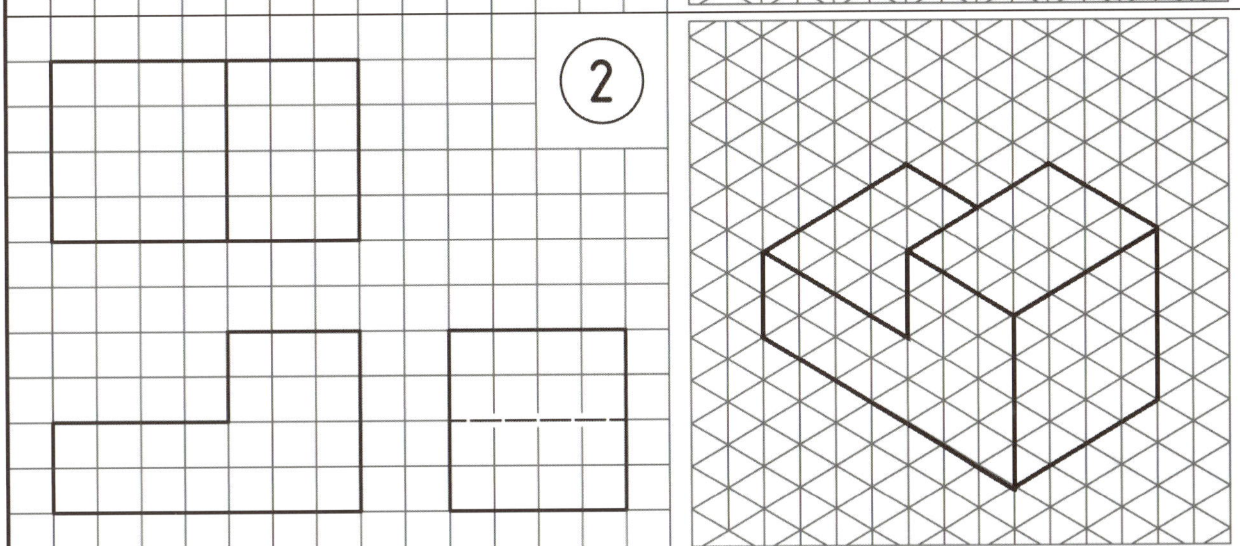

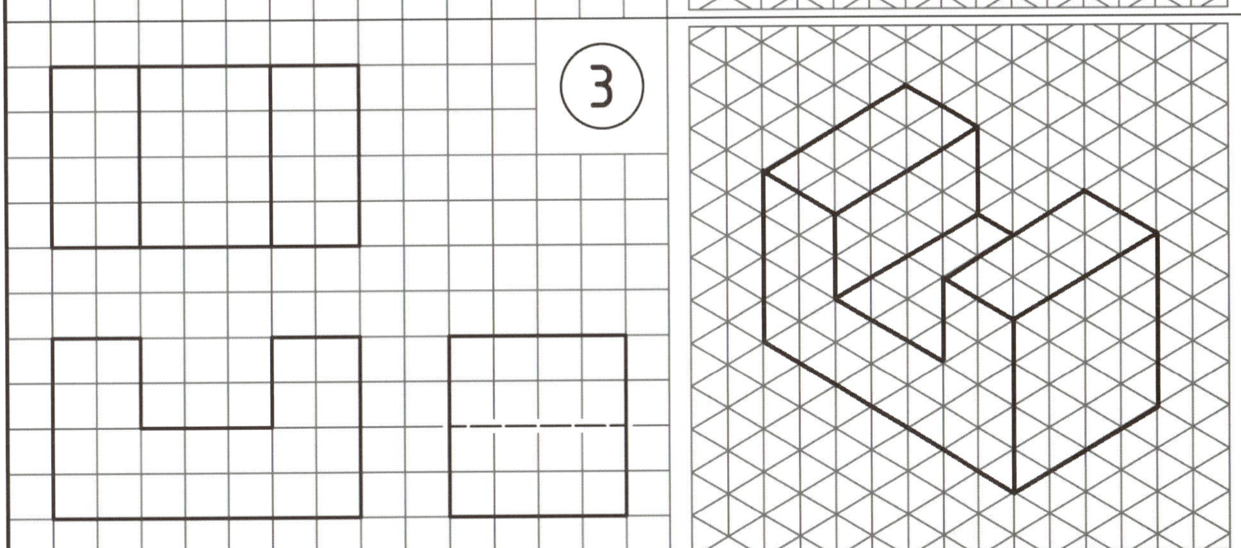

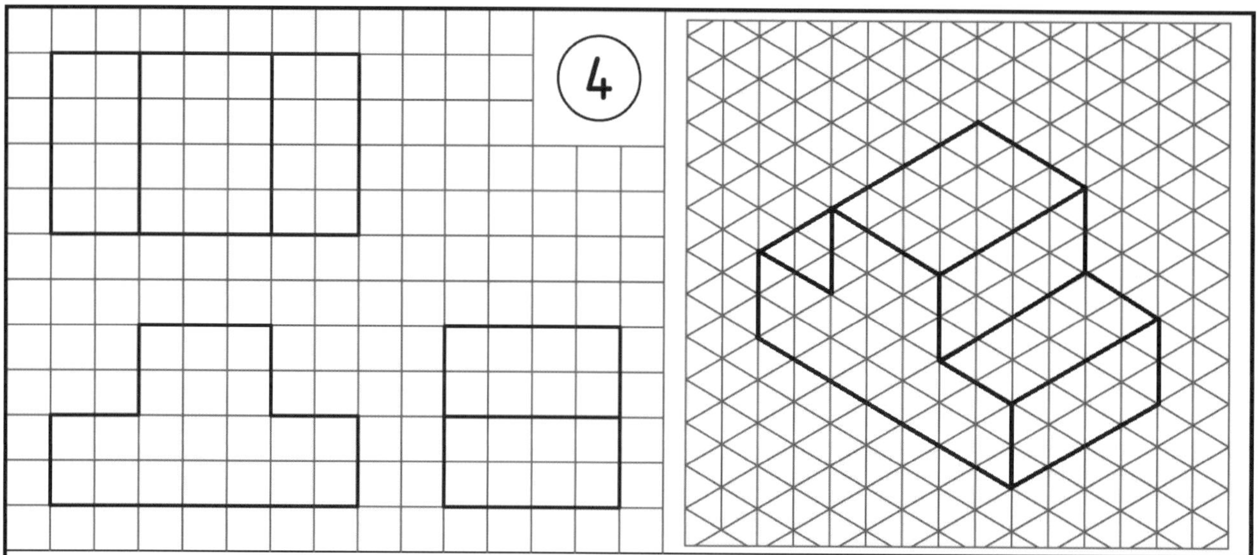
4

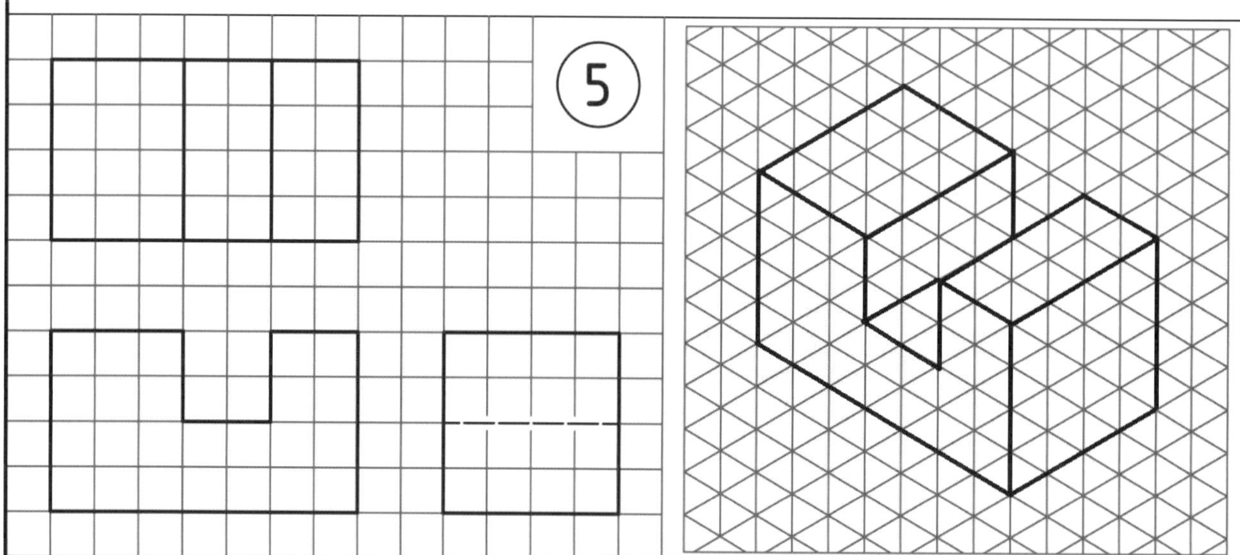
5

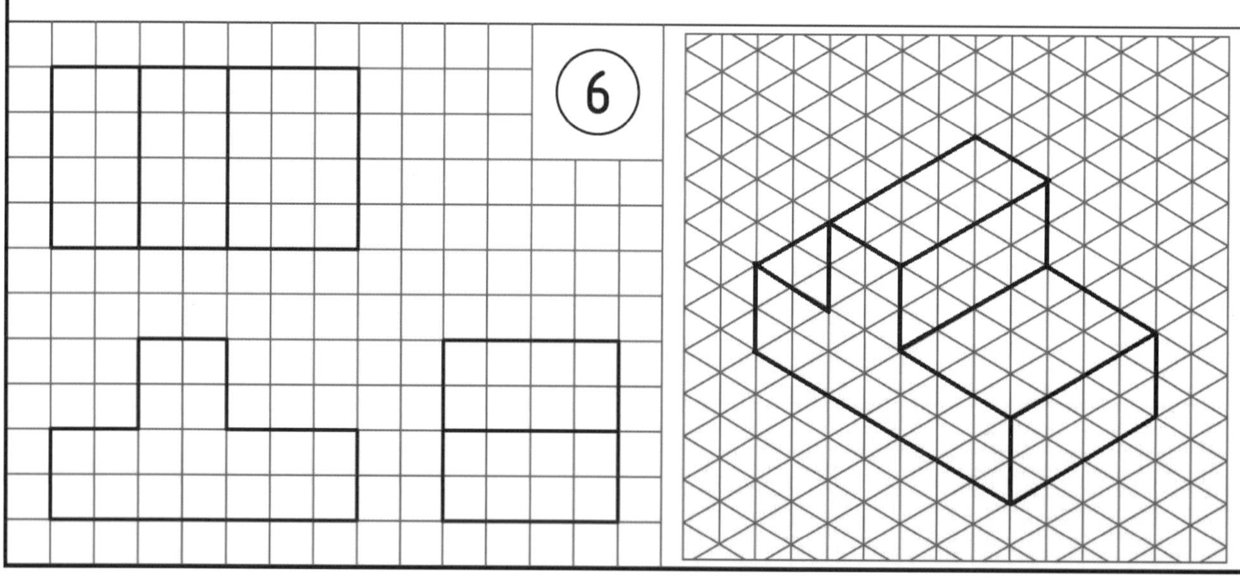
6

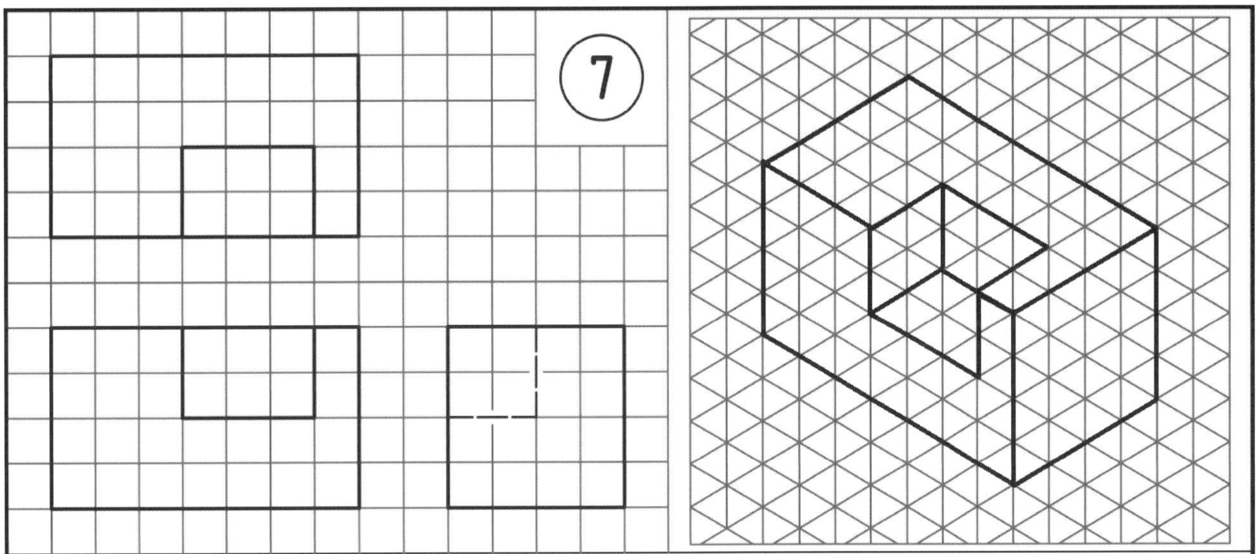
7

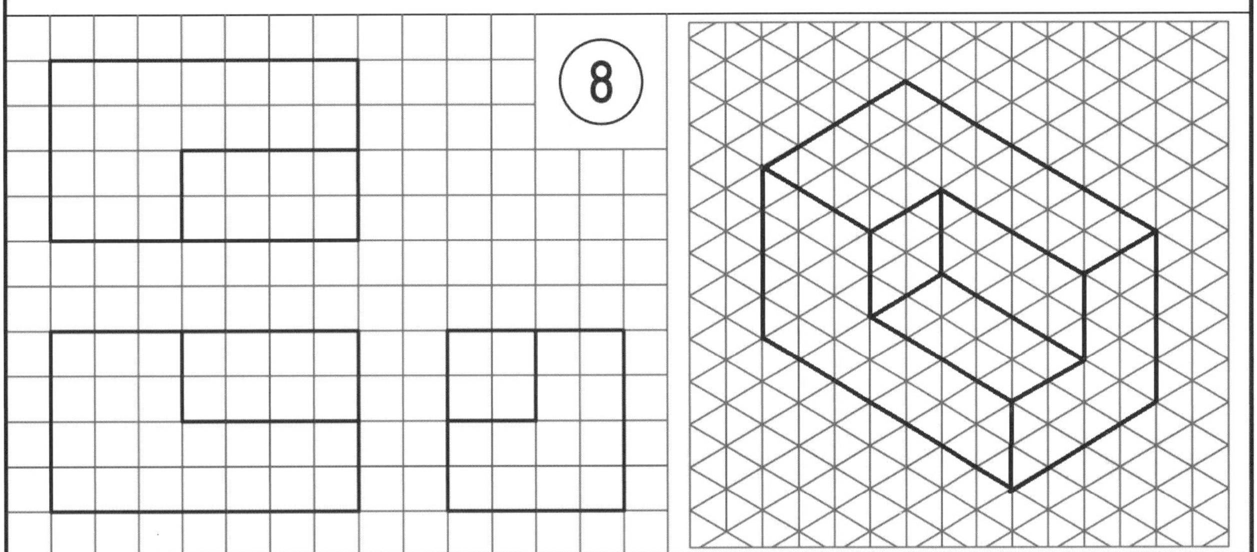
8

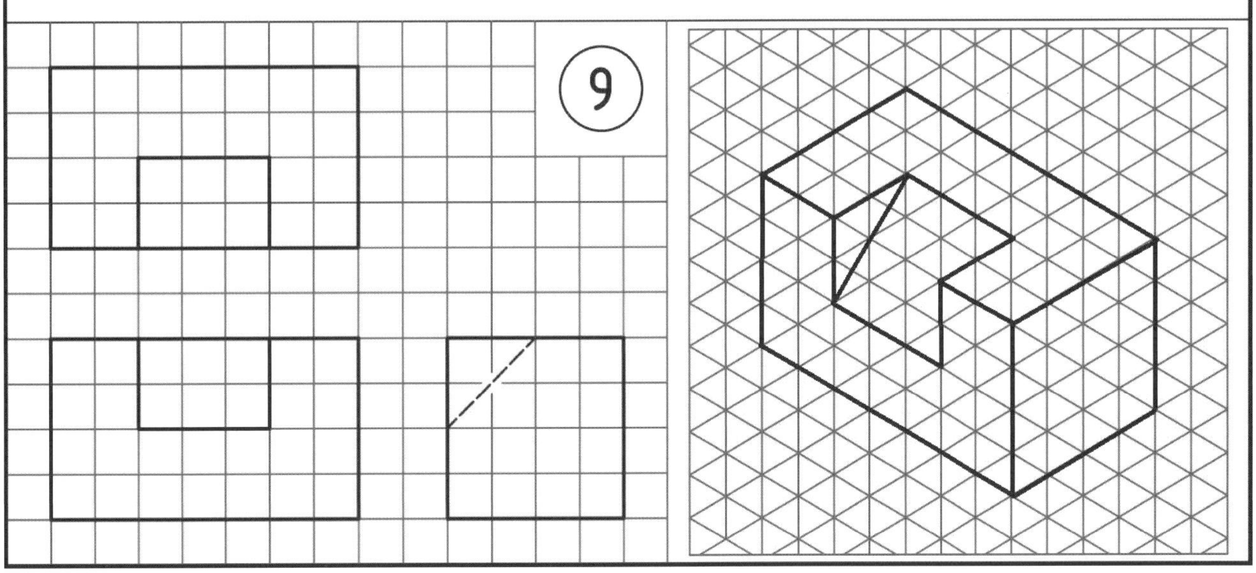
9

⑩

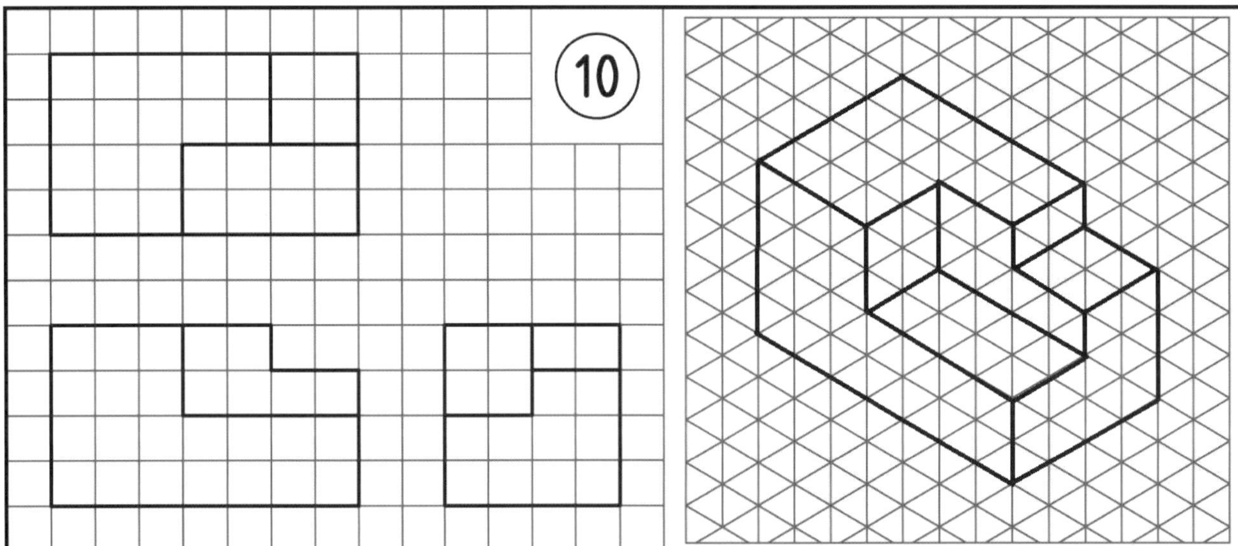

⑪

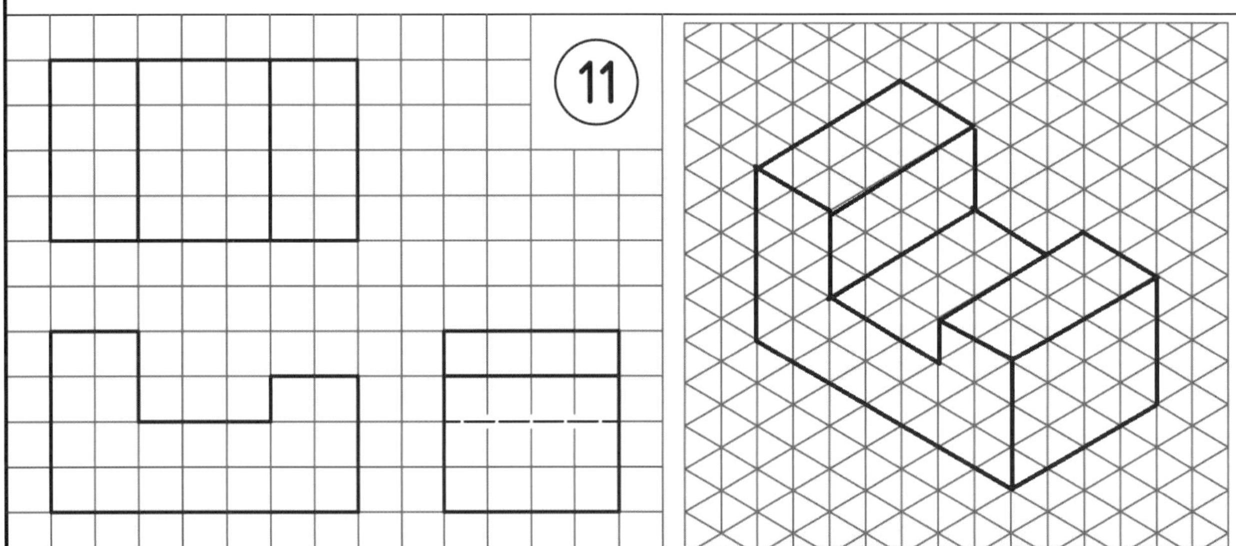

⑫

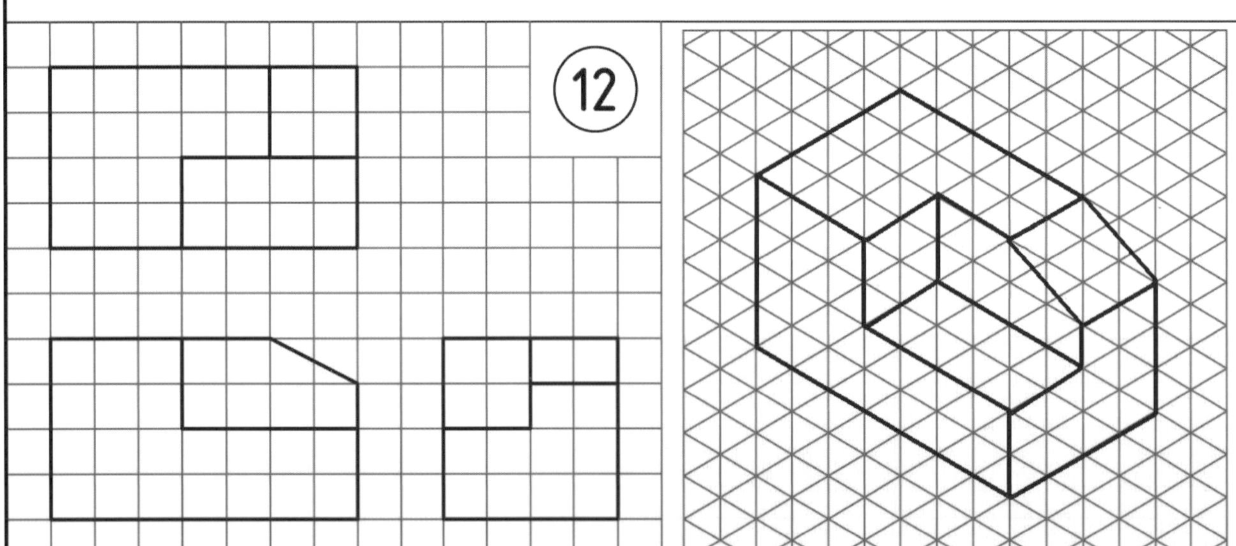

연습문제-4

오른쪽 표의 첫째줄에 표시한 예와 같이 등각 투상도에 표시한 면에 해당하는 면의 숫자를 찾아 기입하시오.

①

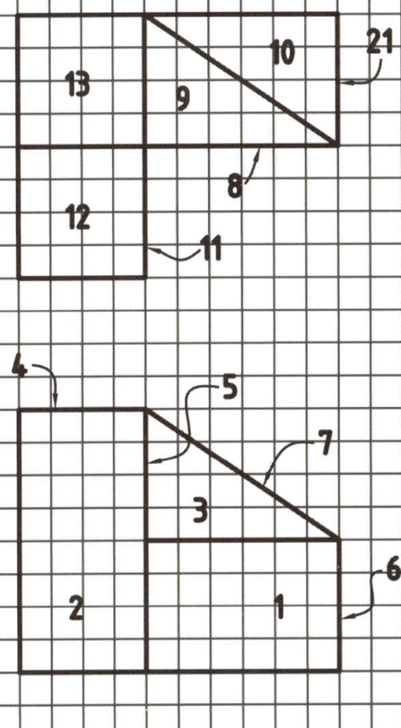

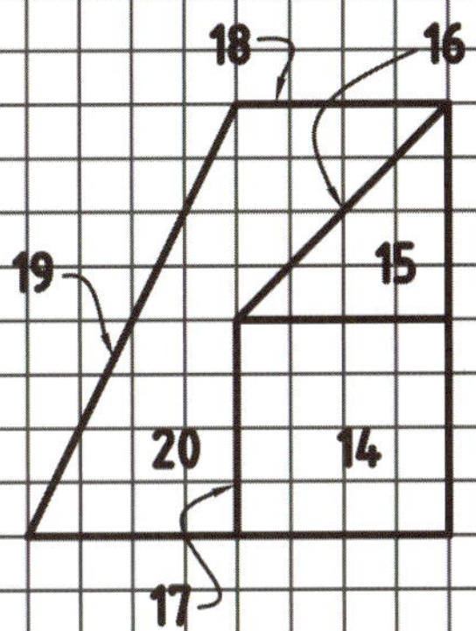

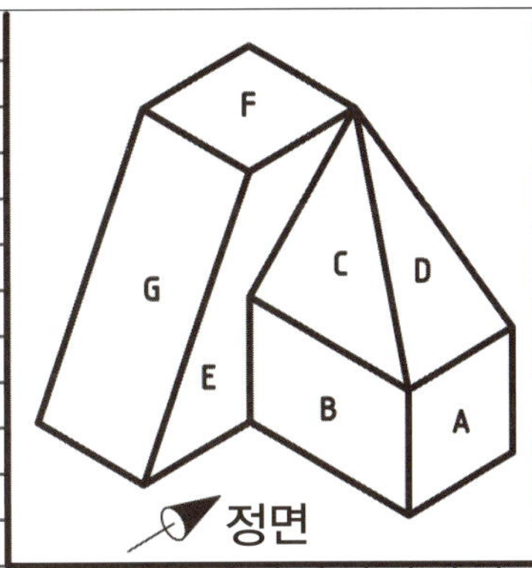

구분	평면도	정면도	측면도
A	21	6	14
B			
C			
D			
E			
F			
G			

②

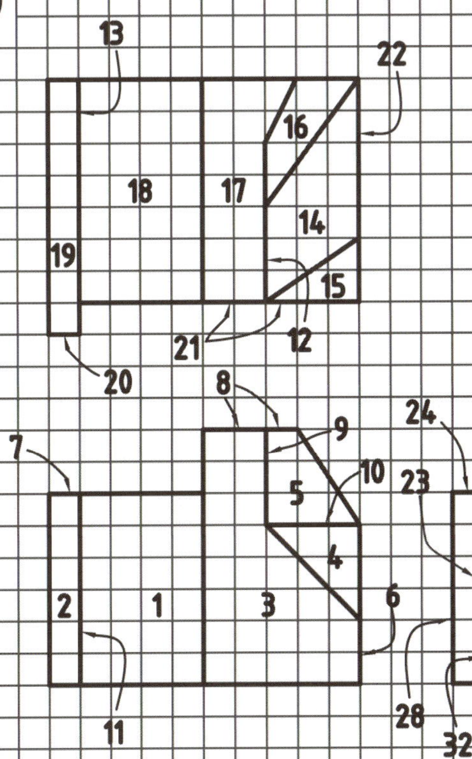

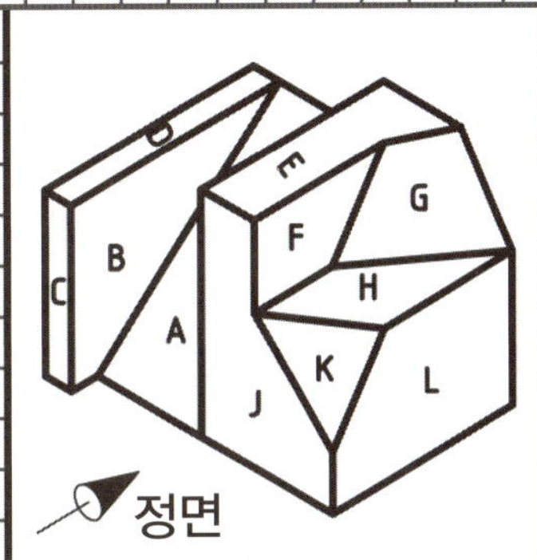

구분	평면도	정면도	측면도
A			
B			
C			
D			
E			
F			
G			
H			
J			
K			
L			

연습문제-4 모범답안

①

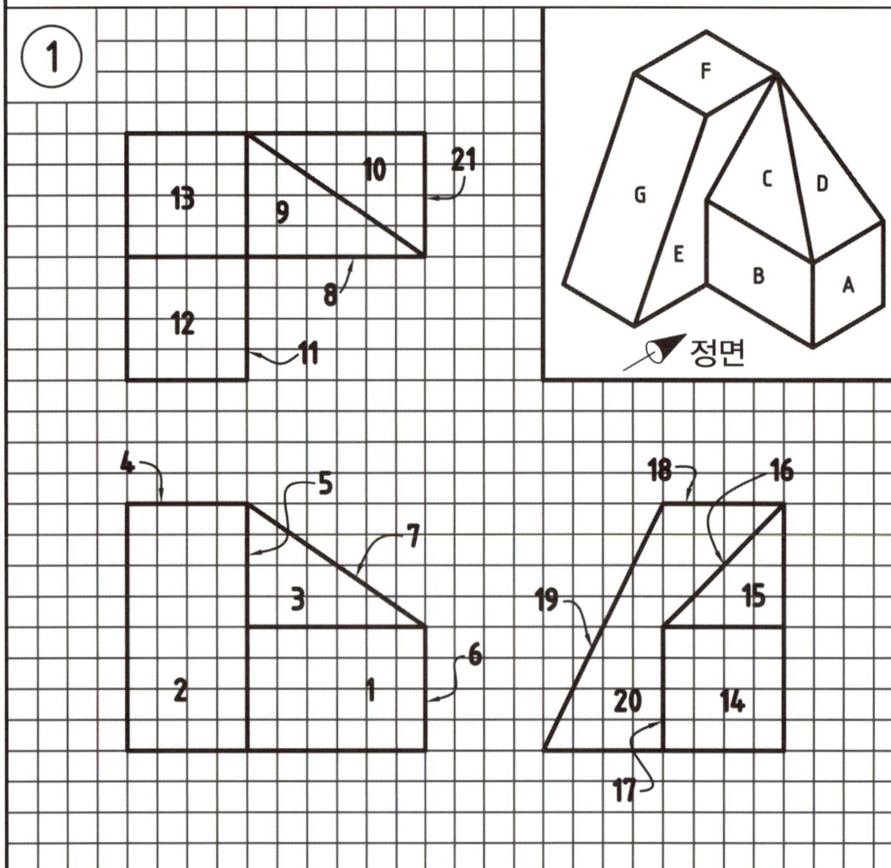

구분	평면도	정면도	측면도
A	21	6	14
B	8	1	17
C	9	3	16
D	10	7	15
E	11	5	20
F	13	4	18
G	12	2	19

②

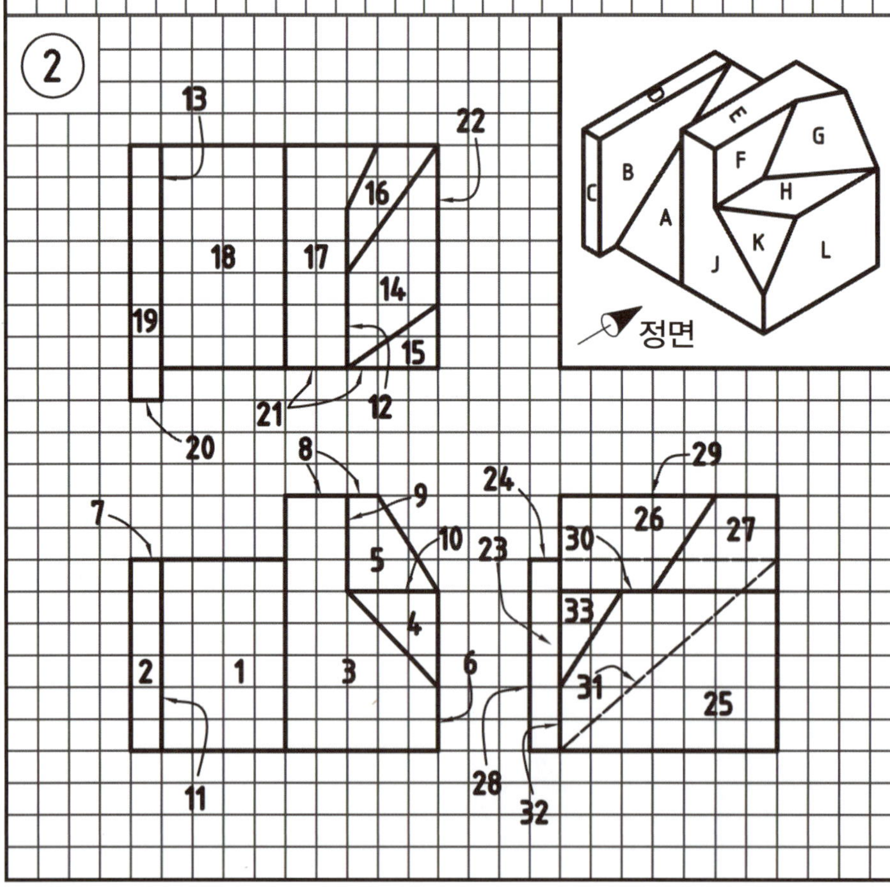

구분	평면도	정면도	측면도
A	18	1	31
B	13	11	23
C	20	2	28
D	19	7	24
E	17	8	29
F	12	9	26
G	16	5	27
H	14	10	30
J	21	3	32
K	15	4	33
L	22	6	25

종합평가-1

주어진 연습문제의 3면도(정면도 · 측면도 · 평면도)를 보고 누락된 숨은선을 제도하고 투상도 배열에 맞는 등각축을 결정하여 제3각법에 의해 등각 투상도로 제도(도면작성)하시오.

〈참고〉

1. 손으로 제도할 때 : 연습문제에 표시된 한 눈금의 간격은 등각방안지 또는 모눈종이의 한 눈금과 같게 하여 외형선 0.7㎜의 선 굵기인 샤프펜슬이나 나무연필을 사용하시오. 단, 등각 투상도는 숨은선을 작성하지 않는다.
   - 준비물 : 0.7㎜의 샤프펜슬이나 나무연필, 삼각자 셋 180㎜, 지우개, 지우개판 등
2. CAD로 도면작성을 할 때 : 2D CAD인 AutoCAD로 도면을 작성하고, 프린터로 도면을 출력할 때는 외형선의 굵기는 0.2~0.25㎜, 숨은선의 굵기는 0.15㎜, 가는 실선의 굵기는 0.1㎜로 셋팅(setting, 설정)하여 프린트하는 것이 형상의 구분과 보기에 깔끔하다.

①

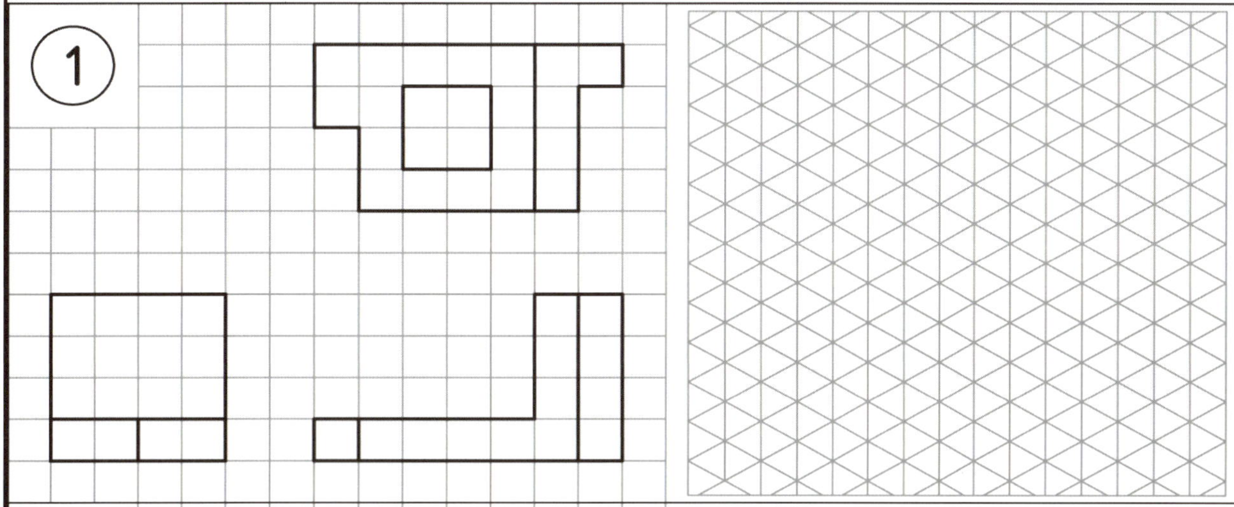

②

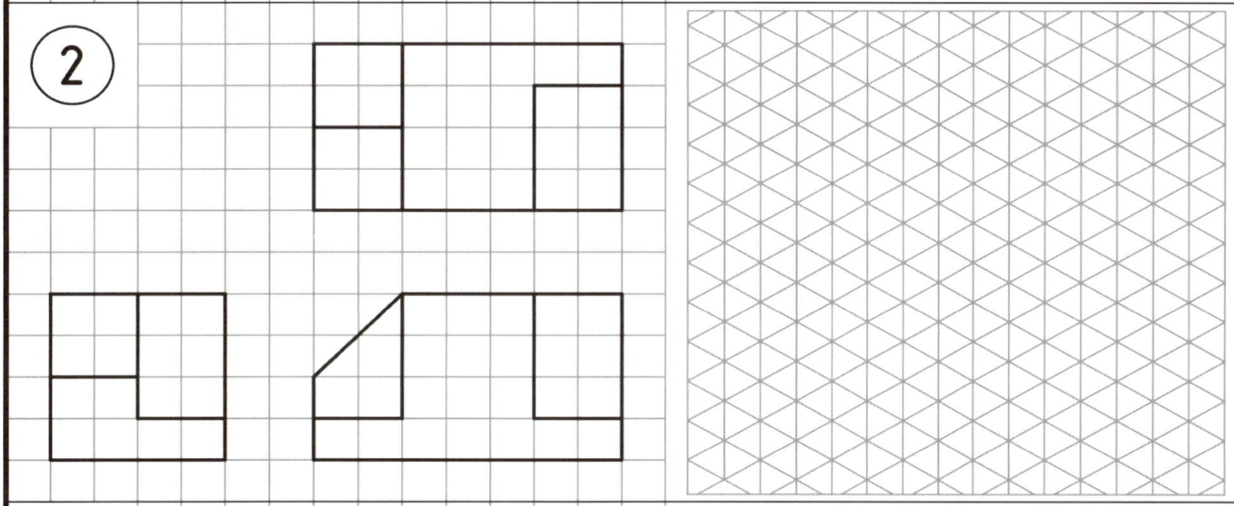

③

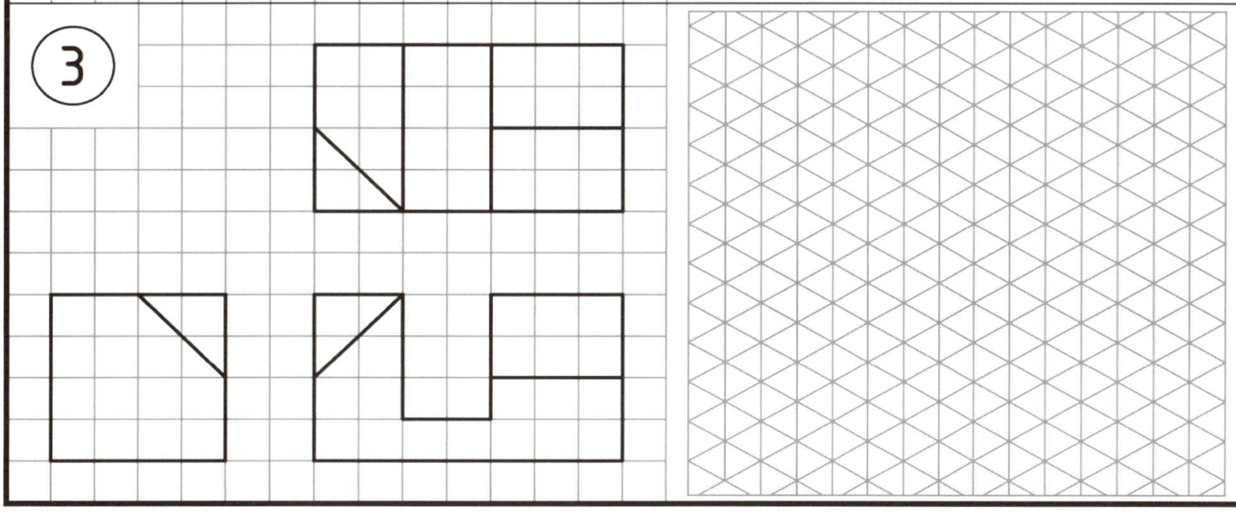

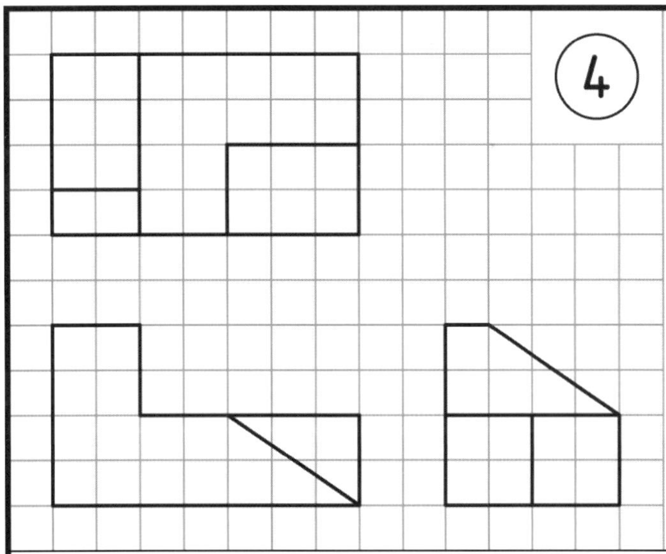
4

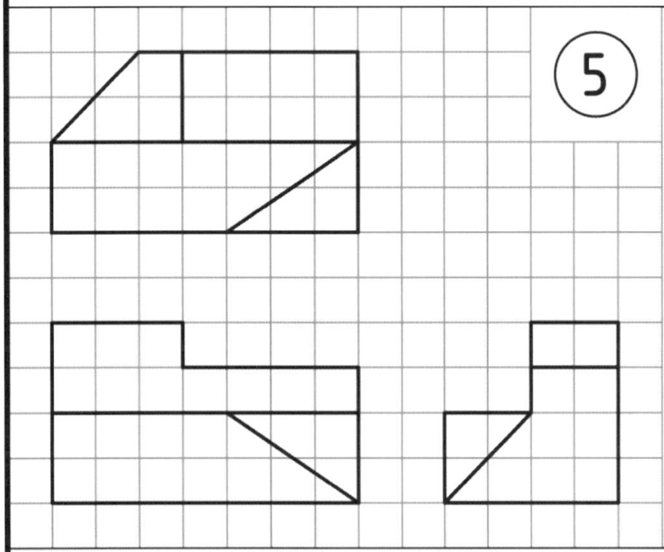
5

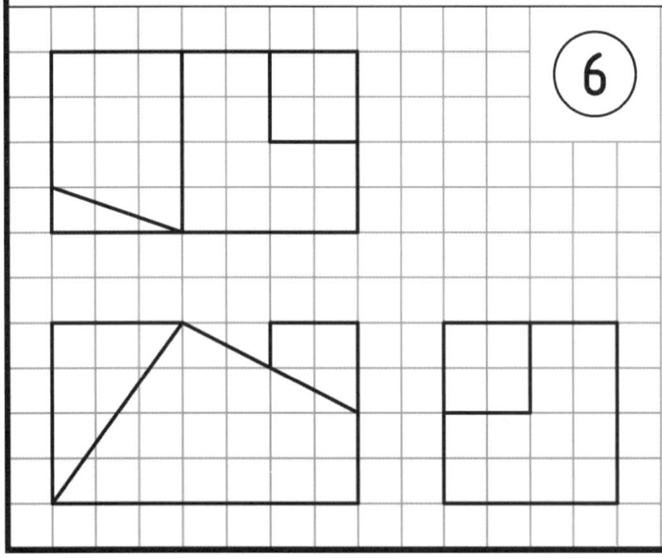
6

⑦

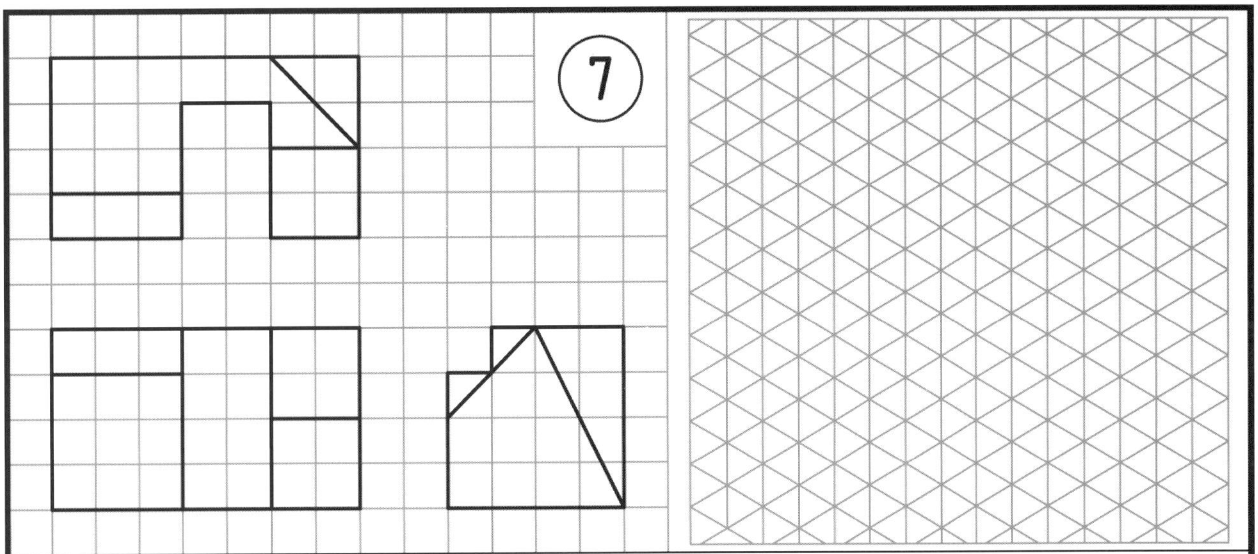

⑧

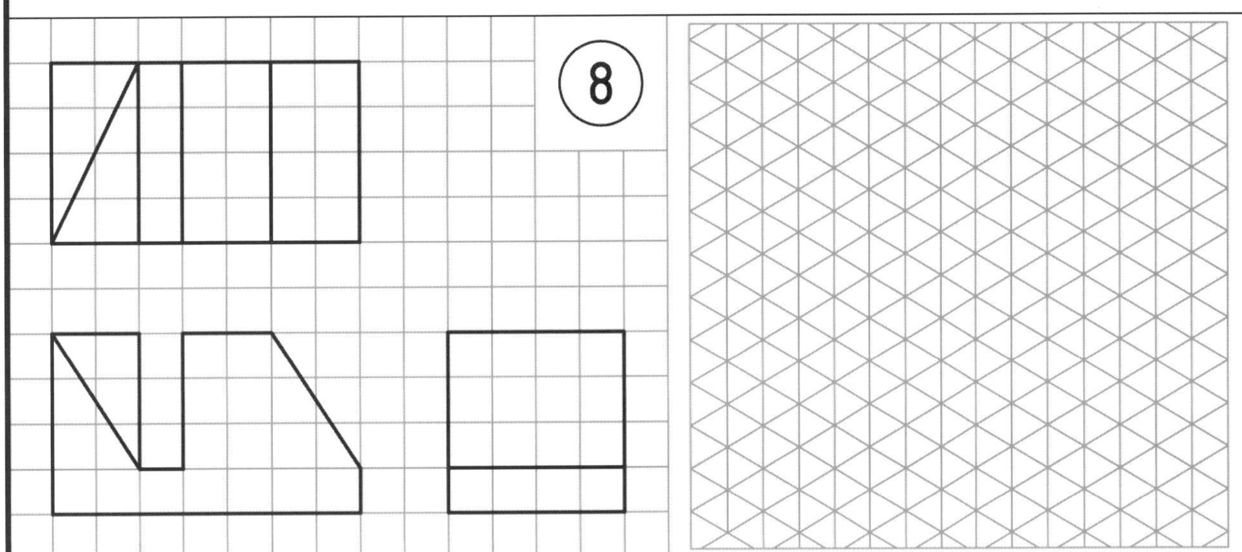

⑨

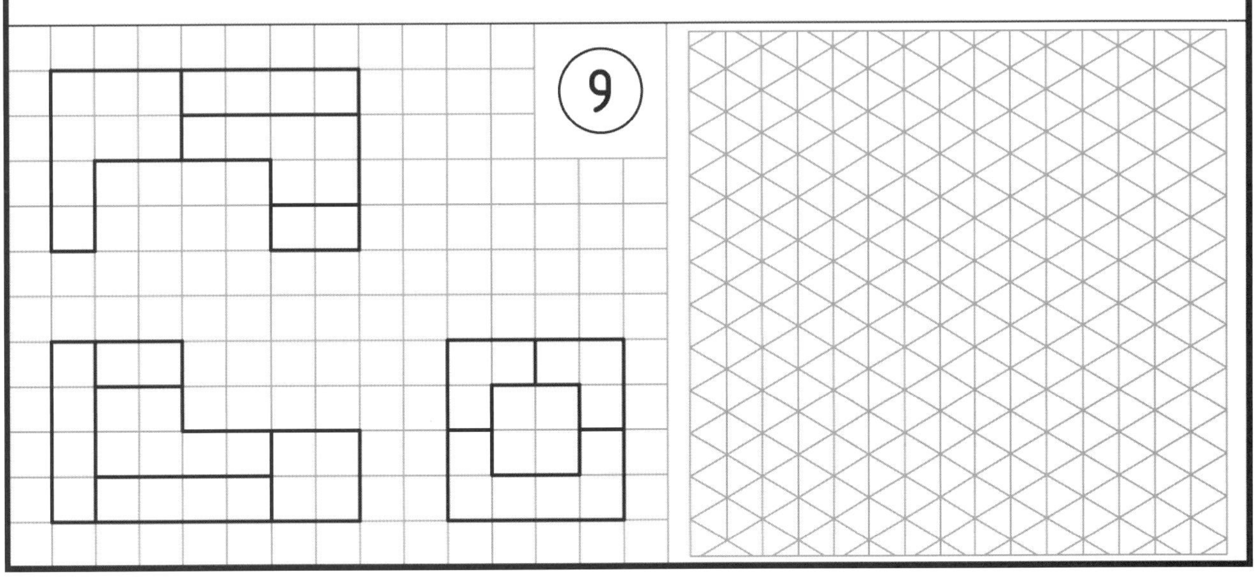

종합평가-1	모범답안

①

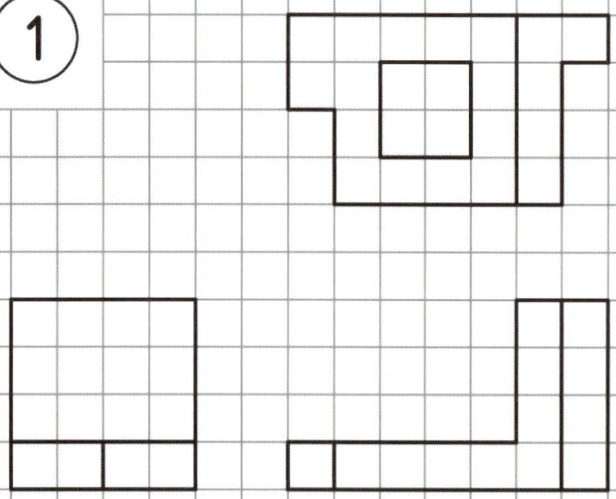

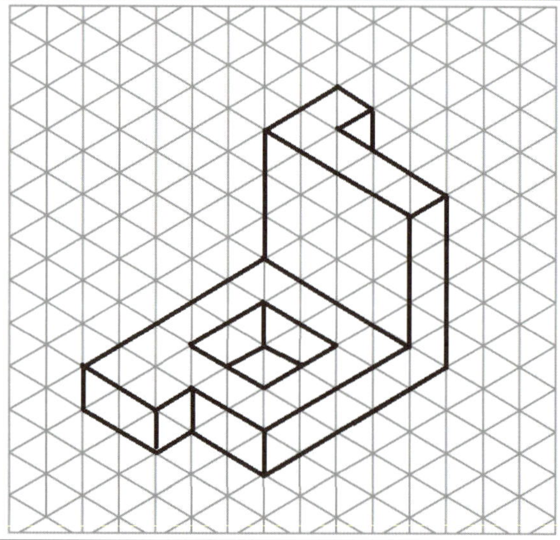

②

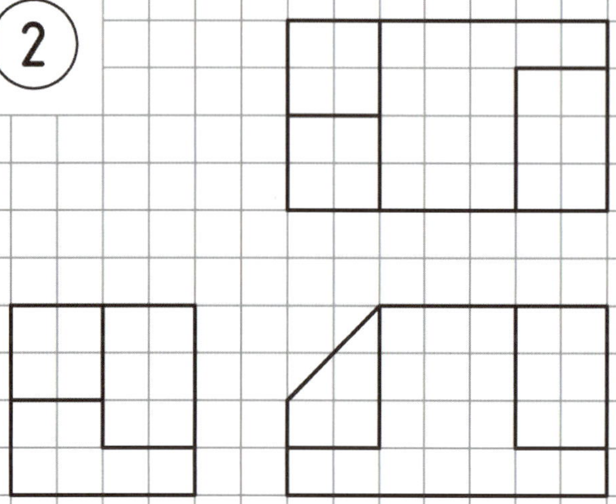

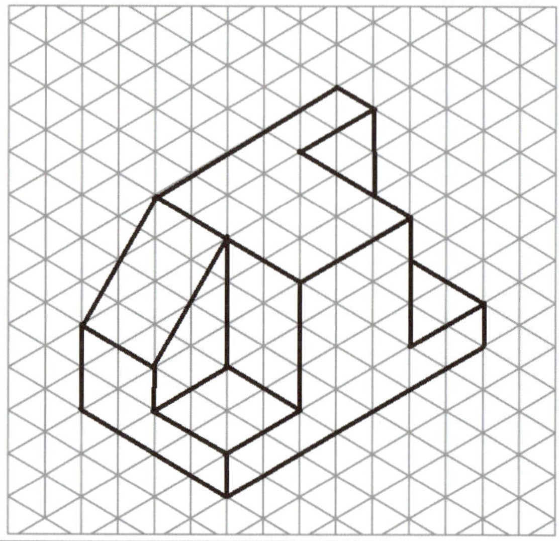

③

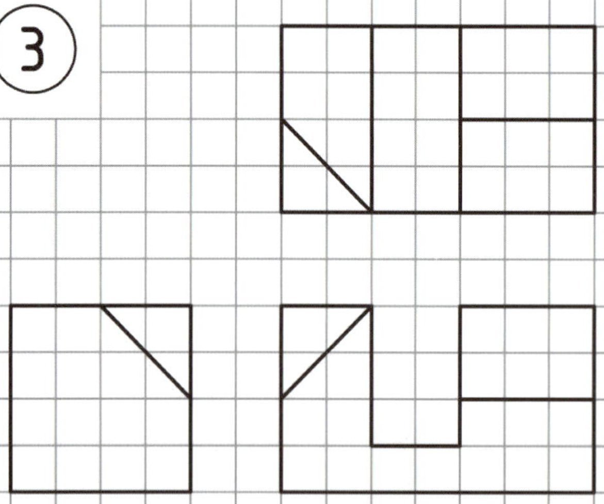

[정답 2개]

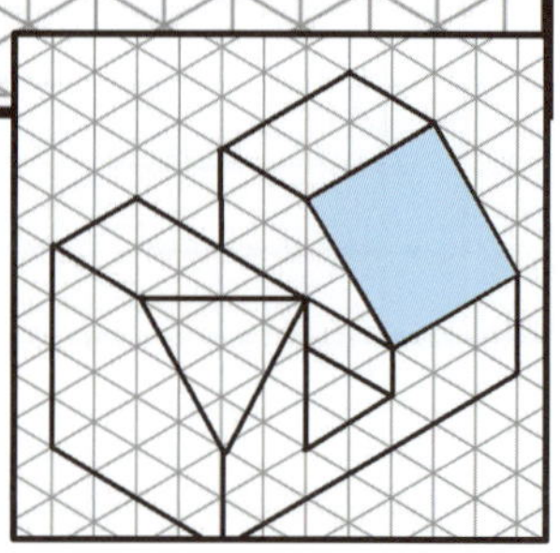

4

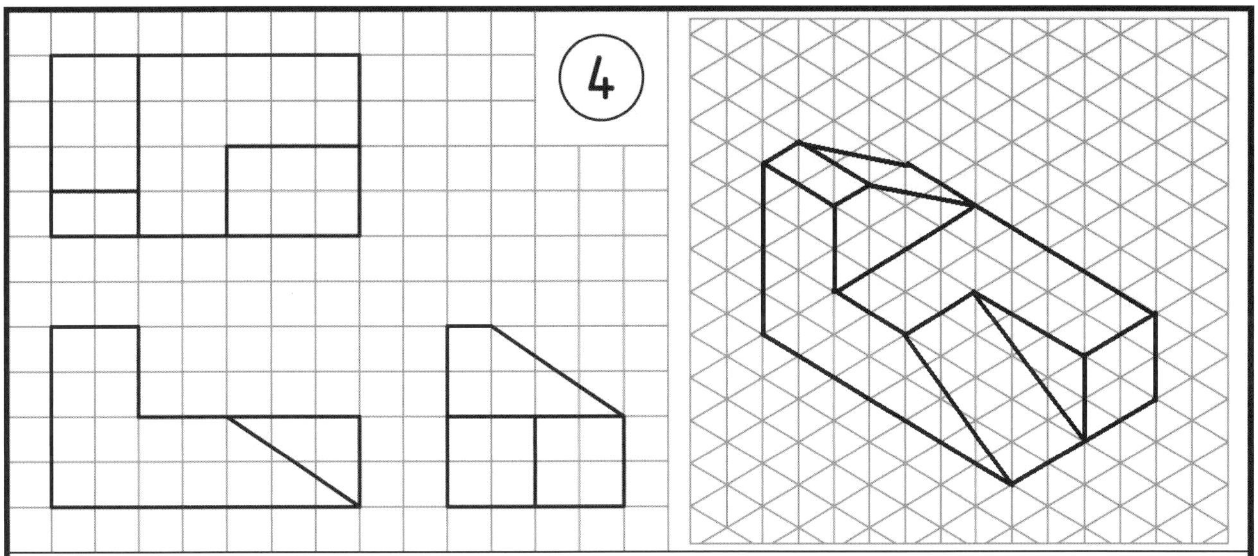

5

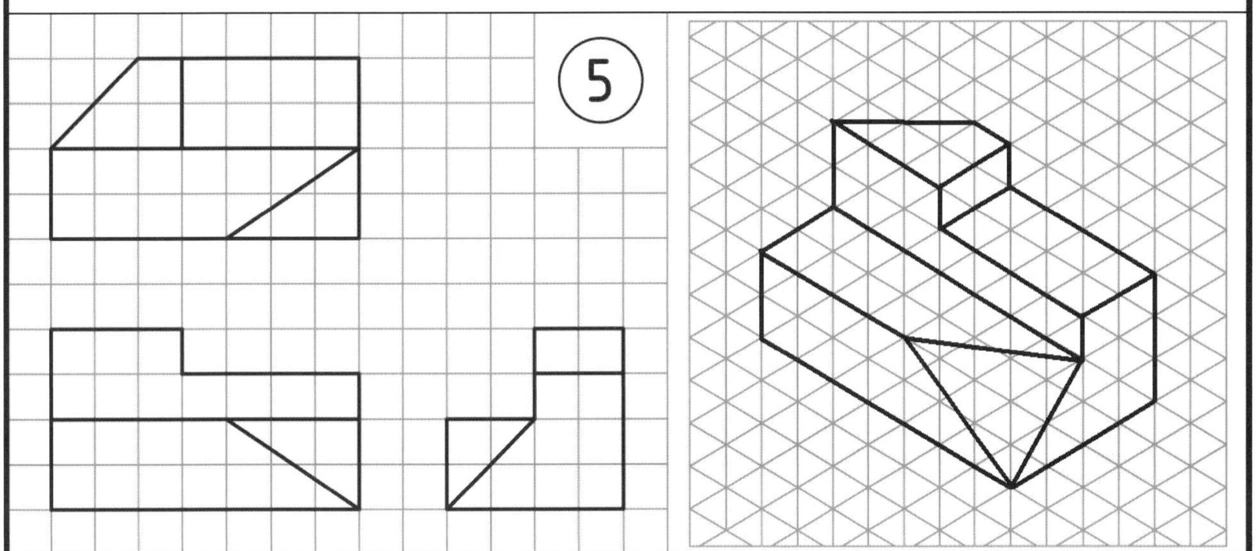

6

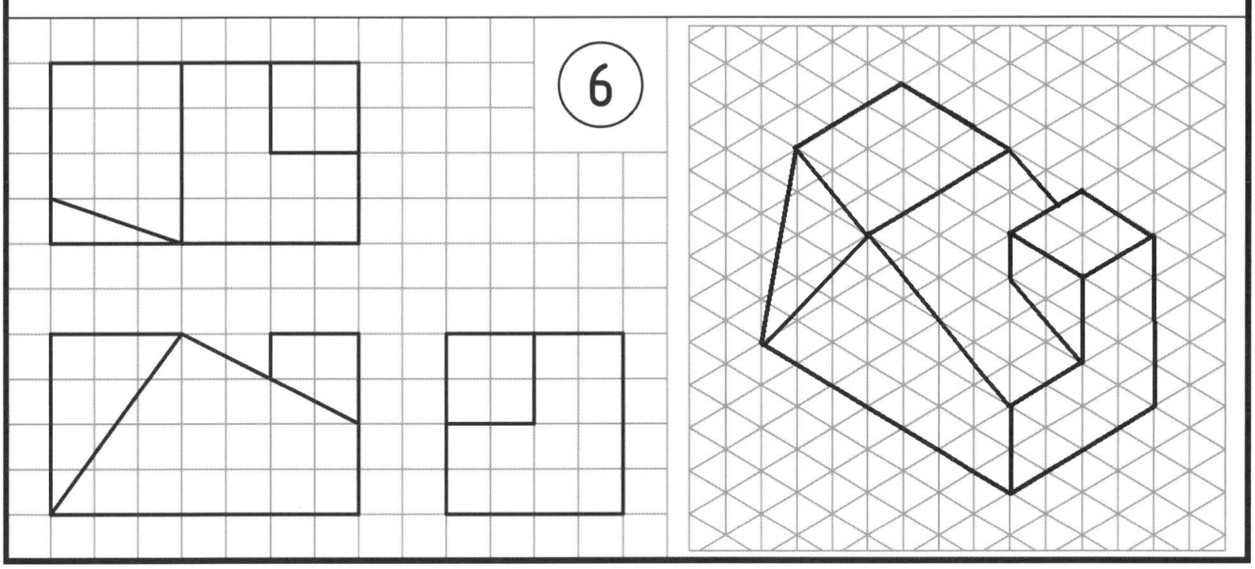

⑦

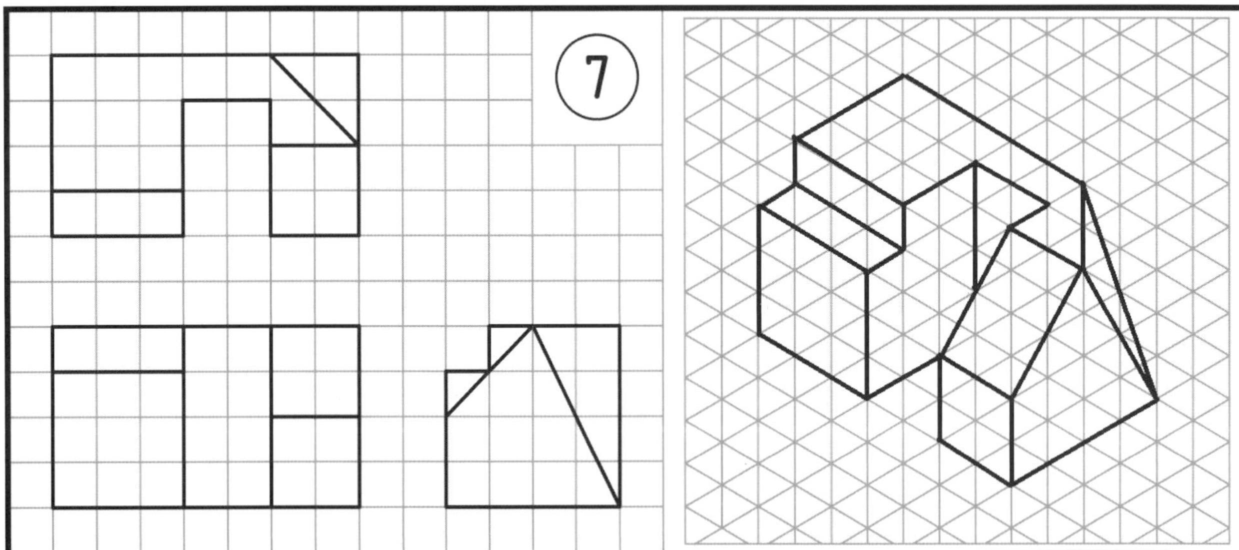

⑧

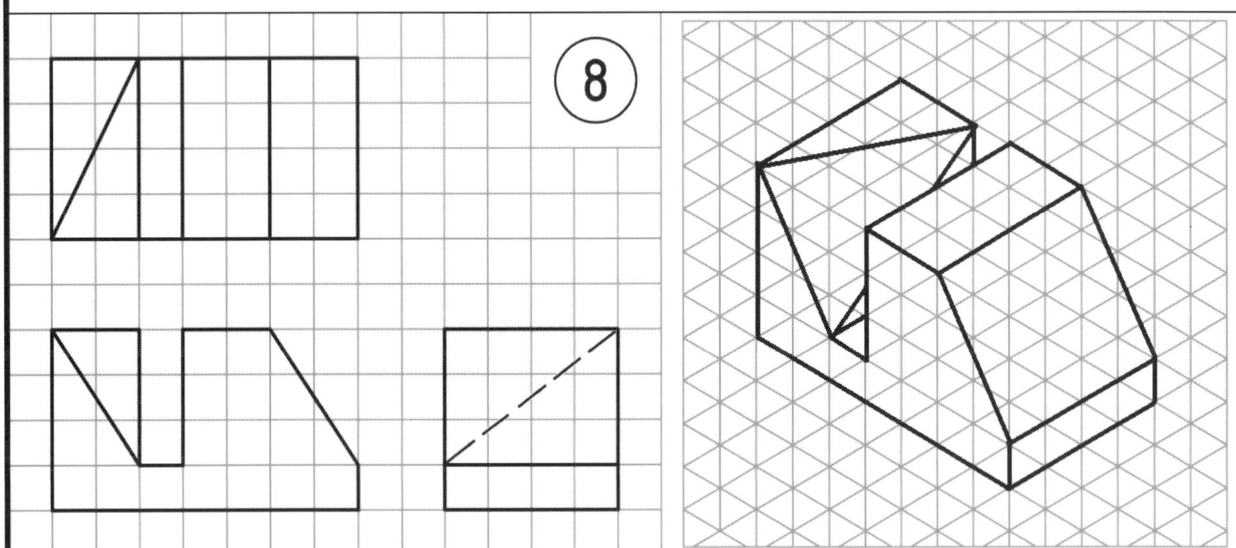

⑨

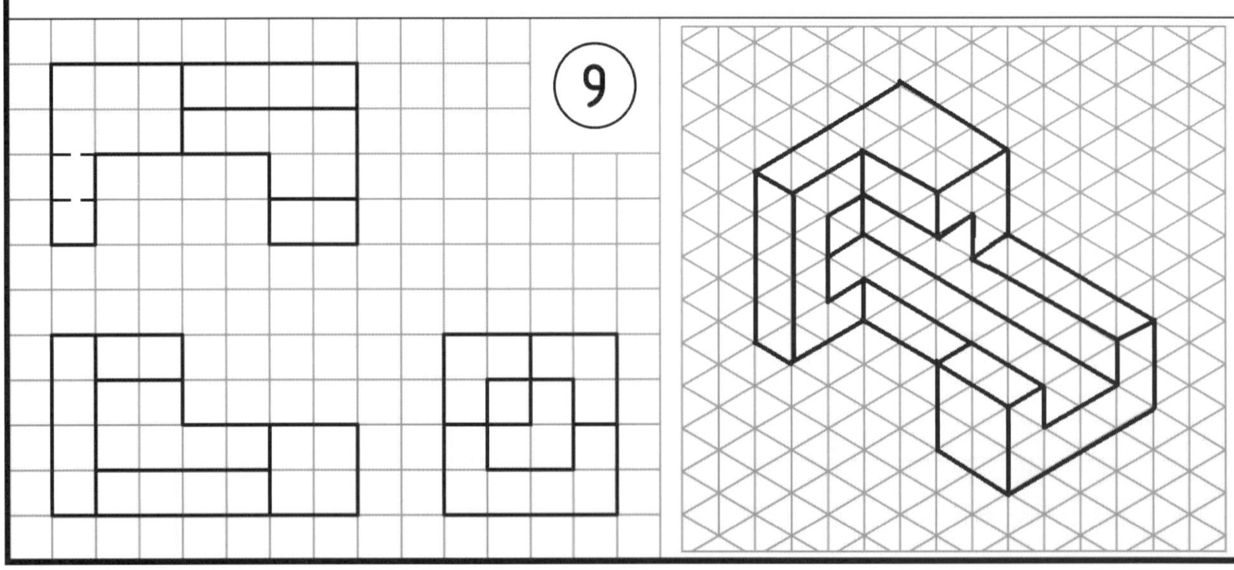

종합평가-2	**제3각법으로 제도된 연습문제의 3면도(정면도 · 측면도 · 평면도)를 보고 누락된 숨은선을 제도하시오. 주어진 연습문제는 숨은선이 도시되지 않았으므로 숨은선을 도시하여 정투상도를 완성하시오.**

〈참고〉

1. 손으로 제도할 때 : 연습문제에 표시된 한 눈금의 간격은 등각방안지 또는 모눈종이의 한 눈금과 같게 하여 숨은선 0.5㎜, 외형선 0.7㎜의 선 굵기인 샤프펜슬이나 나무연필을 사용하시오. 단, 등각 투상도는 숨은선을 작성하지 않는다.
   - 준비물 : 0.5㎜와 0.7㎜의 샤프펜슬이나 나무연필, 삼각자 셋 180㎜, 지우개, 지우개판 등
2. CAD로 도면작성을 할 때 : 2D CAD인 AutoCAD로 도면을 작성하고, 프린터로 도면을 출력할 때는 외형선의 굵기는 0.2~0.25㎜, 숨은선의 굵기는 0.15㎜, 가는 실선의 굵기는 0.1㎜로 셋팅(setting, 설정)하여 프린트하는 것이 형상의 구분과 보기에 깔끔하다.

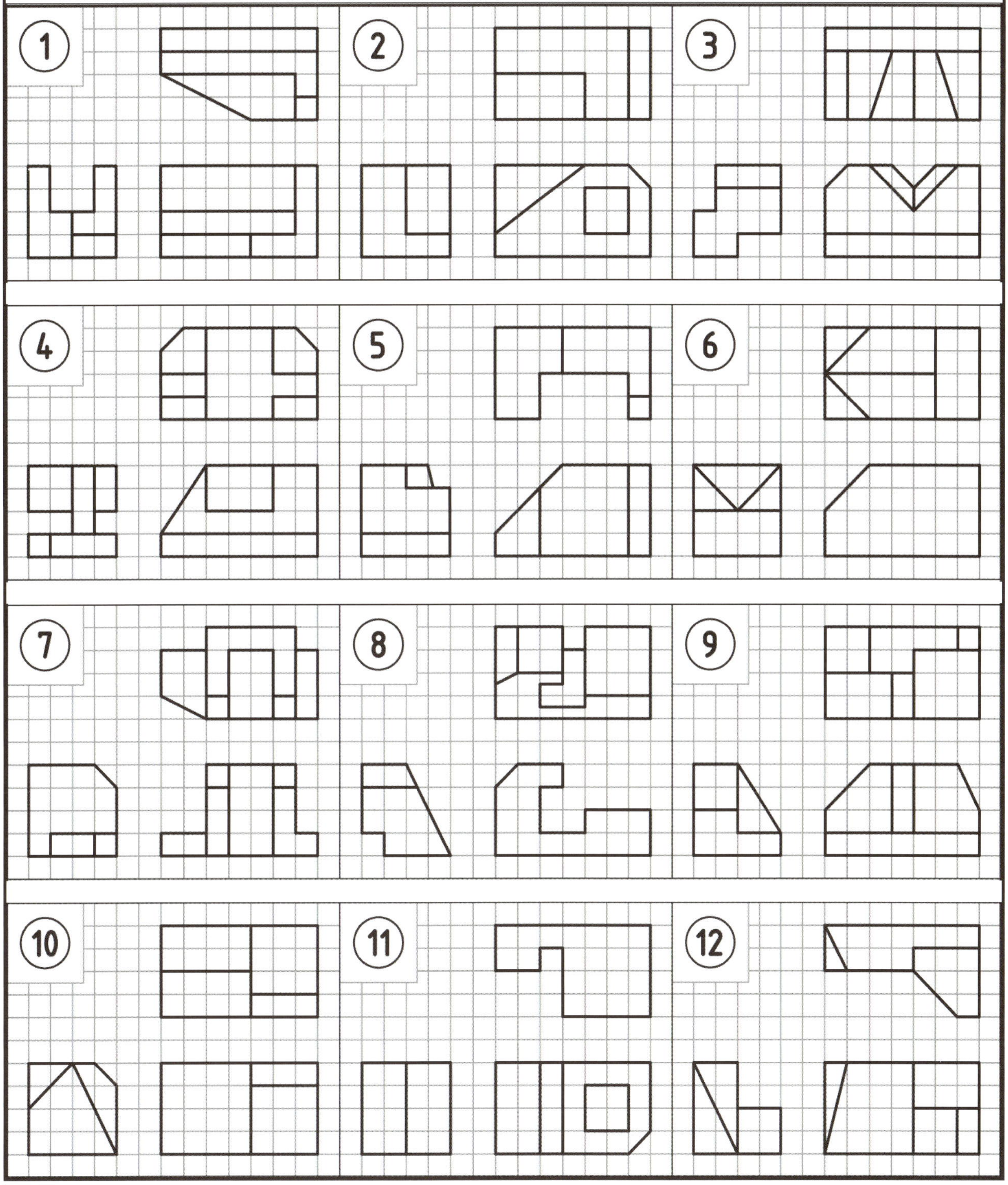

종합평가-2 모범답안

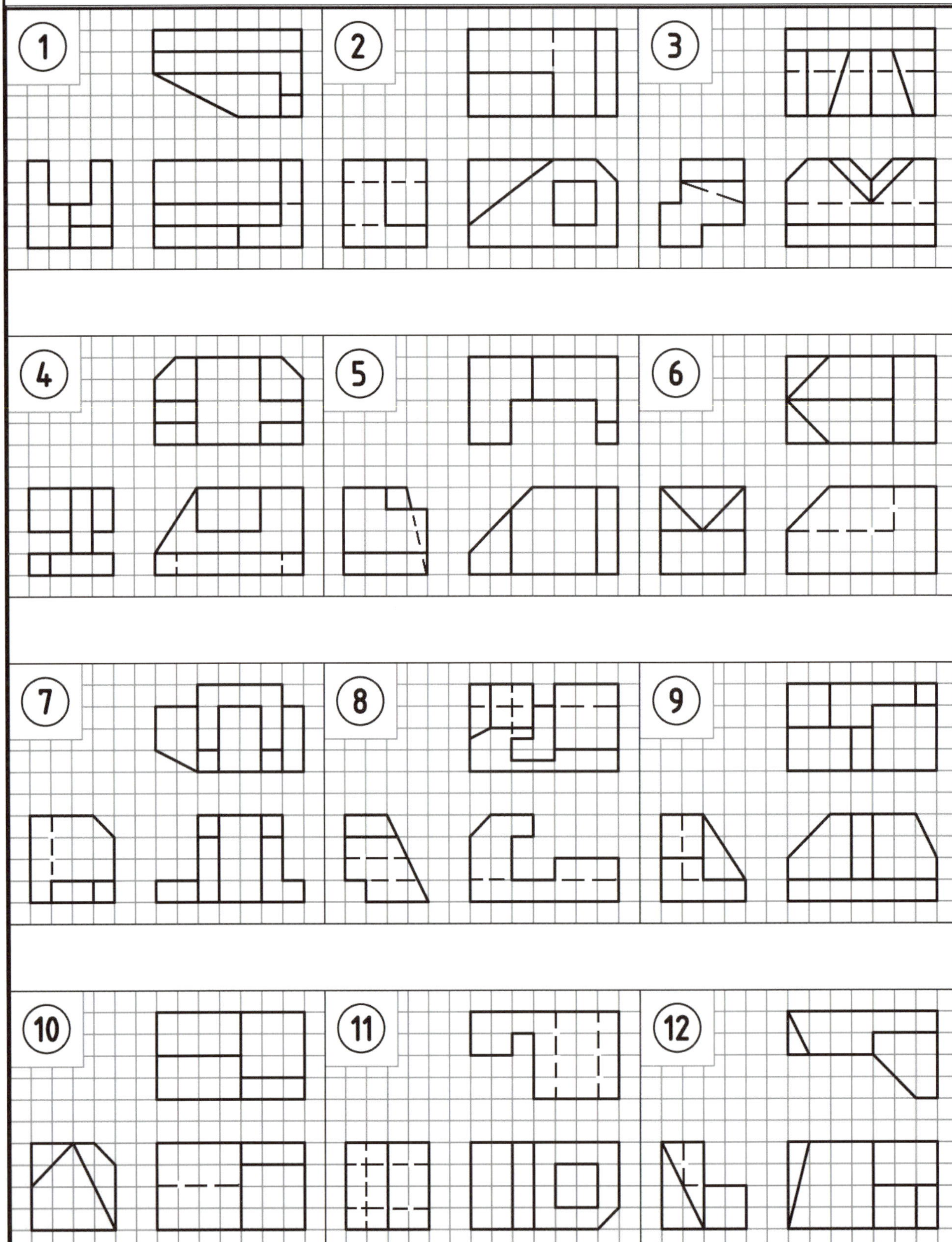

종합평가-3 **주어진 연습문제의 2면도를 보고 누락된 정면도, 측면도, 평면도를 정투상 방법에 의해 제3각법으로 제도(도면작성)하시오.**

〈참고〉

1. 손으로 제도할 때 : 연습문제에 표시된 한 눈금의 간격은 등각방안지 또는 모눈종이의 한 눈금과 같게 하여 숨은선 0.5㎜, 외형선 0.7㎜의 선 굵기인 샤프펜슬이나 나무연필을 사용하시오.
   • 준비물 : 0.5㎜와 0.7㎜의 샤프펜슬이나 나무연필, 삼각자 셋 180㎜, 지우개, 지우개판 등
2. CAD로 도면작성을 할 때 : 2D CAD인 AutoCAD로 도면을 작성하고, 프린터로 도면을 출력할 때는 외형선의 굵기는 0.2~0.25㎜, 숨은선의 굵기는 0.15㎜, 가는 실선의 굵기는 0.1㎜로 셋팅(setting, 설정)하여 프린트하는 것이 형상의 구분과 보기에 깔끔하다.

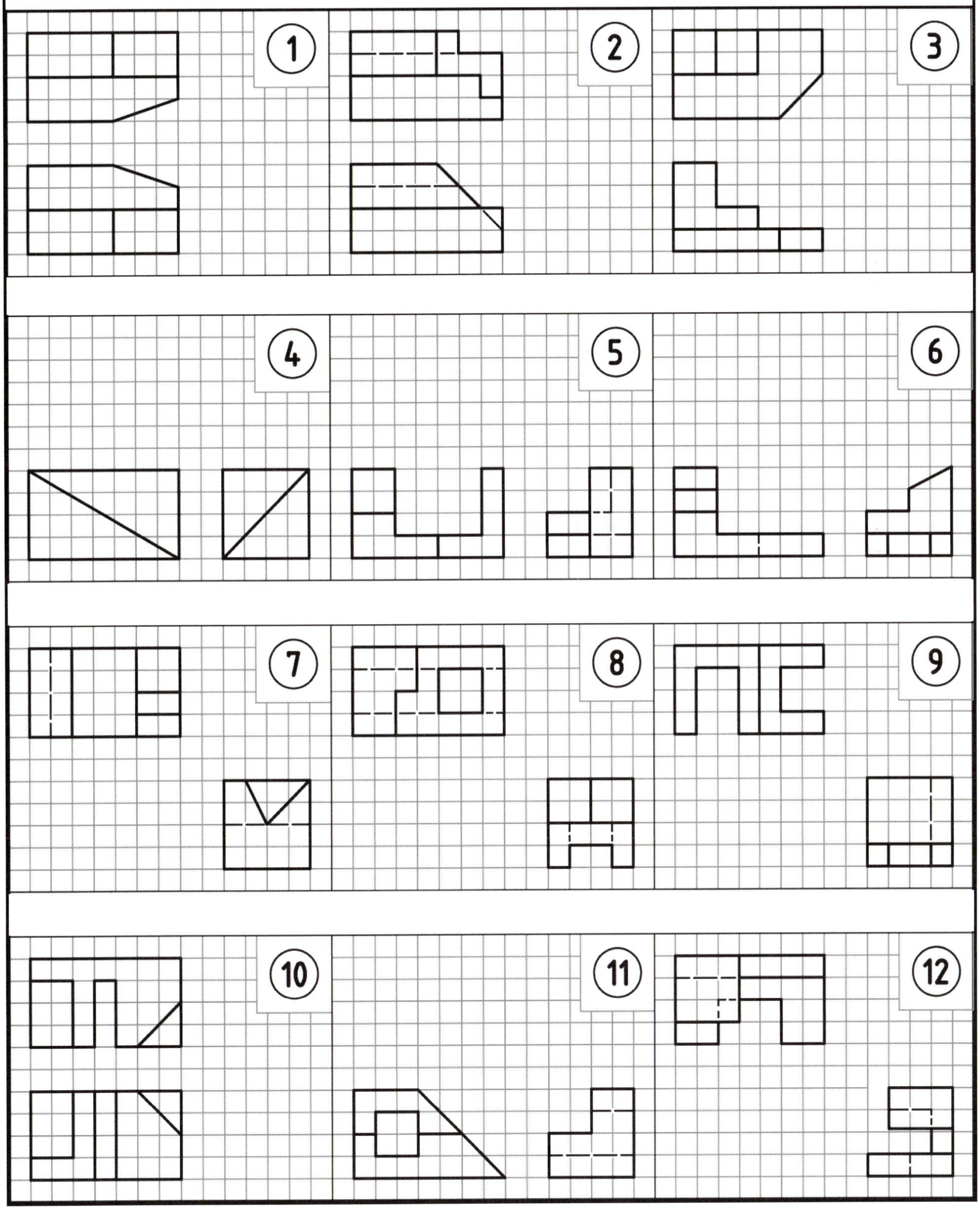

종합평가-3 모범답안

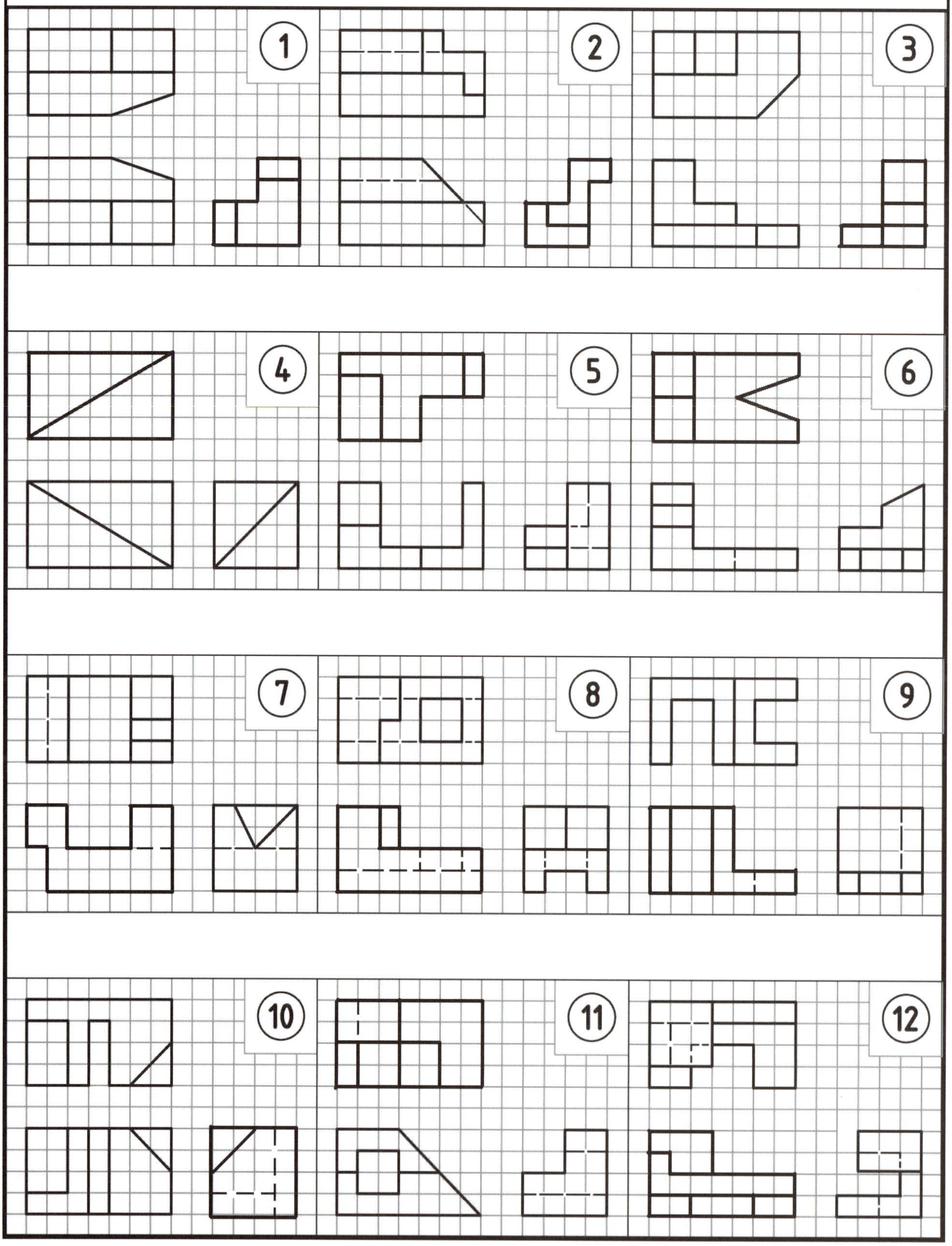

종합평가-4	오른쪽 표의 첫째줄에 표시한 예와 같이 등각 투상도에 표시한 면에 해당하는 면의 숫자를 찾아 기입하시오.

①

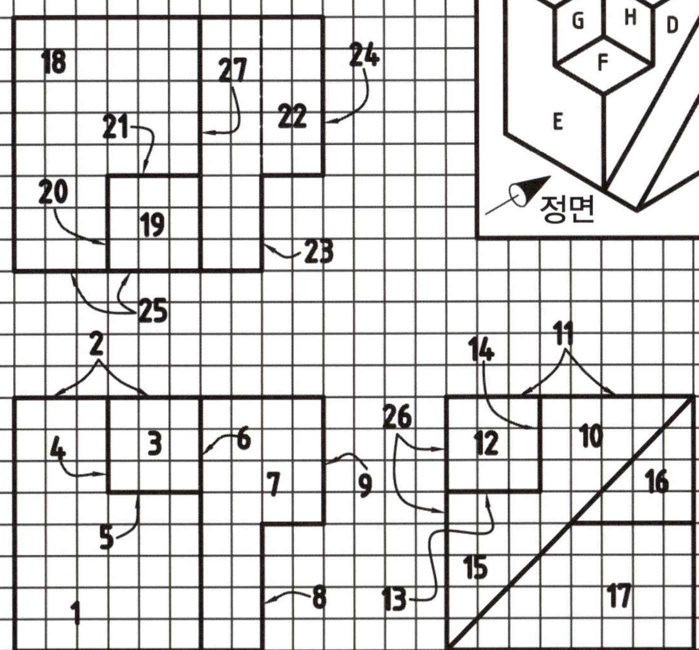

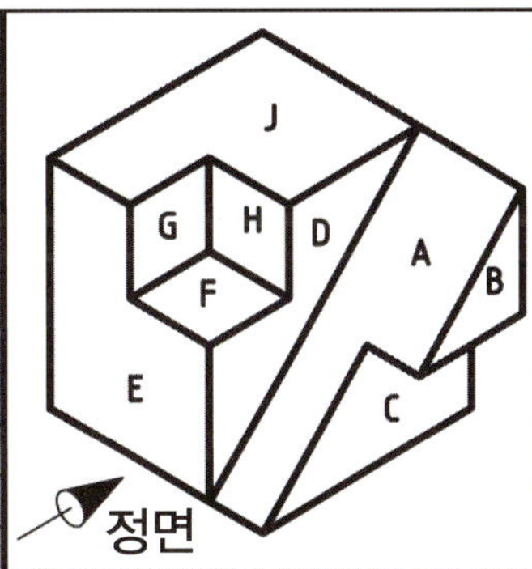

구분	평면도	정면도	측면도
A	22	7	16, 17
B			
C			
D			
E			
F			
G			
H			
J			

②

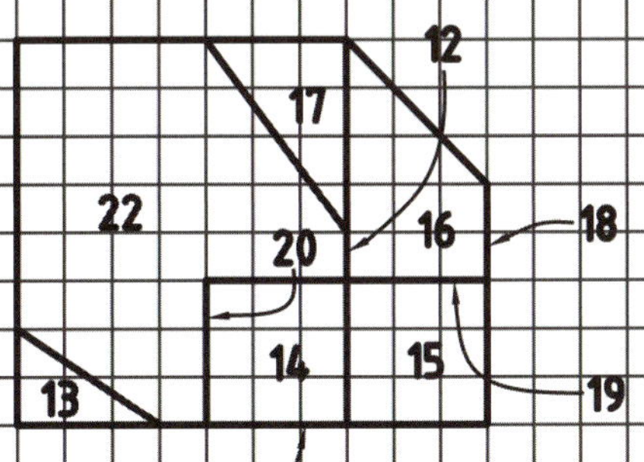

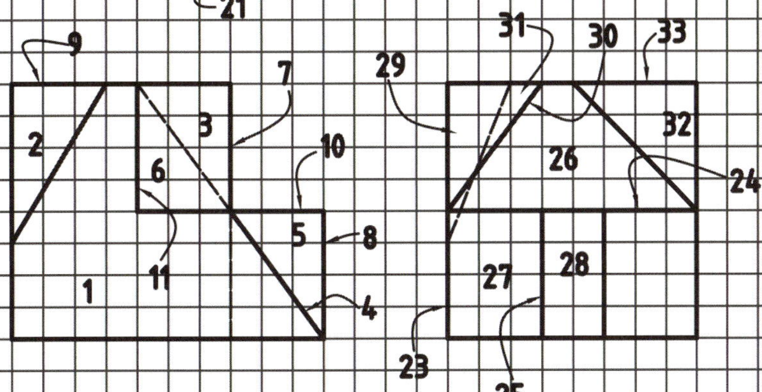

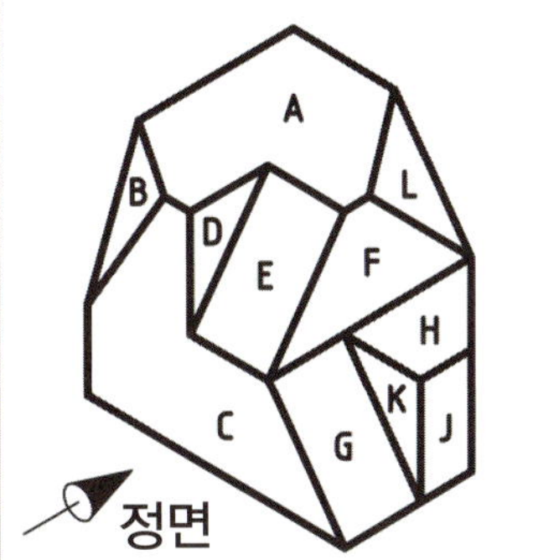

구분	평면도	정면도	측면도
A			
B			
C			
D			
E			
F			
G			
H			
J			
K			
L			

종합평가-4 모범답안

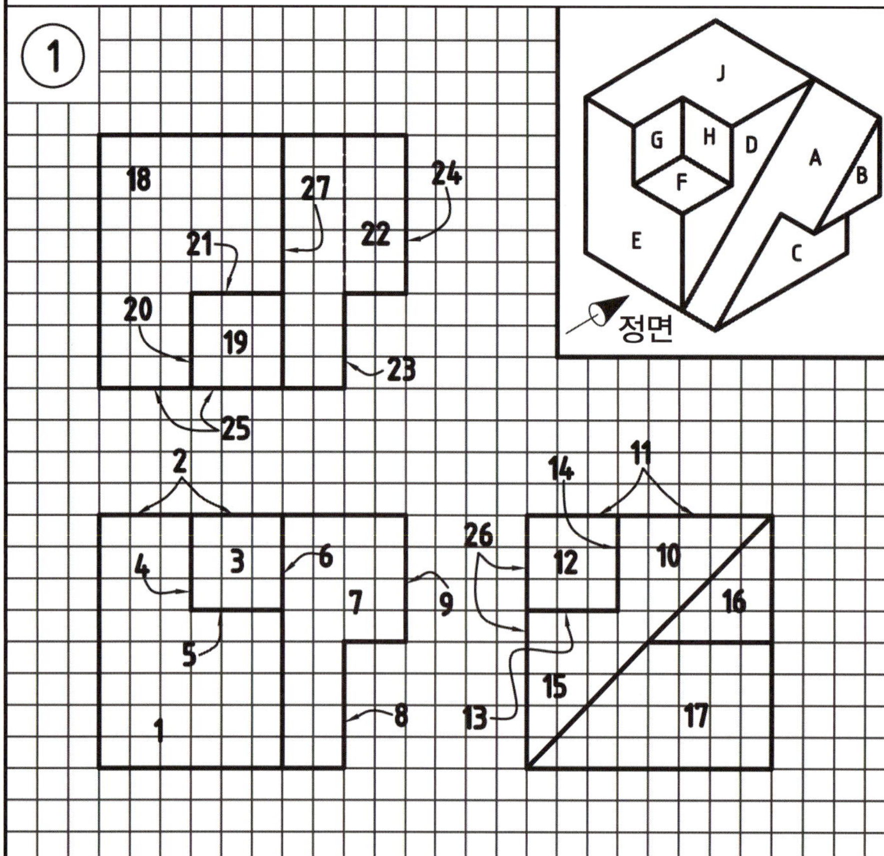

구분	평면도	정면도	측면도
A	22	7	16, 17
B	24	9	16
C	23	8	17
D	27	6	10, 15
E	25	1	26
F	19	5	13
G	20	4	12
H	21	3	14
J	18	2	11

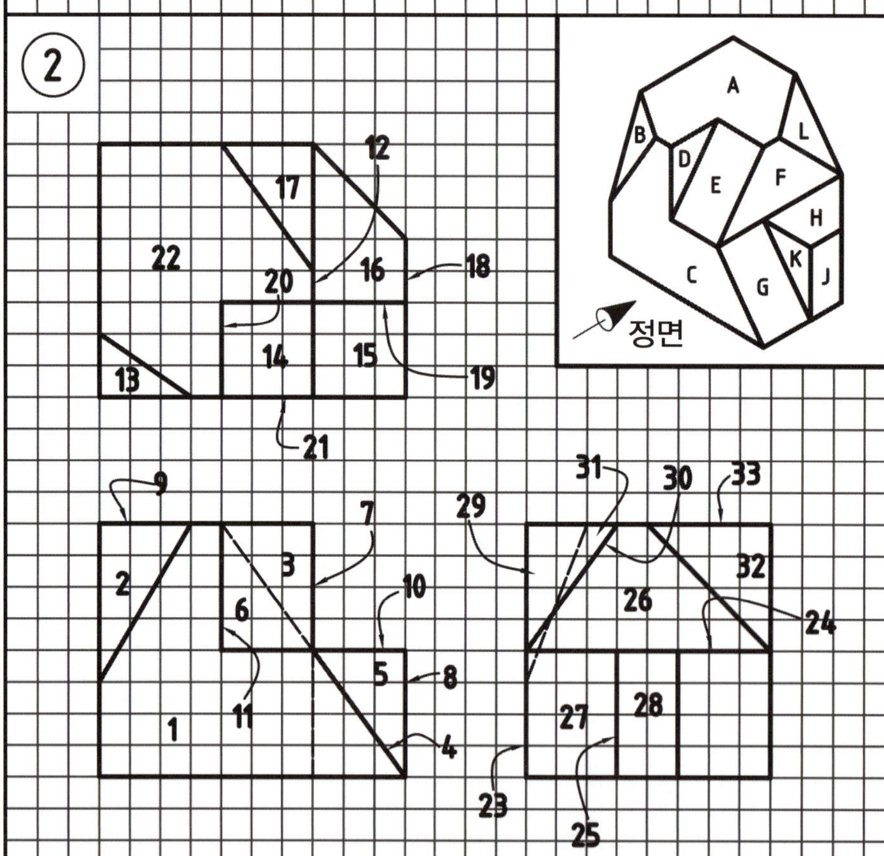

구분	평면도	정면도	측면도
A	22	9	33
B	13	2	31
C	21	1	23
D	20	11	29
E	14	3	30
F	12	7	26
G	15	4	27
H	16	10	24
J	18	8	28
K	19	5	25
L	17	6	32

CHAPTER

03 여러 가지 투상도

3.1 보조 투상도

경사면의 실제 모양과 크기를 보이는 그대로 표시할 경우 이해하는데 어려움이 있거나 잘못 이해할 수 있을 경우 다음과 같이 간략한 표시방법에 의해 도시하며 해석된다.

(1) 경사면의 실제모양

그림 3-1과 같이 도시되는 투상도는 경사면과 대응하는 위치에서 실제 모양과 크기로 나타날 수 있도록 그려진 것으로써 경사면의 모양과 크기는 보조 투상도만으로 해석한다.

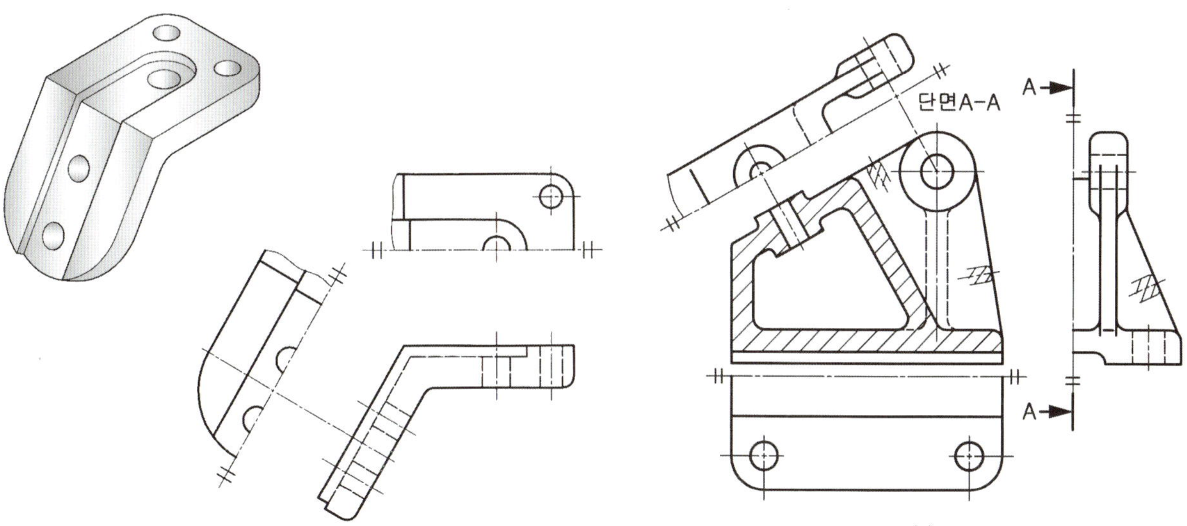

(a) (b)

[그림 3-1] 보조 투상도

(2) 보조 투상도를 경사면에 대응하는 위치에 배치할 수 없을 때

그림 3-2의 (a)와 같이 그 뜻(의미)을 화살표와 영문자의 대문자나 한글로, (b)와 같이 구부린 Z 모양의 연장선(일점쇄선)으로 연결해 도시했을 경우에는 도면의 여백을 경제적으로 활용하거나 여백이 모자랄 경우에 도시하는 방법으로서 연장선, 기호 또는 (c)와 같이 구역번호로 투상관계를 나타내고 있다.

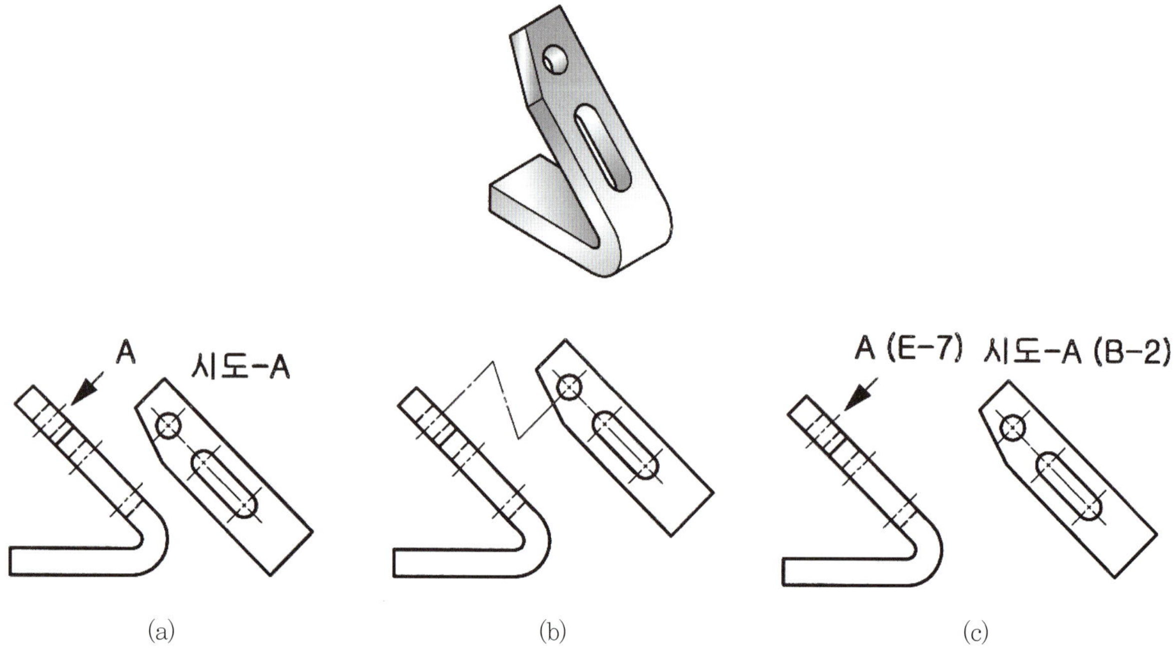

참고 E-7은 보조 투상도가 그려진 도면의 구역을 나타내며, B-2는 화살표가 그려진 도면의 구역을 나타낸다.

[그림 3-2] 보조 투상도의 여러 가지 배열

(3) 보조 투상도(필요한 부분의 투상도까지 포함)의 배치 관계가 분명치 않을 때

그림 3-2의 (c)와 같이 도시된 경우에 괄호 안에 지시된 내용은 각각의 투상도에 대한 상대위치의 도면구역을 표시하는 구분기호로 해석하여 그 구역에 관계되는 투상도를 읽어야 한다.

3.2 회전 투상도

그림 3-3의 (a), (b)와 같이 그 부분을 회전해서 도시된 투상도는 투상면이 어느 각도를 가지고 있어서 실제모양을 표시하지 못할 때(어려울 때) 도시되는 경우로서 회전하여 도시된 부분만을 읽어야 한다.

(c)와 같이 도시된 투상도는 잘못 읽을 우려가 있을 경우를 대비하여 회전 도시되는 작도선이다.

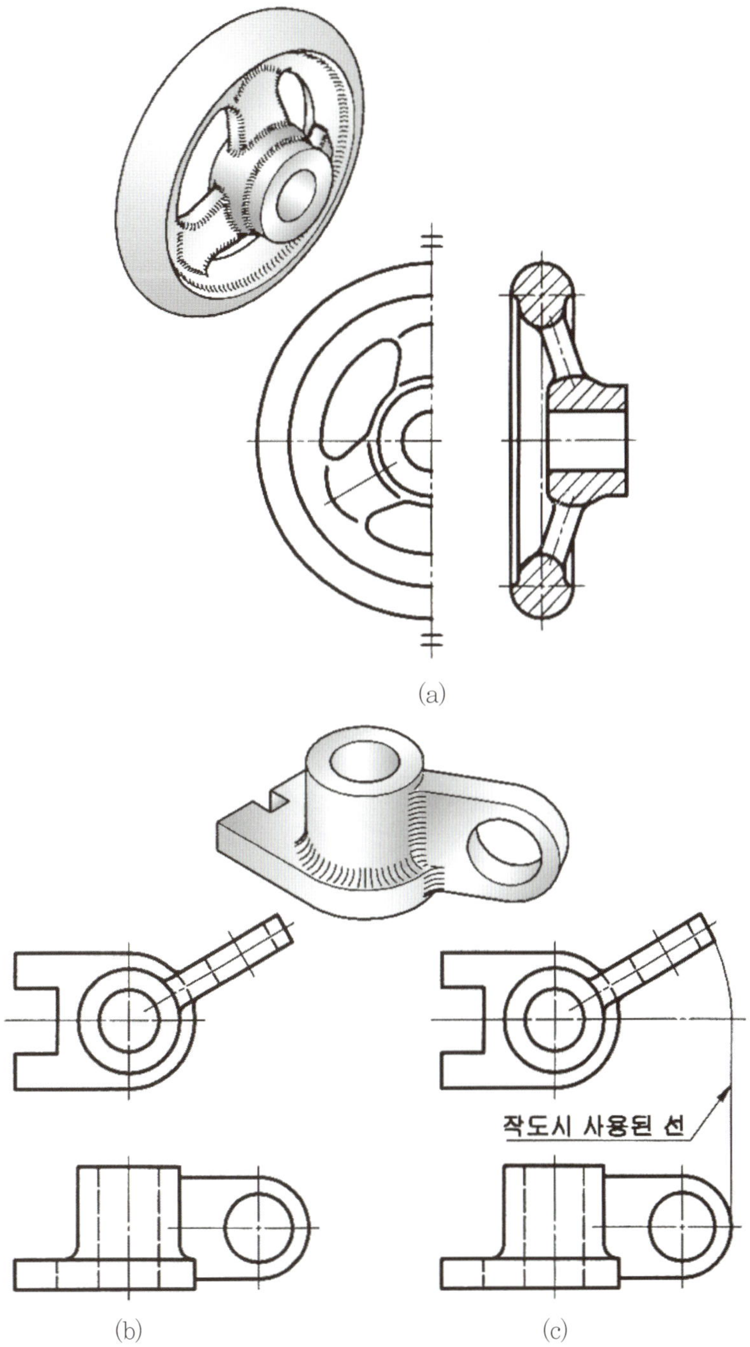

[그림 3-3] 회전 투상도

3.3 부분 투상도

그림 3-4와 같이 그림의 일부를 도시하는 것으로도 충분하여 그 필요 부분만을 도시한 것으로서 생략한 부분과의 경계를 파단선으로 도시하나 부분 투상도로 그려진 것이 명확하면 파단선 긋기를 생략한 경우도 있다.

투상도의 비교와 대조를 위하여 중심선을 연장해서 그어주는 것이 투상도를 정확하게 이해하는데 도움을 준다.

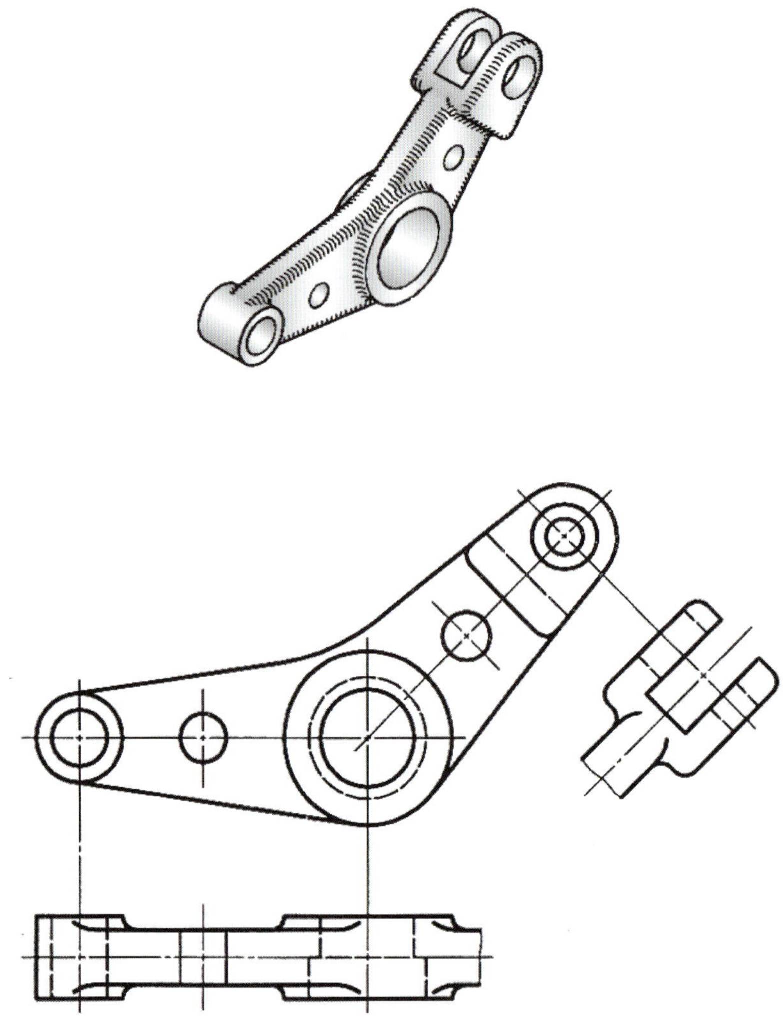

[그림 3-4] 부분 투상도

3.4 국부(요점) 투상도

그림 3-5와 같이 구멍, 홈 등과 같이 일부분의 모양을 도시하는 것으로도 충분한 경우에는 그 요점만을 도시하게 되므로 국부적인 부분만을 해석한다.

또한 주 투상도에서 중심선, 기준선, 치수 보조선 등으로 연결하여 도시하는데 투상관계를 나타내기 위함이다.

[비고] 주 투상도라 함은, 축과 같이 정면도 도시가 생략되었을 때 길이방향으로 도시된 축 등을 말한다.

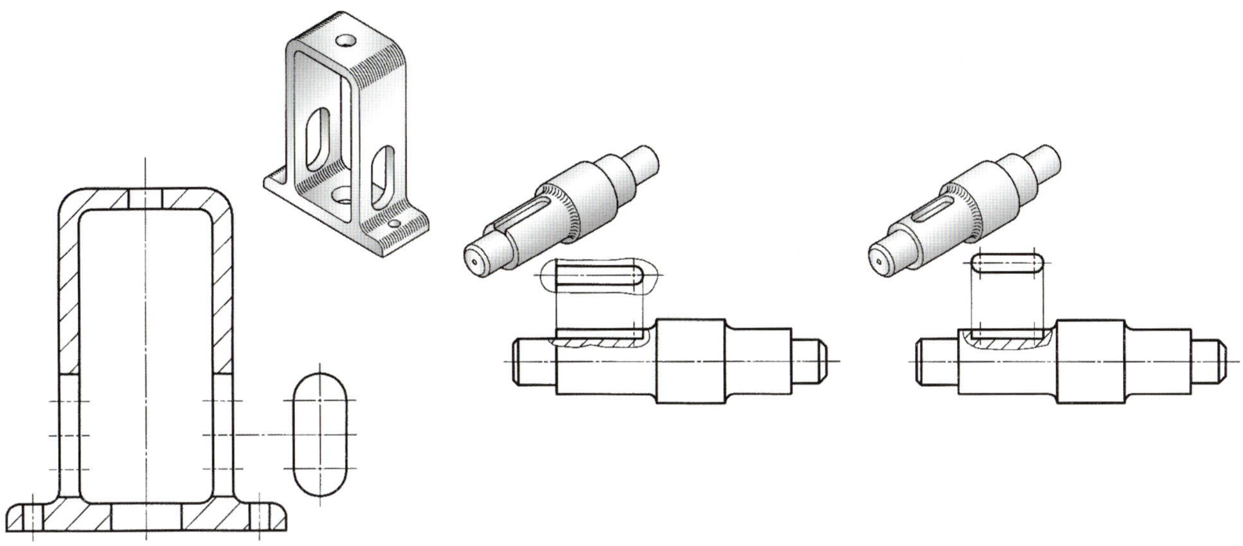

(a) (b) (c)

[그림 3-5] 국부 투상도

그림 3-6은 앞에서 설명한 여러 가지의 투상도가 사용된 도면의 예시이다.

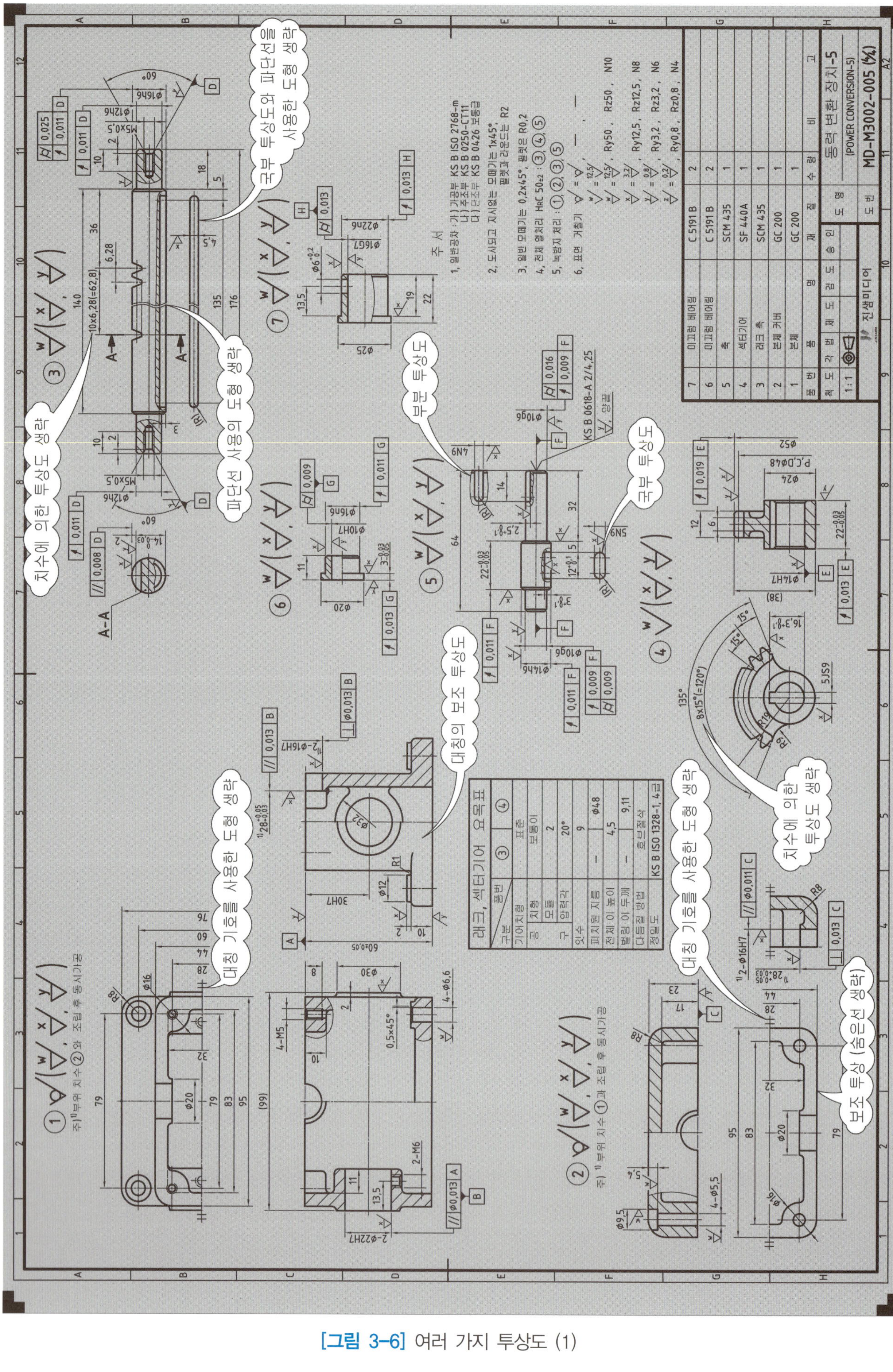

[그림 3-6] 여러 가지 투상도 (1)

3.5 부분 확대도

그림 3-7과 같이 특정 부분의 도형이 작을 때는 가는 실선의 원 또는 타원 등으로 에워싸고 한글이나 영자의 대문자로 표시함과 동시에 해당 부분을 다른 위치에 확대하여 나타낼 경우에는 확대한 부분만을 해석한다.

그리고 반드시 확대된 척도를 기입한다.

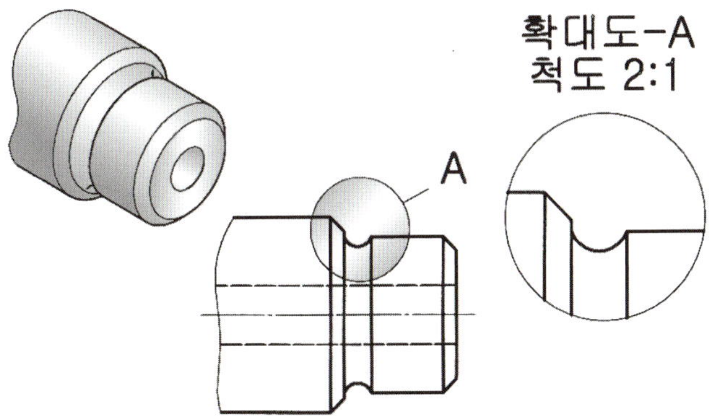

[그림 3-7] 부분 확대도

3.6 대칭과 반복도형의 생략

(1) 대칭인 경우의 생략 도시 방법

그림 3-8과 같이 중심선에 '=(대칭)' 기호가 표시되어 있는 도형은 반대쪽이 대칭인 경우를 나타낸다.

보이는 뒷면까지 숨은선으로 도시되어 비대칭일 경우에는 대칭기호를 사용하지 않으므로 대칭도형으로 해석할 수 없으며 도시되어 보이는 부분만이 대칭이면 대칭기호가 표시되어 있다.

① 대칭 중심선의 한쪽 도형만이 도시되는데, 대칭 중심선의 양 끝부분(외형선으로부터 밖으로 약 3㎜되는 지점)에 짧은 2개의 나란한 가는 실선(약 3㎜ 간격으로 나란하고 0.35㎜ 굵기의 대칭 도시 기호)이 그려져 있다.

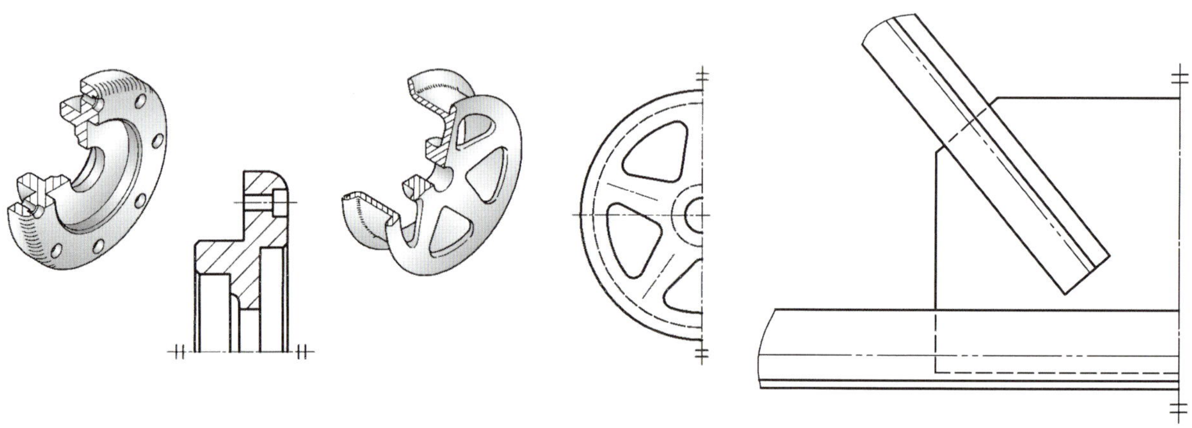

(a) (b) (c)

[그림 3-8] 대칭도시 기호의 사용

② 그림 3-9와 같이 대칭기호가 생략되고 대칭 중심선을 약간 넘은 부분까지 파단선을 그어주고 나머지 도형이 생략되어 도시된 경우에는 도면의 여백을 고려한 경우도 있다.

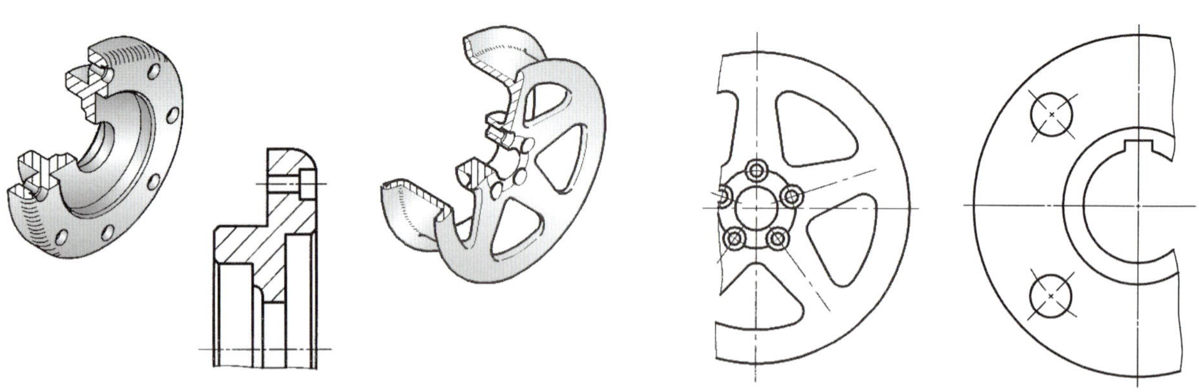

(a) (b) (c)

[그림 3-9] 대칭 도형의 파단선 사용

(2) 반복되는 부분의 투상도 도시의 생략

같은 종류나 같은 모양의 것이 다수 배열되어 줄지어 있는 경우에는 도형이 생략되어 도시되므로 그 뜻이 표시되어 있는 위치나 지시선에 표시한 내용을 먼저 해석한다.

① 그림 3-10과 같이 반복되는 도형이 생략되어 그림기호가 표시되어 있는 경우에는 가까운 위치에 그림기호로 모양과 크기가 표시되어 있다.

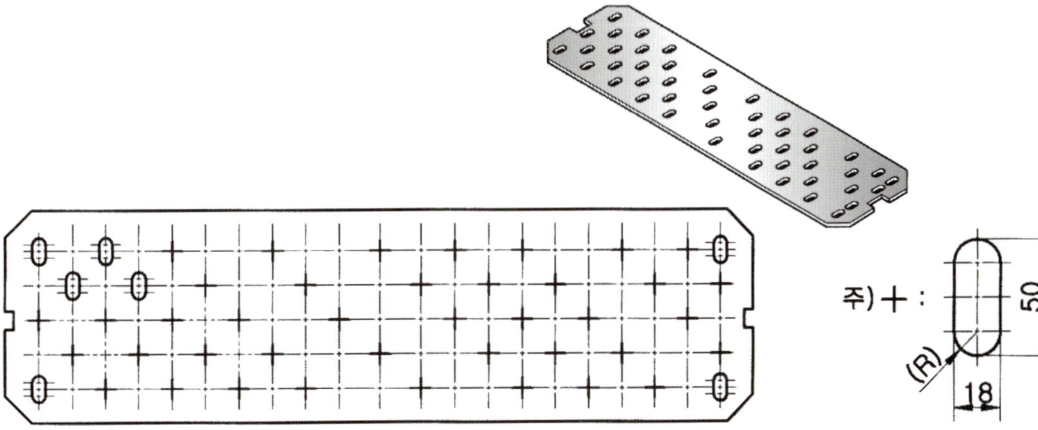

(a) 구멍의 반복

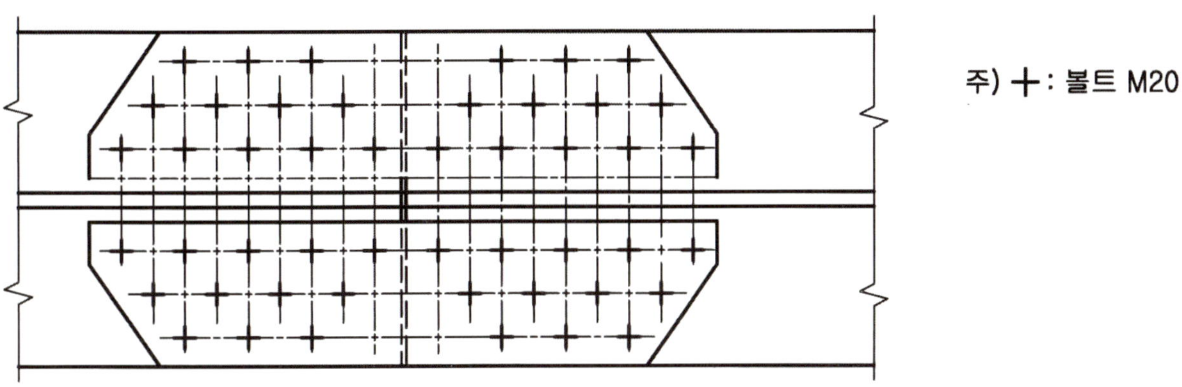

(b) 암나사 구멍의 반복

[그림 3-10] 반복되는 부분의 생략도시

② **그림 3-11**의 **(a)**와 같이 양끝 부분(한 끝은 1피치 부분) 또는 **(b)**와 같이 피치선과 중신선의 교점에 그림기호로 도시된 투상도에 표시한 치수나 주서로 내용을 해석한다.

또 치수기입에 의해 교점의 위치가 명확할 때에는 피치선에 교차되는 중심선이 생략되어 도시된 경우도 있다.

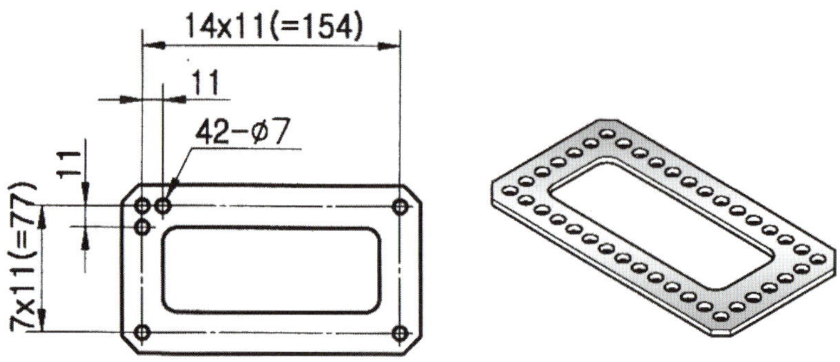

(a)

14×11(=154)의 치수 해석 : 길이방향으로 14개의 구멍이 피치 11㎜의 간격으로 뚫어져 있는데 피치의 총 거리는 154㎜이다.

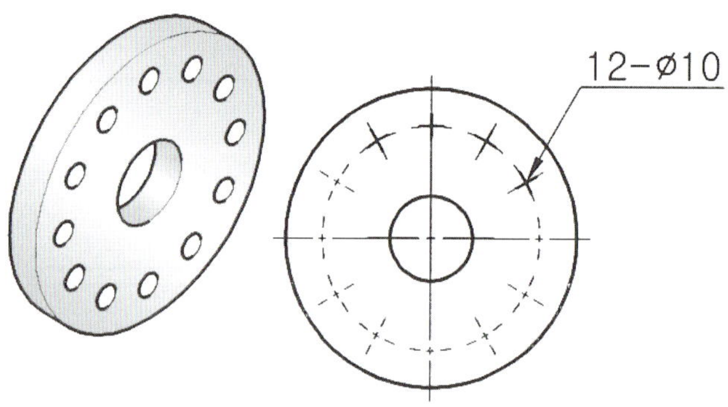

(b)

12-∅10의 치수해석 : 원주방향으로 등간격(각각의 원주피치 각도는 30°)인 12개의 구멍이 배열되며 구멍의 크기는 지름 10㎜이다.

[그림 3-11] 치수 및 그림기호의 사용

3.7 단축 도시된 도형

(1) 파단선을 사용한 단축도시

동일한 단면모양[보기 ①], 동일한 모양이 규칙적으로 나타나는 부분[보기 ②], 또는 긴 테이퍼 등의 부분[보기 ③]은 중간부분을 잘라내고 알아보기 쉽도록 중요한 부분만 도시했거나 도면의 여백을 경제적으로 활용하기 위함이다.

[보기] ① 축, 막대, 관, 형강 등
② 랙 기어(Rack gear), 공작기계의 어미 나사(Lead screw), 다리의 난간, 사다리 등
③ 테이퍼(Taper) 축 등의 경우, 잘라 낸 끝 부분은 그림 3-12와 같이 파단선으로 생략된다.

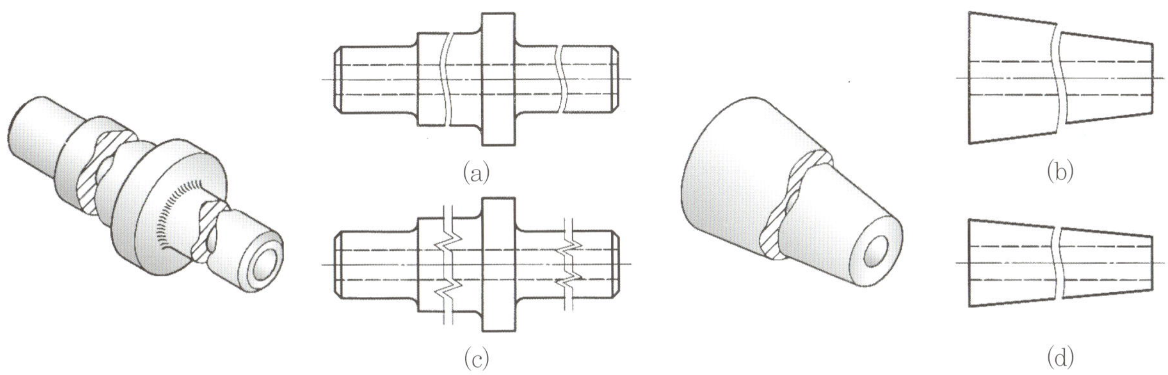

[그림 3-12] 파단선을 사용한 단축 도시

(2) 요점만의 도시

그림 3-13과 같이 구조물의 도형에서 긴 테이퍼 부분과 기울기 부분을 파단선으로 잘라낸 경우에는 투상도 해석에 있어서 혼동될 염려가 없다고 판단될 경우로 필요한 부분만을 요점으로 도시한 경우이다. 이 때, 완만한 것은 실제의 각도로 도시되지 않았을 경우도 있다.

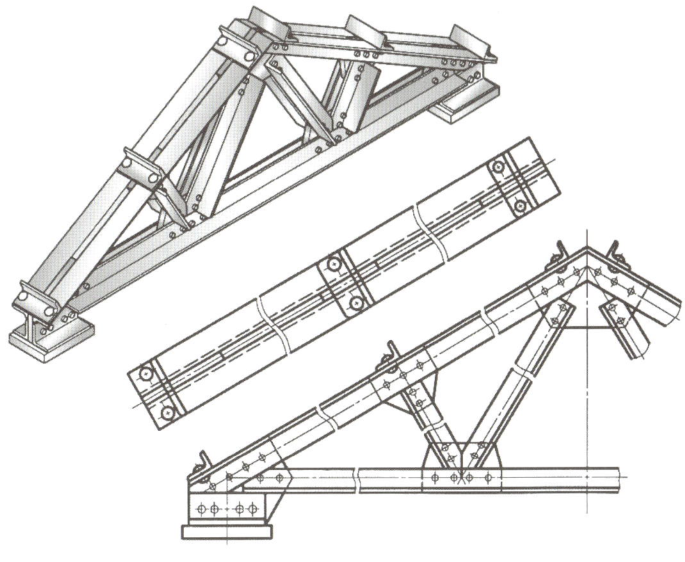

[그림 3-13] 도형이 생략된 구조물

3.8 2개의 면이 교차하는 부분

(1) 교차 부분 둥글기와 단면 모서리의 둥글기 유무

그림 3-14와 같이 둥글기 교차선의 위치에 굵은 실선으로 표시한 도형은 대응하는 그림에 둥글기 부분을 표시할 필요가 있을 때이다. (a)는 우측면도의 단면(端面, 끝면)에 둥글기가 없는 경우이고 (b)는 우측면도의 단면에 둥글기가 있는 경우이다.

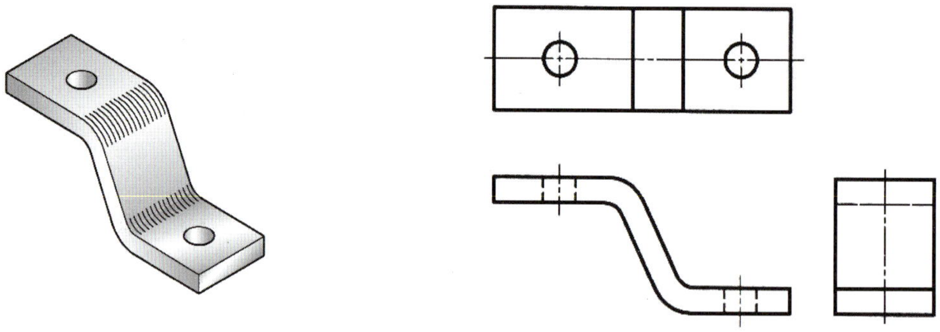

(a) 단면(끝면)에 둥글기가 없는 경우

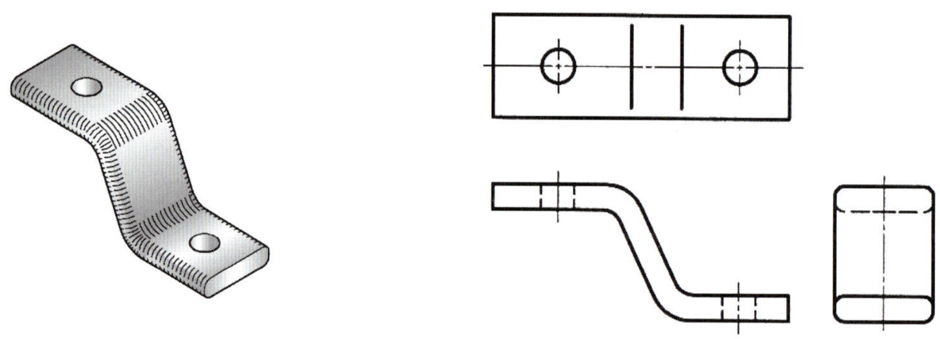

(b) 단면(끝면)에 둥글기가 있는 경우

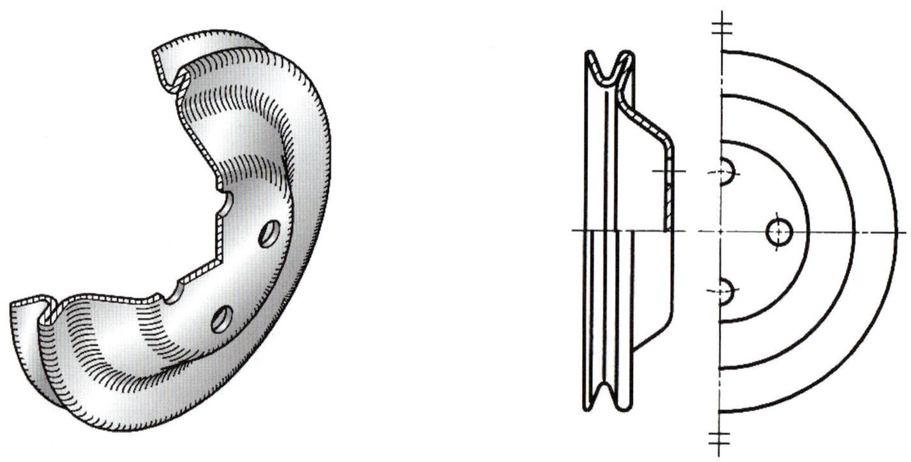

(c) 원형의 경우

[그림 3-14] 면의 교차부분

(2) 리브(Rib) 등을 나타내는 투상선의 끝부분

그림 3-15와 같이 관련 둥글기의 안쪽이나 바깥쪽으로 구부려 도시된 선은 직선으로 멈추어 도시되면 둥글기 크기를 잘못 읽을 우려가 있으므로 만나는 둥글기 크기에 따라 투상선 끝의 방향이 다르다.

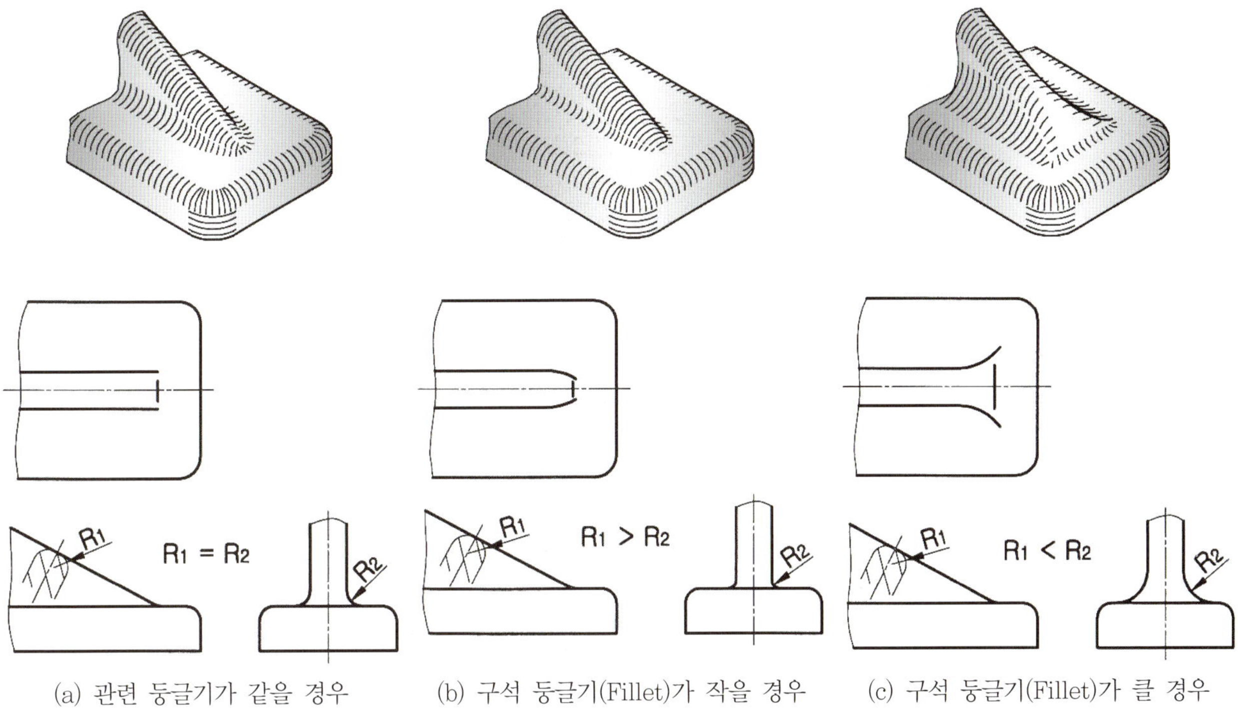

[그림 3-15] 리브(Rib)와 구석 둥글기(Fillet) 등이 만나는 끝부분

참고 구석 둥글기 : 필렛(Fillet)은 모서리를 접선원으로 둥글게 깎는 모깎기를 의미한다.

3.9 구멍과 원통이 교차한 부분의 간략도시 투상선

그림 3-16의 (a), (b), (c), (d), (e), (f)와 같이 직선으로 도시 되었던가 (g), (h), (i)와 같이 원통(원기둥)과 교차하거나 원형으로 구멍이 뚫려 있는 부위는 투상에 가깝게 원호로 도시된다. 원호 도시 투상선은 곡면과 곡면, 곡면과 평면이 교차하는 부분의 관계를 선(상관선이라고 한다.)으로 간략하게 도시한 것이다.

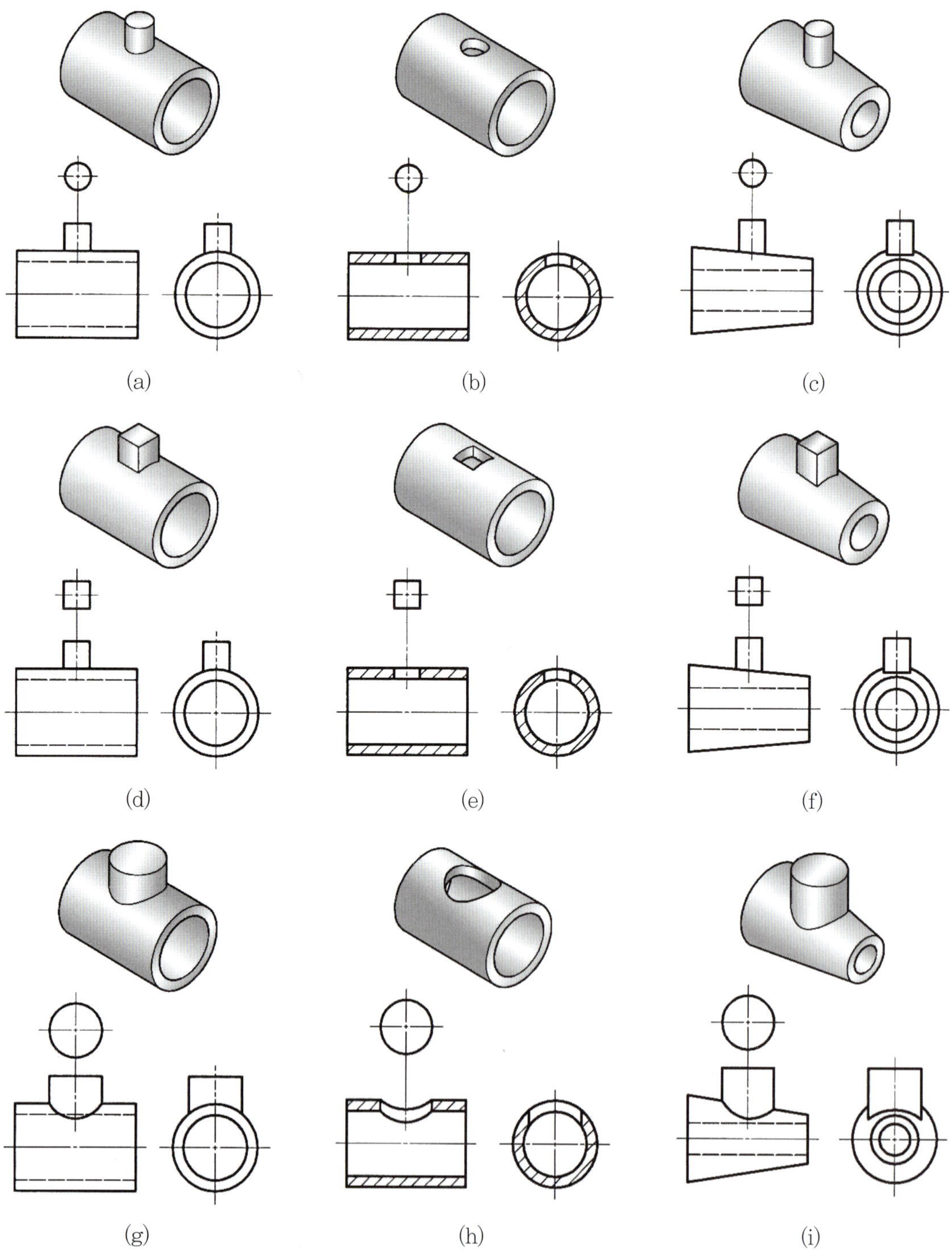

[그림 3-16] 구멍과 원통의 상관관계 및 간략도시(상관선)

3.10 가공 전과 후의 모양

(1) 가공 전 모양

그림 3-17에서와 같이 가는 이점쇄선으로 도시된 선은 부품을 구부리거나 조립 후에 가공하게 될 때 가공 전의 모양으로 해석한다.

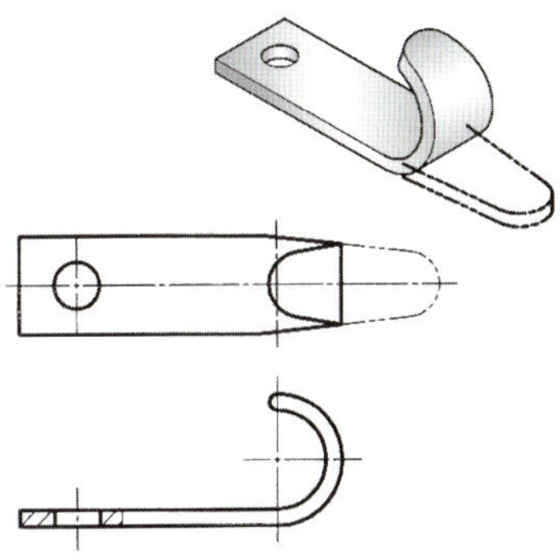

[그림 3-17] 가공 전 모양

(2) 가공 후 모양

① 그림 3-18의 리벳 등에 도시된 가상선은 가공 후의 변화된 모양과 치수를 표시하기 위함으로 해석한다.

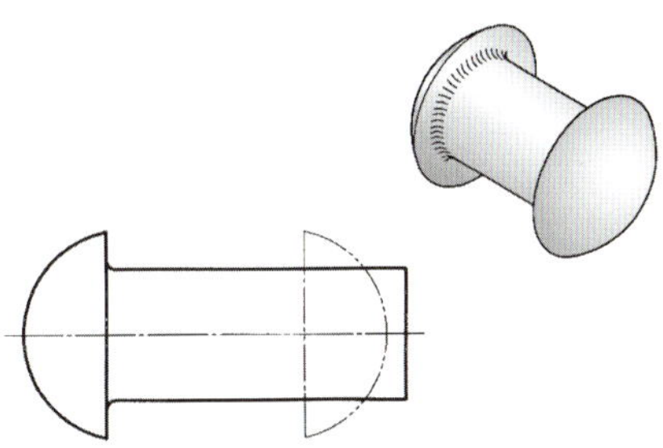

[그림 3-18] 가공 후 변화된 모양

② 그림 3-19에 도시된 가상선은 가공 후에 제거를 해야하는 부분의 모양으로 조립 후 제거되기 전의 모양으로 해석한다.

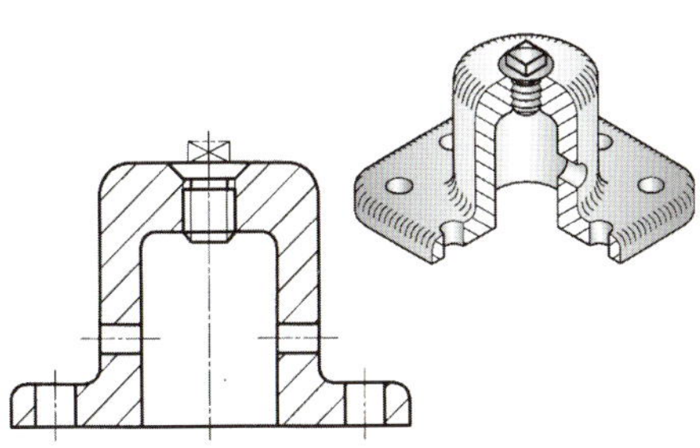

[그림 3-19] 가공하기 전의 모양

(3) 가공에 사용하는 지그(Jig)나 고정장치(Fixture), 가공공구

① **그림 3-20**과 같이 도시된 가상선은 홈을 가공하는 공구의 모양과 크기를 나타내기 위함으로 해석하며, 주로 밀링커터(Milling Cutter)나 앤드 밀(End Mill) 등의 공구를 나타낸다.

② **그림 3-21**에서 도시된 가상선은 단면을 한 앞부분의 모양과 크기를 나타내기 위함으로 해석하며, 간단한 모양을 도시하기 위해 투상도를 추가할 필요가 없다고 판단되는 부분을 나타내는데 사용된다.

③ **그림 3-22**에서 도시된 가상선은 해당 부품이 조립되어야 하는 인접한 부품의 모양을 도시하여 이해를 돕기 위함으로써 접촉면의 중요성을 강조하거나 조립 방향을 설명하는데 사용된다.

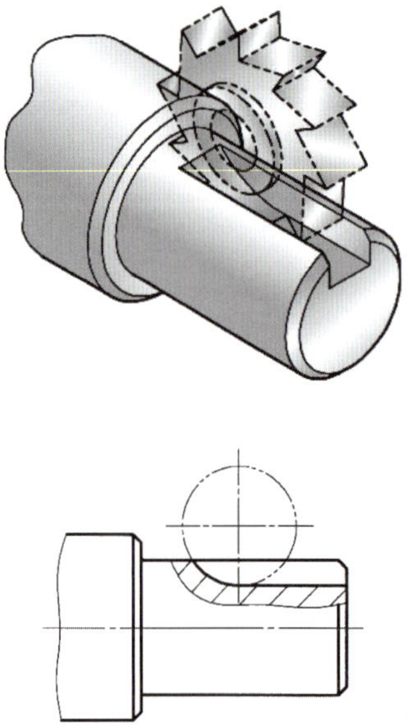

[그림 3-20] 공구의 모양

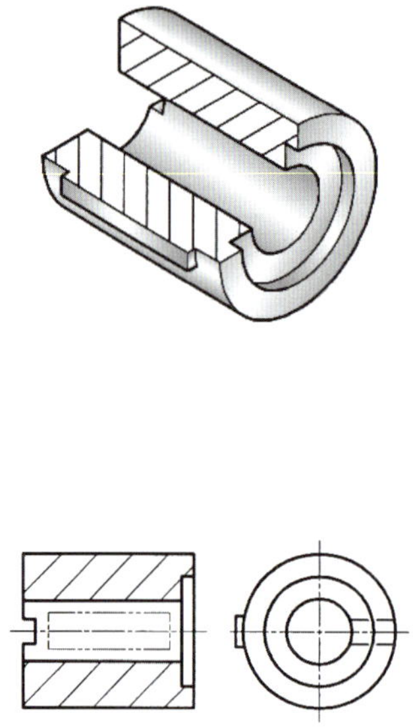

[그림 3-21] 단면을 한 앞부분

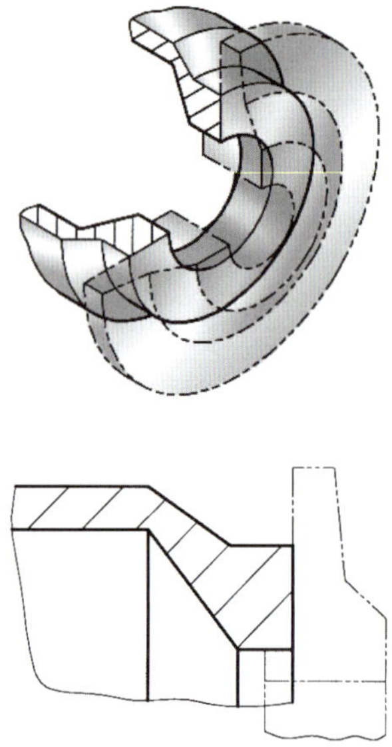

[그림 3-22] 조립되는 인접부품

3.11 원통의 바깥쪽이나 안쪽의 평면

그림 3-23에서와 같이 원통 면에 가는 실선으로 그어진 대각선은 표시된 내·외측 부분을 평면으로 해석한다.

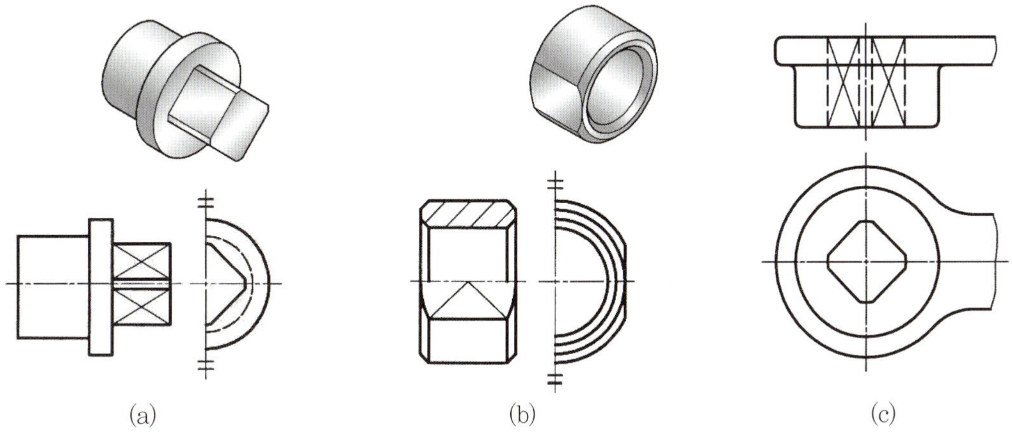

[그림 3-23] 원통의 바깥쪽이나 안쪽에 생긴 평면

3.12 용접 조립품

그림 3-24의 **(a)**는 용접구성 조립품의 용접 비드(bead)의 크기로, **(b)**는 용접으로 구성되는 부재의 겹침 관계 및 용접종류와 크기로, **(c)**는 부재 겹침의 관계로 해석하며, **(d)**와 같이 용접구성 부재의 겹침의 관계 및 용접 비드의 크기를 표시하지 않을 때는 재료의 크기와 용접 방향 등을 이해하는데 어려움이 있다.

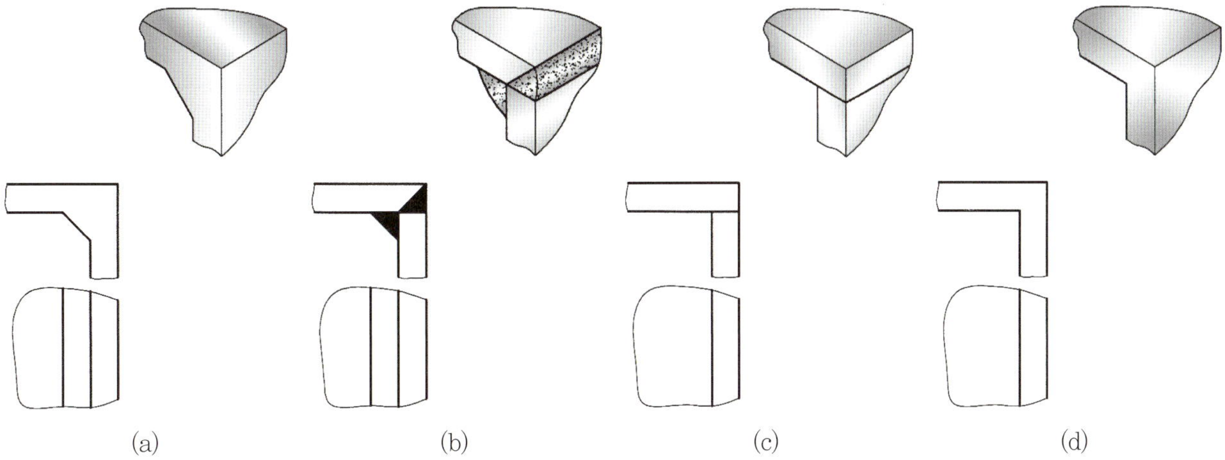

[그림 3-24] 용접구성 조립품

3.13 무늬

① 그림 3-25와 같이 원통에서 부분적으로 나타낸 선은 널링(Knurling)의 가공부로 해석한다.

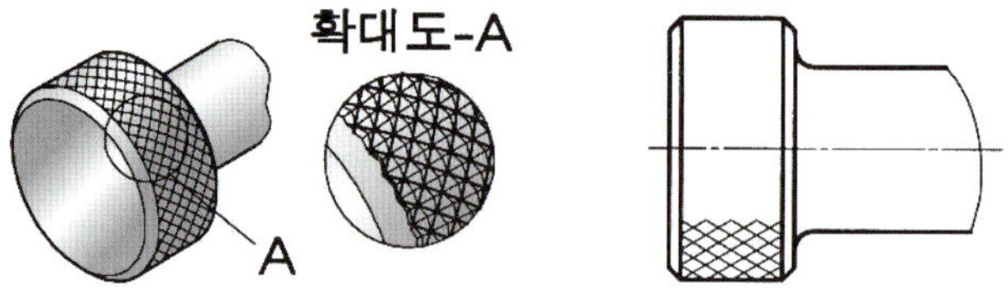

(a) 크로스 널링(다이아몬드형 널링)

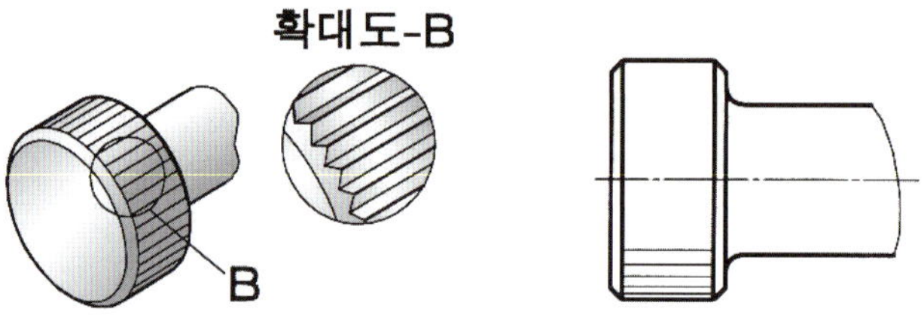

(b) 평목 널링

[그림 3-25] 널링 가공

② 그림 3-26에서와 같이 평면으로 도시되고 특징을 부분적으로 나타낸 것은 철망의 형태로 해석하고, 그림 3-27에서와 같은 경우에는 강판의 원재료에 줄무늬로 가공된 부품으로 해석한다.

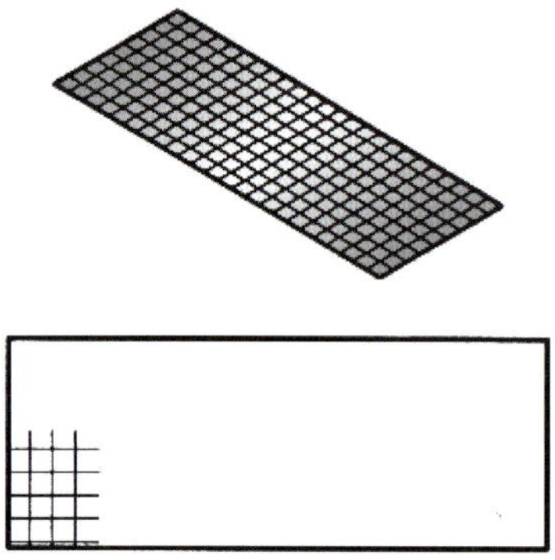

(a)

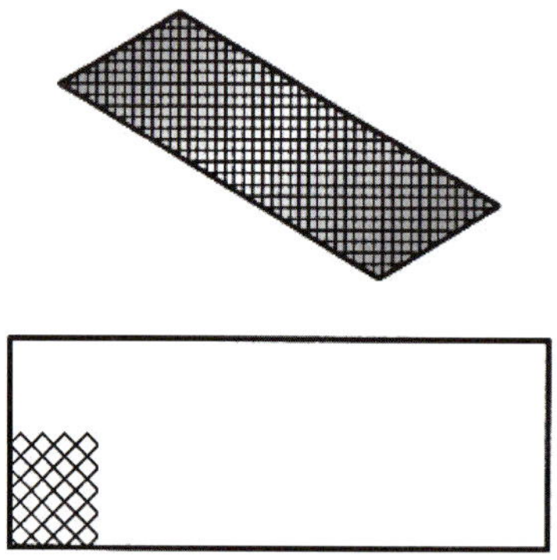

(b)

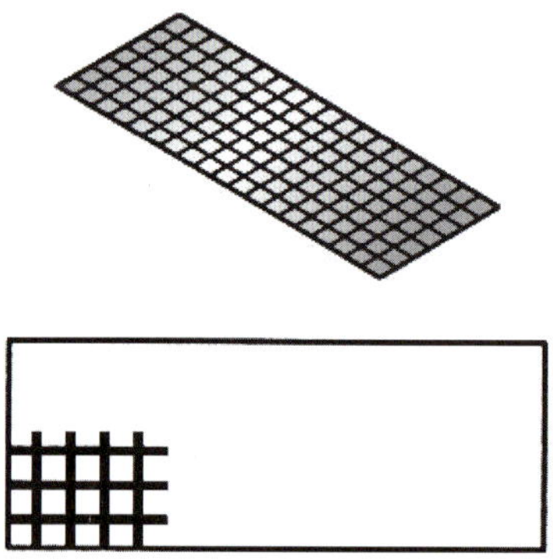

(c)

[그림 3-26] 철망

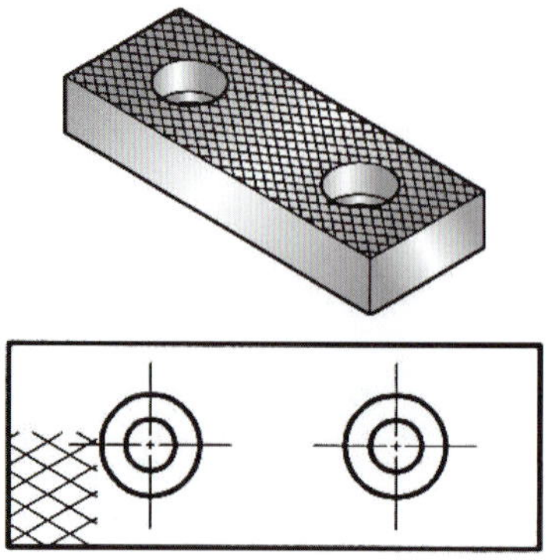

[그림 3-27] 줄무늬 강판

3.14 간단히 도시된 투상도

① 그림 3-28의 (a)와 같이 보이는 뒷부분을 모두 도시하게 되면 이해하기 어렵기 때문에 (b)와 같이 정면도를 기준으로 도시된 양쪽의 투상도는 해당된 쪽의 측면 모양으로 해석하고, 그림 3-29와 같이 국부 투상도나 보조 투상도로 도시된 투상도는 해당되는 쪽의 측면 모양으로 해석한다.

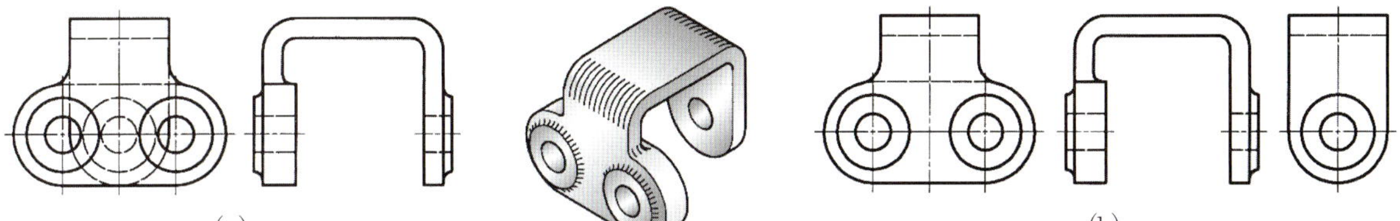
(a) (b)

[그림 3-28] 해당하는 면 쪽의 도시

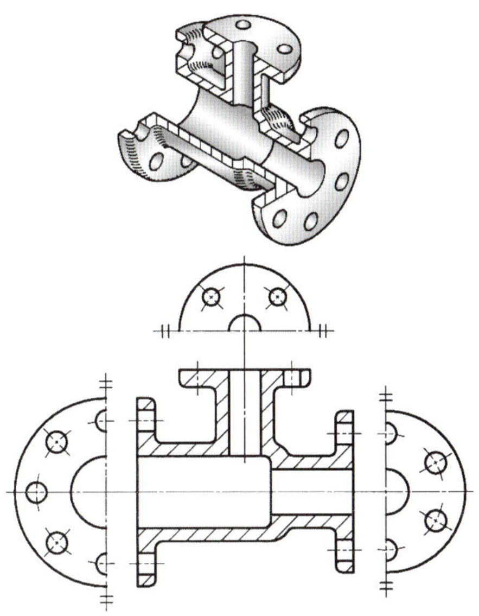
(a) 국부 투상도

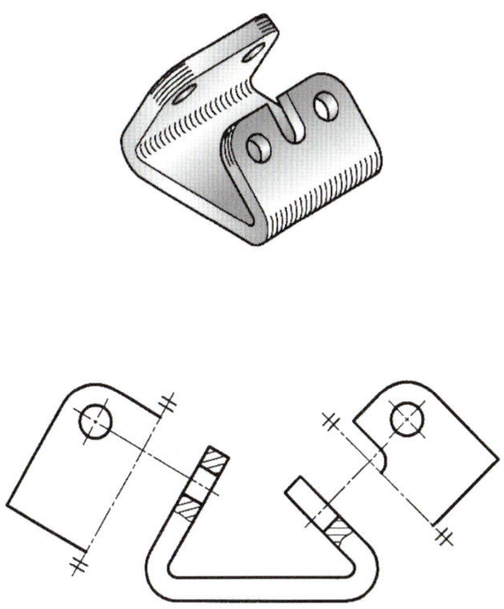
(b) 보조 투상도

[그림 3-29] 플랜지(flange) 면과 경사면의 뒷부분 도시

② 그림 3-30의 (a)와 같이 보이는 그대로를 선으로 나타낼 경우 (b)와 같이 절단면의 뒤에 보이는 선을 생략하여 도시한 것으로 해석한다.

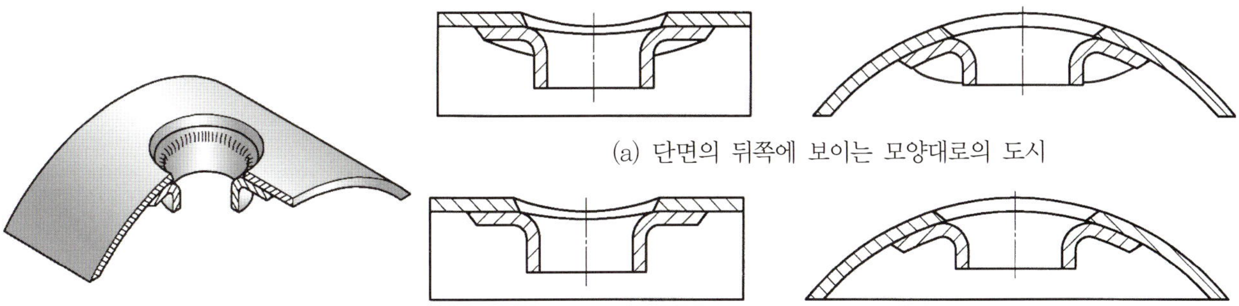
(a) 단면의 뒤쪽에 보이는 모양대로의 도시

(b) 단면의 뒤쪽에 보이는 모양의 도시 생략

[그림 3-30] 보이는 뒷면의 선 생략

③ **그림 3-31**과 같이 특정한 부분이 위에 오도록 도시된 투상도는 일부분에 특정한 모양을 가진 키(Key) 홈이 있는 보스(Boss) 구멍, 홈이 있는 관(Pipe)이나 실린더(Cylinder), 쪼개짐을 가진 링(Ring) 등으로 해석한다.

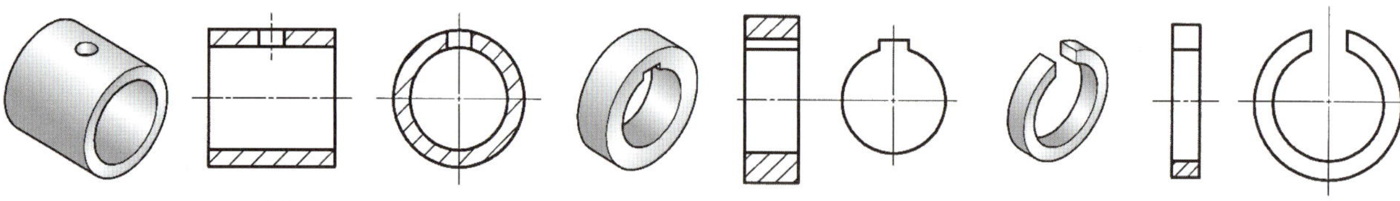

(a) (b) (c)

[그림 3-31] 특정한 부분이 위쪽에 위치

④ **그림 3-32**와 같이 1개의 구멍을 도시(투상관계에 불구하고)하고 다른 구멍의 도시를 생략한 투상도는 원주 상에 위치하는 여러 개의 구멍과 크기를 대표로 해석한다.

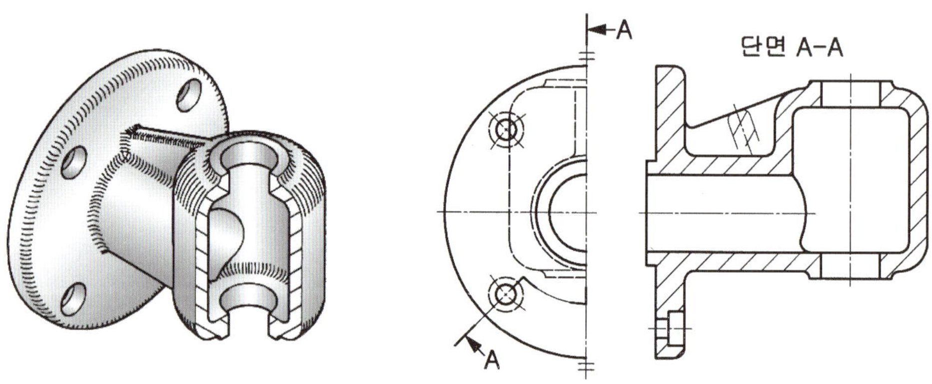

[그림 3-32] 원주 상에 배치된 구멍

⑤ **그림 3-33**과 같이 외형선과 평행하게 약간(약 0.5㎜ 정도) 띄어서 범위를 굵은 일점쇄선으로 도시한 부분은 대상물의 일부분에 특수한 가공을 하는 것으로 해석한다.

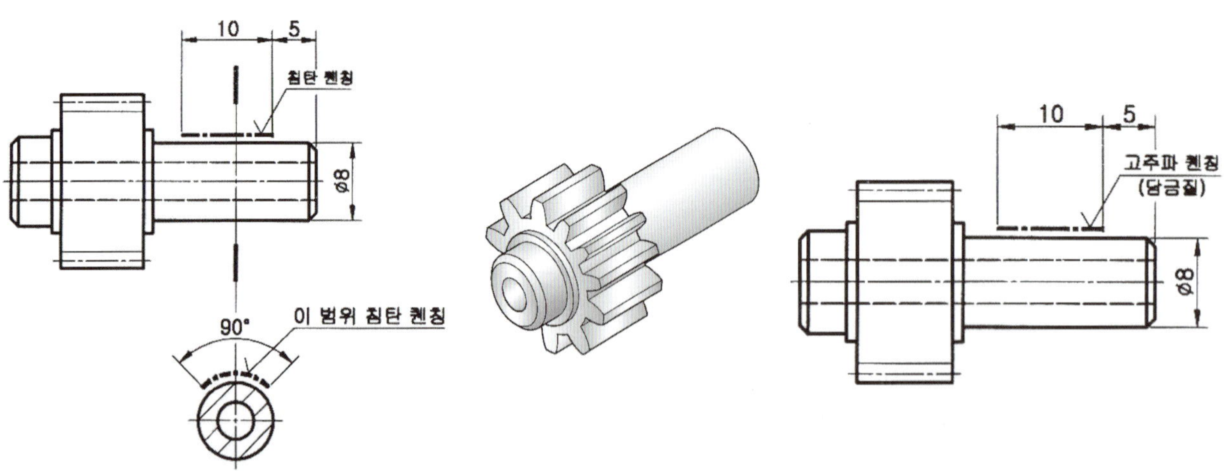

(a) 침탄 퀜칭 표면경화 열처리(일부분) (b) 고주파 퀜칭 표면경화 열처리(일부분)

[그림 3-33] 특수 가공부분

⑥ 그림 3-34와 같이 특정범위를 굵은 일점쇄선으로 둘러싸서 도시한 부분은 특수가공을 지시하기 위한 범위를 나타내는 것으로 해석한다.

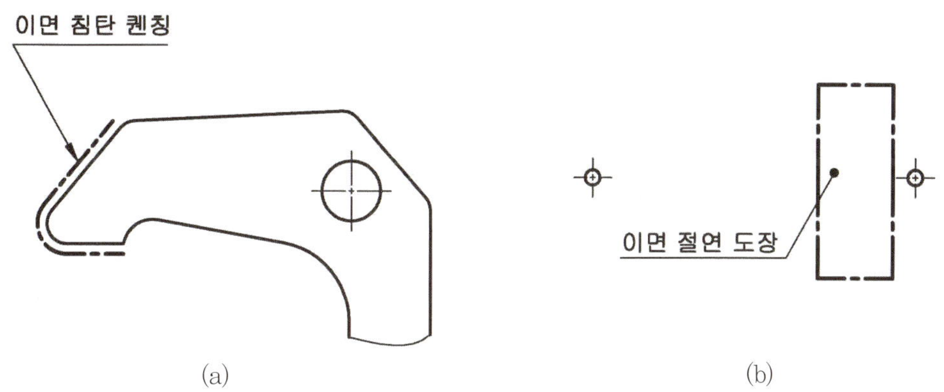

[그림 3-34] 특정범위에 대한 가공 지시

⑦ 그림 3-35의 (a)와 같이 이해하기 쉽도록 숨은선을 생략하는 방법으로 단면도로 도시되지만, 투상도 간의 대조비교가 곤란할 경우에는 (b)와 같이 숨은선을 도시한 경우도 있다.

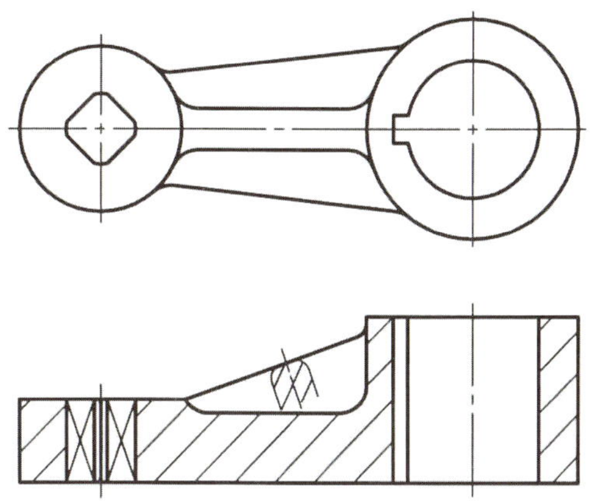

(a) 숨은선 도시를 하지 않은 단면도

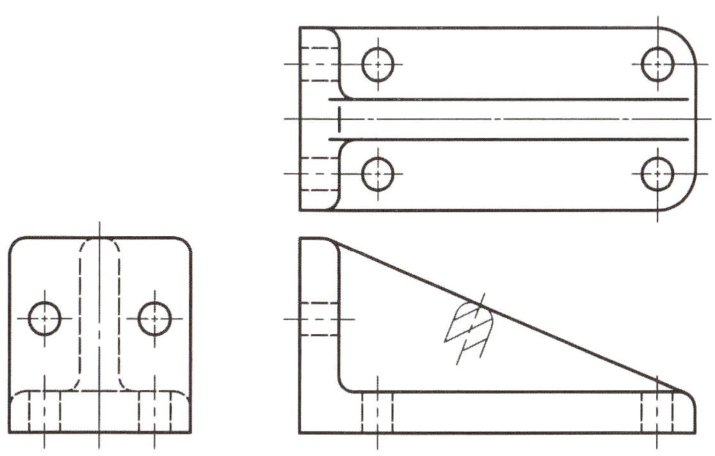

(b) 대조 비교하기가 곤란한 경우의 숨은선 도시

[그림 3-35] 숨은선의 도시 생략과 예외인 경우

그림 3-36, 3-37은 앞에서 설명한 여러 가지의 투상도가 사용된 도면의 예시이다.

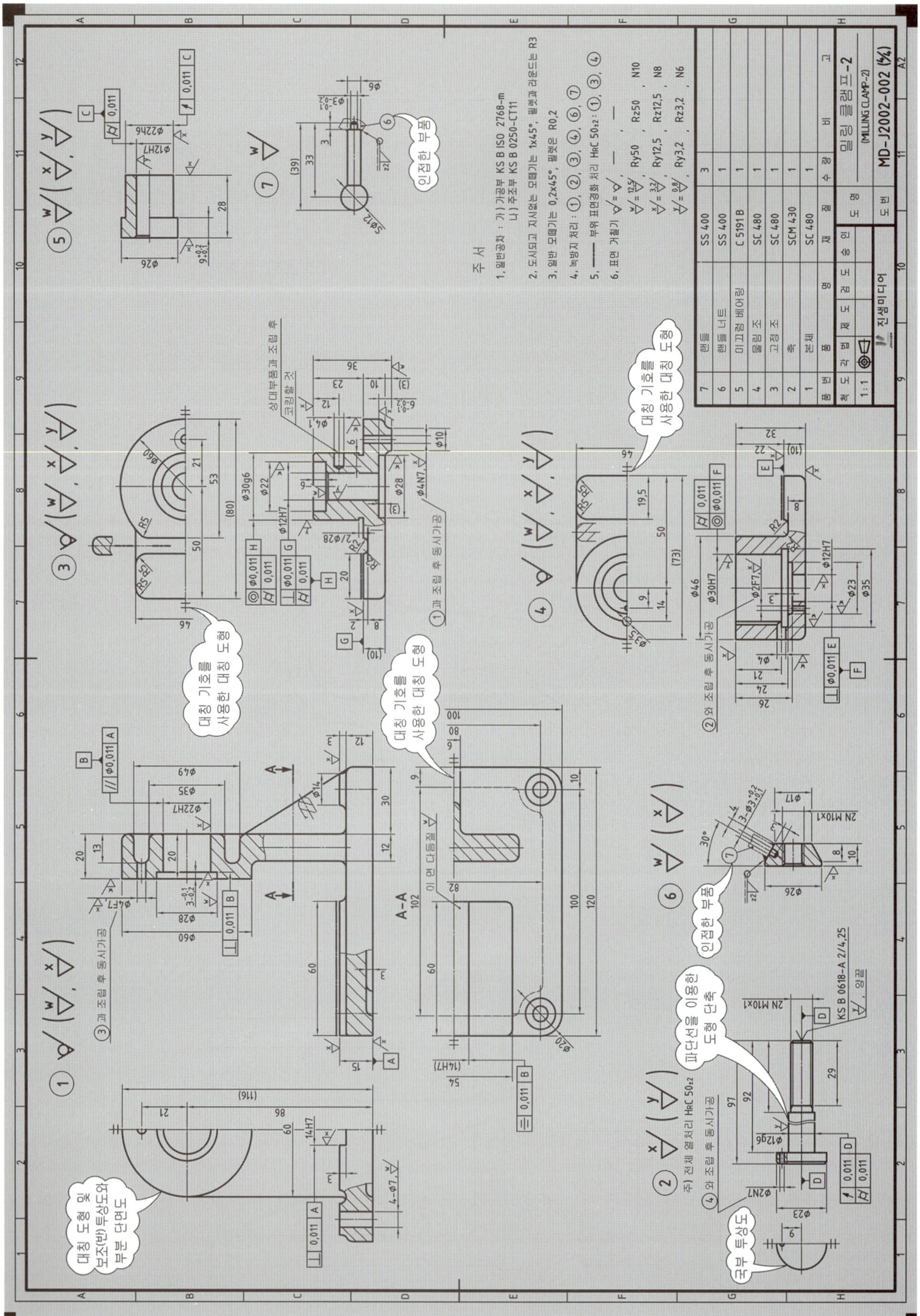

[그림 3-36] 여러 가지 투상도 (2)

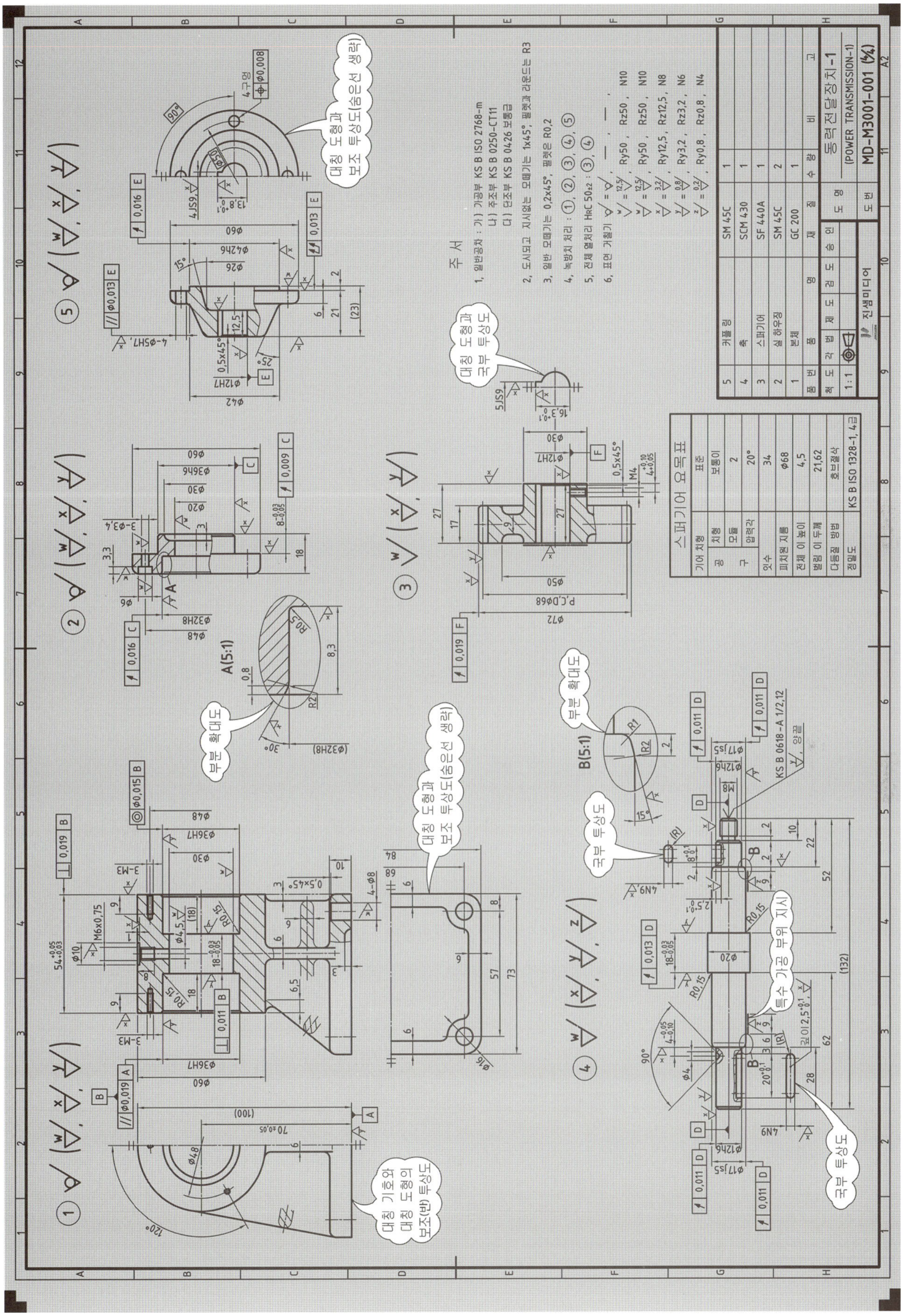

[그림 3-37] 여러 가지 투상도 (3)

MEMO

연습문제-1 **주어진 등각 투상도를 참고하여 방안지(모눈종이)에 그려진 주투상도의 왼쪽에는 대칭기호를 사용하여 보조 투상도(여기서는 반 투상도)를 제도하고, 오른쪽에는 대칭기호를 사용하여 국부 투상도를 제도(도면작성)하시오.**

〈참고〉

1. 손으로 제도할 때 : 연습문제에 표시된 한 눈금의 간격은 방안지 또는 모눈종이의 한 눈금과 같게 하여 중심선 0.3㎜, 숨은선 0.5㎜, 외형선 0.7㎜의 선 굵기인 샤프펜슬이나 나무연필을 사용하시오.
   - 준비물 : 0.3㎜, 0.5㎜와 0.7㎜인 샤프펜슬이나 나무연필, 삼각자 셋 180㎜, 지우개, 지우개판 등
2. CAD로 도면작성을 할 때 : 2D CAD인 AutoCAD로 도면을 작성하고, 프린터로 도면을 출력할 때는 외형선의 굵기는 0.2~0.25㎜, 숨은선의 굵기는 0.15㎜, 가는 실선의 굵기는 0.1㎜로 셋팅(setting, 설정)하여 프린트하는 것이 형상의 구분과 보기에 깔끔하다.

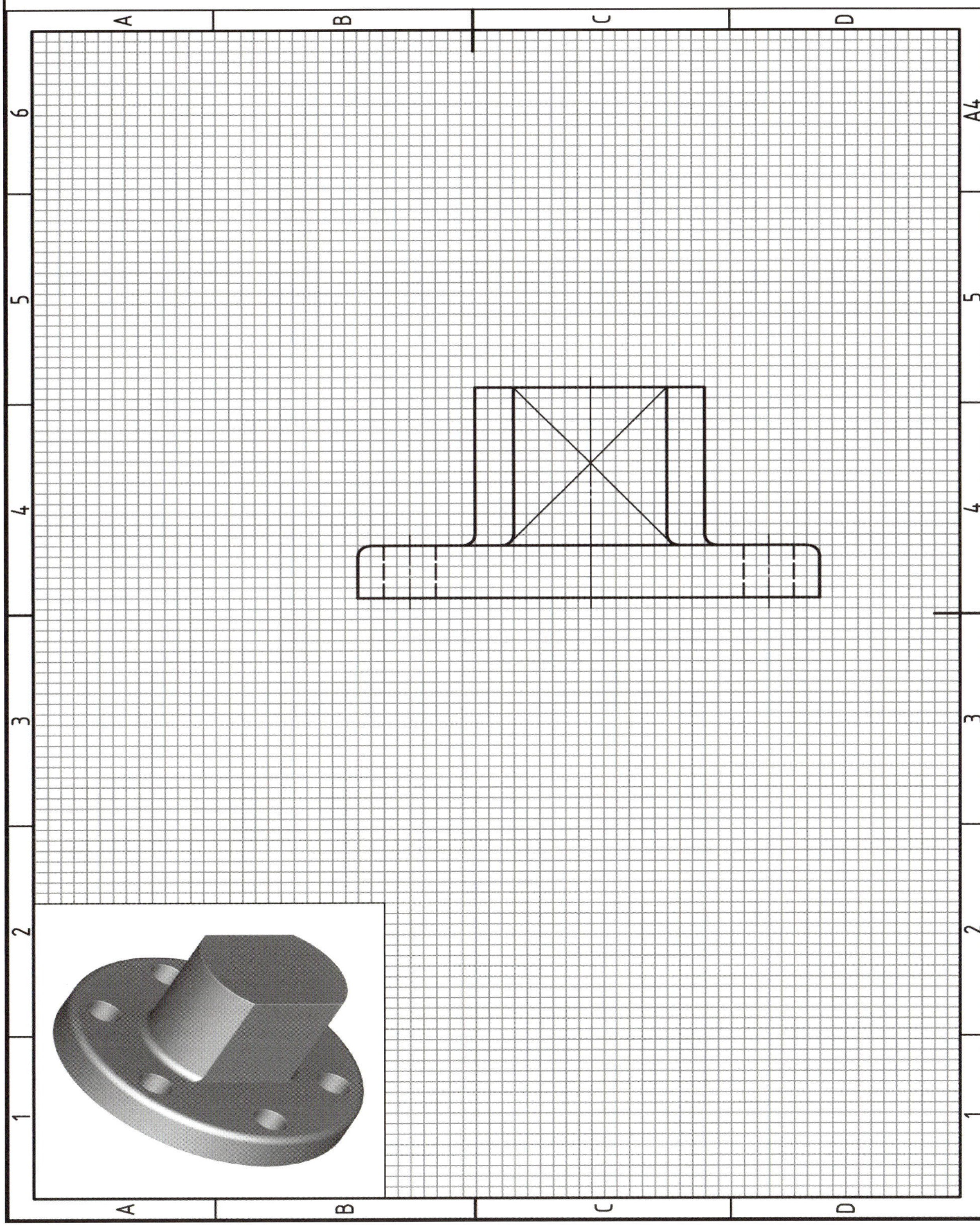

연습문제-1 | **모범답안**

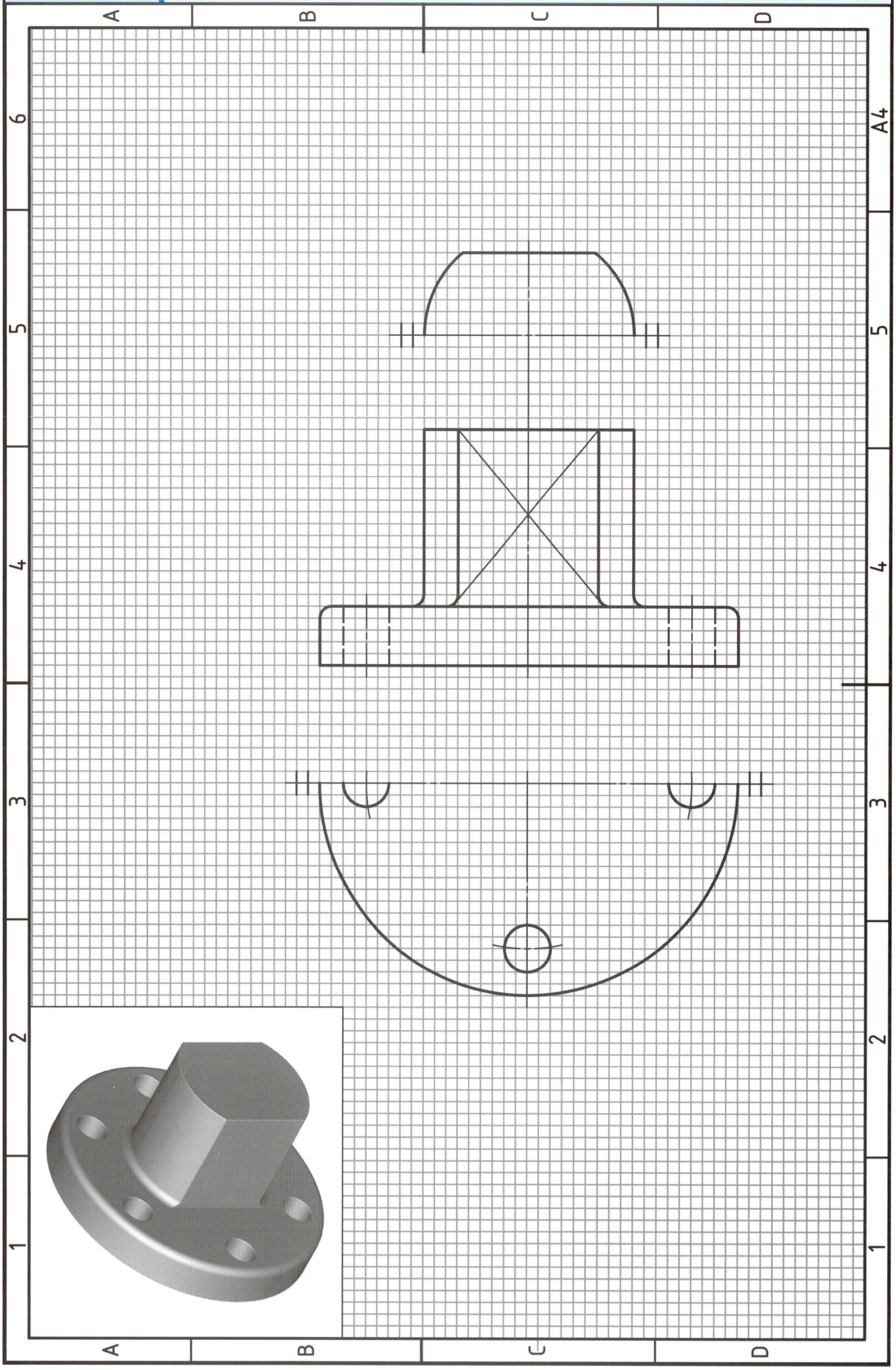

연습문제-2 **주어진 등각 투상도를 참고하여 방안지(모눈종이)에 그려진 주투상도의 아래쪽에 누락된 보조 투상도를 제도(도면작성)하시오.**

〈참고〉

1. 손으로 제도할 때 : 연습문제에 표시된 한 눈금의 간격은 방안지 또는 모눈종이의 한 눈금과 같게 하여 중심선 0.3㎜, 숨은선 0.5㎜, 외형선 0.7㎜의 선 굵기인 샤프펜슬이나 나무연필을 사용하시오.
   • 준비물 : 0.3㎜, 0.5㎜와 0.7㎜인 샤프펜슬이나 나무연필, 삼각자 셋 180㎜, 지우개, 지우개판 등
2. CAD로 도면작성을 할 때 : 2D CAD인 AutoCAD로 도면을 작성하고, 프린터로 도면을 출력할 때는 외형선의 굵기는 0.2~0.25㎜, 숨은선의 굵기는 0.15㎜, 가는 실선의 굵기는 0.1㎜로 셋팅(setting, 설정)하여 프린트하는 것이 형상의 구분과 보기에 깔끔하다.

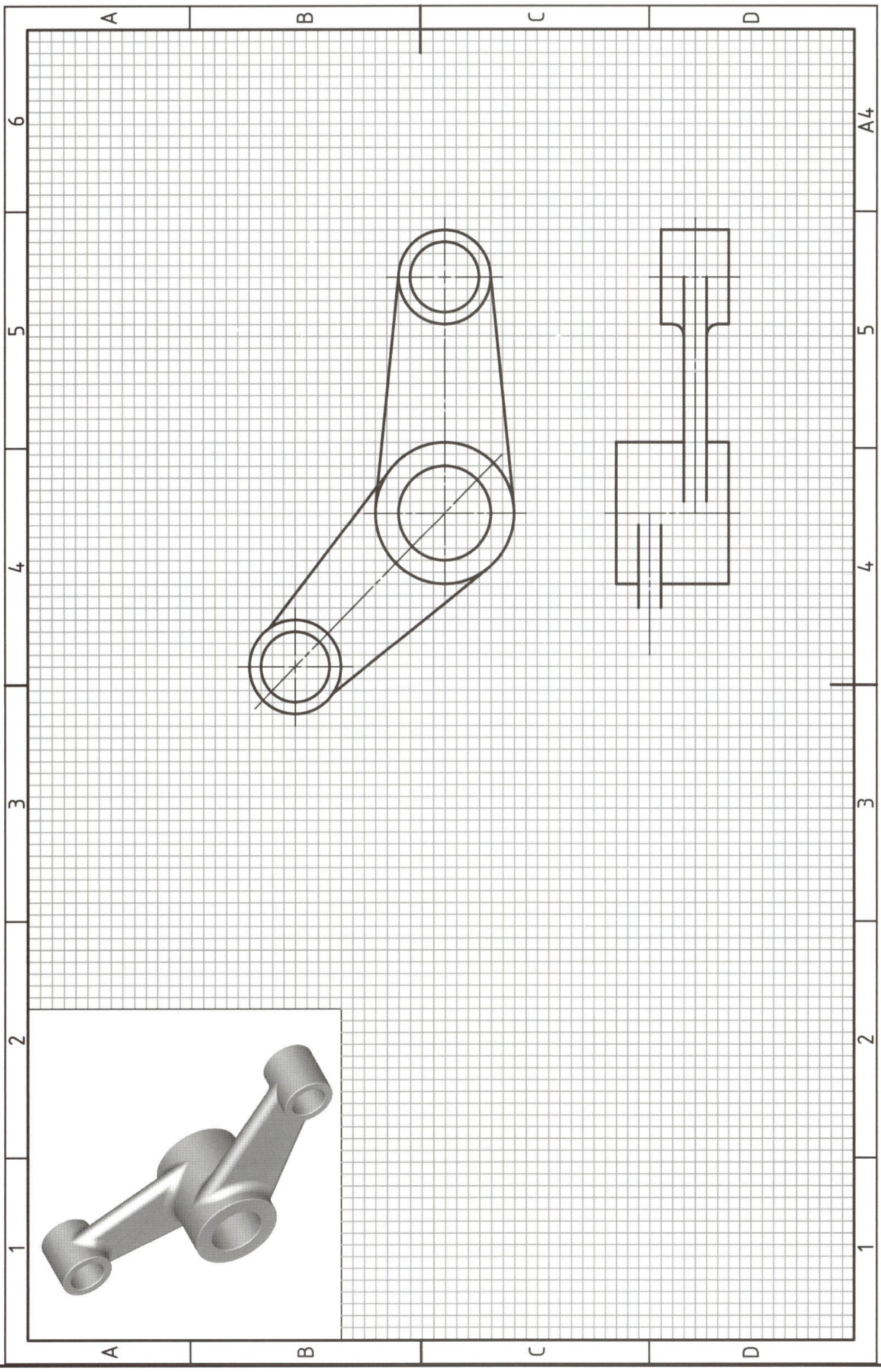

연습문제-2 모범답안

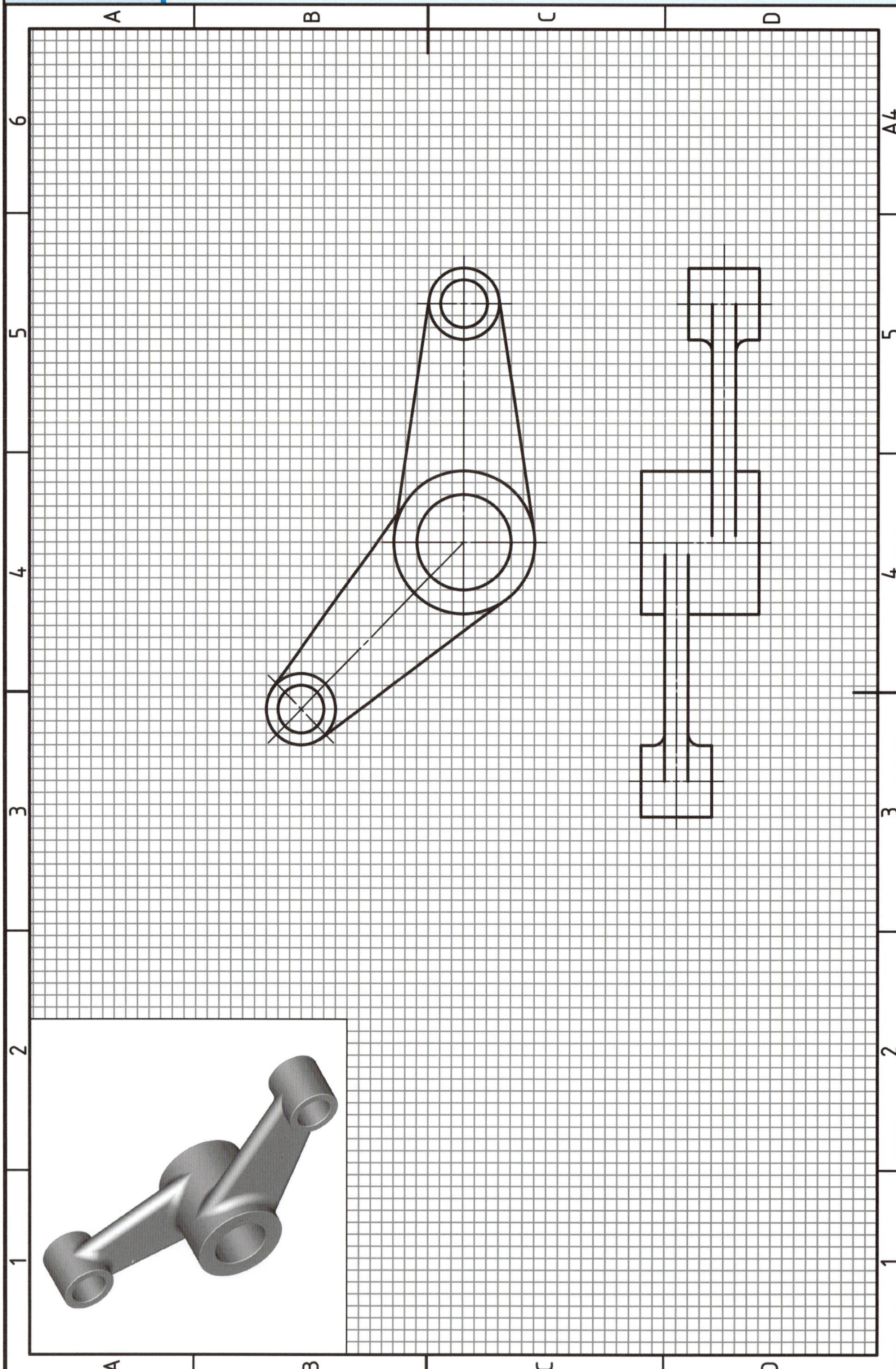

종합평가-1

주어진 등각 투상도를 참고하여 방안지(모눈종이)에 그려진 정면도를 기준으로 미완성 평면도를 대칭형의 보조 투상도로 완전히 완성하시오.

〈참고〉

1. 손으로 제도할 때 : 연습문제에 표시된 한 눈금의 간격은 방안지 또는 모눈종이의 한 눈금과 같게 하여 중심선 0.3㎜, 숨은선 0.5㎜, 외형선 0.7㎜의 선 굵기인 샤프펜슬이나 나무연필을 사용하시오.
   - 준비물 : 0.3㎜, 0.5㎜와 0.7㎜인 샤프펜슬이나 나무연필, 삼각자 셋 180㎜, 지우개, 지우개판 등
2. CAD로 도면작성을 할 때 : 2D CAD인 AutoCAD로 도면을 작성하고, 프린터로 도면을 출력할 때는 외형선의 굵기는 0.2~0.25㎜, 숨은선의 굵기는 0.15㎜, 가는 실선의 굵기는 0.1㎜로 셋팅(setting, 설정)하여 프린트하는 것이 형상의 구분과 보기에 깔끔하다.

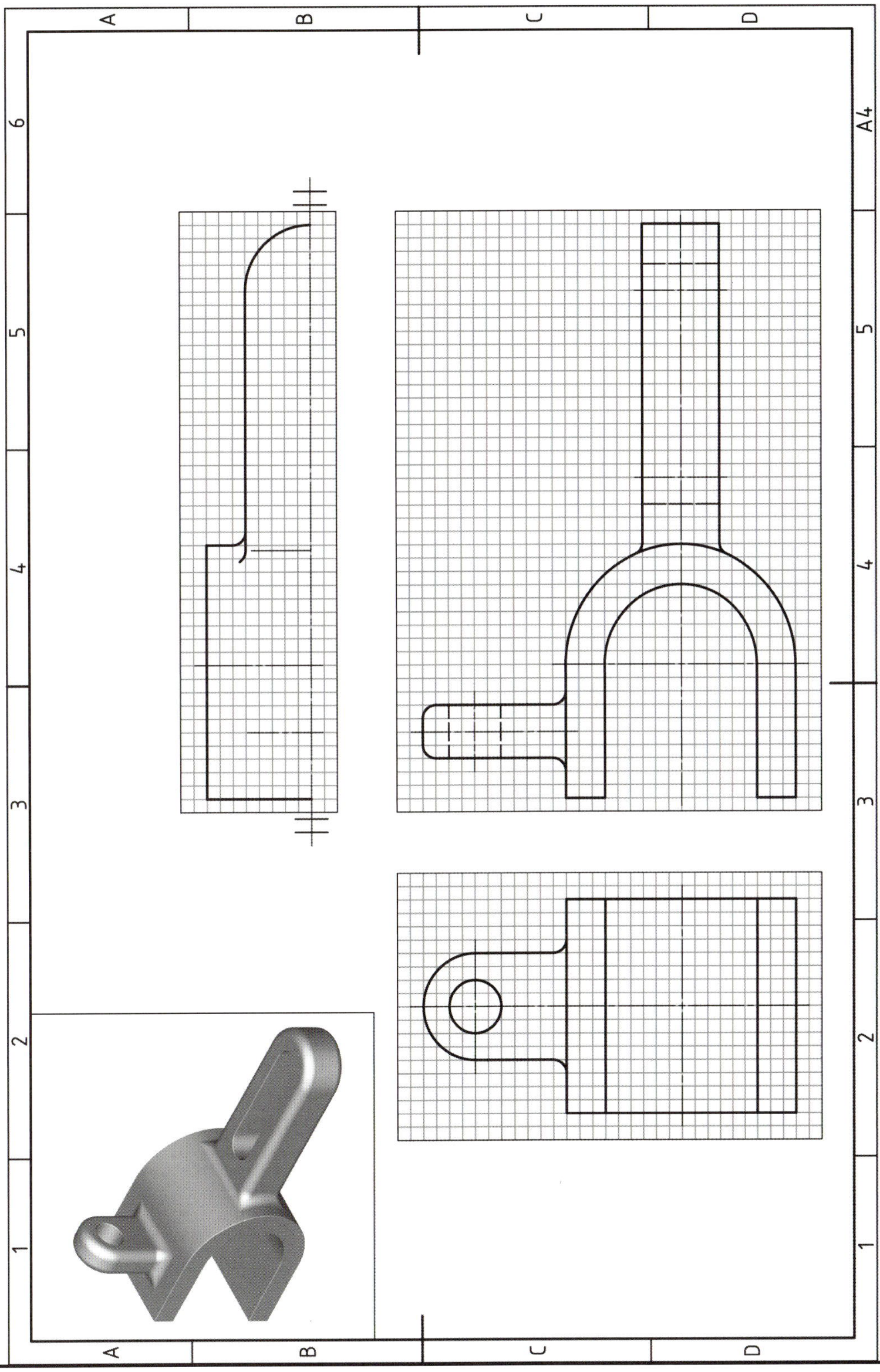

종합평가-1 모범답안

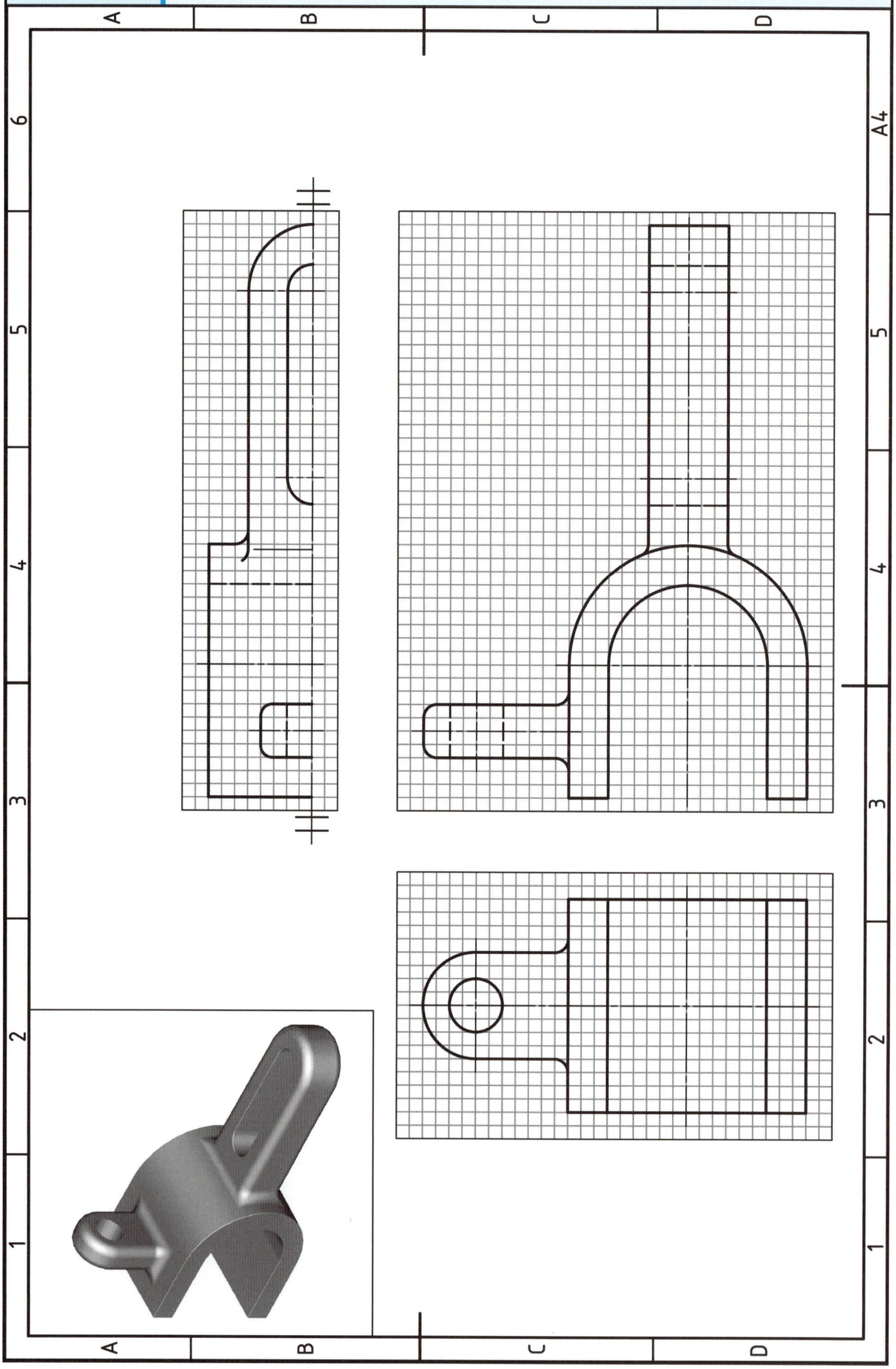

종합평가-2	**주어진 등각 투상도를 참고하여 방안지(모눈종이)에 그려진 정면도를 기준으로 하여 미완성 평면도를 대칭형의 회전 투상도로 완전히 완성하시오.**

〈참고〉

1. 손으로 제도할 때 : 연습문제에 표시된 한 눈금의 간격은 방안지 또는 모눈종이의 한 눈금과 같게 하여 중심선 0.3㎜, 숨은선 0.5㎜, 외형선 0.7㎜의 선 굵기인 샤프펜슬이나 나무연필을 사용하시오.
   - 준비물 : 0.3㎜, 0.5㎜와 0.7㎜인 샤프펜슬이나 나무연필, 삼각자 셋 180㎜, 지우개, 지우개판 등
2. CAD로 도면작성을 할 때 : 2D CAD인 AutoCAD로 도면을 작성하고, 프린터로 도면을 출력할 때는 외형선의 굵기는 0.2~0.25㎜, 숨은선의 굵기는 0.15㎜, 가는 실선의 굵기는 0.1㎜로 셋팅(setting, 설정)하여 프린트하는 것이 형상의 구분과 보기에 깔끔하다.

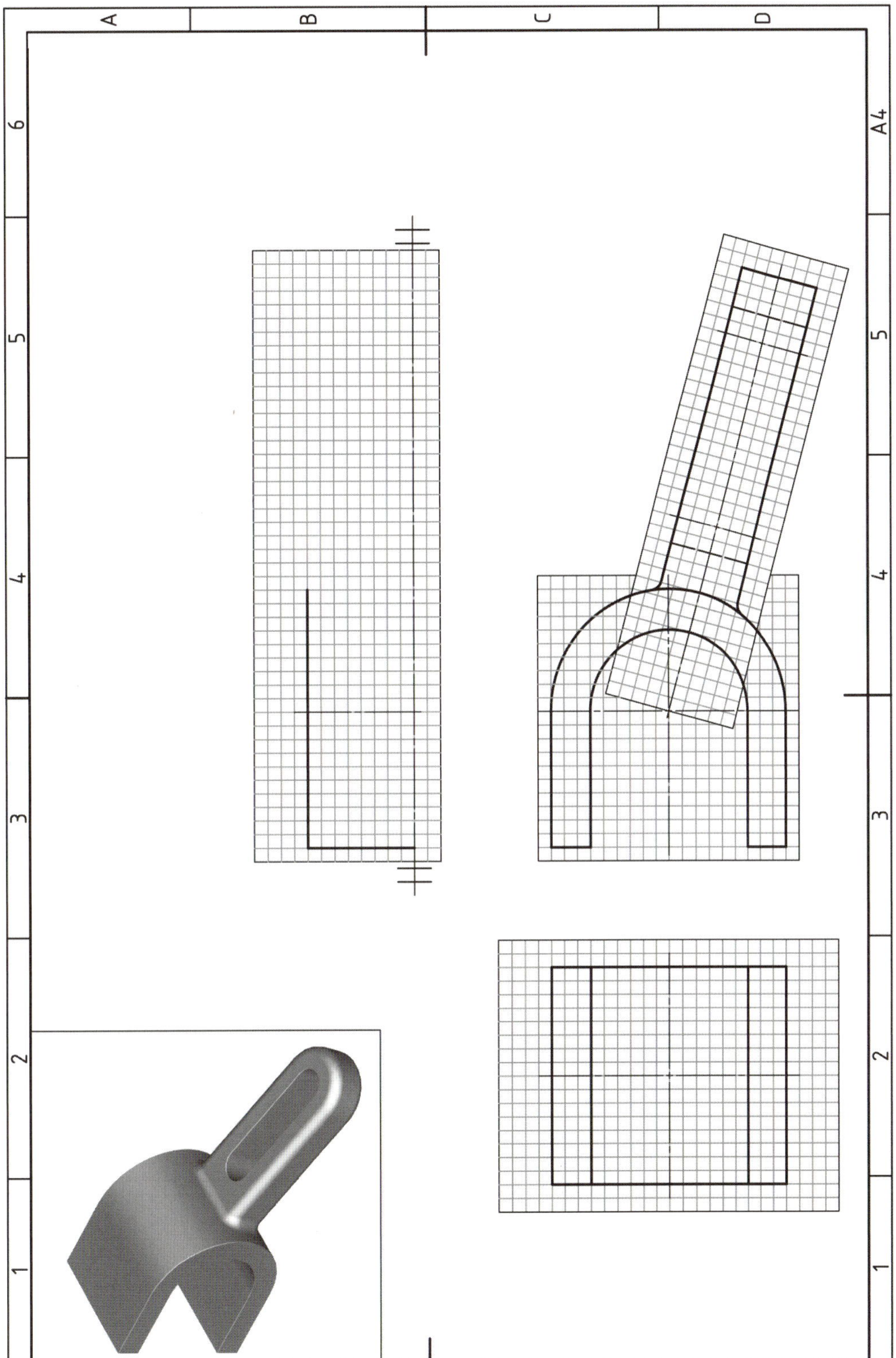

종합평가-2	모범답안

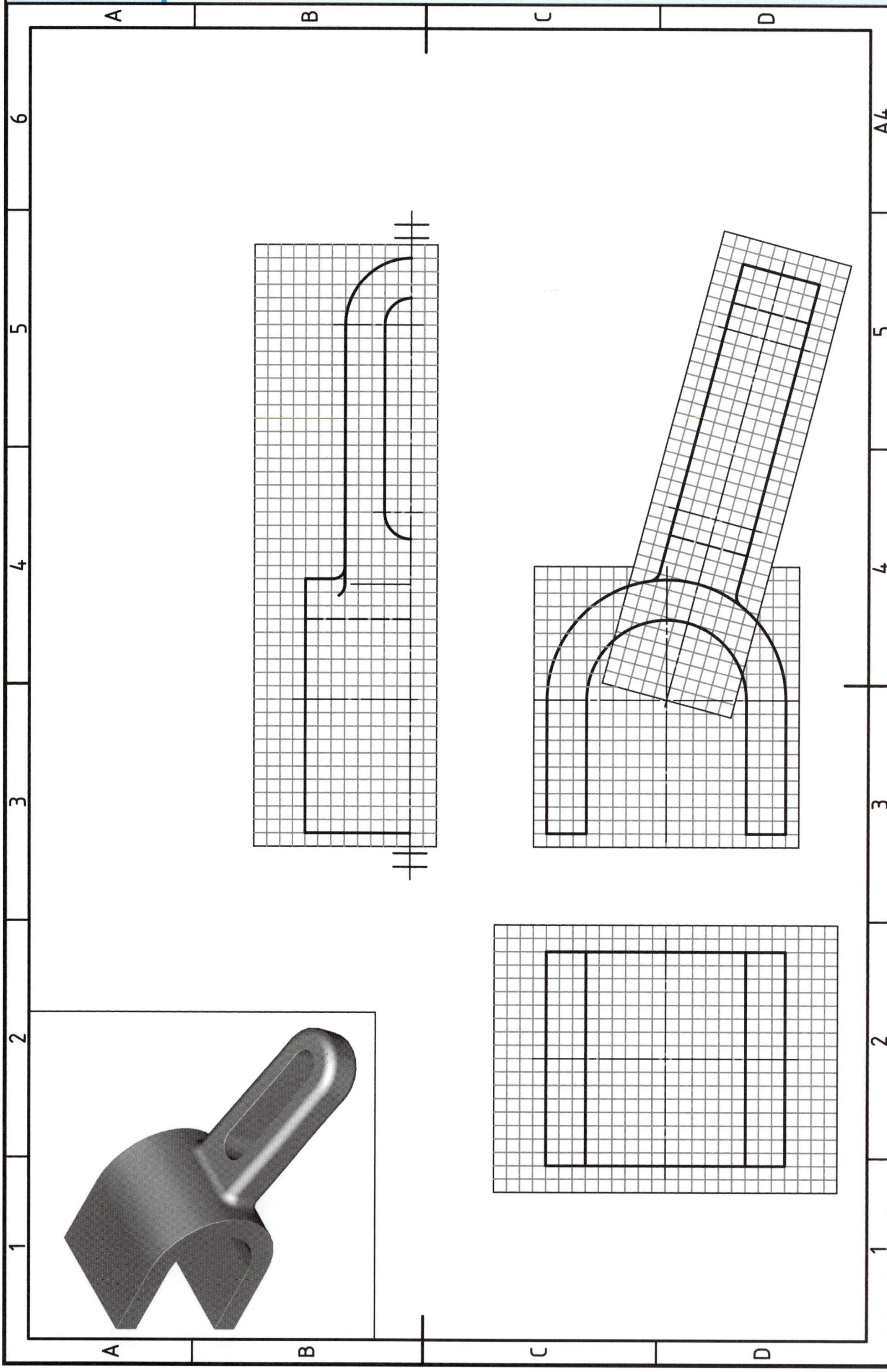

종합평가-3	주어진 등각 투상도를 참고하여 방안지(모눈종이)에 회전 투상도로 그려진 저면도를 기준으로 하여 미완성 정면도를 완전히 완성하시오.

〈참고〉

1. 손으로 제도할 때 : 연습문제에 표시된 한 눈금의 간격은 방안지 또는 모눈종이의 한 눈금과 같게 하여 중심선 0.3㎜, 숨은선 0.5㎜, 외형선 0.7㎜의 선 굵기인 샤프펜슬이나 나무연필을 사용하시오.
   - 준비물 : 0.3㎜, 0.5㎜와 0.7㎜인 샤프펜슬이나 나무연필, 삼각자 셋 180㎜, 지우개, 지우개판 등
2. CAD로 도면작성을 할 때 : 2D CAD인 AutoCAD로 도면을 작성하고, 프린터로 도면을 출력할 때는 외형선의 굵기는 0.2~0.25㎜, 숨은선의 굵기는 0.15㎜, 가는 실선의 굵기는 0.1㎜로 셋팅(setting, 설정)하여 프린트하는 것이 형상의 구분과 보기에 깔끔하다.

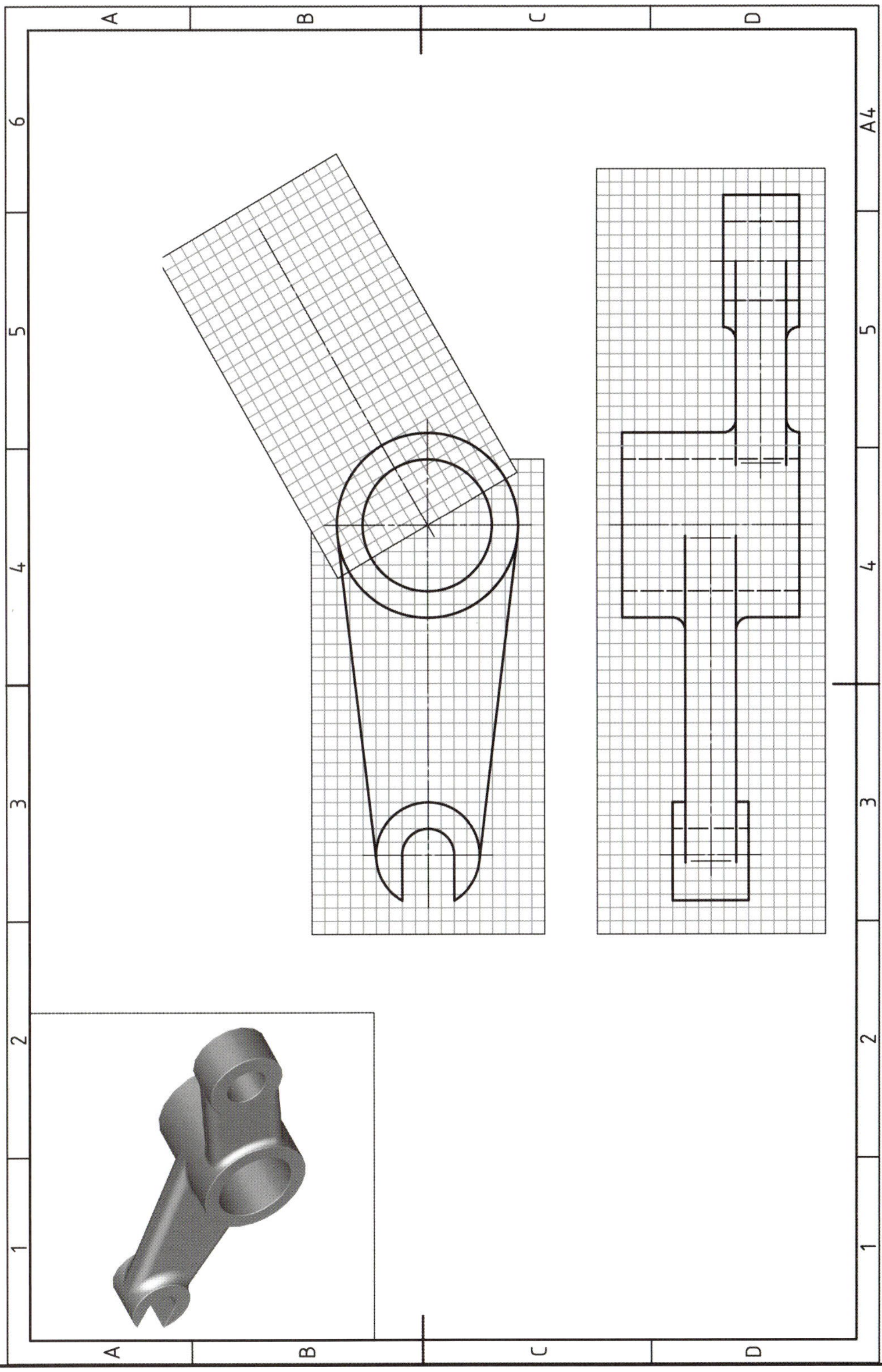

종합평가-3 모범답안

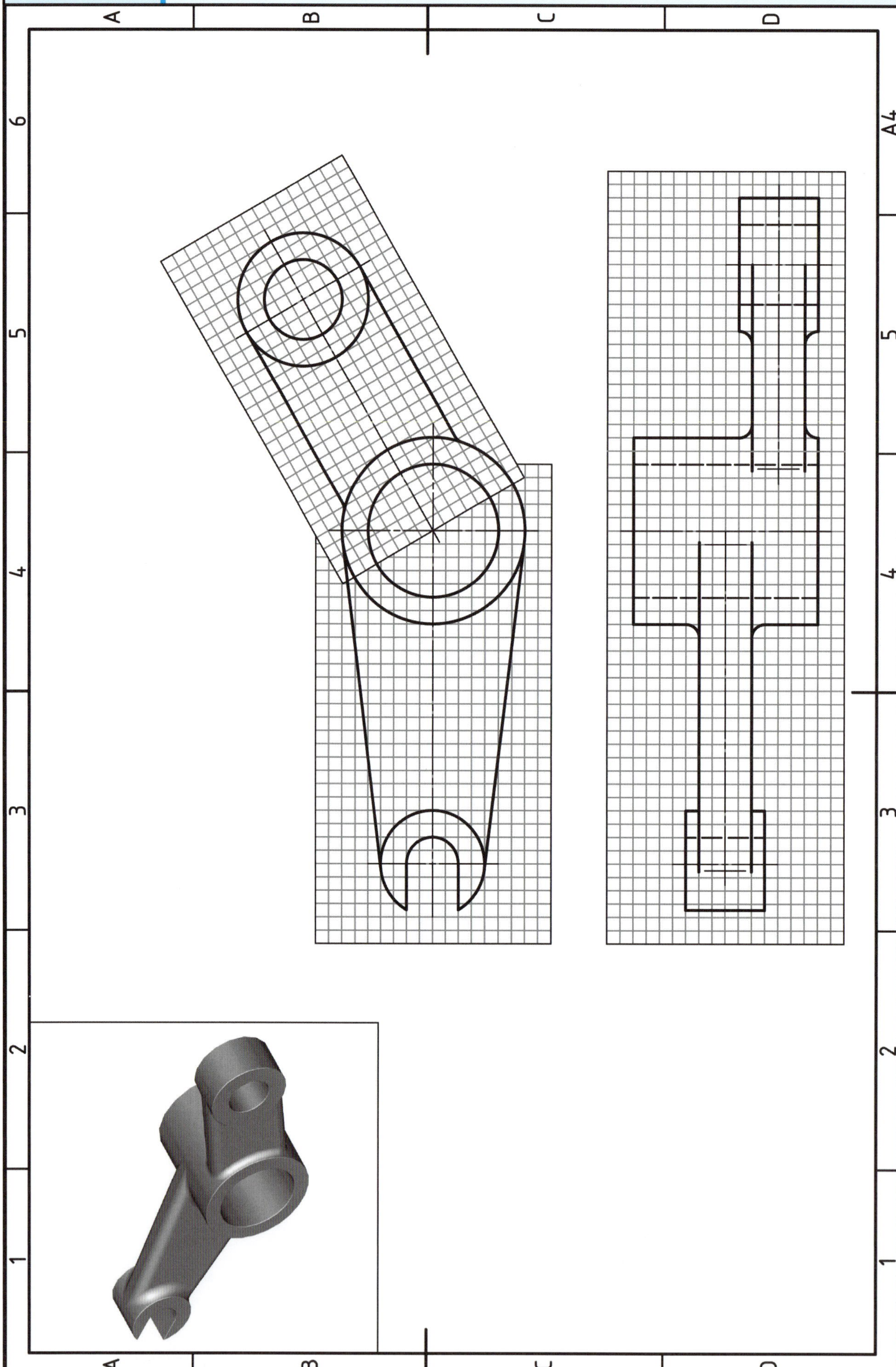

종합평가-4	**주어진 등각 투상도를 참고하여 방안지(모눈종이)에 회전 투상도로 그려진 저면도를 기준으로 하여 미완성 정면도를 완전히 완성하시오.**

〈참고〉

1. 손으로 제도할 때 : 연습문제에 표시된 한 눈금의 간격은 방안지 또는 모눈종이의 한 눈금과 같게 하여 중심선 0.3㎜, 숨은선 0.5㎜, 외형선 0.7㎜의 선 굵기인 샤프펜슬이나 나무연필을 사용하시오.
   - 준비물 : 0.3㎜, 0.5㎜와 0.7㎜인 샤프펜슬이나 나무연필, 삼각자 셋 180㎜, 지우개, 지우개판 등
2. CAD로 도면작성을 할 때 : 2D CAD인 AutoCAD로 도면을 작성하고, 프린터로 도면을 출력할 때는 외형선의 굵기는 0.2~0.25㎜, 숨은선의 굵기는 0.15㎜, 가는 실선의 굵기는 0.1㎜로 셋팅(setting, 설정)하여 프린트하는 것이 형상의 구분과 보기에 깔끔하다.

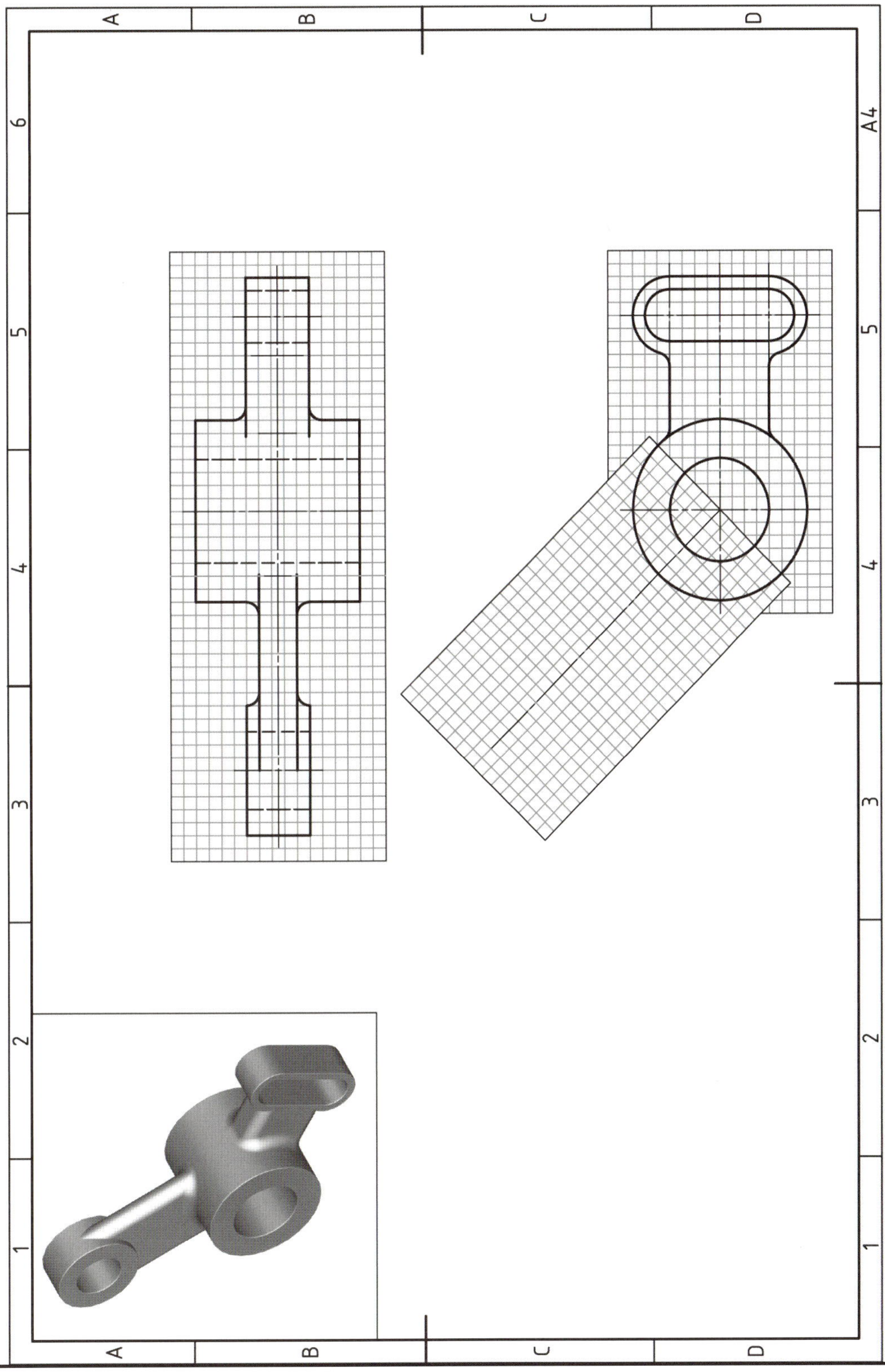

종합평가-4 | **모범답안**

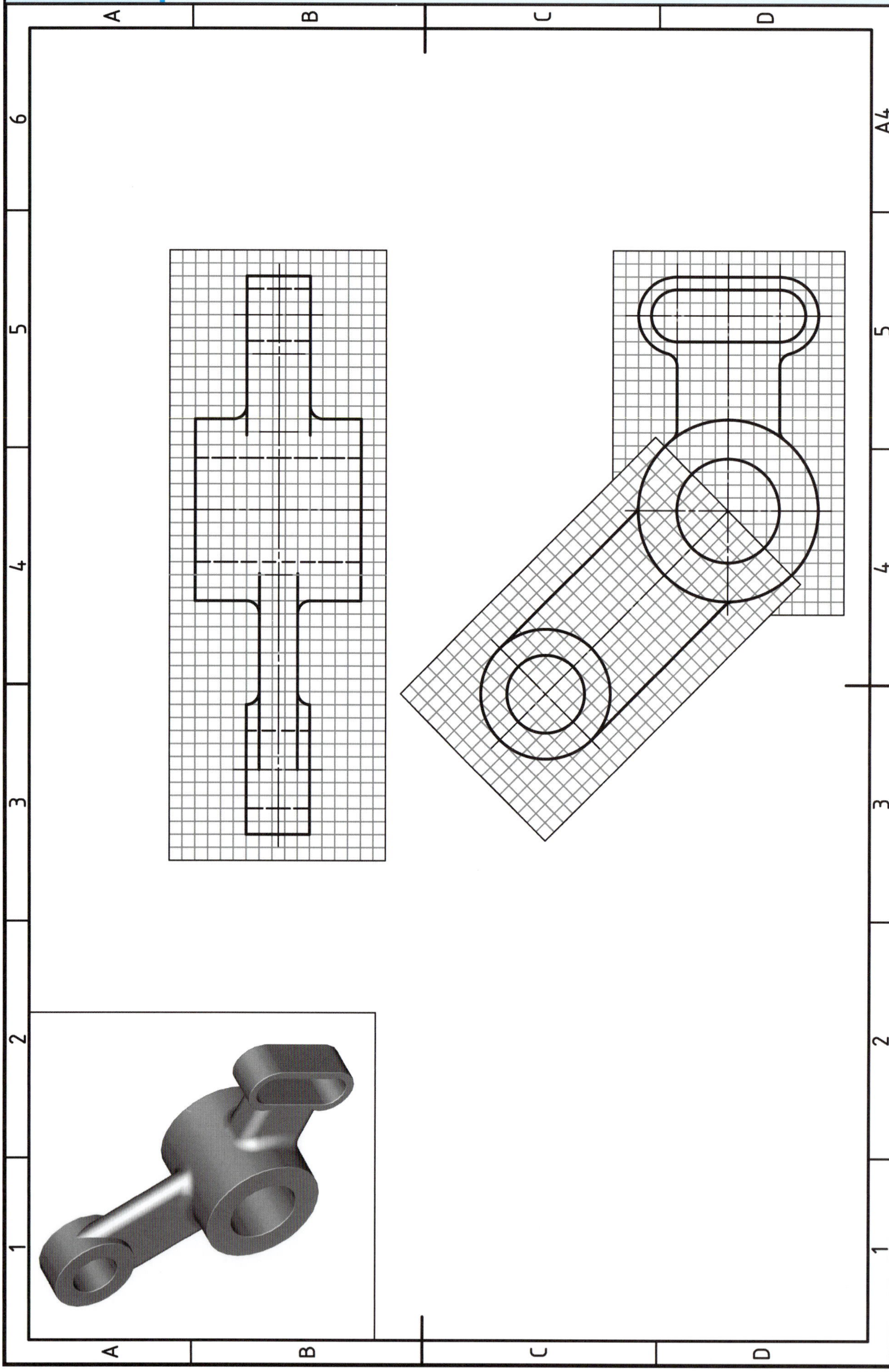

CHAPTER 04

여러 가지 단면도

4.1 단면도의 원리

단면도는 의미 그대로 잘라 낸 면을 그린 도면이다. 잘라낸 부분의 앞쪽을 제거하고 뒤쪽 부분을 그리게 된다. 그림 4-1과 같이 가상으로 절단면(Cutting plane)을 설치하여 절단면의 앞부분을 제거하고 남은 뒷부분의 모양을 그리는 원리를 단면도라고 한다. 잘라진 도면의 내부는 반드시 해칭(hatching)을 하여 표시한다.

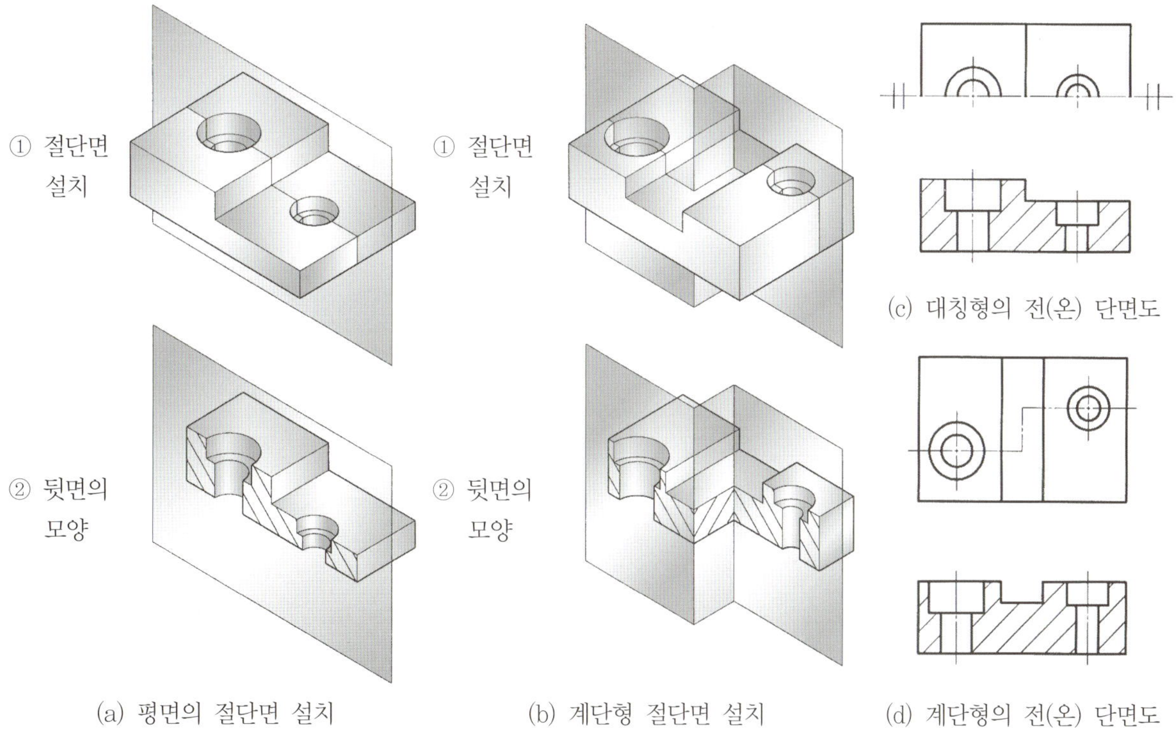

[그림 4-1] 절단면의 설치와 단면도의 원리

4.2 단면도의 종류

1 온(전) 단면도

그림 4-2와 같이 물체 전체에 직선으로 절단면을 설치하여 앞부분을 잘라내고 남은 뒷부분의 전체의 단면모양은 온 단면도로 해석하며, 절단부위가 확실할 때는 절단선, 문자나 그림기호를 도시하지 않기도 한다.

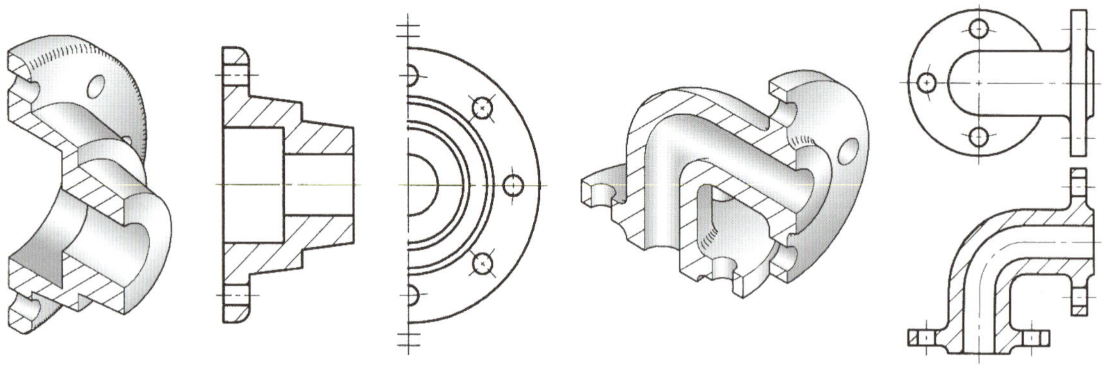

(a) 수직으로 절단 (b) 수평으로 절단

[그림 4-2] 온(전) 단면도

2 한쪽(반) 단면도

그림 4-3과 같이 절단면 전체의 반만을 설치하여 그려진 단면도를 한쪽(반) 단면도라고 하며, 대칭 모양의 물체를 중심선을 기준으로 하여 안쪽 모양과 바깥 모양을 같이 해석한다.

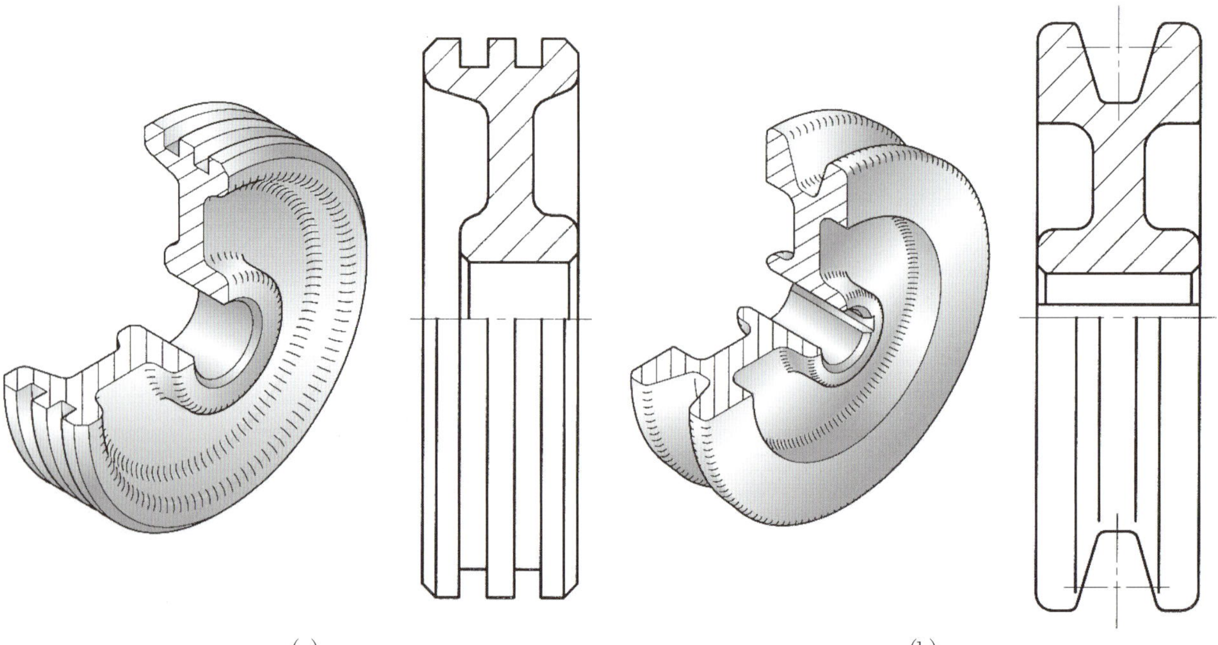

(a) (b)

[그림 4-3] 한쪽(반) 단면도

3 부분 단면도

그림 4-4와 같이 외형선 굵기의 1/2 굵기(가는 실선)로 파단선을 그어서 단면 부분의 경계를 표시하고 파단선의 처음과 끝은 단면 쪽으로 감싸도록 그어진 도형을 부분 단면도라고 하며, 안쪽 모양의 특정 부분과 바깥 모양을 같이 해석한다.

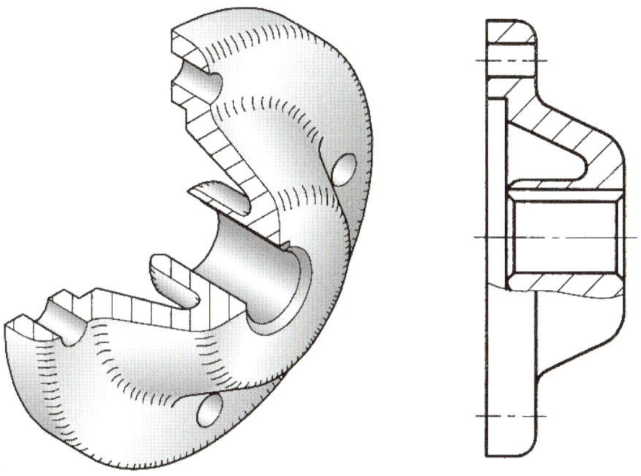

[그림 4-4] 부분 단면도

4 회전 단면도

그림 4-5와 같이 절단한 단면의 모양을 90° 회전하여 그려진 투상도를 회전 단면도라고 하며, 주로 핸들(Handle), 벨트 풀리와 기어 등과 같은 바퀴의 암(Arm)과 림(Rim), 리브(Rib), 훅(Hook), 축(Shaft)을 비롯한 주로 구조물에 사용하는 형강, 각강 등에 사용되는 단면방법이다.

① 그림 4-5의 **(a)**와 같이 중간을 파단선으로 끊는 것은 길이가 긴 경우에 도면의 여백을 경제적으로 활용하고 단면모양을 쉽게 이해하도록 한 90° 회전 단면도이다. 이 때 그 사이에 굵은 실선의 외형선으로 도시된 단면의 모양으로 해석한다.

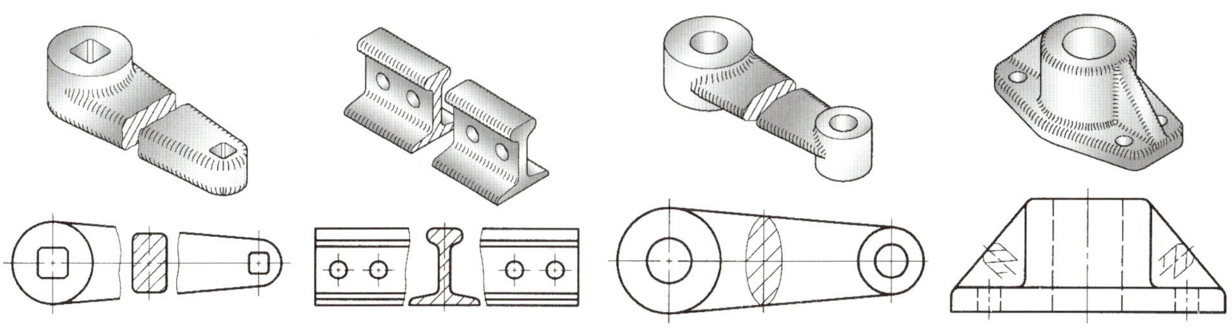

① ② ① ②

(a) 중간이 중단된 회전 단면도 (b) 도형 안에 도시된 회전 단면도

[그림 4-5] 회전 단면도

② 그림 4-5의 **(b)**와 같이 도형 안에 겹쳐서 그려진 회전 단면도는 길이가 짧거나 여백이 충분한 경우의 회전 단면도를 도시하는 방법으로서 가는 실선으로 도시된 도형이 실제 단면의 모양이다.

③ **그림 4-6**에서와 같이 도형 안에 도시되었거나, 도형 밖으로 가는 일점쇄선으로 연장하고 그 끝을 굵은 실선으로 도시한 회전 단면도는 주로 훅(Hook)이나 프로펠러(Propeller) 등의 두께나 모양의 변화가 있는(즉, 곡면의 변화가 심한) 부품의 도면에서 볼 수 있으며, 회전 단면도를 도시한 위치의 모양으로 해석한다.

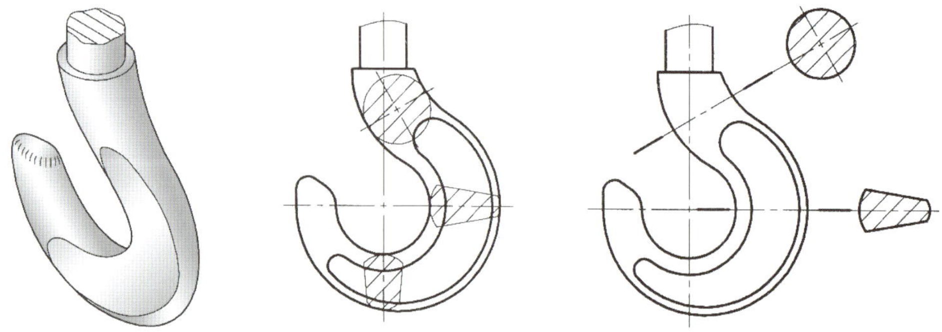

(a) 투상도 안의 도시　　(b) 절단 연장선 위의 도시

[그림 4-6] 훅(Hook)의 회전 단면도

5 조합 단면도

그림 4-7 및 **그림 4-8**과 같이 절단선에 화살표와 문자기호로써 조합 단면도로 도시되며, 절단면을 여러 개 설치하여 같은 평면으로 도시하였어도 절단선의 분기점에 해당하는 평면을 따로 해석한다. 또한 어느 각도를 가진 단면을 실제 모양으로 표시가 어려우므로 회전하여 단면도를 도시한다.

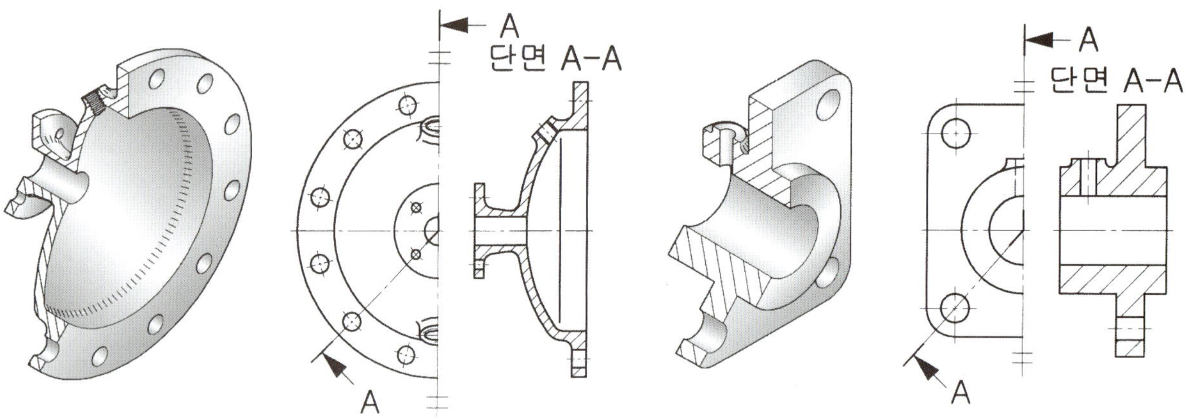

(a) 원형 대칭형 보기　　(b) 사각 대칭형 보기

[그림 4-7] 대칭형의 조합 단면도

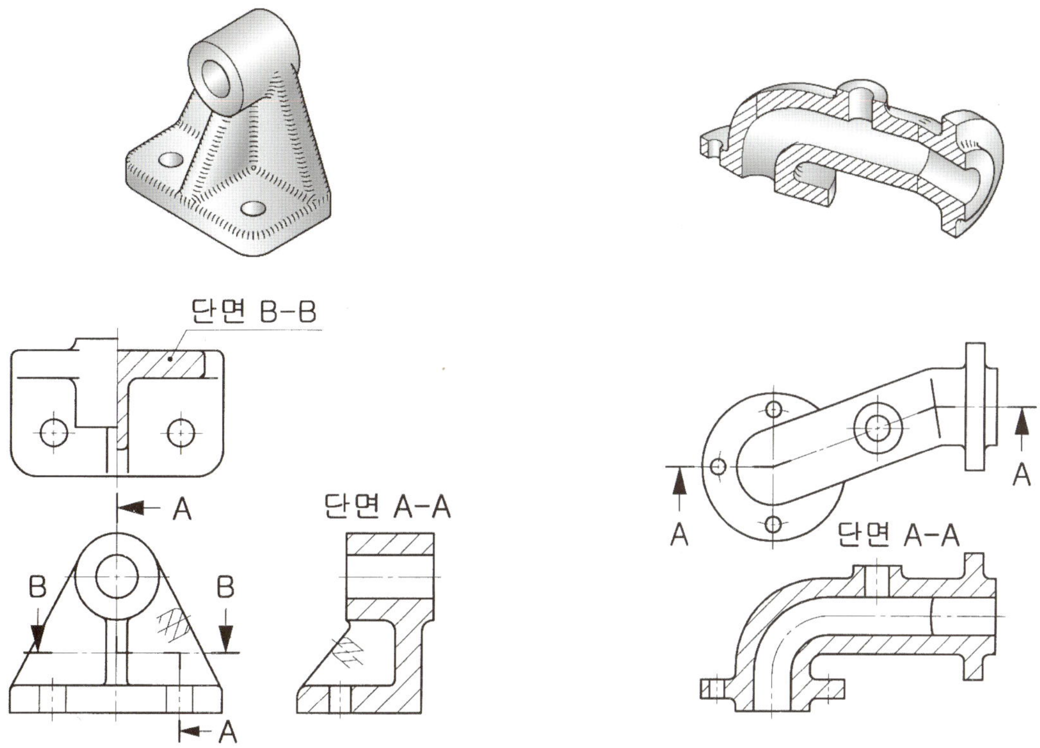

(a) 사각 대칭형 보기 (b) 구부러진 관형 보기

[그림 4-8] 조합 단면도

6 다수의 조합 단면도

그림 4-9와 같이 절단면을 여러 개 설치하여 1개의 단면도로 조합하여 그린 것을 다수의 조합 단면도라고 하며, 복잡한 물체의 투상도 수를 줄여서 도시하기 때문에 각각의 분기점에 해당하는 단면 부분만 해석한다.

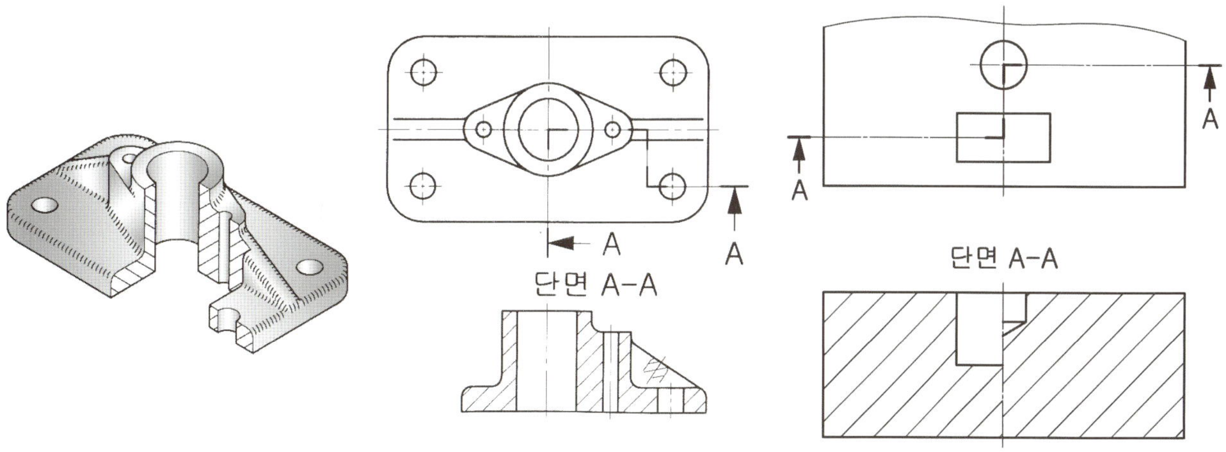

(a) 다수의 절단면 설치 (b) 절단면 분기점과 엇갈린 해칭

[그림 4-9] 다수의 조합 단면도

또 그림 4-9의 (b)와 같이 동일 선상에 다른 모양이 있을 경우에는 엇갈리게 해칭을 하여 다르게 도시되므로 절단면의 위치가 다르다 해도 절단면을 설치한 도형으로 모양을 해석해야 한다.

7 일련(한 줄) 단면도

그림 4-10의 (a), (b)와 같이 긴 축의 단면도 위치가 같은 중심에 없다 하더라도 대조비교를 설명하는 화살표의 방향표시에 무관하게 절단선 위치의 단면모양으로 해석한다.

그림 4-10의 (c)와 같이 도형의 배치위치와 도면의 여백에 따라 단면도의 위치가 축의 길이방향에서 왼쪽 또는 오른쪽에 위치할 수 있으며, 이 때 축의 절단면 위치로부터 가까운 쪽이 해당 절단면의 단면모양으로 해석되어야 한다.

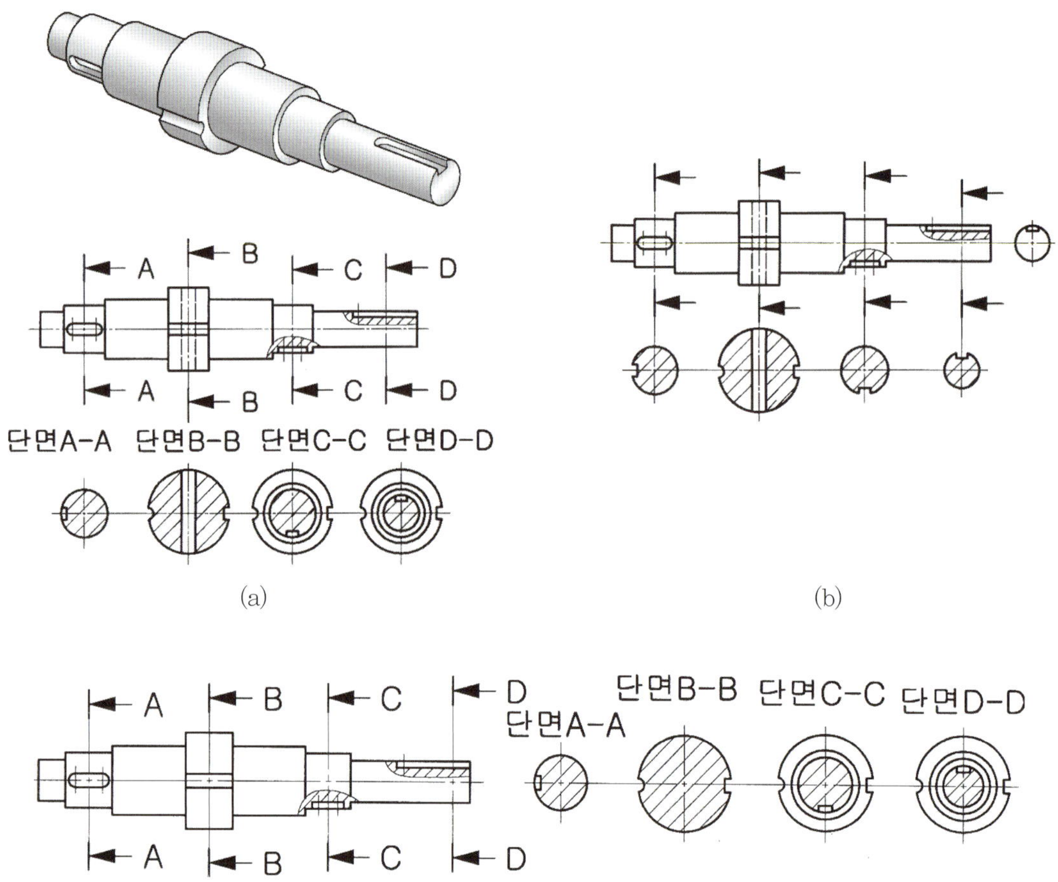

[그림 4-10] 한 줄로 평행하게 배열한 단면도

그림 4-11은 앞에서 설명한 여러 가지 단면도로 그려진 도면의 예시이다.

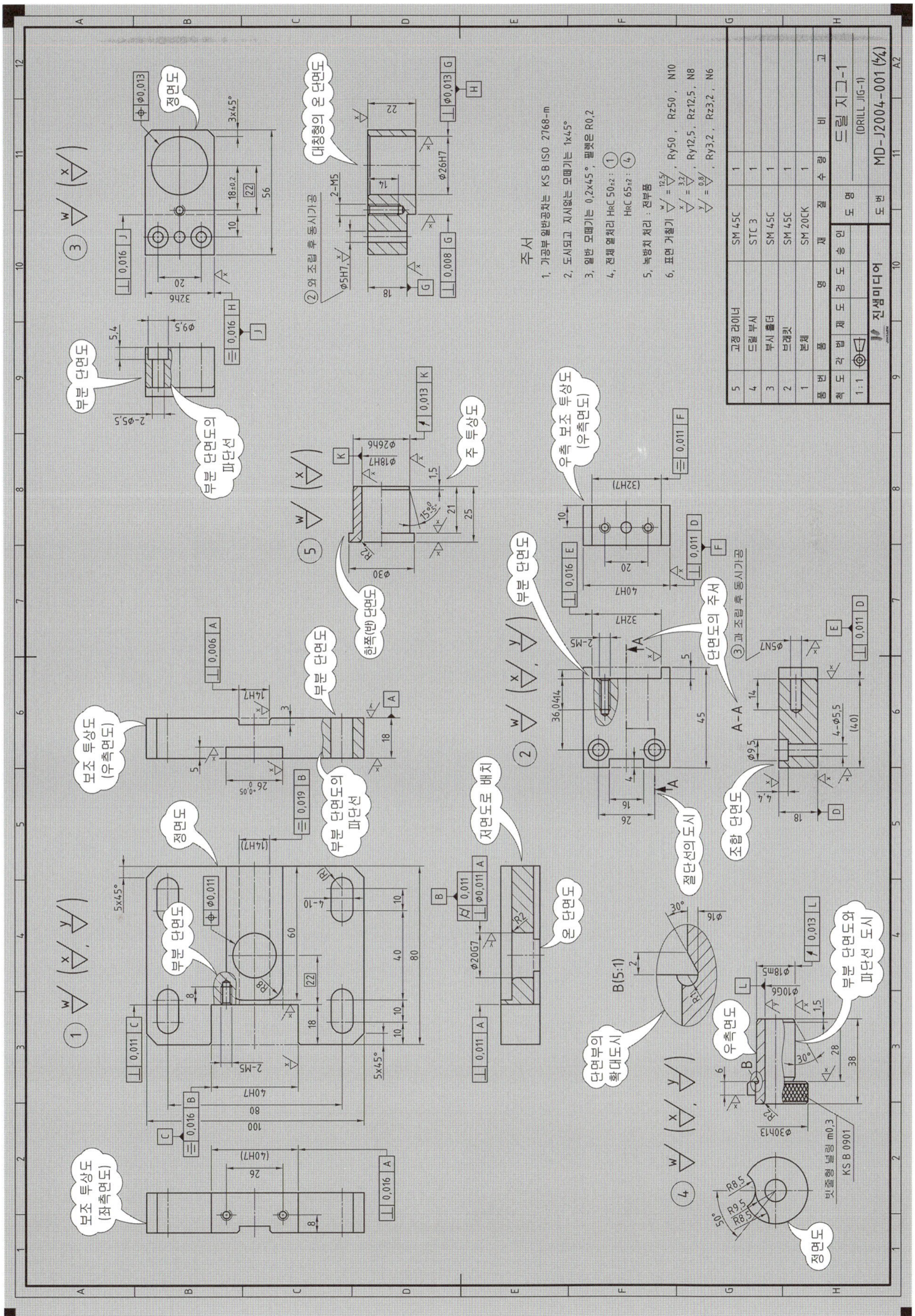

[그림 4-11] 여러 가지 단면도로 그려진 도면

MEMO

연습문제-1 **주어진 등각 투상도를 참고하여 방안지(모눈종이)에 그려진 미완성 투상도에서 온 단면도를 완전히 완성하시오.**

〈참고〉

1. 손으로 제도할 때 : 연습문제에 표시된 한 눈금의 간격은 방안지 또는 모눈종이의 한 눈금과 같게 하여 중심선과 해칭선은 0.3㎜, 숨은선 0.5㎜, 외형선 0.7㎜의 선 굵기인 샤프펜슬이나 나무연필을 사용하시오.
   - 준비물 : 0.3㎜, 0.5㎜와 0.7㎜인 샤프펜슬이나 나무연필, 삼각자 셋 180㎜, 컴퍼스, 지우개, 지우개판 등
2. CAD로 도면작성을 할 때 : 2D CAD인 AutoCAD로 도면을 작성하고, 프린터로 도면을 출력할 때는 외형선의 굵기는 0.2~0.25㎜, 숨은선의 굵기는 0.15㎜, 가는 실선의 굵기는 0.1㎜로 셋팅(setting, 설정)하여 프린트하는 것이 형상의 구분과 보기에 깔끔하다.

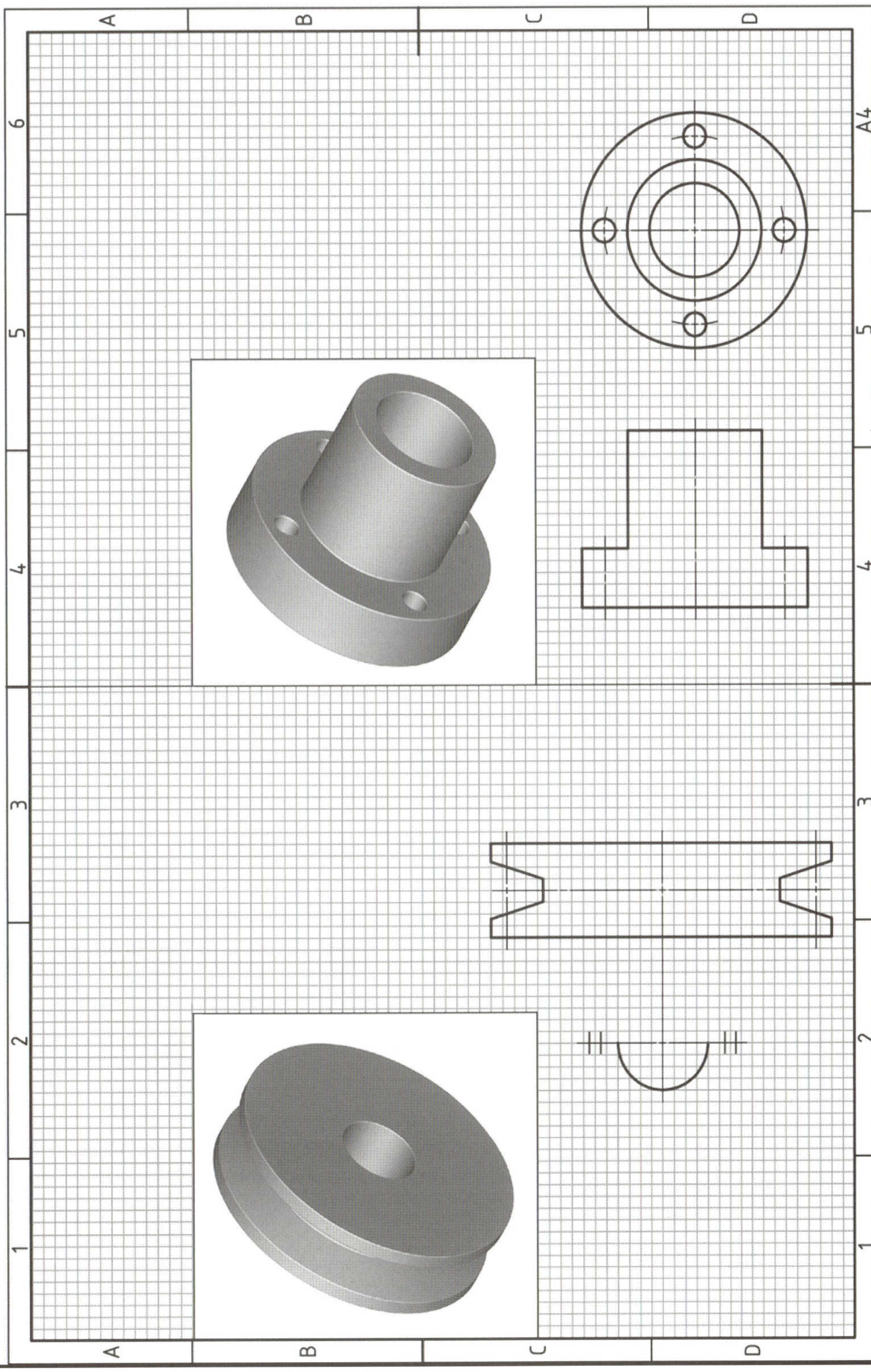

연습문제-1 | 모범답안

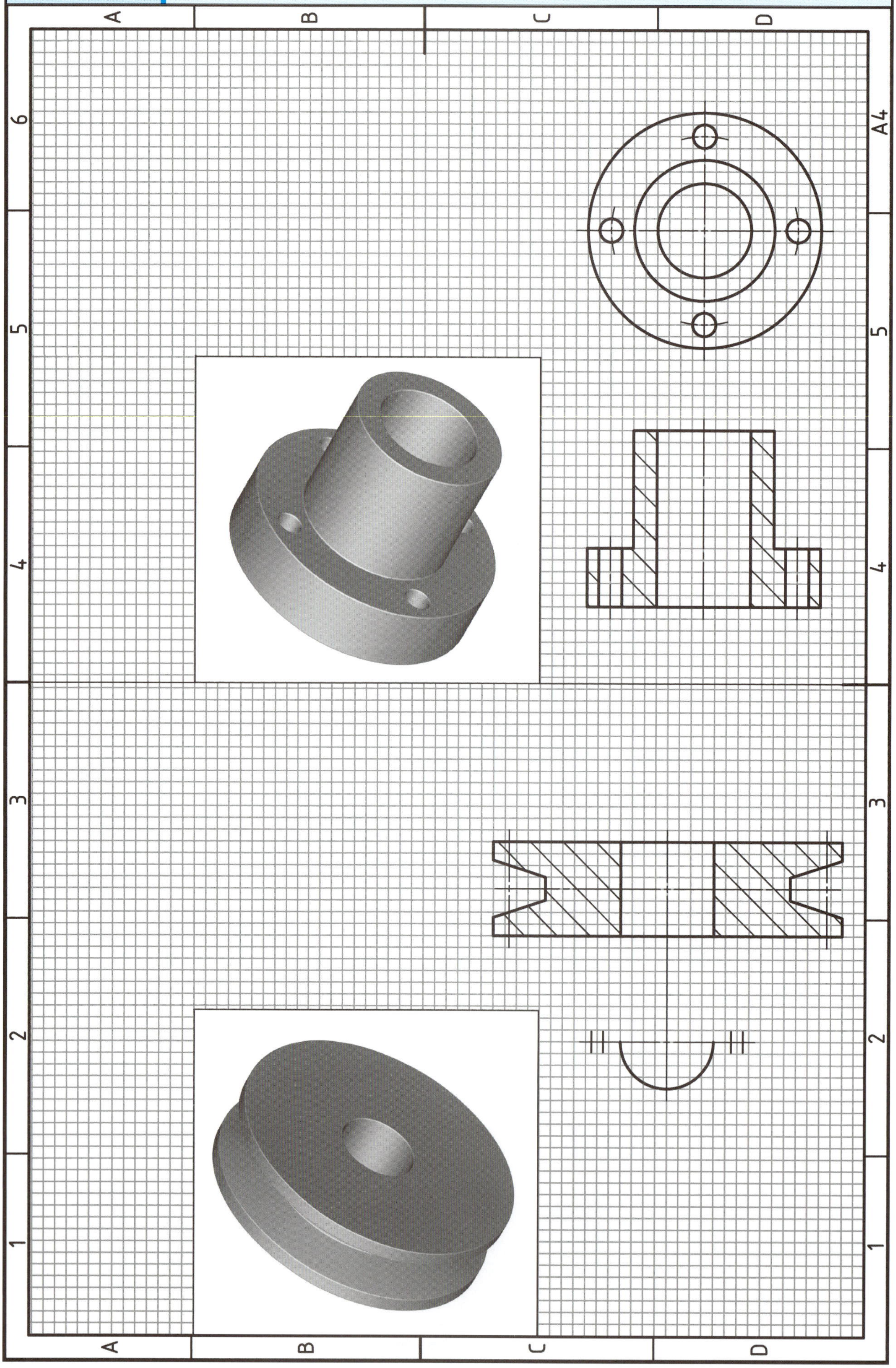

연습문제-2	**주어진 등각 투상도를 참고하여 방안지(모눈종이)에 그려진 미완성 투상도에서 부분 단면도를 완전히 완성하시오.**

〈참고〉

1. 손으로 제도할 때 : 연습문제에 표시된 한 눈금의 간격은 방안지 또는 모눈종이의 한 눈금과 같게 하여 중심선과 해칭선은 0.3㎜, 숨은선 0.5㎜, 외형선 0.7㎜의 선 굵기인 샤프펜슬이나 나무연필을 사용하시오.
   • 준비물 : 0.3㎜, 0.5㎜와 0.7㎜인 샤프펜슬이나 나무연필, 삼각자 셋 180㎜, 컴퍼스, 지우개, 지우개판 등
2. CAD로 도면작성을 할 때 : 2D CAD인 AutoCAD로 도면을 작성하고, 프린터로 도면을 출력할 때는 외형선의 굵기는 0.2~0.25㎜, 숨은선의 굵기는 0.15㎜, 가는 실선의 굵기는 0.1㎜로 셋팅(setting, 설정)하여 프린트하는 것이 형상의 구분과 보기에 깔끔하다.

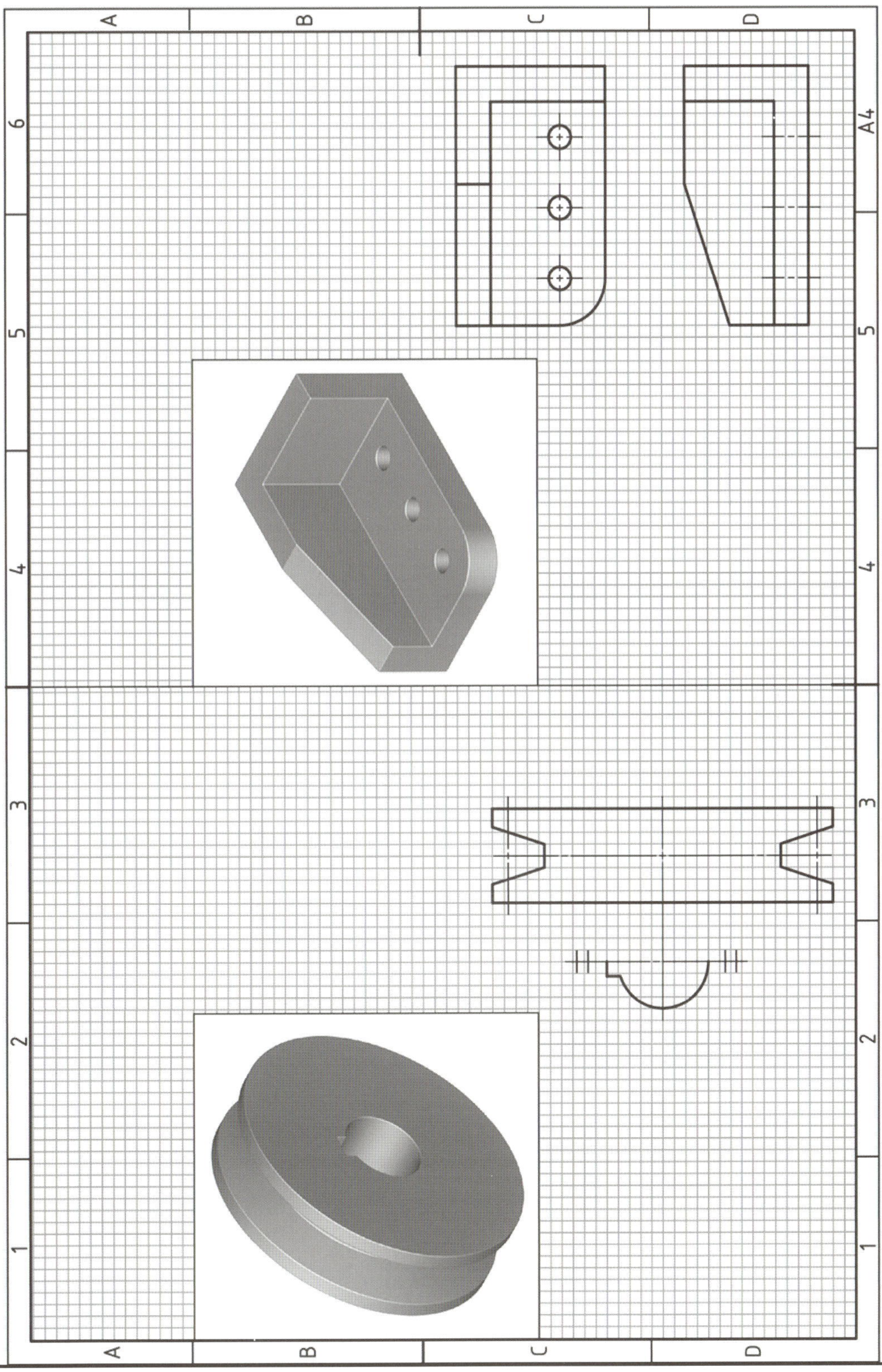

연습문제-2 모범답안

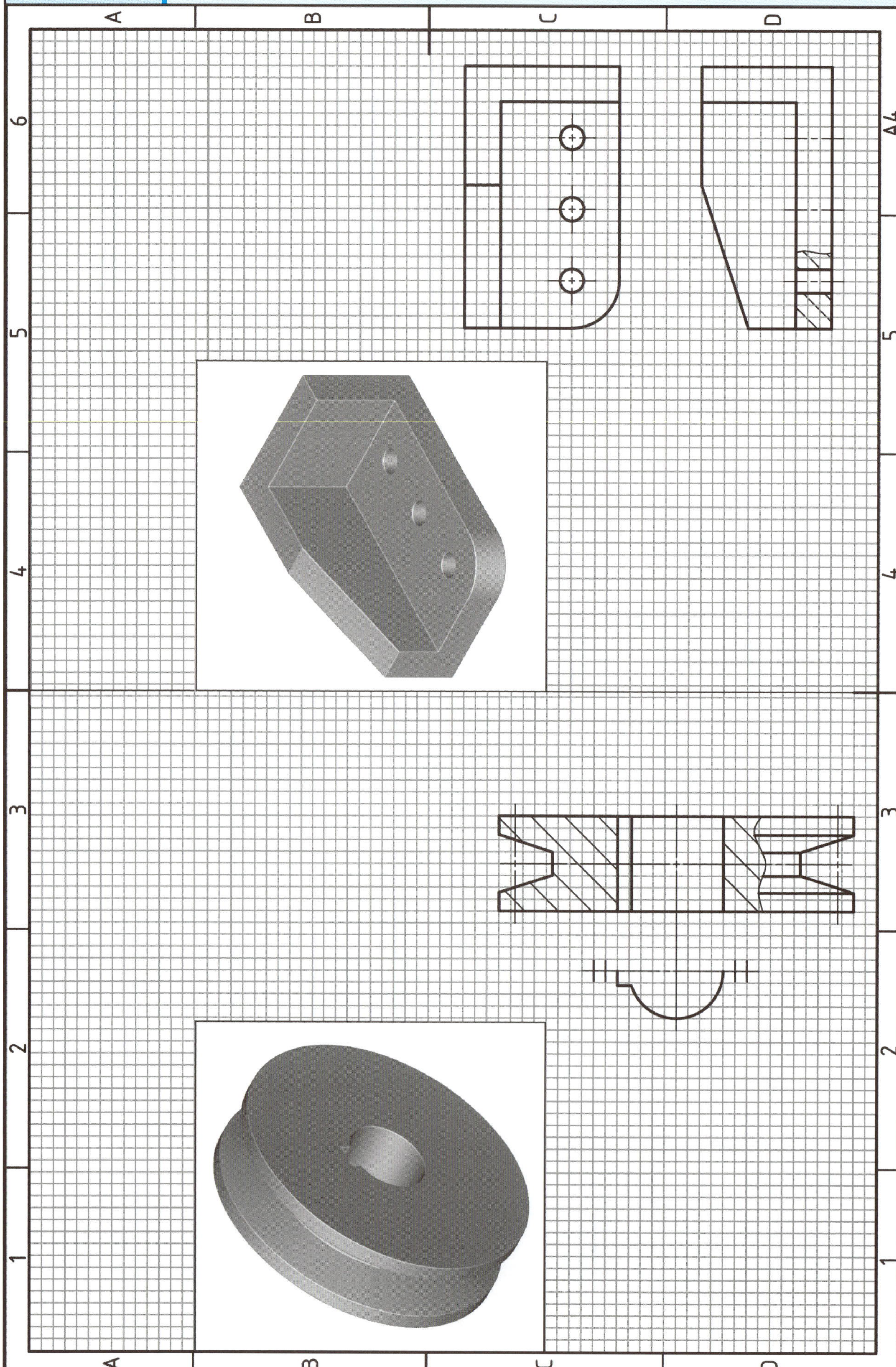

연습문제-3	**주어진 등각 투상도를 참고하여 방안지(모눈종이)에 그려진 미완성 투상도에서 회전 단면도를 완전히 완성하시오.**

〈참고〉

1. 손으로 제도할 때 : 연습문제에 표시된 한 눈금의 간격은 방안지 또는 모눈종이의 한 눈금과 같게 하여 중심선과 해칭선은 0.3㎜, 숨은선 0.5㎜, 외형선 0.7㎜의 선 굵기인 샤프펜슬이나 나무연필을 사용하시오.
   • 준비물 : 0.3㎜, 0.5㎜와 0.7㎜인 샤프펜슬이나 나무연필, 삼각자 셋 180㎜, 컴퍼스, 지우개, 지우개판 등
2. CAD로 도면작성을 할 때 : 2D CAD인 AutoCAD로 도면을 작성하고, 프린터로 도면을 출력할 때는 외형선의 굵기는 0.2~0.25㎜, 숨은선의 굵기는 0.15㎜, 가는 실선의 굵기는 0.1㎜로 셋팅(setting, 설정)하여 프린트하는 것이 형상의 구분과 보기에 깔끔하다.

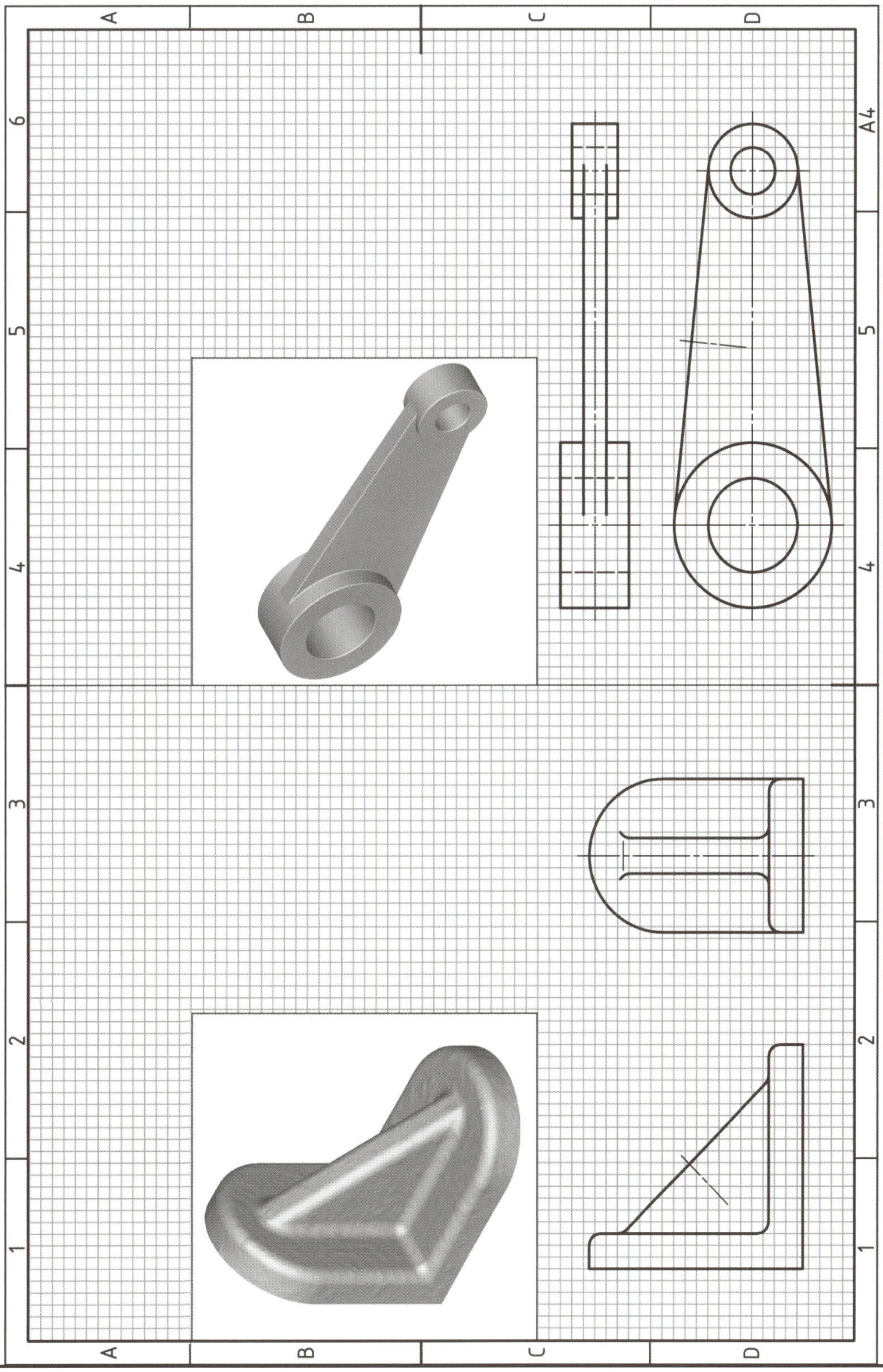

연습문제-3 **모범답안**

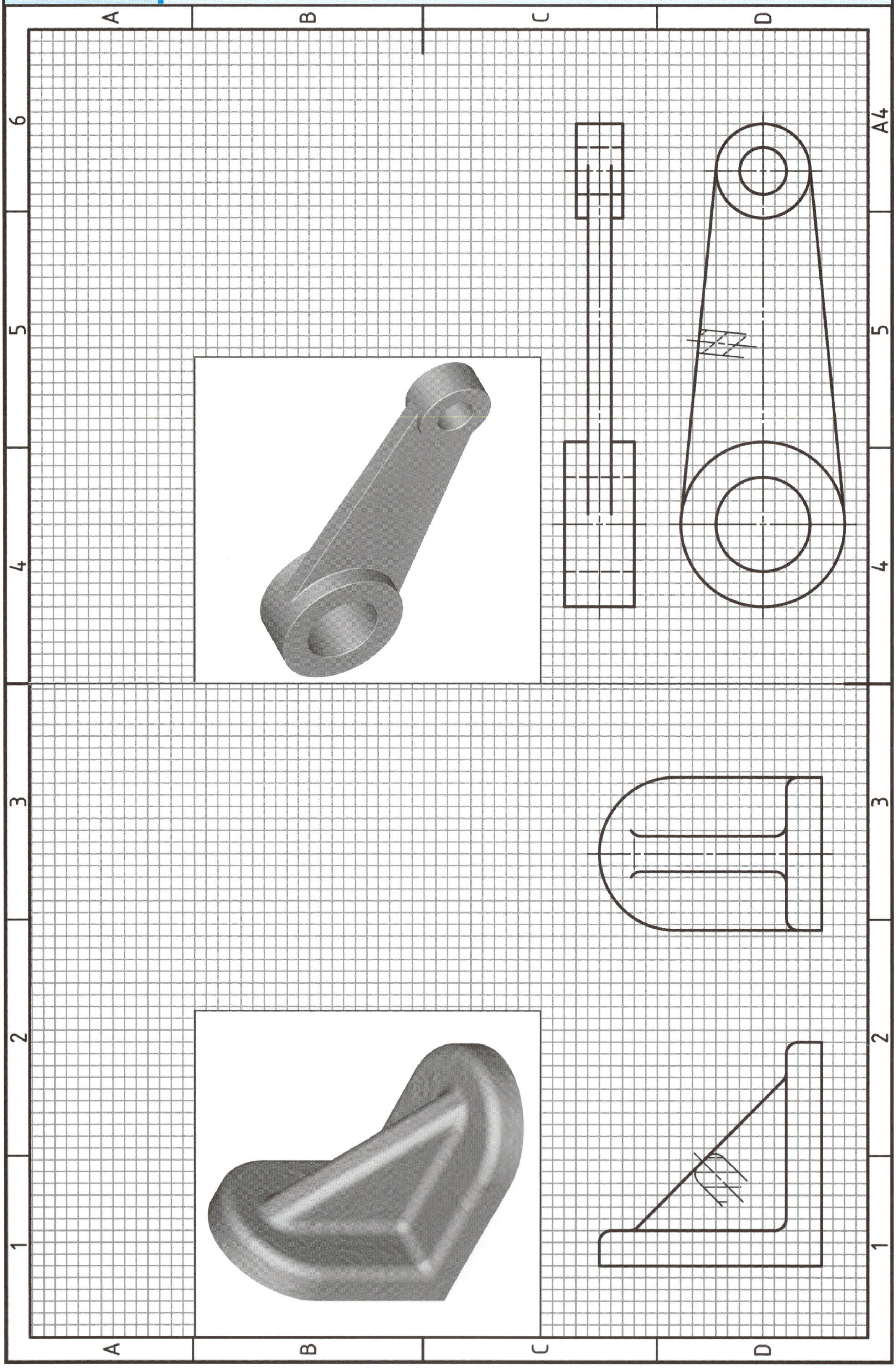

연습문제-4 **주어진 등각 투상도를 참고하여 방안지(모눈종이)에 그려진 미완성 투상도에서 조합 단면도를 완전히 완성하시오.**

〈참고〉

1. 손으로 제도할 때 : 연습문제에 표시된 한 눈금의 간격은 방안지 또는 모눈종이의 한 눈금과 같게 하여 중심선과 해칭선은 0.3㎜, 숨은선 0.5㎜, 외형선 0.7㎜의 선 굵기인 샤프펜슬이나 나무연필을 사용하시오.
   • 준비물 : 0.3㎜, 0.5㎜와 0.7㎜인 샤프펜슬이나 나무연필, 삼각자 셋 180㎜, 컴퍼스, 지우개, 지우개판 등
2. CAD로 도면작성을 할 때 : 2D CAD인 AutoCAD로 도면을 작성하고, 프린터로 도면을 출력할 때는 외형선의 굵기는 0.2~0.25㎜, 숨은선의 굵기는 0.15㎜, 가는 실선의 굵기는 0.1㎜로 셋팅(setting, 설정)하여 프린트하는 것이 형상의 구분과 보기에 깔끔하다.

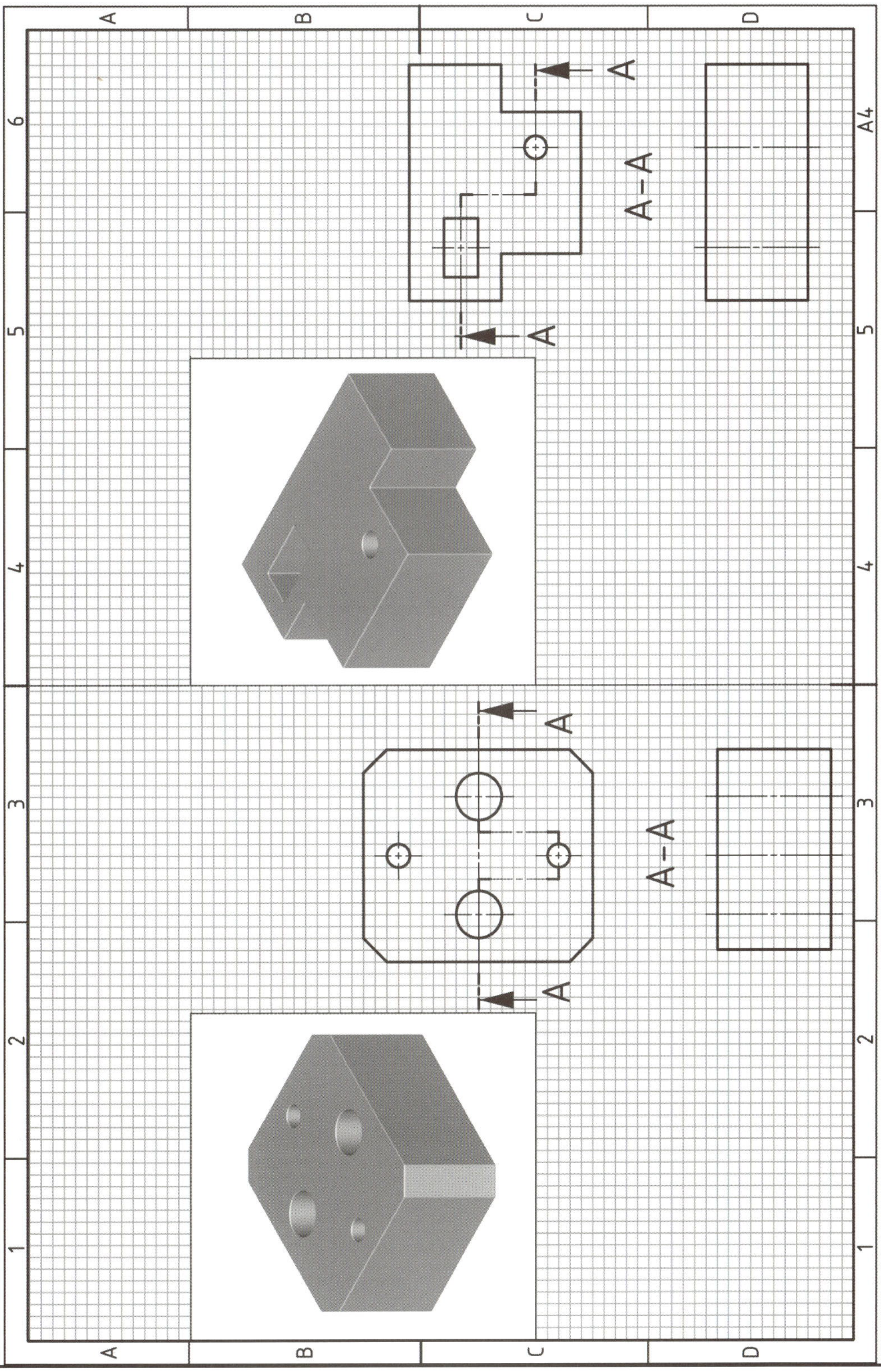

연습문제-4 모범답안

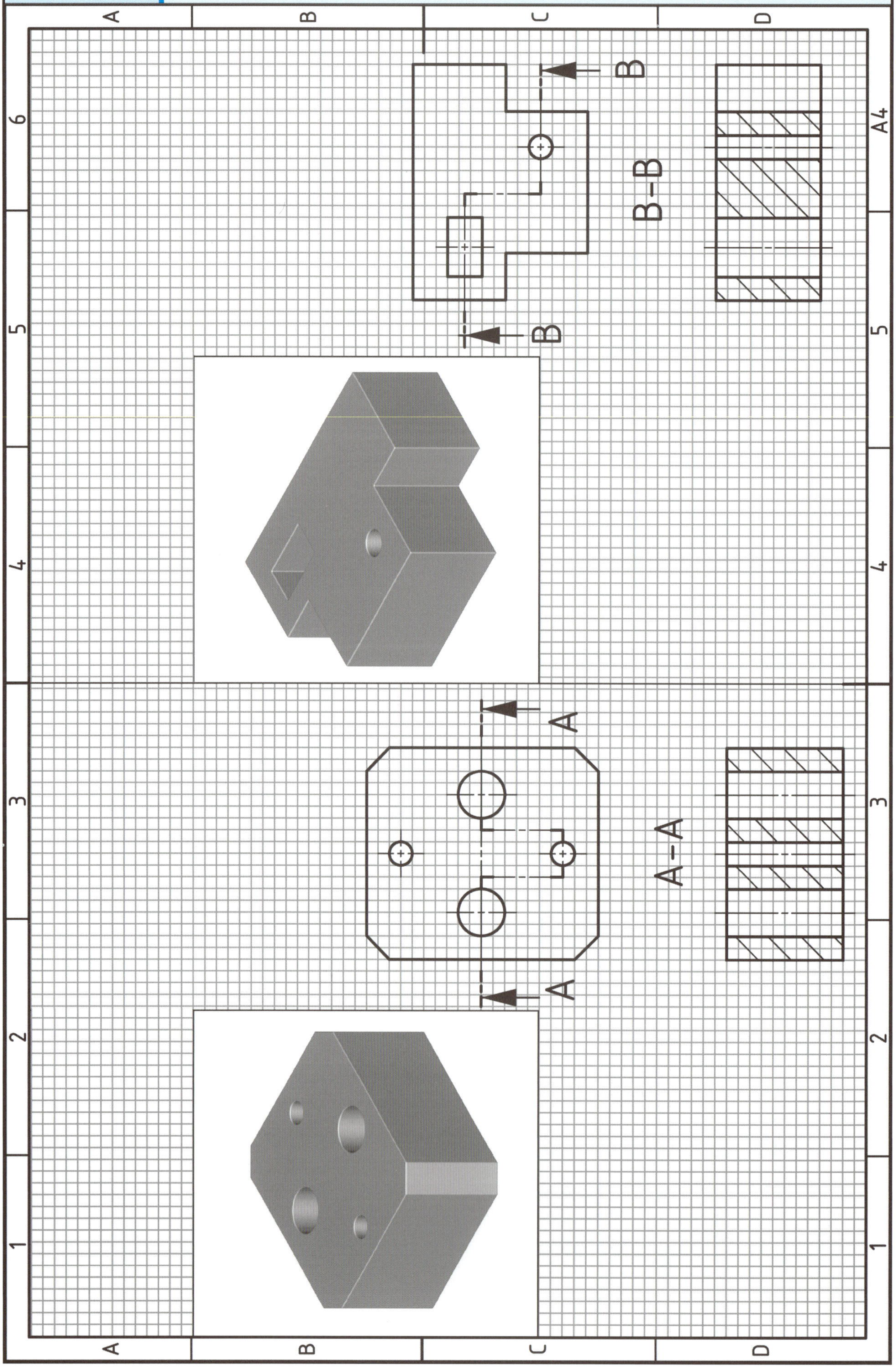

종합평가-1

주어진 등각 투상도를 참고하여 방안지(모눈종이)에 그려진 미완성 투상도에서 온(전) 단면도를 완전히 완성하시오.

〈참고〉

1. 손으로 제도할 때 : 연습문제에 표시된 한 눈금의 간격은 방안지 또는 모눈종이의 한 눈금과 같게 하여 중심선과 해칭선은 0.3㎜, 숨은선 0.5㎜, 외형선 0.7㎜의 선 굵기인 샤프펜슬이나 나무연필을 사용하시오.
   • 준비물 : 0.3㎜, 0.5㎜와 0.7㎜인 샤프펜슬이나 나무연필, 삼각자 셋 180㎜, 컴퍼스, 지우개, 지우개판 등
2. CAD로 도면작성을 할 때 : 2D CAD인 AutoCAD로 도면을 작성하고, 프린터로 도면을 출력할 때는 외형선의 굵기는 0.2~0.25㎜, 숨은선의 굵기는 0.15㎜, 가는 실선의 굵기는 0.1㎜로 셋팅(setting, 설정)하여 프린트하는 것이 형상의 구분과 보기에 깔끔하다.

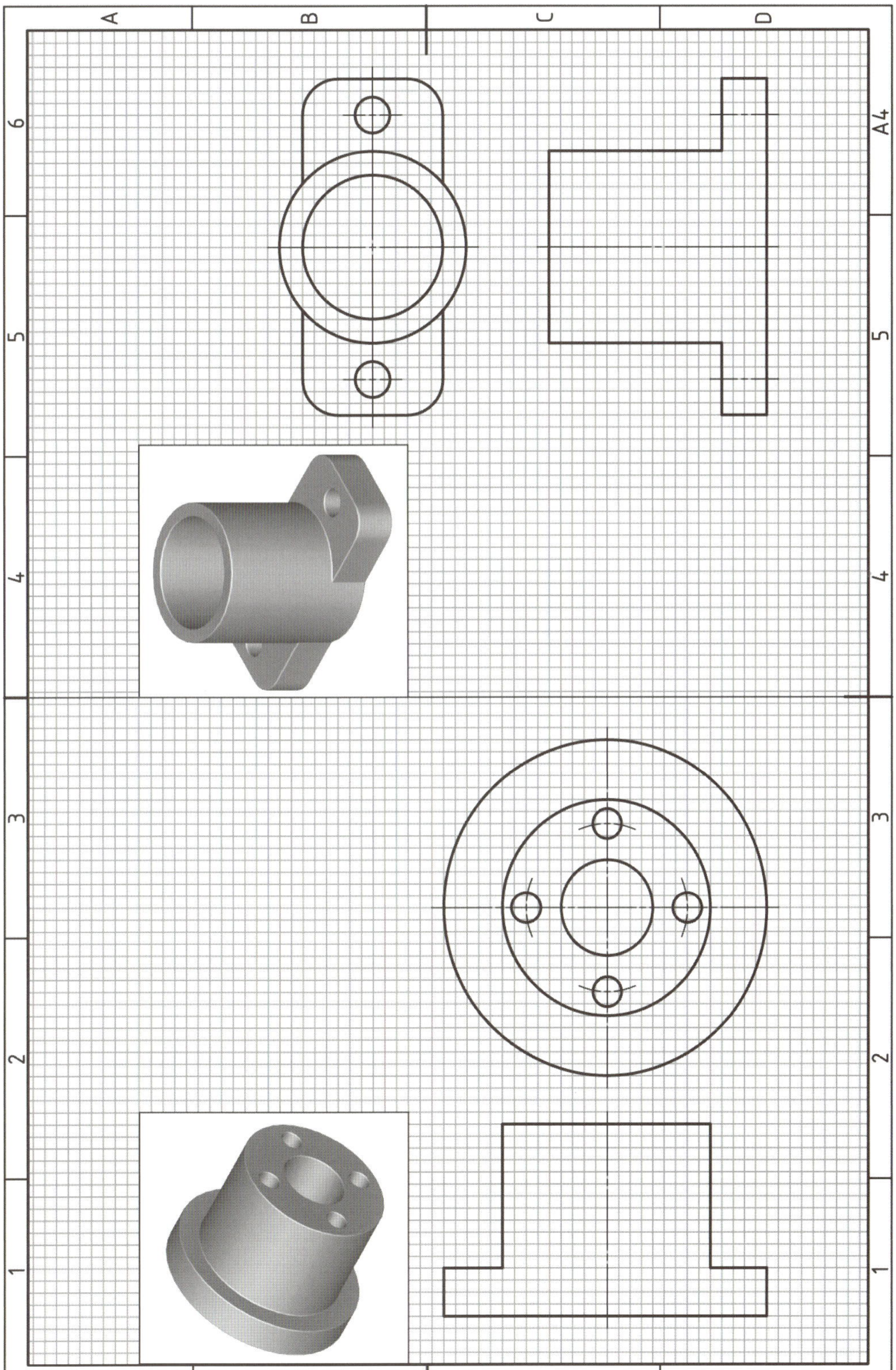

종합평가-1 모범답안

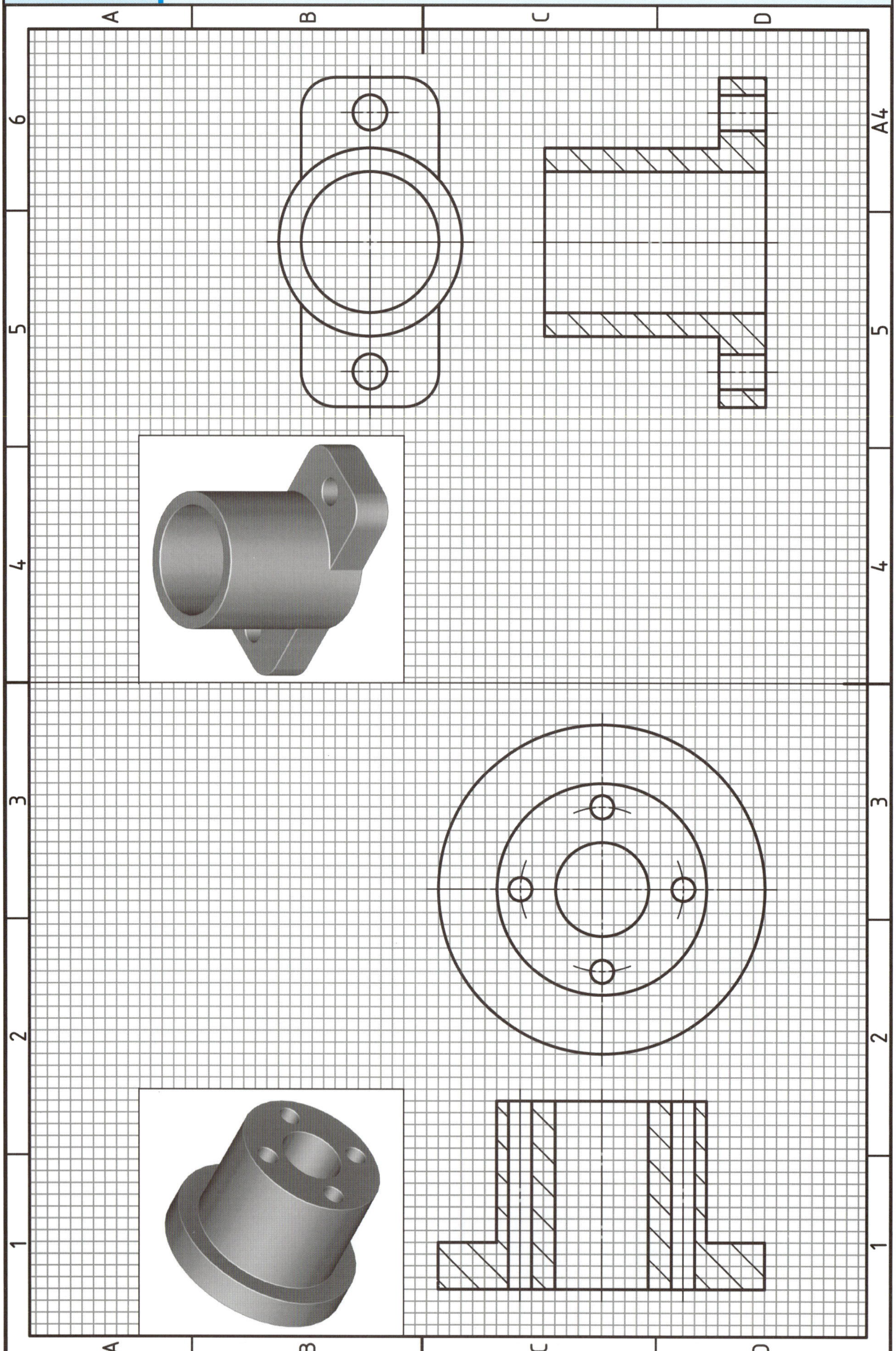

종합평가-2

주어진 등각 투상도를 참고하여 방안지(모눈종이)에 그려진 미완성 투상도에서 한쪽(반) 단면도를 완전히 완성하시오.

〈참고〉

1. 손으로 제도할 때 : 연습문제에 표시된 한 눈금의 간격은 방안지 또는 모눈종이의 한 눈금과 같게 하여 중심선과 해칭선은 0.3㎜, 숨은선 0.5㎜, 외형선 0.7㎜의 선 굵기인 샤프펜슬이나 나무연필을 사용하시오.
   - 준비물 : 0.3㎜, 0.5㎜와 0.7㎜인 샤프펜슬이나 나무연필, 삼각자 셋 180㎜, 컴퍼스, 지우개, 지우개판 등
2. CAD로 도면작성을 할 때 : 2D CAD인 AutoCAD로 도면을 작성하고, 프린터로 도면을 출력할 때는 외형선의 굵기는 0.2~0.25㎜, 숨은선의 굵기는 0.15㎜, 가는 실선의 굵기는 0.1㎜로 셋팅(setting, 설정)하여 프린트하는 것이 형상의 구분과 보기에 깔끔하다.

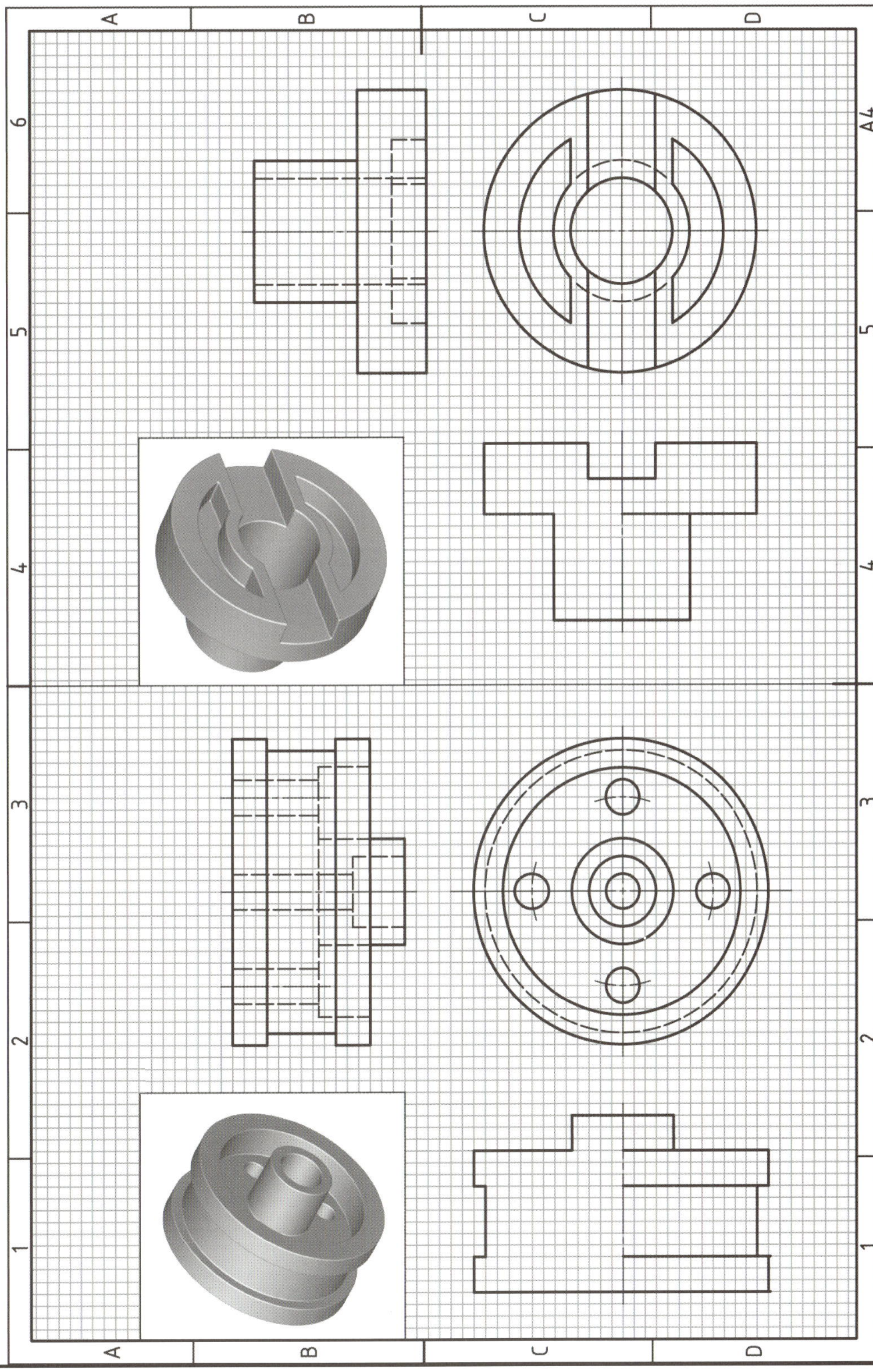

종합평가-2 모범답안

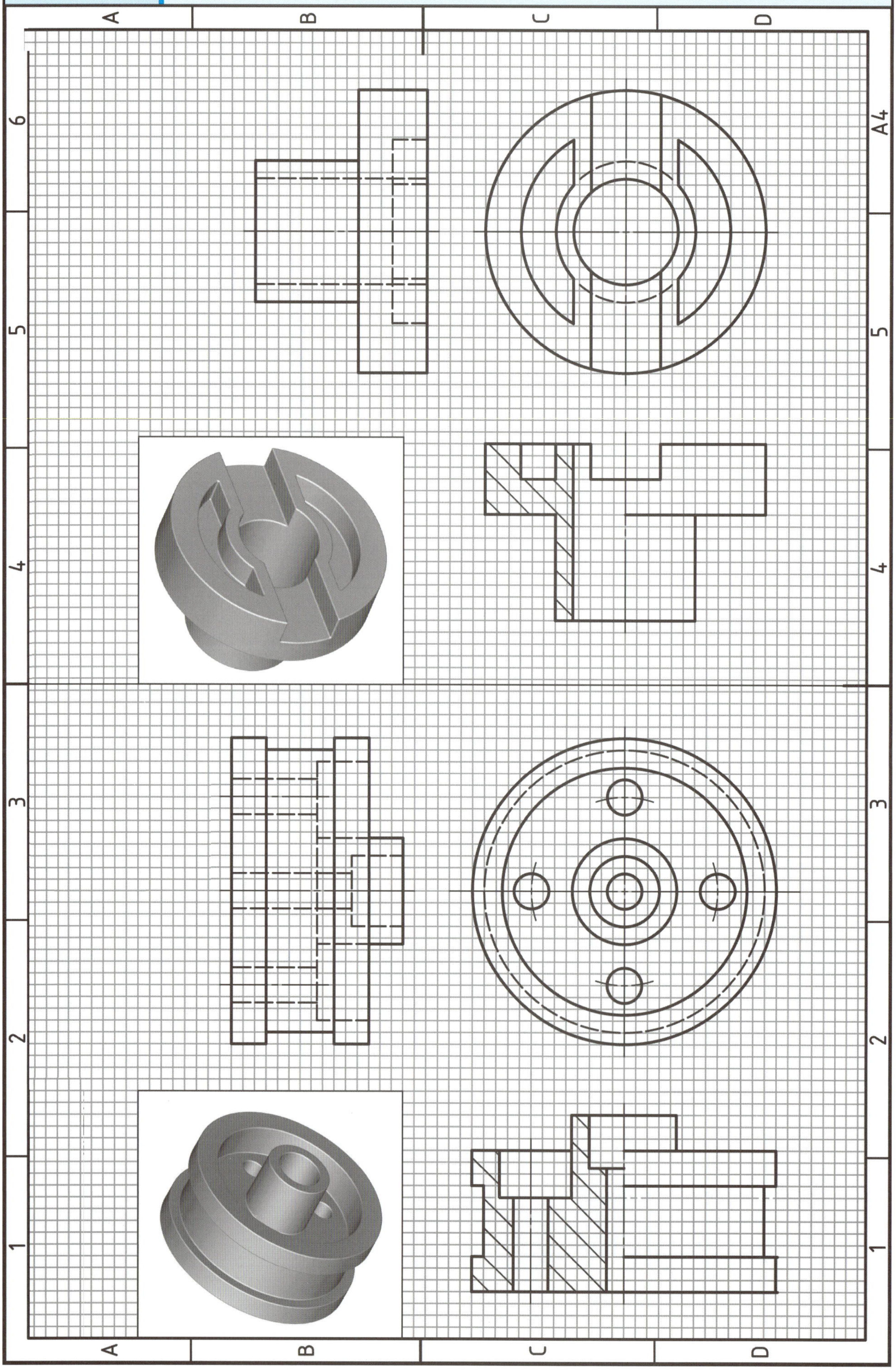

종합평가-3 **주어진 등각 투상도를 참고하여 방안지(모눈종이)에 그려진 미완성 투상도에서 부분 단면도를 완전히 완성하시오.**

〈참고〉

1. 손으로 제도할 때 : 연습문제에 표시된 한 눈금의 간격은 방안지 또는 모눈종이의 한 눈금과 같게 하여 중심선과 해칭선은 0.3㎜, 숨은선 0.5㎜, 외형선 0.7㎜의 선 굵기인 샤프펜슬이나 나무연필을 사용하시오.
   - 준비물 : 0.3㎜, 0.5㎜와 0.7㎜인 샤프펜슬이나 나무연필, 삼각자 셋 180㎜, 컴퍼스, 지우개, 지우개판 등
2. CAD로 도면작성을 할 때 : 2D CAD인 AutoCAD로 도면을 작성하고, 프린터로 도면을 출력할 때는 외형선의 굵기는 0.2~0.25㎜, 숨은선의 굵기는 0.15㎜, 가는 실선의 굵기는 0.1㎜로 셋팅(setting, 설정)하여 프린트하는 것이 형상의 구분과 보기에 깔끔하다.

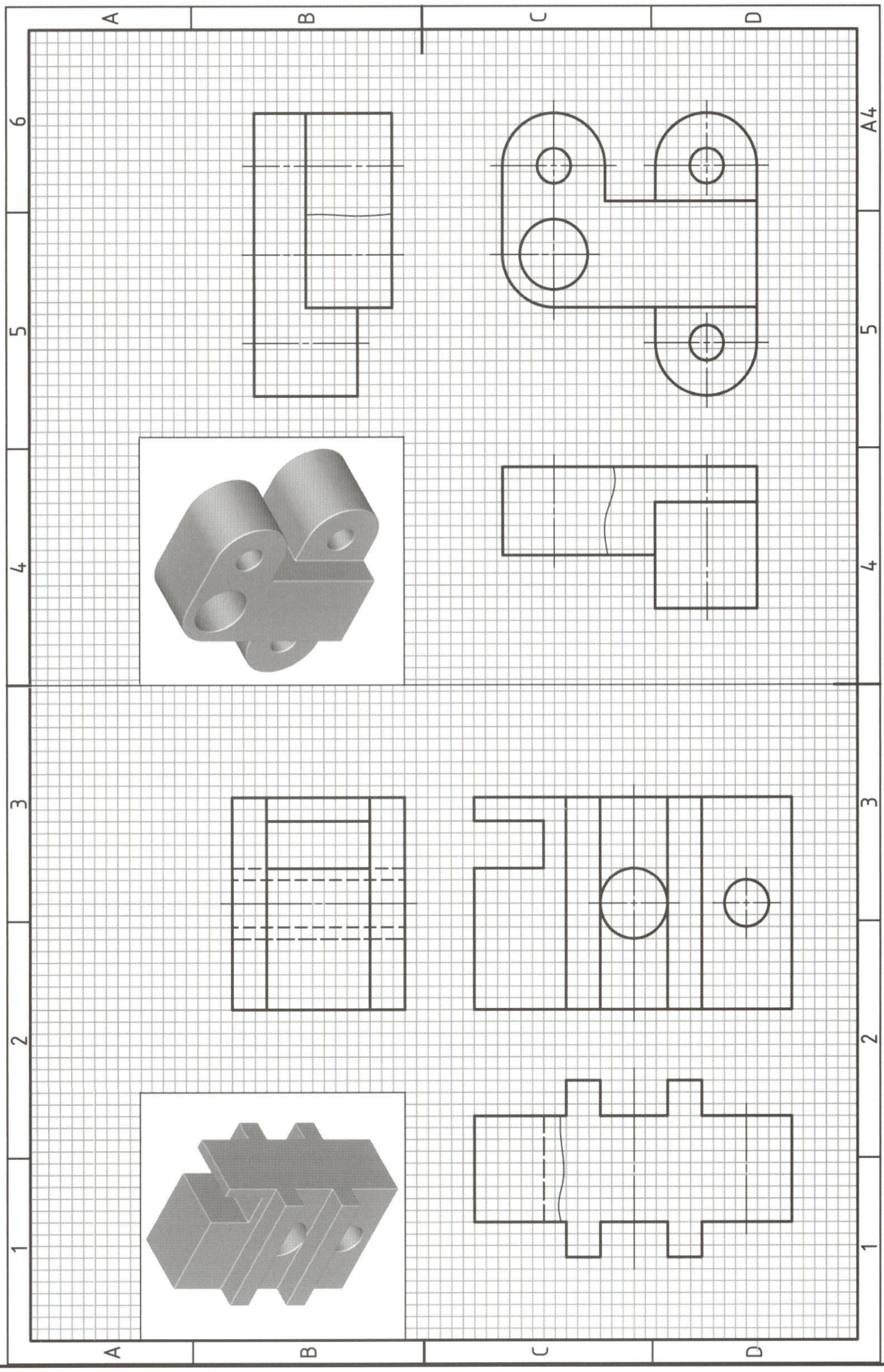

종합평가-3 모범답안

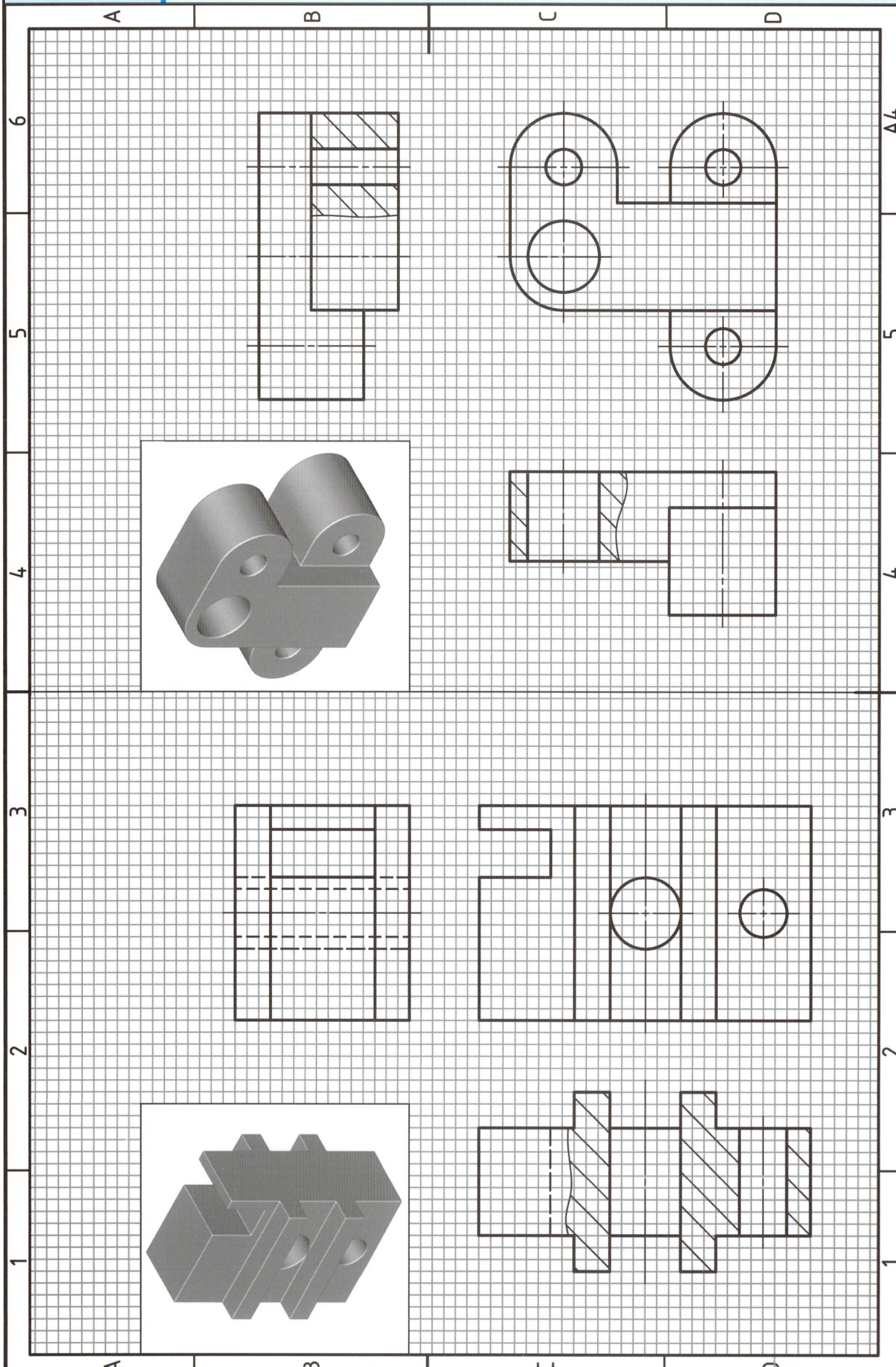

종합평가-4

주어진 등각 투상도를 참고하여 방안지(모눈종이)에 그려진 미완성 투상도에서 회전 단면도를 완전히 완성하시오.

〈참고〉

1. 손으로 제도할 때 : 연습문제에 표시된 한 눈금의 간격은 방안지 또는 모눈종이의 한 눈금과 같게 하여 중심선과 해칭선은 0.3㎜, 숨은선 0.5㎜, 외형선 0.7㎜의 선 굵기인 샤프펜슬이나 나무연필을 사용하시오.
   • 준비물 : 0.3㎜, 0.5㎜와 0.7㎜인 샤프펜슬이나 나무연필, 삼각자 셋 180㎜, 컴퍼스, 지우개, 지우개판 등
2. CAD로 도면작성을 할 때 : 2D CAD인 AutoCAD로 도면을 작성하고, 프린터로 도면을 출력할 때는 외형선의 굵기는 0.2~0.25㎜, 숨은선의 굵기는 0.15㎜, 가는 실선의 굵기는 0.1㎜로 셋팅(setting, 설정)하여 프린트하는 것이 형상의 구분과 보기에 깔끔하다.

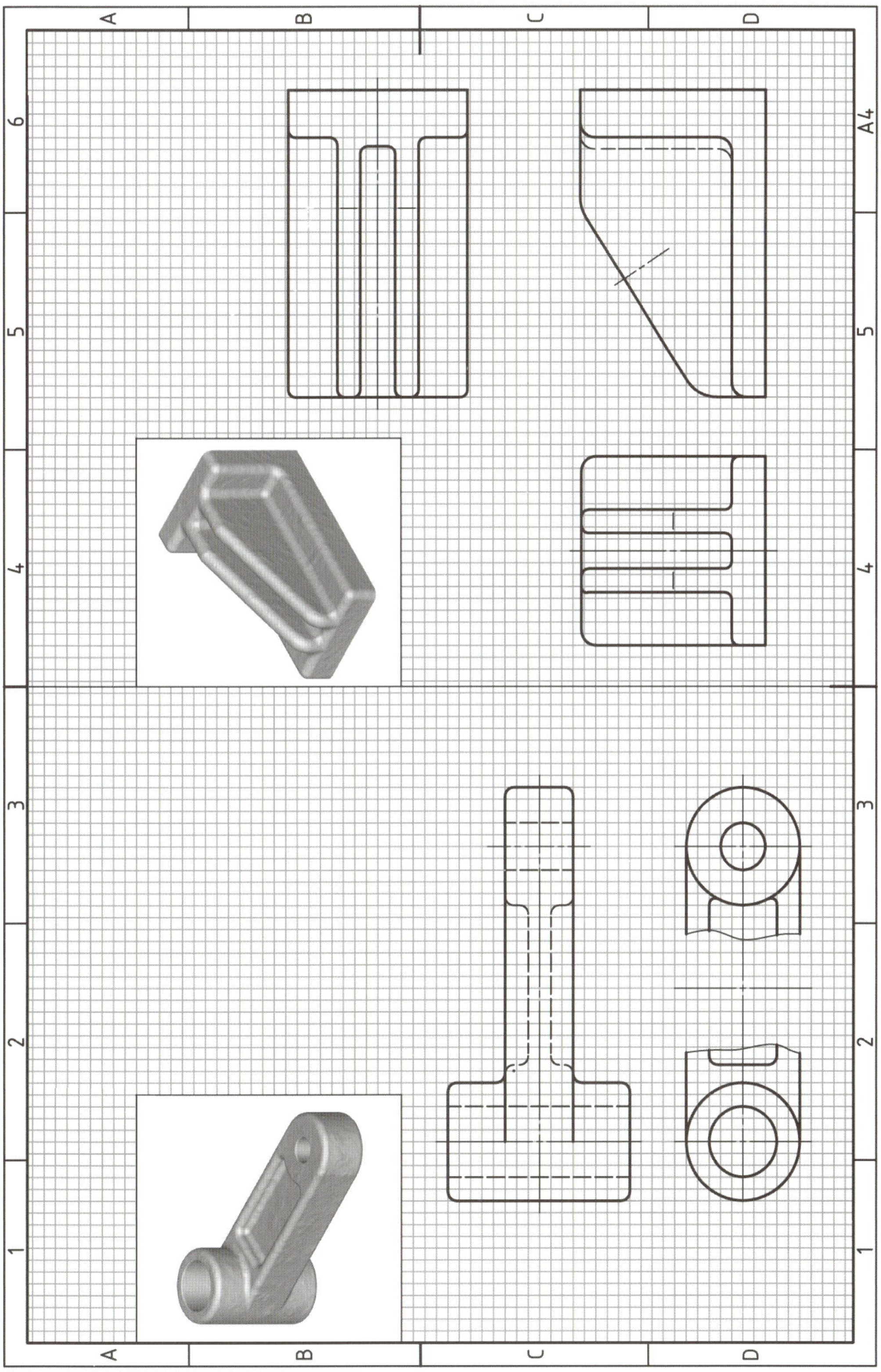

종합평가-4 **모범답안**

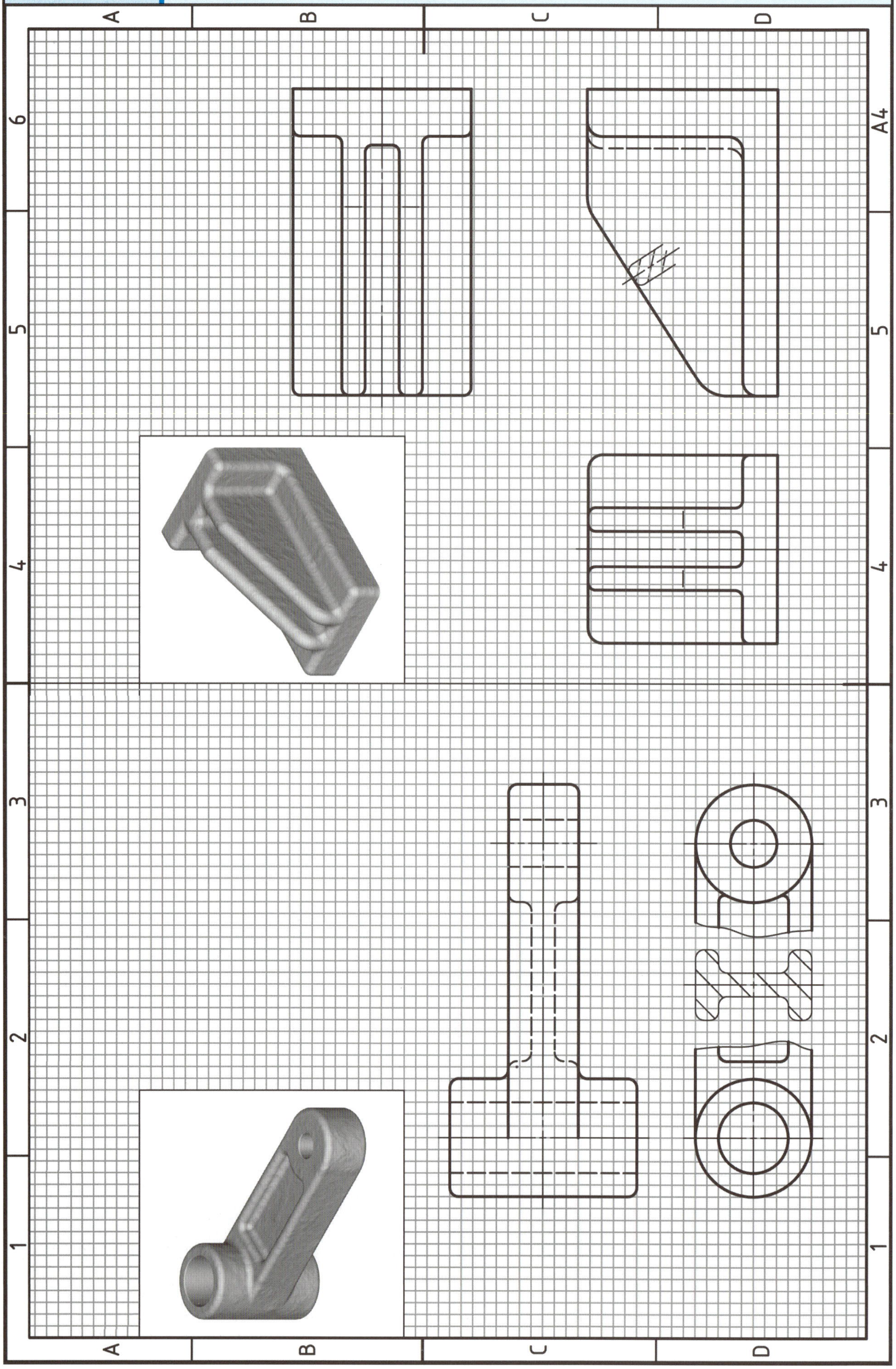

종합평가-5 **주어진 등각 투상도를 참고하여 방안지(모눈종이)에 그려진 정면도에 절단면을 표시하고 미완성 투상도에서 조합 단면도를 완전히 완성하시오.**

〈참고〉

1. 손으로 제도할 때 : 연습문제에 표시된 한 눈금의 간격은 방안지 또는 모눈종이의 한 눈금과 같게 하여 중심선과 해칭선은 0.3㎜, 숨은선 0.5㎜, 외형선 0.7㎜의 선 굵기인 샤프펜슬이나 나무연필을 사용하시오.
   - 준비물 : 0.3㎜, 0.5㎜와 0.7㎜인 샤프펜슬이나 나무연필, 삼각자 셋 180㎜, 컴퍼스, 지우개, 지우개판 등
2. CAD로 도면작성을 할 때 : 2D CAD인 AutoCAD로 도면을 작성하고, 프린터로 도면을 출력할 때는 외형선의 굵기는 0.2~0.25㎜, 숨은선의 굵기는 0.15㎜, 가는 실선의 굵기는 0.1㎜로 셋팅(setting, 설정)하여 프린트하는 것이 형상의 구분과 보기에 깔끔하다.

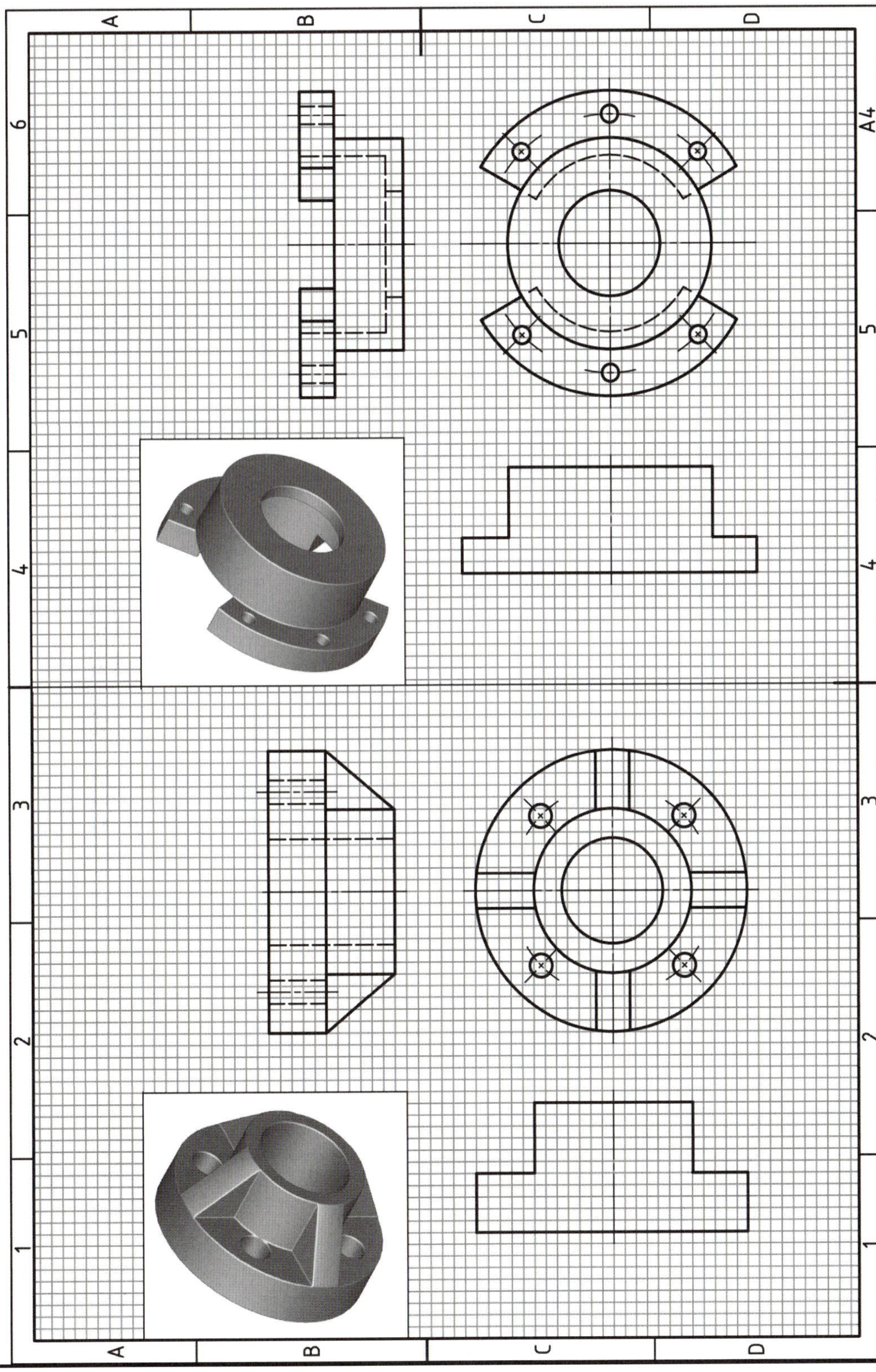

종합평가-5 모범답안

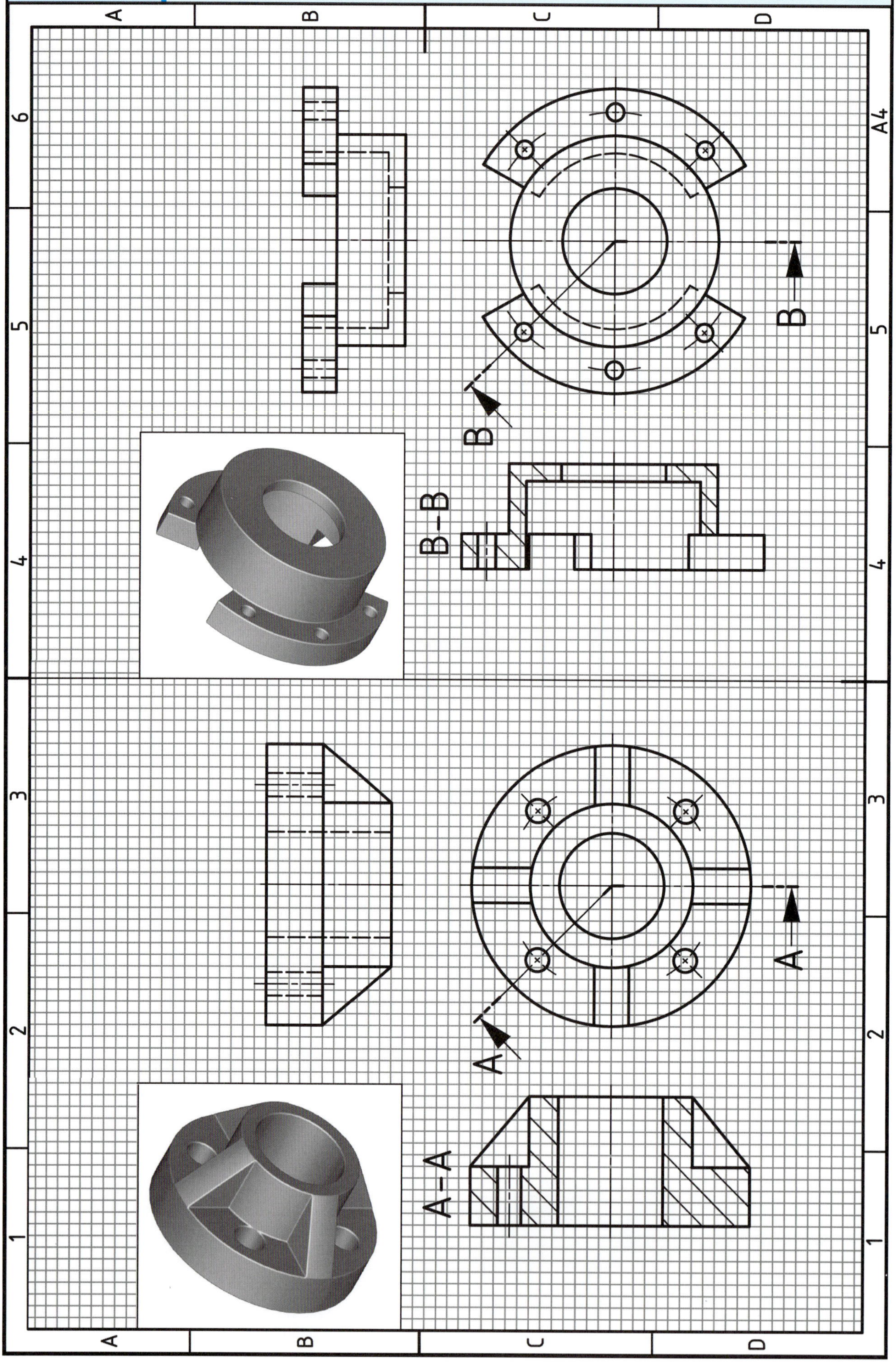

CHAPTER 05 크기 · 위치 · 자세치수

5.1 치수기입의 원리

그림 5-1과 같이 물체의 크기와 모양(형상)은 크기치수, 자세치수, 위치치수로 표시되는데 크기치수는 길이, 높이, 두께의 크기로, 자세치수나 위치치수는 가로 · 세로의 좌표나 각도로 표시되어 있다.

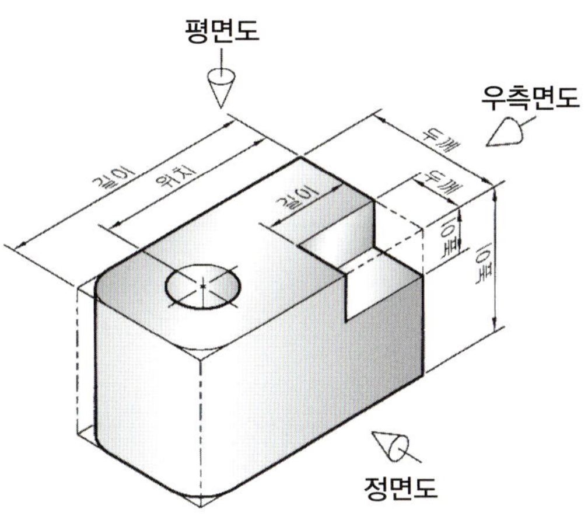

(a) 등각도의 치수기입

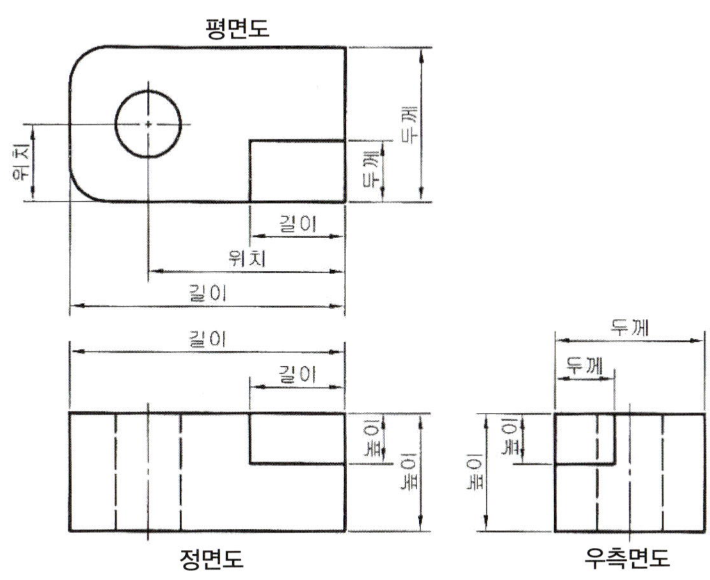

(b) 정 투상도의 치수기입

[그림 5-1] 치수의 종류와 위치

5.2 치수표시의 원칙

(1) 길이, 높이의 표시위치

그림 5-2에서 ⓐ로 표시된 치수와 같이 주로 정면도에, 부분적인 특징에 따라 다른 투상도에 표시되기도 한다.

(2) 두께치수의 기입위치

그림 5-2에서 ⓑ로 표시된 치수와 같이 주로 평면도나 측면도에, 부분적인 특징에 따라 다른 투상도에 표시되기도 한다.

(3) 위치치수의 기입위치

원기둥, 각기둥, 홈, 구멍 등의 위치를 그림 5-2에서 ⓒ로 표시된 치수와 같이 정면도에 크기치수가 기입되며 특징에 따라 다른 투상도에 표시되기도 한다.

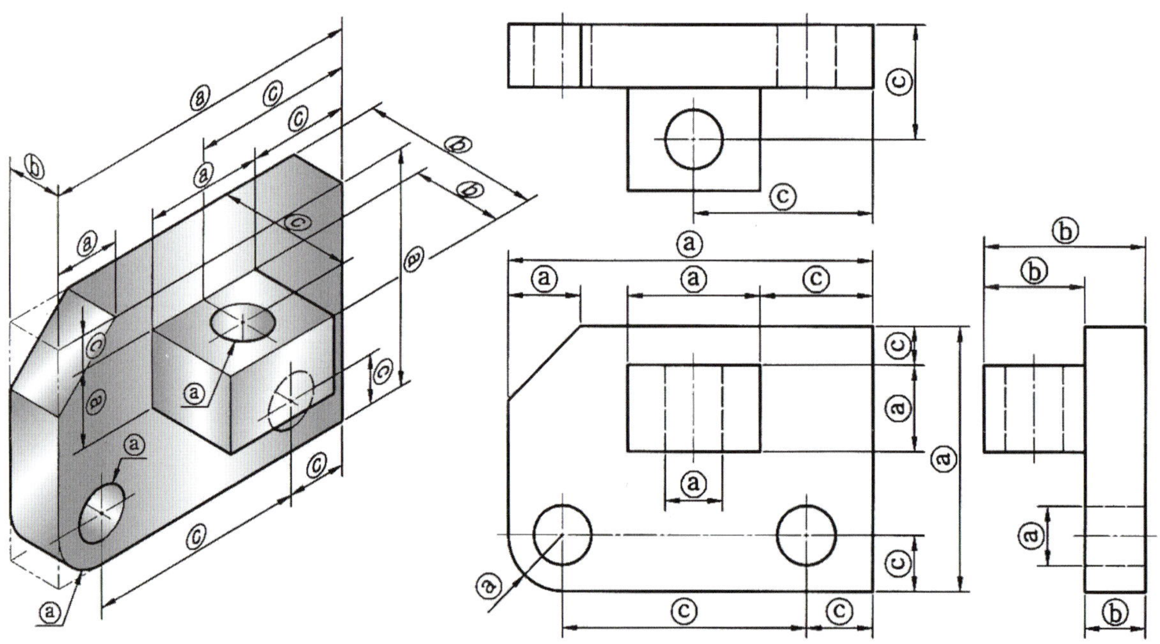

[그림 5-2] 길이・높이・위치치수의 기입위치

(4) 면의 기울기, 원기둥, 각기둥, 홈, 구멍 등의 자세치수의 기입위치

그림 5-3에서 (a)와 같이 가로 · 세로 치수로 표시되거나, (b)나 (c)와 같이 각도 값으로도 표시된다.

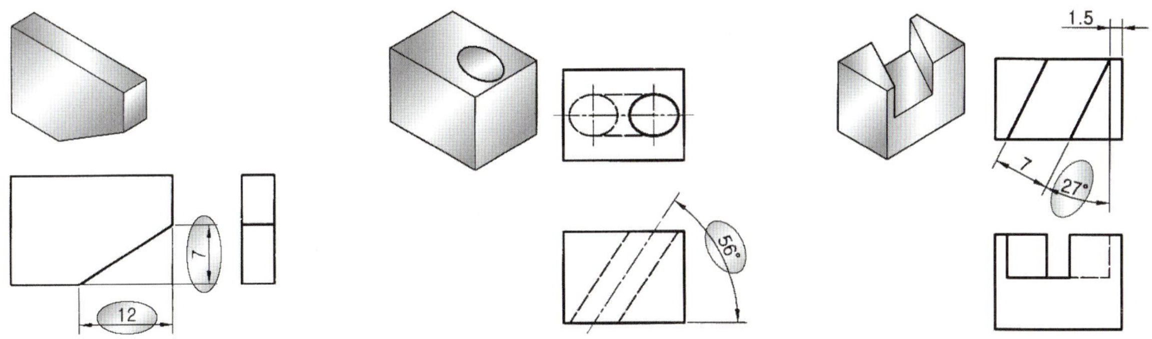

(a) 면의 기울기 (b) 구멍의 기울기 (c) 홈의 기울기

[그림 5-3] 자세 치수

5.3 치수 보조기호

크기 · 자세 · 위치치수와 함께 사용되는 기호로서 그림 5-4와 같이 문자나 그림으로 만들어진 기호를 말하며 치수와 같이 사용한다고 하여서 치수 보조기호라고도 한다.

기호 이름	보조 기호	표시 설명	비 고
지름	∅	원형의 지름치수 앞에 붙임.	
반지름	R	원형의 반지름치수 앞에 붙임.	
구의 지름	S∅	구의 지름치수 앞에 붙임.	
구의 반지름	SR	구의 반지름치수 앞에 붙임.	
정4각형의 변	□	정4각형 모양이나 위치치수 앞에 붙임.	
판의 두께	t	판재의 두께치수 앞에 붙임.	
원호의 길이	⌒	원호의 길이치수 위에 붙임.	규격 개정으로 치수 앞에 붙임
45° 모떼기	C	45°의 모떼기 치수 앞에 붙임.	
이론적으로 정확한 치수	[50]	위치 공차기호 기입 시 치수를 사각 테두리로 둘러쌈.	
참고치수	(50)	참고치수에 붙이며, 제작치수로는 사용하지 않음.	
치수의 취소	~~50~~	치수를 가로질러 직선을 붙이며, 치수수정 때 사용함.	
비례 척도가 아닌 치수	<u>50</u>	치수 밑에 직선을 붙이며, 도형크기와 실제 치수가 같지 않음.	
+치수의 기준	⌖—	누진 · 좌표치수로 기입을 할 때 기준 지점을 표시함.	

[그림 5-4] 치수 보조기호의 종류

5.4 주서(Notes)

투상도나 치수를 확실하게 표시할 수 없을 때 문자기호나 문장으로 표시되어 있으며, 개별주서와 일반주서로 구분하여 해석한다.

1 개별주서와 일반주서

① 개별주서는 투상도에 지시선을 사용하여 치수와 함께 특별히 지시한 것과「**단면 A-A**(또는 **단면 가-가**)」,「A-A (또는 **가-가**)」,「**확대도-A**(또는 A)」,「A(또는 **가**)」같이 투상도에 사용하는 것 등을 말하며, 보통 지시내용을 설명하고자 하는 가까운 곳에 표시되어 있다.

② 일반주서는 도면 전체에 내용을 설명 또는 지시한 것을 말하며, 표제란의 위쪽이나 가까운 곳에 표시되어 있다.

2 일반주서란의 제목

「**주서**」 또는 「**주**」라 표시되고 주서 내용은 문장으로 구성되어 있거나 기호의 설명으로 표시되어 있다.

5.5 치수표시의 위치와 방향

투상도의 모양 및 치수는 그림 5-5와 같이 관련 투상도 쪽으로 표시되어 투상도와 치수를 같이 대조비교하며 해석할 수 있도록 표시되어 있다.

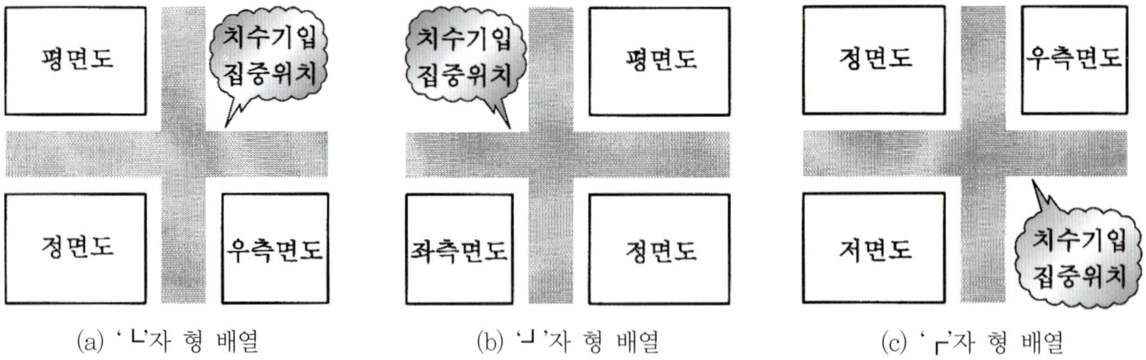

[그림 5-5] 투상도의 배치와 치수표시의 위치

5.6 치수의 배치

1 직렬 치수배치

그림 5-6과 같이 직렬로 나란히 연결된 치수를 표시하는 배치방법을 직렬배치라 하며, 주어진 일반 공차가 차례로 누적되어도 좋은 경우에 사용하므로 정밀도가 보통 이하인 제품의 도면에서 찾아볼 수 있으며, 기계분야보다는 건축이나 철골 구조물 등의 설계도면에 주로 사용된다.

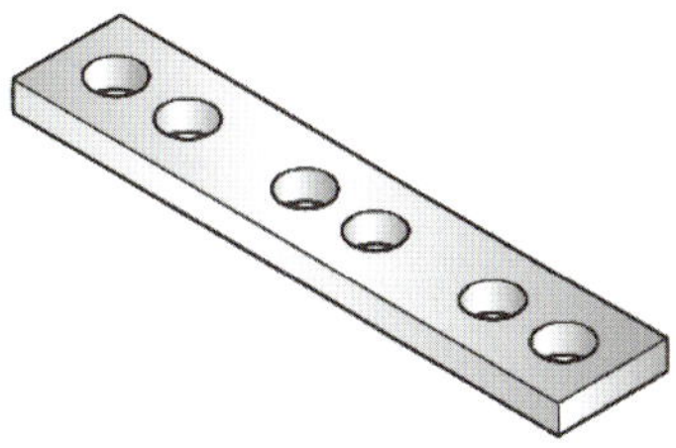

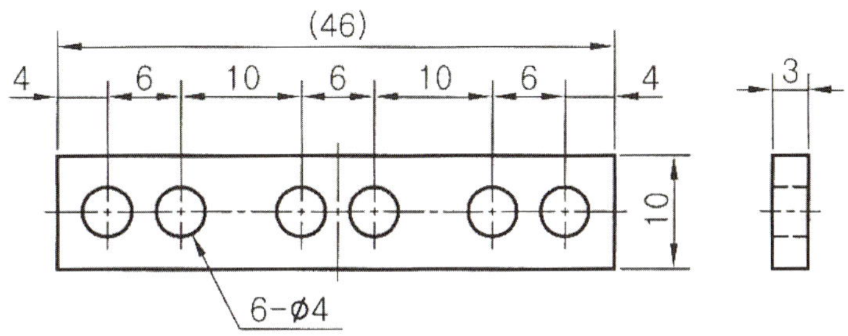

[그림 5-6] 직렬배치의 치수기입

2 병렬 치수배치

그림 5-7과 같이 기준면을 설정하여 개개별로 표시되는 배치방법을 병렬배치라 하며, 각각의 치수에 해당하는 일반 공차는 다른 치수의 일반 공차에 영향을 주지 않는다.

기준면에 해당하는 쪽의 치수 보조선의 위치는 제품의 기능, 조립, 가공, 검사 등의 조건을 고려해 도면을 그리는 사람(설계자)이 정한 경우이므로 읽을 때(해석 시) 주의해야 한다.

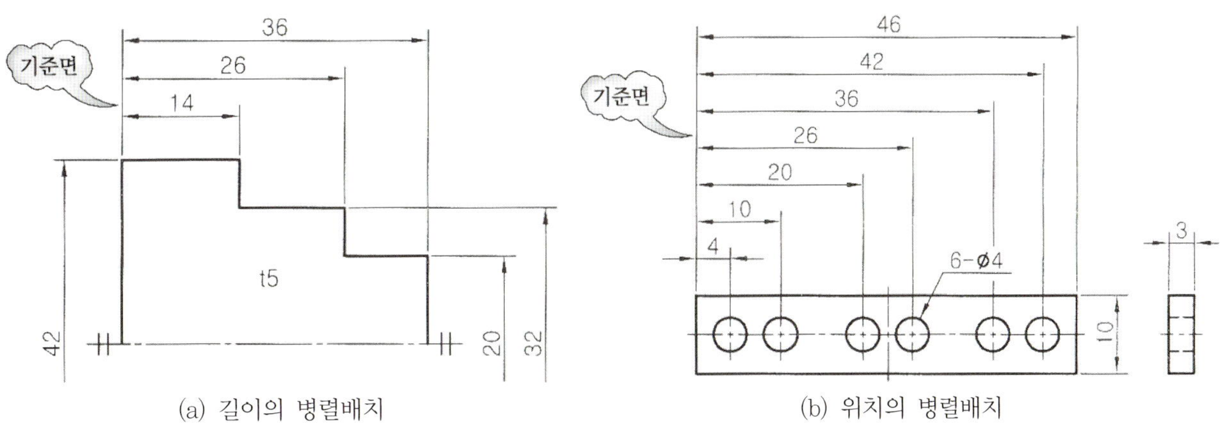

(a) 길이의 병렬배치 (b) 위치의 병렬배치

[그림 5-7] 병렬배치의 치수기입

3 누진 치수배치

그림 5-8, 그림 5-9와 같이 병렬배치의 방법보다 도면의 여백을 경제적으로 활용할 수 있으며 도면의 복잡함을 완화하는 배치방법으로서 읽기가 간편하고 오해의 소지가 없도록 표시하는 방법이다.

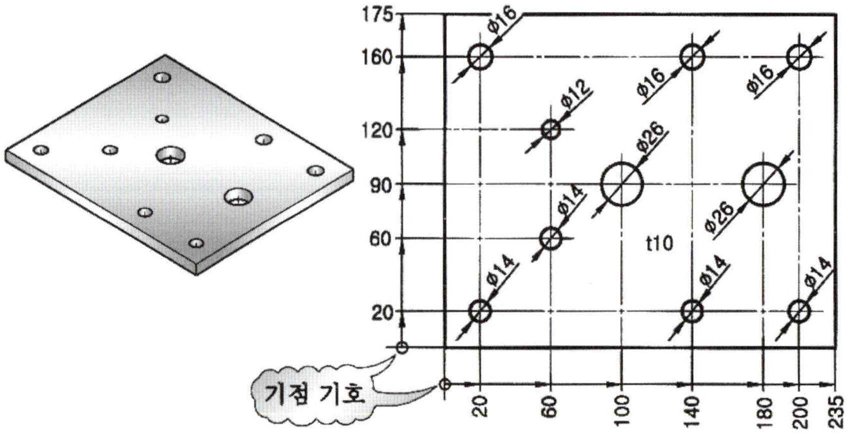

[그림 5-8] 기점 기호를 사용한 누진배치의 치수기입

① 기준점에 '**기점 기호(○)**'가 표시되어 있고 치수 보조선과 만나는 곳마다 화살표가 붙여져 있다.

② 치수는 그림 5-9의 **(a)**와 같이 치수선과 나란히 표시되어 있던지, **(b)**와 같이 화살표 가까운 곳의 치수 보조선 끝에 표시되어 있다.

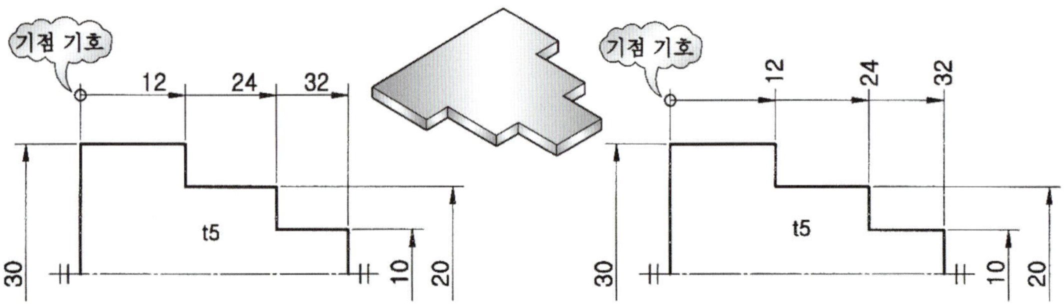

(a) 수평방향 기입 (b) 수직방향 기입

[그림 5-9] 누진배치의 치수표시 방향

4 좌표 치수배치

그림 5-10과 같이 기준점에 기점 기호와 읽는 방향 화살표 및 문자기호로 투상도에 표시하는 배치방법을 치수의 좌표배치라 하며, 병렬배치나 누진배치의 방법을 더 간략하게 표시하는 방법이다.

프레스 금형설계와 사출 금형설계 도면에서 많이 사용되는 방법으로서 도면의 여백을 경제적으로 활용되며 해석하기에도 간편한 방법이다.

① 구멍의 위치나 크기 등의 치수를 좌표를 사용한 표를 이용할 수 있으며, 표에 기입된 그림 5-10의 「X, Y」로 표시된 문자기호는 기점으로부터의 치수가 표시되는 방향을 나타낸 것이다.

② 기준면에 해당하는 쪽의 치수 보조선의 위치는 제품의 기능, 조립, 가공, 검사 등의 조건을 고려하여 도면을 그린 사람(설계자)이 결정하여 표시한 것이므로 해석 시 주의한다.

구분	X	Y	ø
A	20	20	14
B	140	20	14
C	200	20	14
D	60	60	14
E	100	90	26
F	180	26	26
G	220	26	10

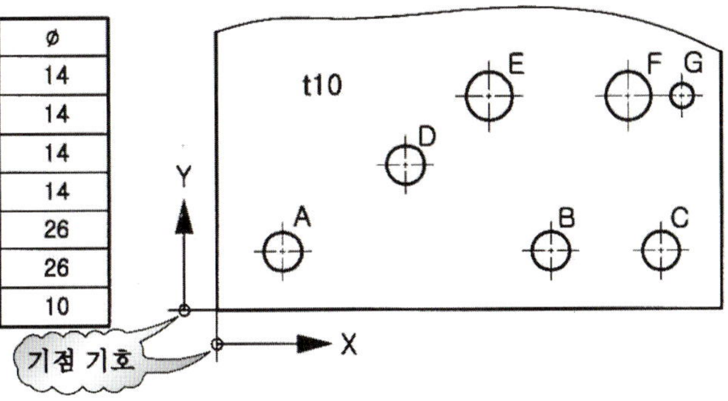

[그림 5-10] 좌표배치의 치수기입

5.7 지름과 반지름 치수

1 지름 치수

① 물체의 단면이 원형이고, 그 모양을 투상하지 않을 경우에 치수로서 원형인 것을 표시할 때는 그림 5-11, 그림 5-12와 같이 지름의 치수 앞에 지름기호 「ϕ」가 붙여져 있다.

② 물체의 단면이 원형이고, 그 원형이 명확하게 투상도로 그려진 경우에는 그림 5-12의 「ϕ16」과 「ϕ10」의 치수와 같이 원형이 명확하여 지름기호 「ϕ」를 생략하여 표시되기도 한다.

참고 한 도면 내에서는 지름기호를 모두 기입하는 것이 도면을 이해하는데 도움을 주지만, 이 원칙에 준하지 않고 표시한 도면도 있다.

③ 원형의 일부분을 그리는 투상도에서 치수선의 끝 부분에 붙이는 화살표가 한쪽만 붙여지는 경우에는 그림 5-12와 같이 반지름 치수와 혼동되지 않도록 지름 치수의 앞에 「ϕ」기호가 붙여져 있다.

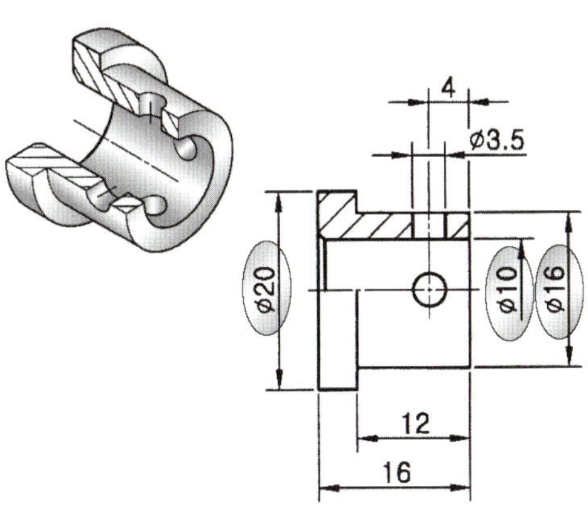

[그림 5-11] 안쪽과 바깥쪽의 지름과 기호

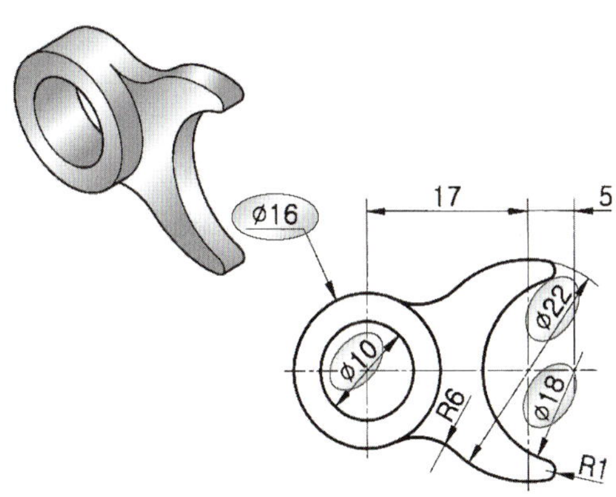

[그림 5-12] 원형의 지름과 기호

④ 지름 크기가 다른 원통으로 연속되고, 연속된 원통의 길이가 짧아서 치수를 기입할 공간이 적을 경우에는 그림 5-13과 같이 지름 치수가 표시되기도 한다.

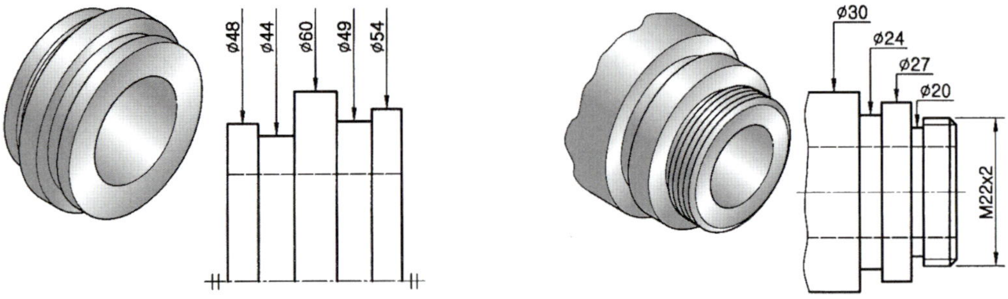

(a) 축 직각 방향으로의 표시 (b) 축 방향과 평행으로 표시

[그림 5-13] 짧은 연속 원통의 지름 치수

2 반지름 치수

물체의 모양이 원형의 반지름인 것은 원호 쪽에만 화살표가 붙여져 있고 중심 쪽에는 붙여지지 않으며 치수 수치 앞에 반지름 기호 「R」이 붙여져 있다.

화살표나 치수를 기입할 여지가 없을 경우에는 그림 5-14와 같이 중심 방향으로 치수선을 표시하고 화살표가 붙여져 있으며 (b)의 표시방법은 잘 사용하지 않는 방법이다.

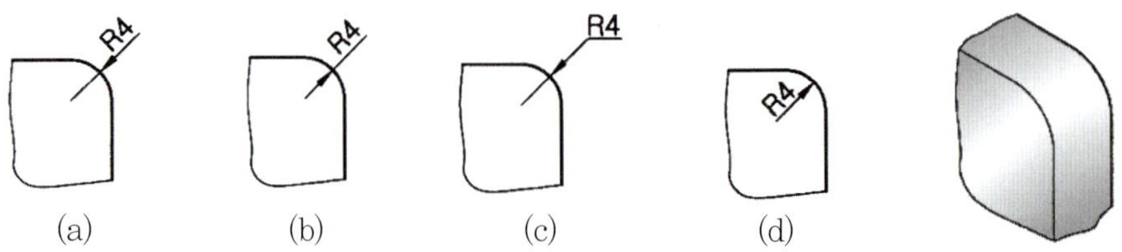

(a) (b) (c) (d)

[그림 5-14] 작은 반지름 치수의 표시에서 화살표와 치수의 표시위치

5.8 구의 지름과 반지름 치수

구의 지름과 구의 반지름 치수는 그림 5-15와 같이 치수 앞에 구의 지름기호인 「Sϕ」나 구의 반지름 기호인 「SR」이 붙여져 있다.

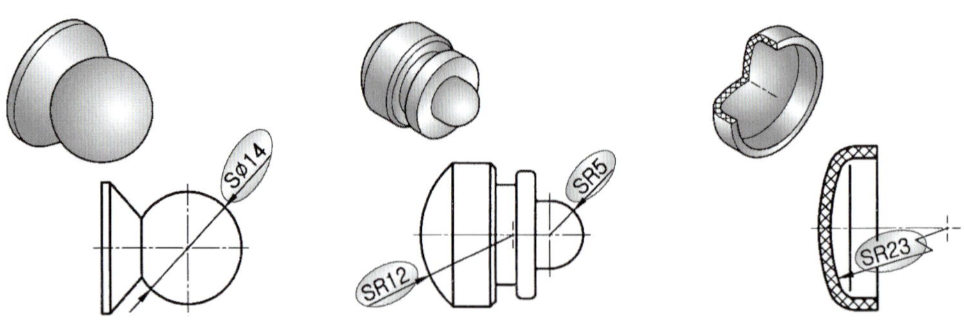

(a) 구의 지름 (b) 구의 반지름 (c) 안쪽 구의 반지름

[그림 5-15] 구의 지름과 반지름 치수

5.9 정4각형 변 치수

1 원형의 내 · 외면에 정4각형의 모양이 있는 경우

보충하는 투상도가 표시되지 않고 그림 5-16의 **(a)**와 같이 변의 치수 앞에 「□」가 붙여진 치수는 각각의 변이 같은 크기의 정4각형으로 해석한다.

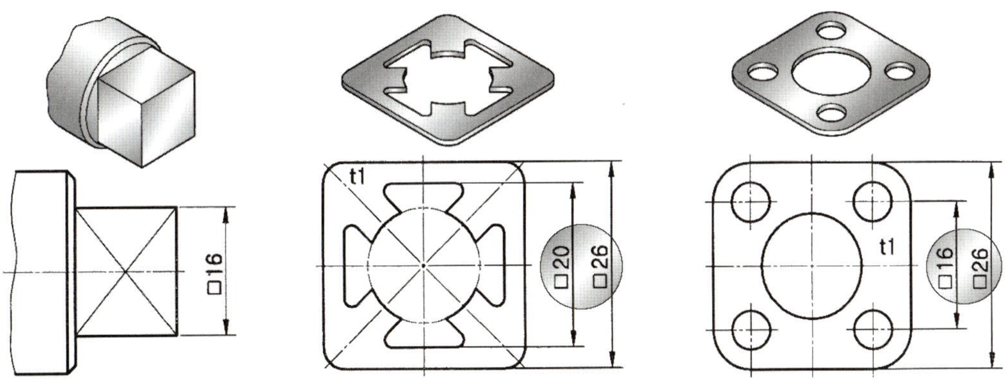

(a) 4면의 변의 치수 (b) 내 · 외측의 변의 치수 (c) 구멍의 위치치수

[그림 5-16] 정4각형 각각의 변 치수

2 내 · 외측의 정4각형의 치수

내 · 외측의 모서리나 구석 모양이 각각 다르더라도 그림 5-16의 **(b)**와 같이 한 변의 치수 앞에 「□」가 붙여진 것은 각 변의 길이가 같은 정사각형으로 해석한다.

3 구멍의 위치가 정4각형으로 배치된 치수

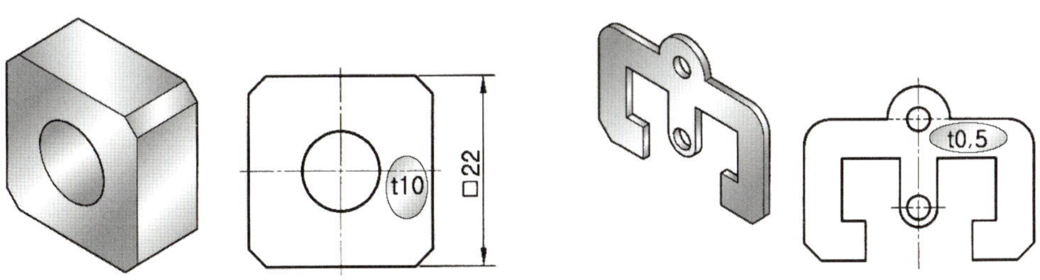

(a) 약간 두꺼운 판재의 경우 (b) 아주 얇은 판재의 경우

[그림 5-17] 판재의 두께치수

구멍이나 홈의 위치 치수 앞에 그림 5-16의 **(c)**와 같이 「□」가 붙여진 치수는 각각의 변의 길이가 같은 정사각형의 위치로 해석한다.

5.10 두께치수

판재는 보통 평면의 상태를 정면도로 표시하는데 **그림 5-17**과 같이 치수 앞에 두께를 표시하는 기호 '**t**'가 표시되어 있고 투상도 안에 표시됨이 원칙이나 가까운 곳이나 알아보기 쉬운 곳에 표시되기도 한다.

참고 판재의 절단면에 대한 거스러미(Burr, 버)의 방향 표시를 위해 평면의 상태를 정면도로 하고 단면을 다른 투상도로 도시하게 됨에 따라 개정된 KS나 ISO규격에서는 「**t**」의 기호를 사용하지 않도록 하고 있다.

5.11 원호의 길이치수, 판재의 원호치수

1 원호의 길이치수

그림 5-18과 같이 치수 위에 「⌒」 기호가 표시된 것은 그 해당치수가 원호의 길이 치수임을 표시한다. 원호로 구성된 각도가 **그림 5-18**의 **(a)**와 같이 클 때나 **(b)**와 같이 연속적으로 원호의 치수가 표시될 때에는 원호의 중심으로부터 방사형으로 그어진 치수 보조선에 치수선을 맞추어 해석한다.

참고 개정된 규정에서는 다른 치수 보조기호와 같이 치수 앞에 기입하도록 하고 있다.

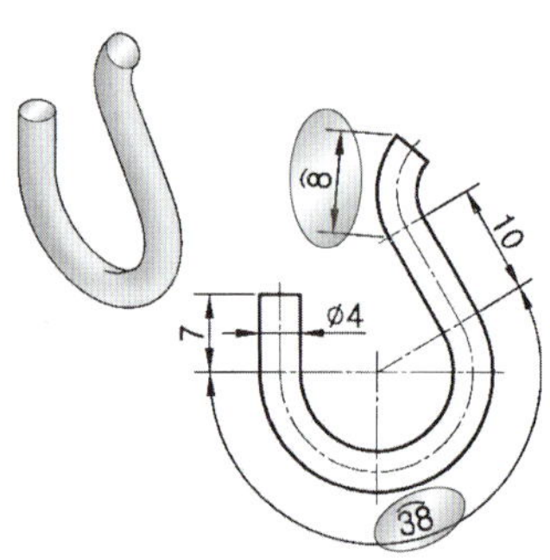

(a) 외형의 원호길이

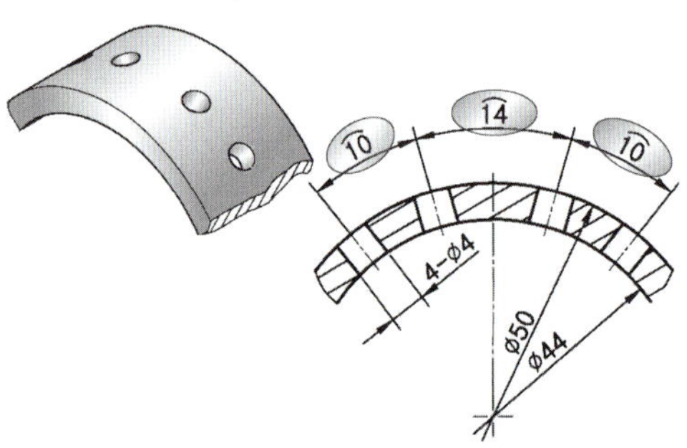

(b) 위치의 원호길이

[그림 5-18] 원호의 길이 치수

2 판재의 원호치수

그림 5-19와 같이 아주 굵은 실선에 인접한 가는 실선을 긋고 여기에 화살표가 붙여진 치수는 판재를 구부리거나 접어진 상태의 단면을 아주 굵은 실선으로 투상한 경우의 원호치수로서 화살표가 붙여진 쪽의 구부려진 크기의 치수로 해석한다.

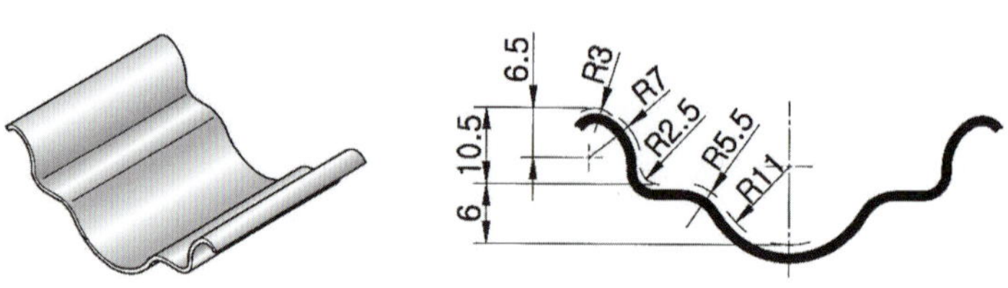

[그림 5-19] 판재의 원호치수

5.12 원호로 구성된 곡선치수

원호로 구성된 치수는 **그림 5-20**과 같이 원호의 반지름과 그 중심 또는 원호의 반지름과 접선 위치까지의 치수로 해석한다.

원호의 중심이 멀리 있는 경우에는 그 중심까지를 치수선으로 그어서 표시하지 않고 치수선을 꺾어서 표시된다.

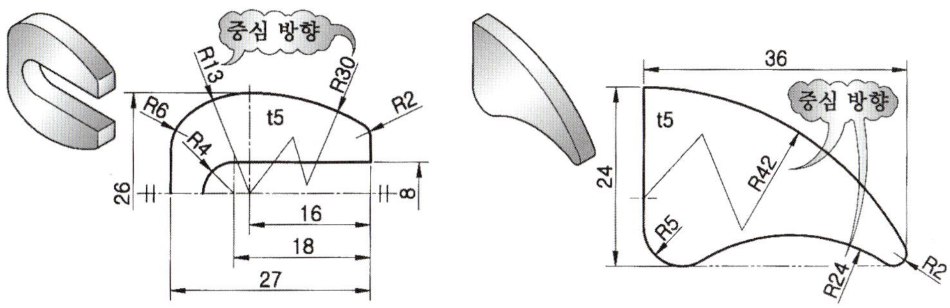

(a) 중심의 위치와 곡선치수　　(b) 접선 원호의 곡선치수

[그림 5-20] 원호로 구성된 곡선치수

5.13 원호로 구성되지 않은 곡선치수

프로펠러, 훅 등과 같이 불규칙한 원호로 구성된 도형의 치수는 **그림 5-21**의 **(a)**와 같이 표시되어 있거나 **(b)**와 같이 곡선의 임의의 점 위치를 기점 기호로 표시하고 좌·우로 치수가 표시되어 있는데, 곡선의 위치치수에 해당하는 곡선의 크기로 해석한다.

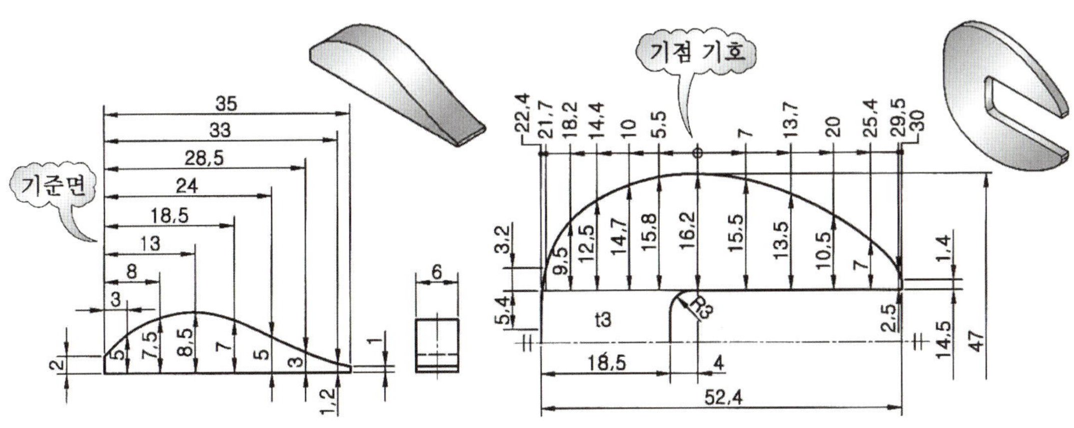

(a) 한쪽 면의 기준　　(b) 특정 부위의 기준

[그림 5-21] 원호로 구성되지 않은 곡선의 치수

5.14 구멍의 수와 크기치수

1 같은 크기의 구멍이 다수인 경우

① 같은 크기의 볼트(Bolt), 나사(Thread), 핀(Pin), 리벳(Rivet) 등의 구멍이 하나의 투상도에서 다수일 경우에는 **그림 5-22**에서와 같이 「**11-ϕ4**」와 같이 구멍으로부터 지시선을 사용하여 구멍의 총 수 다음에 짧은 선(−)을 그어서 구멍의 지름크기 치수로 표시되어 있다.

② 같은 크기의 구멍이 여러 개일 때 구멍의 피치간격 치수는 **그림 5-22**에서의 「**10×7(=70)**」과 같이 피치의 총 수 다음에 「**×**」 기호와 함께 괄호로 「**=**」 기호와 피치를 모두 합한 치수가 표시되어 있다.

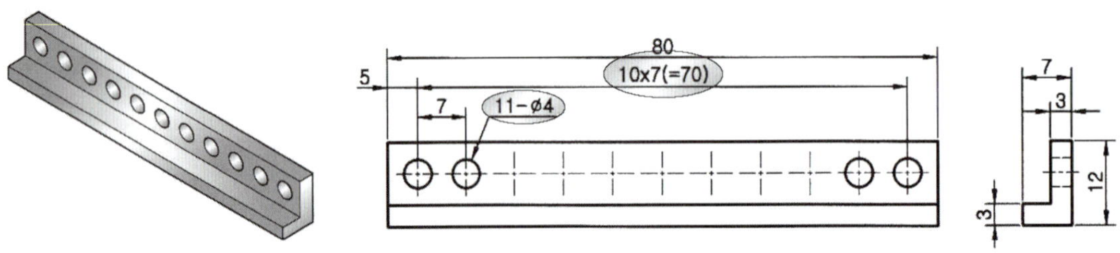

[그림 5-22] 여러 개의 같은 지름 크기의 구멍 수와 피치 수의 표시

③ 양쪽 플랜지(flange), T자형의 관이음, 밸브(Valve)의 몸통, 콕(Cock) 등의 한쪽 플랜지면에 표시된 구멍의 총 수와 표시되지 않는 쪽의 치수는 **그림 5-23**과 같이 표시된다.

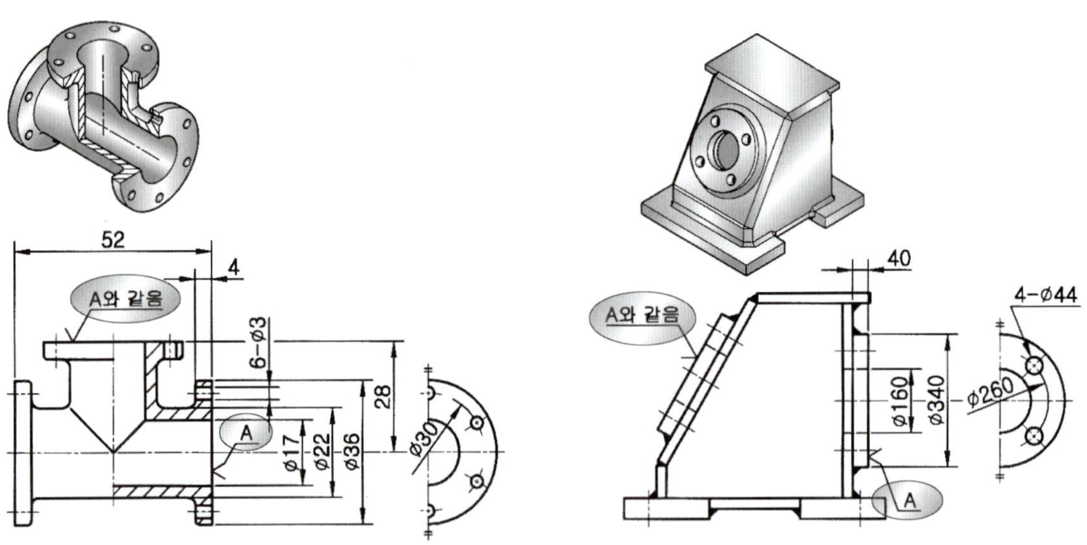

(a) T자형 관의 플랜지면 (b) 하우징(housing)의 플랜지

[그림 5-23] 플랜지면의 구멍의 수와 크기

2 긴 홈의 치수

하나의 공구로 가공한 홈의 전체 길이치수가 필요한 경우에는 그림 5-24의 (a)와 같이 표시되고, 홈의 중심거리가 설계에서 필요한 경우에는 (b), (c)와 같이 표시되어 있다.

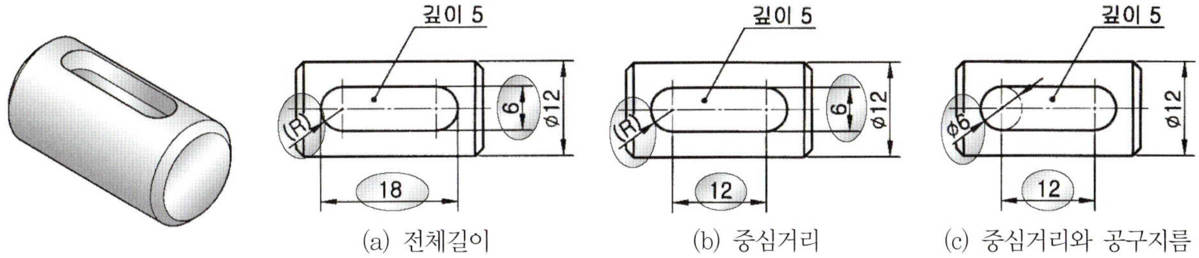

[그림 5-24] 긴원의 구멍과 홈의 길이치수

5.15 키 홈 치수

1 축의 키 홈 치수

엔드밀(End mill)로 가공하는 경우의 키 홈의 깊이는 가공과 측정의 편리함을 위해 그림 5-25의 (a)와 같이 두께치수로, 축 안의 키 홈 깊이는 (b)와 같이 깊이치수로, 밀링 커터(Milling cutter)로 가공하는 경우에는 그림 5-26과 같이 기준 위치에서 공구 중심까지의 거리와 공구 지름치수로 표시되어 있다.

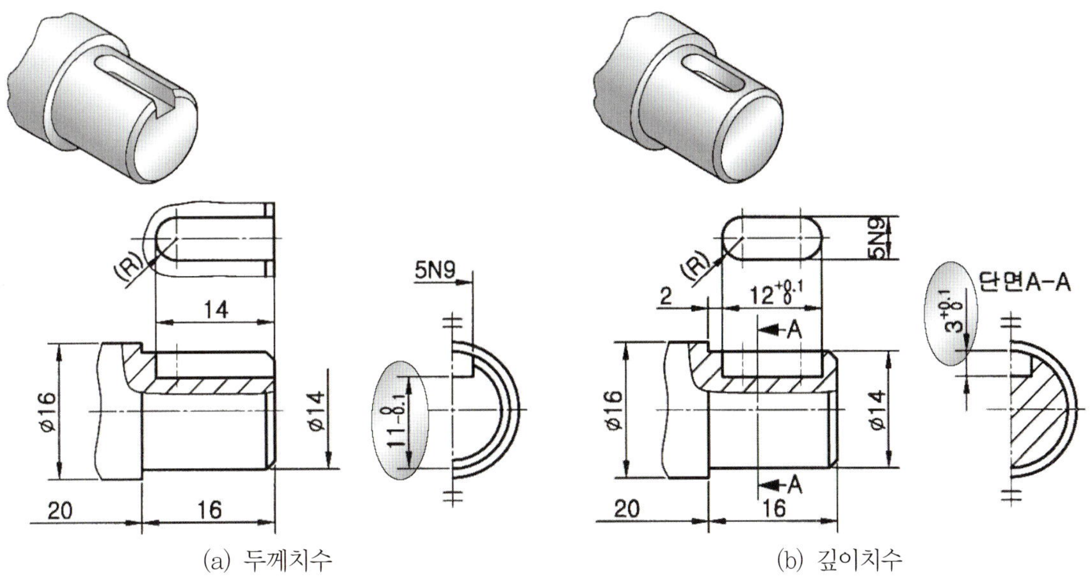

[그림 5-25] 축의 키 홈 치수

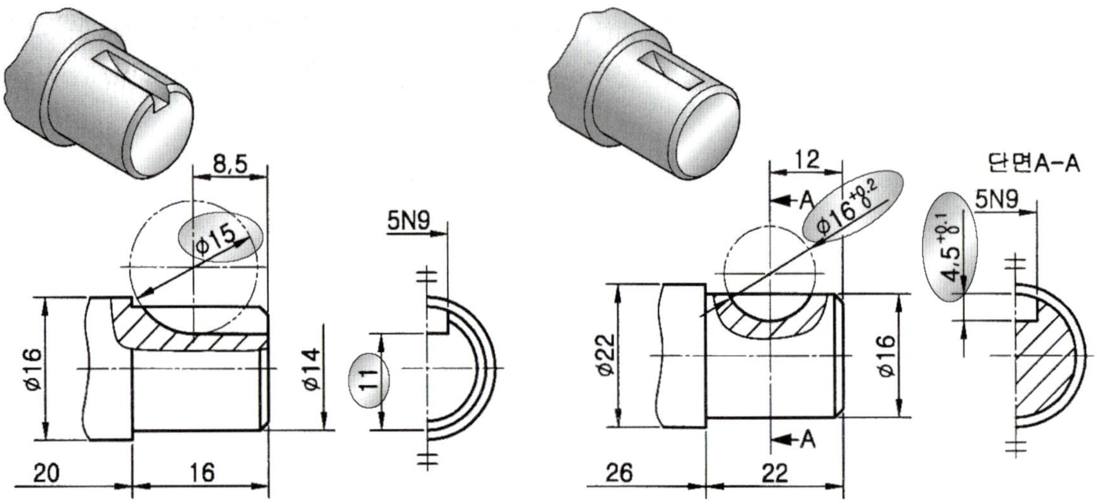

(a) 축 끝의 미끄럼 키 홈 (b) 축 상의 반달 키 홈

[그림 5-26] 공구의 중심거리와 지름치수

2 구멍의 키 홈 치수

그림 5-27의 (a)와 같이 키 홈 반대쪽 지름 면으로부터 키 홈의 면까지로 표시되고, 키 홈이 가공된 쪽의 면으로부터의 키 홈 깊이는 (b)와 같이 표시되며, 경사 키 홈은 (c)와 같이 표시되어 있다.

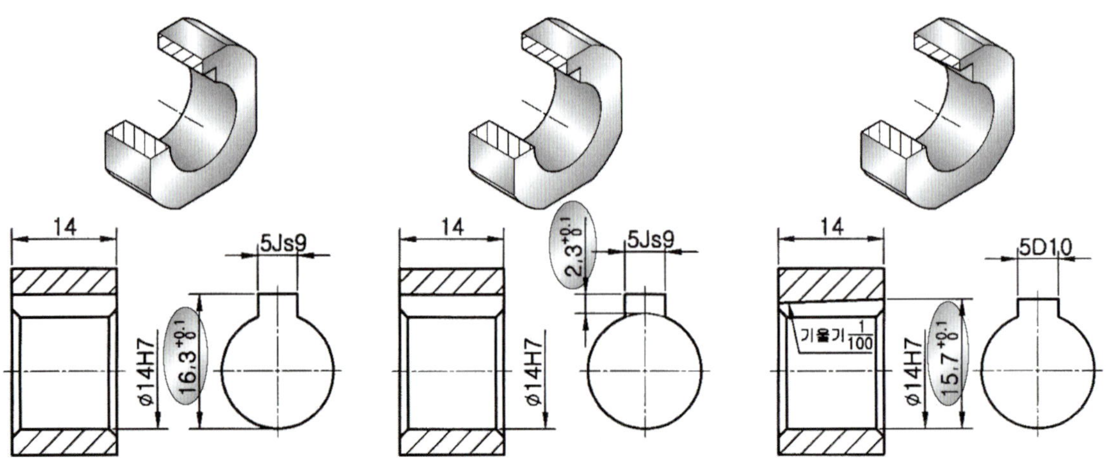

(a) 전체 깊이 (b) 키 홈의 깊이 (c) 기울기의 전체 깊이

[그림 5-27] 구멍의 키 홈 치수

5.16 테이퍼(양쪽 기울기) 치수

그림 5-28의 **(a)**와 같이 중심선 위에 표시되고, 기울기 크기와 방향을 별도로 표시할 때에는 **(b)**와 같이 인출선을 사용하여 표시된다.

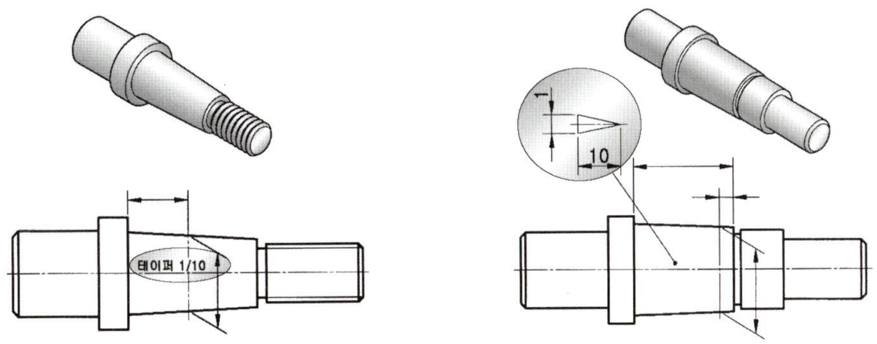

(a) 중심선 위에 기입 (b) 인출선으로 투상도 밖에 기입

[그림 5-28] 테이퍼의 치수

5.17 모떼기 치수

1 모떼기 각도가 45° 이하일 때

그림 5-29와 같이 보통의 치수표시 방법에 따라 가로와 세로방향 길이로 표시되어 있다.

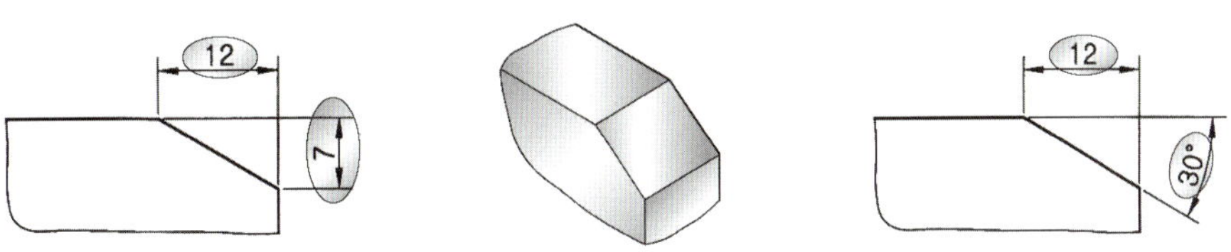

(a) 두 변의 길이치수 (b) 한 변의 길이와 각도치수

[그림 5-29] 45° 이하의 모떼기 치수

2 모떼기 각도가 45°일 때

그림 5-30과 같이 「**길이치수 × 45°**」로써 길이와 각도가 표시되고, 「**C**」기호 다음에 모떼기의 길이치수로 표시되어 있다.

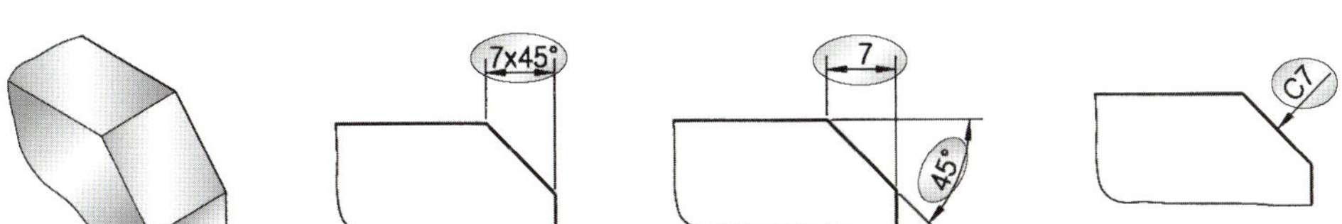

(a) 동시 표시 (b) 분리 표시 (c) 기호 사용

[그림 5-30] 45°의 모떼기 치수

그림 5-31과 5-32는 앞에서 설명한 여러 가지 치수기입이 적용된 도면의 예시이다.

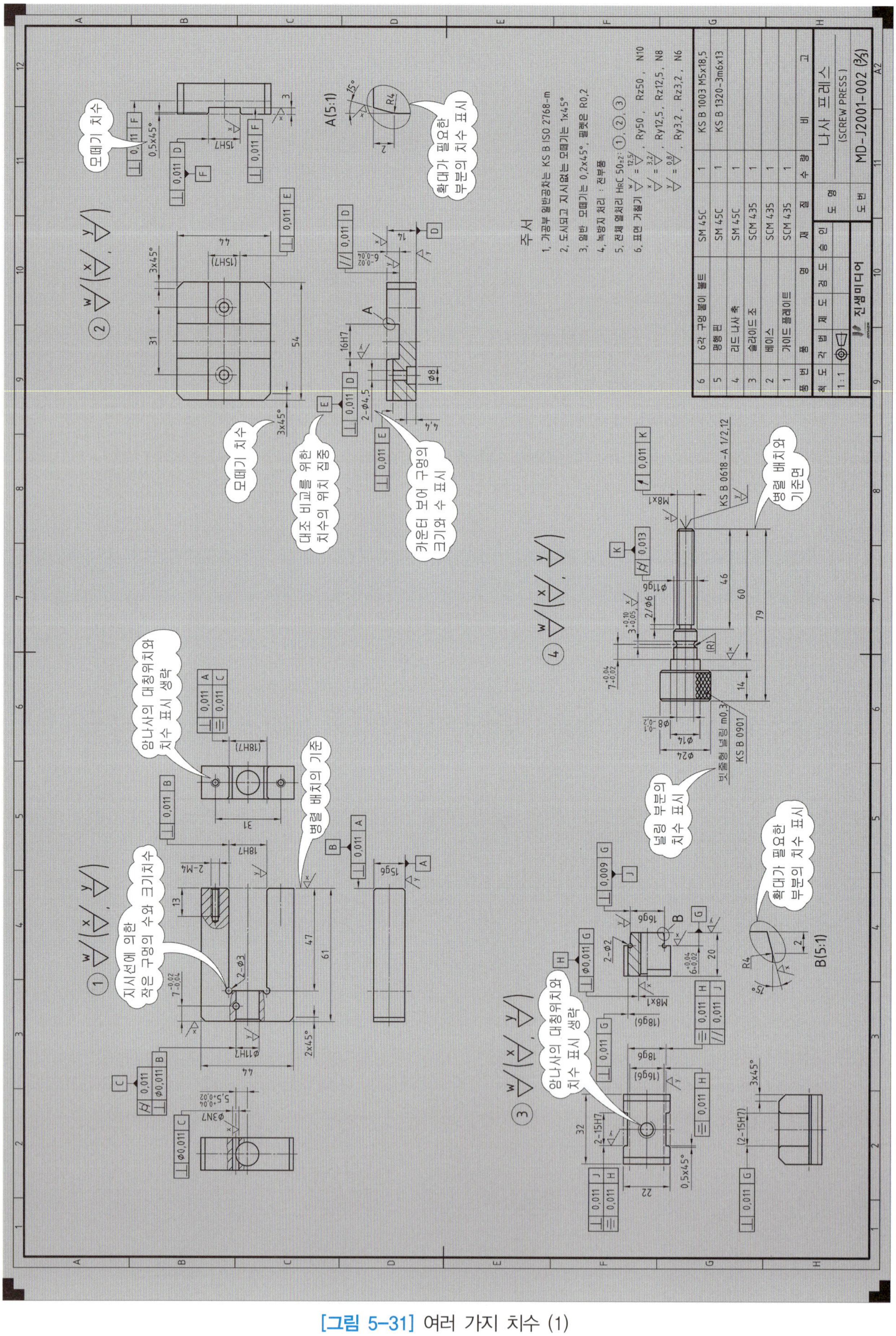

[그림 5-31] 여러 가지 치수 (1)

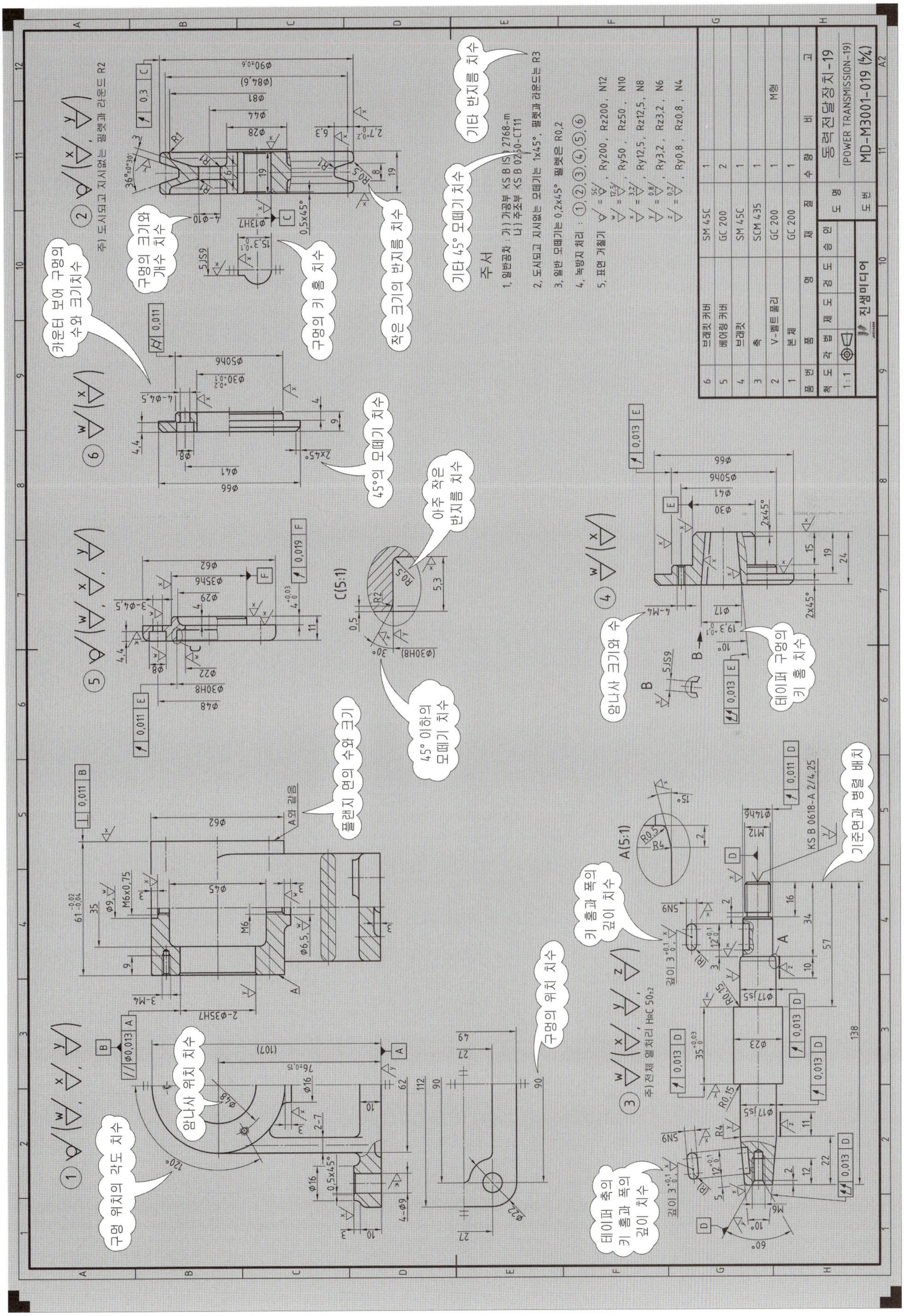

[그림 5-32] 여러 가지 치수 (2)

MEMO

연습문제-1	아래의 2개 등각 투상도에 표시된 치수를 보고 오른쪽의 정 투상도에 0.5㎜의 샤프펜슬(연필)로 치수기입을 완성하시오.

〈참고〉

1. 손으로 제도할 때 : 중심선 0.3㎜, 숨은선 0.5㎜, 외형선 0.7㎜의 선 굵기인 샤프펜슬이나 나무연필을 사용하시오.
   - 준비물 : 0.3㎜, 0.5㎜와 0.7㎜인 샤프펜슬이나 나무연필, 삼각자 셋 180㎜, 지우개, 지우개판 등
2. CAD로 도면작성을 할 때 : 2D CAD인 AutoCAD로 도면을 작성하고, 프린터로 도면을 출력할 때는 외형선의 굵기는 0.2~0.25㎜, 숨은선의 굵기는 0.15㎜, 가는 실선의 굵기는 0.1㎜로 셋팅(setting, 설정)하여 프린트하는 것이 형상의 구분과 보기에 깔끔하다.

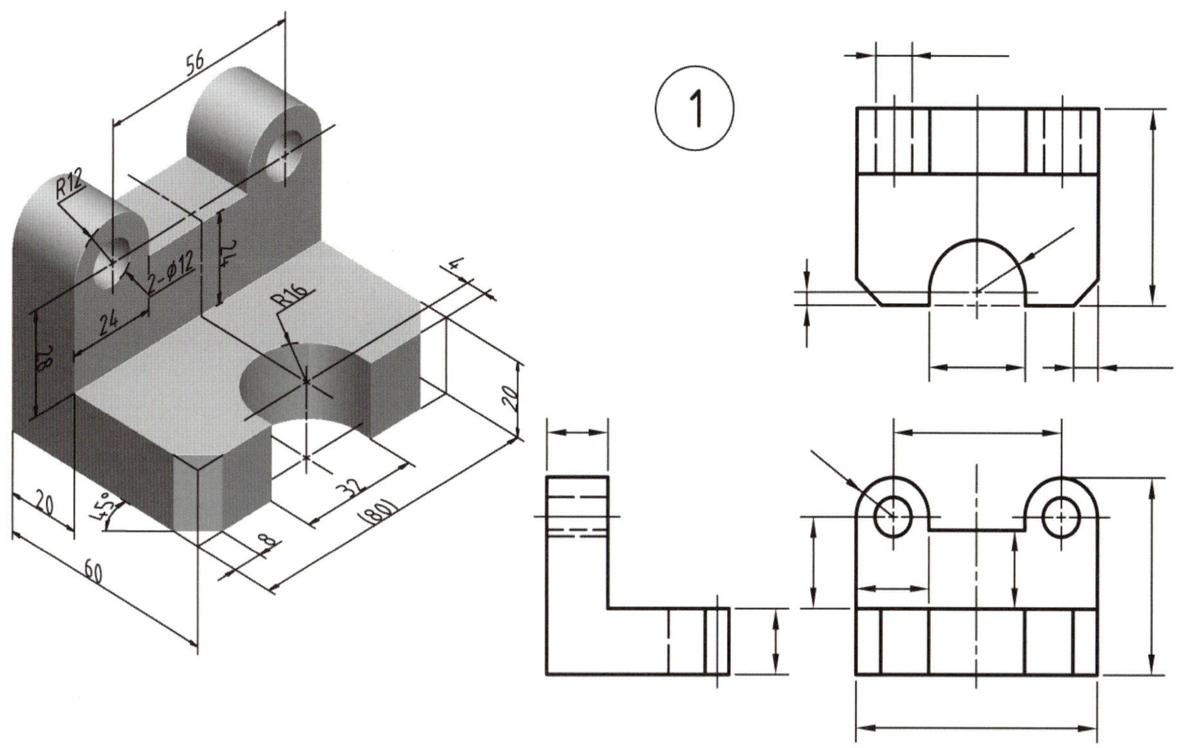

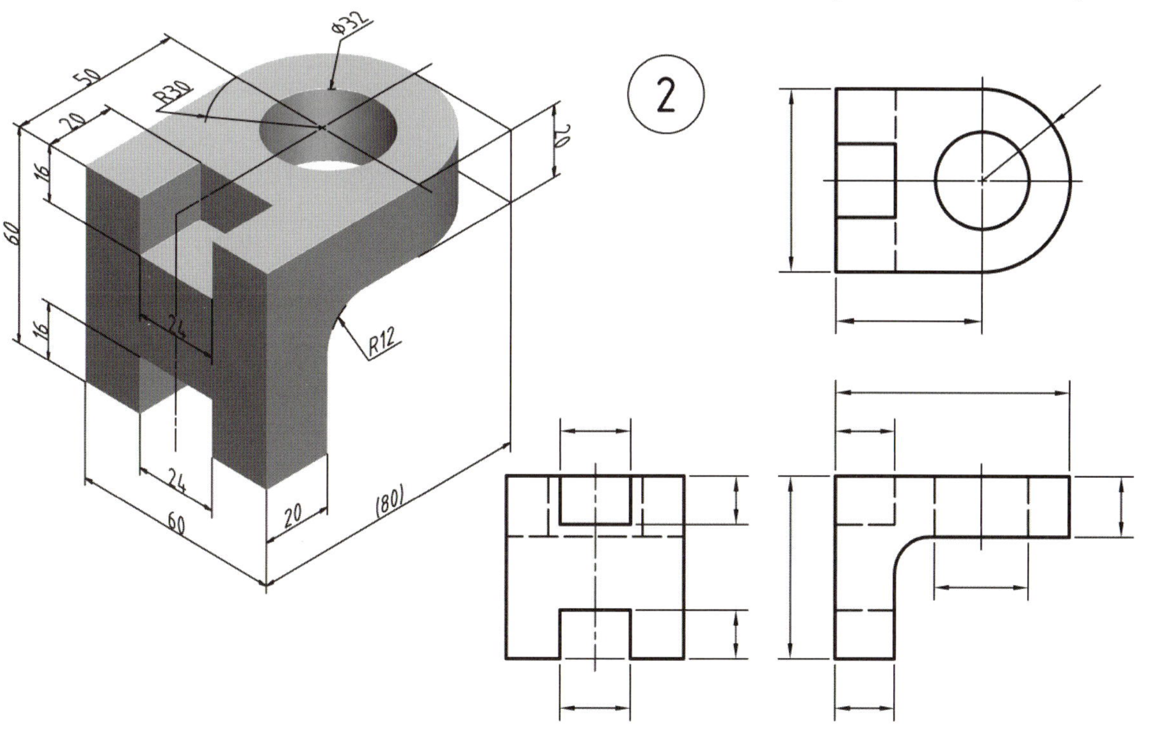

연습문제-1 모범답안

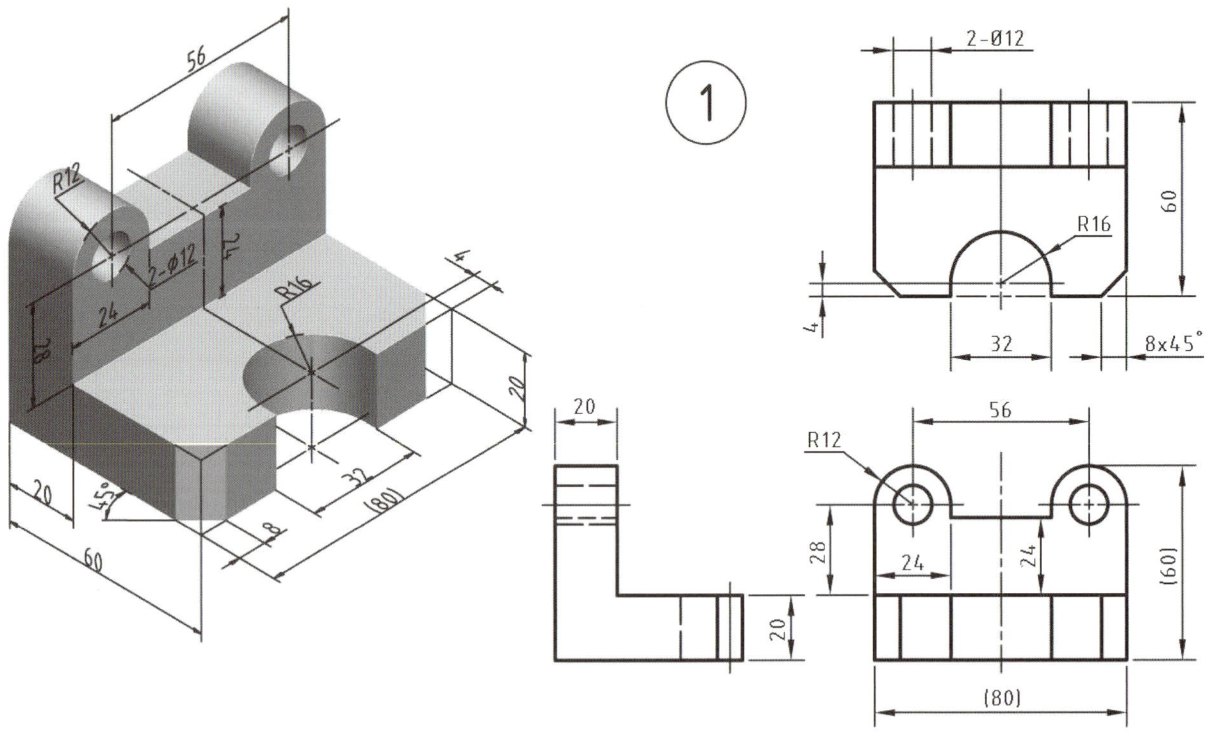
1
56
R12
2-Ø12
24
R16
4
28
20
45°
32
8
(80)
60
2-Ø12
60
R16
4
32
8x45°
20
56
R12
28
24
24
(60)
20
(80)

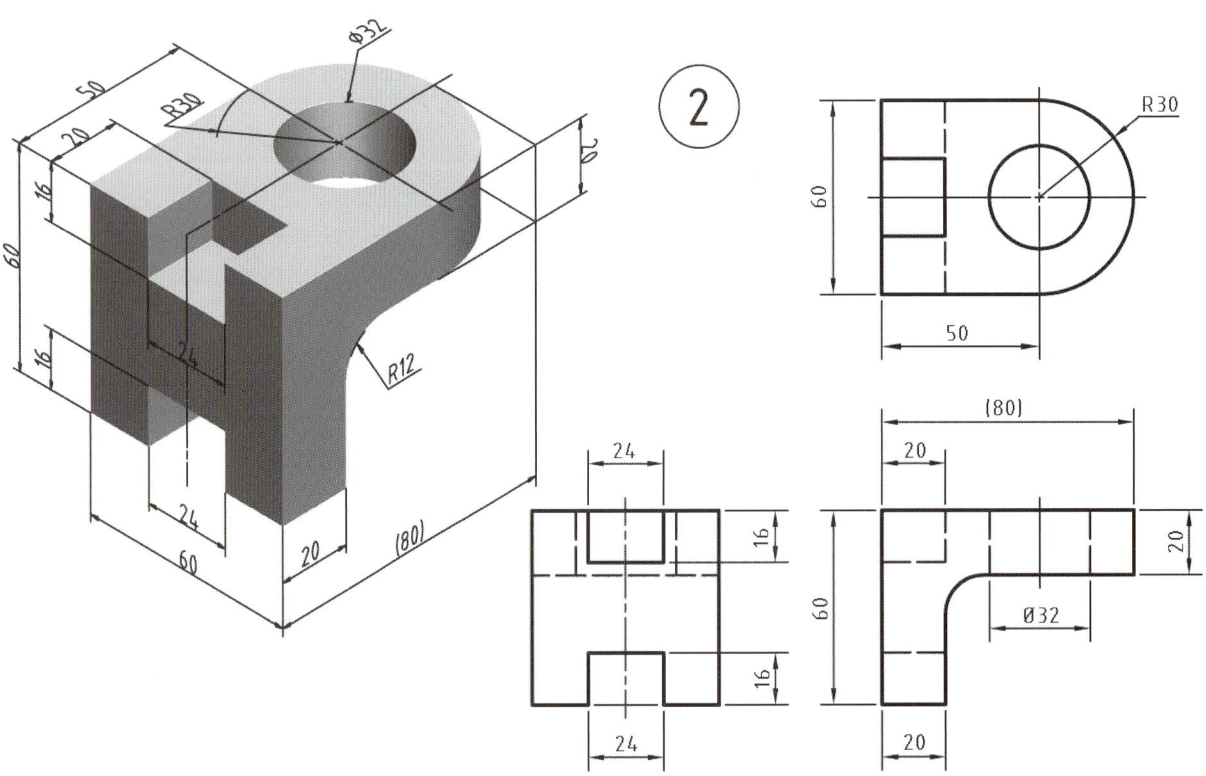
2
Ø32
50
R30
20
16
60
16
24
R12
24
60
20
(80)
R30
60
50
(80)
24
20
16
20
60
Ø32
16
24
20

연습문제-2 **아래의 2개 등각 투상도에 표시된 치수를 보고 오른쪽의 정 투상도에 0.5㎜의 샤프펜슬(연필)로 치수기입을 완성하시오.**

〈참고〉

1. 손으로 제도할 때 : 중심선 0.3㎜, 숨은선 0.5㎜, 외형선 0.7㎜의 선 굵기인 샤프펜슬이나 나무연필을 사용하시오.
   - 준비물 : 0.3㎜, 0.5㎜와 0.7㎜인 샤프펜슬이나 나무연필, 삼각자 셋 180㎜, 지우개, 지우개판 등
2. CAD로 도면작성을 할 때 : 2D CAD인 AutoCAD로 도면을 작성하고, 프린터로 도면을 출력할 때는 외형선의 굵기는 0.2~0.25㎜, 숨은선의 굵기는 0.15㎜, 가는 실선의 굵기는 0.1㎜로 셋팅(setting, 설정)하여 프린트하는 것이 형상의 구분과 보기에 깔끔하다.

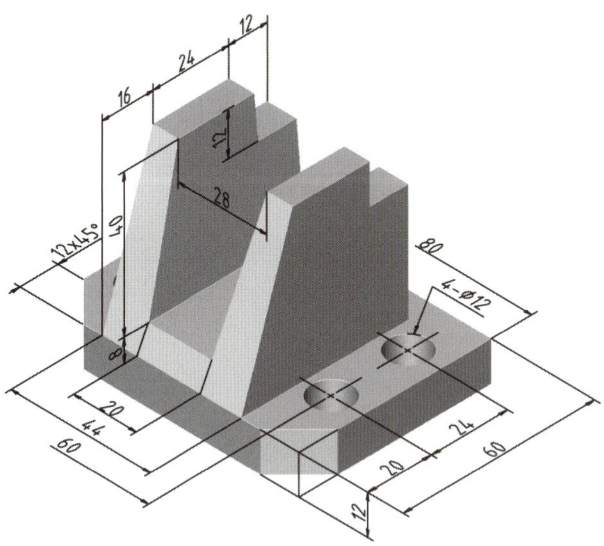

1

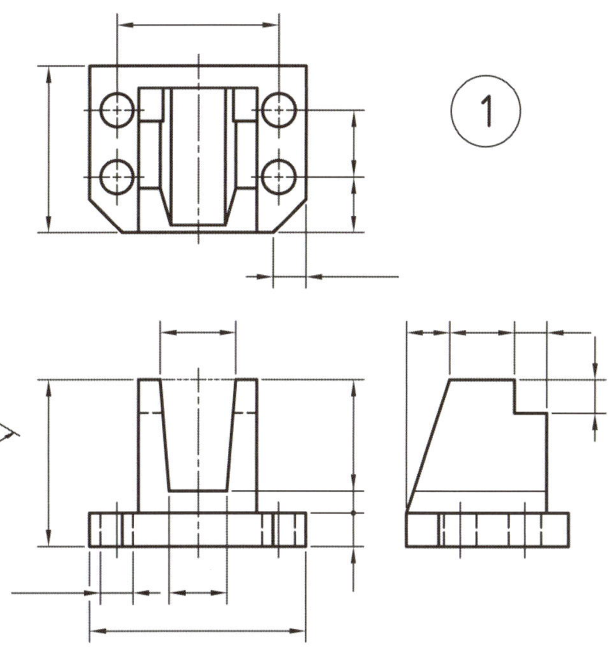

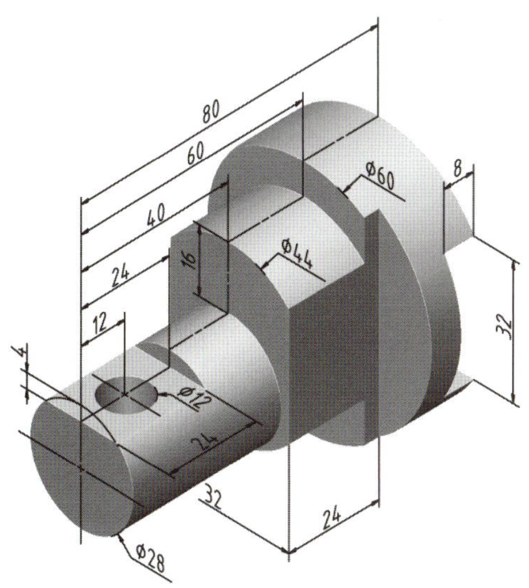

2

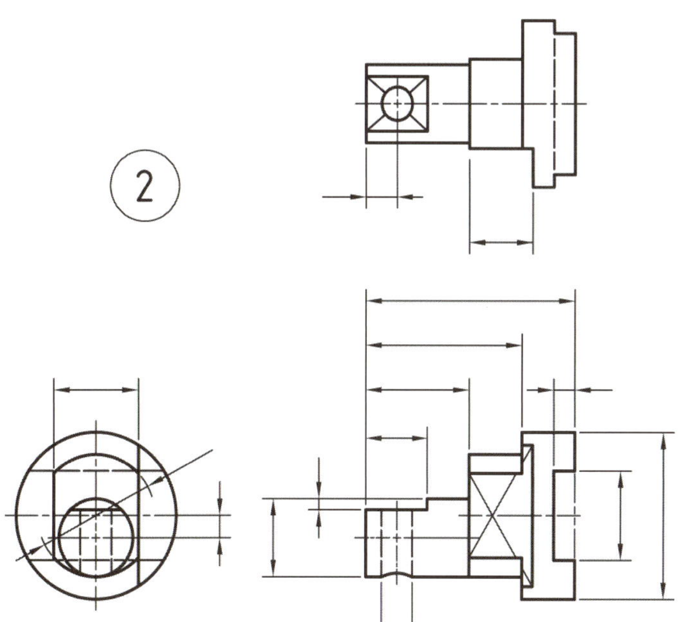

연습문제-2 모범답안

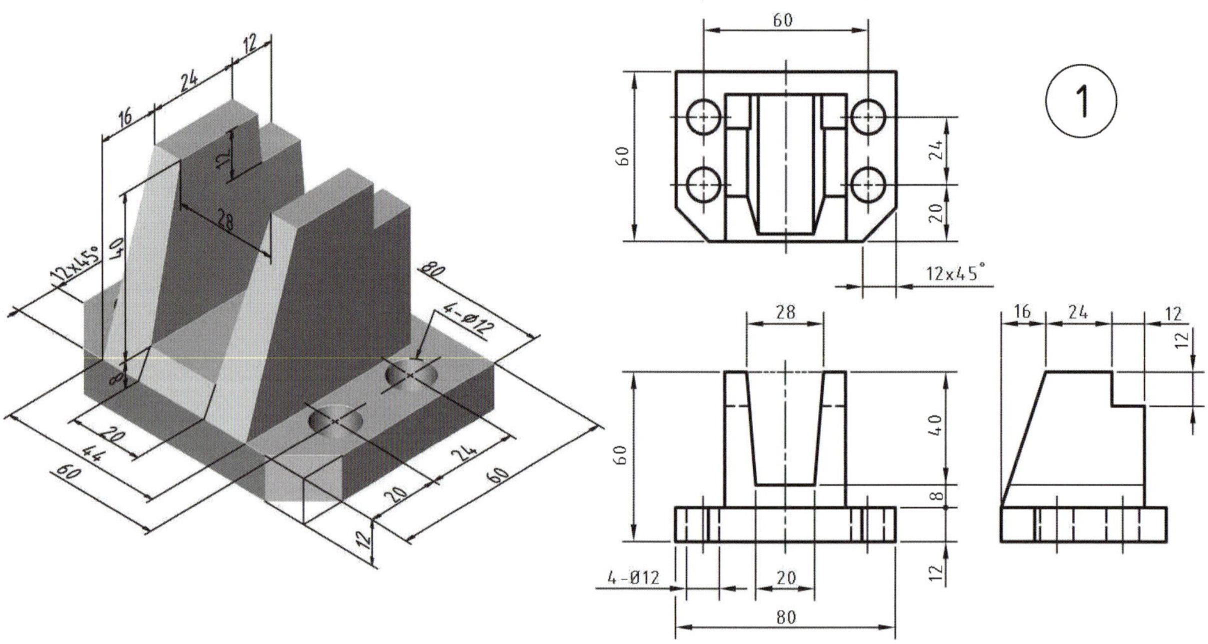

1

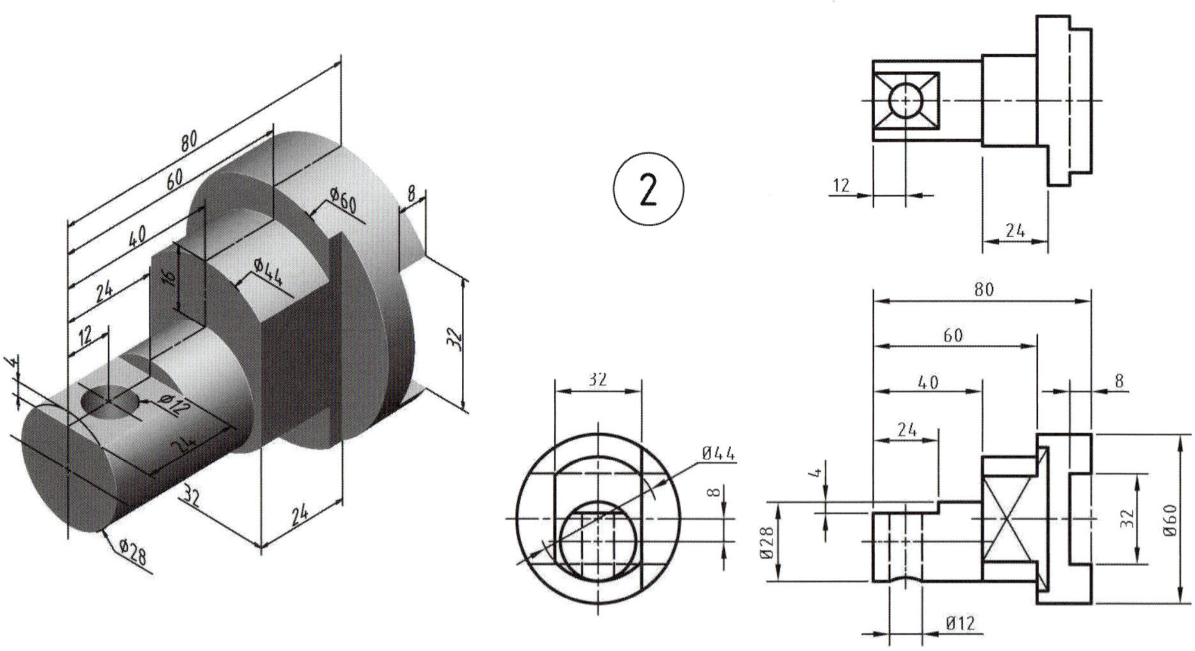

2

종합평가-1 **아래 오른쪽의 2개 정 투상도에 표시된 치수를 보고 왼쪽의 등각 투상도에 0.5㎜의 샤프펜슬(연필)로 치수기입을 완성하시오.**

〈참고〉

1. 손으로 제도할 때 : 중심선 0.3㎜, 숨은선 0.5㎜, 외형선 0.7㎜의 선 굵기인 샤프펜슬이나 나무연필을 사용하시오.
   - 준비물 : 0.3㎜, 0.5㎜와 0.7㎜인 샤프펜슬이나 나무연필, 삼각자 셋 180㎜, 지우개, 지우개판 등
2. CAD로 도면작성을 할 때 : 2D CAD인 AutoCAD로 도면을 작성하고, 프린터로 도면을 출력할 때는 외형선의 굵기는 0.2~0.25㎜, 숨은선의 굵기는 0.15㎜, 가는 실선의 굵기는 0.1㎜로 셋팅(setting, 설정)하여 프린트하는 것이 형상의 구분과 보기에 깔끔하다.

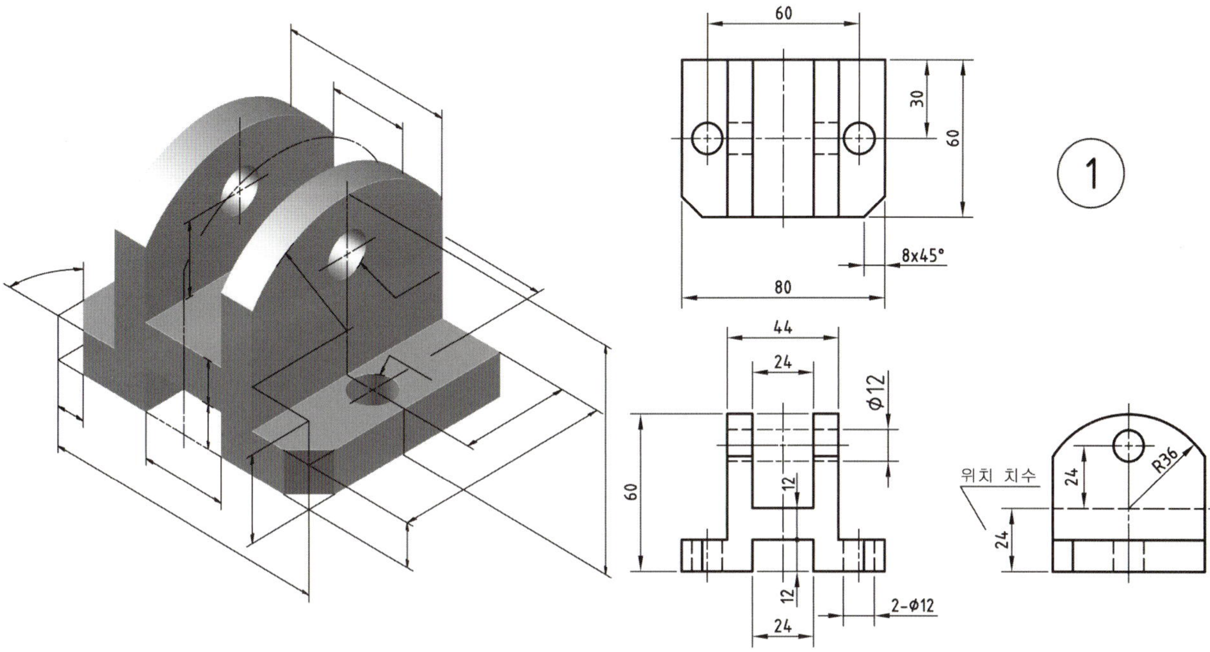

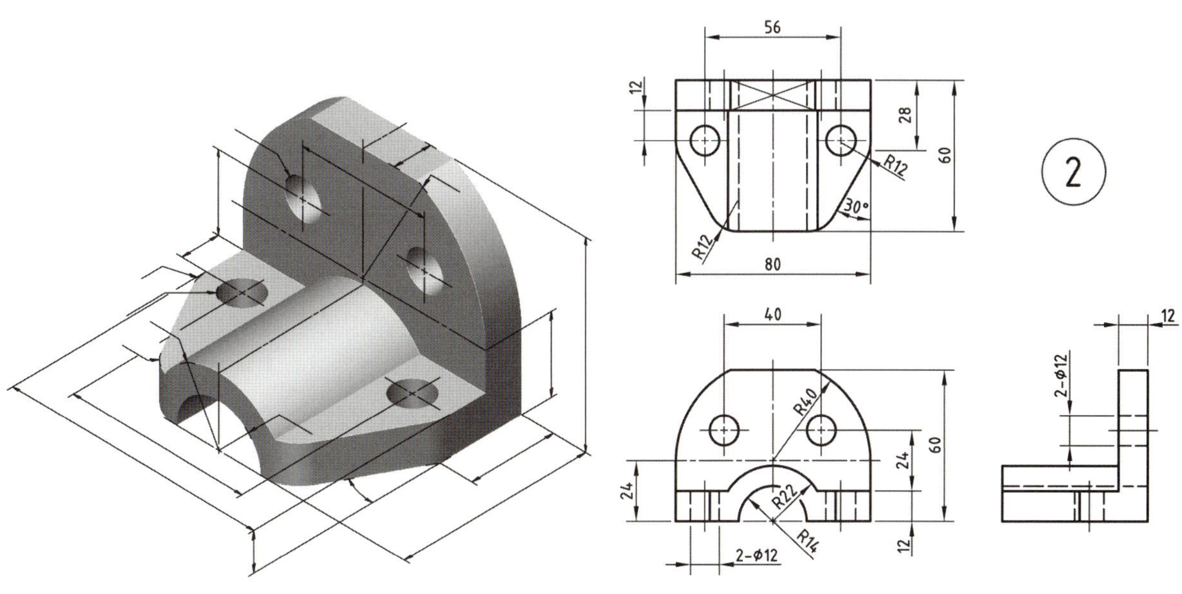

종합평가-1 | 모범답안

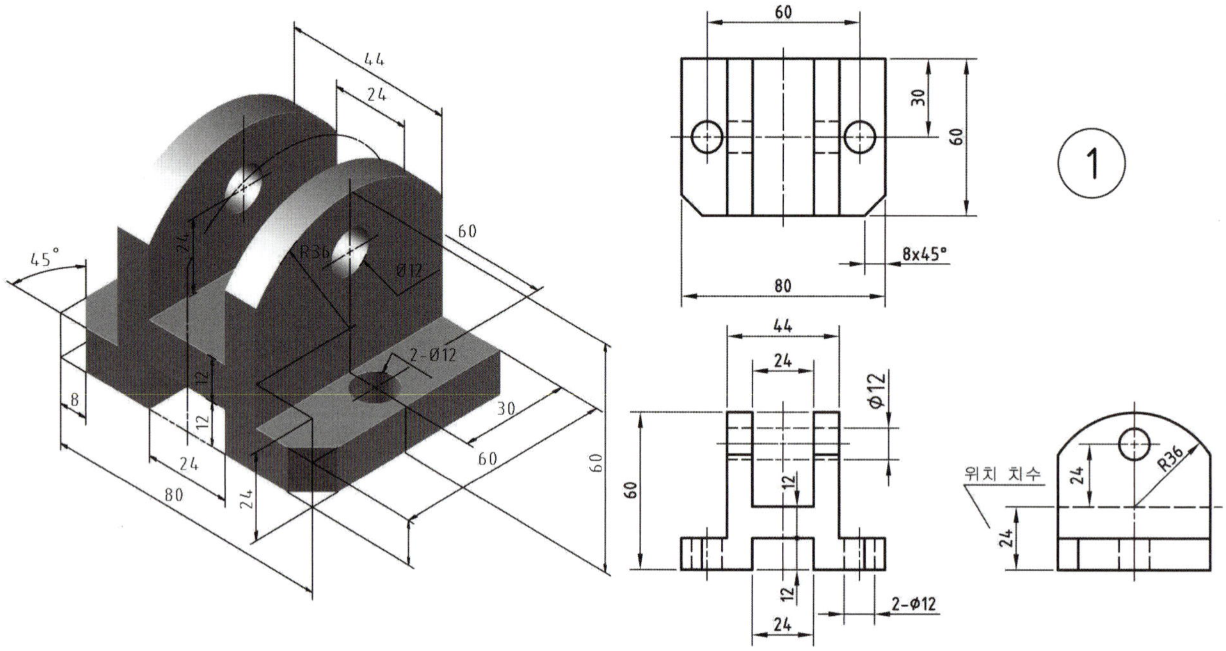
44
24
45°
R36
Ø12
60
2-Ø12
8
12
30
24
80
60
8x45°
Ø12
위치 치수
R36
2-Ø12
①

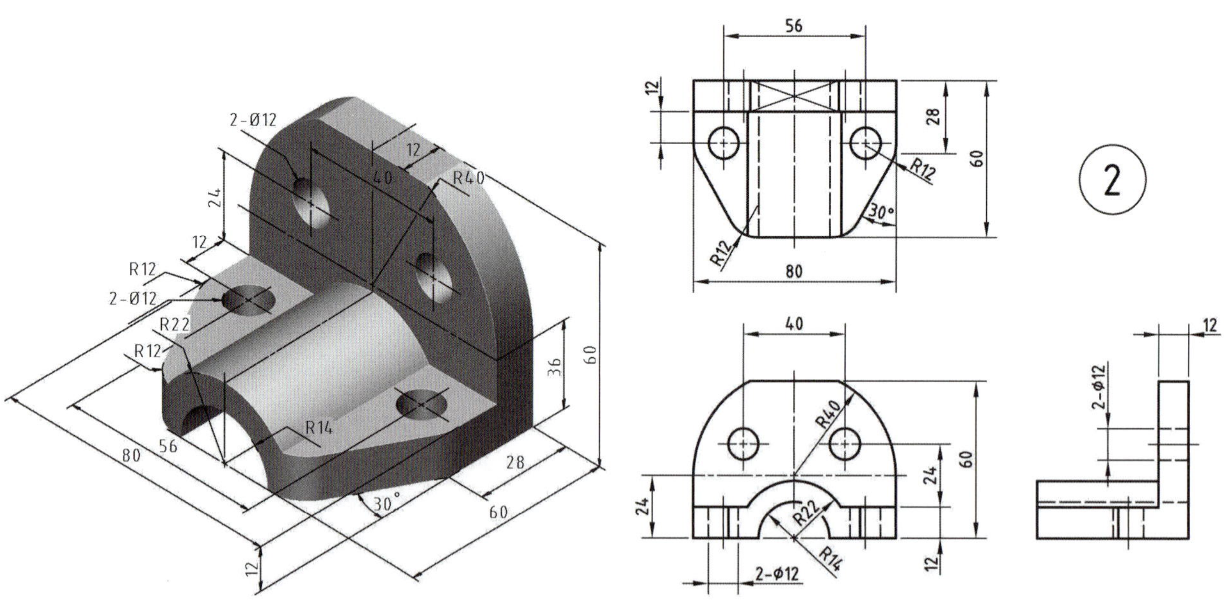
2-Ø12
12
40
R40
24
R12
2-Ø12
R22
R12
R14
36
60
80
56
28
30°
56
28
R12
30°
80
40
R40
R22
R14
2-Ø12
12
②

종합평가-2

아래 오른쪽의 2개 정 투상도에 표시된 치수를 보고 왼쪽의 등각 투상도에 0.5㎜의 샤프펜슬(연필)로 치수기입을 완성하시오.

〈참고〉

1. 손으로 제도할 때 : 중심선 0.3㎜, 숨은선 0.5㎜, 외형선 0.7㎜의 선 굵기인 샤프펜슬이나 나무연필을 사용하시오.
   - 준비물 : 0.3㎜, 0.5㎜와 0.7㎜인 샤프펜슬이나 나무연필, 삼각자 셋 180㎜, 지우개, 지우개판 등
2. CAD로 도면작성을 할 때 : 2D CAD인 AutoCAD로 도면을 작성하고, 프린터로 도면을 출력할 때는 외형선의 굵기는 0.2~0.25㎜, 숨은선의 굵기는 0.15㎜, 가는 실선의 굵기는 0.1㎜로 셋팅(setting, 설정)하여 프린트하는 것이 형상의 구분과 보기에 깔끔하다.

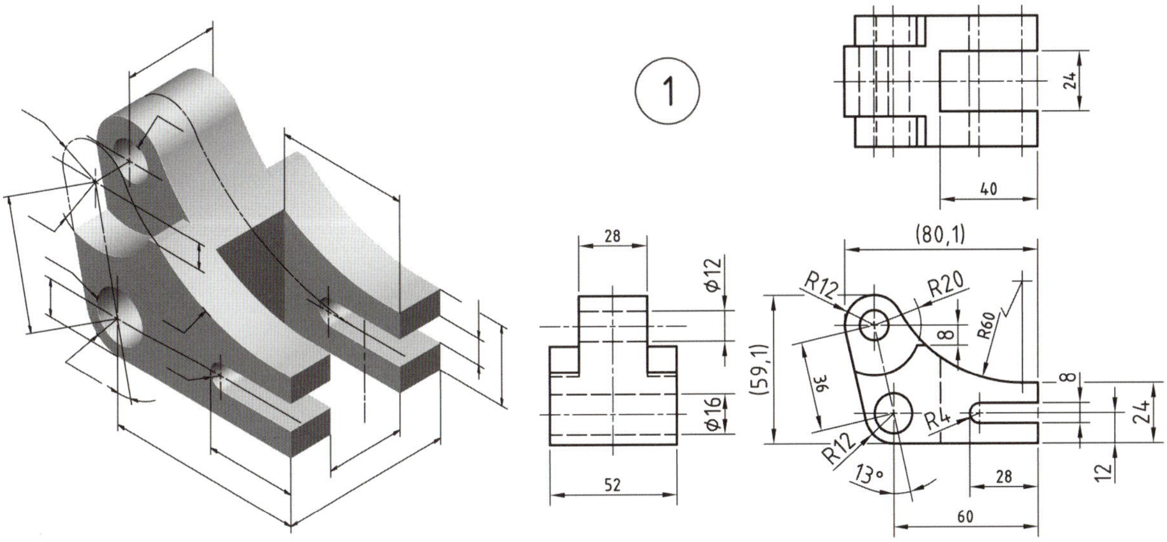

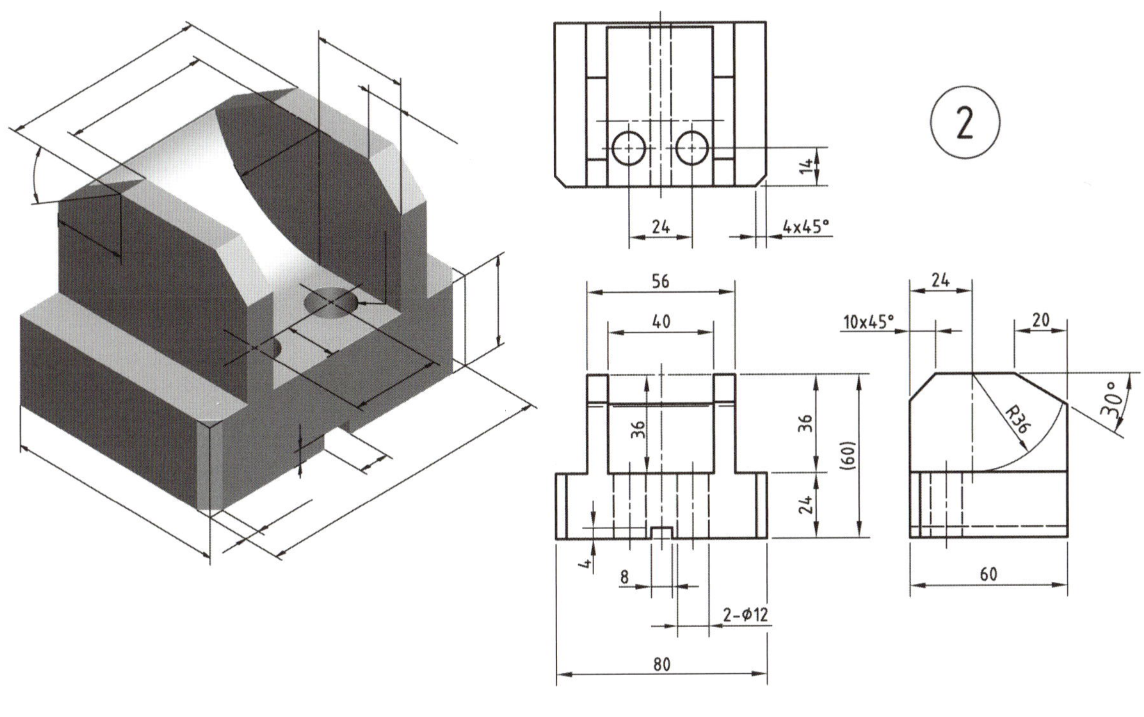

종합평가-2 모범답안

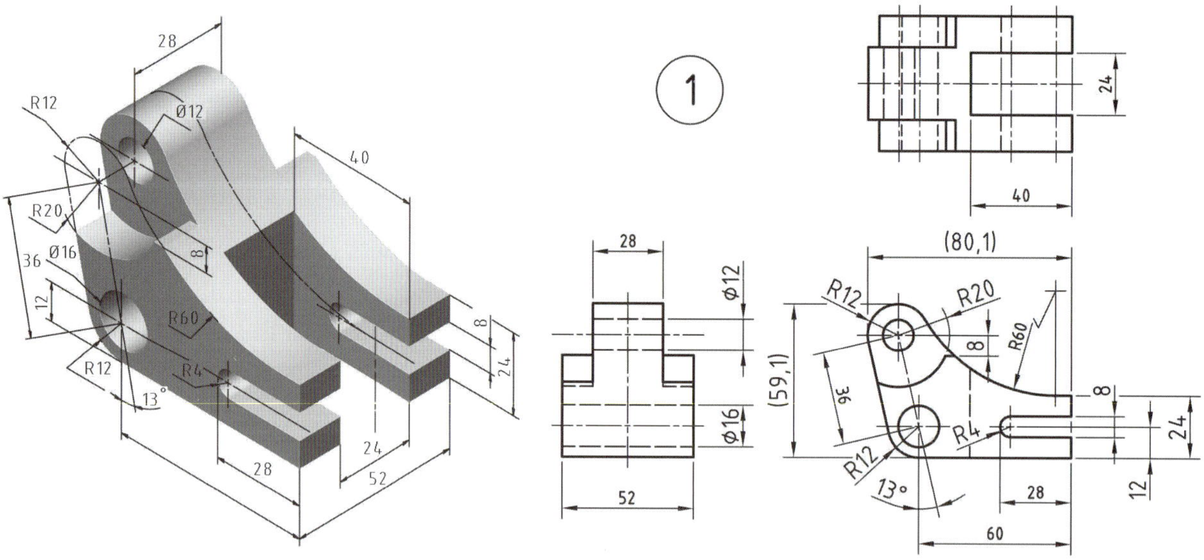
1
28
R12
Ø12
40
R20
36
Ø16
12
8
R60
R4
R12
13°
24
28
52
(80,1)
R20
R60
(59,1)
36
R12
R4
13°
60
Φ12
Φ16

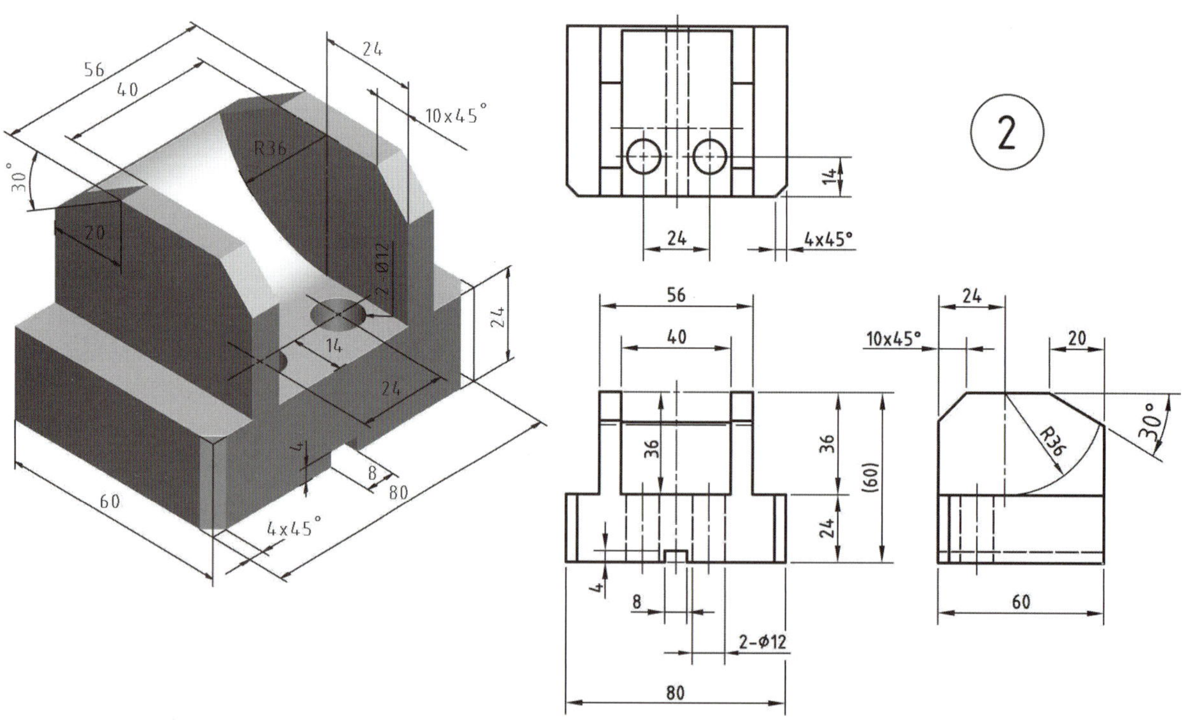
2
56
40
24
10x45°
30°
R36
20
2-Ø12
14
24
8
80
60
4x45°
2-Φ12
36
(60)

CHAPTER

06 표면 거칠기와 결 기호

6.1 표면 거칠기의 종류

가공 표면의 거칠기를 지시하는 방법을 한국산업규격(KS)에서는 중심선(산술) 평균 거칠기(Ra), 최대높이 거칠기(Ry, 구 규격에서는 Rmax), 10점 평균 거칠기(Rz), 요철의 평균 간격(Sm), 국부 산봉우리의 평균 간격(S), 부하 길이 율(tp) 값 중에서 선택하여 지시하는 것으로 규정하고 있다. 그 중에서 주로 중심선 평균 거칠기(Ra), 최대높이 거칠기(Ry), 10점 평균 거칠기(Rz)값을 기계 도면에 적용하고 있으나 회사마다 구비한 측정 장비에 따라 다르다.

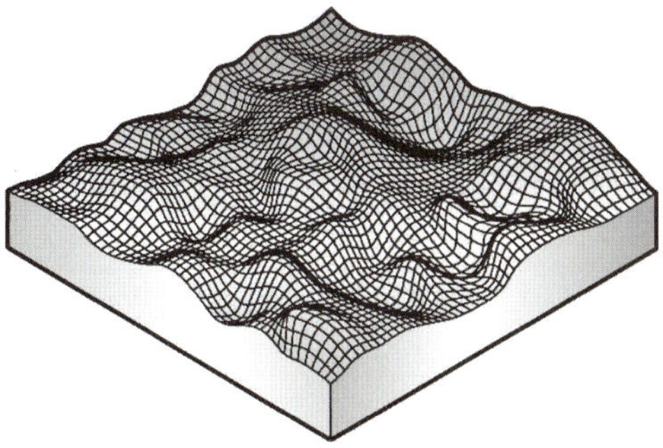

[그림 6-1] 절단 표면의 입체 확대도

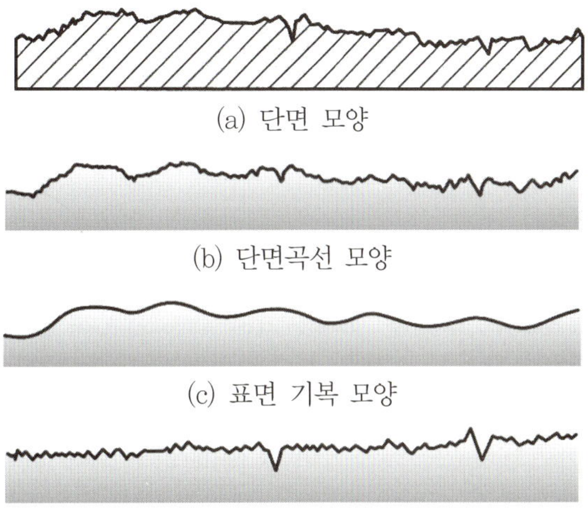

(a) 단면 모양

(b) 단면곡선 모양

(c) 표면 기복 모양

(d) 조도(粗度, 거칠기) 곡선 모양

[그림 6-2] 절단 표면의 확대

6.2 단면곡선

그림 6-1과 같이 제품 표면과 직각으로 표면을 절단했을 때 절단면에 나타나는 기준길이를 그림 6-2의 (b)와 같이 확대하여 나타낸 것을 단면곡선이라 한다.

6.3 중심선(산술) 평균 거칠기(Ra) 값

그림 6-3과 같이 거칠기 곡선에서 중심선 방향으로 측정 길이 「L」의 부분을 채취하여 중심선의 윗부분인 색칠한 부분의 면적을 측정 길이로 나눌 때 얻게 되는 값을 미크론 단위(μm)로 나타낸 것을 말한다.

기계도면에서 표시되는 거칠기 값은 별도로 지정하지 않는 한 중심선 평균 거칠기 「Ra」값을 적용하며 거칠기 값 다음에 「a」가 같이 표시되기도 하지만 주로 「a」를 생략하고 표시한다.

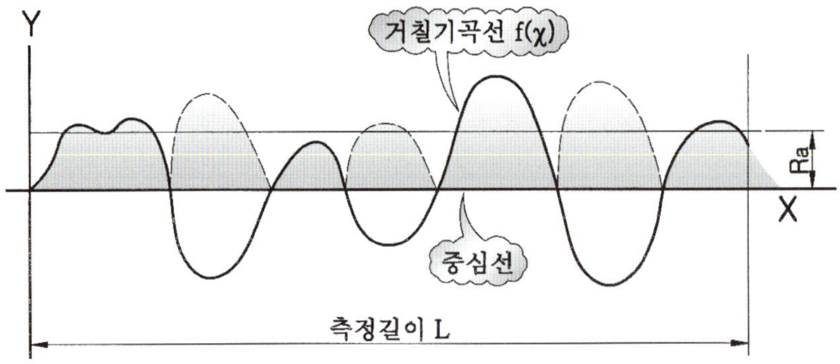

[그림 6-3] 중심선 평균 거칠기(Ra) 값을 구하는 방법

6.4 최대높이 거칠기(Ry 또는 Rmax) 값

그림 6-4와 같이 단면곡선에서 기준길이를 채취하여 가장 높은 곳(산 또는 봉우리)과 가장 깊은 골과의 높이 차를 단면곡선의 세로배율의 방향으로 측정하여 그 값을 미크론 단위(μm)로 나타낸 것을 말한다.

L_1, L_2 및 L_3은 기준길이를 나타내며 이에 따른 최대높이 거칠기는 Ry1(Rmax1), Ry2(Rmax2), Ry3(Rmax3)이다.

거칠기 측정의 상한 값 또는 하한 값을 지시하고자 할 때에는 그림 6-11과 같이 표시되는 지시기호의 가로선 아래에 표시된다.

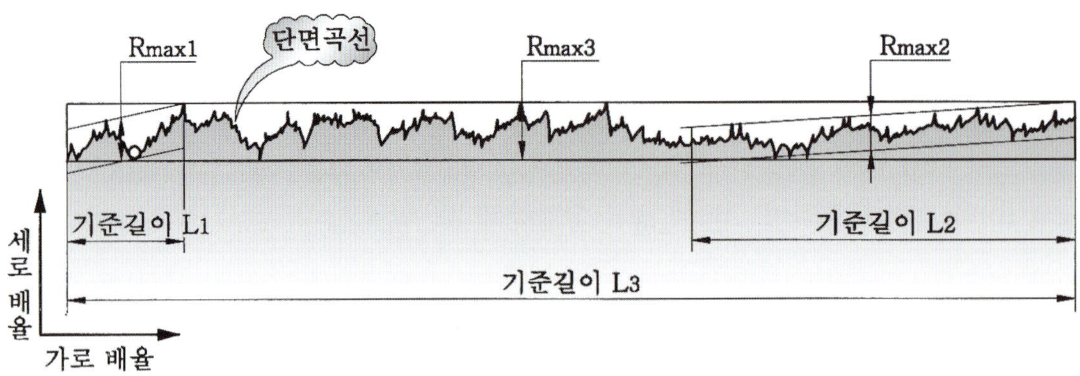

[그림 6-4] 단면곡선에서 최대높이 거칠기(Rmax)를 구하는 방법

6.5 10점 평균 거칠기(Rz) 값

그림 6–5와 같이 단면곡선에서 기준길이 「L」을 채취하여 이 부분 중 가장 높은 쪽에서 다섯 번째 산(봉우리)까지 표고 평균값과 깊은 쪽에서 다섯 번째까지 골밑의 표고 평균값과의 차이를 미크론 단위(μm)로 나타낸 것을 말하며, 제거가공 기호와 함께 지시할 때는 거칠기 값의 다음에 「z」가 같이 표시되어 있다.

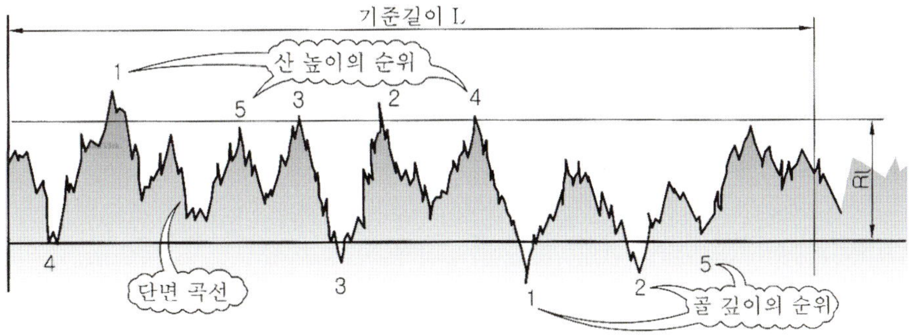

[그림 6–5] 10점 평균 거칠기(Rz)를 구하는 방법

6.6 지시기호

1 대상 면 지시기호의 지시

표면의 결을 지시할 때는 적용하는 대상 면이나 면으로부터 연장된 치수 보조선에 그림 6–6과 같이 60°로 벌린 서로 다른 길이에 각각 다른 기호로써 투상도의 외형선에 붙여서 표시된다.

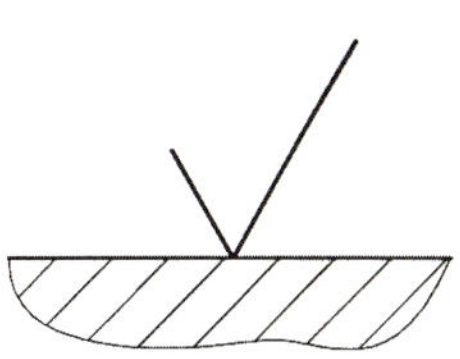

[그림 6–6] 대상 면의 지시기호

2 대상 면 지시기호의 지시 예

제거가공 여부를 묻지 않을 때 사용되며, 주로 금형으로 생산되는 플라스틱 제품, 다이 캐스팅(Die casting) 금형, 프레스 금형, 단조 금형, 압출 금형 등으로 생산되는 제품의 부품설계도 작성 등에 적용된다.

그림 6–7은 플라스틱 재질로 된 눈금자 제품의 등각도와 대상 면 지시기호에 면의 거칠기 값을 지시한 제품도의 보기이며 그림 6–8의 **(a)**는 플라스틱 눈금자를 생산하기 위한 사출금형의 구조를 설명하기 위한 간략도이고 **(b)**는 금형 부품을 가공하기 위해 제거가공 기호가 지시된 부품도의 보기이다.

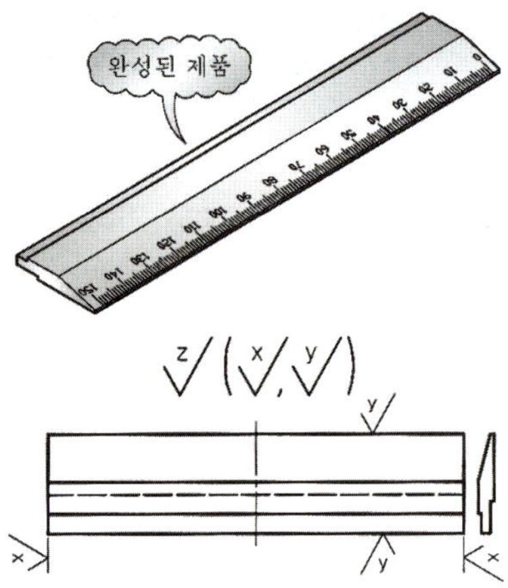

[그림 6-7] 플라스틱 자의 제품도

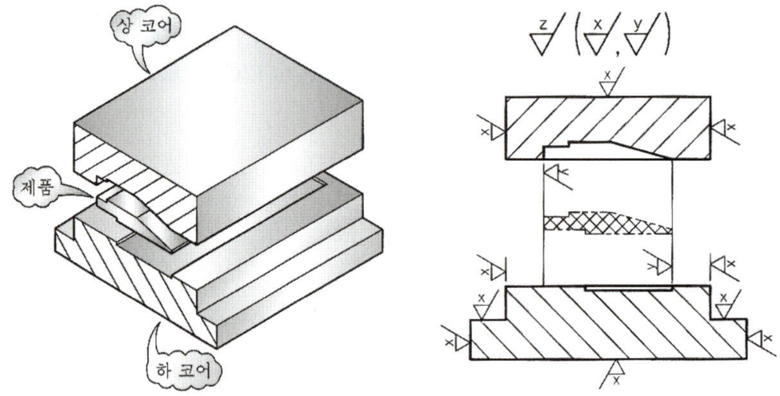

(a) 사출금형(2단 금형) 간략도 (b) 사출금형 부품 도면의 지시기호

[그림 6-8] 플라스틱 사출금형 도면에 기입된 지시기호

3 제거가공을 필요로 하는 지시기호

그림 6-9와 같이 대상 면 지시기호의 짧은 쪽 다리 끝에서 긴 쪽 선으로 정삼각형을 만들어서 그 위에 거칠기 값이 표시된 기호는 제거가공으로 해석한다.

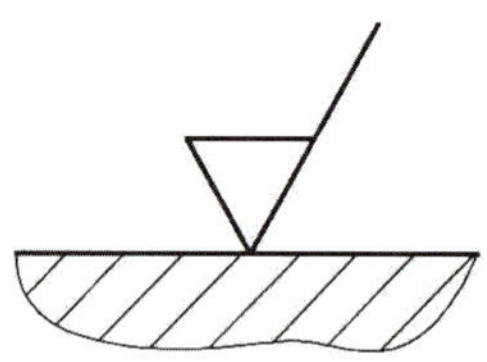

[그림 6-9] 제거가공 지시기호

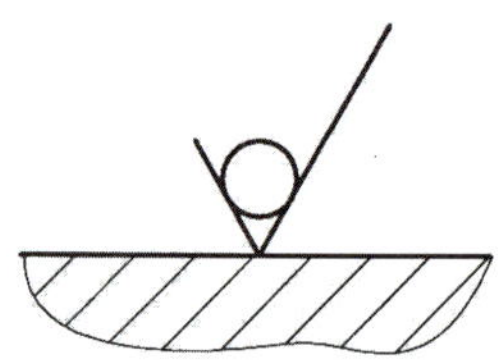

[그림 6-10] 제거가공 허용 않음

4 제거가공을 허용하지 않는 지시기호

그림 6-10, 그림 6-11의 **(b)**와 같이 대상 면 지시기호에 작은 내접원을 그려서 표시된 기호는 제거가공 또는 다른 방법으로 얻어진 가공 전의 상태를 그대로 남겨 두는 것 즉 거스러미 등을 핸드 그라인더(Hand grinder)나 와이어 브러쉬(Wire brush) 등으로 제거한 정도의 거칠기로 해석한다.

(a) (b)

[그림 6-11] 지시기호의 가로선

5 제거가공 방법 등을 지시하기 위한 가로선

그림 6-11과 같이 지시기호의 긴 쪽 다리를 꺾어서 그은 선 위나 아래에 가공 방법 등이 별도로 표시된 경우에는 지시 내용의 위치에 따른 해석이 필요하다.

6.7 표면 거칠기 값

1 중심선(산술) 평균 거칠기(Ra) 값

허용할 수 있는 최대의 값만을 지시할 때는 그림 6-12와 같이 지시기호의 위쪽이나 아래쪽에 표시되고, 최대 및 최소의 값이 지시된 때는 그림 6-13과 같이 지시기호의 위쪽이나 아래쪽에 상한 값은 위에서, 하한 값은 아래에서 해석한다.

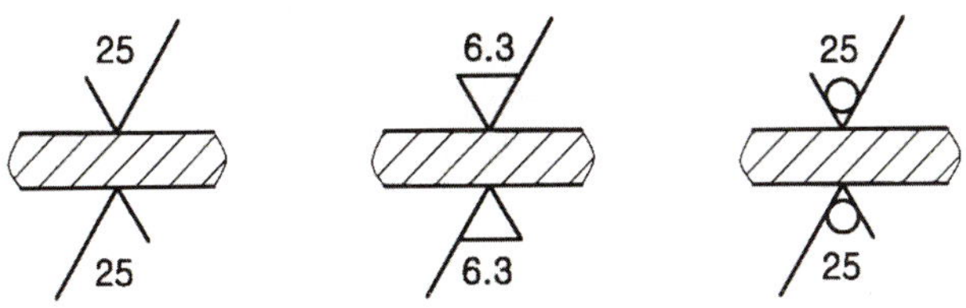

(a) (b) (c)

[그림 6-12] 최대의 값 지시

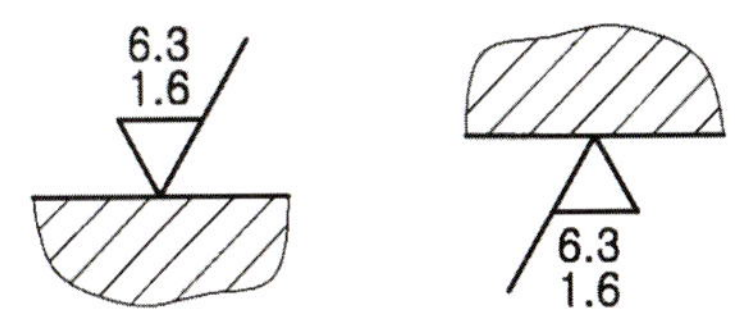

(a) (b)

[그림 6-13] 최대·최소의 값 지시

2 최대높이 거칠기(Ry 또는 Rmax) 또는 10점 평균 거칠기(Rz) 값

그림 6-14와 같이 지시기호의 긴 쪽 다리를 꺾어서 그은 선 아래쪽에 간략기호와 함께 표시된 거칠기 값은 최대높이 거칠기(Ry로 표시되며, Rmax는 구 기호임)이며 그림 6-15와 같이 지시된 경우에는 표면 거칠기의 지시 값에 대한 기준길이를 지시할 필요가 있을 때이므로 표면 거칠기의 지시 값 아래쪽의 값도 같이 해석한다.

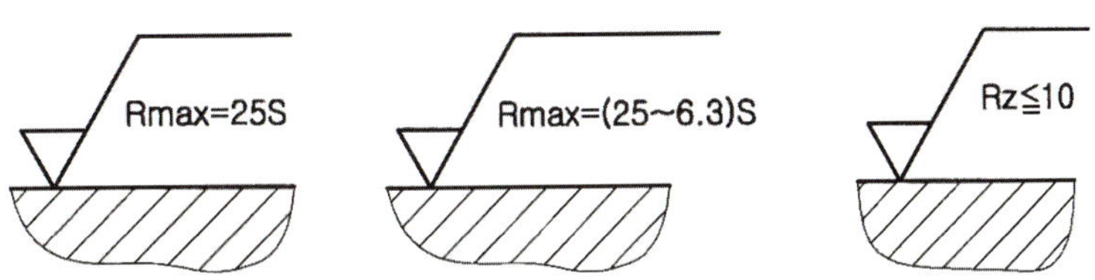

(a) (b) (c)

[그림 6-14] Rmax, Rz값의 지시

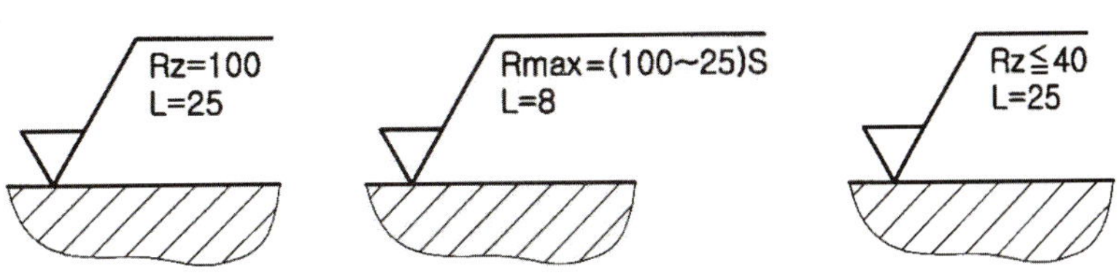

(a) (b) (c)

[그림 6-15] 기준길이 값의 지시

3 특정한 가공방법

제품 표면의 결을 얻기 위해 특정한 가공방법(표면처리 포함) 등의 요구 사항을 지시할 때는 그림 6-16과 같이 지시기호의 긴 쪽 다리에 가로선을 그어서 문자나 가공방법 기호 등을 붙인다.

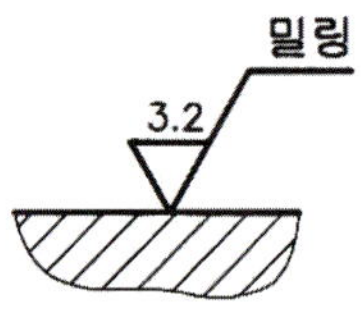

(a)

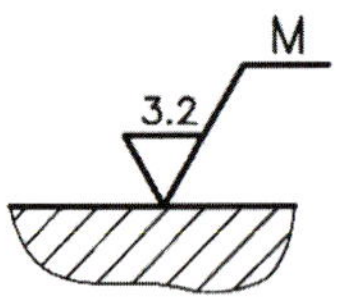

(b)

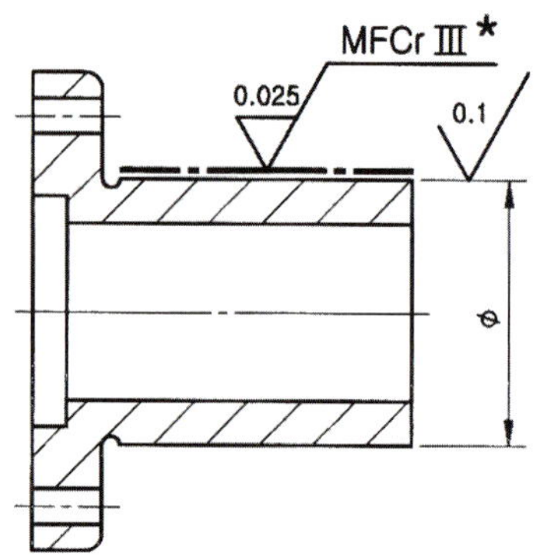

참고

* 기호는 KS D 0022 전기 도금의 표시 방법에 따른다.
M : 도금, F : 소재는 철강, Cr : 크롬 도금
Ⅲ : 도금의 등급, 3급으로 도금 두께 10μm

(c)

[그림 6-16] 특수한 요구사항의 표시

4 줄무늬 방향

그림 6-17과 같이 제거가공 기호의 오른쪽 아래에 지시된 기호는 줄무늬 가공 방향으로 해석해야 하며 그림 6-18과 같은 제거가공 기호들이 의미하는 것으로 해석한다.

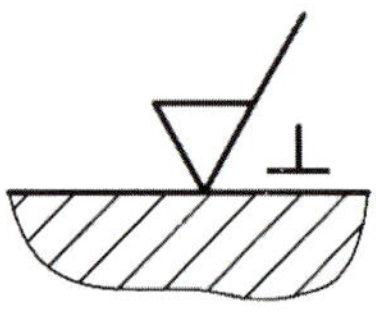

[그림 6-17] 줄무늬 방향기호 기입위치

기 호	기호의 의미	설명 그림과 도면 기입
=	가공에 의한 커터의 줄무늬 방향이 기호를 기입한 그림의 투상 면에 평행해야 한다. **[보기] 세이빙 면 등**	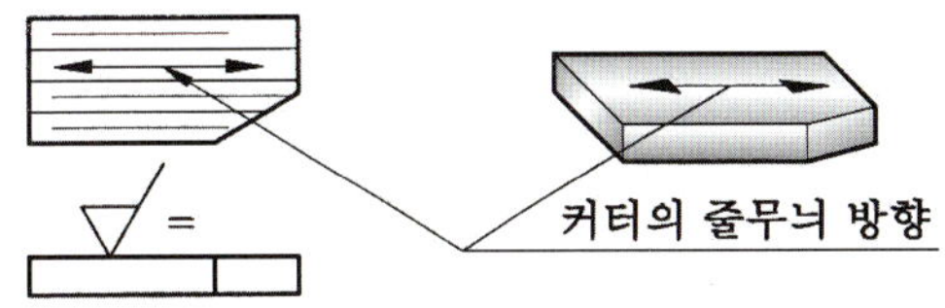
⊥	가공에 의한 커터의 줄무늬 방향이 기호를 기입한 그림의 투상 면에 직각이어야 한다. **[보기] 세이빙 면(옆으로부터 보는 상태), 선삭, 원통 연삭 면 등**	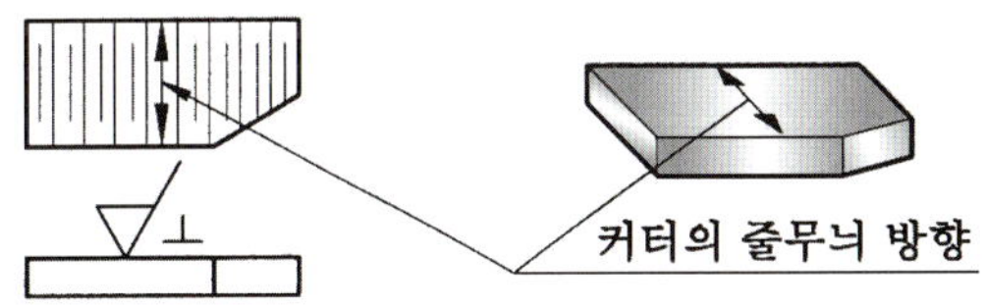
X	가공에 의한 커터의 줄무늬 방향이 기호를 기입한 그림의 투상 면에 경사지고 두 방향으로 교차해야 한다. **[보기] 호닝 다듬질 면**	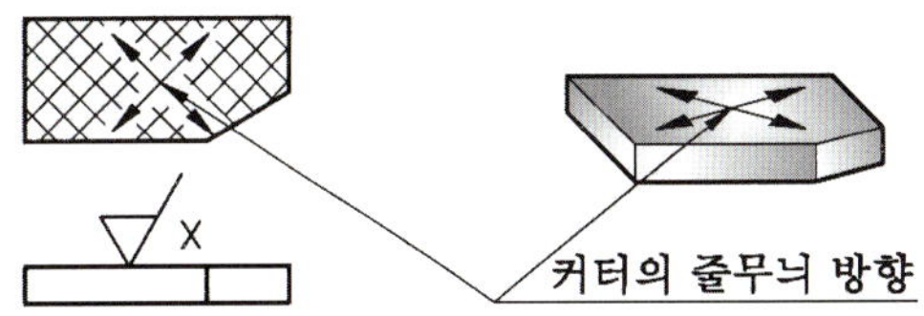
M	가공에 의한 커터의 줄무늬 방향이 여러 방향으로 교차 또는 두 방향이어야 한다. **[보기] 래핑 다듬질 면, 수퍼 피니싱 면, 가로 이송을 한 정면 밀링 또는 엔드 밀 절삭 면 등**	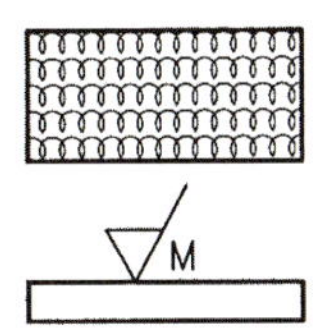
C	가공에 의한 커터의 줄무늬가 기호를 기입한 면의 중심에 대하여 대략 동심 원 모양이어야 한다. **[보기] 끝 면 절삭 면**	
R	가공에 의한 커터의 줄무늬가 기호를 기입한 면의 중심에 대하여 대략 레디얼(radial, 방사상) 모양이어야 한다.	

[그림 6-18] 가공 줄무늬 방향 기호

6.8 지시사항과 거칠기 값의 표시위치

그림 6-19와 같이 지시된 기호와 값의 해석은 보기에서 설명한 기호에 의해 거칠기 값, 컷오프 값, 기준길이, 가공방법, 줄무늬 방향 기호, 파상도(결의 모양을 나타낸 그림) 등을 해석한다.

[보기]

a : 중심선 평균 거칠기 값	b : 가공 방법
c : 컷오프 값	c′ : 기준길이
d : 줄무늬 방향기호	e : 다듬질 여유
f : 중심선 평균 거칠기 이외의 표면 거칠기의 값	
g : 표면 파상도(KS B 0610에 따른다.)	

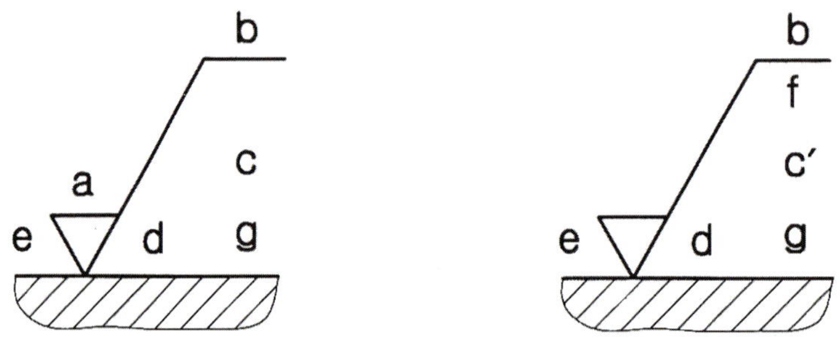

(a) 지시사항(기호) 위치 (b) 거칠기 값의 표시위치

[그림 6-19] 지시사항과 값의 기입위치

6.9 제거가공 기호

1 제거가공 기호의 표시방향과 지시 면

그림 6-20, 그림 6-21과 같이 아래쪽과 오른쪽부터 읽을 수 있도록 지시된 기호는 지시 면에 직접 닿는 면, 연장선에 해당하는 면, 화살표로 지시된 면에만 해당하는 것으로 해석한다.

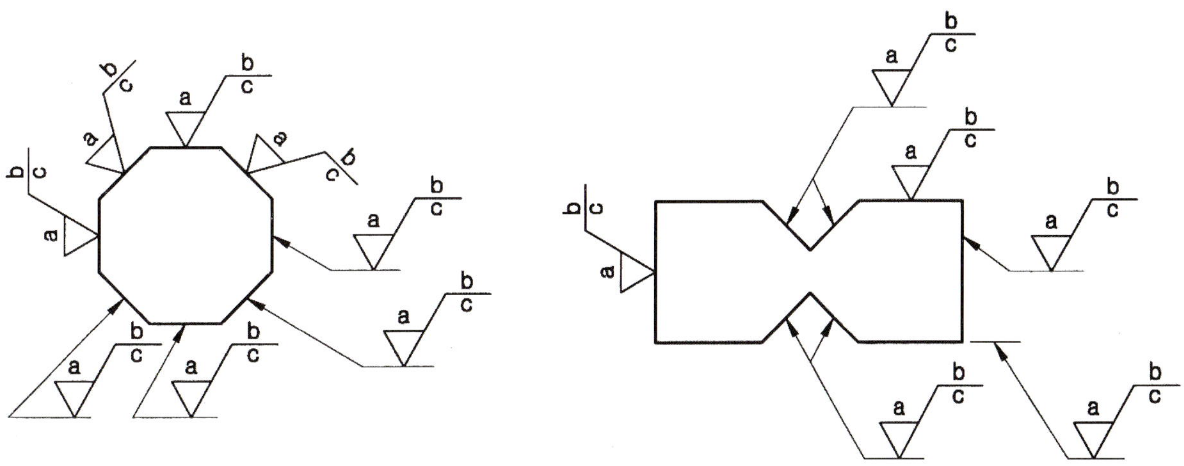

(a) (b)

[그림 6-20] 제거가공 기호의 지시 면과 방향

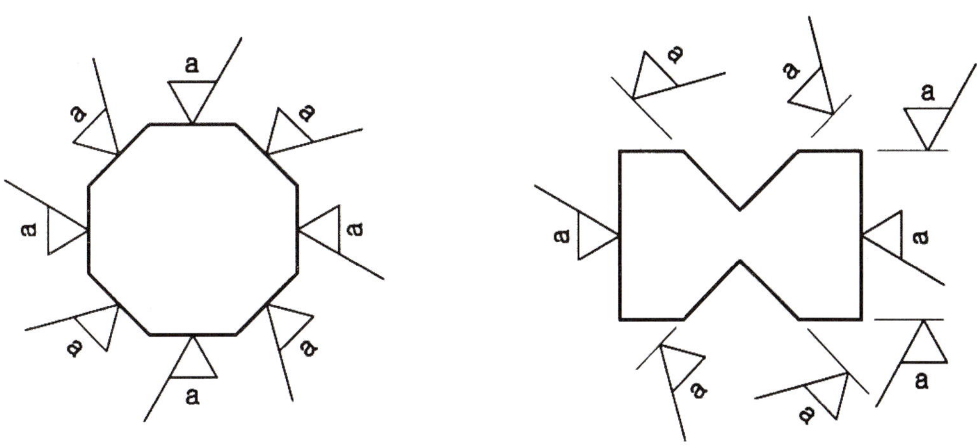

(a) 직접 면에 지시 (b) 연장선을 사용한 지시

[그림 6-21] 제거가공 기호에 Ra값 만을 지시

2 지시위치가 다른 경우

그림 6-22와 같이 지시된 기호는 치수 보조선이나 지시선이 의미하는 대상 면에 적용되는 거칠기로 해석한다.

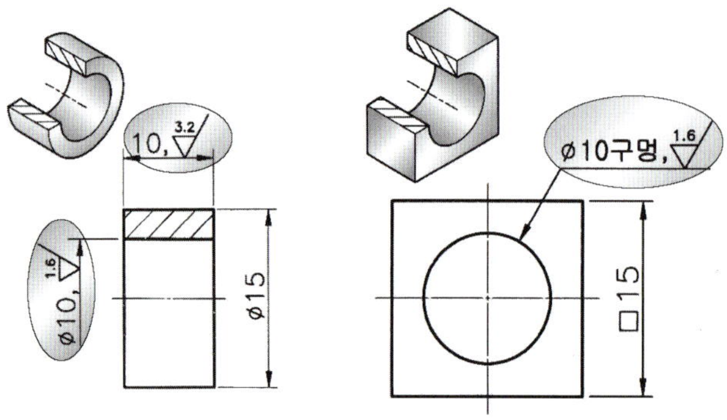

(a) 치수선에 기입 (b) 지시선에 기입

[그림 6-22] 치수선과 지시선 위의 기호

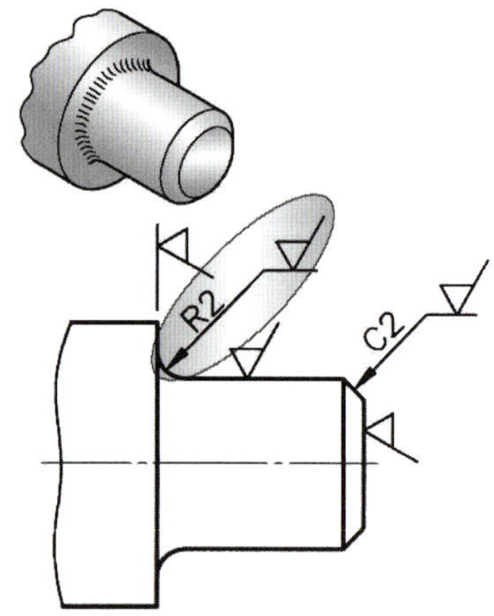

[그림 6-23] 둥글기, 모떼기 부

3 둥글기나 모떼기 부분에 표시된 경우

그림 6-23과 같이 둥글기(Round)의 반지름, 모떼기(Chamfer)를 나타내는 치수선 또는 연장선과 지시선을 사용하여 지시된 경우에는 그 치수에 해당하는 면의 거칠기로 해석한다.

6.10 간단하게 지시한 제거가공 기호

1 여러 곳의 반복지시

제거가공 기호 위에 영문자의 소문자 (**w, x, y, z**)로 지시된 기호는 그림 6-24와 같이 거칠기 값에 해당하는 문자기호를 정하여 그 뜻을 표제란의 결 또는 「**주서**」란에 설명된 기호의 값으로 해석한다.

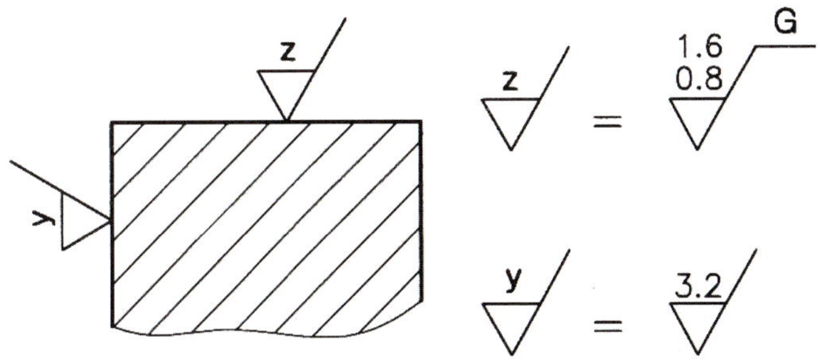

[그림 6-24] 거칠기 값을 지시하는 간략기호

2 부품도에 지시되지 않았을 때

그림 6-25의 **(a)**, **(b)**와 같이 부품도 위에만 지시된 경우에는 부품 전체의 면에 지시된 거칠기로 해석한다.

3 부품도와 그 위에 지시된 경우

그림 6-25의 **(c)**와 같이 투상도에 지시한 기호나 **(d)**와 같이 지시하지 않은 기호 다음에 괄호를 사용하여 지시한 기호는 대부분이 동일한 거칠기이고 일부만이 다른 경우로 해석한다.

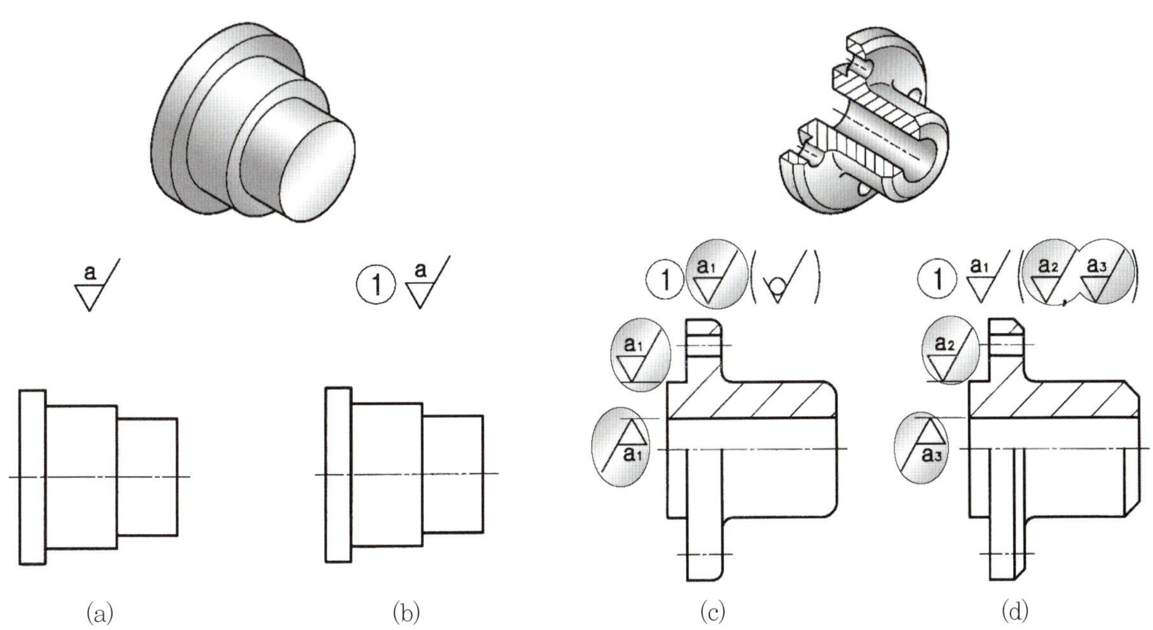

[그림 6-25] 제거가공 기호의 간단한 지시

그림 6-26은 앞에서 설명한 제거가공 기호가 기입・적용된 부품도(부품도면)의 예시를 보여준다.

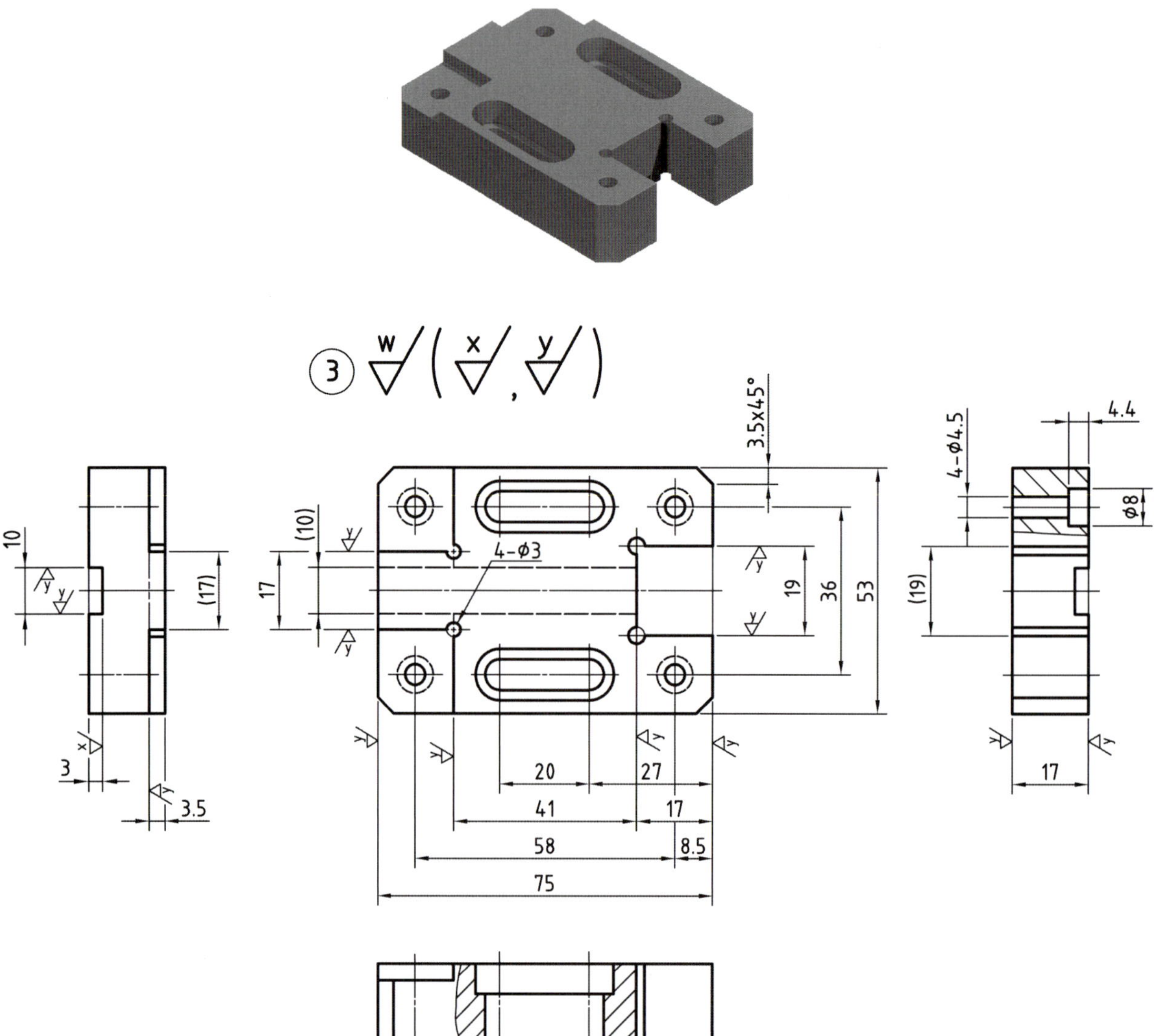

해석 ③ 옆에 기입된 대표 기호의 괄호 안에 기입된 2개의 표면 거칠기 값에 해당하는 기호는 투상도형(도면) 안에 기입되어 있으므로 나머지 모든 가공면의 표면 거칠기는 괄호 밖에 기입된 표면 거칠기 값의 표면 거칠기로 가공을 하라는 뜻이다.

[그림 6-26] 제거가공 기호가 간략하게 기입된 부품도

6.11 표면 거칠기 검사에 필요한 비교 표준 편(片)

가공면의 표면 거칠기를 촉각이나 시각으로 비교하여 측정할 때 사용하는 길이 13㎜ 이상의 크기로 된 평면, 원통 외면, 원통 내면으로 만들어진 것을 표면 거칠기의 비교 표준 편이라고 하며, **표 6-1**과 **표 6-2**와 같이 표준 편의 번호는 주서란에 설명되는 표면 거칠기 기호의 비교 값에 해당하는 번호로 해석되고 부품이 검사된다.

[표 6-1] 최대높이 거칠기(Ry 또는 Rmax)의 구분 값에 따른 표면 거칠기 비교 표준 편 번호

거칠기 구분 값		0.1S	0.2S	0.4S	0.8S	1.6S	3.2S	6.3S	12.5S	25S	50S	100S	200S
최대높이 표면 거칠기 범위 (μm, Ry 또는 Rmax)	최소치	0.08	0.17	0.33	0.66	1.3	2.7	5.2	10	21	42	83	166
	최대치	0.11	0.22	0.45	0.90	1.8	3.6	7.1	14	28	56	112	224
거칠기 번호 (표준 편 번호)		SN 1	SN 2	SN 3	SN 4	SN 5	SN 6	SN 7	SN 8	SN 9	SN 10	SN 11	SN 12

[표 6-2] 중심선 평균 거칠기(Ra)의 구분 값에 따른 표면 거칠기 비교 표준 편 번호

거칠기 구분 값		0.025a	0.05a	0.1a	0.2a	0.4a	0.8a	1.6a	3.2a	6.3a	12.5a	25a	50a
중심선 평균 표면 거칠기 범위 (μm, Ra)	최소치	0.02	0.04	0.08	0.17	0.33	0.66	1.3	2.7	5.2	10	21	42
	최대치	0.03	0.06	0.11	0.22	0.45	0.90	1.8	3.6	7.1	14	28	56
거칠기 번호 (표준 편 번호)		N 1	N 2	N 3	N 4	N 5	N 6	N 7	N 8	N 9	N 10	N 11	N 12

그림 6-27은 여러 가지 표면 거칠기 기호가 적용된 부품도의 예시이다.

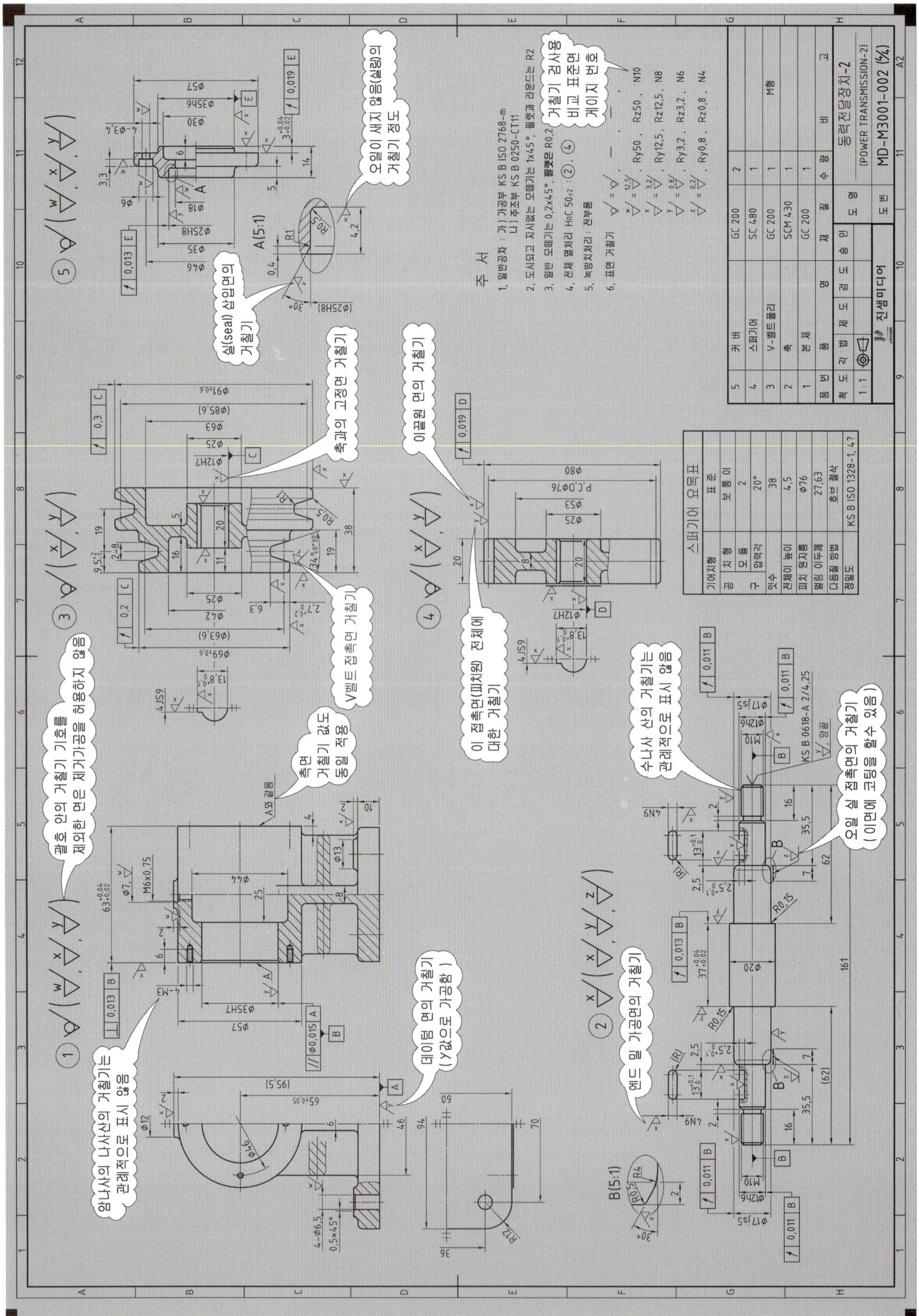

[그림 6-27] 부품도와 표면 거칠기 기호

6.12 다듬질 기호와 표면 거칠기 기호의 가공방법에 따른 거칠기 값 비교

다듬질 기호와 표면 거칠기 기호는 그 대상 면에 대한 거칠기 값을 정할 때 각 부품의 기능과 작동을 고려하여 표시하게 되므로 표 6-3과 같이 표시된 거칠기 값으로 가공할 수 있는 공작기계의 작업배정 등이 이루어진다.

[표 6-3] 다듬질 기호와 표면 거칠기 기호의 가공방법에 따른 거칠기 값 비교

<table>
<tr><th>제거 가공 기호</th><th>면 지시 기호</th><th>다듬질 기호 (구 기호)</th><th>최대 높이 거칠기 (Ry) 값</th><th>중심선 평균 거칠기 (Ra) 값</th><th>표준 편 게이지 번호</th><th>가공 정도</th><th>기입하는 부분 예</th></tr>
<tr><td colspan="2"></td><td>～</td><td colspan="3">특별히 규정하지 않는다.</td><td>주조, 압연, 단조, 주물 등에 생산된 자연 면의 요철(큰 거스러미)을 그라인더나 줄 및 와이어 브러쉬 등으로 따내는 정도의 면</td><td>일반적으로 기계 등으로 가공은 하지 않으며, 스패너의 자루, 핸들의 암, 주조 및 단조한 그대로의 면, 플랜지의 측면 등</td></tr>
<tr><td rowspan="2"></td><td rowspan="2"></td><td rowspan="2">▽</td><td>50-S</td><td>12.5a</td><td>N 10</td><td rowspan="2">줄 가공, 플래너, 선반, 밀링, 그라인딩, 샌드 페이퍼 등에 의한 가공으로써 가공 흔적이 뚜렷하게 남을 정도의 거친 가공 면</td><td>저널 베어링 몸체의 밑면, 펌프 본체의 밑면, 축이나 핀의 양끝 면, 다른 부품과 닿지 않는 가공 면 등</td></tr>
<tr><td>100-S</td><td>25a</td><td>N 11</td><td>중요하지 않은 독립 부분의 거친 면이나 간단하게 흑피(표면의 불규칙한 돌기)를 제거하는 정도의 거친 면</td></tr>
<tr><td rowspan="2"></td><td rowspan="2"></td><td rowspan="2">▽▽</td><td>12.5-S</td><td>3.2a</td><td>N 8</td><td rowspan="2">줄 가공, 선반, 밀링, 브로칭 등에 의한 선삭, 그라인딩에 의한 가공으로 가공 흔적이 희미하게 남을 정도의 보통의 가공 면</td><td rowspan="2">플랜지나 커플링의 접합면, 키로 고정하는 구멍의 안지름 면과 축의 바깥지름 면, 저널 베어링의 본체와 뚜껑의 접합 면, 리머 볼트가 끼워지는 안지름 면, 기어의 이끝 면, 키의 외면과 키 홈의 면, 나사산의 면, 회전 및 직선 미끄럼 운동을 하지 않은 접촉면과 접착되는 면, 패킹의 접착 면, 핸들의 사각 구멍 안쪽 면, 부시나 미끄럼 베어링의 양끝 면, 볼트로 고정하는 접촉면, 기어의 보스 양 측면, 풀리의 보스 양 측면</td></tr>
<tr><td>25-S</td><td>6.3a</td><td>N 9</td></tr>
</table>

		▽▽▽	3.2-S	0.8a	N 6	**줄 가공, 선반이나 밀링 등에 의한 선삭, 그라인딩, 래핑, 보링 등에 의한 가공으로 가공 흔적이 전혀 남아 있지 않은 극히 깨끗한 정밀 고급 가공 면**	오링이 끼워지거나 접촉해 고정되는 면, 크랭크 핀의 바깥지름 면, 크랭크축과 운동하는 저널의 안지름 면, 기어의 이 맞물림 면, 부시나 미끄럼 베어링의 안지름 면, 회전 또는 직선 왕복운동을 하는 축의 바깥지름과 보스의 안지름 면, 밸브 시트 면이나 콕의 스톱퍼 접촉 면, 크랭크축과 미끄럼 접촉하는 저널의 안지름 면, 내연 기관의 피스톤 로드와 피스톤 핀 및 크로스헤드 핀, 피스톤 링의 바깥지름 면, 중저속 베어링의 구름 면, 캠의 면, 기타 윤이 나거나 도금을 해야 하는 외면, 정밀 나사의 산 면 등
			6.3-S	1.6a	N 7		
		▽▽▽▽	0.1-S	0.025a	N 1	**래핑, 버핑 등에 의한 가공으로 광택이 나며, 거울 면처럼 극히 깨끗한 초정밀 고급 가공 면**	정밀을 요하는 래핑(lapping), 버핑(buffing) 등에 의한 특수 용도의 고급 플랜지 면
			0.2-S	0.05a	N 2		
			0.4-S	0.1a	N 3		내연기관의 피스톤 로드와 피스톤 핀 및 크로스헤드 핀, 피스톤 링의 바깥지름 면, 고속 베어링의 구름 면, 연료 펌프의 플랜지, 공기압 또는 유압 실린더의 안지름 면, 오일 실 및 오링과 회전운동 및 직선 왕복미끄럼 접촉하는 축 바깥지름 면, 볼이나 니들 롤러의 외면 등
			0.8-S	0.2a	N 4		
			1.6-S	0.4a	N 5		

연습문제-1 **아래의 2개 등각 투상도에 표시된 치수에 의해 정 투상도로 부품 제작도가 그려져 있다. 제작 조건에 제시된 내용과 표 6-3을 참고하여 제거가공 기호를 제작도에 표시하시오.**

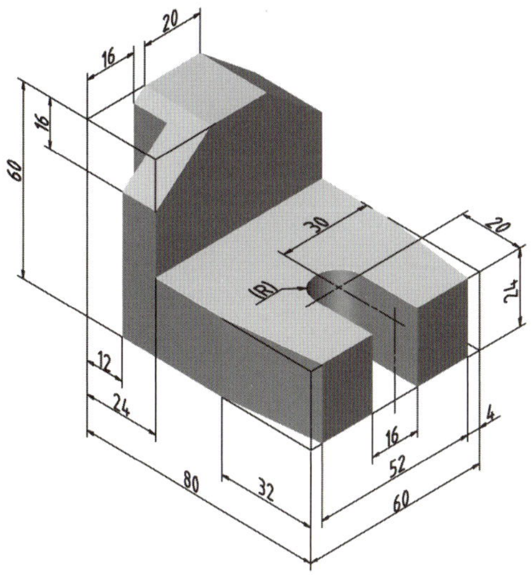

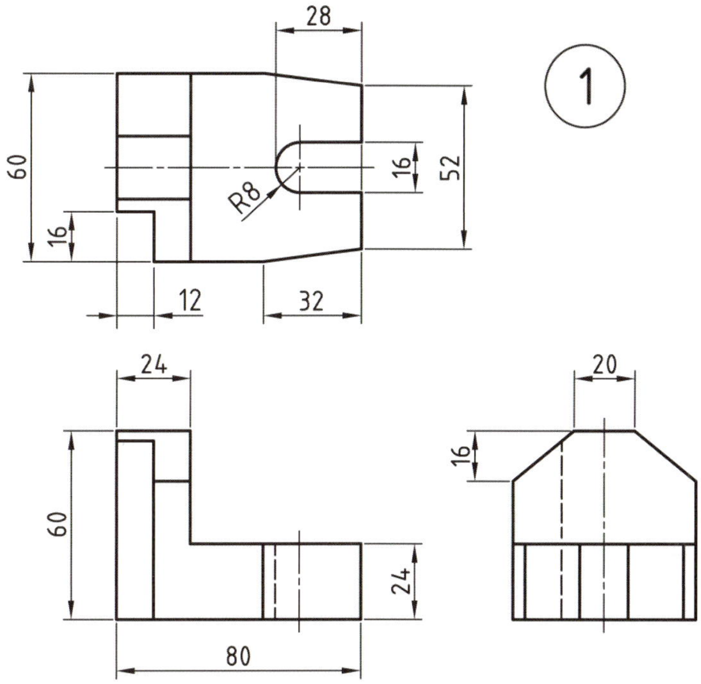

〈제작 조건〉

1. 기계구조용 탄소강의 재료를 시중에서 구매한다.
2. 각각의 면은 밀링가공을 하며, 밑면은 다른 부품과 닿는 면이다.
3. 16㎜ 폭의 홈은 엔드밀 가공을 한다.

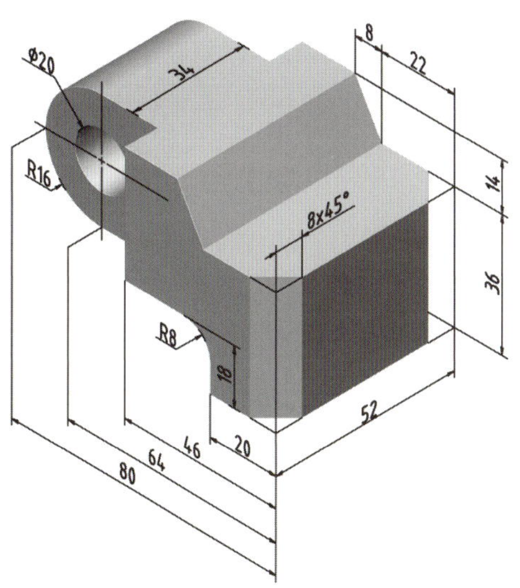

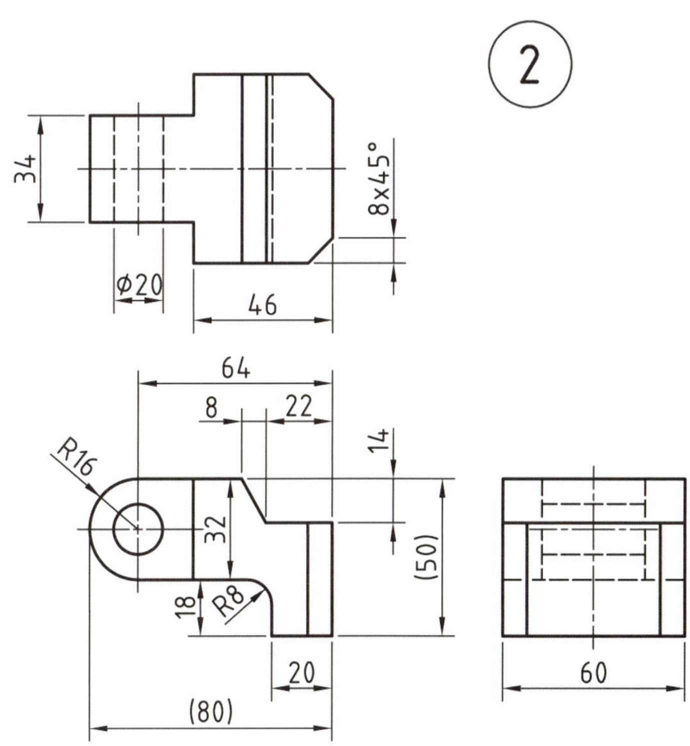

〈제작 조건〉

1. 기계구조용 탄소강의 재료를 시중에서 구매한다.
2. 각각의 면은 밀링가공을 하며, 밑면은 다른 부품과 닿는 면이다.
3. 지름 20㎜의 구멍은 축이 끼워지며, 보링가공을 한다.
4. 지름 20㎜의 구멍의 양 측면은 다른 부품과 끼워져 움직이는 면으로써 가공 흔적이 남지 않는다.

연습문제-1	모범답안

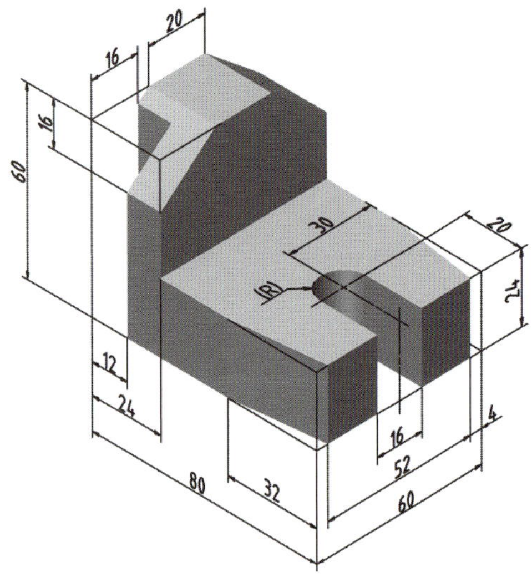

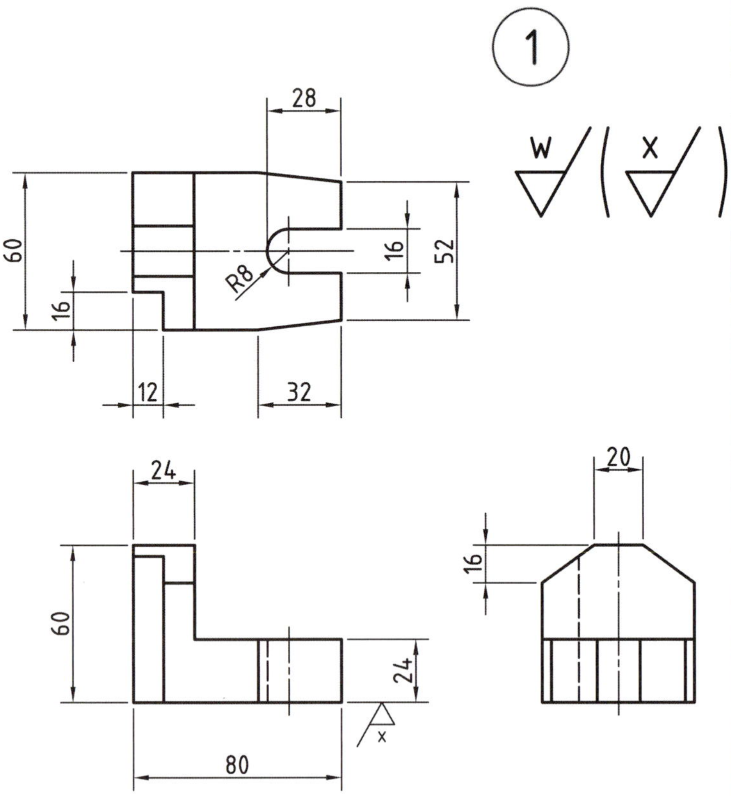

〈제작 조건〉

1. 기계구조용 탄소강의 재료를 시중에서 구매한다.
2. 각각의 면은 밀링가공을 하며, 밑면은 다른 부품과 닿는 면이다.
3. 16㎜ 폭의 홈은 엔드밀 가공을 한다.

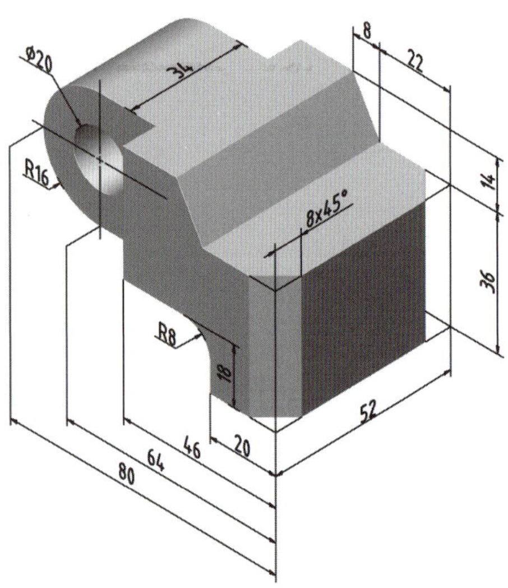

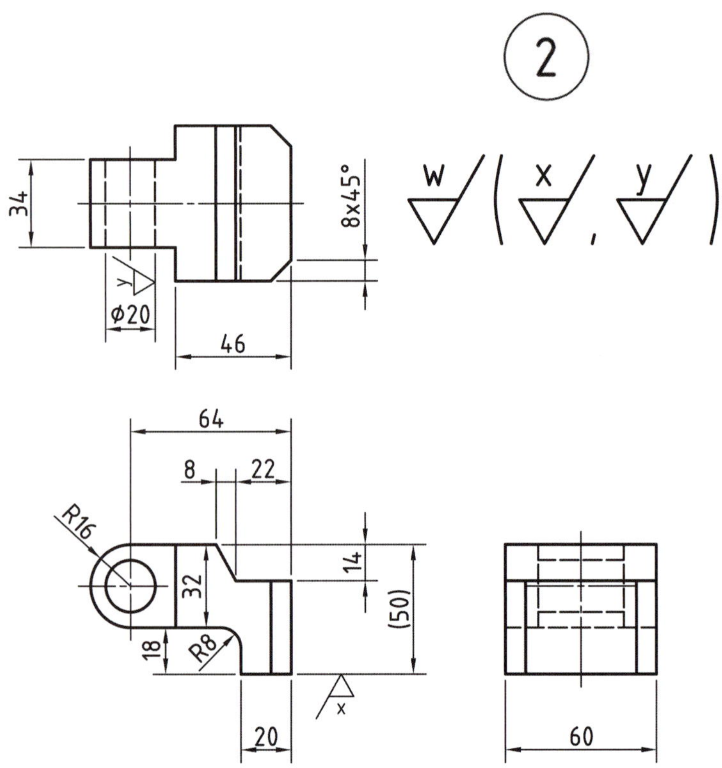

〈제작 조건〉

1. 기계구조용 탄소강의 재료를 시중에서 구매한다.
2. 각각의 면은 밀링가공을 하며, 밑면은 다른 부품과 닿는 면이다.
3. 지름 20㎜의 구멍은 축이 끼워지며, 보링가공을 한다.
4. 지름 20㎜의 구멍의 양 측면은 다른 부품과 끼워져 움직이는 면으로써 가공 흔적이 남지 않는다.

연습문제-2	아래의 등각 투상도에 표시된 치수에 의해 정 투상도로 부품 제작도가 그려져 있다. 제작 조건에 제시된 내용과 표 6-3을 참고하여 제거가공 기호를 제작도에 표시하시오. 또, 모델링 등각도에 표시된 치수로 도면을 변경하시오.

〈제작 조건〉

1. 제작할 부품은 수직으로 서있는 벽면에 2개의 접시머리 볼트로 고정하며, 양 쪽의 돌기 부에 같은 높이로 가공된 지름 10mm의 구멍은 축을 지지하는 브래킷(Bracket)이다.
2. 먼저 탄소주강품으로 주조를 한다.
3. 측면은 밀링가공을 하며, 다른 부품과 닿는 면이다.
4. 측면의 2개의 지름 10mm는 드릴링을 한 후 카운터 싱크(Counter sink) 공구에 의해 가공을 한다.
5. 돌기 부 지름 10mm의 구멍의 양 측면은 각각 다른 부품과 끼워져 움직이는 면으로써 가공 흔적이 남지 않는다.

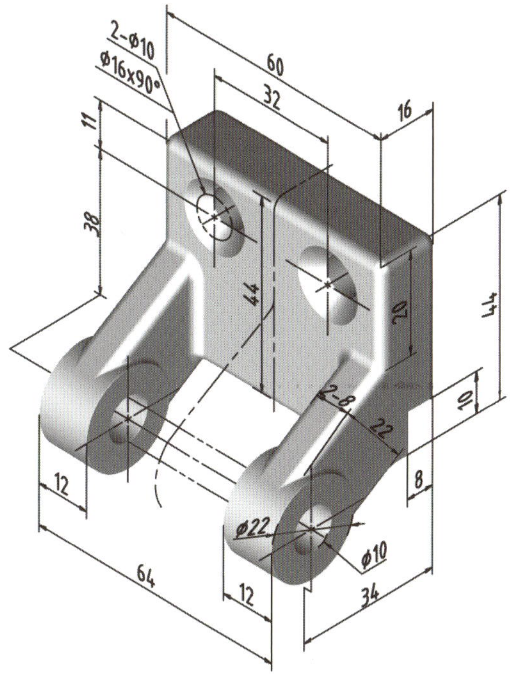

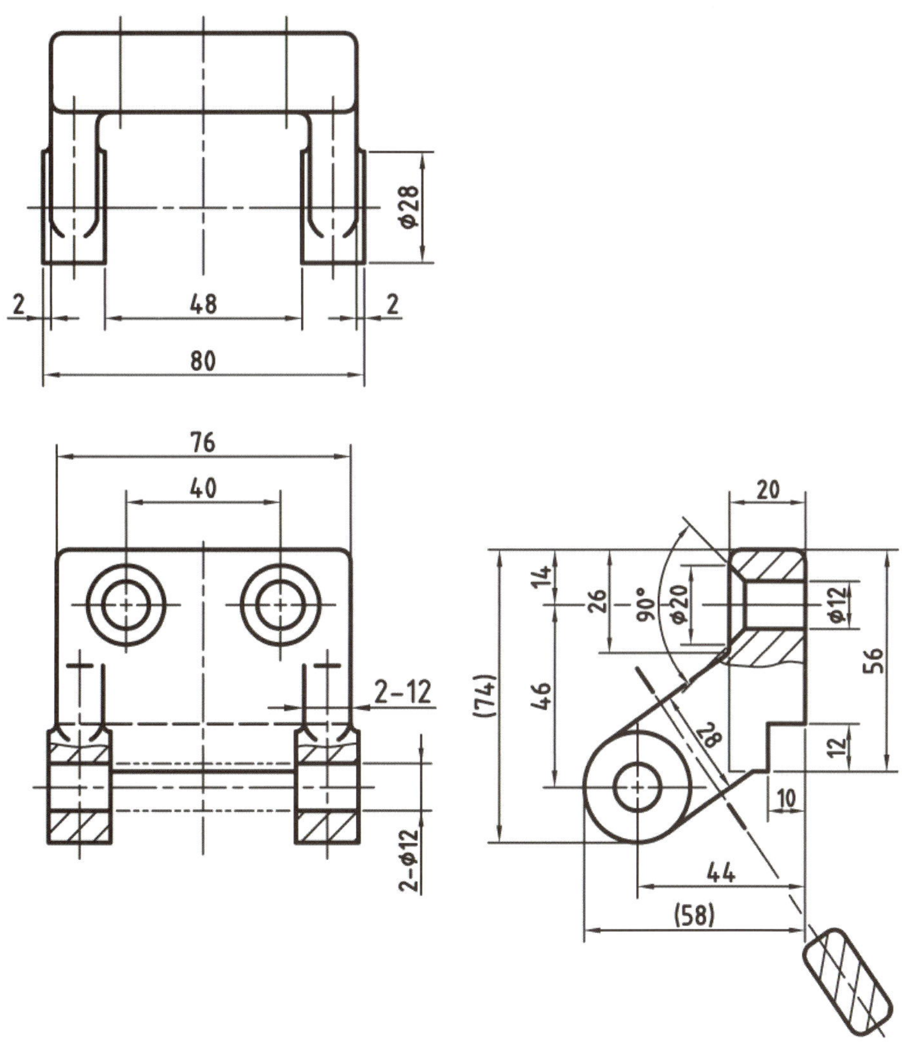

연습문제-2 | 모범답안

〈제작 조건〉

1. 제작할 부품은 수직으로 서있는 벽면에 2개의 접시머리 볼트로 고정하며, 양 쪽의 돌기 부에 같은 높이로 가공된 지름 10㎜의 구멍은 축을 지지하는 브래킷(Bracket)이다.
2. 먼저 탄소주강품으로 주조를 한다.
3. 측면은 밀링가공을 하며, 다른 부품과 닿는 면이다.
4. 측면의 2개의 지름 10㎜는 드릴링을 한 후 카운터 싱크(Counter sink) 공구에 의해 가공을 한다.
5. 돌기 부 지름 10㎜의 구멍의 양 측면은 각각 다른 부품과 끼워져 움직이는 면으로써 가공 흔적이 남지 않는다.

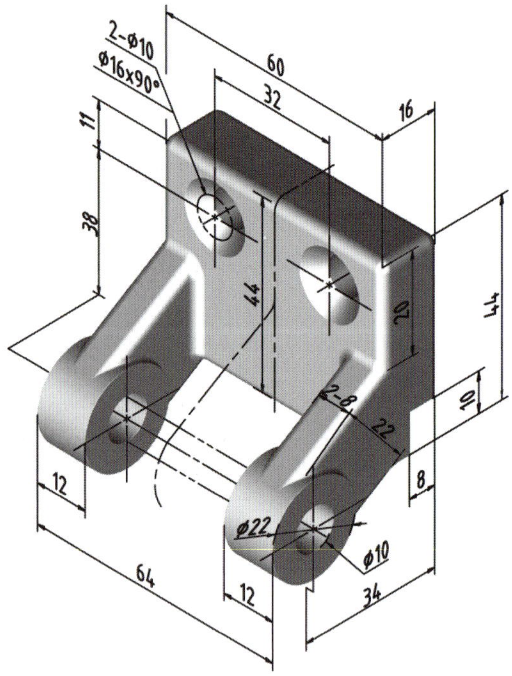

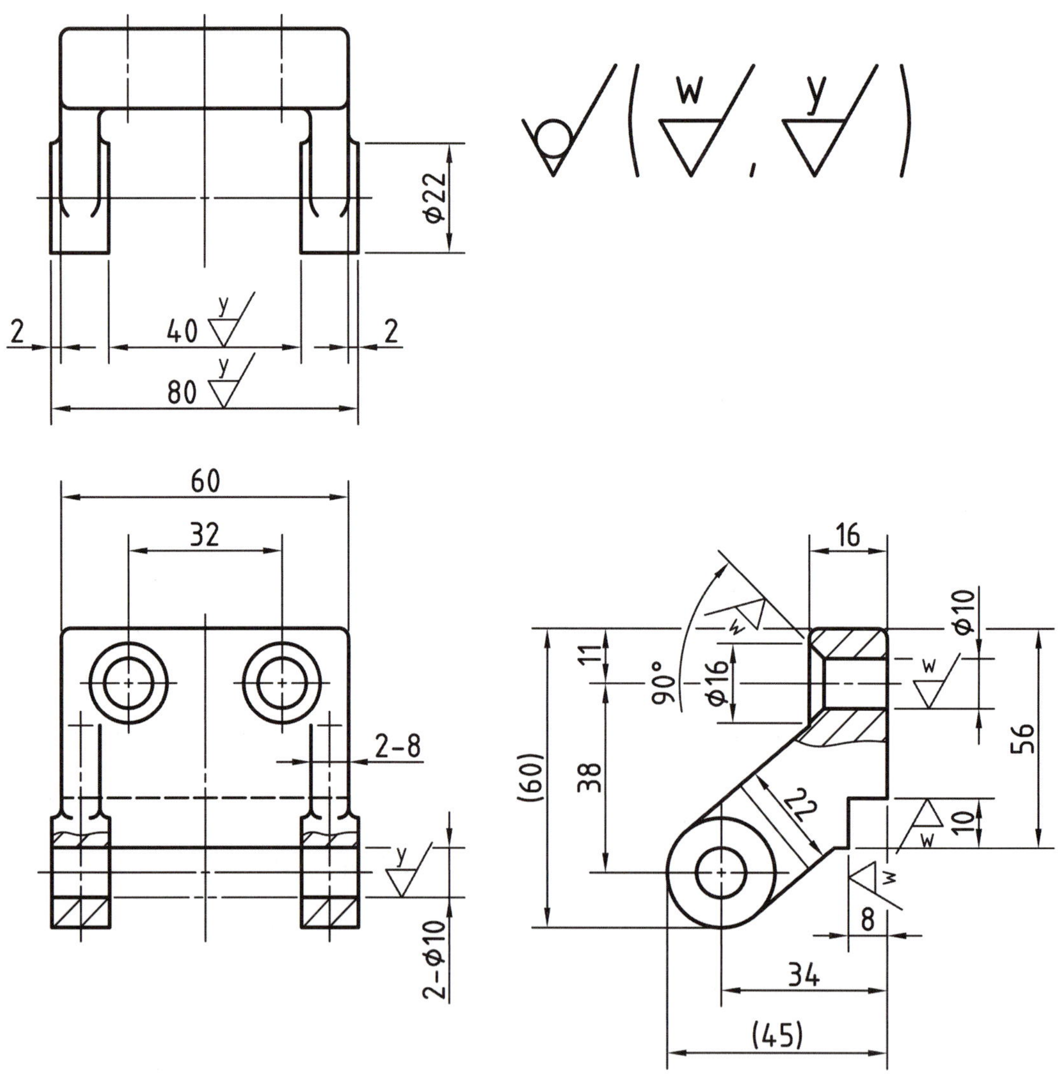

종합평가-1	아래의 등각 투상도에 표시된 치수에 의해 정 투상도로 부품 제작도가 그려져 있다. 제작 조건에 제시된 내용과 표 6-3을 참고하여 제거가공 기호를 제작도에 표시하시오. 또, 모델링 등각도에 표시된 치수로 도면을 변경하시오.

〈제작 조건〉

1. 제작할 부품은 다른 기계면의 수평면에 4개의 6각 머리 볼트로 고정하게 되는데, 지름 20㎜의 구멍에 축과 키(Key)를 끼워 수직으로 지지하고 이 축과 직각 방향으로 지름 12㎜의 축을 다시 지지해주는 브래킷(Bracket)이다.
2. 먼저 회주철품으로 주조를 한다.
3. 밑면은 흔적이 약간 남아 있을 정도로 밀링 가공을 하며, 다른 부품과 닿는 면이다.
4. 밑면의 4개의 지름 8㎜는 드릴링으로 마치며, 그 윗면은 가공 흔적이 남아 있어도 좋은 밀링가공을 한다.
5. 지름 20㎜의 윗면과 지름 12㎜의 양측면은 가공 흔적이 남아 있어도 좋은 밀링가공을 한다.
6. 지름 20㎜와 지름 12㎜의 구멍 면은 보링을 한다.
7. 지름 20㎜의 안지름 면의 8㎜ 키 홈은 브로칭 가공을 한다.

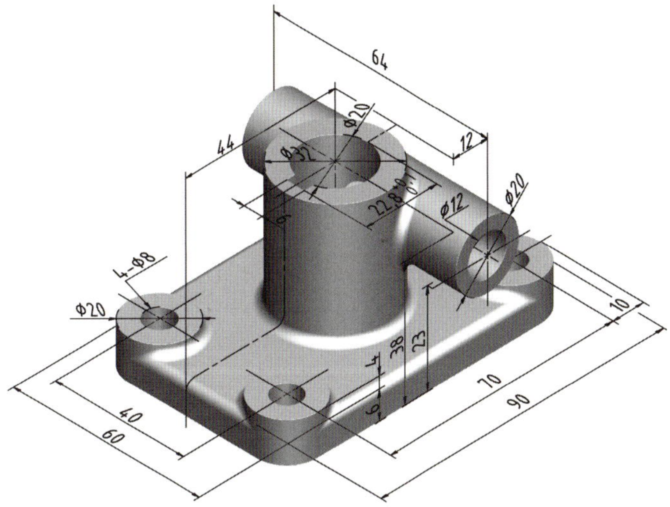

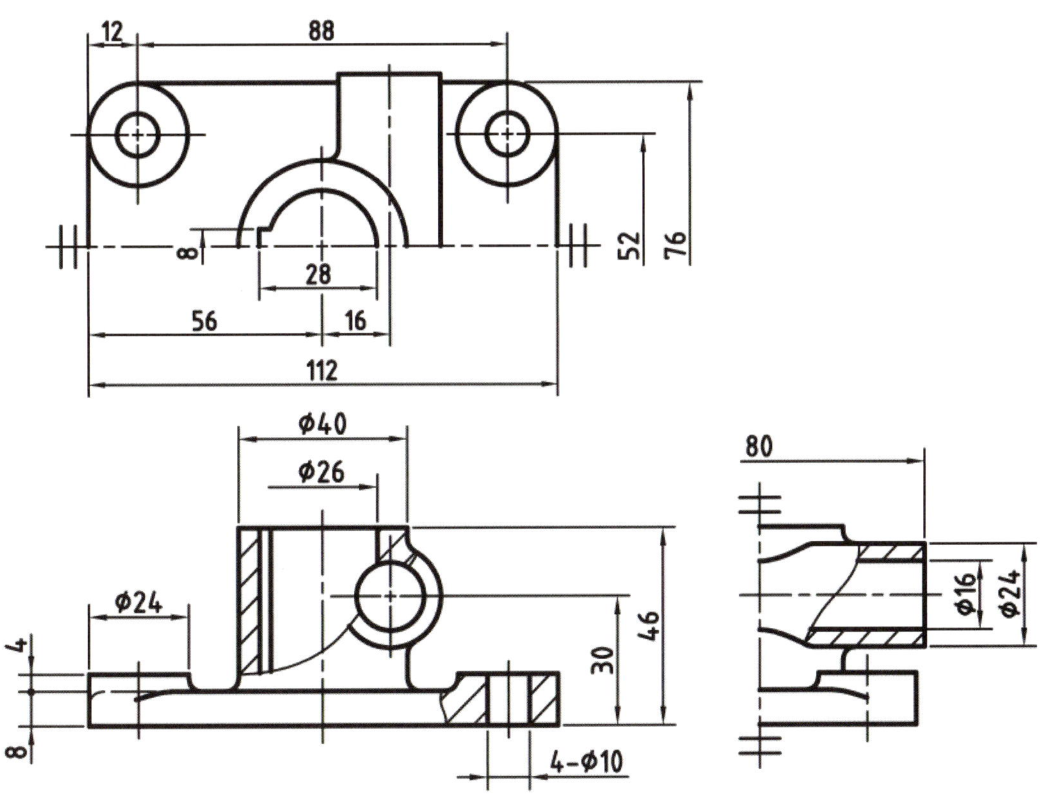

종합평가-1 모범답안

〈제작 조건〉

1. 제작할 부품은 다른 기계면의 수평면에 4개의 6각 머리 볼트로 고정하게 되는데, 지름 20㎜의 구멍에 축과 키(Key)를 끼워 수직으로 지지하고 이 축과 직각 방향으로 지름 12㎜의 축을 다시 지지해주는 브래킷(Bracket)이다.
2. 먼저 회주철품으로 주조를 한다.
3. 밑면은 흔적이 약간 남아 있을 정도로 밀링가공을 하며, 다른 부품과 닿는 면이다.
4. 밑면의 4개의 지름 8㎜는 드릴링으로 마치며, 그 윗면은 가공 흔적이 남아 있어도 좋은 밀링가공을 한다.
5. 지름 20㎜의 윗면과 지름 12㎜의 양측면은 가공 흔적이 남아 있어도 좋은 밀링가공을 한다.
6. 지름 20㎜와 지름 12㎜의 구멍 면은 보링을 한다.
7. 지름 20㎜의 안지름 면의 8㎜ 키 홈은 브로칭 가공을 한다.

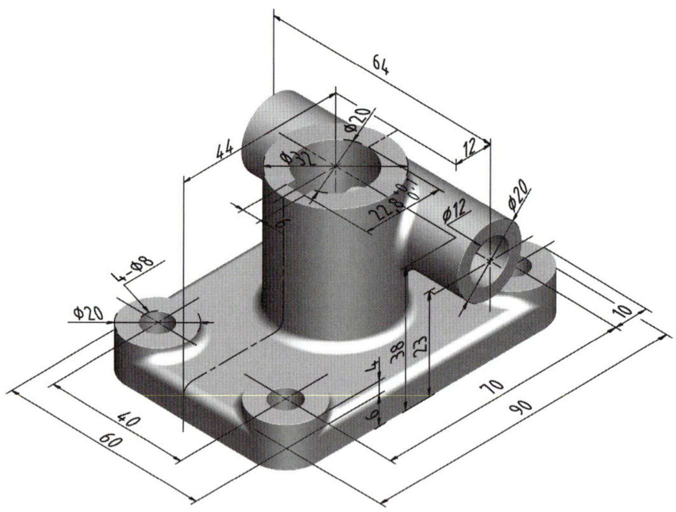

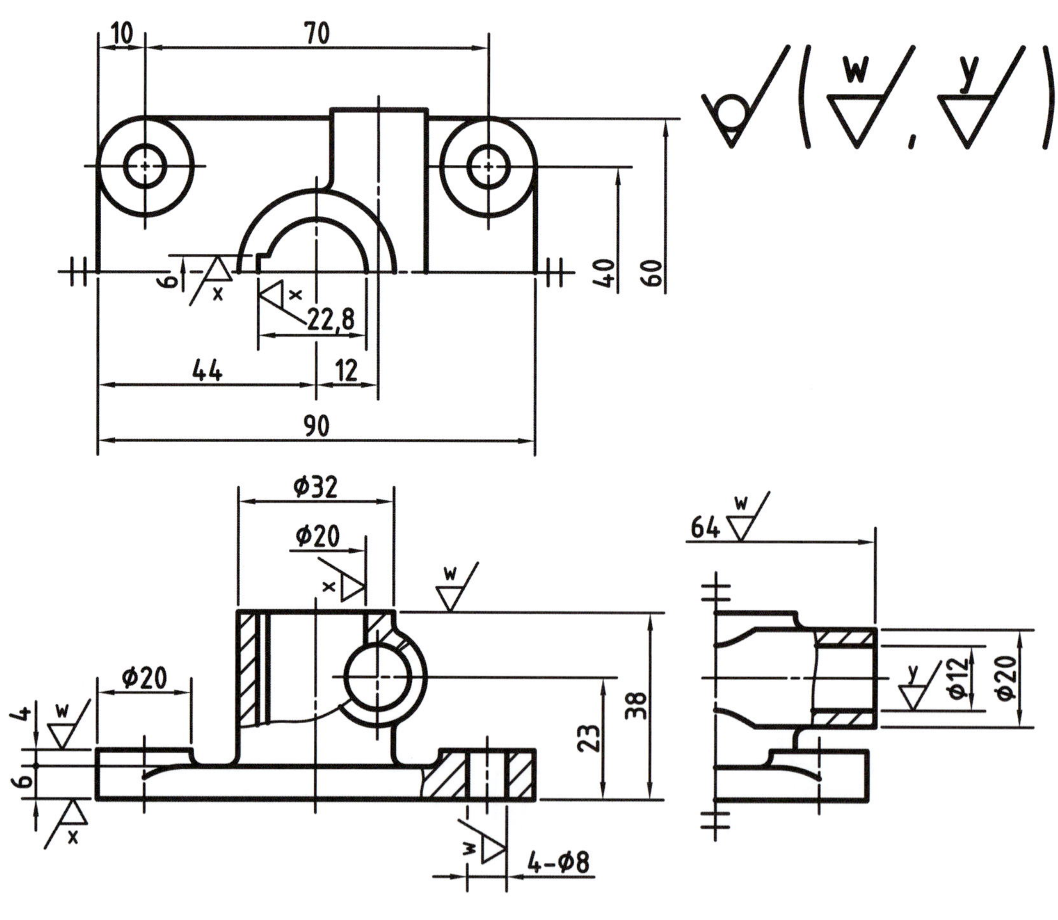

CHAPTER

07 보통 · 치수 허용차, 끼워 맞춤공차 기호

7.1 보통(일반) 허용차와 치수 허용차

모든 개별 치수에는 허용차(공차라고도 함)를 지시하지 않고 적용되는 허용차가 있는데 이것을 일반 허용차 또는 보통 허용차라고 하며, 각각의 치수에 작은 쪽의 허용차 범위를 주어 가공을 하게 되는데 이것을 치수 허용차(치수 공차)라고 한다.

절삭가공이나 주조품에 따라 각각의 치수에 정밀도를 적용하도록 규격에서 정하고 있다.

1 가공 치수의 보통 허용차(보통 공차)

그림 7-1과 같이 가공부 길이를 치수로만 표시된 것은 주서란의 전체 부품도의 가공부에 적용하도록 설명된 정밀도에 의해 해당 치수마다의 허용차는 표 7-1을 근거로 해석한다.

[표 7-1] 제거가공을 하는 길이치수(가공부 치수)에 대한 보통 허용차(보통 공차) 단위 : mm

공차의 등급		기준치수의 구분							
기호	구분(IT 등급)	0.5 초과 3 이하	3 초과 6 이하	6 초과 30 이하	30 초과 120 이하	120 초과 400 이하	400 초과 1000 이하	1000 초과 2000 이하	2000 초과 4000 이하
		허용차(±)							
f	정밀 급(IT 12)	0.05	0.05	0.1	0.15	0.2	0.3	0.5	—
m	보통 급(IT 14)	**0.1**	**0.2**	**0.2**	**0.3**	**0.5**	**0.8**	**1.2**	**2**
c	거친 급(IT 16)	0.2	0.3	0.5	0.8	1.2	2	3	4
v	아주 거친 급(IT 18)	—	0.5	1	1.5	2.5	4	5	6

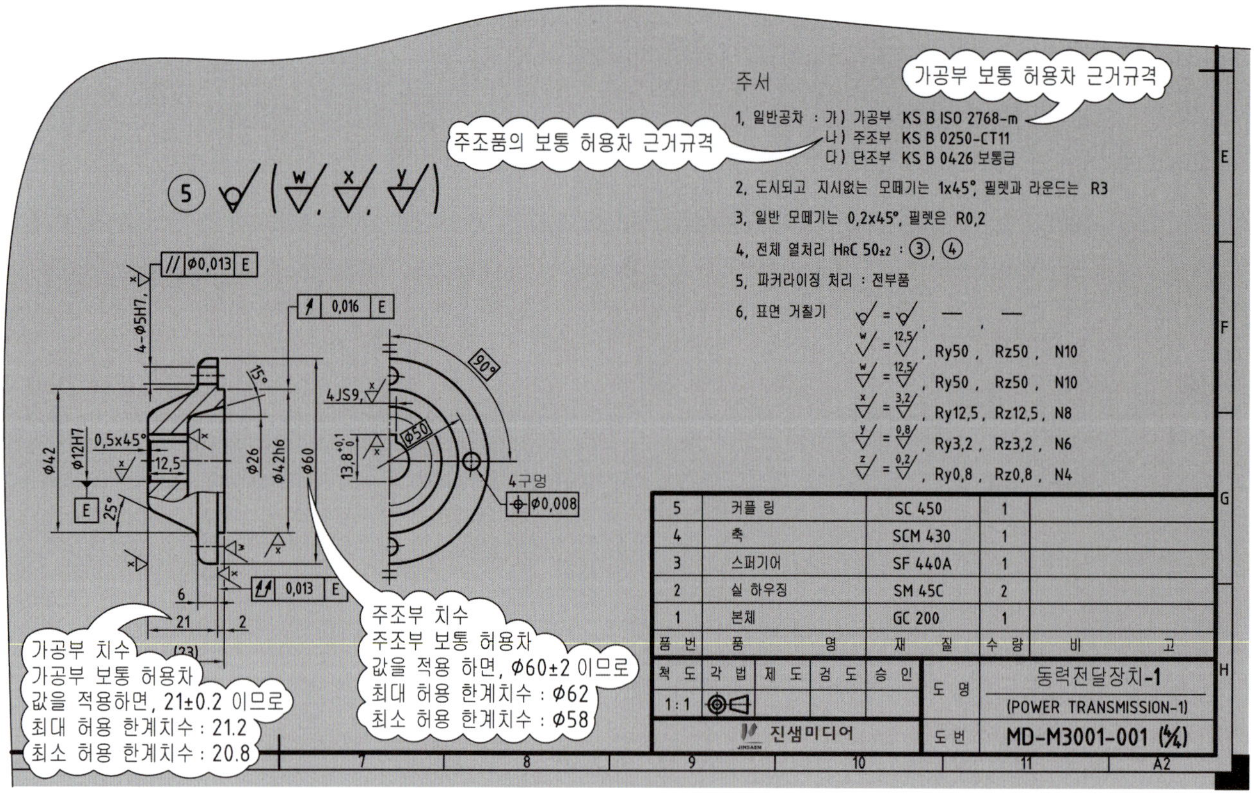

[그림 7-1] 가공과 주조부의 치수에 적용되는 보통 허용차(보통 공차)

2 주조품 치수의 보통 허용차

그림 7-1과 같이 주조부를 치수로만 표시된 것은 주서란의 전체 부품도의 가공부에 적용하도록 설명된 정밀도에 의해 해당 치수마다의 허용차를 표 7-2를 근거로 해석한다.

[표 7-2] 주조품에 대한 보통 허용차(KS B 0250)

단위 : ㎜

치수의 구분		주조품의 공차 등급 (CT)															
초과	이하	1	2	3	4	5	6	7	8	9	10	11	12	13	14	15	16
—	10	0.09	0.13	0.18	0.26	0.36	0.52	0.74	1.00	1.50	2.00	2.80	4.20	—	—	—	—
10	16	0.10	0.14	0.20	0.28	0.38	0.54	0.78	1.10	1.60	2.20	3.00	4.40	—	—	—	—
16	25	0.11	0.15	0.22	0.30	0.42	0.58	0.82	1.20	1.70	2.40	3.20	4.60	6.0	8.0	10.0	12.0
25	40	0.12	0.17	0.24	0.32	0.46	0.64	0.90	1.30	1.80	2.60	3.60	5.00	7.0	9.0	11.0	14.0
40	63	0.13	0.18	0.26	0.36	0.50	0.70	1.00	1.40	2.00	2.80	4.00	5.60	8.0	10.0	12.0	16.0
63	100	0.14	0.20	0.28	0.40	0.56	0.78	1.10	1.60	2.20	3.20	4.40	6.00	9.0	11.0	14.0	18.0
100	160	0.15	0.22	0.30	0.44	0.62	0.88	1.20	1.80	2.50	3.60	5.00	7.00	10.0	12.0	16.0	20.0
160	250	–	0.24	0.34	0.50	0.70	1.00	1.40	2.00	2.80	4.00	5.60	8.00	11.0	14.0	18.0	22.0
250	400	–	–	0.40	0.56	0.78	1.10	1.60	2.20	3.20	4.40	6.20	9.00	12.0	16.0	20.0	25.0

[비고] 이 규격은 KS B 0411 및 KS B 0417을 통합한 것이며, 상한 값(+)과 하한 값(−)을 적용하면 1/2 값이다.
예를 들면, 위의 값이 4.40일 경우 ±2.20으로 된다.

3 주조품의 치수 허용차

그림 7-2와 같이 치수에 한계를 주어 지시되는 허용차를 치수 허용차(치수 공차)라고 하며, 허용차 값이 적용되는 치수 각각에 지시할 경우의 복잡함을 피하기 위해 기호로 대체하여 지시하는 것을 끼워 맞춤공차 기호라고 한다.

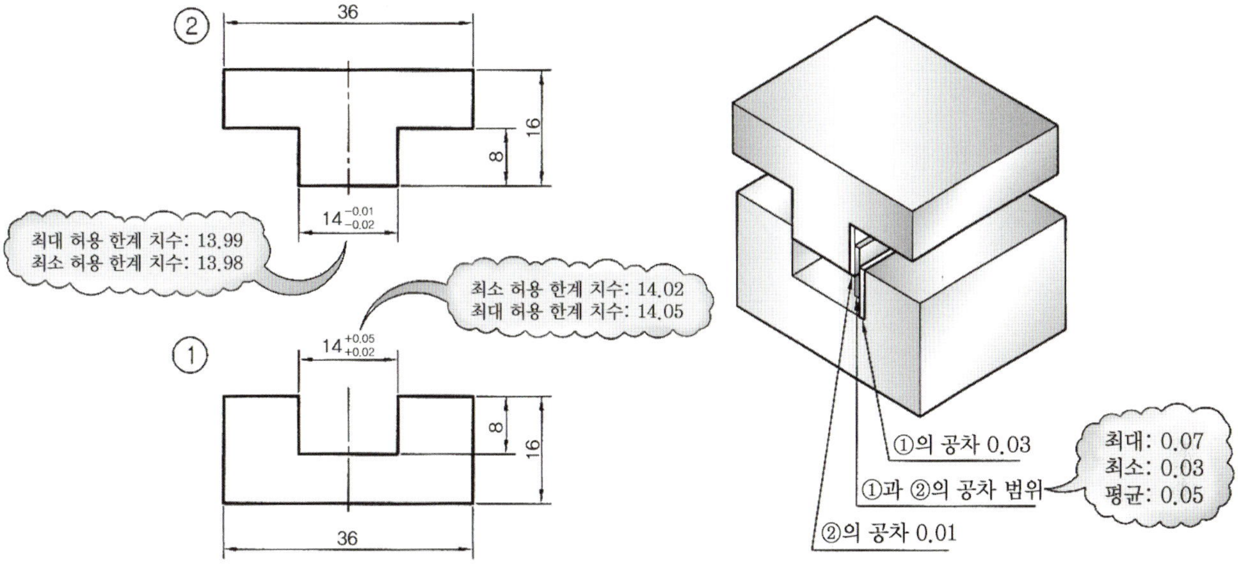

[그림 7-2] 치수 허용차의 설명에 대한 그림

7.2 용어를 설명하는 그림

그림 7-3, 그림 7-4, 그림 7-5는 치수 허용차(공차)와 끼워 맞춤공차에 대한 용어 설명을 그림으로 자세히 보여준다.

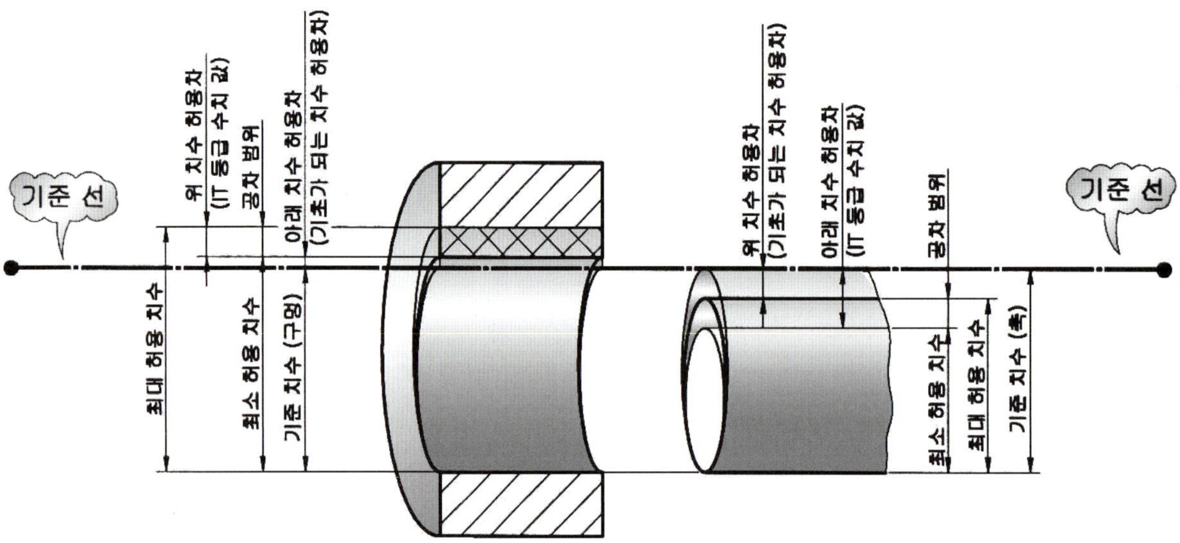

[그림 7-3] 용어 설명 그림

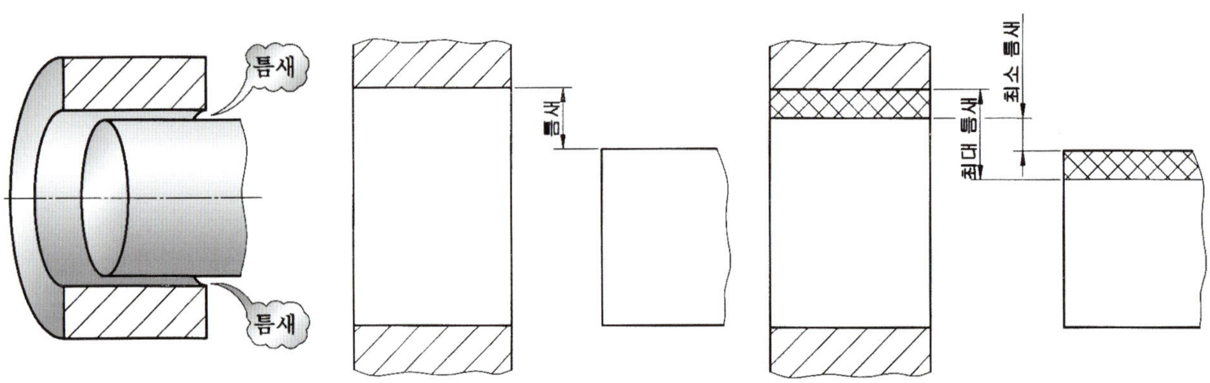

(a) (b)

[그림 7-4] 틈새와 최대 · 최소 틈새

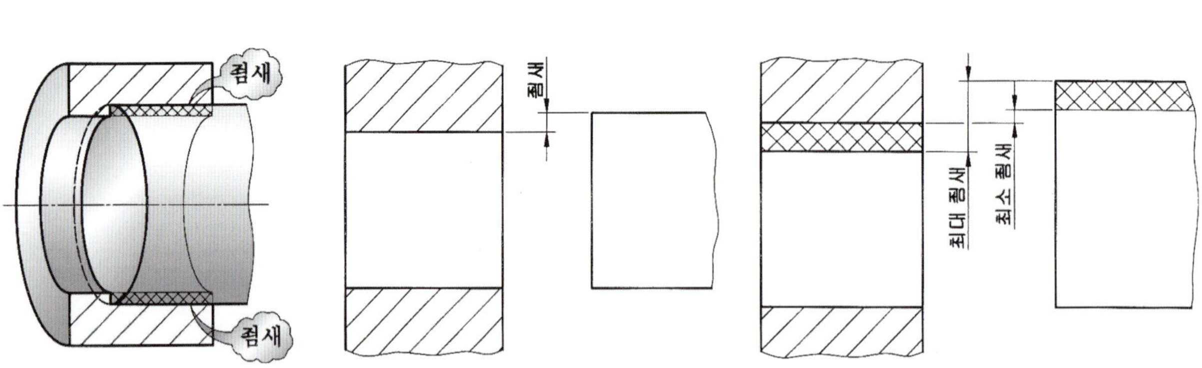

(a) (b)

[그림 7-5] 죔새와 최대 · 최소 죔새

7.3 기본공차

치수를 구분하고 같은 구분에 속하는 치수들에 대하여 같은 공차 값을 적용하는 것으로써 각 구분에 대한 공차의 무리를 말하며, IT(International Tolerance) 기본공차 또는 ISO 공차라고도 한다.

기본공차는 치수공차와 끼워 맞춤으로 정해진 모든 공차를 의미하는 것으로써 표 7-3과 같이 IT 01부터 IT 18까지 20등급으로 규정하고 있으며, 가공부의 치수나 주조품의 치수 허용차, 끼워 맞춤공차의 근거이다.

[표 7-3] IT 기본공차의 수치(KS B 0401)

구분 \ 등급		IT 01 급	IT 0 급	IT 1 급	IT 2 급	IT 3 급	IT 4 급	IT 5 급	IT 6 급	IT 7 급	IT 8 급	IT 9 급	IT 10 급	IT 11 급	IT 12 급	IT 13 급	IT 14 급	IT 15 급	IT 16 급	IT 17 급	IT 18 급
초과	이하	기본공차의 수치(μm)												기본공차의 수치(㎜)							
–	3	0.3	0.5	0.8	1.2	2	3	4	6	10	14	25	40	60	0.10	0.14	0.26	0.40	0.60	1.00	1.40
3	6	0.4	0.6	1	1.5	2.5	4	5	8	12	18	30	48	75	0.12	0.18	0.30	0.48	0.75	1.20	1.80
6	10	0.4	0.6	1	1.5	2.5	4	6	9	15	22	36	58	90	0.15	0.22	0.36	0.58	0.90	1.50	2.20
10	18	0.5	0.8	1.2	2	3	5	8	11	18	27	43	70	110	0.18	0.27	0.43	0.70	1.10	1.80	2.27
18	30	0.6	1	1.5	2.5	4	6	9	13	21	33	52	84	130	0.21	0.33	0.52	0.84	1.30	2.10	3.30
30	50	0.6	1	1.5	2.5	4	7	11	16	25	39	62	100	160	0.25	0.39	0.62	1.00	1.60	2.50	3.90
50	80	0.8	1.2	2	3	5	8	13	19	30	46	74	120	190	0.30	0.46	0.74	1.20	1.90	3.00	4.60
80	120	1	1.5	2.5	4	6	10	15	22	35	54	87	140	220	0.35	0.54	0.87	1.40	2.20	3.50	5.40
120	180	1.2	2	3.5	5	8	12	18	25	40	63	100	160	250	0.40	0.63	1.00	1.60	2.50	4.00	6.30
180	250	2	3	4.5	7	10	14	20	29	46	72	115	185	290	0.46	0.72	1.15	1.85	2.90	4.60	7.60
250	315	2.5	4	6	8	12	16	23	32	52	81	130	210	320	0.52	0.81	1.30	2.10	3.20	5.20	8.10
315	400	3	5	7	9	13	18	25	36	57	89	140	230	360	0.57	0.89	1.40	2.30	3.60	5.70	8.90
400	500	4	6	8	10	15	20	27	40	63	97	155	250	400	0.63	0.97	1.55	2.50	4.00	6.30	9.70

7.4 기본공차의 등급과 가공방법 관계 및 적용

표 7-4와 같이 등급에 따른 가공방법과 관계가 있으며 제품의 수명과 기능, 생산기계의 정밀도와 제작 난이도 등을 고려하여 표 7-5와 같이 구멍에는 IT n, 축에는 IT n-1을 적용한다.

[표 7-4] IT 기본공차의 등급과 가공방법과의 관계

가공 방법	IT 기본공차의 등급							
	4	5	6	7	8	9	10	11
래핑, 호닝(Lapping & Honing)								
원통 연삭(Cylindrical grinding)								
평면 연삭(Surface grinding)								
다이아몬드 선삭(Diamond turning)								
다이아몬드 보링(Diamond boring)								
브로칭(Broaching)								
분말 압착(Powder metal_sizes)								
리밍(Reaming)								
선삭(Turning)								
분말 야금(Powder metal_sintered)								
보링(Boring)								
밀링(Milling)								
플레이닝(Planing, 평삭), 셰이핑(Shaping, 형삭)								
드릴링(Drilling)								
펀칭(Punching)								
다이 캐스팅(Die casting)								

[표 7-5] IT 기본공차의 등급 적용 예

용 도	게이지 제작 공차	끼워 맞춤공차	끼워 맞춤 이외 공차
구멍	IT 01 ~ IT 5	IT 6 ~ IT 10	IT 11 ~ IT 18
축	IT 01 ~ IT 4	IT 5 ~ IT 9	IT 10 ~ IT 18
공차범위	0.001㎜	0.01㎜	0.1㎜
가공방법	래핑, 호닝, 초정밀 연삭	연삭, 리밍, 보링, 정밀 선삭, 인발, 밀링, 셰이빙	단조, 주조, 압연

7.5 구멍 및 축의 기초가 되는 치수 허용차의 수치

표 7-6과 표 7-7에 따르며, 구멍은 A부터 ZC까지 영자의 대문자로 나타내고, 축은 a에서 zc까지 영자의 소문자로 나타내며, 이들 구멍과 축의 위치는 기준선을 중심으로 대칭이다.

예를 들면, $\phi 50$ G7 구멍의 공차범위는 $\phi 50^{+0.034}_{+0.009}$ 이고(표 7-10을 참조하면 $\phi 50$㎜ 구멍에서의 G7 등급 공차범위는 +9μm~+25μm이므로), $\phi 50$ g6 축의 공차범위는 $\phi 50^{-0.009}_{-0.025}$ 이므로(표 7-11을 참조하면 $\phi 50$㎜ 축에서의 g6 등급 공차범위는 −25μm~−9μm이므로) 기준선에 대하여 구멍과 축은 대칭이며, 구멍과 축의 기초가 되는 기호의 종류는 그림 7-6과 같다.

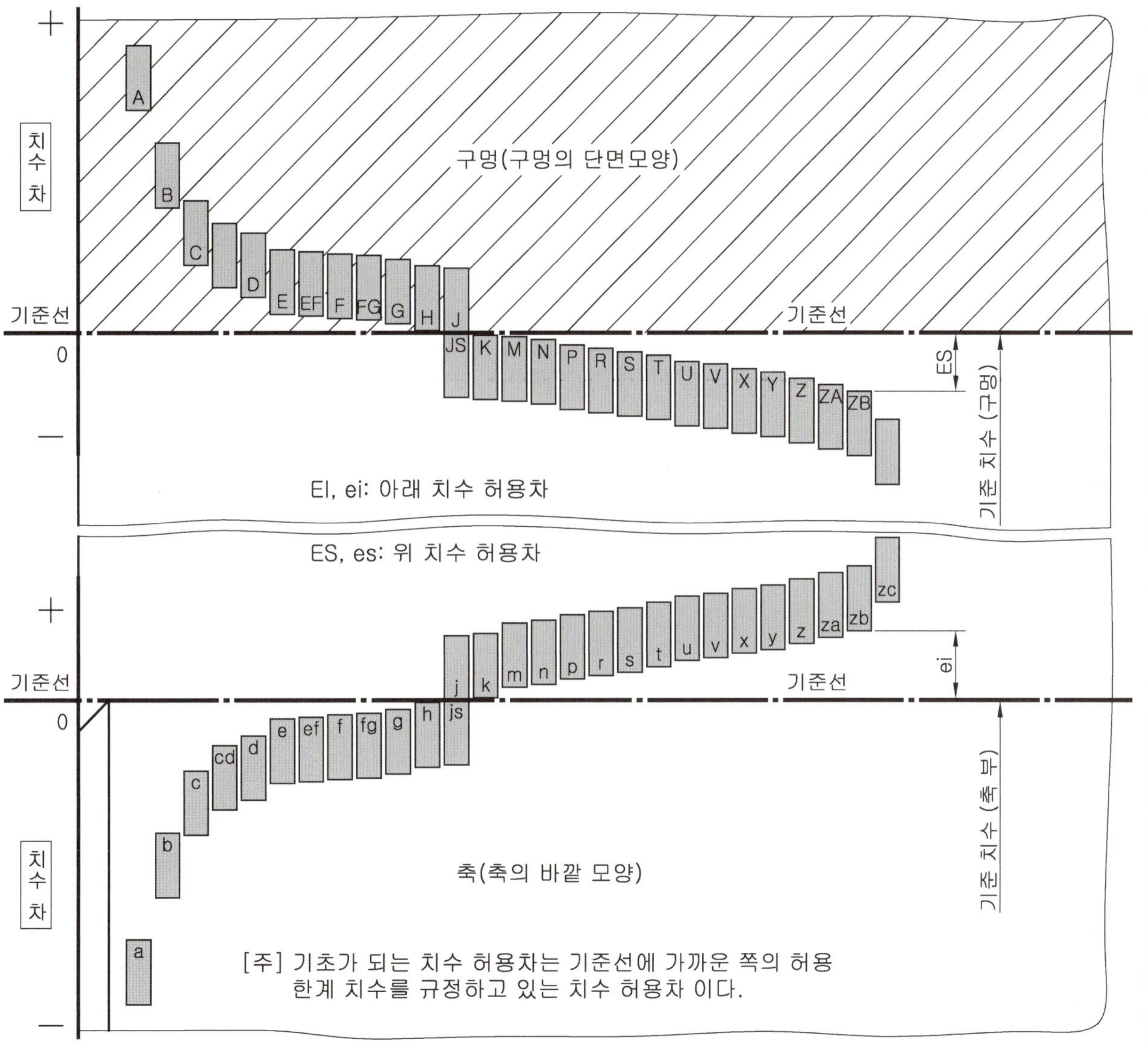

[그림 7-6] 구멍과 축의 기초가 되는 기호의 종류

7.6 치수 허용차와 허용 한계 치수의 계산

치수 허용차를 기호로 기입한 경우 허용 한계 치수는 표 7-3의 IT 기본공차의 수치와 함께 표 7-6의 구멍(Hole)과 표 7-7의 축(Shaft)의 기초가 되는 치수 허용차에 의하여 다음과 같이 계산한다.

1 기초가 되는 치수 허용차 값이 위 치수 허용차가 되는 경우

위 치수 허용차 = 기초가 되는 치수 허용차가 되고, 아래 치수 허용차 = 기초가 되는 치수 허용차 − IT 공차 값이 된다.

[보기] 축 ϕ55 g6의 경우(표 7-11 참조)

표 7-3에서 ϕ55에 대한 IT 6의 공차 값 T(Tolerance) = 19μm이고, 표 7-7에서 ϕ55에 대한 축의 기초가 되는 g 기호의 치수 허용차 값을 찾으면, i = −10μm(−0.010㎜)이다.

따라서 위 치수 허용차 = −0.010이고, 아래 치수 허용차 = −0.010 − 0.019 = −0.029이다.

그러므로 $\phi 55\,^{-0.010}_{-0.029}$ 또는 $\dfrac{\phi 54.990}{\phi 54.971}$으로 계산되고, 이것을 그림으로 표시하면 그림 7-7과 같다.

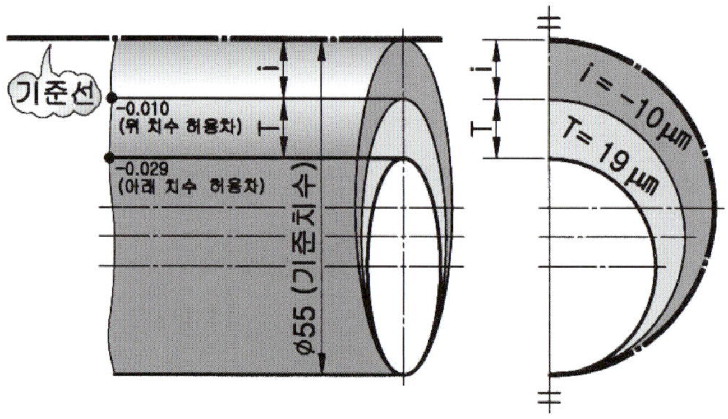

[그림 7-7] 축 ϕ55 g6의 계산 값

2 기초가 되는 치수 허용차 값이 아래 치수 허용차 인 경우

아래 치수 허용차 = 기초가 되는 치수 허용차가 되고, 위 치수 허용차 = 기초가 되는 치수 허용차 + IT 공차 값이 된다.

[보기] 구멍 ϕ35 F6의 경우(표 7-10 참조)

표 7-3에서 ϕ35에 대한 IT 6의 값에서 공차 T = 16μm이고, 표 7-6에서 ϕ35에 대한 구멍의 기초가 되는 F 기호의 치수 허용차 값을 찾으면, i = +25μm(+0.025㎜)이다.

따라서 아래 치수 허용차 = +0.025이고, 위 치수 허용차 = 0.025 + 0.016 = 0.041이다.

그러므로 $\phi 35\,^{+0.041}_{+0.025}$ 또는 $\dfrac{\phi 35.041}{\phi 35.025}$로 계산되고, 이것을 그림으로 표시하면 그림 7-8과 같다.

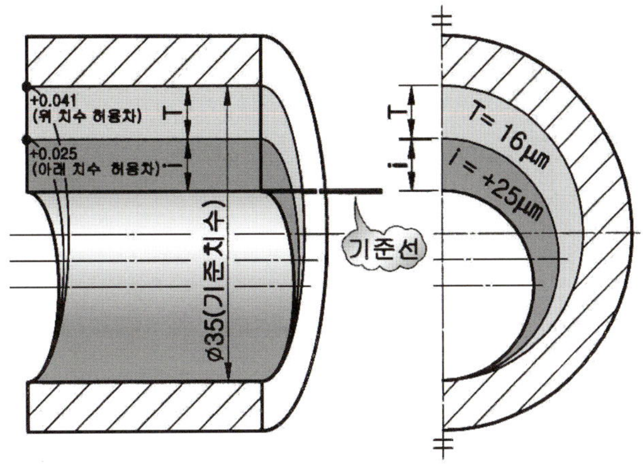

[그림 7-8] 구멍 $\phi 35$ F6의 계산 값

3 기초가 되는 치수 허용차가 0인 경우(H는 구멍, h는 축)

구멍 ▶ 아래 치수 허용차 = 0이고, 위 치수 허용차 = 0 + IT 공차 값이다.

축 ▶ 위 치수 허용차 = 기초가 되는 치수 허용차 = 0이고, 아래 치수 허용차 = 0 − IT 공차 값이다.

[보기] **구멍 $\phi 35$ H7의 경우**(표 7-10 참조)

표 7-3에서 $\phi 35$에 대한 IT 7의 공차 값 T = 25μm이고, 표 7-6에서 $\phi 35$에 대한 구멍의 기초가 되는 H 기호의 치수 허용차 값을 찾으면, i = 0이다.

따라서 위 치수 허용차 = 0 + 0.025 = 0.025이고, 아래 치수 허용차 = 0이 된다.

그러므로 $\phi 35 {}^{+0.025}_{\ \ 0}$ 또는 $\frac{\phi 35.025}{\phi 35.000}$로 계산되고, 이것을 그림으로 나타내면 그림 7-9와 같다.

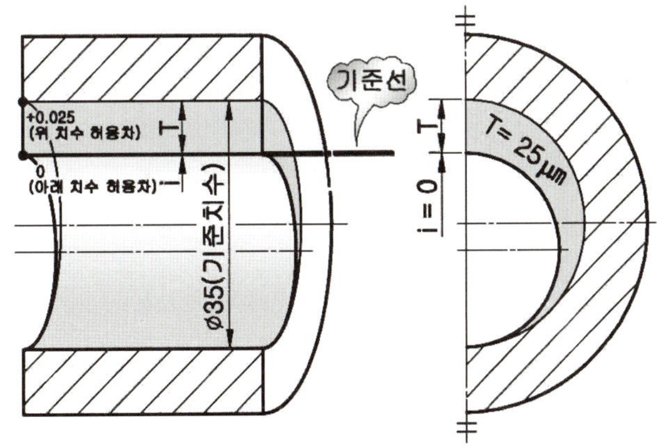

[그림 7-9] 구멍 $\phi 35$ H7의 계산 값

[표 7-6] 구멍의 기초가 되는 치수 허용차

단위 : μm = 0.001mm

기준치수 구분 (mm)		전체의 공차 등급												공차 등급										공차 등급 8 이상												공차 등급					
														6	7	8	8 이상	9 이상	8 이상	9 이상	8 이상	9 이상	7 이상													3	4	5	6	7	8
		기초가 되는 치수 허용차 = 아래 치수 허용차 EI												기초가 되는 치수 허용차 = 위 치수 허용차 ES																						Δ의 수치					
		공차 범위 위치의 기호와 값												공차 범위 위치의 기호와 값																											
초과	이하	A[1]	B[1]	C	CD	D	E	EF	F	FG	G	H	JS[2]	J			K[4]		M[4]		MI[4)5]		P~ZC	P	R	S	T	U	V	X	Y	Z	ZA	ZB	ZC						
	3	+270	+140	+60	+34	+20	+14	+10	+6	+4	+2	0	치수 허용차 = $\frac{IT\pi}{2}$	+2	+4	+6	0		−2	−2	−4	−4	오른쪽란의 값에 Δ의 값을 가린다	−6	−10	−14		−18		−20		−26	−32	−40	−60	0	0	0	0	0	0
3	6	+270	+140	+70	+46	+30	+20	+14	+10	+6	+4	0		+5	+6	+10	−1+Δ	0	−4+Δ	−4	−8+Δ	0		−12	−15	−19	—	−23	—	−28	—	−35	−42	−50	−80	1	1.5	1	3	4	6
6	10	+280	+150	+80	+56	+40	+25	+18	+13	+8	+5	0		+5	+8	+12	−1+Δ		−6+Δ	−6	−10+Δ	0		−15	−19	−23		−28		−34		−42	−52	−67	−97	1	1.5	2	3	6	7
10	14	+290	+150	+95	—	+50	+32	—	+16	—	+6	0		+6	+10	+15	−1+Δ	−	−7+Δ	−7	−12+Δ	0		−18	−23	−28	—	−33	−39	−40	—	−50	−64	−90	−130	1	2	3	3	7	9
14	18																													−45		−60	−77	−108	−150						
18	24	+300	+160	+110	—	+65	+40	—	+20	—	+7	0		+8	+12	+20	−2+Δ	−	−8+Δ	−8	−15+Δ	0		−22	−28	−35	−41	−41	−47	−54	−63	−73	−93	−136	−188	1.5	2	3	3	8	12
24	30																											−48	−55	−64	−75	−88	−118	−160	−218						
30	40	+310	+170	+120	—	80	+50	—	+25	—	+9	0		+10	+14	+24	−2+Δ	−	−9+Δ	−9	−17+Δ	0		−26	−34	−43	−48	−60	−68	−80	−94	−112	−148	−200	−274	1.5	3	4	4	9	14
40	50	+320	+180	+130																							−54	−70	−81	−97	−114	−136	−180	−242	−325						
50	65	+340	+190	+140	—	+100	+60	—	+30	—	+10	0		+13	+18	+28	−2+Δ	−	−11+Δ	−11	−20+Δ	0		−32	−41	−53	−66	−87	−102	−122	−114	−172	−226	−300	−405	2	3	5	5	11	16
65	80	+360	+200	+150																					−43	−59	−75	−102	−120	−146	−176	−210	−274	−360	−480						
80	100	+380	+220	+170	—	+120	+72	—	+36	—	+12	0		+16	+22	+34	−3+Δ	−	−13+Δ	−13	−23+Δ	0		−37	−51	−71	−91	−124	−146	−178	−214	−258	−335	−445	−585	2	4	5	6	13	19
100	120	+410	+240	+180																					−54	−79	−104	−144	−172	−210	−254	−310	−400	−525	−690						
120	140	+460	+260	+200	—	+145	+82	—	+43	—	+14	0		+18	+25	+41	−3+Δ	−	−15+Δ	−15	−27+Δ	0		−43	−63	−92	−122	−170	−202	−248	−300	−365	−470	−620	−800	3	4	6	7	15	23
140	160	+520	+280	+210																					−65	−100	−134	−190	−228	−280	−340	−415	−535	−700	−900						
160	180	+580	+310	+230																					−66	−108	−146	−210	−252	−310	−380	−465	−600	−780	−1000						
180	200	+660	+340	+240	—	+170	+100	—	+20	—	+15	0		+22	+30	+47	−4+Δ	−	−17+Δ	−17	−31+Δ	0		−50	−77	−122	−166	−236	−284	−350	−425	−520	−670	−860	−1150	3	4	6	7	17	26
200	225	+740	+380	+260																					−80	−130	−180	−258	−310	−385	−470	−575	−740	−960	−1250						
225	250	+820	+420	+280																					−84	−140	−196	−284	−340	−425	−520	−640	−820	−1050	−1350						

[주] 1) A 및 B 구멍은 기준 치수 1mm 이하에는 사용하지 않는다.

2) 공차 범위의 등급 JS7~JS11에서 기본 공차 IT의 수치가 홀수인 경우에는 치수 허용차, 즉 ±IT/2가 마이크로미터(μm) 단위의 정수가 되도록 IT의 수치를 바로 아래의 짝수로 맺음을 한다.

3) 예외로써, 공차 범위의 등급 M6의 경우에는 ES는 $-20+9=-11\mu$m가 아니고 -9μm이다.

4) 기본 공차의 등급 IT 8 이하의 K, M급 구멍 및 공차 등급 IT 7 이하의 P~ZC 구멍의 경우에는, 위의 표에서 Δ의 수치를 읽고 기초가 되는 치수 허용차를 선정한다.

[보기] 18~30mm의 K7의 경우에는 $\Delta = 8\mu$m이다.

그러므로 $ES = -2 + 8 = 6\mu$m, 18~30mm의 S6의 경우에는 $\Delta = 4\mu$m이며, $ES = -35 + 4 = -31\mu$m이다.

5) 기본 공차의 등급 IT 9 이상의 N 구멍은 기준 치수 1mm 이하에는 사용하지 않는다.

[표 7-7] 축의 기초가 되는 치수 허용차의 수치

단위 : μm = 0.001mm

기준치수 구분 (mm)		전체의 공차 등급												공차 등급 5.6	7	8	4.5 6.7	3 이하 및 8 이상	전체의 공차 등급													
		기초가 되는 치수 허용차 = 위 치수 허용차 es												기초가 되는 치수 허용차 = 아래 치수 허용차 ei																		
초과	이하	공차 범위 위치의 기호와 값												공차 범위 위치의 기호와 값																		
		a[1]	b[1]	c	cd	d	e	ef	f	fg	g	h	js[2]	j	j	j	k	k	m	n	p	r	s	t	u	v	x	y	z	za	zb	zc
—	3	−270	−140	−60	−34	−20	−14	−10	−6	−4	−2	0	치수 허용차 = $\frac{IT\pi}{2}$	−2	−4	−6	0	0	+2	+4	+6	+10	+14	—	+18	—	+20	—	+26	+32	+40	+60
3	6	−270	−140	−70	−46	−30	−20	−14	−10	−6	−4	0		−2	−4	—	+1	0	+4	+8	+12	+15	+19	—	+23	—	+28	—	+35	+42	+50	+80
6	10	−280	−150	−80	−56	−40	−25	−18	−13	−8	−5	0		−2	−5	—	+1	0	+6	+10	+15	+19	+23	—	+28	—	+34	—	+42	+52	+67	+97
10	14	−290	−150	−95	—	−50	−32	—	−16	—	−6	0		−3	−6	—	+1	0	+7	+12	+18	+23	+28	—	+33	+39	+40	—	+50	+64	+90	+130
14	18																										+45		+60	+77	+108	+150
18	24	−300	−160	−110	—	−65	−40	—	−20	—	−7	0		−4	−8	—	+2	0	+8	+15	+22	+28	+35	+41	+41	+47	+54	+63	+73	+98	+130	+188
24	30																								+48	+65	+64	+75	+88	+118	+160	+218
30	40	−310	−170	−120	—	−80	−50	—	−25	—	−9	0		−5	−10	—	+2	0	+9	+17	+26	+34	+43	+48	+60	+68	+80	+94	+112	+148	+200	+274
40	50	−320	−180	−130																				+54	+70	+81	+97	+114	+136	+180	+242	+325
50	65	−340	−190	−140	—	−100	−60	—	−30	—	−10	0		−7	−12	—	+2	0	+11	+20	+32	+41	+53	+66	+87	+102	+122	+144	+172	+226	+300	+405
65	80	−350	−200	−150																		+43	+59	+75	+102	+120	+146	+174	+210	+274	+360	+480
80	100	−380	−220	−170	—	−120	−72	—	−36	—	−12	0		−9	−15	—	+3	0	+13	+23	+37	+51	+71	+91	+124	+146	+178	+214	+258	+335	+445	+585
100	120	−410	−240	−180																		+54	+79	+104	+144	+172	+210	+254	+210	+400	+525	+690
120	140	−460	−260	−200	—	−145	−85	—	−43	—	−14	0		−11	−18	—	+3	0	+15	+27	+43	+63	+92	+122	+170	+202	+248	+300	+365	+470	+620	+800
140	160	−520	−280	−210																		+65	+100	+134	+190	+228	+280	+340	+415	+535	+700	+900
160	180	−580	−310	−230																		+68	+108	+146	+210	+252	+310	+380	+465	+600	+780	+1000
180	200	−660	−340	−240	—	−170	−100	—	−50	—	−15	0		−13	−21	—	+4	0	+17	+31	+50	+77	+122	+166	+236	+284	+350	+425	+520	+670	+880	+1150
200	225	−740	−380	−260																		+80	+130	+180	+258	+310	+385	+470	+575	+740	+960	+1250
225	250	−820	−420	−280																		+84	+140	+196	+284	+340	+425	+520	+640	+820	+1050	+1350

[주] 1) a 및 b 축은 기준 치수 1mm 이하에는 사용하지 않는다.

2) 공차 범위의 등급 js7~js11에서는 기본 공차 IT의 수치가 홀수인 경우에는 치수 허용차, 즉 ±IT/2가 마이크로미터(μm) 단위의 정수가 되도록 IT의 수치를 바로 아래의 짝수로 맺음을 한다.

7.7 끼워 맞춤공차와 기호

부품도면에 기입된 각각의 치수와 부품이 조립되어 원활한 기능을 발휘하도록 기입되는 끼워 맞춤 공차는 공작기계의 정밀도와 생산 방법에 따라 측정한 값은 그 기준 값보다 크거나 작게 공차결과가 나오게 되는데 구멍과 축이 조립 전에 치수 차에서 생기는 관계를 말한다.

1 틈새(Clearance)와 죔새(Interference)

그림 7-10의 **(a)**와 같이 구멍의 지름이 축의 지름보다 큰 차(허용치수)를 틈새라 하고, **(b)**와 같이 축의 지름이 구멍의 지름보다 큰 차(허용치수)를 죔새라고 한다.

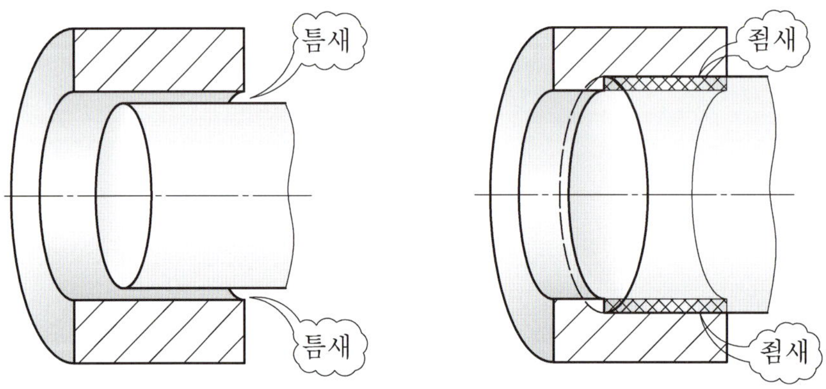

(a) 틈새 (b) 죔새

[그림 7-10] 틈새와 죔새

2 끼워 맞춤방식의 기준

끼워 맞춤 부분을 가공할 때, 부품 소재의 상태나 가공의 난이도 정도에 의해 구멍을 기준으로 할 것인지, 또는 축을 기준으로 할 것인지에 따라 표 7-8의 구멍 기준식과 표 7-9의 축 기준식으로 나눈다.

(1) 구멍 기준식 끼워 맞춤(Fit)

아래 치수 허용차가 0인 H기호 구멍을 기준 구멍으로 하고, 적당한 축을 선정하여 필요로 하는 죔새나 틈새를 얻는 끼워 맞춤방식이며, 구멍을 먼저 가공하고 그 구멍의 끼워 맞춤에 맞추어 축을 가공하는 원리이다.

[표 7-8] 자주 사용하는 구멍 기준 방식의 끼워 맞춤

기준 구멍	축의 공차 범위																	
	헐거운 끼워 맞춤							중간 끼워 맞춤			억지 끼워 맞춤							
H6						g5	h5	js5	k5	m5								
					f6	g6	h6	js6	k6	m6	n6	p6	p6					
H7					f6	g6	h6	js6	k6	m6	n6	n6	p6	r6	s6	t6	u6	x6
				e7	f7		h7	js7										
H8					f7		h7											
				e8	f8		h8											
				d9	c9													

(2) 축 기준식 끼워 맞춤

위 치수 허용차가 0인 h기호 축을 기준으로 하고, 적당한 구멍을 선정하여 필요한 죔새나 틈새를 얻는 끼워 맞춤방식이며, 축을 먼저 가공하고 그 축의 끼워 맞춤에 맞추어 구멍을 가공하는 원리이다.

[표 7-9] 자주 사용하는 축 기준 방식의 끼워 맞춤

기준 축	구멍의 공차 범위																
	헐거운 끼워 맞춤							중간 끼워 맞춤			억지 끼워 맞춤						
h5							H6	JS6	K6	M6	N6	P6					
h6					F6	G6	H6	JS6	K6	M6	N6	P6					
					F7	G7	H7	JS7	K7	M7	N7	P7	R7	S7	T7	U7	X7
h7				E7	F7		H7										
					F8		H8										
h8			D8	E8	F8		H8										
			D9	E9			H9										

표 7-10은 자주 사용하는 끼워 맞춤의 구멍(Hole) 치수 허용차(치수 공차)의 규격이며, 영문자의 대문자로 나타낸다.

표 7-11은 자주 사용하는 끼워 맞춤의 축(Shaft) 치수 허용차(치수 공차)의 규격이며, 영문자의 소문자로 나타낸다.

[표 7-10] 자주 사용하는 끼워 맞춤의 **구멍 치수** 허용차(KS B 0401)

단위 : μm = 0.001mm

구멍 기호 / 치수 구분(mm)	B	C		D			E			F			G		H					
	B10	C9	C10	D8	D9	D10	E7	E8	E9	F6	F7	F8	G6	G7	H5	H6	H7	H8	H9	H10
3이하	+180 +140	+80 +60	+100	+34	+45 +20	+60	+24	+28 +14	+29	+12	+16 +2	+20	**+8** **+2**	+12	+4	+6	**+10** **0**	+14	+25	+40
3초과 6이하	+188 +140	+100 +70	+118	+48	+60 +30	+78	+32	+38 +20	+50	+18	+22 +10	+28	**+12** **+4**	+16	+5	+8	**+12** **0**	+18	+30	+48
6 10	+208 +150	+116 +80	+138	+62	+76 +40	+98	+40	+47 +25	+61	+22	+28 +13	+35	**+14** **+5**	+20	+6	+9	**+15** **0**	+22	+36	+58
10 14 14 18	+220 +150	+138 +95	+165	+77	+93 +50	+120	+50	+59 +32	+75	+27	+34 +16	+43	**+17** **+6**	+24	+8	+11	**+18** **0**	+27	+43	+70
18 24 24 30	+224 +160	+162 +110	+194	+98	+117 +65	+149	+61	+73 +40	+92	+33	+41 +20	+53	**+20** **+7**	+28	+9	+13	**+21** **0**	+33	+52	+84
30 40	+270 +170	+182 +120	+220	+119	+142 +80	+180	+75	+89 +50	+112	+41	+50 +25	+64	**+25** **+9**	+34	+11	+16	**+25** **0**	+39	+62	+100
40 50	+280 +180	+192 +130	+230																	
50 65	+310 +190	+214 +140	+260	+146	+174 +100	+220	+90	+106 +60	+134	+49	+60 +30	+76	**+29** **+10**	+40	+13	+19	**+30** **0**	+46	+74	+120
65 80	+320 +220	+224 +150	+270																	
80 100	+360 +220	+257 +170	+310	+174	+207 +120	+260	+107	+126 +72	+156	+58	+71 +36	+90	**+34** **+12**	+47	+15	+22	**+35** **0**	+54	+87	+140
100 120	+380 +240	+267 +180	+320																	
120 140	+420 +260	+300 +200	+360	+208	+245 +145	+305	+125	+148 +85	+185	+68	+83 +43	+106	**+39** **+14**	+54	+18	+25	**+40** **0**	+63	+100	+160
140 160	+440 +280	+310 +210	+370																	
160 180	+470 +310	+330 +230	+390																	
180 200	+525 +340	+355 +240	+425	+242	+285 +170	+355	+146	+172 +100	+215	+79	+96 +50	+122	**+44** **+15**	+61	+20	+29	**+46** **0**	+72	+115	+185
200 225	+565 +380	+375 +260	+445																	
225 250	+605 +420	+395 +280	+465																	

[표 7-10] 자주 사용하는 끼워 맞춤의 **구멍 치수** 허용차(KS B 0401)(계속)

단위 : μm = 0.001mm

구멍 기호 / 치수 구분(mm)	JS			K			M			N		P		R	S	T	U	X
	JS5	JS6	JS7	K5	K6	K7	M5	M6	M7	N6	N7	P6	P7	R7	S7	T7	U7	X7
3이하	±2	±3	±5	0 -4	0 -6	0 -10	-2 -6	-2 -8	-2 -12	-4 -10	-4 -14	-6 -12	-6 -16	-10 -20	-14 -24	—	-18 -28	-20 -30
3초과 6이하	±2.5	±4	±6	0 -5	+2 -6	+3 -9	-3 -8	-1 -9	0 -12	-5 -13	-4 -16	-9 -17	-8 -20	-11 -23	-15 -27	—	-19 -31	-24 -36
6 10	±3	±4.5	±7.5	+1 -5	+2 -7	+5 -10	-4 -10	-3 -12	0 -15	-7 -16	-4 -19	-12 -21	-9 -24	-13 -28	-17 -32	—	-22 -37	-28 -43
10 14	±4	±5.5	±9	+2 -6	+2 -9	+6 -12	-4 -12	-4 -15	0 -18	-9 -20	-5 -23	-15 -26	-11 -29	-16 -34	-21 -39	—	-26 -44	-33 -51
14 18																		-38 -56
18 24	±4.5	±6.5	±10.5	+1 -8	+2 -11	+6 -15	-5 -14	-4 -17	0 -21	-11 -24	-7 -28	-18 -31	-14 -35	-20 -41	-27 -48	—	-33 -54	-46 -67
24 30																-33 -54	-40 -61	-56 -77
30 40	±5.5	±8	±12.5	+2 -9	+3 -13	+7 -18	-5 -16	-4 -20	0 -25	-12 -28	-8 -33	-21 -37	-17 -42	-25 -50	-34 -59	-39 -64	-51 -76	—
40 50																-45 -70	-61 -86	
50 65	±6.5	±9.5	±15	+3 -10	+4 -15	+9 -21	-6 -19	-5 -24	0 -30	-14 -33	-9 -39	-26 -45	-21 -51	-30 -60	-42 -72	-55 -85	-76 -106	—
65 80														-32 -62	-48 -78	-64 -94	-91 -121	
80 100	±7.5	±11	±17.5	+2 -13	+4 -18	+10 -25	-8 -23	-6 -28	0 -35	-16 -38	-10 -45	-30 -52	-24 -59	-38 -73	-58 -93	-78 -113	-111 -146	—
100 120														-41 -76	-66 -101	-91 -126	-131 -166	
120 140	±9	±12.5	±20	+3 -15	+4 -21	+12 -28	-9 -27	-8 -33	0 -40	-20 -45	-12 -52	-36 -61	-28 -68	-48 -88	-77 -117	-107 -147	—	—
140 160														-50 -90	-85 -125	-119 -159		
160 180														-53 -93	-93 -133	-131 -171		
180 200	±10	±14.5	±23	+2 -18	+5 -24	+13 -33	-11 -31	-8 -37	0 -46	-22 -51	-14 -60	-41 -70	-33 -79	-60 -106	-105 -151	—	—	—
200 225														-63 -109	-113 -159			
225 250														-67 -113	-123 -169			

[표 7-11] 자주 사용하는 끼워 맞춤의 **축 치수** 허용차(KS B 0401)

단위 : μm = 0.001mm

축 기호 \ 치수 구분(mm)	b	c	d		e			f			g			h					
	b9	c9	d8	d9	e7	e8	e9	f6	f7	f8	g4	g5	g6	h4	h5	h6	h7	h8	h9
3이하	−140 −165	−60 −85	−20 −34	−45	−24	−14 −28	−29	**−12**	**−6** −16	−20	−5	**−2** −6	**−8**	−3	−4	0 **−6**	−10	−14	−25
3초과 6이하	−140 −170	−70 −100	−30 −48	−60	−32	−20 −38	−50	**−18**	**−10** −22	−28	−8	**−4** −9	**−12**	−4	−5	0 **−8**	−12	−18	−30
6 10	−150 −186	−80 −116	−40 −62	−76	−40	−25 −47	−61	**−22**	**−13** −28	−35	−9	**−5** −11	**−14**	−4	−6	0 **−9**	−15	−22	−36
10 14 14 18	−150 −193	−95 −138	−50 −77	−93	−50	−32 −59	−75	**−27**	**−16** −34	−43	−11	**−6** −14	**−17**	−5	−8	0 **−11**	−18	−27	−43
18 24 24 30	−160 −212	−110 −162	−65 −98	−117	−61	−40 −73	−93	**−33**	**−20** −41	−53	−13	**−7** −16	**−20**	−6	−9	0 **−13**	−21	−33	−52
30 40	−170 −232	−120 −182																	
40 50	−180 −242	−130 −192	−80 −119	−142	−75	−50 −89	−112	**−41**	**−25** −50	−64	−16	**−9** −20	**−25**	−7	−11	0 **−16**	−25	−39	−62
50 65	−190 −264	−140 −214																	
65 80	−200 −274	−150 −224	−100 −146	−174	−90	−60 −106	−134	**−49**	**−30** −60	−76	−18	**−10** −23	**−29**	−8	−13	0 **−19**	−30	−46	−74
80 100	−220 −307	−170 −257																	
100 120	−240 −327	−180 −267	−120 −174	−207	−107	−72 −126	−159	**−58**	**−36** −71	−90	−22	**−12** −27	**−34**	−10	−15	0 **−22**	−35	−54	−87
120 140	−260 −360	−200 −300																	
140 160	−280 −380	−210 −310	−145 −208	−245	−125	−85 −148	−185	**−68**	**−43** −83	−106	−26	**−14** −32	**−39**	−12	−18	0 **−25**	−40	−63	−100
160 180	−310 −410	−230 −330																	
180 200	−340 −455	−240 −355																	
200 225	−380 −495	−260 −375	−170 −242	−285	−146	−100 −172	−215	**−79**	**−50** −96	−122	−29	**−15** −35	**−44**	−14	−20	0 **−29**	−46	−72	−115
225 250	−440 −535	−280 −395																	

[표 7-11] 자주 사용하는 끼워 맞춤의 **축 치수** 허용차(KS B 0401)(계속)

단위 : μm = 0.001mm

축 기호 / 치수 구분(mm)		js				k			m			n	p	r	s	t	u	x
		js4	js5	js6	js7	k4	k5	k6	m4	m5	m6	n6	p6	r6	s6	t6	u6	x6
	3이하	±1.5	±2	±3	±5	+3	+4 0	+6	+5	+6 +2	+8	+10 +4	+12 +6	+16 +10	+20 +14	—	+24 +18	+26 +20
3초과	6이하	±2	±2.5	±4	±6	+5	+6 +1	+9	+8	+9 +4	+12	+16 +8	+20 +12	+23 +15	+27 +19	—	+31 +23	+36 +28
6	10	±2	±3	±4.5	±7.5	+6	+7 +1	+10	+10	+12 +6	+15	+19 +10	+24 +15	+28 +19	+32 +23	—	+37 +28	+43 +34
10	14	±2.5	±4	±5.5	±9	+7	+9 +1	+12	+12	+15 +7	+18	+23 +12	+29 +18	+34 +23	+39 +28	—	+44 +33	+51 +40
14	18																	+56 +45
18	24	±3	±4.5	±6.5	±10.5	+8	+11 +2	+25	+14	+17 +8	+21	+28 +15	+35 +22	+41 +28	+48 +35	—	+54 +41	+67 +54
24	30															+54 +41	+61 +48	+77 +64
30	40	±3.5	±5.5	±8	±12.5	+9	+13 +2	+18	+16	+20 +9	+25	+33 +17	**+42** **+26**	+50 +34	+59 +43	+64 +48	+76 +60	—
40	50															+70 +54	+86 +70	—
50	65	±4	±6.5	±9.5	±15	+10	+15 +2	+21	+19	+24 +11	+30	+39 +20	+51 +32	+60 +41	+72 +53	+85 +66	+106 +87	—
65	80													+62 +43	+78 +59	+94 +75	+121 +102	
80	100	±5	±7.5	±11	±17.5	+13	+18 +3	+25	+23	+28 +13	+35	+45 +23	+59 +37	+73 +51	+93 +71	+113 +91	+146 +124	—
100	120													+76 +54	+101 +79	+126 +104	+166 +144	
120	140	±6	±9	±12.5	±20	+15	+21 +3	+28	+27	+33 +15	+40	+52 +27	+68 +43	+88 +63	+117 +92	+147 +122	—	—
140	160													+90 +65	+125 +100	+159 +134		
160	180													+93 +68	+133 +108	+171 +146		
180	200	±7	±10	±14.5	±23	+18	+24 +4	+33	+31	+37 +17	+46	+60 +31	+79 +50	+106 +77	+151 +122	—	—	—
200	225													+109 +80	+159 +130			
225	250													+113 +84	+169 +140			

2 끼워 맞춤의 종류

(1) 헐거운 끼워 맞춤

구멍의 최소 치수가 축의 최대 치수보다 큰 경우로써 죔새가 없이 항상 틈새가 생기는 상태를 말하며, 미끄럼 운동이나 회전 운동이 필요한 부품에 적용되고 있다.

[보기] ϕ45 H7/g6과 같은 끼워 맞춤의 경우에 얻어지는 틈새의 최대 값과 최소 값을 계산해 보고 헐거운 끼워 맞춤이 맞는지 확인해 보기로 한다.

① 구멍 ϕ45 H7의 최대, 최소 허용치수의 계산은 **표 7-3**에서 ϕ45에 해당하는 IT 7의 공차 수치 25μm(0.025㎜)를 찾고, **표 7-6**에서 ϕ45의 H 구멍의 기초가 되는 치수 허용차는 0 이므로(또는 **표 7-10**에서 찾으면), $\phi45\ \text{H7} = \phi45\,^{+0.025}_{\ \ 0} = \dfrac{\phi45.025}{\phi45.000}$가 된다.

② 축 ϕ45 g6의 최대, 최소 허용치수의 계산은 **표7-3**에서 ϕ45에 해당하는 IT 6의 공차 수치 16μm(0.016㎜)를 찾고, **표 7-7**에서 ϕ45의 g축의 기초가 되는 치수 허용차는 -9μm (-0.009㎜)이므로(여기서는 정확히 **표 7-11**에서 찾으면 축 치수 허용차는 -25μm ~ -9μm이다), 따라서 $\phi45\ \text{g6} = \phi45\,^{-0.009}_{-0.025} = \dfrac{\phi44.991}{\phi44.975}$이 된다.

③ 최소 틈새는 구멍의 최소 허용 치수 − 축의 최대 허용 치수 = 45.000 − 44.991 = 0.009이고, 최대 틈새는 구멍의 최대 허용 치수 − 축의 최소 허용 치수 = 45.025 − 44.975 = 0.050을 구할 수 있다. 이에 따라 구멍과 축의 끼워 맞춤 상태를 그림으로 나타내면 **그림 7-11**과 같으며, 죔새가 없이 틈새만 있어서 헐거운 끼워 맞춤이 됨을 확인할 수 있다.

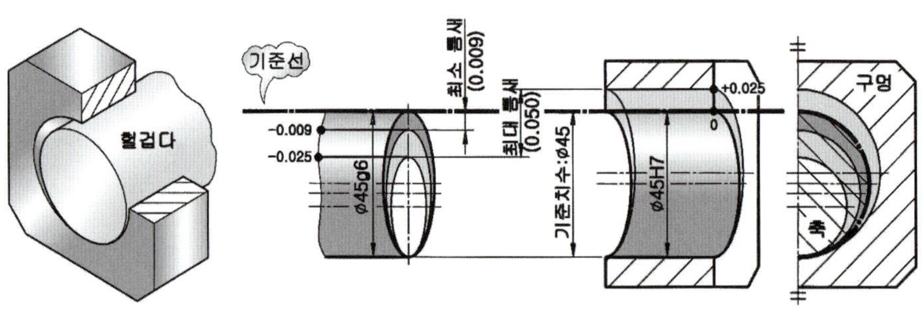

(a) 축 (b) 구멍

[그림 7-11] 틈새가 있는 헐거운 끼워 맞춤

(2) 억지 끼워 맞춤

구멍의 최대 치수가 축의 최소 치수보다 작은 경우로써 틈새가 없이 항상 죔새가 생기는 끼워 맞춤을 말하며, 분해·조립을 하지 않는 부품에 적용되고 있다.

[보기] ϕ45 H7/p6과 같은 끼워 맞춤의 경우에 얻어지는 죔새의 최대 값과 최소 값을 계산해 보고 억지 끼워 맞춤이 맞는지 확인해 보기로 한다.

앞의 보기에서와 같은 방법으로 표들을 활용하여 ϕ45 H7의 구멍과 ϕ45 p6의 축의 최대, 최소 허용치수를 구하면, 구멍 $\phi45\ \text{H7} = \phi45\,^{+0.025}_{\ \ 0} = \dfrac{\phi45.025}{\phi45.000}$가 되고, 축 $\phi45\ \text{p6} = \phi45\,^{+0.042}_{+0.026} =$

$\dfrac{\phi 45.042}{\phi 45.026}$가 된다.

따라서, 최대 죔새 = 축의 최대 허용 치수 − 구멍의 최소 허용 치수이므로, 최대 죔새 = 45.042 − 45.000 = 0.042이고, 최소 죔새 = 축의 최소 허용 치수 − 구멍의 최대 허용 치수이므로, 최소 죔새 = 45.026 − 45.025 = 0.001을 구할 수 있다. 이에 따라 구멍과 축의 끼워 맞춤 상태를 그림으로 나타내면, 그림 7-12와 같으며, 틈새가 없이 죔새만 있어서 억지 끼워 맞춤이 됨을 확인할 수 있다.

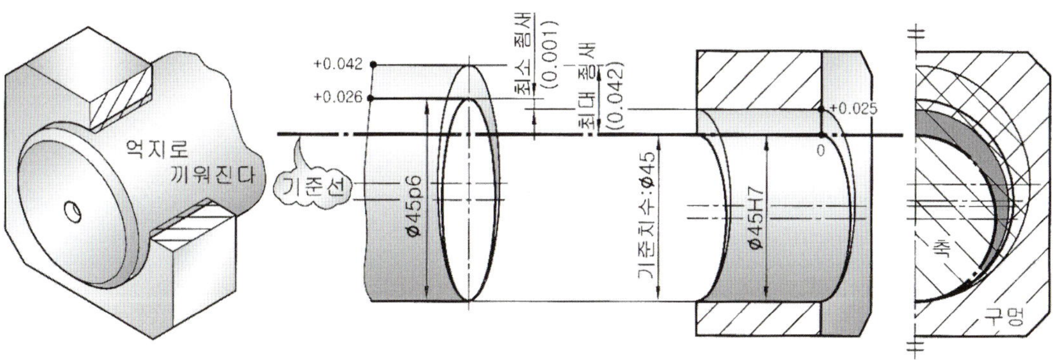

(a) 축 (b) 구멍

[그림 7-12] 죔새가 있는 억지 끼워 맞춤

(3) 중간 끼워 맞춤

부품의 기능과 역할에 따라 틈새 또는 죔새가 생기게 하는 끼워 맞춤으로, 헐거운 끼워 맞춤이나 억지 끼워 맞춤으로 얻을 수 없는 더욱 작은 틈새나 죔새를 얻는 부품에 적용되고 있다.

[보기] ϕ45 H7/k6과 같은 끼워 맞춤의 경우에 얻어지는 죔새와 틈새의 값을 계산해 보고, 중간 끼워 맞춤이 맞는지 확인해 보기로 한다.

앞의 보기에서와 같은 방법으로 표들을 활용하여 ϕ45 H7의 구멍과 ϕ45 k6의 축의 최대, 최소 허용 치수를 구하면, 구멍 $\phi 45\ \mathrm{H7} = \phi 45^{+0.025}_{\ \ 0} = \dfrac{\phi 45.025}{\phi 45.000}$가 되고, 축 $\phi 45\ \mathrm{k6} = \phi 45^{+0.018}_{+0.002} = \dfrac{\phi 45.018}{\phi 45.002}$이 된다. 따라서, 최대 죔새 = 축의 최대 허용 치수 − 구멍의 최소 허용 치수이므로, 최대 죔새 = 45.018 − 45.000 = 0.018이고, 또 최대 틈새 = 구멍의 최대 허용 치수 − 축의 최소 허용 치수이므로, 최대 틈새 = 45.025 − 45.002 = 0.023을 구할 수 있다. 이에 따라 구멍과 축의 끼워 맞춤 상태를 그림으로 나타내면 그림 7-13과 같으며, 틈새와 죔새가 치수와 축의 기호 변화에 따라 중간 끼워 맞춤이 됨을 확인할 수 있다.

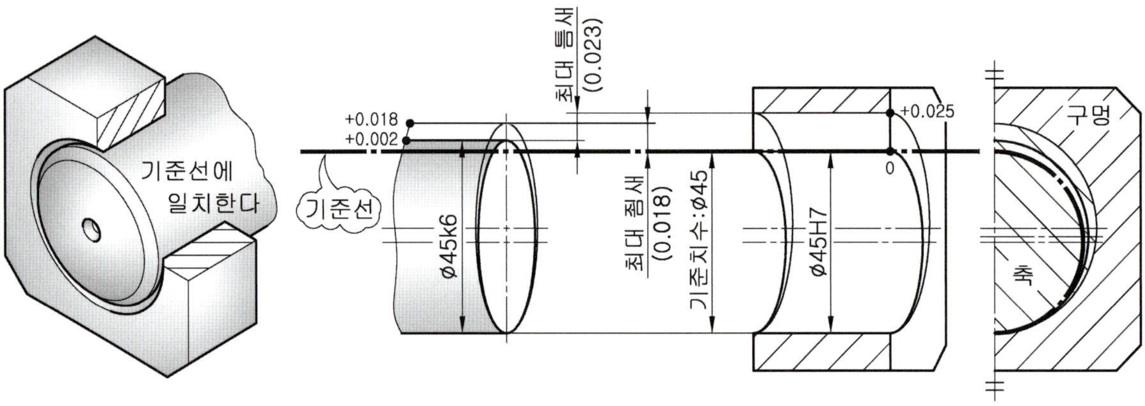

(a) 축 (b) 구멍

[그림 7-13] 틈새와 죔새가 있는 중간 끼워 맞춤

7.8 구멍 · 축 기준식 끼워 맞춤과 표준부품

해당 부품의 기능과 작동 상태를 고려하고 가공방법에 따라 구멍 기준식 끼워 맞춤이나 축 기준식 끼워 맞춤으로 구분하여 지시되며, 구멍 기준식이나 축 기준식 끼워 맞춤을 같이 적용하는 것이 편리할 때에는 다음의 ①과 ②의 방식을 혼용하여 표시되기도 한다.

① 편리한 끼워 맞춤 방식의 선택은 구멍이 축보다 가공하거나 검사하기가 어려우므로 구멍 기준식 끼워 맞춤을 선택하는 것이 편리하여 주로 적용된다.

② 평행 핀(m6, h8, h11)과 같은 표준 부품과 기어 펌프에서 기어 외경(h6)과 펌프 내경(G7)과 같이 기능상 필요한 설계도면에서는 축 기준식 끼워 맞춤이 적용된다.

연습문제-1 아래의 각 도형에 지시된 치수 허용차에 대한 답을 구하시오.

1 아래의 ⓐ, ⓑ, ⓒ에 지시된 치수 허용차를 보고 각각 최대 허용차, 최소 허용차, 최대 허용한계 치수, 최소 허용한계 치수를 구하라.

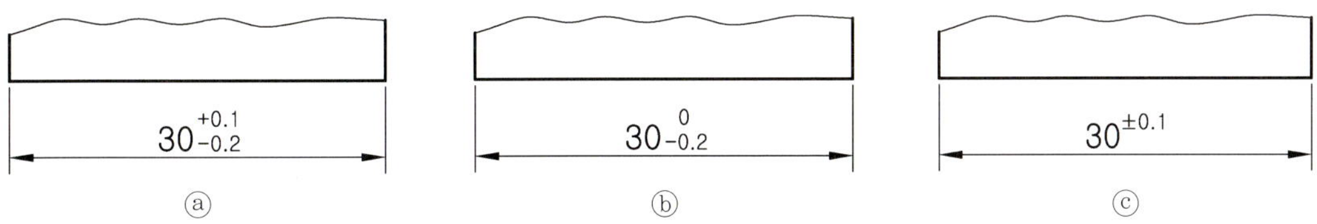

2 아래의 ⓐ, ⓑ, ⓒ에 지시된 치수 허용차를 보고 각각 최대 허용차, 최소 허용차, 최대 허용한계 치수, 최소 허용한계 치수를 구하라.

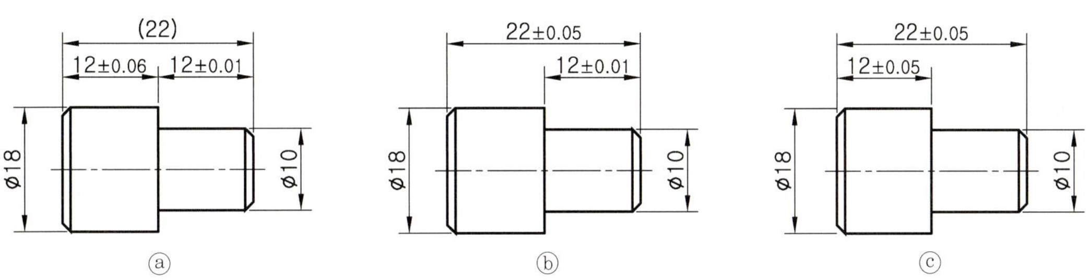

3 아래의 ⓐ, ⓑ, ⓒ 도형에 지시된 치수 허용차를 보고 각각 최대 허용차, 최소 허용차, 최대 허용한계 치수, 최소 허용한계 치수를 구하라.

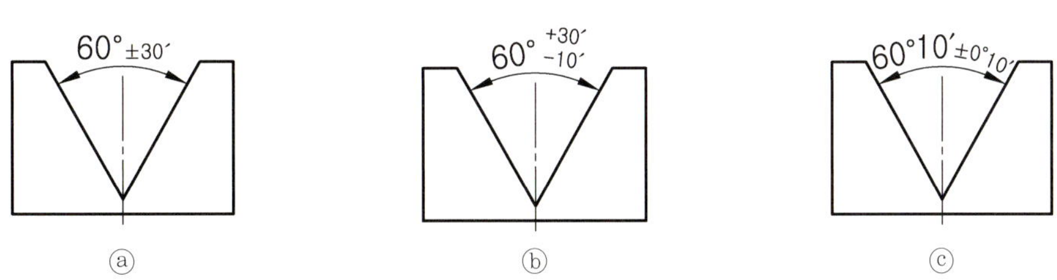

4 아래의 도형에 지시된 끼워 맞춤공차 기호를 보고 최대 허용차, 최소 허용차, 최대 허용한계 치수, 최소 허용한계 치수를 구하라.

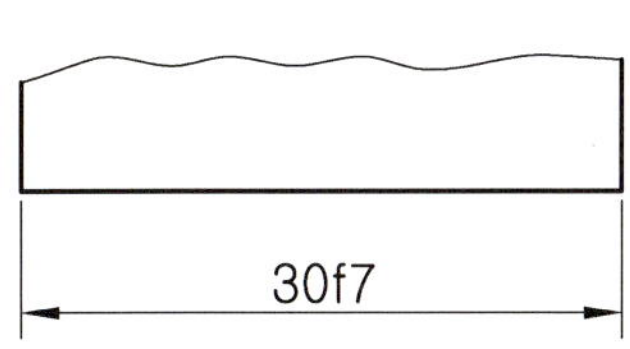

5 아래의 도형에 지시된 치수 허용차를 보고 다음에서 요구하는 답을 구하라.

(a) 부품 ①과 ②에 지시된 치수 허용차에 해당하는 끼워 맞춤공차 기호는?

(b) 부품 ①의 최대 허용차, 최소 허용차, 최대 허용한계 치수, 최소 허용한계 치수는?

(c) 부품 ②의 최대 허용차, 최소 허용차, 최대 허용한계 치수, 최소 허용한계 치수는?

(d) 부품 ①과 ②의 틈새와 죔새는?

(e) 부품 ①과 ②의 끼워 맞춤공차 방식은?

(f) 부품 ①과 ②의 틈새와 죔새의 최소 및 최대값을 계산하여 헐거운 끼워 맞춤, 중간 끼워 맞춤, 억지 끼워 맞춤인지를 증명하라.

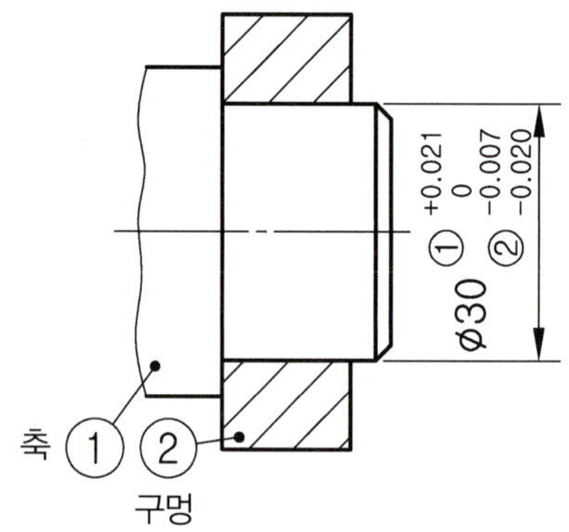

연습문제-1 모범답안

1 아래의 ⓐ, ⓑ, ⓒ에 지시된 치수 허용차를 보고 각각 최대 허용차, 최소 허용차, 최대 허용한계 치수, 최소 허용한계 치수를 구하라.

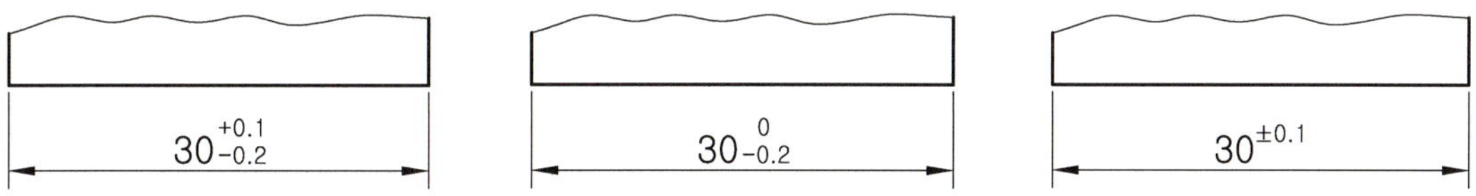

ⓐ ⓑ ⓒ

ⓐ 최대 허용차 : +0.1
최소 허용차 : −0.2
최대 허용한계 치수 : 30.1
최소 허용한계 치수 : 29.8

ⓑ 최대 허용차 : 0
최소 허용차 : −0.2
최대 허용한계 치수 : 30
최소 허용한계 치수 : 29.8

ⓒ 최대 허용차 : +0.1
최소 허용차 : −0.1
최대 허용한계 치수 : 30.1
최소 허용한계 치수 : 29.9

2 아래의 ⓐ, ⓑ, ⓒ에 지시된 치수 허용차를 보고 각각 최대 허용차, 최소 허용차, 최대 허용한계 치수, 최소 허용한계 치수를 구하라.

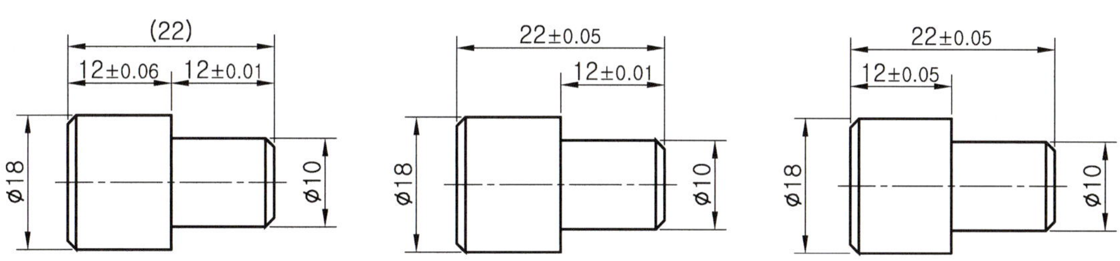

ⓐ ⓑ ⓒ

ⓐ 12±0.06의 최대 허용차 : +0.06
최소 허용차 : −0.066
최대 허용한계 치수 : 12.06
최소 허용한계 치수 : 11.94

12±0.01의 최대 허용차 : +0.01
최소 허용차 : −0.01
최대 허용한계 치수 : 12.01
최소 허용한계 치수 : 11.99

ⓑ 22±0.05의 최대 허용차 : +0.05
최소 허용차 : −0.05
최대 허용한계 치수 : 22.05
최소 허용한계 치수 : 21.95

12±0.01의 최대 허용차 : +0.01
최소 허용차 : −0.01
최대 허용한계 치수 : 12.01
최소 허용한계 치수 : 11.99

ⓒ 22±0.05의 최대 허용차 : +0.05
최소 허용차 : −0.05
최대 허용한계 치수 : 22.05
최소 허용한계 치수 : 21.95

12±0.05의 최대 허용차 : +0.05
최소 허용차 : −0.05
최대 허용한계 치수 : 12.05
최소 허용한계 치수 : 11.95

3 아래의 ⓐ, ⓑ, ⓒ 도형에 지시된 치수 허용차를 보고 각각 최대 허용차, 최소 허용차, 최대 허용한계 치수, 최소 허용한계 치수를 구하라.

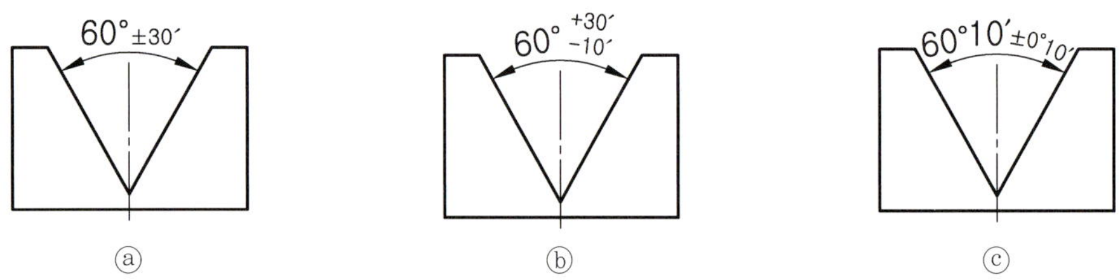

ⓐ 최대 허용차 : +30′
최소 허용차 : −30′
최대 허용한계 치수 : 60.5°
최소 허용한계 치수 : 59.5°

ⓑ 최대 허용차 : +30′
최소 허용차 : −10′
최대 허용한계 치수 : 60°30′
최소 허용한계 치수 : 59°50′

ⓒ 최대 허용차 : +0°10′
최소 허용차 : −0°10′
최대 허용한계 치수 : 60°20′
최소 허용한계 치수 : 60°00′

4 아래의 도형에 지시된 끼워 맞춤공차 기호를 보고 최대 허용차, 최소 허용차, 최대 허용한계 치수, 최소 허용한계 치수를 구하라.

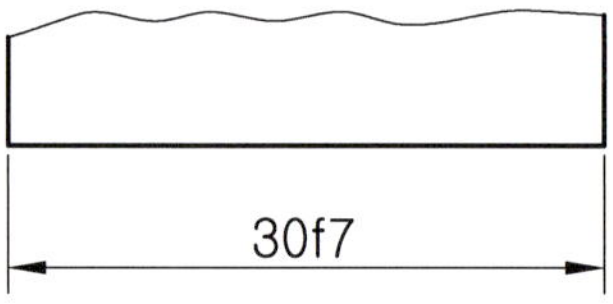

최대 허용차 : −0.02
최소 허용차 : −0.041
최대 허용한계 치수 : 29.98
최소 허용한계 치수 : 29.959

5 아래의 도형에 지시된 치수 허용차를 보고 다음에서 요구하는 답을 구하라.

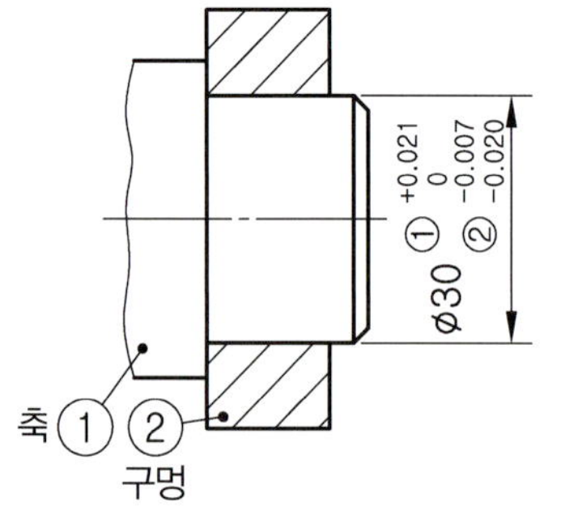

(a) 부품 ①과 ②에 지시된 치수 허용차에 해당하는 끼워 맞춤공차 기호는?
도면에서 보면 ①은 축이고, ②는 구멍이다. 따라서
① : h7
② : G6

(b) 부품 ①의 최대 허용차, 최소 허용차, 최대 허용한계 치수, 최소 허용한계 치수는?

최대 허용차 : +0.021

최소 허용차 : 0

최대 허용한계 치수 : 30.021

최소 허용한계 치수 : 30

(c) 부품 ②의 최대 허용차, 최소 허용차, 최대 허용한계 치수, 최소 허용한계 치수는?

최대 허용차 : −0.007

최소 허용차 : −0.020

최대 허용한계 치수 : 29.993

최소 허용한계 치수 : 29.980

(d) 부품 ①과 ②의 틈새와 죔새는?

최대 죔새 : 축의 최대 허용 치수 − 구멍의 최소 허용 치수 = 30.021 − 29.980 = 0.041

최소 죔새 : 축의 최소 허용 치수 − 구멍의 최대 허용 치수 = 30 − 29.993 = 0.007

(e) 부품 ①과 ②의 끼워 맞춤공차 방식은?

억지 끼워 맞춤

(f) 부품 ①과 ②의 틈새와 죔새의 최소 및 최대값을 계산하여 헐거운 끼워 맞춤, 중간 끼워 맞춤, 억지 끼워 맞춤인지를 증명하라.

최대 죔새 : 30.021 − 29.980 = 0.041

최소 죔새 : 30 − 29.993 = 0.007

항상 죔새가 있으므로 억지 끼워 맞춤이 됨을 확인할 수 있다.

〈참고〉

6 아래의 도형에서 부품 ①이 구멍이고 부품 ②가 축이라면, 지시된 치수 허용차를 보고 다음에서 요구하는 답을 구하라.

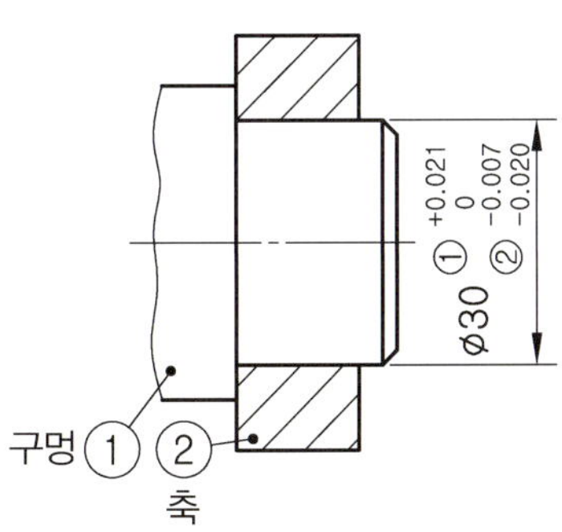

(a) 부품 ①과 ②에 지시된 치수 허용차에 해당하는 끼워 맞춤공차 기호는?

도면에서 보면 ①은 구멍이고, ②는 축이다. 따라서

① : G6

② : h7

(b) 부품 ①의 최대 허용차, 최소 허용차, 최대 허용한계 치수, 최소 허용한계 치수는?

최대 허용차 : +0.021

최소 허용차 : 0

최대 허용한계 치수 : 30.021

최소 허용한계 치수 : 30

(c) 부품 ②의 최대 허용차, 최소 허용차, 최대 허용한계 치수, 최소 허용한계 치수는?

최대 허용차 : −0.007

최소 허용차 : −0.02

최대 허용한계 치수 : 29.993

최소 허용한계 치수 : 29.980

(d) 부품 ①과 ②의 틈새와 죔새는?

최대 틈새 : 구멍의 최대 허용 치수 − 축의 최소 허용 치수 = 30.021 − 29.980 = 0.041

최소 틈새 : 구멍의 최소 허용 치수 − 축의 최대 허용 치수 = 30 − 29.993 = 0.007

(e) 부품 ①과 ②의 끼워 맞춤공차 방식은?

헐거운 끼워 맞춤

(f) 부품 ①과 ②의 틈새와 죔새의 최소 및 최대값을 계산하여 헐거운 끼워 맞춤, 중간 끼워 맞춤, 억지 끼워 맞춤인지를 증명하라.

최대 틈새 : 30.021 − 29.980 = 0.041

최소 틈새 : 30 − 29.993 = 0.007

항상 틈새가 있으므로 헐거운 끼워 맞춤이 됨을 확인할 수 있다.

종합평가-1 **아래의 각 부품도에 지시된 치수 허용차에 대한 답을 구하시오.**

1 아래 ①의 부품도에 지시된 모든 치수는 허용차를 쓰고, 치수 허용차와 끼워 맞춤공차 기호(∅10H7, 18h6)가 지시된 치수는 각각 최대 허용차, 최소 허용차, 최대 허용한계 치수, 최소 허용한계 치수를 구하라. 단, 가공부품으로서 보통 허용차(일반 공차)는 보통 급(m)으로 지시되었다.

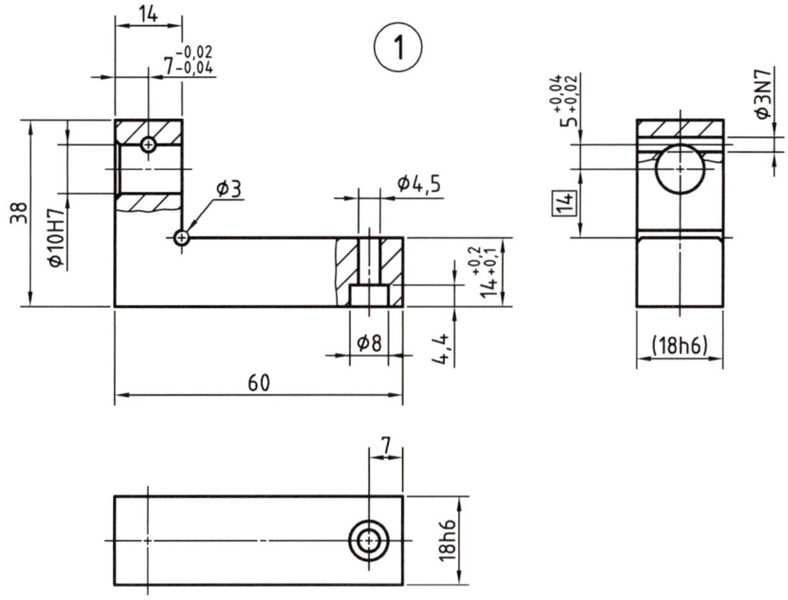

2 아래 ②의 부품도에 지시된 모든 치수(M8×1의 치수는 제외)는 허용차를 쓰고, 치수 허용차와 끼워 맞춤공차 기호(18G7)가 지시된 치수는 각각 최대 허용차, 최소 허용차, 최대 허용한계 치수, 최소 허용한계 치수를 구하라. 단, 가공부품으로서 보통 허용차(일반 공차)는 보통 급(m)으로 지시되었다.

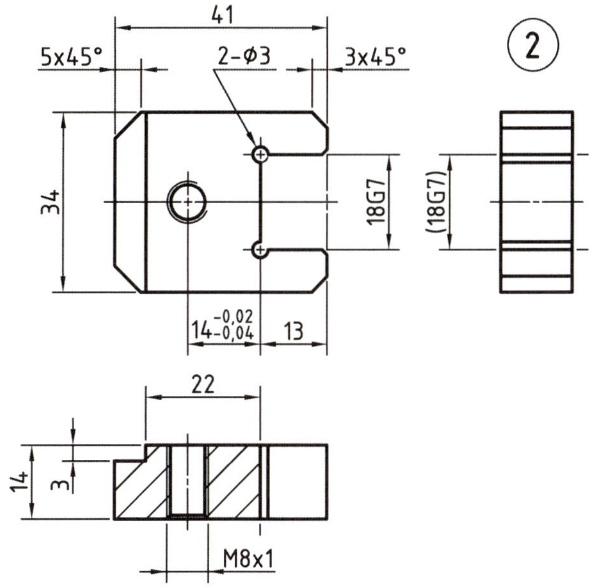

3 위의 ①, ②의 부품도에 지시된 끼워 맞춤공차 기호(18h6과 18G7)를 보고 다음에서 요구하는 답을 구하라.

(a) 위의 ①과 ②에 지시되어 끼워져 조립되는 끼워 맞춤 기준방식은?

(b) 부품 ①의 최대 허용차, 최소 허용차, 최대 허용한계 치수, 최소 허용한계 치수는?

(c) 부품 ②의 최대 허용차, 최소 허용차, 최대 허용한계 치수, 최소 허용한계 치수는?

(d) 부품 ①과 ②의 틈새와 죔새는?

(e) 부품 ①과 ②의 끼워 맞춤공차 방식은?

(f) 부품 ①과 ②의 틈새와 죔새의 최소 및 최대값을 계산하여 헐거운 끼워 맞춤, 중간 끼워 맞춤, 억지 끼워 맞춤인지를 계산하여 증명하라.

종합평가-1 모범답안

1 아래 ①의 부품도에 지시된 모든 치수는 허용차를 쓰고, 치수 허용차와 끼워 맞춤공차 기호(∅10H7, 18h6)가 지시된 치수는 각각 최대 허용차, 최소 허용차, 최대 허용한계 치수, 최소 허용한계 치수를 구하라. 단, 가공부품으로서 보통 허용차(일반 공차)는 보통 급(m)으로 지시 되었다.

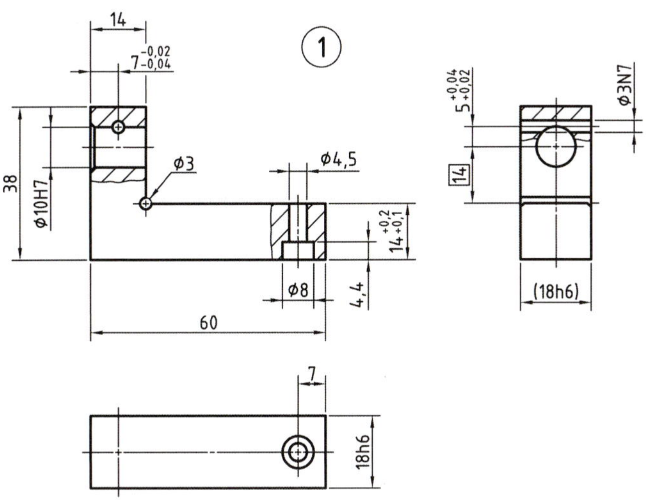

$7^{-0.02}_{-0.04}$의 최대 허용차 : −0.02
최소 허용차 : −0.04
최대 허용한계 치수 : 6.98
최소 허용한계 치수 : 6.96

$14^{+0.2}_{+0.1}$의 최대 허용차 : +0.2
최소 허용차 : +0.1
최대 허용한계 치수 : 14.2
최소 허용한계 치수 : 14.1

$5^{+0.04}_{+0.02}$의 최대 허용차 : +0.04
최소 허용차 : +0.02
최대 허용한계 치수 : 5.04
최소 허용한계 치수 : 5.02

∅10H7의 최대 허용차 : +0.015
최소 허용차 : 0
최대 허용한계 치수 : 10.015
최소 허용한계 치수 : 10

∅3N7의 최대 허용차 : −0.004
최소 허용차 : −0.014
최대 허용한계 치수 : 2.996
최소 허용한계 치수 : 2.986

18h6의 최대 허용차 : 0
최소 허용차 : −0.011
최대 허용한계 치수 : 18
최소 허용한계 치수 : 17.989

14의 허용차 : ±0.2
38의 허용차 : ±0.3
∅3의 허용차 : ±0.1
∅8의 허용차 : ±0.2

60의 허용차 : ±0.3
4.4의 허용차 : ±0.2
∅4.5의 허용차 : ±0.2

〈표 7-1의 보통 급(m) 참조〉

2 아래 ②의 부품도에 지시된 모든 치수(M8×1의 치수는 제외)는 허용차를 쓰고, 치수 허용차와 끼워 맞춤공차 기호(18G7)가 지시된 치수는 각각 최대 허용차, 최소 허용차, 최대 허용한계 치수, 최소 허용한계 치수를 구하라. 단, 가공부품으로서 보통 허용차(일반 공차)는 보통급(m)으로 지시되었다.

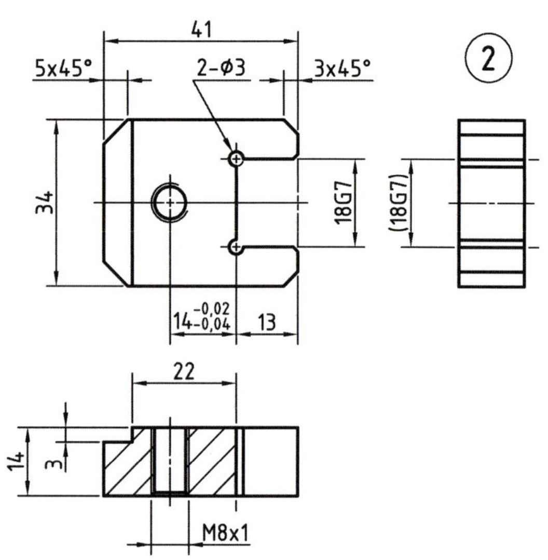

$14^{-0.02}_{-0.04}$의 최대 허용차 : −0.02

최소 허용차 : −0.04

최대 허용한계 치수 : 13.98

최소 허용한계 치수 : 13.96

18G7의 최대 허용차 : +0.024

최소 허용차 : +0.006

최대 허용한계 치수 : 18.024

최소 허용한계 치수 : 18.006

41의 허용차 : ±0.3

2−∅3의 허용차 : ±0.1

34의 허용차 : ±0.3

13의 허용차 : ±0.2

22의 허용차 : ±0.2

3의 허용차 : ±0.1

14의 허용차 : ±0.2

〈표 7−1의 보통 급(m) 참조〉

3 위의 ①, ②의 부품도에 지시된 끼워 맞춤공차 기호(18h6과 18G7)를 보고 다음에서 요구하는 답을 구하라.

(a) 위의 ①과 ②에 지시되어 끼워져 조립되는 끼워 맞춤 기준방식은?

축 기준 방식

(b) 부품 ①의 최대 허용차, 최소 허용차, 최대 허용한계 치수, 최소 허용한계 치수는?

최대 허용차 : 0

최소 허용차 : −0.011

최대 허용한계 치수 : 18

최소 허용한계 치수 : 17.989

(c) 부품 ②의 최대 허용차, 최소 허용차, 최대 허용한계 치수, 최소 허용한계 치수는?

최대 허용차 : +0.024

최소 허용차 : +0.006

최대 허용한계 치수 : 18.024

최소 허용한계 치수 : 18.006

(d) 부품 ①과 ②의 틈새와 죔새는?

최대 틈새 : 0.035

최소 틈새 : 0.006

(e) 부품 ①과 ②의 끼워 맞춤공차 방식은?

헐거운 끼워 맞춤

(f) 부품 ①과 ②의 틈새와 죔새의 최소 및 최대값을 계산하여 헐거운 끼워 맞춤, 중간 끼워 맞춤, 억지 끼워 맞춤인지를 계산하여 증명하라.

최대 틈새 : 18.024 − 17.989 = 0.035

최소 틈새 : 18.006 − 18 = 0.006

항상 틈새가 있으므로 헐거운 끼워 맞춤이 됨을 확인할 수 있다.

종합평가-2	그림 7-14의 도면을 보고 아래에서 요구하는 치수 허용차, 끼워 맞춤공차 기호에 대한 답을 구하시오.

〈참고〉

그림 7-14는 앞에서 설명한 여러 가지 치수 허용차(치수공차), 끼워 맞춤공차 기호와 기하공차가 적용된 도면의 예시이다.

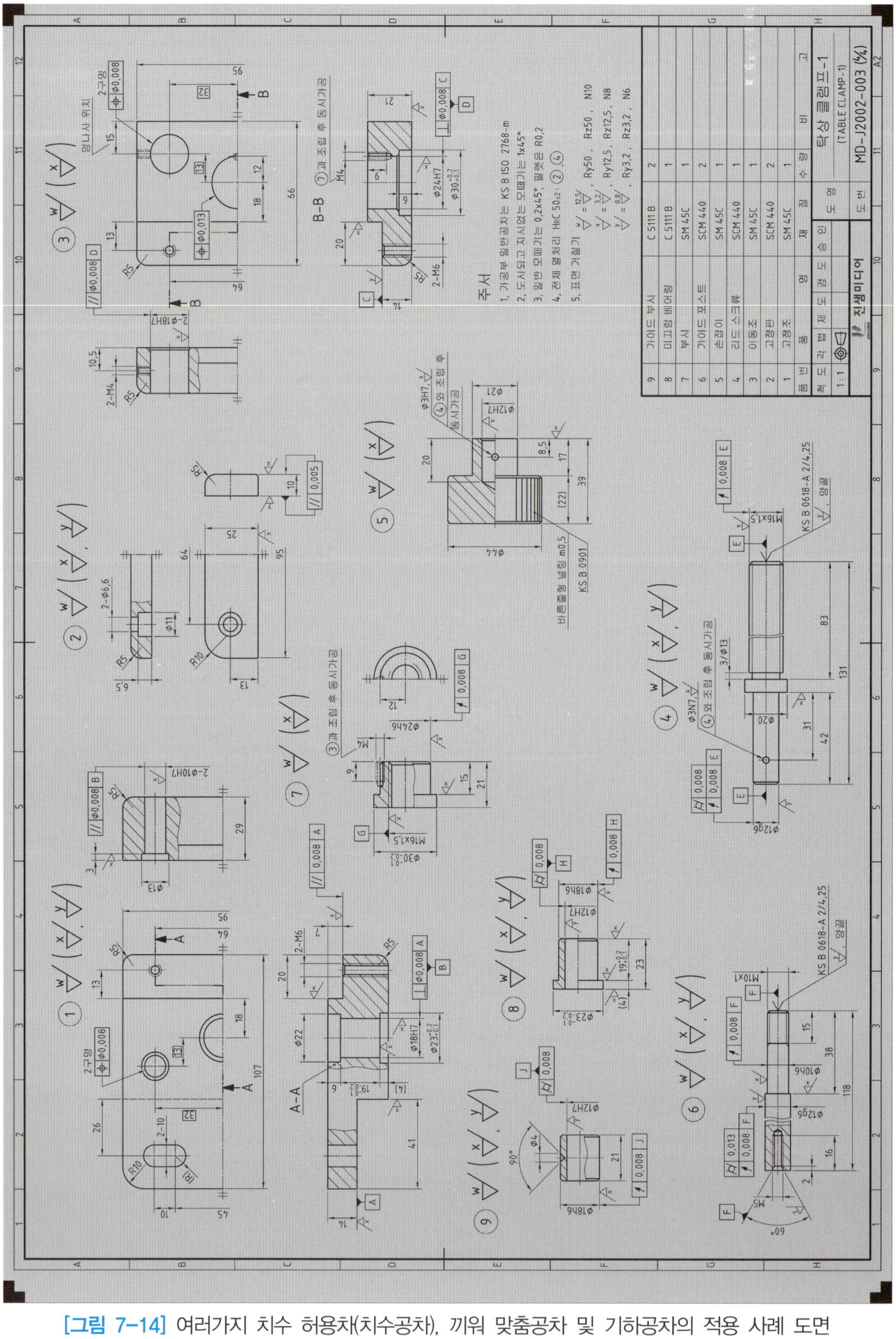

[그림 7-14] 여러가지 치수 허용차(치수공차), 끼워 맞춤공차 및 기하공차의 적용 사례 도면

1 부품 ①의 B-3구역에 지시된 부품에서 치수와 끼워 맞춤공차 기호를 찾아 다음에서 요구하는 답을 써라.

(a) 두 부품이 끼워져 조립되는 끼워 맞춤 기준방식은?
(b) 부품 ①의 최대 허용차, 최소 허용차, 최대 허용한계 치수, 최소 허용한계 치수는?
(c) 상대부품의 최대 허용차, 최소 허용차, 최대 허용한계 치수, 최소 허용한계 치수는?
(d) 부품 ①과 상대부품의 틈새와 죔새는?
(e) 부품 ①과 상대부품의 끼워 맞춤공차 방식은?
(f) 부품 ①과 상대부품의 틈새와 죔새의 최소 및 최대값을 계산하여 헐거운 끼워 맞춤, 중간 끼워 맞춤, 억지 끼워 맞춤인지를 증명하라.

2 부품 ③의 B-9구역에 지시된 부품에서 치수와 끼워 맞춤공차 기호를 찾아 다음에서 요구하는 답을 써라.

(a) 두 부품이 끼워져 조립되는 끼워 맞춤 기준방식은?
(b) 부품 ③의 최대 허용차, 최소 허용차, 최대 허용한계 치수, 최소 허용한계 치수는?
(c) 상대부품의 최대 허용차, 최소 허용차, 최대 허용한계 치수, 최소 허용한계 치수는?
(d) 부품 ③과 상대부품의 틈새와 죔새는?
(e) 부품 ③과 상대부품의 끼워 맞춤공차 방식은?
(f) 부품 ③과 상대부품의 틈새와 죔새의 최소 및 최대값을 계산하여 헐거운 끼워 맞춤, 중간 끼워 맞춤, 억지 끼워 맞춤인지를 증명하라.

3 부품 ①의 B-5구역에 지시된 부품에서 치수와 끼워 맞춤공차 기호를 찾아 다음에서 요구하는 답을 써라.

(a) 두 부품이 끼워져 조립되는 끼워 맞춤 기준방식은?
(b) 부품 ①의 최대 허용차, 최소 허용차, 최대 허용한계 치수, 최소 허용한계 치수는?
(c) 상대부품의 최대 허용차, 최소 허용차, 최대 허용한계 치수, 최소 허용한계 치수는?
(d) 부품 ①과 상대부품의 틈새와 죔새는?
(e) 부품 ①과 상대부품의 끼워 맞춤공차 방식은?
(f) 부품 ①과 상대부품의 틈새와 죔새의 최소 및 최대값을 계산하여 헐거운 끼워 맞춤, 중간 끼워 맞춤, 억지 끼워 맞춤인지를 증명하라.

4 부품 ⑨의 F-2구역에 지시된 부품의 안지름 치수와 끼워 맞춤공차 기호를 찾아 다음에서 요구하는 답을 써라.

(a) 두 부품이 끼워져 조립되는 끼워 맞춤 기준방식은?
(b) 부품 ⑨의 최대 허용차, 최소 허용차, 최대 허용한계 치수, 최소 허용한계 치수는?
(c) 상대부품의 최대 허용차, 최소 허용차, 최대 허용한계 치수, 최소 허용한계 치수는?
(d) 부품 ⑨와 상대부품의 틈새와 죔새는?
(e) 부품 ⑨와 상대부품의 끼워 맞춤공차 방식은?
(f) 부품 ⑨와 상대부품의 틈새와 죔새의 최소 및 최대값을 계산하여 헐거운 끼워 맞춤, 중간 끼워 맞춤, 억지 끼워 맞춤인지를 증명하라.

종합평가-2 모범답안

1 부품 ①의 B-3구역에 지시된 부품에서 치수와 끼워 맞춤공차 기호를 찾아 다음에서 요구하는 답을 써라.

(a) 두 부품이 끼워져 조립되는 끼워 맞춤 기준방식은?

구멍 기준 방식

(b) 부품 ①의 최대 허용차, 최소 허용차, 최대 허용한계 치수, 최소 허용한계 치수는?

최대 허용차 : +0.018

최소 허용차 : 0

최대 허용한계 치수 : 18.018

최소 허용한계 치수 : 18

(c) 상대부품의 최대 허용차, 최소 허용차, 최대 허용한계 치수, 최소 허용한계 치수는?

최대 허용차 : 0

최소 허용차 : −0.011

최대 허용한계 치수 : 1

최소 허용한계 치수 : 17.989

(d) 부품 ①과 상대부품의 틈새와 죔새는?

최대 틈새 : 0.029

최소 죔새 : 0

(e) 부품 ①과 상대부품의 끼워 맞춤공차 방식은?

중간 끼워 맞춤

(f) 부품 ①과 상대부품의 틈새와 죔새의 최소 및 최대값을 계산하여 헐거운 끼워 맞춤, 중간 끼워 맞춤, 억지 끼워 맞춤인지를 증명하라.

최대 틈새 : 18.018 − 17.989 = 0.029

최소 죔새 : 18 − 18 = 0

틈새와 죔새가 생기게 하는 끼워 맞춤으로 중간 끼워 맞춤이다.

2 부품 ③의 B-9구역에 지시된 부품에서 치수와 끼워 맞춤공차 기호를 찾아 다음에서 요구하는 답을 써라.

(a) 두 부품이 끼워져 조립되는 끼워 맞춤 기준방식은?

구멍 기준 방식

(b) 부품 ③의 최대 허용차, 최소 허용차, 최대 허용한계 치수, 최소 허용한계 치수는?

최대 허용차 : +0.018

최소 허용차 : 0

최대 허용한계 치수 : 18.018

최소 허용한계 치수 : 18

(c) 상대부품의 최대 허용차, 최소 허용차, 최대 허용한계 치수, 최소 허용한계 치수는?

최대 허용차 : 0

최소 허용차 : −0.011

최대 허용한계 치수 : 18

최소 허용한계 치수 : 17.989

(d) 부품 ③과 상대부품의 틈새와 죔새는?

최대 틈새 : 0.029

최소 죔새 : 0

(e) 부품 ③과 상대부품의 끼워 맞춤공차 방식은?

중간 끼워 맞춤

(f) 부품 ③과 상대부품의 틈새와 죔새의 최소 및 최대값을 계산하여 헐거운 끼워 맞춤, 중간 끼워 맞춤, 억지 끼워 맞춤인지를 증명하라.

최대 틈새 : 18.018 − 17.989 = 0.029

최대 죔새 : 18 − 18 = 0

틈새와 죔새가 생기게 하는 끼워 맞춤으로 중간 끼워 맞춤이다.

3 부품 ①의 B-5구역에 지시된 부품에서 치수와 끼워 맞춤공차 기호를 찾아 다음에서 요구하는 답을 써라.

(a) 두 부품이 끼워져 조립되는 끼워 맞춤 기준방식은?

구멍 기준 방식

(b) 부품 ①의 최대 허용차, 최소 허용차, 최대 허용한계 치수, 최소 허용한계 치수는?

최대 허용차 : +0.015

최소 허용차 : 0

최대 허용한계 치수 : 10.15

최소 허용한계 치수 : 10

(c) 상대부품의 최대 허용차, 최소 허용차, 최대 허용한계 치수, 최소 허용한계 치수는?

최대 허용차 : 0

최소 허용차 : −0.009

최대 허용한계 치수 : 10

최소 허용한계 치수 : 9.991

(d) 부품 ①과 상대부품의 틈새와 죔새는?

최대 틈새 : 0.024

최소 죔새 : 0

(e) 부품 ①과 상대부품의 끼워 맞춤공차 방식은?

중간 끼워 맞춤

(f) 부품 ①과 상대부품의 틈새와 죔새의 최소 및 최대값을 계산하여 헐거운 끼워 맞춤, 중간 끼워 맞춤, 억지 끼워 맞춤인지를 증명하라.

최대 틈새 : 10.015 − 9.991 = 0.024

최소 죔새 : 10 − 10 = 0

틈새와 죔새가 생기게 하는 끼워 맞춤으로 중간 끼워 맞춤이다.

4 부품 ⑨의 F-2구역에 지시된 부품의 안지름 치수와 끼워 맞춤공차 기호를 찾아 다음에서 요구하는 답을 써라.

(a) 두 부품이 끼워져 조립되는 끼워 맞춤 기준방식은?

구멍 기준 방식

(b) 부품 ⑨의 최대 허용차, 최소 허용차, 최대 허용한계 치수, 최소 허용한계 치수는?

최대 허용차 : +0.018

최소 허용차 : 0

최대 허용한계 치수 : 12.018

최소 허용한계 치수 : 12

(c) 상대부품의 최대 허용차, 최소 허용차, 최대 허용한계 치수, 최소 허용한계 치수는?

최대 허용차 : −0.006

최소 허용차 : −0.017

최대 허용한계 치수 : 11.994

최소 허용한계 치수 : 11.983

(d) 부품 ⑨과 상대부품의 틈새와 죔새는?

최대 틈새 : 0.035

최소 틈새 : 0.006

(e) 부품 ⑨과 상대부품의 끼워 맞춤공차 방식은?

헐거운 끼워 맞춤

(f) 부품 ⑨과 상대부품의 틈새와 죔새의 최소 및 최대값을 계산하여 헐거운 끼워 맞춤, 중간 끼워 맞춤, 억지 끼워 맞춤인지를 증명하라.

최대 틈새 : 12.018 − 11.983 = 0.035

최소 틈새 : 12 − 11.994 = 0.006

항상 틈새가 있으므로 헐거운 끼워 맞춤이다.

CHAPTER

08 기하공차

8.1 기하공차 기호의 지시 필요성

다음에서 설명하는 예와 같이, 제작 상 불가피하게 발생하는 생김새의 변화된 차이의 범위를 기하공차라 하며, 모양의 변화 범위를 기하공차가 규제된 부품도 그림 8-3과 같이 부품도에 필요한 공차기호와 공차의 범위를 값으로 지시하게 되어 있다.

1 가공방법과 공정에 따른 문제 발생

구멍과 축의 경우에는 가공방법, 공정순서 및 어떤 정밀도를 갖고 있는 기계에서 가공했느냐에 따라 그림 8-1과 같이 실제로 휘어짐이 생겨서 설계에서 요구한 본래의 기능을 잃게 되어 작동되지 않거나 조립의 자동화 생산이 어려워진다.

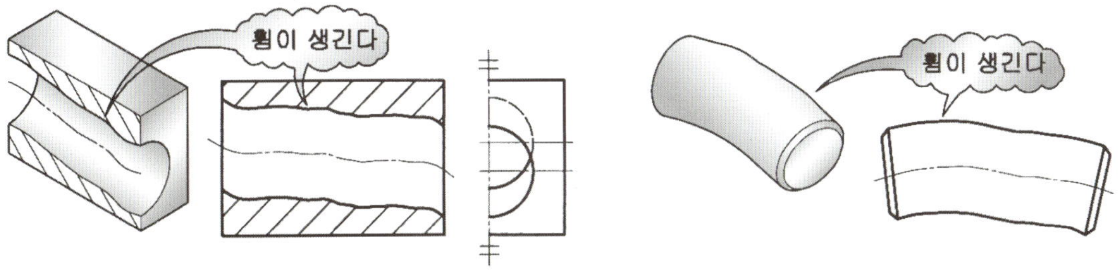

(a) 구멍의 휨 (b) 축의 휨

[그림 8-1] 가공된 구멍과 축의 휘어짐 발생

2 직6면체의 종래 제도방식에 의한 부품도

그림 8-2의 (a)는 바닥 면을 기준으로 하여 좌·우측면이 수직이어야 하고, 뒷면은 바닥 면과 좌·우측면에 대해서도 수직이 요구되는 종래의 제도방식에 따른 부품도의 보기이다.

이 도면의 경우 직6면체가 어느 방향으로라도 찌그러지게 가공될 수밖에 없는데 얼마만큼 찌그러져도 좋다는 허용공차가 규제되어 있지 않다.

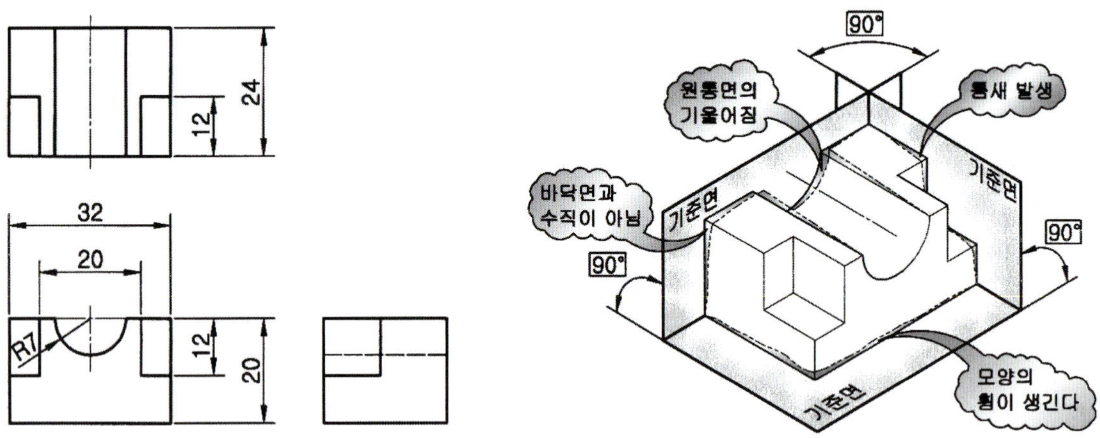

(a) 종래의 부품도　　(b) 제작부품의 측정결과

[그림 8-2] 종래의 부품도에 의해 제작된 직6면체의 측정결과 분석

3 직6면체의 종래 제도방식에 의한 부품가공에 대한 측정결과

그림 8-2의 (b)는 (a)에서 요구한 설계내용으로 제작했으나 가공을 한 결과에 대해 실제 측정결과를 그림으로 표현한 것이다.

4 기하공차가 규제된 부품도

이와 같은 문제점을 감안하여 설계자는 각 부품과 조립상태의 기능과 작동을 고려하고 기계의 정밀도, 가공자의 숙련도 등을 최소한 고려하여 그림 8-3의 (a)와 같이 기하공차 기호와 값을 지시하게 된다.

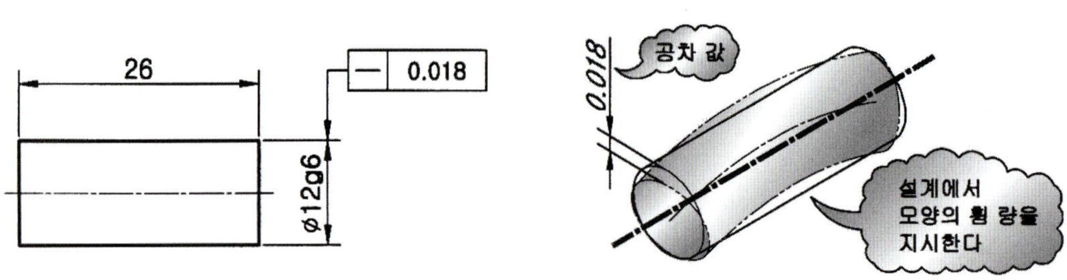

(a) 기하공차 기호의 기입　　(b) 해석

[그림 8-3] 축의 기하공차 기입 보기와 해석

8.2 기하공차 기호의 종류

여러 적용되는 모양(형체)에는 기하공차가 부여되며, 그림 8-4와 같이 기하공차 종류에는 모양 공차, 자세 공차, 위치 공차, 흔들림 공차 등이 있다.

적용하는 모양	공차 종류		공차 기호
단독 모양	모양 공차	진직도 공차	⏤
		평면도 공차	⏥
		진원도 공차	○
		원통도 공차	⌭
단독 모양 또는 관련 모양		선의 윤곽도 공차	⌒
		면의 윤곽도 공차	⌓
관련 모양	자세 공차	평행도 공차	//
		직각도 공차	⊥
		경사도 공차	∠
	위치 공차	위치도 공차	⌖
		동축도 공차 또는 동심도 공차	◎
		대칭도 공차	⌯
	흔들림 공차	원주 흔들림 공차	↗
		온 흔들림 공차	⌰

[그림 8-4] 기하공차 종류와 공차 기호

그림 8-5는 기하공차를 표시하는 내용에 따른 기하공차를 기입할 때 덧붙이는 기호를 나타낸다.

기하공차를 표시하는 내용		기하공차를 기입할 때 덧붙이는 기호	
공차붙이 형체	직접 지시하는 경우	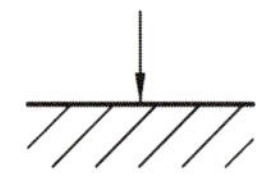	
	문자기호로 지시하는 경우	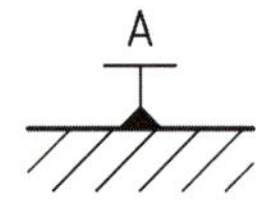	
데이텀(기준 면)	직접 지시하는 경우	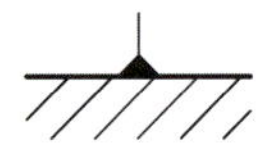	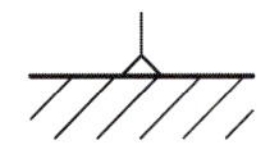
	문자기호로 지시하는 경우	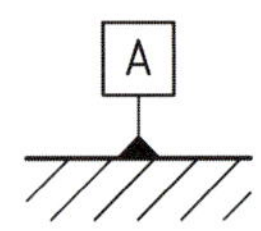	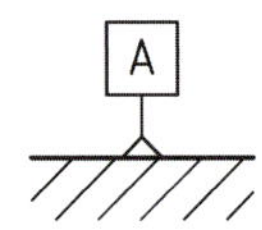
데이텀 표적 기입 틀		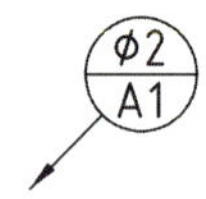	
이론적으로 정확한 치수		50	
돌출 공차범위(역)		ⓟ	
최대 실체 공차 방식		Ⓜ	
참고 문자기호, 숫자는 P와 M을 제외하고 한가지의 예를 든 것이며, P와 M을 제외하고 다른 문자기호나 숫자를 사용할 수 있다.			

[그림 8-5] 기하공차를 기입할 때 덧붙여지는 기호

8.3 공차의 범위(역)

기하공차는 부품이 조립되었을 때나 기계의 일부분으로서의 기능을 충분히 발휘하거나 부품을 표준화했을 때 호환성을 유지할 필요가 있는 부분에 적용되며, 지시된 기하공차는 이것에 의한 특정한 생산방식과 측정방법 또는 게이지 사용을 의미하는 것이 아니라 공차범위를 규제하는 것에 불과하다.

① 형체에 적용된 기하공차는 형체(점, 선, 축선, 면 또는 중심 면)에 적용하는 기하공차는 형체가 포함되면 좋은 공차범위로 설정한 것이다.

② 공차범위와 공차 값을 종류와 지시방법에 의해 공차범위를 지시한 것에는 표 8-1에 의한 공차 범위 중의 어느 한 가지로 해석한다.

[표 8-1] 기하공차의 공차범위와 공차 값

공차범위	공차값
원 안의 영역	원의 지름
2개의 동심원 사이의 영역	동심원의 반지름의 차
2개의 등 간격의 선 또는 2개의 평행한 직선 사이에 끼인 영역	두 선 또는 두 직선의 간격
구 안의 영역	구의 지름
원통 안의 영역	원통의 지름
2개의 동축의 원통 사이에 끼인 영역	동축 원통의 반지름의 차
2개의 등거리의 면 또는 2개의 평행한 평면 사이에 끼인 영역	두면 또는 두 평면의 간격
직6면체 안의 영역	직6면체의 각 변의 길이

③ 공차범위가 원이나 원통인 경우는 공차 값 앞에 기호 「∅」가 붙여져 있고, 공차범위가 구인 경우에는 기호 「S∅」가 붙여져 있다.

④ 2개 이상의 기하공차가 지시된 때는 기하공차를 붙이는 형체에 기능상의 이유로 2개 이상의 기하 공차를 지시하는 수가 있으며 다른 종류의 기하공차를 동시에 규제하는 것도 있는데, 예를 들면 평행도를 규제하면 공차범위 내에서 선의 경우 진직도, 면의 경우 평면도도 규제되는 것으로 해석한다.

반대로, 다른 종류의 기하공차를 규제하지 않는 것도 있는데 예를 들면 진직도 공차는 평면도를 규제하지 않는 것으로 해석한다.

⑤ 기하공차가 주어진 형체에 다시 제한을 가하는 별다른 지시가 없는 경우는 공차범위 내에서는 어떠한 모양이나 자세(방향)라도 좋은 것으로 해석한다.

⑥ 지시한 기하공차의 적용의 해석은 대상으로 하는 형체의 전체 길이나 전체 면에 대하여 적용되는 것인데 공차를 적용하는 범위가 지정되어 있는 경우에는 그것에 따라 해석한다.

⑦ 관련 형체에 대하여 지시된 기하공차는 데이텀 형체 자신의 모양 편차를 규제하지 않으므로 필요에 따라 데이텀 형체에 대하여 모양 공차를 지시하므로 데이텀으로서 목적에 어울리기에 충분한 공차가 적은 것으로 해석함이 좋다.

8.4 공차기입 틀

① 공차기입 틀은 기하공차의 종류에 따른 기호, 공차 값, 데이텀(기준선 또는 면) 기호를 기입하는 직4각형의 공차기입 틀은 필요에 따라 **그림 8-6**과 같이 구분하여 지시되고 있다.

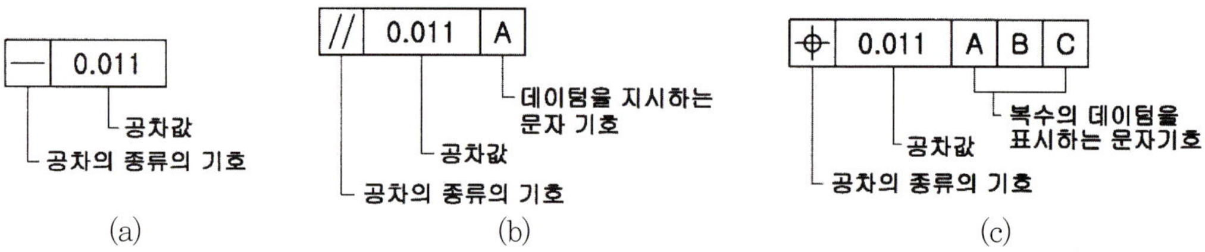

[그림 8-6] 공차기입 틀(구획)과 기호, 내용

② 공차가 적용되는 수를 지시한 개별주서는 **그림 8-7**과 같이 공차기입 틀에 「**6구멍**」, 「**4면**」등과 같이 지시되어 있다.

③ 1개의 공차기입 부에 2개 이상의 종류의 공차가 지시된 것은 **그림 8-8**과 같이 이들 공차의 기입틀을 상・하로 겹쳐서 지시되어 있다.

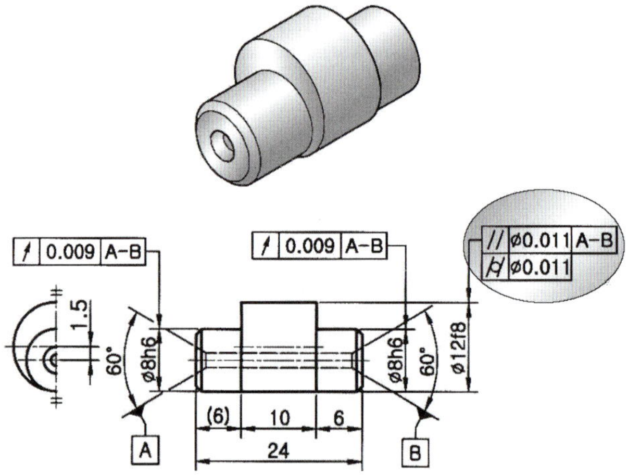

[그림 8-7] 개별주서가 표시된 공차기입 틀

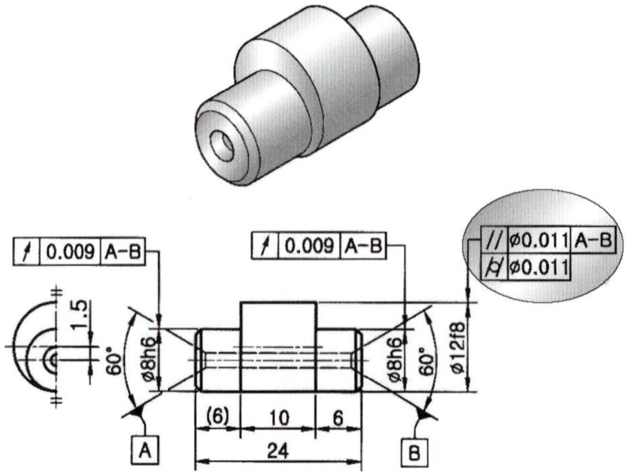

[그림 8-8] 2개 이상의 기입 틀로 지시된 경우

8.5 대상 면에 지시된 공차

① **그림 8-9**와 같이 대상 면의 외형선 위나 외형선에서 연장한 선(주로 치수 보조선)의 치수선 화살표를 명확하게 피해서 지시된 것은 대상 면의 어느 한 부분만으로 규제하기에 충분한 공차를 지시한 경우로 해석한다.

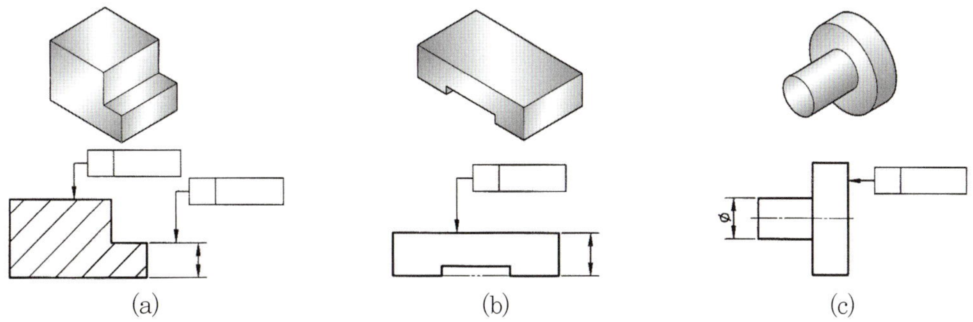

[그림 8-9] 한 부분만을 지시하는 경우의 지시선 위치

② **그림 8-10**과 같이 치수선의 연장선이 기입 틀의 지시선이 되도록 지시된 것은 치수가 기입되어 있는 전체의 대상 면에 공차를 지시한 것으로 해석한다.

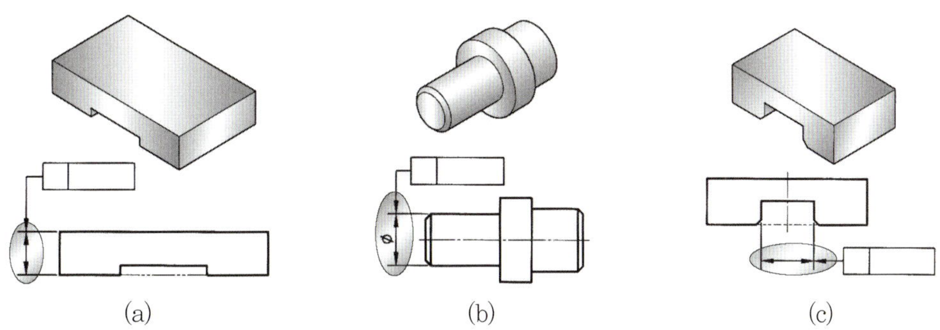

[그림 8-10] 치수가 기입된 대상 면의 전체를 규제하는 경우의 지시선 위치

③ **그림 8-11**과 같이 중심선에 기입 틀의 지시선과 화살표로 지시한 것은 축의 중심선 또는 면이 공통일 때 모든 대상 면에 공차를 지시한 것으로 해석한다.

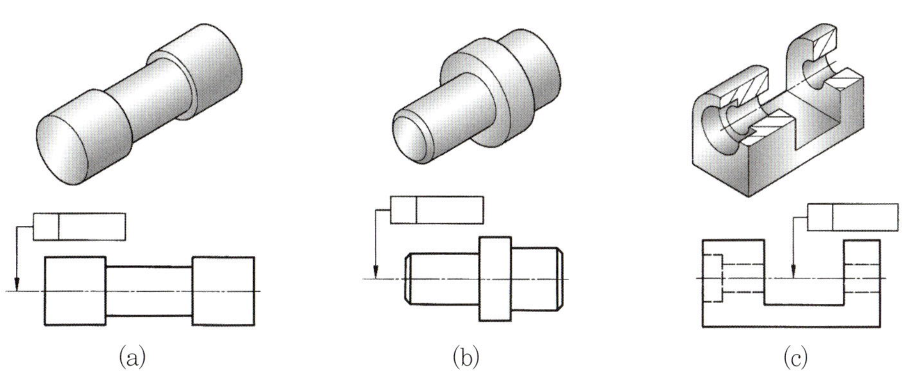

[그림 8-11] 축, 구멍의 중심에 해당하는 대상 면 전체를 규제한 경우의 지시선 위치

④ **그림 8–12**의 **(a)**와 같이 각각의 대상 면에 분기점을 만들어 주거나, **(b)**와 같이 문자기호로 지시된 것은 도면 간략화 조치이며 화살표가 지시된 면을 공통으로 규제한 것으로 해석한다.

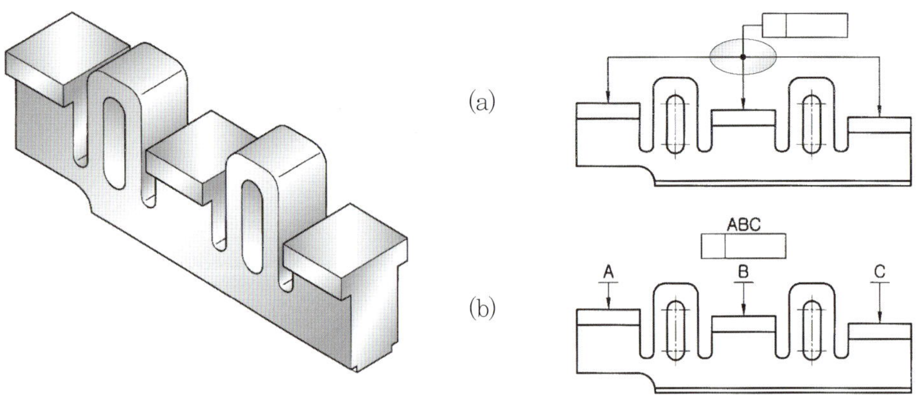

[그림 8–12] 여러 대상 면에 공차를 동시 규제할 때 지시선 위치와 기호

8.6 공차범위의 관계

① **그림 8–13**의 **(a)**, **(b)**와 같이 공차 값 「ϕ」 기호가 지시되지 않고 기입 틀의 지시선을 나타낸 경우의 공차범위는 **(c)**에서와 같이 원통 면의 위・아래에 해당하는 축 선의 평행도만 요구한 것으로 해석한다.

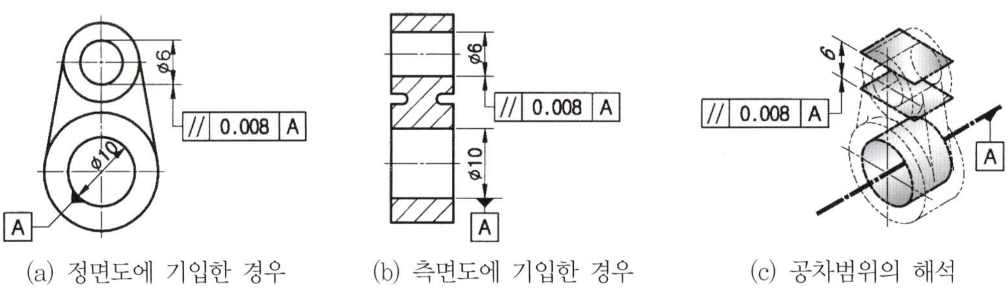

[그림 8–13] ϕ 기호가 없는 경우의 공차범위 해석

② **그림 8–14**의 **(a)**, **(b)**와 같이 공차 값에 「ϕ」 기호를 덧붙여 기입한 경우의 공차범위는 **(c)**와 같이 원 또는 원통 면 전체 내부의 평행도를 요구한 것으로 해석한다.

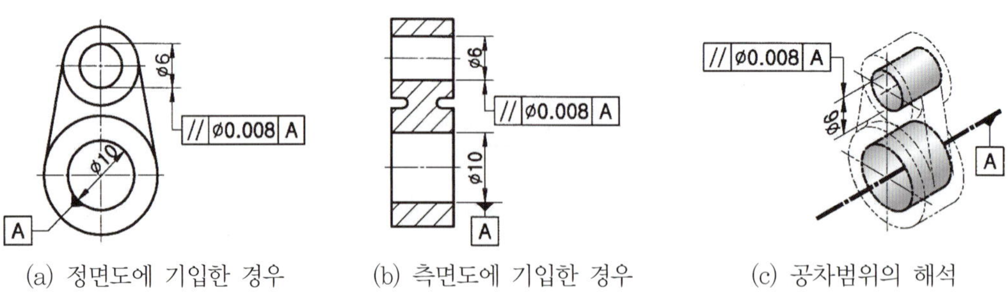

[그림 8–14] ϕ 기호가 있는 경우의 공차범위 해석

8.7 데이텀(Datum) 표시

① **그림 8-15**의 **(a)**와 같이 빈틈없이 칠했거나, **(b)**와 같이 칠하지 않은 삼각기호를 연결하여 지시된 기호는 대상 면에 직접 관련되는 데이텀(기준 선 또는 면)으로 해석한다.

(a) 빈틈없이 칠함 (b) 빈틈을 남겨 둠

[그림 8-15] 데이텀 삼각기호

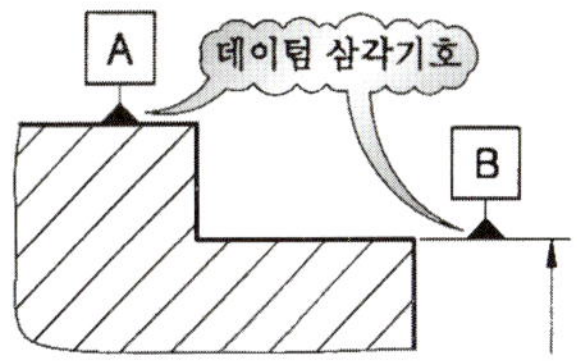

[그림 8-16] 데이텀 표시위치

② **그림 8-16**과 같이 삼각기호와 문자기호로 붙여진 데이텀이 선이나 면 전체인 경우에는 대상면의 외형선 위나 외형선을 연장한 가는 선 위에(치수선의 위치를 명확히 피해서) 지시되어 있다.

③ **그림 8-17**과 같이 치수선의 연장선을 데이텀의 지시선으로 지시된 것은 치수가 지정되어 있는 대상 면의 축 직선 또는 중심 원통 면이 데이텀인 경우로 해석한다.

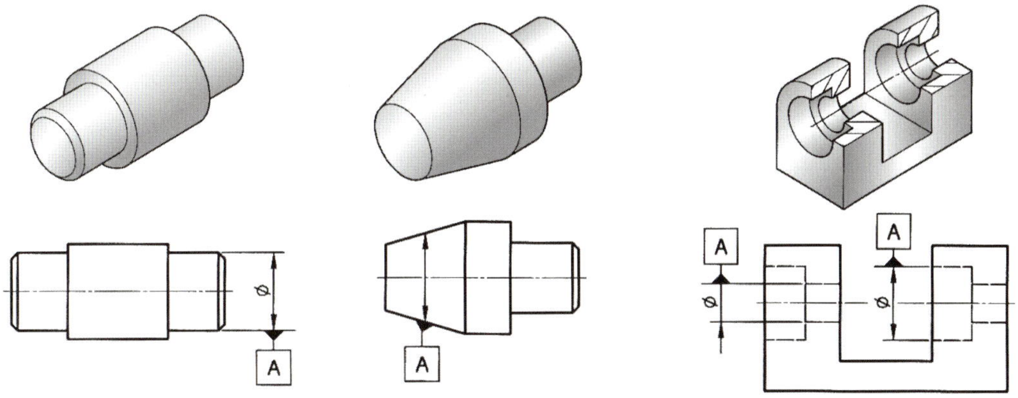

(a) 치수선 상에 표시 (b) 면에 표시 (c) 공통 기호로 표시

[그림 8-17] 치수 기입이 된 대상 면, 선에 지정하는 데이텀의 표시

④ **그림 8-18**과 같이 중심선에 데이텀 삼각기호가 붙여진 것은 대상 축 직선 또는 원통 면이 모두 공통으로 데이텀인 경우로 해석한다.

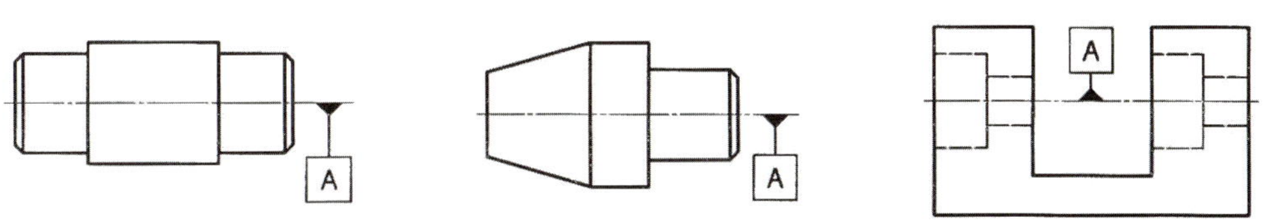

(a) 평행 축 중심 (b) 테이퍼와 평행 축 중심 (c) 두 구멍의 공통 중심

[그림 8-18] 축 직선이나 원통 면이 공통인 경우의 데이텀 표시

⑤ 그림 8-19와 같이 직접 지시선에 연결함으로써 데이텀을 지시하는 문자기호가 생략된 지시는 단순한 부분에 한하여 데이텀과 지시선을 직접 연결하여도 잘못 볼 우려가 없는 경우이다.

(a) 중간면과 윗면　　(b) 밑면과 윗면

[그림 8-19] 데이텀과 지시선의 직접 연결

⑥ 그림 8-20과 같이 데이텀을 지시하는 문자기호가 공차기입 틀에 지시되었을 때 한 개를 설정하는 데이텀은 **(a)**와 같이 한 개의 문자기호가 지시되어 있고, 두 개의 데이텀을 설정하는 공통 데이텀은 **(b)**와 같이 두 개의 문자기호가 하이픈(**–**)으로 연결한 기호로 지시되어 있다.

또 데이텀에 우선순위가 지시된 때는 **(c)**와 같이 우선순위가 높은 순서로 왼쪽에서 오른쪽으로 문자기호를 각각 다른 칸에 지시되어 있고, 우선순위가 문제되지 않을 때는 **(d)**와 같이 문자기호가 같은 칸 안에 나란히 지시되어 있다.

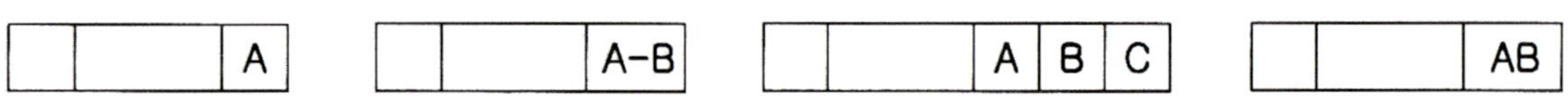

(a)　(b)　(c)　(d)

[그림 8-20] 기입 틀에 데이텀을 지시하는 문자기호

8.8 기호와 공차 값 지시의 적용범위 한정

① 그림 8-21의 (a)와 같이 아주 굵은 일점쇄선으로 한정하는 범위를 나타내고 지시한 것은 한정된 범위에만 공차 값을 지시하고 싶을 경우로 해석한다.

② 그림 8-21의 (b)와 같이 공차 값에 사선(/)을 긋고 길이를 지시한 것은 임의의 위치에서 특정한 길이 마다에 대하여 공차를 지시하는 경우로 해석한다.

③ 그림 8-21의 (c)와 같이 상·하를 가로선으로 구획을 지어 지시한 것은 전체에 대한 공차 값과 길이 마다에 대한 공차 값을 동시에 지정할 경우로 해석한다.

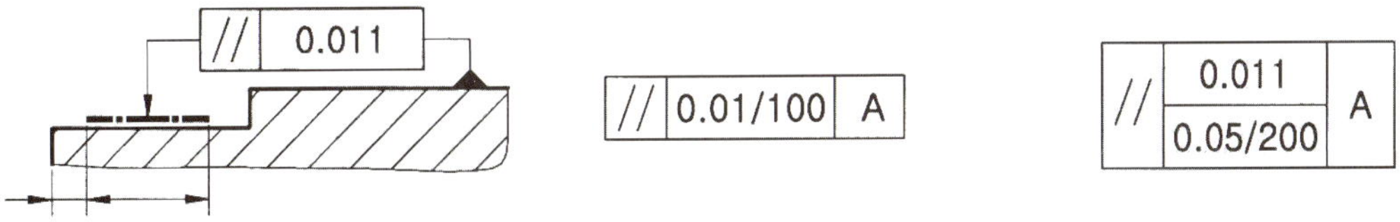

(a) 한정된 범위만을 지시 (b) 임의의 위치에 지시 (c) 전체와 길이마다에 동시 지시

[그림 8-21] 기하공차 기호와 값 지시 적용범위의 한정

④ 그림 8-22와 같이 공차기입 틀 근처에 (a)나 (b)처럼 지시된 것은 공차범위 내에서의 대상으로 하는 선과 면의 성질을 특별히 지시하고 싶을 경우로 해석한다.

(a) (b)

[그림 8-22] 대상으로 하는 선과 면의 성질을 지시한 경우

⑤ 그림 8-23과 같이 이론적으로 정확한 위치·윤곽 또는 각도를 정하는 치수에 사각형 틀로 둘러싸서 지시한 것은 위치도 및 윤곽도와 경사도의 공차를 대상으로 하는 선 또는 면에 지시하는 경우로 해석한다.

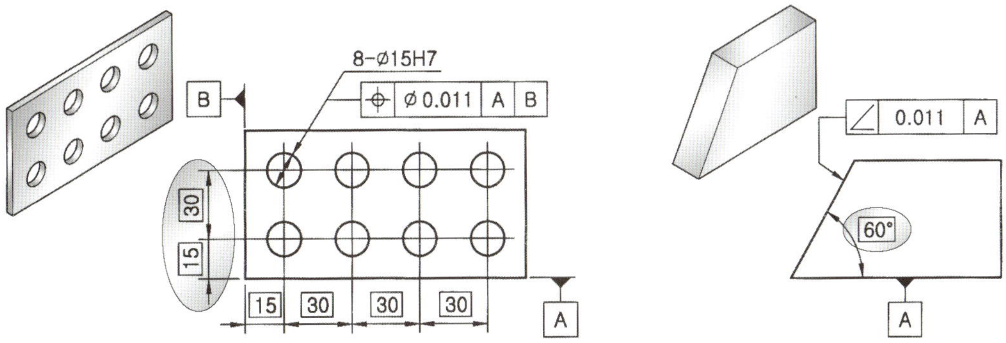

(a) 구멍의 위치도 공차의 지시 (b) 경사도 공차의 지시

[그림 8-23] 위치도 및 윤곽도와 경사도를 선과 면에 지시한 경우

8.9 기하공차 기호의 지시에 대한 정의

기하공차의 적용범위와 지시보기와 해석은 그림 8-24의 (a), (b)의 어느 한 가지에 의한다. 다음의 기하공차 기호와 공차 값 해석을 위한 설명도형에 사용되는 선은,

- **굵은 실선 · 파선 : 대상면**
- **가는 일점쇄선 : 중심선**
- **굵은 일점쇄선 : 데이텀(기준 면)**
- **가는 이점쇄선 : 보충 투상면 · 절단면**
- **가는 실선 · 파선 : 공차범위**
- **굵은 이점쇄선 : 보충 투상면 · 절단면의 대상면 투상**

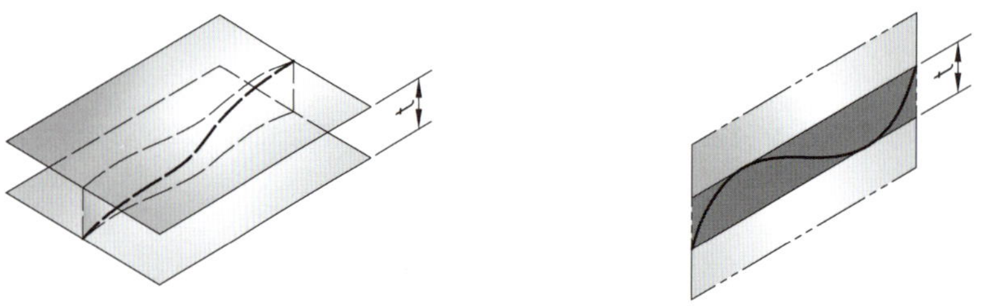

(a) 3차원으로 도시한 설명　　(b) 3차원 도시를 평면에 투상

[그림 8-24] 기하공차 적용범위와 지시의 해석

1 모양 공차 기호

그림 8-25부터 그림 8-30까지 여러 적용 사례를 보여 주듯이 도형(모양, 형체)의 바깥이나 안쪽의 모양 정밀도를 규제하기 위하여 기입된다.

(1) 진직도 공차

도면의 공차지시 보기	공차적용 범위 보기	공차지시의 해석 보기
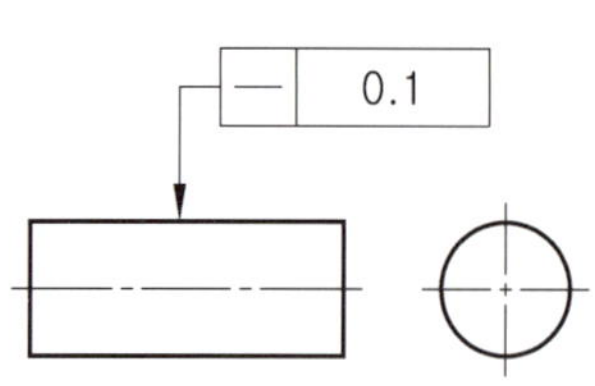	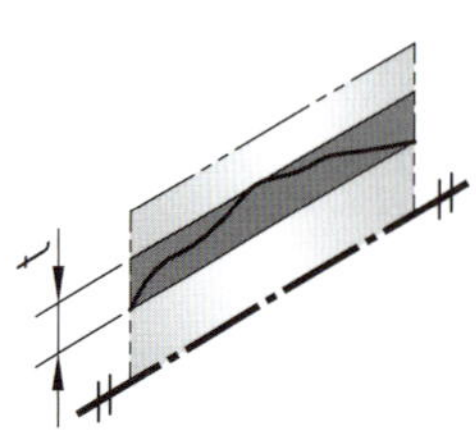	지시선의 화살표로 나타낸 길이(25㎜라고 가정)의 원기둥 면 위에 임의의 능선의 바르기는 중심에서 한쪽의 바깥 방향으로 0.1㎜만큼 떨어진 두 개의 평행한 직선 사이의 이내에 있어야 한다. [보기] 칼 날, 나이프 게이지, 평행 핀 등
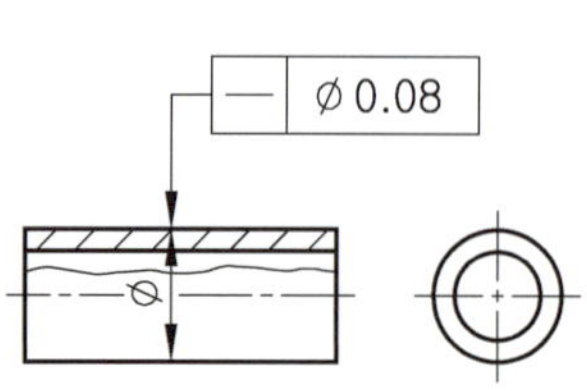	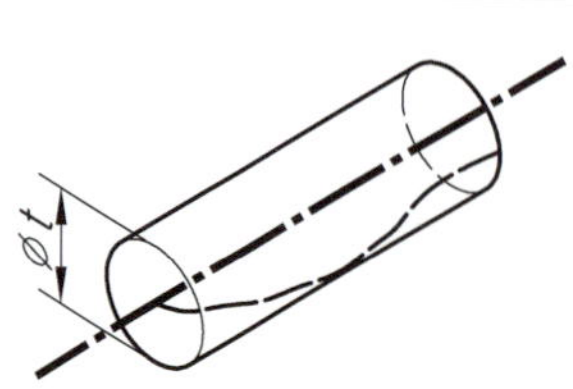	길이(30㎜라고 가정)의 원기둥에 지름을 나타내는 치수에 기입 틀이 연결되어 있는 경우에는 원기둥의 축 선 바르기는 지름 0.08㎜의 원통 내에 있어야 한다. [보기] 평행 핀 등

[그림 8-25] 진직도

(2) 평면도 공차

도면의 공차지시 보기	공차적용 범위 보기	공차지시의 해석 보기
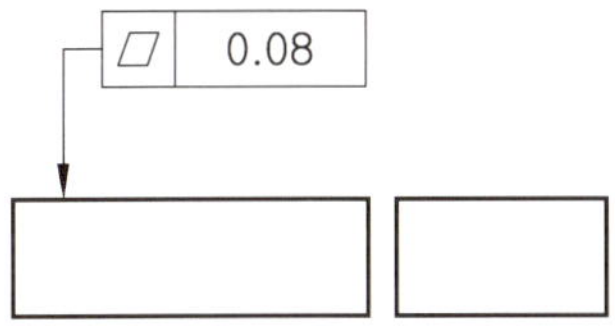	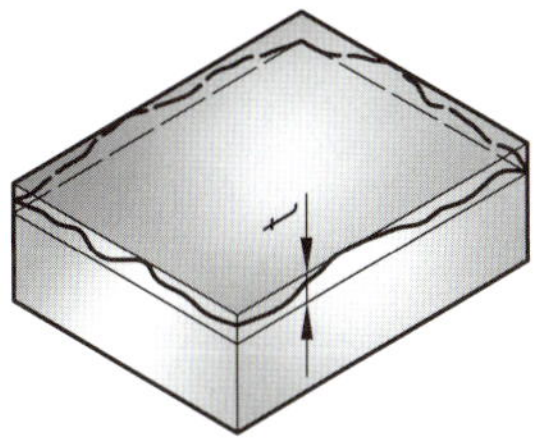	화살표로 지시한 길이(40㎜라고 가정)와 두께(15㎜라고 가정)의 표면은 0.08㎜만큼 떨어진 두 개의 평행한 평면 사이의 이내에 평탄 고르기로 있어야 한다. 평탄도(flatness)라고도 한다. [보기] 측정용 정반의 표면, 면 접촉으로 미끄럼 운동을 하는 부품 등

[그림 8-26] 평면도

(3) 진원도 공차

도면의 공차지시 보기	공차적용 범위 보기	공차지시의 해석 보기
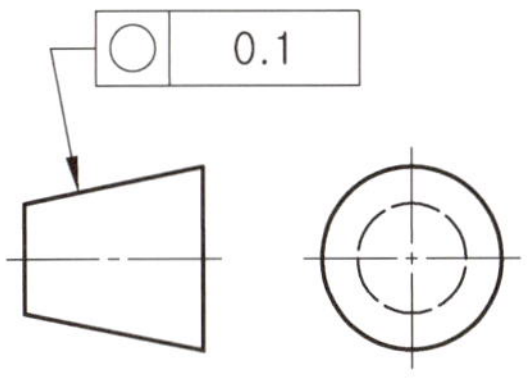	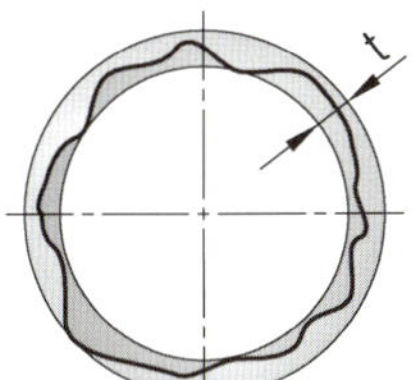	길이(40㎜라고 가정)의 축이나 구멍을 임의의 위치에서 축 직각으로 단면한 원형 단면 모양의 바깥 둘레의 바르기는 0.1㎜만큼 떨어진 두 개의 동심원 사이의 찌그러짐 이내에 있어야 한다. [보기] 진원을 필요로 하는 원형단면의 부품

[그림 8-27] 진원도

(4) 원통도 공차

도면의 공차지시 보기	공차적용 범위 보기	공차지시의 해석 보기
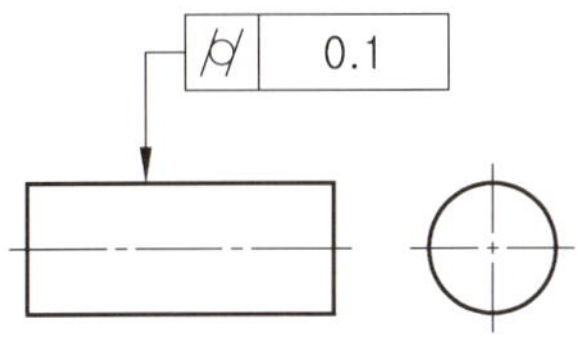	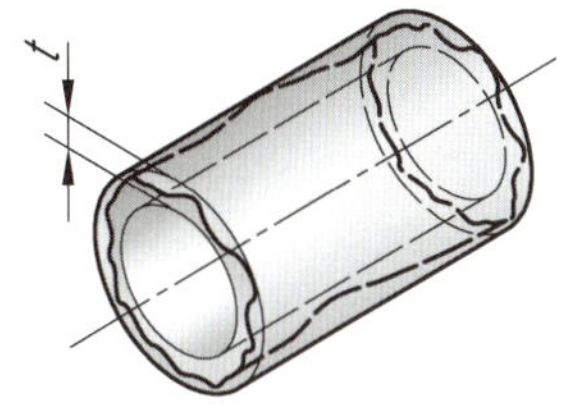	(50㎜라고 가정) 원기둥의 표면 찌그러짐은 같은 중심에서 0.1㎜만큼 떨어진 두 개의 원통 면 사이의 이내에서 찌그러짐이 있어야 한다. [보기] 직선 또는 미끄럼 운동을 하는 부품으로서 미끄럼 베어링과 축 등

[그림 8-28] 원통도

(5) 선의 윤곽도 공차

도면의 공차지시 보기	공차적용 범위 보기	공차지시의 해석 보기
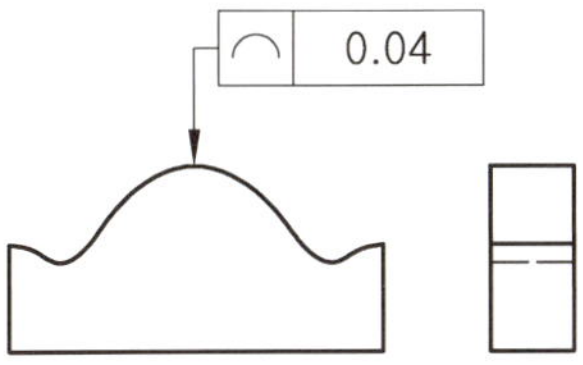	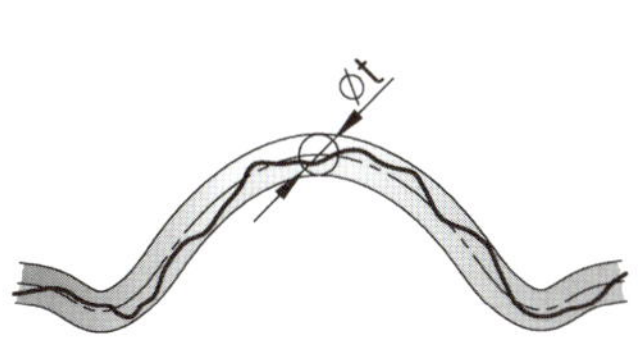	길이(50㎜라고 가정)에 생긴 임의의 단면곡선 윤곽은, 이론적으로 정확한 윤곽을 갖는 선 위에 중심을 두는 지름 0.04㎜의 원이 만드는 두 개의 포락선 사이의 고르기 이내에 있어야 한다. [보기] 주로 캠의 곡선 등

[그림 8-29] 선의 윤곽도

(6) 면의 윤곽도 공차

도면의 공차지시 보기	공차적용 범위 보기	공차지시의 해석 보기
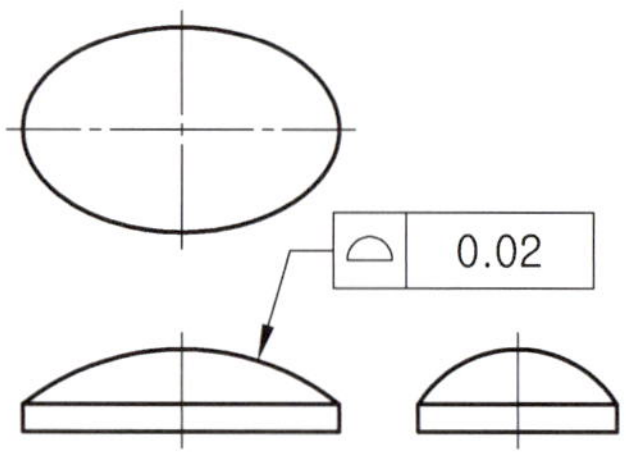	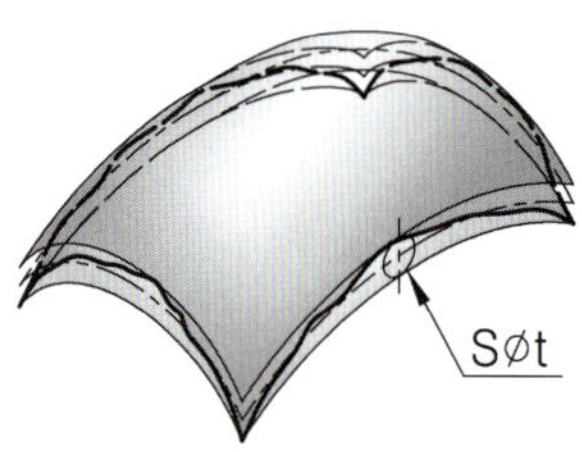	구의 면 고르기는 이론적으로 정확한 윤곽을 갖는 구의 면 위에 중심을 두는 지름 0.02㎜의 면 사이에서 구가 굴러서 만드는 두 개의 면 사이 이내에 있어야 한다. [보기] 주로 캠의 곡선 등

[그림 8-30] 면의 윤곽도

2 자세 공차 기호

그림 8-31부터 그림 8-33까지 여러 적용 사례를 보여 주듯이 도형(모양, 형체)에 있어, 여러 가지의 축, 구멍, 홈 등의 자세 정밀도를 규제하기 위하여 기입한다.

(1) 평행도 공차

도면의 공차지시 보기	공차적용 범위 보기	공차지시의 해석 보기
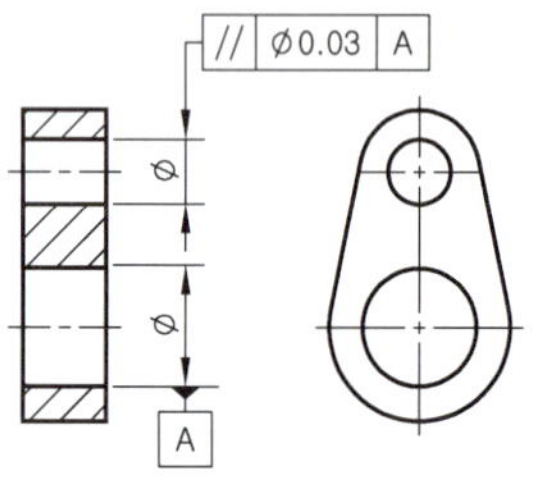	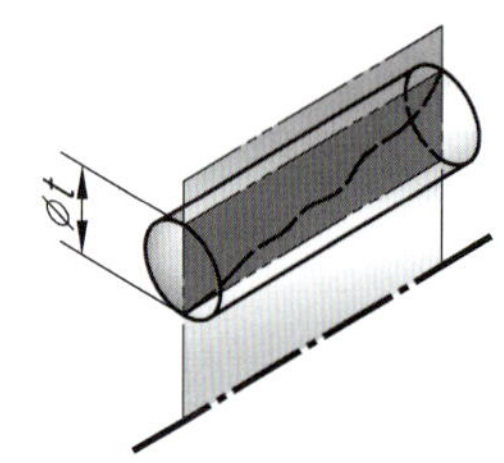	지시선의 화살표로 나타내는 지름(10㎜라고 가정)의 축 선은 데이텀 축 직선 A에 평행한 지름 0.03㎜의 원통 내에 있어야 한다. [보기] 구름 베어링이나 미끄럼 베어링이 설치된 하우징 등
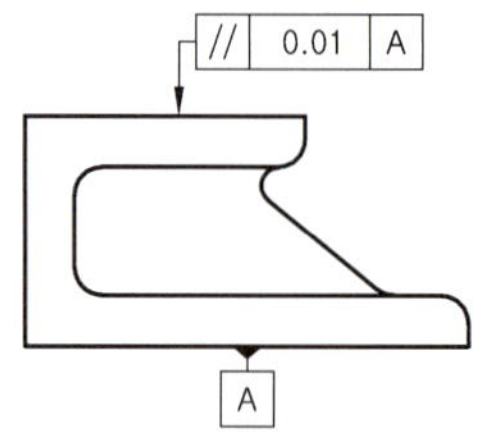	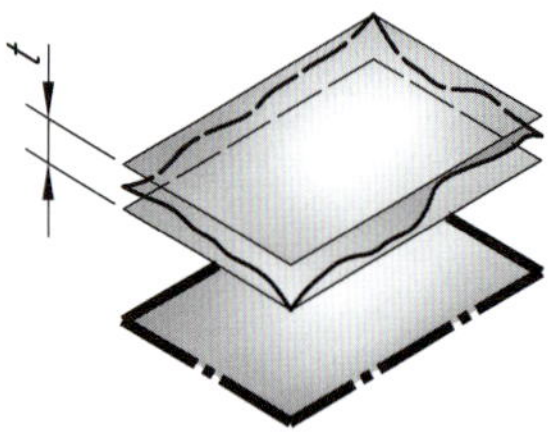	지시선의 화살표로 나타내는 면은 데이텀 평면 A에 평행하고, 또한 지시선의 화살표 방향으로 0.01㎜ 만큼 떨어진 두 개의 평면 사이에 있어야 한다. [보기] 정반 등

[그림 8-31] 평행도

(2) 경사도 공차

도면의 공차지시 보기	공차적용 범위 보기	공차지시의 해석 보기
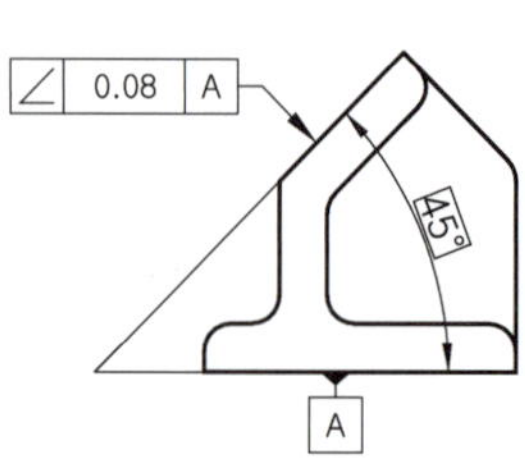	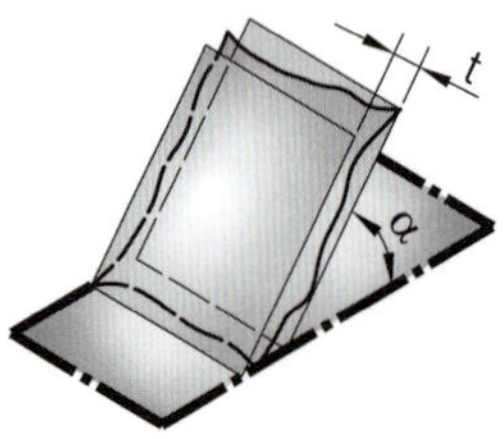	지시선의 화살표로 나타내는 면은 데이텀 평면 A에 대하여 이론적으로 정확하게 45° 기울고, 지시선의 화살표 방향으로 0.08㎜만큼 떨어진 두 개의 평행한 평면 사이에 있어야 한다. [보기] 더브테일(dovetail) 홈 등

[그림 8-32] 경사도

(3) 직각도 공차

도면의 공차지시 보기	공차적용 범위 보기	공차지시의 해석 보기
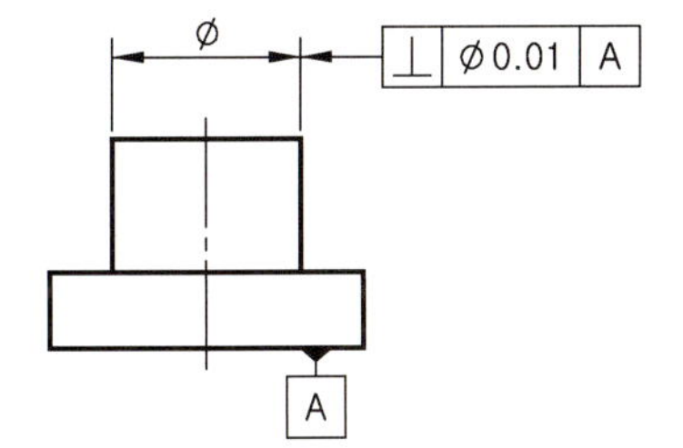	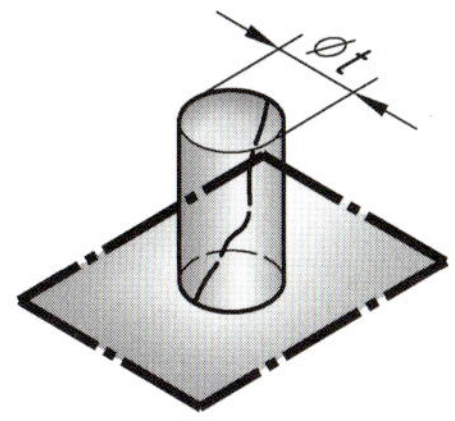	지시선의 화살표로 나타내는 원통의 축선은 데이텀 평면 A에 수직한 지름 0.01㎜의 원통 내에 있어야 한다.
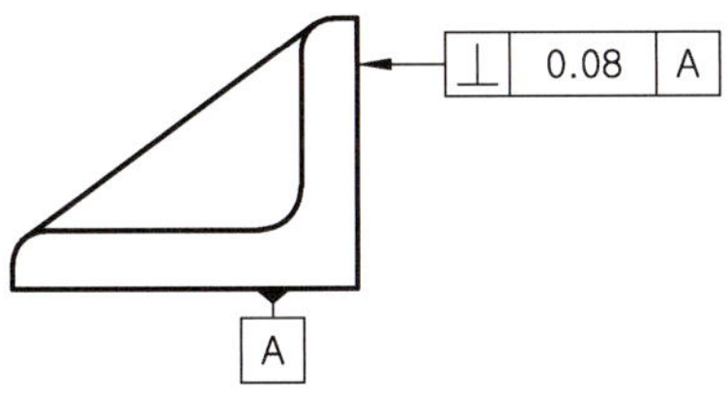	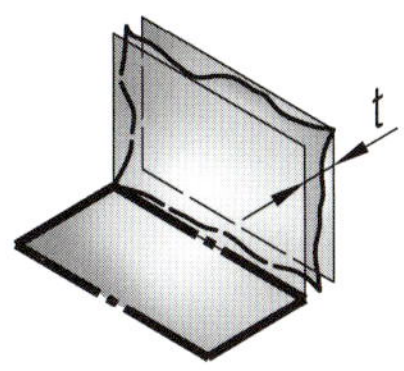	지시선의 화살표로 나타내는 면은 데이텀 평면 A에 수직하고, 또한 지시선의 화살표 방향으로 0.08㎜만큼 떨어진 두 개의 평행한 평면 사이에 있어야 한다.

[그림 8-33] 직각도

3 위치 공차 기호

그림 8-34부터 그림 8-37까지 여러 적용 사례를 보여 주듯이 도형(모양, 형체)에 있어, 구멍이나 홈 등의 중심 위치의 정밀도를 규제하기 위하여 기입한다.

(1) 위치도 공차

도면의 공차지시 보기	공차적용 범위 보기	공차지시의 해석 보기
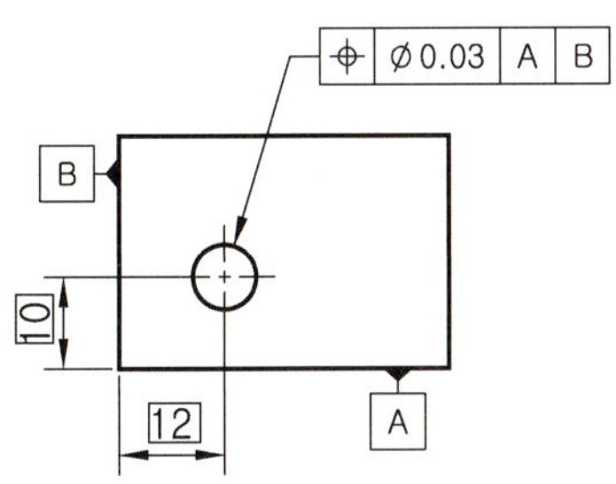	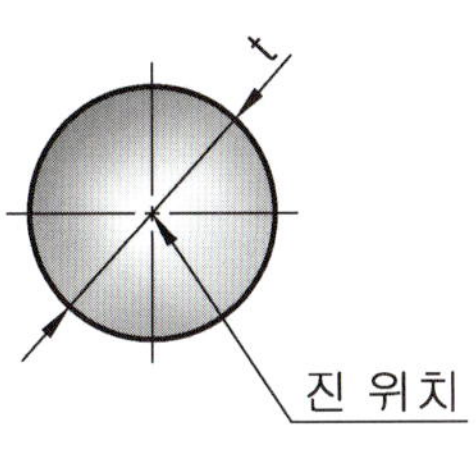	지시선의 화살표로 나타낸 점은 데이텀 직선 A로부터 10㎜, 데이텀 직선 B로부터 12㎜ 떨어진 진(眞) 위치를 중심으로 하는 지름 0.03㎜의 원 안에 있어야 한다. [보기] 금형, 슬라이더 부품 등
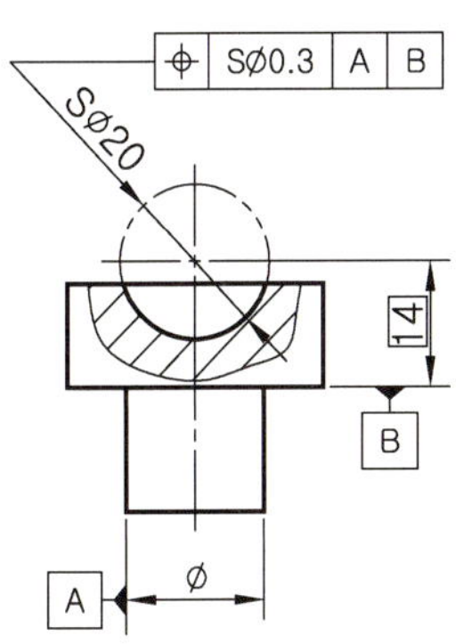	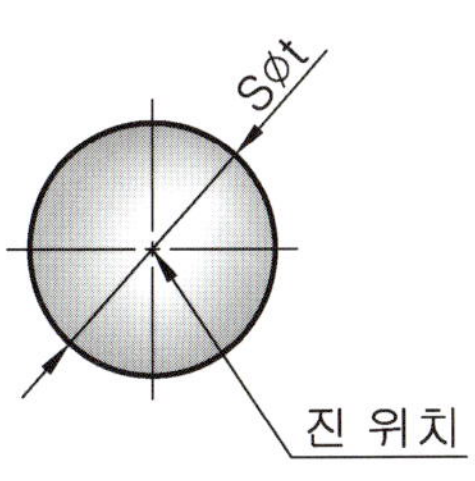	측면에 수직 방향의 두께를 고려할 때에는 여기에서 설명한 원은 원통이 되고, 점은 선이 된다. 지시선의 화살표로 나타낸 구의 중심은 데이텀 축 직선 A의 선 위에서 데이텀 평면 B로부터 14㎜ 떨어진 진 위치에 중심을 갖는 지름 0.3㎜의 구 안에 있어야 한다. [보기] 미끄럼 피봇(pivot) 베어링

[그림 8-34] 위치도

(2) 동축도 공차

도면의 공차지시 보기	공차적용 범위 보기	공차지시의 해석 보기
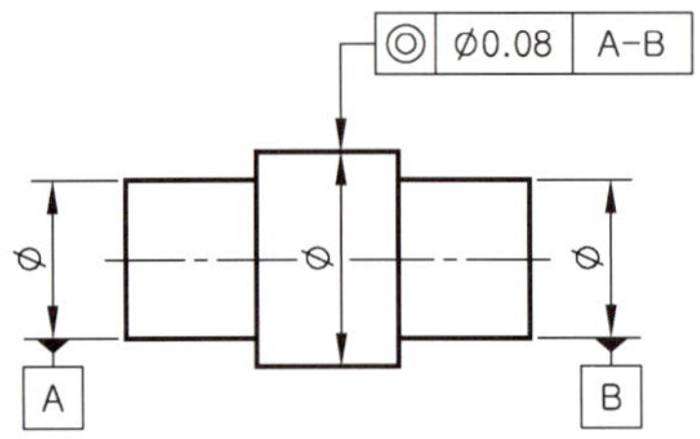	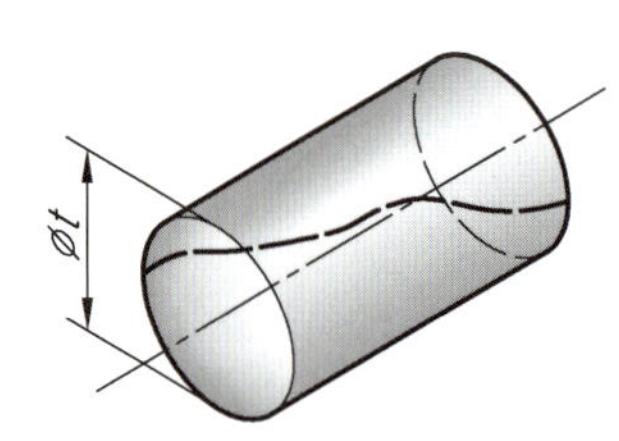	지시선의 화살표로 나타낸 축 선은 데이텀 축 직선 A-B를 축 선으로 하는 지름 0.08㎜인 원통 안에 있어야 한다. [보기] 미끄럼·구름 베어링이 설치되는 축 등

[그림 8-35] 동축도

(3) 동심도 공차

도면의 공차지시 보기	공차적용 범위 보기	공차지시 해석 보기
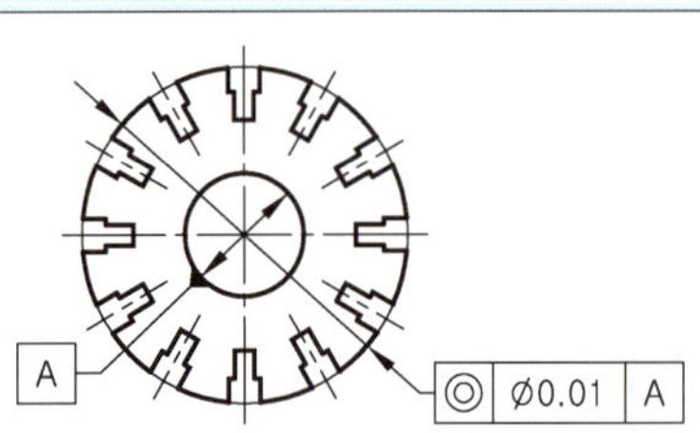	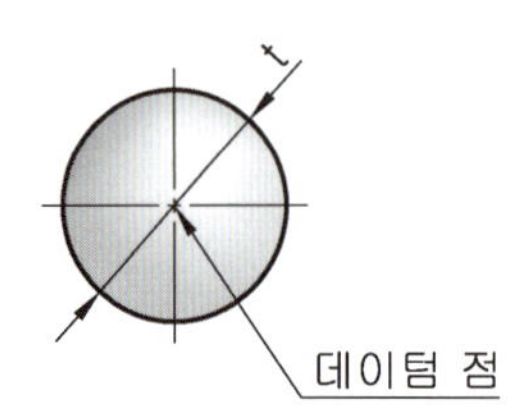	지시선의 화살표로 나타낸 원의 중심은 데이텀 점 A를 중심으로 하는 지름 0.01㎜인 원통 안에 있어야 한다. [보기] 미끄럼·구름 베어링이 설치되는 하우징 등

[그림 8-36] 동심도

(4) 대칭도 공차

도면의 공차지시 보기	공차적용 범위 보기	공차지시의 해석 보기
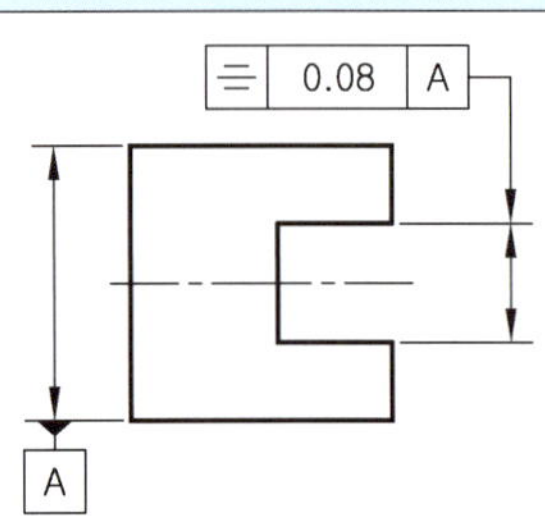	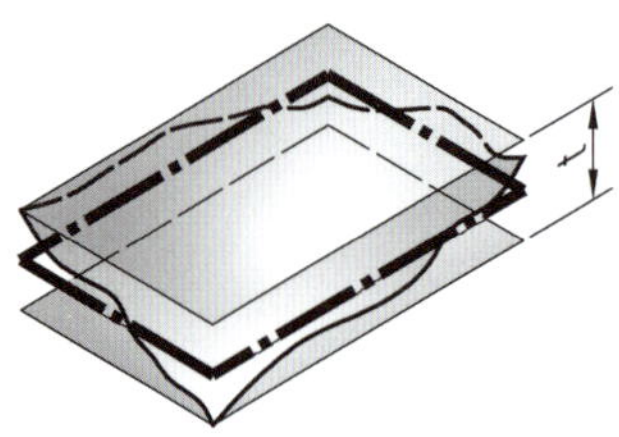	지시선의 화살표로 나타낸 중심 면은 데이텀 중심 평면 A에 대칭으로 0.08㎜의 간격을 갖는 평행한 두 개의 평면 사이에 있어야 한다. [보기] 구멍이나 홈 등의 위치 등

[그림 8-37] 대칭도

4 흔들림 공차

흔들림 공차는 그림 8-38과 그림 8-39에서 보여 주듯이 도형(모양, 형체)의 축이나 구멍 등의 중심 흔들림(축의 편심량) 정밀도를 규제하기 위하여 기입한다.

(1) 원주 흔들림 공차

도면의 공차지시 보기	공차적용 범위 보기	공차지시의 해석 보기
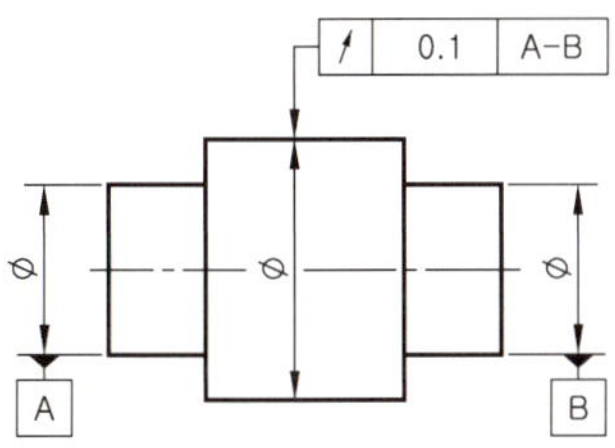	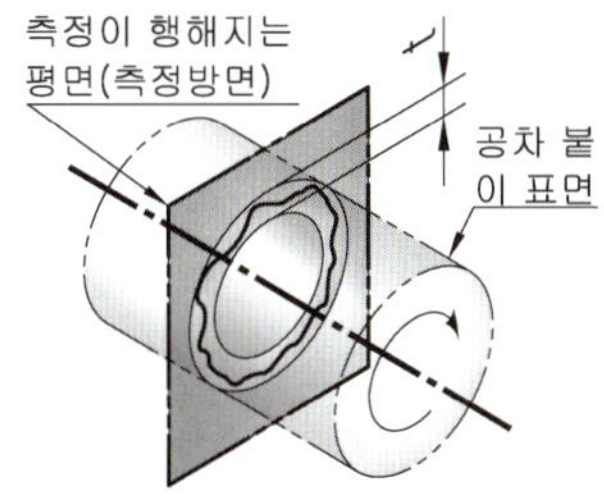	지시선의 화살표로 나타내는 원통 면의 반지름 방향의 흔들림은 데이텀 축 직선 A-B에 관하여 1회전 시켰을 때, 데이텀 축 직선에 수직한 임의의 측정 평면 위에서 0.1mm를 초과하지 않아야 한다. [보기] 미끄럼·구름 베어링이 설치되는 축 등

[그림 8-38] 원주 흔들림

(2) 온 흔들림 공차

도면의 공차지시 보기	공차적용 범위 보기	공차지시의 해석 보기
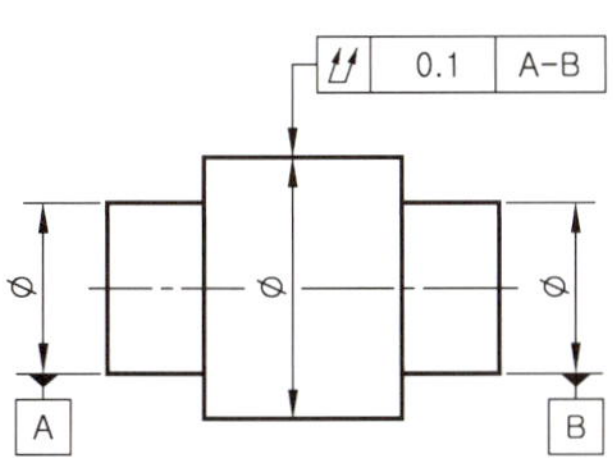	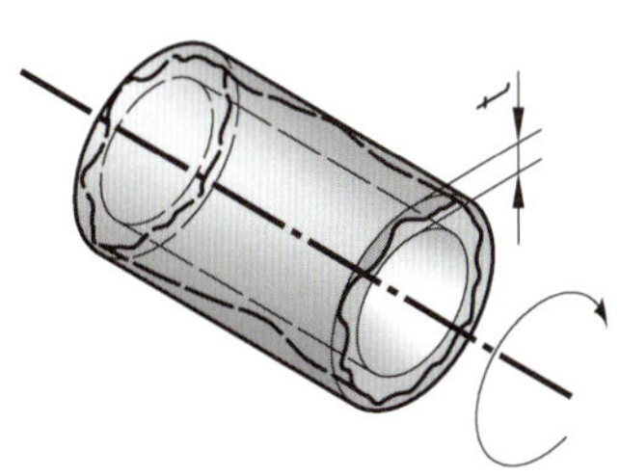	지시선과 화살표로 나타낸 원통 면의 온 흔들림은 측정 기구를 외형선 방향으로 상대 이동시키면서, 데이텀 A-B로 원통 부분을 회전시켰을 때에 원통 표면 위의 임의의 점에서 0.1mm 이내이다. 측정기구 또는 대상물의 이동은 이론적으로 정확한 윤곽선에 따른다.
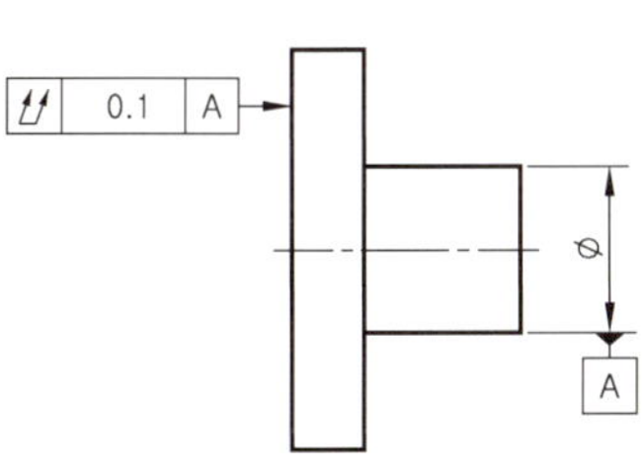	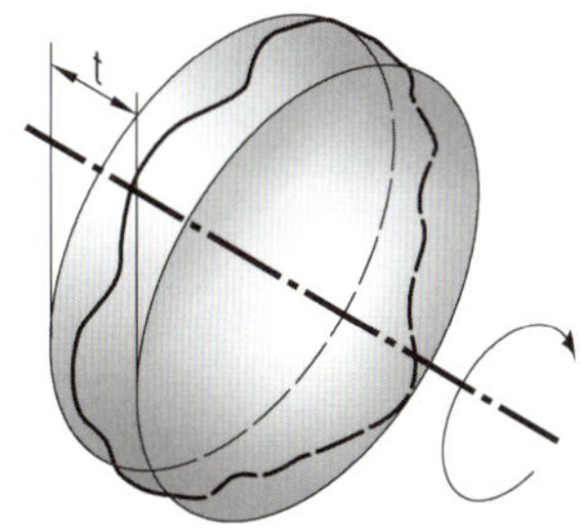	지시선의 화살표로 나타낸 원통 측면의 축 방향의 온 흔들림은 이 측면과 측정 기구 사이에서 반지름 방향으로 상대 이동시키면서, 데이텀 축 직선 A에 관하여 원통 측면을 회전시켰을 때, 원통 측면 위의 임의의 점에서 0.1mm를 초과해서는 안된다. 측정기구 또는 대상물의 상대 이동은 이론적으로 정확한 윤곽선에 따른다.

[그림 8-39] 온 흔들림

그림 8-40은 앞에서 설명한 여러 가지 기하공차(공차기호와 공차값)가 적용된 도면의 예시이다.

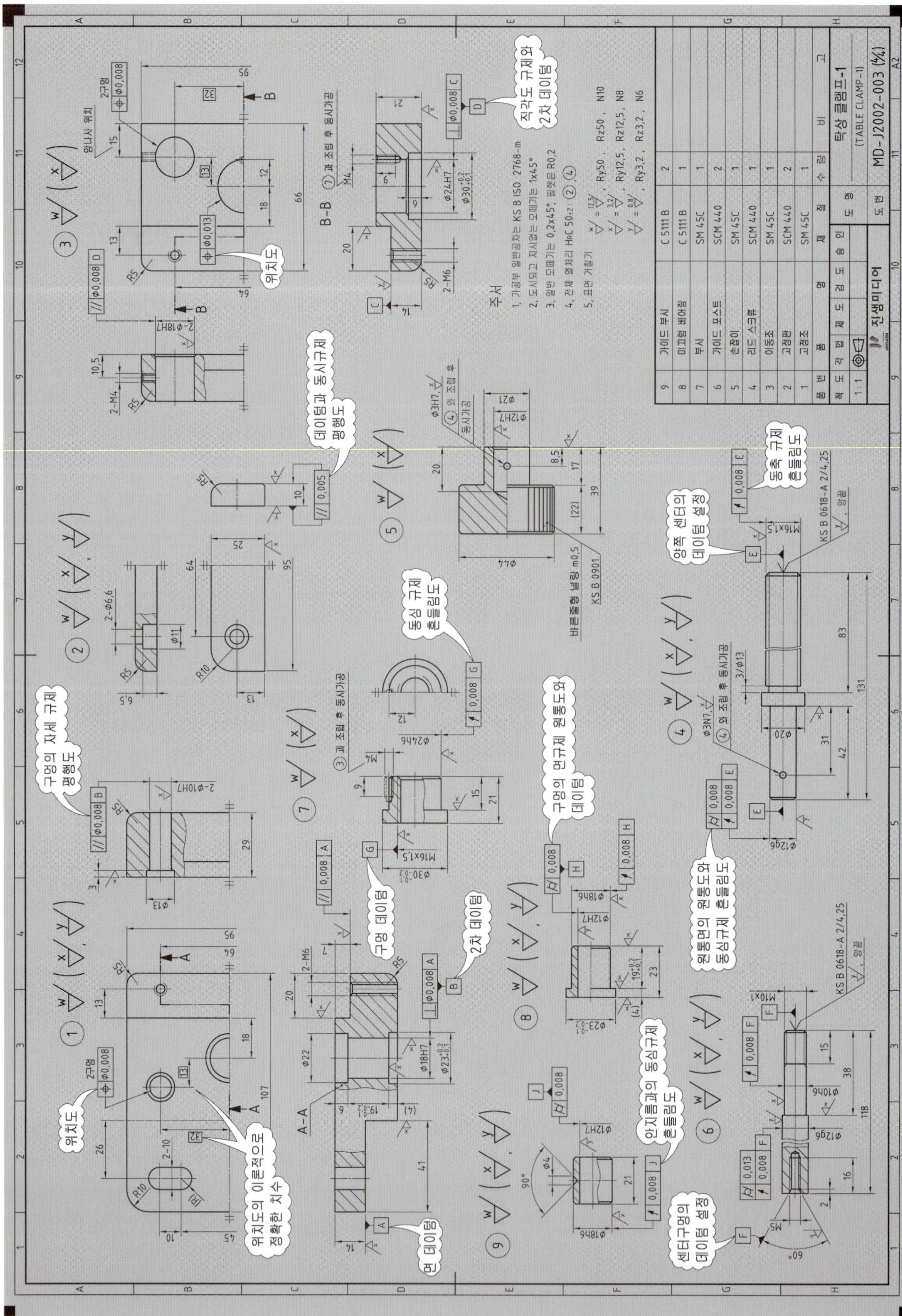

[그림 8-40] 기하공차 기호의 표시(적용 사례)

그림 8-41은 벨트 타이트너(긴장장치) 도면으로써 (a)는 조립도를 나타내고 (b)는 제작을 위한 제작 부품도이다.

참고 벨트 긴장장치(Belt Tightener)

벨트 긴장장치(Belt Tightener)란, 벨트로 구동되는 두 축의 사이에서 벨트가 늘어지거나 풀리(Pulley) 축 위치가 서로 가까워질 경우 느슨하게 되어 미끄러짐으로써 전동효율이 떨어지게 된다. 이 때, 벨트 사이에 설치하여 미끄러지지 않도록 긴장 시켜주는 장치를 말하며 평 벨트 긴장장치, V-벨트 긴장장치 등이 있다. 이 장치의 풀리 ②와 축 ③은 몸체 ①과 수평을 이루어야 하며 베어링 ④와는 미끄럼 운동을 하며 동심 축 상에서 회전해야 한다.

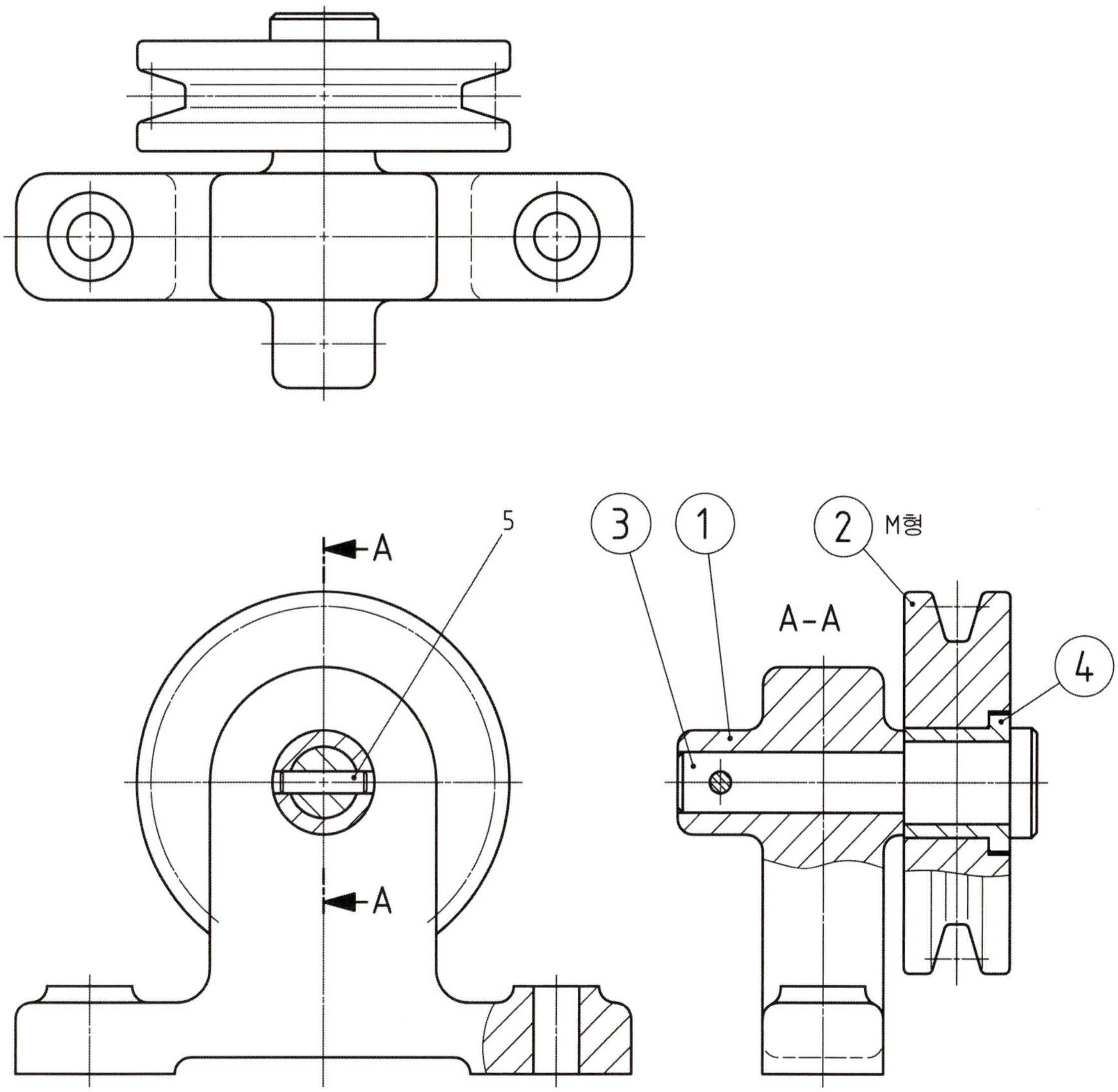

(a) 벨트 긴장장치(Belt Tightener) 조립도

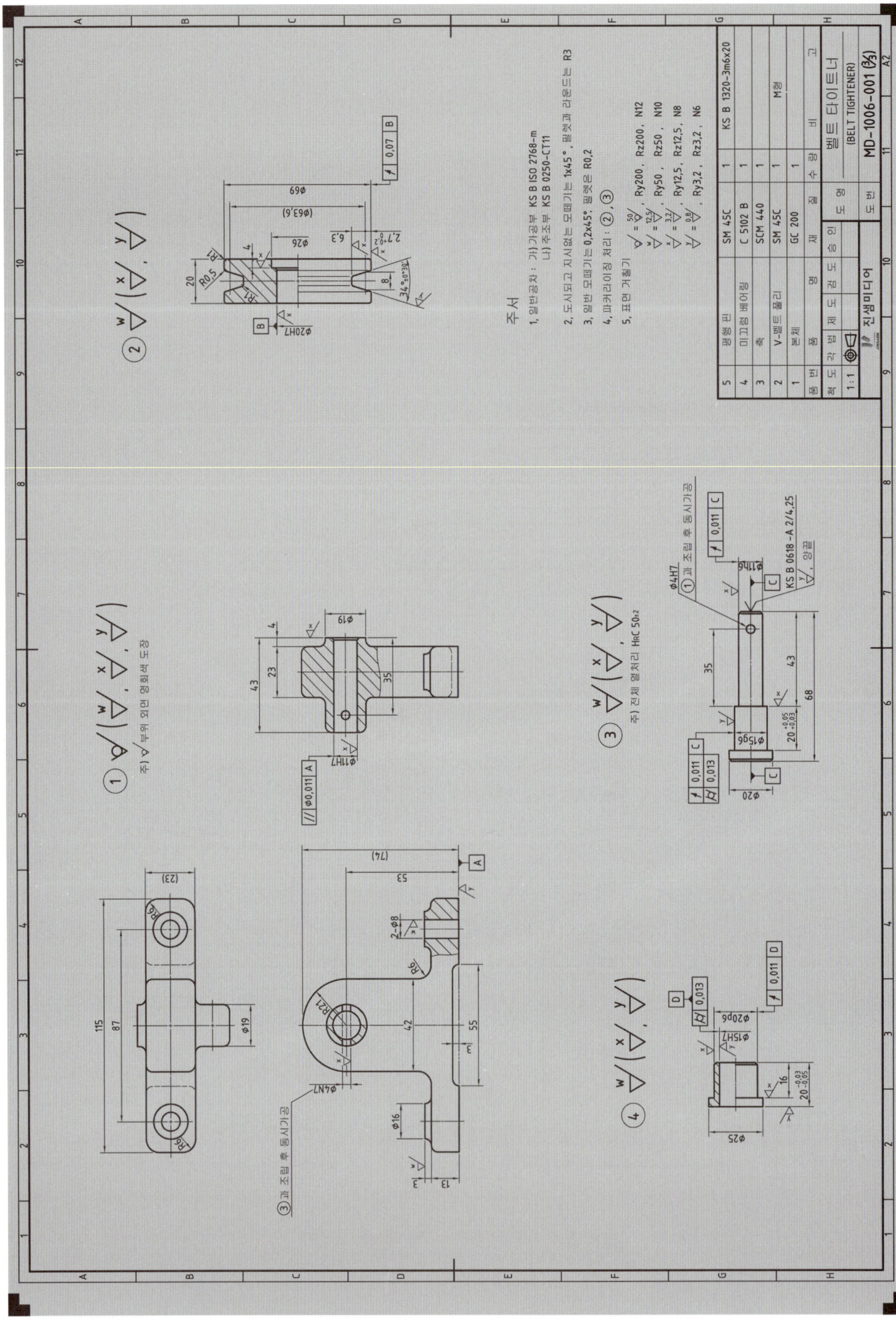

[그림 8-41] (b) 벨트 긴장장치의 조립도와 기하공차 기호가 규제된 제작 부품도

연습문제-1 **앞 쪽의 그림 8-41의 (b) 제작 부품도를 보고 아래에 기하공차 기호를 해석하시오.**

1 ①에서 C-5구역에 지시된 기하공차를 해석하라.

2 ②에서 D-11구역에 지시된 기하공차를 해석하라.

3 ③에서 G-5구역에 지시된 기하공차를 해석하라.

4 ③에서 G-9구역에 지시된 기하공차를 해석하라.

5 ④에서 G-4구역에 지시된 기하공차를 해석하라.

6 ④에서 H-4구역에 지시된 기하공차를 해석하라.

연습문제-1 모범답안

1 ①에서 C-5구역에 지시된 기하공차를 해석하라.

지시선의 화살표로 나타내는 지름 11㎜의 축선은 데이텀 축 직선 A에 평행한 지름 0.011㎜의 원통 내에 있어야 한다.

2 ②에서 D-11구역에 지시된 기하공차를 해석하라.

지시선의 화살표로 나타내는 원통 면의 반지름 방향의 흔들림은 데이텀 축 직선 B에 관하여 1회전 시켰을 때, 데이텀 축 직선에 수직한 임의의 평면 위에서 0.07㎜를 초과하지 않아야 한다.

3 ③에서 G-5구역에 지시된 기하공차를 해석하라.

지시선의 화살표로 나타내는 원통 면의 반지름 방향의 흔들림은 데이텀 축 직선 C-C에 관하여 1회전 시켰을 때, 데이텀 축 직선에 수직한 임의의 평면 위에서 0.011㎜를 초과하지 않아야 한다. 또 원기둥의 표면 찌그러짐은 같은 중심에서 0.013㎜ 만큼 떨어진 두 개의 원통 면 사이의 이내에 찌그러짐이 있어야 한다.

4 ③에서 G-9구역에 지시된 기하공차를 해석하라.

지시선의 화살표로 나타내는 원통 면의 반지름 방향의 흔들림은 데이텀 축 직선 C-C에 관하여 1회전 시켰을 때, 데이텀 축 직선에 수직한 임의의 평면 위에서 0.011㎜를 초과하지 않아야 한다.

5 ④에서 G-4구역에 지시된 기하공차를 해석하라.

원기둥의 표면 찌그러짐은 같은 중심에서 0.013㎜ 만큼 떨어진 두 개의 원통 면 사이의 이내에서 찌그러짐이 있어야 한다.

6 ④에서 H-4구역에 지시된 기하공차를 해석하라.

지시선의 화살표로 나타내는 원통 면의 반지름 방향의 흔들림은 데이텀 축 직선에 관하여 1회전 시켰을 때, 데이텀 축 직선에 수직한 임의의 평면 위에서 0.011㎜를 초과하지 않아야 한다.

MEMO

연습문제-2 다음 제작 부품도(클램프)를 보고 아래의 기하공차 기호를 해석하시오.

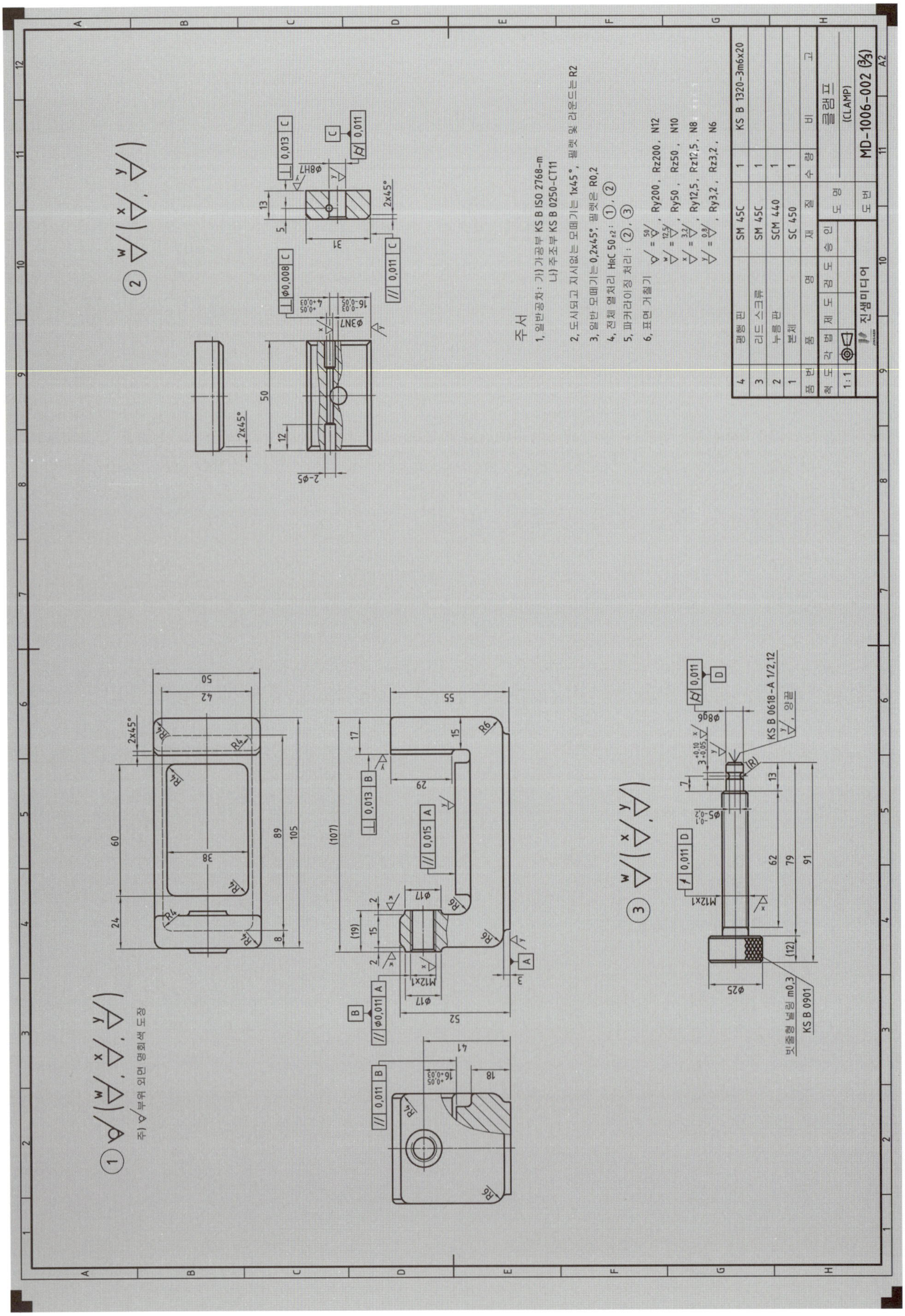

1 ①에서 D-2구역에 지시된 기하공차를 해석하라.

2 ①에서 D-3구역에 지시된 기하공차를 해석하라.

3 ①에서 D-4구역에 지시된 기하공차를 해석하라.

4 ①에서 D-5구역에 지시된 기하공차를 해석하라.

5 ②에서 D-11구역에 지시된 기하공차를 해석하라.

6 ②에서 C-11구역에 지시된 기하공차를 해석하라.

7 ②에서 D-10구역에 지시된 기하공차를 해석하라.

8 ②에서 C-10구역에 지시된 기하공차를 해석하라.

9 ③에서 G-5구역에 지시된 기하공차를 해석하라.

연습문제-2 모범답안

1 ①에서 D-2구역에 지시된 기하공차를 해석하라.

지시선의 화살표로 나타내는 면은 데이텀 축 직선 B에 평행하고, 또한 지시선의 화살표 방향으로 0.011㎜ 만큼 떨어진 두 개의 평면 사이에 있어야 한다.

2 ①에서 D-3구역에 지시된 기하공차를 해석하라.

지시선의 화살표로 나타내는 지름 12㎜의 축선은 데이텀 축 직선 A에 평행한 지름 0.011㎜의 원통 내에 있어야 한다.

3 ①에서 D-4구역에 지시된 기하공차를 해석하라.

지시선의 화살표로 나타내는 면은 데이텀 축 직선 A에 평행하고, 또한 지시선의 화살표 방향으로 0.015㎜ 만큼 떨어진 두 개의 평면 사이에 있어야 한다.

4 ①에서 D-5구역에 지시된 기하공차를 해석하라.

지시선의 화살표로 나타내는 면은 데이텀 축 직선 B에 수직하고, 또한 지시선의 화살표 방향으로 0.013㎜ 만큼 떨어진 두 개의 평행한 평면 사이에 있어야 한다.

5 ②에서 D-11구역에 지시된 기하공차를 해석하라.

원기둥의 표면 찌그러짐은 같은 중심에서 0.011㎜ 만큼 떨어진 두 개의 원통 면 사이의 이내에서 찌그러짐이 있어야 한다.

6 ②에서 C-11구역에 지시된 기하공차를 해석하라.

지시선의 화살표로 나타내는 면은 데이텀 축 직선 C에 수직하고, 또한 지시선의 화살표 방향으로 0.013㎜ 만큼 떨어진 두 개의 평행한 평면 사이에 있어야 한다.

7 ②에서 D-10구역에 지시된 기하공차를 해석하라.

지시선의 화살표로 나타내는 면은 데이텀 축 직선 C에 평행하고, 또한 지시선의 화살표 방향으로 0.011㎜ 만큼 떨어진 두 개의 평면 사이에 있어야 한다.

8 ②에서 C-10구역에 지시된 기하공차를 해석하라.

지시선의 화살표로 나타내는 지름 3㎜의 축선은 데이텀 축 직선 C에 수직하고, 또한 지시선의 화살표 방향으로 0.008㎜ 만큼 떨어진 두 개의 평행한 평면 사이에 있어야 한다.

9 **③에서 G-5구역에 지시된 기하공차를 해석하라.**

지시선의 화살표로 나타내는 원통 면의 반지름 방향의 흔들림은 데이텀 축 직선 D에 관하여 1회전 시켰을 때, 데이텀 축 직선에 수직한 임의의 평면 위에서 0.011㎜를 초과하지 않아야 한다.

종합평가-1

다음 그림 8-42는 동력전달장치에 대한 제작 부품도이며, 기하공차 기호가 규제되어 가공 및 제작이 되도록 표시되어 있다. 그림 8-42의 도면을 보고 아래의 기하공차 기호를 해석하시오.

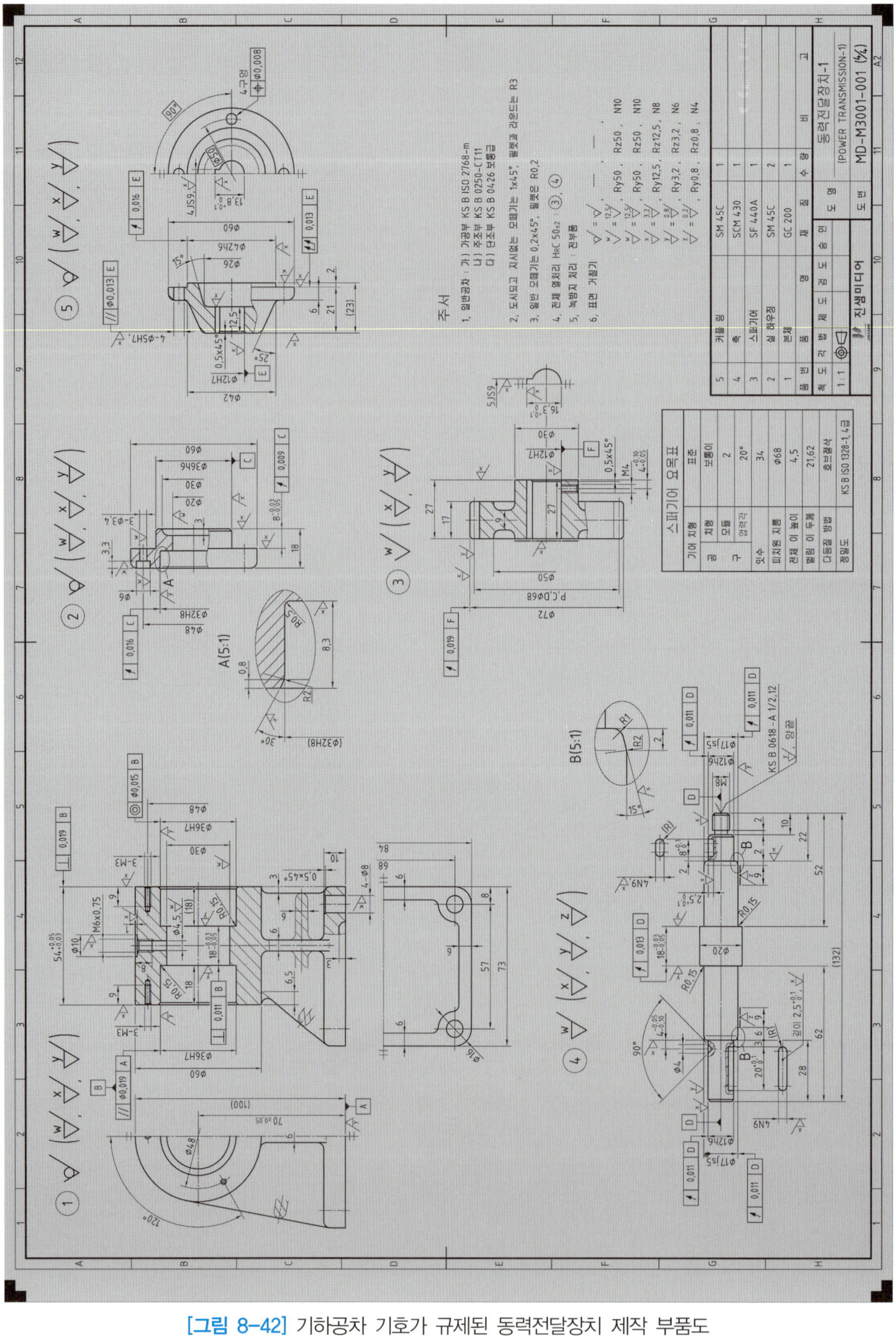

[그림 8-42] 기하공차 기호가 규제된 동력전달장치 제작 부품도

1 ①에서 B–2구역에 지시된 기하공차를 해석하라.

2 ①에서 A–5구역에 지시된 기하공차를 해석하라.

3 ①에서 B–5구역에 지시된 기하공차를 해석하라.

4 ②에서 B–7구역에 지시된 기하공차를 해석하라.

5 ②에서 C–8구역에 지시된 기하공차를 해석하라.

6 ③에서 E–6구역에 지시된 기하공차를 해석하라.

7 ④에서 F–4구역에 지시된 기하공차를 해석하라.

8 ④에서 G–2구역에 지시된 기하공차 2개를 각각 해석하라.

9 ④에서 G–6구역에 지시된 기하공차 2개를 각각 해석하라.

10 ⑤에서 A–10구역에 지시된 기하공차를 각각 해석하라.

11 ⑤에서 C–10구역에 지시된 기하공차를 각각 해석하라.

12 ⑤에서 C–12구역에 지시된 기하공차를 각각 해석하라.

종합평가-1 모범답안

1 ①에서 B-2구역에 지시된 기하공차를 해석하라.

지시선의 화살표로 나타내는 면은 데이텀 축 직선 A에 평행하고, 또한 지시선의 화살표 방향으로 0.019㎜ 만큼 떨어진 두 개의 평면 사이에 있어야 한다.

2 ①에서 A-5구역에 지시된 기하공차를 해석하라.

지시선의 화살표로 나타내는 면은 데이텀 축 직선 B에 수직하고, 또한 지시선의 화살표 방향으로 0.019㎜ 만큼 떨어진 두 개의 평행한 평면 사이에 있어야 한다.

3 ①에서 B-5구역에 지시된 기하공차를 해석하라.

지시선의 화살표로 나타낸 축 선은 데이텀 축 직선 B를 축선으로 하는 지름 0.015㎜인 원통 안에 있어야 한다.

4 ②에서 B-7구역에 지시된 기하공차를 해석하라.

지시선의 화살표로 나타내는 원통 면의 반지름 방향의 흔들림은 데이텀 축 직선 C에 관하여 1회전 시켰을 때, 데이텀 축 직선에 수직한 임의의 평면 위에서 0.016㎜를 초과하지 않아야 한다.

5 ②에서 C-8구역에 지시된 기하공차를 해석하라.

지시선의 화살표로 나타내는 원통 면의 반지름 방향의 흔들림은 데이텀 축 직선 C에 관하여 1회전 시켰을 때, 데이텀 축 직선에 수직한 임의의 평면 위에서 0.009㎜를 초과하지 않아야 한다.

6 ③에서 E-6구역에 지시된 기하공차를 해석하라.

지시선의 화살표로 나타내는 원통 면의 반지름 방향의 흔들림은 데이텀 축 직선 F에 관하여 1회전 시켰을 때, 데이텀 축 직선에 수직한 임의의 평면 위에서 0.019㎜를 초과하지 않아야 한다.

7 ④에서 F-4구역에 지시된 기하공차를 해석하라.

지시선의 화살표로 나타내는 원통 면의 반지름 방향의 흔들림은 데이텀 축 직선 D-D에 관하여 1회전시켰을 때, 데이텀 축 직선에 수직한 임의의 평면 위에서 0.013㎜를 초과하지 않아야 한다.

8 ④에서 G-2구역에 지시된 기하공차 2개를 각각 해석하라.

지시선의 화살표로 나타내는 원통 면의 반지름 방향의 흔들림은 데이텀 축 직선 D-D에 관하여 1회전시켰을 때, 데이텀 축 직선에 수직한 임의의 평면 위에서 0.011㎜를 초과하지 않아야 한다.

9 ④에서 G-6구역에 지시된 기하공차 2개를 각각 해석하라.

8번과 같다.

10 ⑤에서 A-10구역에 지시된 기하공차를 각각 해석하라.

지시선의 화살표로 나타내는 원통 면의 반지름 방향의 흔들림은 데이텀 축 직선 E에 관하여 1회전 시켰을 때, 데이텀 축 직선에 수직한 임의의 평면 위에서 0.016㎜를 초과하지 않아야 한다.
또 지시선의 화살표로 나타내는 지름 5㎜의 축 선은 데이텀 축 직선 E에 평행한 지름 0.013㎜의 원통 내에 있어야 한다.

11 ⑤에서 C-10구역에 지시된 기하공차를 각각 해석하라.

지시선의 화살표로 나타낸 원통 측면의 축 방향의 온 흔들림은, 이 측면과 측정 기구 사이에서 반지름 방향으로 상대 이동시키면서 데이텀 축 직선 E에 관하여 원통 측면을 회전시켰을 때, 원통 측면 위의 임의의 점에서 0.013㎜를 초과해서는 안된다.

12 ⑤에서 C-12구역에 지시된 기하공차를 각각 해석하라.

지시선의 화살표로 나타낸 점은 데이텀 축 직선 E로 부터 지름 50㎜ 떨어진 진(眞) 위치를 중심으로 하는 지름 0.008㎜의 원 안에 있어야 한다.

CHAPTER 09 기계재료 기호

9.1 기계재료 기호의 구성

기계부품 도면에 재료를 지정할 때에는 재료의 이름을 지정하지 않고 재료 명·종류 등을 간단하게 지정하기 위해 한국산업규격(KS 규격)에서 정한 재료기호로 지정하게 된다.

그림 9-1과 같이 주로 표제란 또는 부품란에 표시하는데, 한 개의 부품도를 한 장의 도면으로 작성하는 경우에는 그림 9-2와 같이 표제란에 표시되어 있고 5개 부분으로 나뉜 기호로 구성되어 있다.

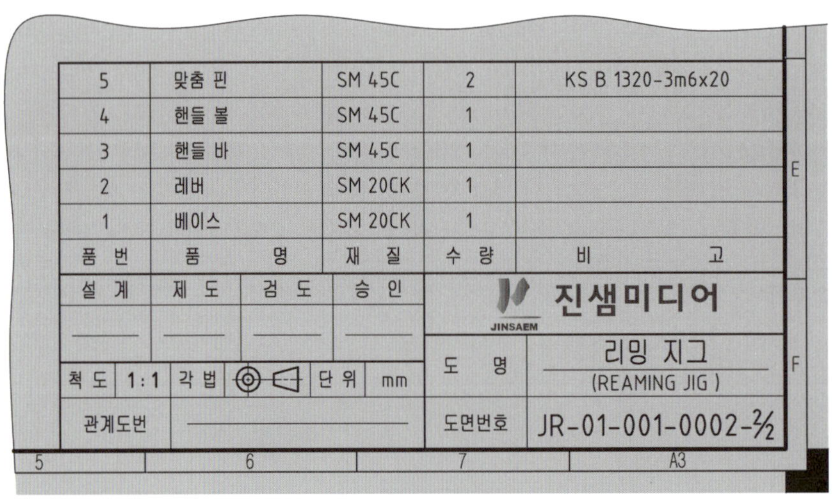

[그림 9-1] 부품란의 재료기호 표시

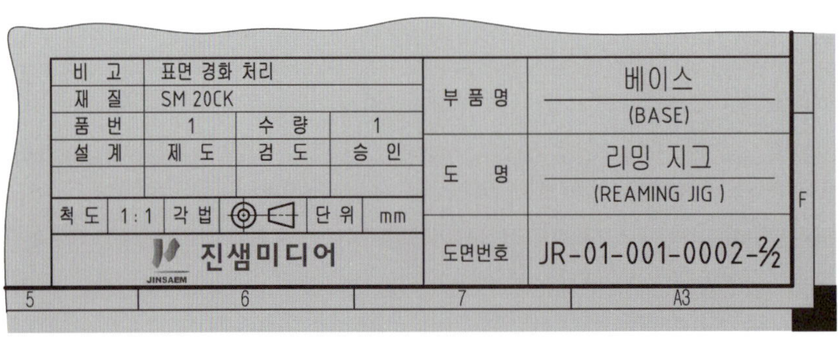

[그림 9-2] 표제란의 재료기호 표시

① 제1부분 기호는 재질로 표시하는 대표기호로서 표 9-1과 같이 금속 원소기호로 표시되어 있다.

[표 9-1] 재질 명을 표시하는 첫 번째 부분 기호

기 호	재질 명	비 고	기 호	재질 명	비 고
Al	알루미늄	aluminium	F	철	ferrum
AlBr	알루미늄 청동	aluminium bronze	MS	연강	mild steel
Br	청동	bronze	NiCu	니켈·구리 합금	nickel-copper alloy
Bs	황동	brass	PB	인청동	phosphor bronze
Cu	구리(구리 합금)	copper	S	강	steel
HBs	고강도 황동	high strength brass	SM	기계구조용강	machine structure steel
HMn	고망간	high manganese	WM	화이트 메탈	white metal

② 제2부분 기호는 규격 명·제품명을 표시하는 대표 기호로서 표 9-2와 같이 주로 판(plate)·봉(bar)·선(wire)재와 주조품, 단조품 등과 같이 제품의 모양·제조방법·용도 등을 표시한다.

[표 9-2] 규격과 제품 이름 등을 표시하는 두 번째 부분 기호

<table>
<tr><th>기 호</th><th>규격 또는 제품 명</th><th>기 호</th><th>규격 또는 제품 명</th></tr>
<tr><td>B</td><td>봉(bar)</td><td>MC</td><td>가단 주철품(malleable iron casting)</td></tr>
<tr><td>BC</td><td>청동 주물</td><td>NC</td><td>니켈크롬강</td></tr>
<tr><td>BsC</td><td>황동 주물</td><td rowspan="2">NCM</td><td rowspan="2">니켈크롬 몰리브덴강
(nickel chromium molybdenum)</td></tr>
<tr><td>C</td><td>주조품(casting)</td></tr>
<tr><td>CD</td><td>구상 흑연주철</td><td>P</td><td>판(plate)</td></tr>
<tr><td>CP</td><td>냉간 압연 강판</td><td>FS</td><td>일반 구조용</td></tr>
<tr><td>Cr</td><td>크롬강</td><td>PW</td><td>피아노 선(piano wire)</td></tr>
<tr><td>CS</td><td>냉간 압연 강재</td><td>S</td><td>일반 구조용 압연재</td></tr>
<tr><td>DC</td><td>다이 캐스팅(die casting)</td><td>SW</td><td>강선(steel wire)</td></tr>
<tr><td>F</td><td>단조품(forging)</td><td>T</td><td>관(tube)</td></tr>
<tr><td>G</td><td>고압가스용재</td><td>TB</td><td>고탄소 크롬 베어링강</td></tr>
<tr><td>HP</td><td>열간 압연 연강판</td><td>TC</td><td>탄소 공구강</td></tr>
<tr><td>HR</td><td>열간 압연</td><td>TKM</td><td>기계구조용 탄소강관</td></tr>
<tr><td>HS</td><td>열간 압연 강대</td><td>THG</td><td>고압가스 용기용 이음매 없는 강관</td></tr>
<tr><td>K</td><td>공구강</td><td>W</td><td>선(wire)</td></tr>
<tr><td>KH</td><td>고속도 공구강</td><td>WR</td><td>선재(wire rod)</td></tr>
</table>

③ 제3부분 기호는 주로 재질의 종류별·등급별을 표시하는 기호로서 표 9-3과 같이 재질의 성분을 표시하는 경우도 있다.

[표 9-3] 재질의 이름을 표시하는 세 번째 부분 기호

<table>
<tr><th>기 호</th><th>기호의 뜻</th><th>보 기</th><th>기 호</th><th>기호의 뜻</th><th>보 기</th></tr>
<tr><td>1</td><td>1종</td><td>SHP 1</td><td>5A</td><td>5종 A</td><td>SPS 5A</td></tr>
<tr><td>2</td><td>2종</td><td>SHP 2</td><td rowspan="2">34</td><td rowspan="2">최저 인장강도 또는 항복점</td><td>WMC 34</td></tr>
<tr><td>A</td><td>A종</td><td>SWS 41 A</td><td>SG 26</td></tr>
<tr><td>B</td><td>B종</td><td>SWS 41 B</td><td>C</td><td>탄소 함유량(0.10~0.15%의 중간 값)</td><td>SM 12C</td></tr>
</table>

[표 9-4] 끝 부분에 덧붙이는 제4, 5부분 기호

<table>
<tr><th>구 분</th><th>기 호</th><th>기호의 뜻</th><th>구 분</th><th>기 호</th><th>기호의 뜻</th></tr>
<tr><td rowspan="4">조질
기호</td><td>A</td><td>풀림 상태</td><td rowspan="4">열처리
기호</td><td>N</td><td>불림</td></tr>
<tr><td>H</td><td>경질</td><td>Q</td><td>담금질, 뜨임</td></tr>
<tr><td>1/2H</td><td>1/2 경질</td><td>SR</td><td>시험편에만 불림</td></tr>
<tr><td>S</td><td>표준 조질 상태</td><td>TN</td><td>시험편에 용접 후 열처리</td></tr>
<tr><td rowspan="2">표면 마무리
기호</td><td>D</td><td>무광택 마무리
(dull finishing)</td><td rowspan="2">기 타</td><td>CF</td><td>원심력 주강관</td></tr>
<tr><td>B</td><td>광택 마무리
(bright finishing)</td><td>K</td><td>킬드강</td></tr>
</table>

④ 제4, 5부분 기호는 주로 제3부분의 기호 뒤에 붙여서 표시하는 기호로서 표 9-4와 같이 열처리, 제품의 단면모양, 제조방법 등을 표시한다.

[보기] ① SS 400(KS D 3503의 일반 구조용 압연 강재) ▶ S → 강(steel), S → 일반 구조용 압연재(general structural purposes), 400 → 최저 인장 강도(400N/㎟, 41kgf/㎟)

② SM 45C(KS D 3752의 기계 구조용 탄소강 강재) ▶ S → 강(steel), M → 기계 구조용(machine structural use), 45C → 탄소 함유량(0.40~0.50%의 중간 값으로 0.45%)

9.2 기계재료의 무게계산

설계를 끝낸 기계부품들은 각 부품의 무게를 계산함으로써 한 대의 기계에 대한 원가를 정확히 추정하여 판매가격을 결정하고, 포장박스 제작과 운반방법 등을 결정하기 위함이다.

부품의 무게계산 공식을 보면, 부품의 무게(W) = 비중[1㎤ 무게(중량)] × 체적(단면적 × 두께 또는 길이)이며, 비중 값(무게 값)은 표 9-5와 같이 재료의 종류마다 다르다(무게의 공식은 $W = \gamma \times V$로 구한다).

[표 9-5] 주요 기계재료의 무게(중량) 값

재료 이름	1㎤당 무게(중량)		$1in^3$당 무게(중량)	
	g	kg	g	kg
주철	7.21	0.00721	118	0.118
강	7.85	0.00785	128.5	0.1285
연강	7.70	0.00770	126	0.126
주강	7.80	0.00780	128	0.128
구리	8.63	0.00863	141	0.141
황동	8.10	0.00810	132	0.132
청동	8.56	0.00856	140	0.140
알루미늄	2.56	0.00256	42	0.042

1 표준부품의 무게

볼트, 너트, 핀, 리벳 등의 표준부품에 대한 무게는 제작회사의 안내서(카탈로그) 등에서 찾아 볼 수 있고 강판, 평강, 봉강, 형강 등은 한국산업규격(KS D)의 무게 표에서 길이 1m에 대한 무게를 찾아 볼 수 있다.

2 모양이 불규칙한 부품의 체적 계산방법

부품의 불규칙한 모양의 체적을 구할 때는 그림 9-3과 같이 평균 치수를 적용하여 근사방법으로 구한다.

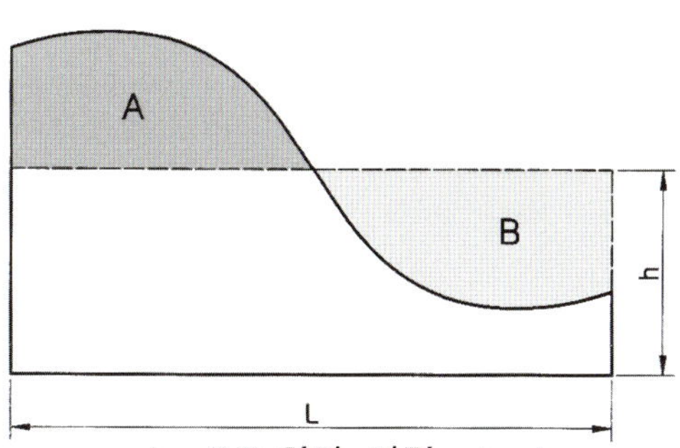

A = B로 하면 면적 = L x h

[그림 9-3] 불규칙한 모양의 근사 체적 구하기

MEMO

연습문제-1	아래 3개의 등각도는 각각 강과 황동의 2가지 재질로 제작하고자 하므로 각각 체적과 무게를 빈 칸에 계산하시오. 단, 등각도에 표시된 격자선 사이의 간격은 5㎜이다.

①

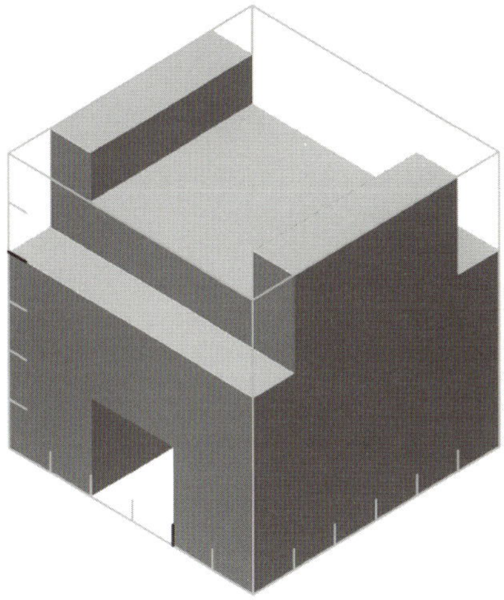

②

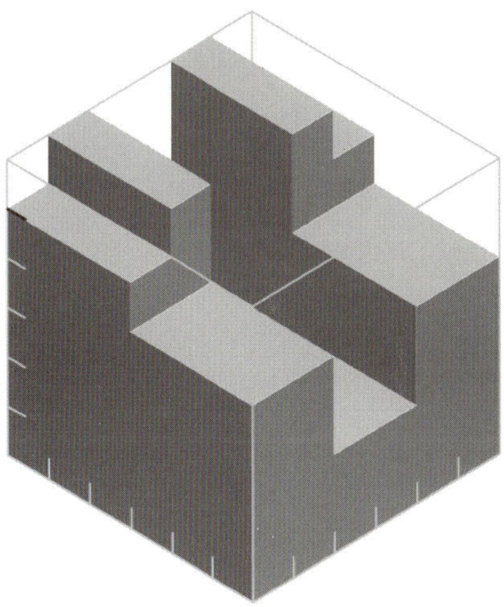

③

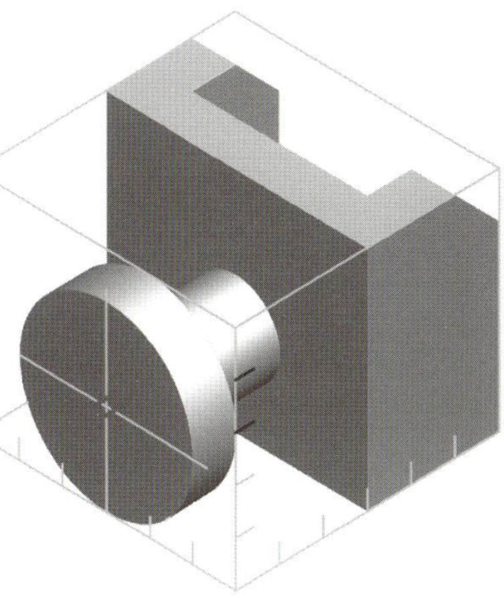

연습문제-1	모범답안

① 1. 강(Steel)

체적 : $(30\times30\times20)+(30\times20\times10)-(10\times30\times10)$
$-(20\times20\times5) = 19,000cm^3$

무게 : $19,000cm^3\times0.00785kg/cm^3= 149.15kg$

〈참고〉 무게의 단위는 정확히 kg_f/mm^2이나, 관행으로 kg으로 혼용해 사용하고 있다.

2. 황동(Brass)

체적 : $19,000cm^3$

무게 : $19,000cm^3\times0.00810kg/cm^3 = 153.9kg$

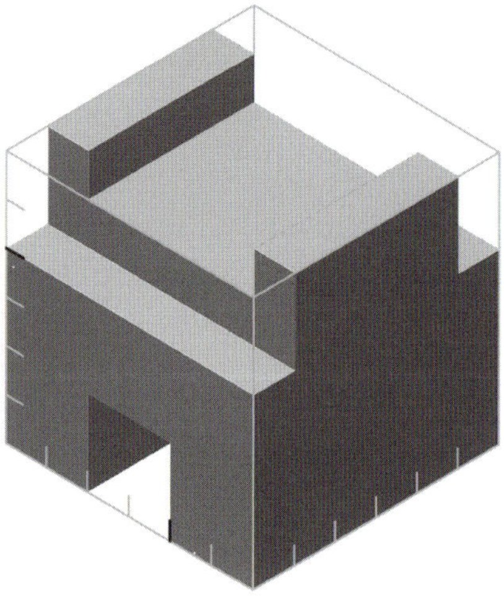

② 1. 강(Steel)

체적 : $(30\times30\times20)+(15\times10\times10\times2)-(30\times10\times10)$
$-(15\times5\times5\times2) = 17,250cm^3$

무게 : $17,250cm^3\times0.00785kg/cm^3 = 135.41kg$

2. 황동(Brass)

체적 : $17,250cm^3$

무게 : $17,250cm^3\times0.00810kg/cm^3 = 139.73kg$

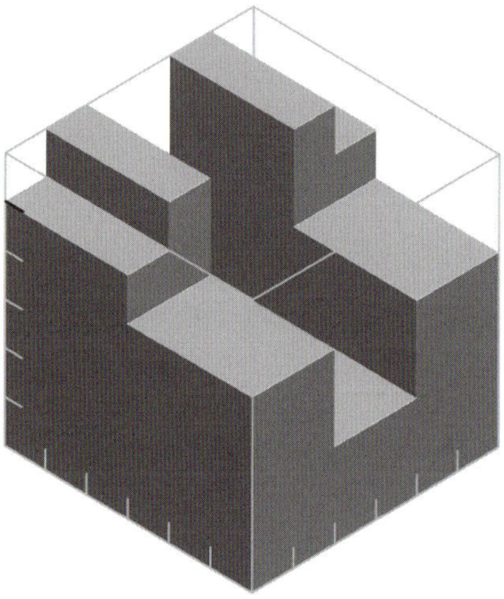

③ 1. 강(Steel)

체적 : $(\pi\times10^2\times5)+(\pi\times5^2\times10)+(30\times15\times25)$
$-(20\times10\times25)-(5\times5\times5) = 8,481.2cm^3$

무게 : $8,481.2cm^3\times 0.00785kg/cm^3 = 66.58kg$

2. 황동(Brass)

체적 : $8,481.2cm^3$

무게 : $8,481.2cm^3\times0.00810kg/cm^3 = 68.7kg$

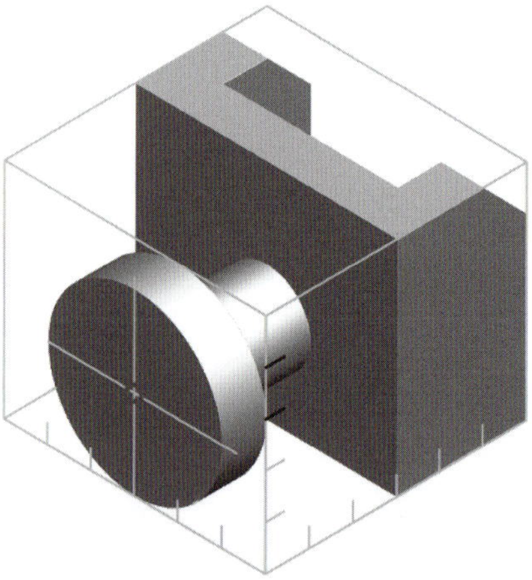

종합평가-1	아래 3개의 등각도는 각각 강과 알루미늄 재질로 지시된 치수에 의해 제작하고자 한다. 각각 체적과 무게를 빈 칸에 계산하시오.

①

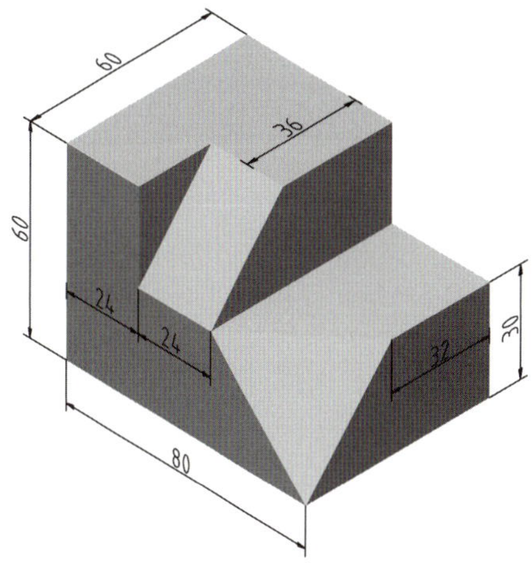

②

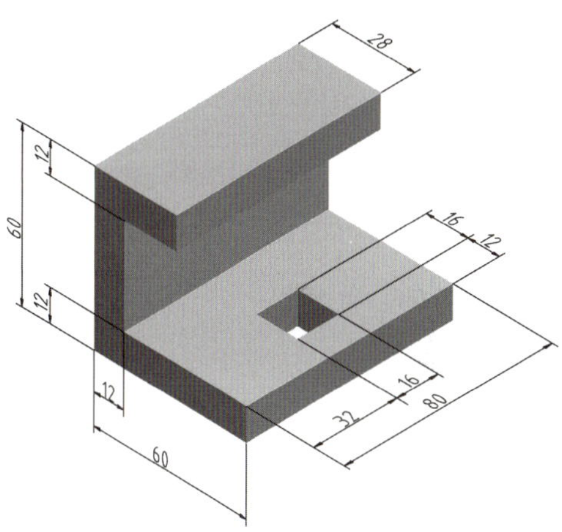

③

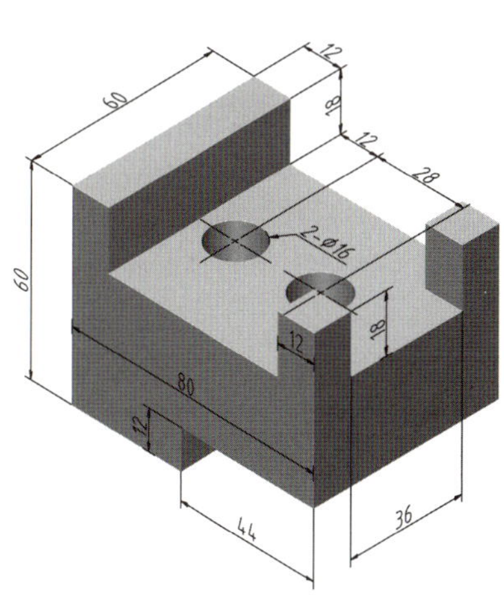

종합평가-1 모범답안

① 1. 강

체적 : 213,196.95cm^3

무게 : 213,196.95cm^3 × 0.00785kg/cm^3

= 1,673.6kg

〈참고〉 무게의 단위는 정확히 kg_f/mm^2이나, 관행으로 kg으로 혼용해 사용하고 있다.

2. 알루미늄

체적 : 213,196.95cm^3

무게 : 213,196.95cm^3 × 0.00256kg/cm^3 = 545.78kg

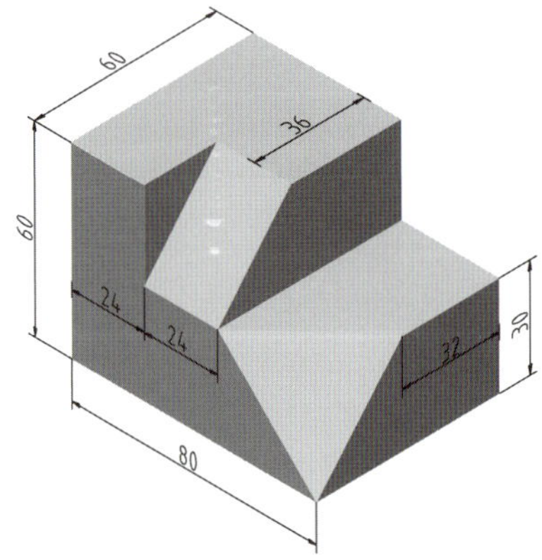

② 1. 강

체적 : $(60\times80\times12)+(12\times80\times36)+(28\times80\times12)$

$-(16\times16\times16)$ = 114,944cm^3

무게 : 114,944cm^3 × 0.00785kg/cm^3

= 902.31kg

2. 알루미늄

체적 : 114,944cm^3

무게 : 114,944cm^3 × 0.00256kg/cm^3

= 294.26kg

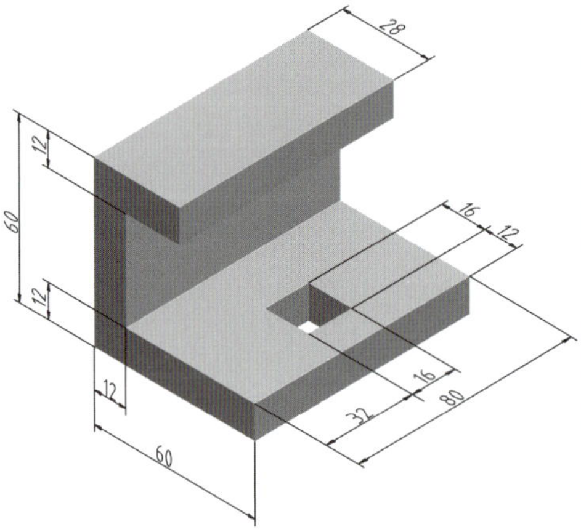

③ 1. 강

체적 : $(80\times60\times42)+(12\times60\times18)+(12\times12\times18\times2)$

$-(2\times30\times\pi\times8^2)$ = 207,680.28cm^3

무게 : 207,680.28cm^3 × 0.00785kg/cm^3

= 1,630.29kg

2. 알루미늄

체적 : 207,680.28cm^3

무게 : 207,680.28cm^3 × 0.00256kg/cm^3

= 531.66kg

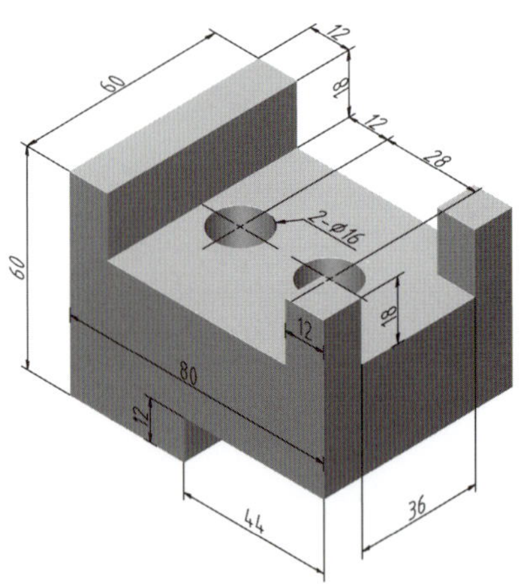

종합평가-2 아래 3개의 등각도는 각각 주철과 황동 재질로 지시된 치수에 의해 제작하고자 한다. 각각 체적과 무게를 빈 칸에 계산하시오.

①

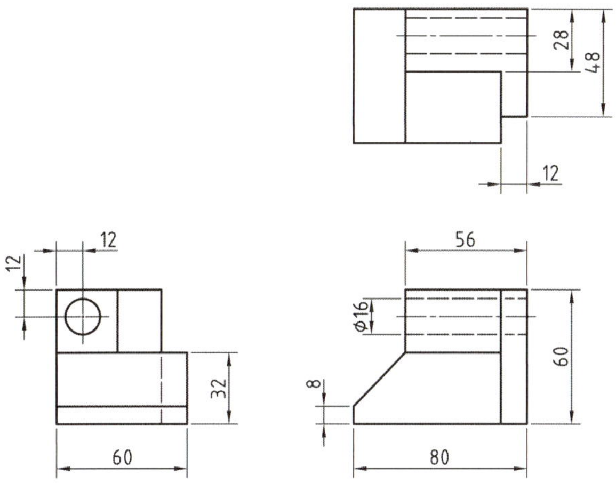

②

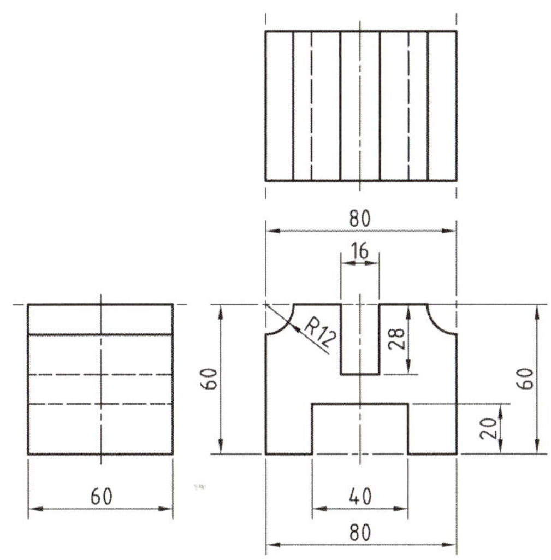

③

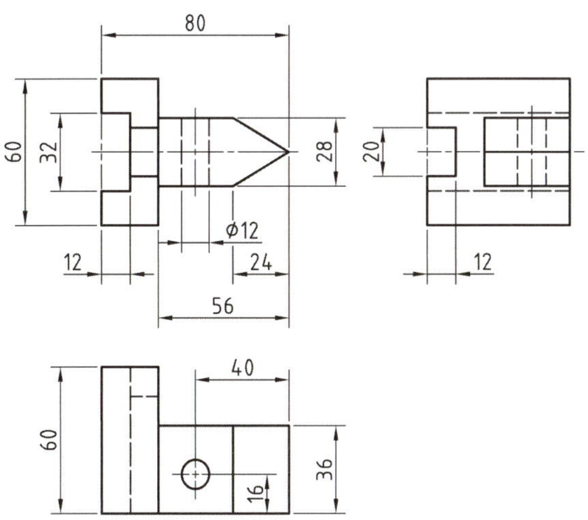

종합평가-2 | 모범답안

①
1. 주철

체적 : $(60\times68\times32)+(48\times12\times60)+(28\times44\times28)$

$-(60\times24\times24\times0.5)-(56\times\pi\times8^2)$

$= 171{,}076.53\text{cm}^3$

무게 : $171{,}076.53\text{cm}^3\times0.00721\text{kg/cm}^3$

$= 1{,}233.46\text{kg}$

〈참고〉 무게의 단위는 정확히 kg_f/mm^3이나, 관행으로 kg으로 혼용해 사용하고 있다.

2. 황동

체적 : $171{,}076.53\text{cm}^3$

무게 : $171{,}076.53\text{cm}^3\times0.00810\text{kg/cm}^3$

$= 1{,}385.72\text{kg}$

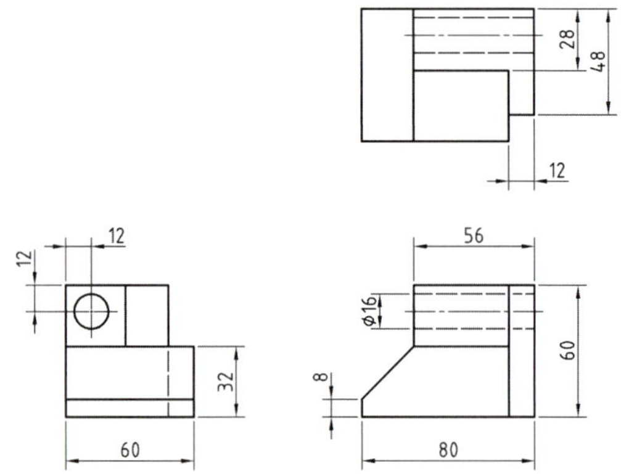

②
1. 주철

체적 : $(60\times80\times60)-(60\times40\times20)-(60\times16\times28)$

$-(60\times0.5\times\pi\times12^2) = 199{,}548.32\text{cm}^3$

무게 : $199{,}548.32\text{cm}^3\times0.00721\text{kg/cm}^3$

$= 1{,}438.74\text{kg}$

2. 황동

체적 : $199{,}548.32\text{cm}^3$

무게 : $199{,}548.32\text{cm}^3\times0.00810\text{kg/cm}^3$

$= 1{,}616.34\text{kg}$

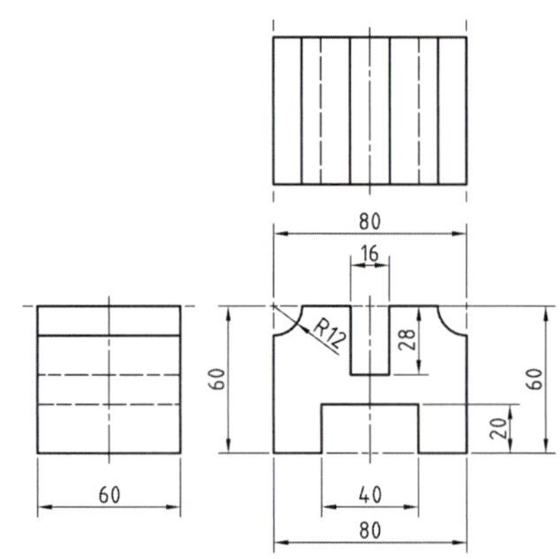

③
1. 주철

체적 : $(60\times24\times60)+(56\times36\times28)-(32\times12\times60)$

$-(20\times12\times12)-(24\times28\times36\times0.5)$

$-(28\times\pi\times6^2) = 101{,}665.27\text{cm}^3$

무게 : $101{,}665.27\text{cm}^3\times0.00721\text{kg/cm}^3$

$= 733.01\text{kg}$

2. 황동

체적 : $101{,}665.27\text{cm}^3$

무게 : $101{,}665.27\text{cm}^3\times0.00810\text{kg/cm}^3$

$= 823.49\text{kg}$

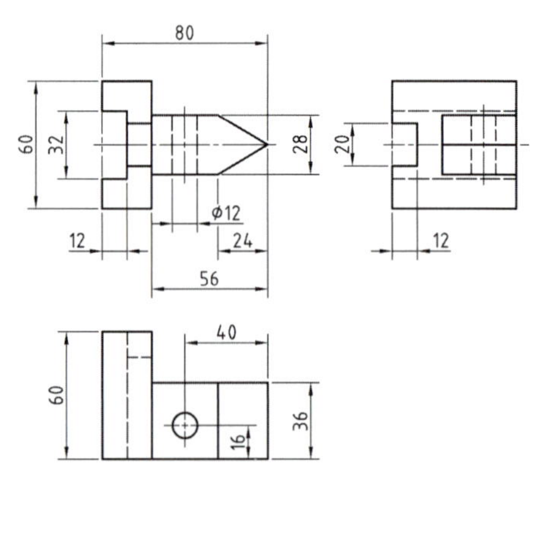

PART

2

기계요소 도면의 이해

CHAPTER

01 체결용 부품

1.1 나사(Screw, Thread)

둥근 막대의 표면이나 구멍의 안지름 면에 나선(helix)으로 홈을 파 놓은 것을 나사라고 하며, 기계부품을 죄거나 힘을 전달하는데 쓰이는 기본적인 기계를 구성하는 기계요소이다.

그 쓰임새가 매우 다양하여 각종 산업용 기계뿐만 아니라 일상용품에도 널리 사용되고 있으며, 대량 생산과 호환성이 필요하므로 규격으로 표준화하여 KS규격으로 정하고 있다.

1.2 오른 나사와 왼 나사

그림 1-1의 (a)와 같이 나사를 시계방향으로 돌릴 때 축 방향으로 나아가는 나사를 오른 나사(Right hand screw)라 하고, 시계 반대방향으로 돌릴 때 축 방향으로 나아가는 나사를 왼 나사(Left hand screw)라고 한다.

보통 체결용은 오른 나사를 사용하며 기능상 필요한 경우 즉 선반의 심압대(Tail stock)의 리드나사, 선풍기의 날개 고정나사, 지그(Jig) 등의 순간 고정용 나사 등에 사용한다.

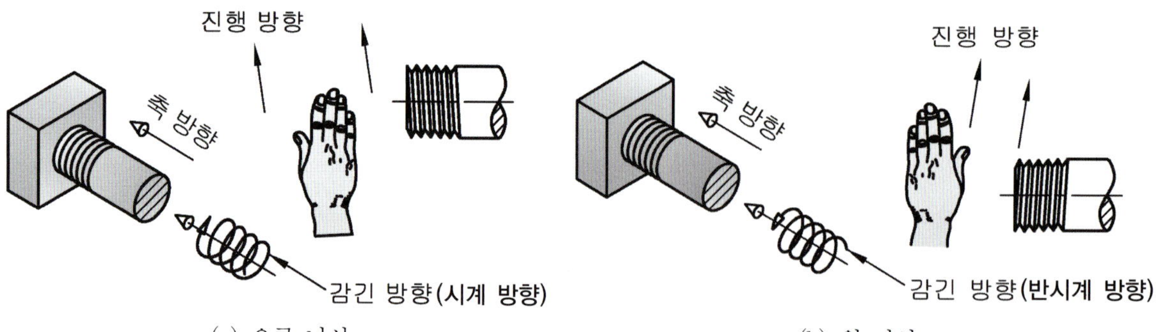

(a) 오른 나사 (b) 왼 나사

[그림 1-1] 오른 나사와 왼 나사의 원리

1.3 나사의 각 부 명칭

축에 나사를 만든 것을 수나사(대표적 수나사는 볼트)라 하고, 구멍에 나사를 만든 것을 암나사(대표적 암나사는 너트)라고 하는데 나사의 각 부분에 대한 명칭은 그림 1-2와 같다.

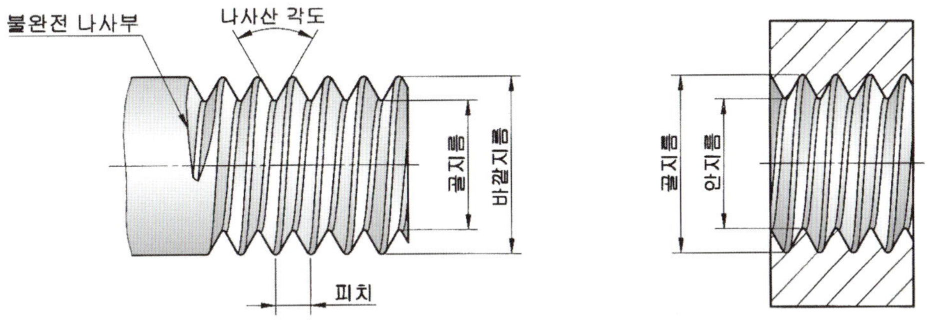

(a) 수나사 (b) 암나사

[그림 1-2] 나사의 생성 모양 및 각부 명칭

1.4 나사산의 모양에 따른 나사의 종류

나사산의 모양에 따른 나사의 종류에는 그림 1-3과 같이 3각나사, 4각나사, 둥근나사, 사다리꼴나사, 톱니나사, 볼나사 등이 있다.

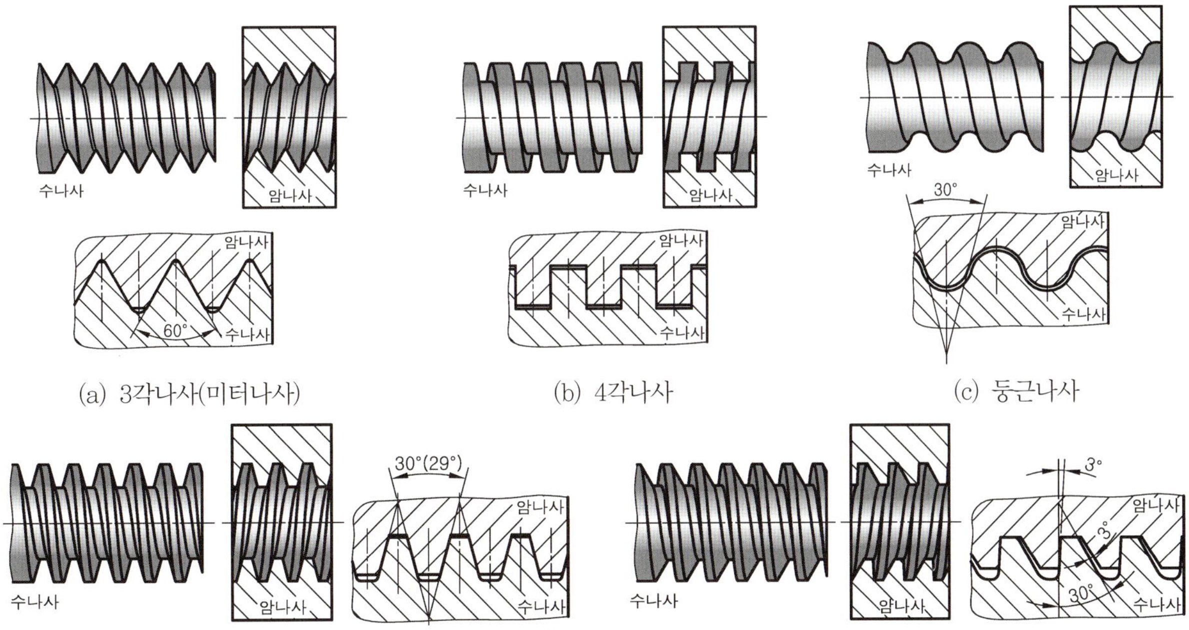

(a) 3각나사(미터나사) (b) 4각나사 (c) 둥근나사

(d) 사다리꼴나사 (e) 톱니나사

[그림 1-3] 나사산의 모양에 따른 나사의 종류

1.5 나사의 종류와 용도

나사산의 모양에 따라 구분한 나사의 종류와 용도는 **표 1-1**과 같다.

[표 1-1] 나사의 종류 별 용도

나사의 종류			용도 설명
3각 나사	미터나사	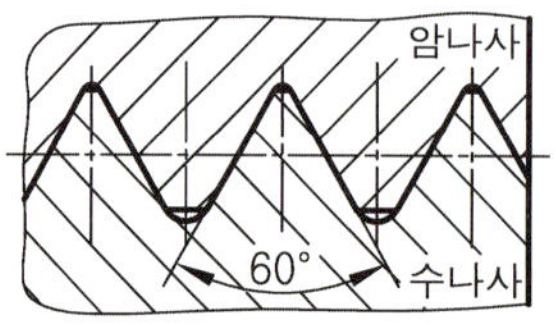	나사의 지름과 피치를 mm로 표시한 미터 계 나사이고, 나사산의 각이 60°이다. 항공기, 자동차, 정밀기계, 공작기계 등의 조립에 사용된다.
	유니파이 나사	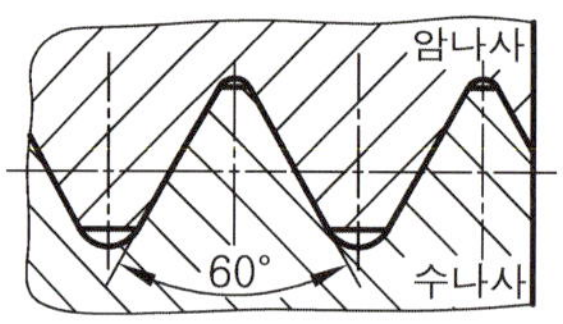	미국, 영국, 캐나다 3국의 협정에 의해 지정된 나사로서, ABC 나사라고도 한다. 나사산의 각이 60°인 인치계 나사이다. 항공기용, 계측기용 정밀 조립에 사용된다.
	관용나사	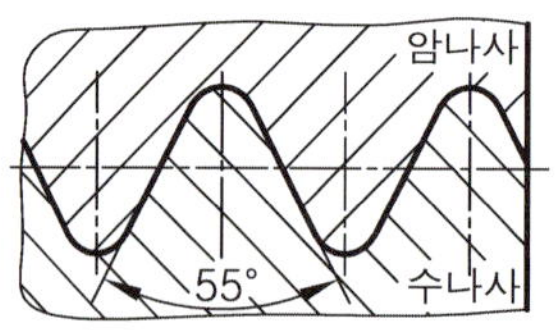	나사산의 각이 55°인 인치계 나사이다. 관용 평행나사는 주로 관용 부품, 유체 기기 등의 결합에 사용되며, 관용 테이퍼 나사는 나사부의 기밀성을 유지하기 위해 사용된다.
4각나사		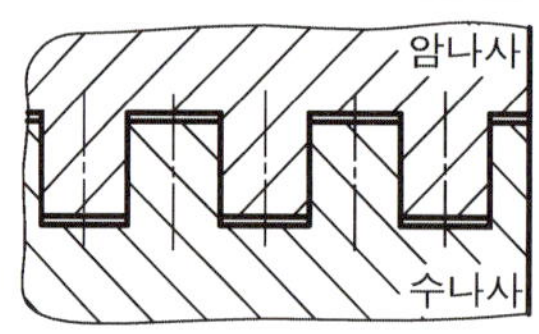	축 방향의 큰 하중을 받는 곳에 적합하도록 나사산을 사각 모양으로 만든 나사이며, 프레스 등의 동력 전달용으로 사용된다.
사다리꼴나사		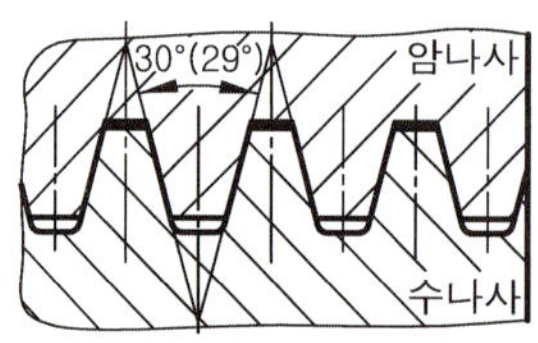	나사산의 각이 30°(TM)인 사다리꼴로 된 나사이고, 선반 등과 같은 공작기계의 이송 나사로 널리 사용된다.
톱니나사		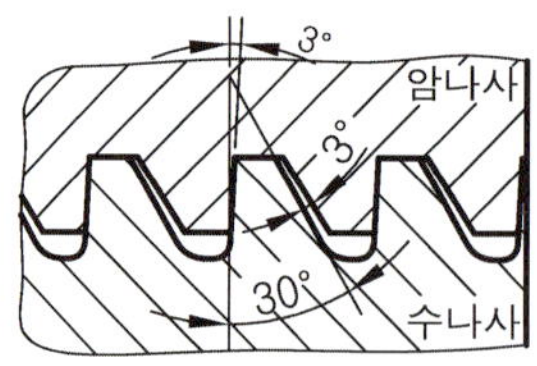	힘을 한 쪽 방향으로만 받는 곳에 사용하는 나사로, 나사산의 모양이 톱니 모양이다. 바이스, 압착기 등의 이송 나사로 사용된다.
둥근나사		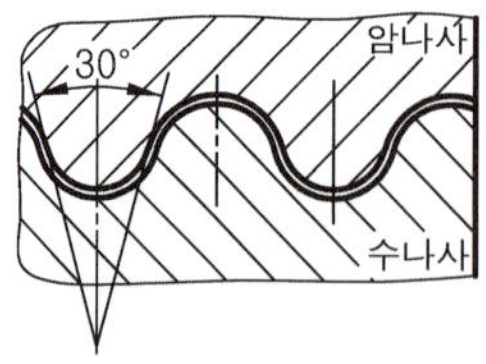	나사산이 둥근 모양이며 먼지, 모래 등이 많은 곳에 사용되며, 전구나 소켓 등의 나사로 사용된다.
볼나사		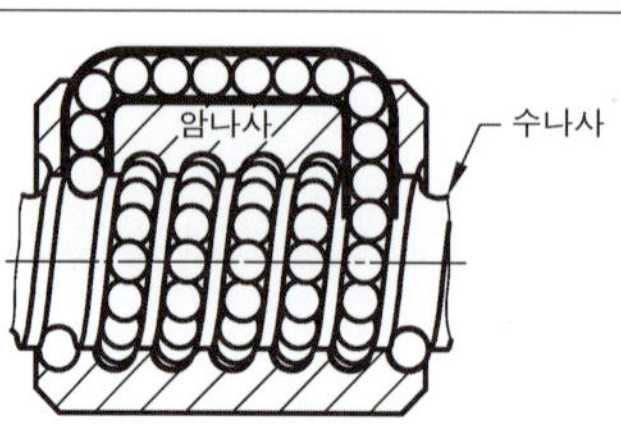	나사 축과 너트 사이에 스틸 볼(steel ball)을 넣어 힘을 전달하는 나사이며, 마찰이 매우 적고 백래시가 적어 정밀 공작 기계의 이송 장치에 사용된다.

1.6 나사의 표시

나사산의 감긴 방향, 나사산의 줄 수, 나사의 호칭 및 나사의 등급 등으로 다음과 같이 표시되어 있다.

나사산의 감김 방향	–	나사산의 줄 수	–	나사의 호칭	—	나사의 등급

1 나사산의 감김 방향

나사산의 감긴 방향이 왼 나사인 경우 「좌」 또는 「L」로 표시되어 있고, 오른 나사인 경우에는 표시가 없다.

2 나사산의 줄 수

여러 줄 나사의 경우 「2줄(2L)」, 「3줄(3L)」 등과 같이 표시되어 있고 1줄 나사인 경우에는 표시가 없다.

3 나사의 호칭

나사의 종류를 표시하는 기호와 나사의 지름을 나타내는 숫자 및 피치 또는 1인치(25.4㎜)에 대한 나사산의 수로 표시되어 있으며, 표 1-2와 같은 나사의 종류 표시 기호 및 나사의 호칭에 대한 표시는 KS규격에 따라 표시되어 있다.

[표 1-2] 나사 종류를 표시하는 기호 및 나사의 호칭에 대한 표시 KS B 0200

<table>
<tr><th colspan="2">구 분</th><th colspan="2">나사의 종류</th><th>기호</th><th>나사의 호칭에 대한 표시법</th><th>관련 규격</th></tr>
<tr><td rowspan="14">일반용</td><td rowspan="10">ISO규격에 있는 것</td><td colspan="2">미터 보통 나사</td><td rowspan="2">M</td><td>M8</td><td>KS B 0201</td></tr>
<tr><td colspan="2">미터 가는 나사</td><td>M8×1</td><td>KS B 0204</td></tr>
<tr><td colspan="2">미니어처 나사</td><td>S</td><td>S 05</td><td>KS B 0228</td></tr>
<tr><td colspan="2">유니파이 보통 나사</td><td>UNC</td><td>3/8-16 UNC</td><td>KS B 0203</td></tr>
<tr><td colspan="2">유니파이 가는 나사</td><td>UNF</td><td>No. 8-36 UNF</td><td>KS B 0206</td></tr>
<tr><td colspan="2">미터 사다리꼴 나사</td><td>Tr</td><td>Tr 10×2</td><td>KS B 0229</td></tr>
<tr><td rowspan="3">관용 테이퍼 나사</td><td>테이퍼 수나사</td><td>R</td><td>R 3/4</td><td rowspan="3">KS B 0222</td></tr>
<tr><td>테이퍼 암나사</td><td>Rc</td><td>Rc 3/4</td></tr>
<tr><td>평행 암나사</td><td>Rp</td><td>Rp 3/4</td></tr>
<tr><td colspan="2">관용 평행 나사</td><td>G</td><td>G 1/2</td><td>KS B 0221</td></tr>
<tr><td rowspan="4">ISO규격에 없는 것</td><td colspan="2">30° 사다리꼴 나사</td><td>TM</td><td>TM 18</td><td>KS B 0227</td></tr>
<tr><td rowspan="2">관용 테이퍼 나사</td><td>테이퍼 나사</td><td>PT</td><td>PT 7</td><td rowspan="2">KS B 0222</td></tr>
<tr><td>평행 암나사</td><td>PS</td><td>PS 7</td></tr>
<tr><td colspan="2">관용 평행 나사</td><td>PF</td><td>PF 7</td><td>KS B 0221</td></tr>
</table>

(1) 피치를 ㎜로 표시하는 나사(미터나사)

미터 보통 나사와 같이 동일한 지름에 대하여 피치가 하나만 규정되어 있는 나사에서는 피치를 생략하고 표시하는 것을 원칙으로 하고 있다.

나사의 종류를 표시하는 기호	나사의 호칭 지름을 표시하는 숫자	×	피치
M	8		1

(2) 피치를 나사산의 수로 표시하는 나사

인치 나사, 유니파이 나사는 제외하고 관용 나사와 같이 동일한 지름에 대하여 산의 수가 단 하나만 규정되어 있는 나사에서는 산의 수를 생략하고 표시하는 것을 원칙으로 하고 있다.

또한 혼동될 우려가 없을 때에는 「산」 대신에 하이픈 「-」을 사용해 표시되기도 한다.

나사의 종류를 표시하는 기호	나사의 지름을 표시하는 숫자	산	산의 수
SM	1/4	산	40

(3) 유니파이 나사

나사의 지름을 표시하는 숫자 또는 번호	-	산의 수	나사 종류를 표시하는 기호
3/8	-	16	UNC

1.7 볼트(Bolt)와 너트(Nut)

볼트와 너트는 기계의 부품과 부품을 체결하고 분해하기 쉽기 때문에 체결용 기계요소로 널리 사용되고 있으며, 그 종류는 표 1-3과 같이 모양과 용도에 따라 매우 다양하다.

1 볼트 종류

(1) 머리모양 및 용도에 따른 분류

[표 1-3] 머리모양 및 용도에 따른 볼트의 종류

종 류		용도 설명
6각 볼트	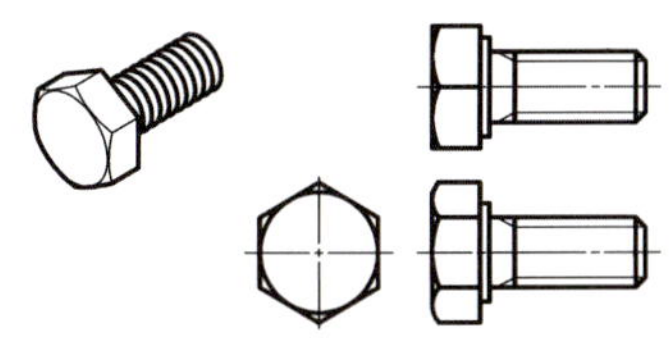	일반적으로 각종 부품을 결합하는데 널리 쓰이는 대표적인 볼트이다.
6각 구멍붙이 볼트	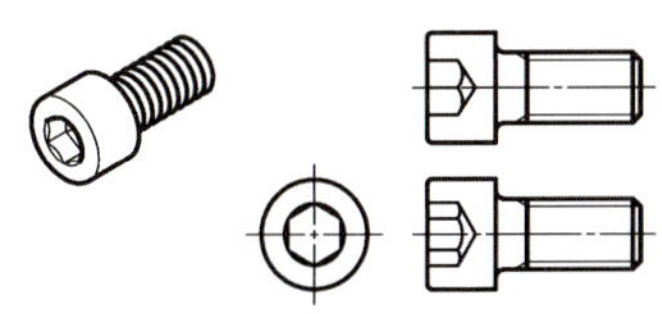	둥근 머리에 육각 홈을 파 놓은 것으로, 볼트의 머리가 밖으로 나오지 않아야 하는 곳에 사용된다.
나비볼트	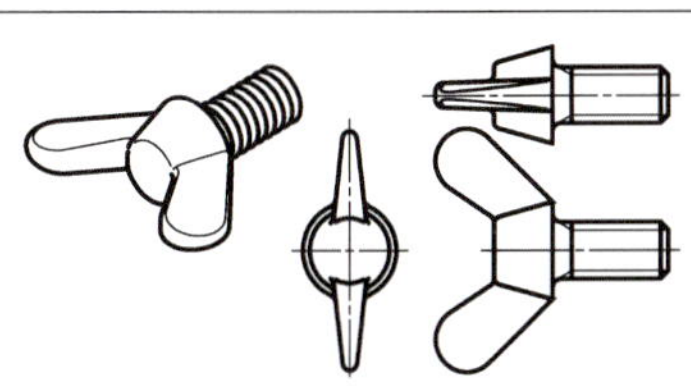	머리 부분을 나비의 날개 모양으로 만들어 손으로 쉽게 돌릴 수 있도록 만든 볼트이다.
기초볼트	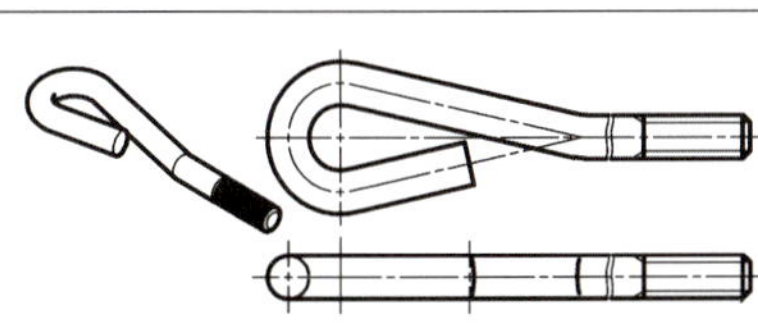	여러 가지 모양의 원통 부를 만들어 기계 구조물을 콘크리트 기초 위에 고정시키도록 만든 볼트이다.
접시머리 볼트	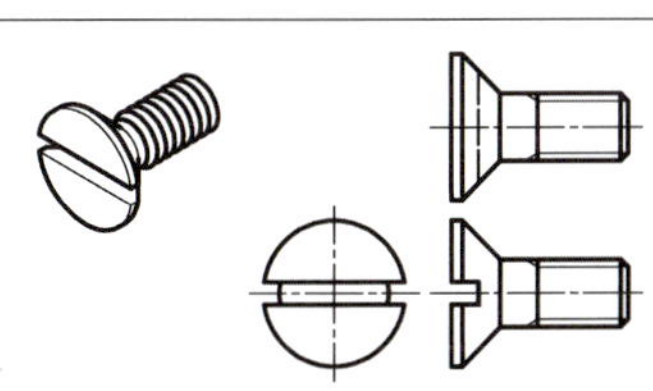	볼트의 머리가 밖으로 나오지 않아야 하는 곳에 사용하며, 홈 붙이 접시머리 볼트, 키 붙이 접시머리 볼트 등이 있다.
아이볼트	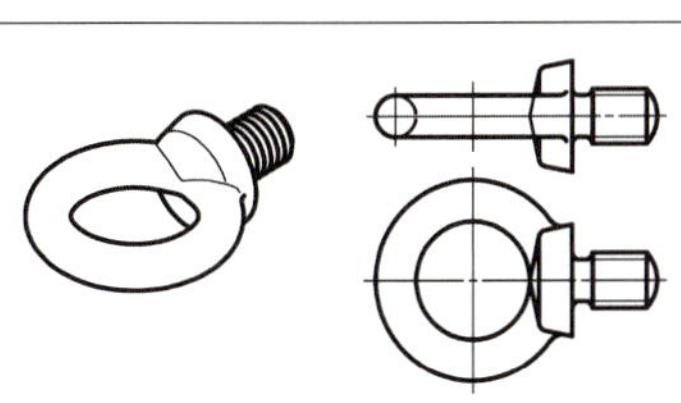	나사 머리 부를 고리 모양으로 만들어, 체인 또는 훅(hook) 등을 걸 때 사용한다.

(2) 고정방법에 따른 분류

고정방법에 따른 볼트의 종류는 표 1-4와 같다.

[표 1-4] 고정하는 방법에 따른 볼트의 종류

종 류		용도 설명
관통 볼트	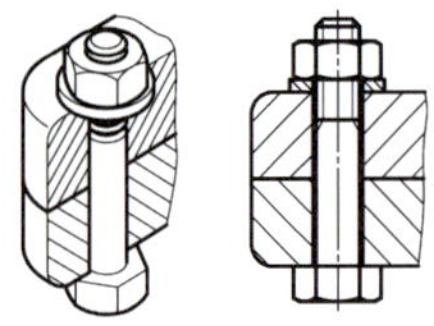	결합하고자 하는 두 물체에 구멍을 뚫고, 여기에 볼트를 관통시킨 다음 반대편에서 너트로 죈다.
탭 볼트	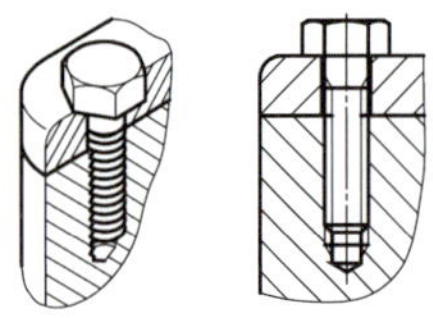	① 물체의 한 쪽에 암나사를 깎은 다음 나사 박음을 하여 죄며, 너트는 사용하지 않는다. ② 결합하려고 하는 부분이 너무 두꺼워 관통 구멍을 뚫을 수 없을 경우에 사용된다.
스터드 볼트	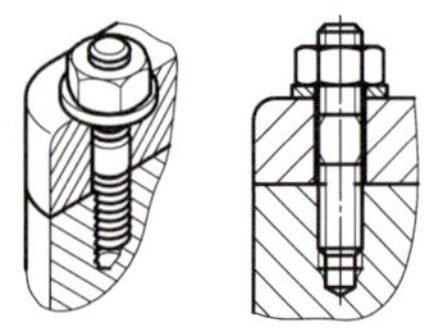	양끝에 나사를 깎은 머리 없는 볼트로서, 한 쪽 끝은 본체에 박고 다른 끝에는 너트를 끼워서 죈다.

2 너트의 종류

볼트와 함께 사용되는 기계요소로서, 겉모양이 6각형인 6각 너트가 널리 사용되며 용도에 따라 그림 1-4와 같은 종류가 있다.

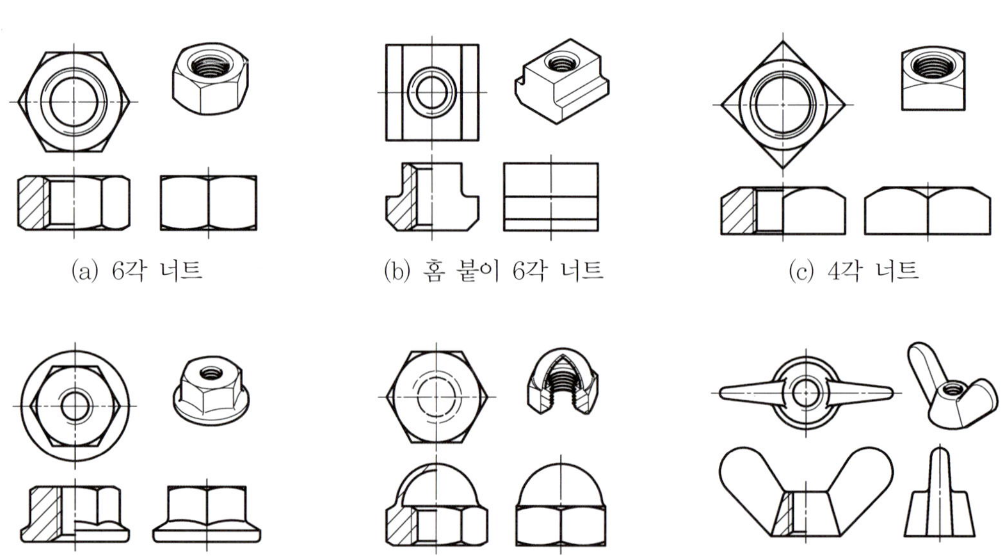

(a) 6각 너트 (b) 홈 붙이 6각 너트 (c) 4각 너트

(d) 플랜지 붙이 6각 너트 (e) 6각 캡 너트 (f) 나비 너트

[그림 1-4] 너트의 종류

3 볼트와 너트의 호칭 방법

나사부의 호칭지름으로 나타내며 볼트와 너트의 종류, 등급 등이 함께 표시된다.

(1) 6각 볼트의 호칭

규격번호, 종류, 부품등급, 나사의 호칭×호칭길이, 강도 구분, 재료 및 지정 사항을 표시하며 규격번호는 특별히 필요가 없으면 생략될 수 있으며 필요에 따라 나사 끝의 모양, 표면처리의 종류 등과 같은 지정 사항이 표시된다. 강재 6각 볼트의 부품등급과 강도구분은 KS B 1002를 참조한다.

규격번호	종류	부품등급	나사 부의 호칭×길이	–	강도 구분	재료	–	지정 사항
KS B 1002	6각 볼트	A	M12×80	–	8.8	SM25C	–	둥근 끝

표 1-5는 볼트의 호칭표시에 대한 보기이다.

[표 1-5] 볼트의 호칭표시 보기

[호칭 방법]

☞ [규격번호]·[종류]·[등급]·[나사의 호칭]×[길이]·[기계적 성질 강도 구분]·[재료]·[지정 사항]

[보기]

	규격번호	종류	부품등급	d×ℓ	강도 구분 또는 성상 구분	재료	지정 사항
☞ (강재 볼트의 경우) :	KS B 1002	호칭지름 6각 볼트	A	M12×80 –	8.8	MFZn II – C	
(스테인리스 볼트인 경우) :		유효지름 6각 볼트	B	M12×80 –	A2 – 70		
(비철금속 볼트인 경우) :		온 나사 6각 볼트	A	M12×50		C2700	둥근 끝

(2) 6각 너트의 호칭

규격번호, 종류, 형식, 부품의 등급, 나사의 호칭, 강도 구분, 재료 및 지정 사항을 표시하며 규격번호는 특별히 필요가 없으면 생략될 수 있으며 필요에 따라 나사 끝의 모양, 표면처리의 종류 등과 같은 지정 사항이 표시된다. 강재 6각 너트의 형식과 부품등급 및 강도 구분은 KS B 1012를 참조한다.

규격번호	종류	형식	부품등급	나사 부 호칭	–	강도 구분	재료	–	지정 사항
KS B 1012	6각 너트	스타일 1	A	M12	–	8	SM20C		

표 1-6은 너트의 호칭표시에 대한 보기이다.

[표 1-6] 너트의 종류, 형식 및 등급 분류 및 호칭표시 보기

[호칭 방법]

☞ [규격번호] [종류] [형식] [등급] [나사 호칭] - [기계적 성질의 강도 구분] [재료] [지정 사항]으로 표시. 다만, 6각 저 너트의 모떼기(면취)가 없는 것은 강도 구분을, 기타의 너트는 재료를 제외함.

[주] ① 규격번호는 특히 필요가 없으면 생략하여도 좋다.
② 지정 사항으로서는 6각 너트의 자리 붙이, 표면 처리의 종류 등은 필요에 따라 표시한다.

[보기]

	규격번호	종류	형식	부품 등급	나사의 호칭	강도 구분	지정 사항
☞ (6각 너트, 스타일 1의 경우) :	KS B 1012	6각 너트	스타일 1	A	M12	8	MFZn II-C
(6각 너트, 스타일 2의 경우) :		6각 너트	스타일 2	B	M20	12	자리 붙이
(6각 저 너트, 모떼기 없는 경우) :		6각 저 너트	모떼기 없음	B	M8	SM20C	

1.8 자리 파기

볼트 및 작은 나사가 통과하는 볼트 구멍의 지름과 볼트나 너트의 머리부가 체결 부위에 밀착되도록 하기 위한 자리파기의 치수는 나사의 호칭과 사용 개소의 정밀도에 의해서 결정되어 있다.

1.9 와셔(Washer)

볼트구멍이 볼트지름보다 큰 경우, 볼트 머리부나 너트의 접촉면에 요철이 있는 경우, 나무와 고무 등과 같이 압력에 견디는 능력이 낮은 재료를 볼트로 고정하는 경우에 주로 평 와셔가 사용되며 진동에 의해 볼트, 너트, 작은 나사 등의 풀림을 예방하기 위해서는 그림 1-5와 같이 스프링 와셔나 혀 붙이 와셔가 쓰이는데, 와셔의 호칭표시는 표 1-7과 같이 표시되어 있다.

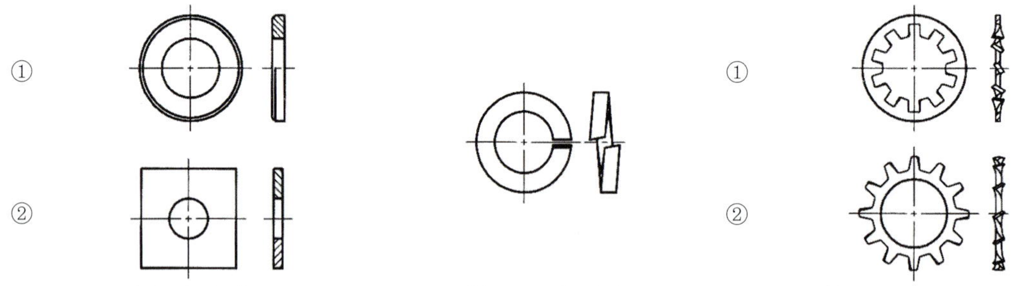

(a) 평 와셔　(b) 스프링 와셔　(c) 혀 붙이 와셔

[그림 1-5] 와셔의 종류

[표 1-7] 와셔의 호칭 방법

규격번호 또는 규격명칭	종류	호칭지름×바깥지름×두께	경도 구분	재료	지정 사항
KS B 1326	소형 원형	6			니켈 도금
평 와셔	보통 원형	10×28×2.5	14H		
스프링 와셔	1호	8		S	
KS B 1324		12		PB	

그림 1-6은 앞에서 설명한 나사, 볼트, 너트, 와셔 등 체결용 기계요소(부품)이 조립되어 있는 도면의 예시이다.

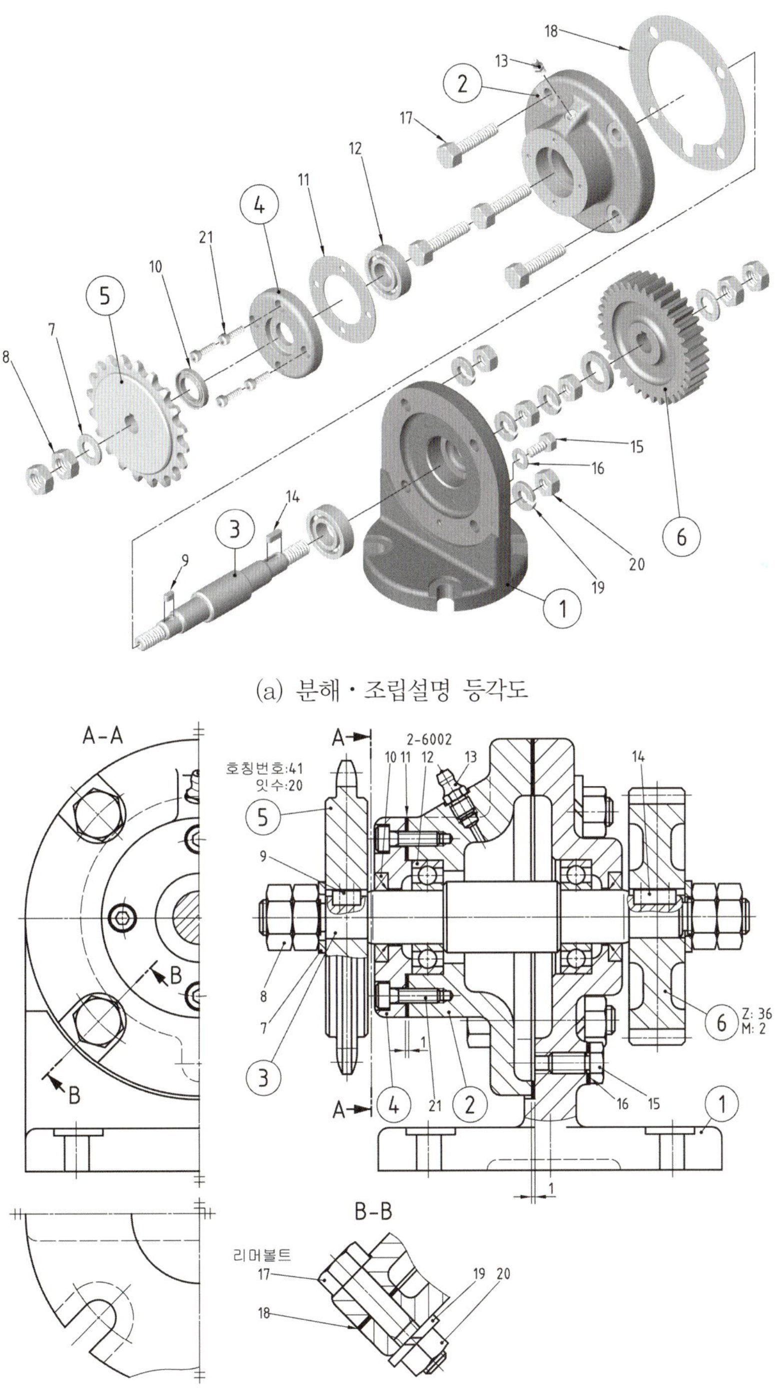

(a) 분해 · 조립설명 등각도

(b) 조립도

[그림 1-6] 나사 · 볼트 · 너트 · 와셔의 조립상태(조립도)

CHAPTER

02 회전체 고정용

2.1 키(Key)

축에 풀리, 체인 스프로킷 휠, 커플링, 기어 등의 회전체를 고정시켜 축과 회전체가 미끄러지지 않고 회전력을 전달하도록 하는 기계요소이다.

1 키의 종류

키의 종류는 매우 다양하며, 축과 회전체의 보스(boss)에 홈을 어떻게 가공하는가에 따라 그림 2-1과 같이 안장 키, 평 키, 묻힘 키로 구분된다.

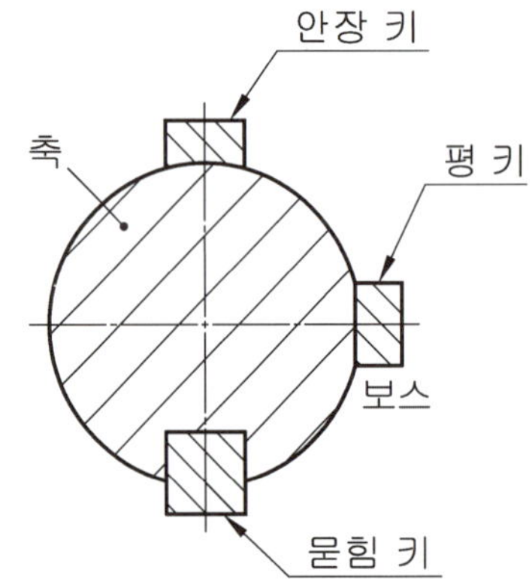

[그림 2-1] 홈 가공 방법에 따른 키 종류

안장 키는 축에는 홈을 파지 않고, 평 키는 축의 표면을 키의 폭만큼 편평하게 가공하며, 묻힘 키는 축과 보스에 모두 홈을 가공하는데, 묻힘 키가 일반적으로 가장 널리 사용되고 있다.

키의 종류에는 그 모양과 설치 방법 등에 따라 평행 키, 1/100의 기울기를 가진 경사 키, 머리 붙이 경사 키, 반달 키, 접선 키, 축선 고정 록, 축 직각 고정 록, 테이퍼를 갖는 원뿔 키, 미끄럼 키, 스플라인, 세레이션 등이 있다.

그림 2-2에서는 평행 키, 머리 붙이 경사 키, 반달 키, 접선 키, 원뿔 키, 핀 키, 스플라인(spline), 세레이션(serration) 등의 모양과 설치 방법을 나타내고 있다.

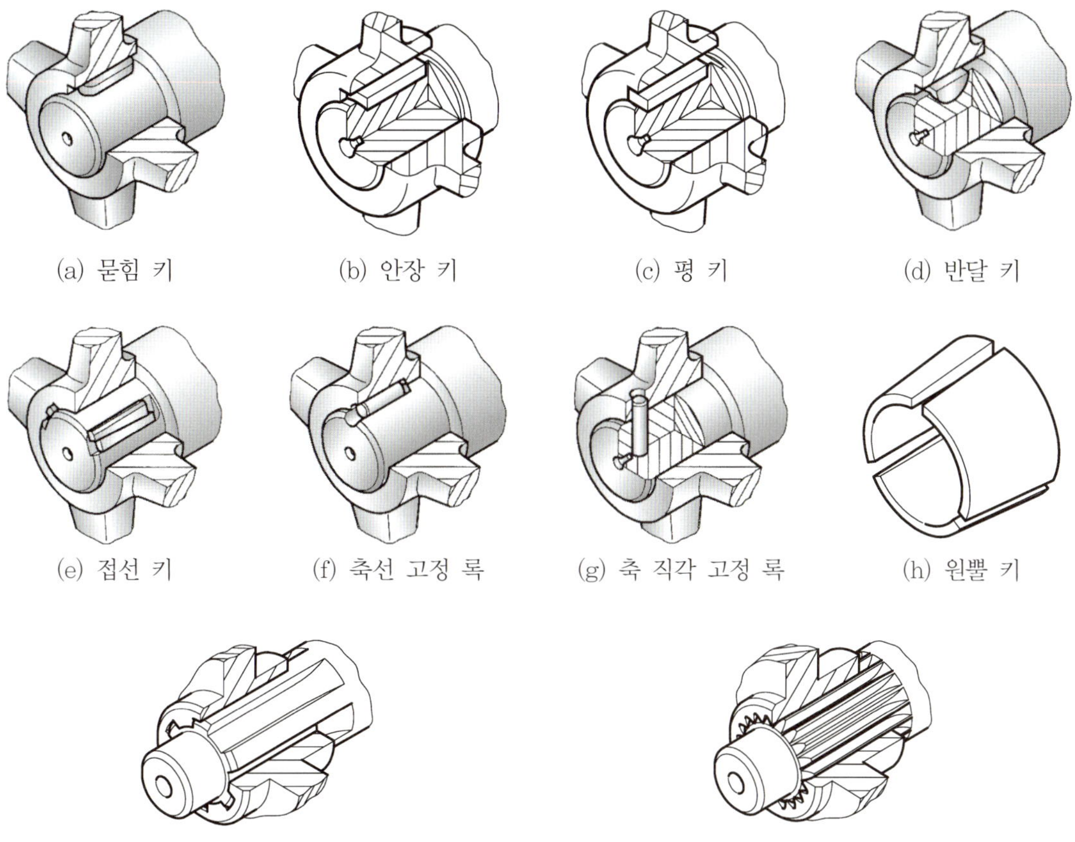

[그림 2-2] 평행 키, 머리 붙이 경사 키, 반달 키 등의 종류와 설치 방법

2 키의 호칭 방법

평행 키의 홈과 모양은 KS B 1311, 반달 키의 홈과 모양은 KS B 1312에 의해 다음과 같이 호칭을 표시하게 된다.

규격번호	종류 및 호칭 치수	×	길이	끝 모양의 특별 지정	재료
KS B 1311	평행 키 10×8		25	양 끝 둥금	SM45C

2.2 프로파일 키(Profile key)

프로파일 키(profile key)의 이음 접촉면은 그림 2-3과 같은 다각형 구조이므로 견고하게 고정되어 확실한 토크 전달을 할 수 있으며 키나 스플라인에 비하여 부드럽고, 응력 집중이 현저히 작은데, 접촉부의 모양은 주로 각뿔 형으로 만들어진다.

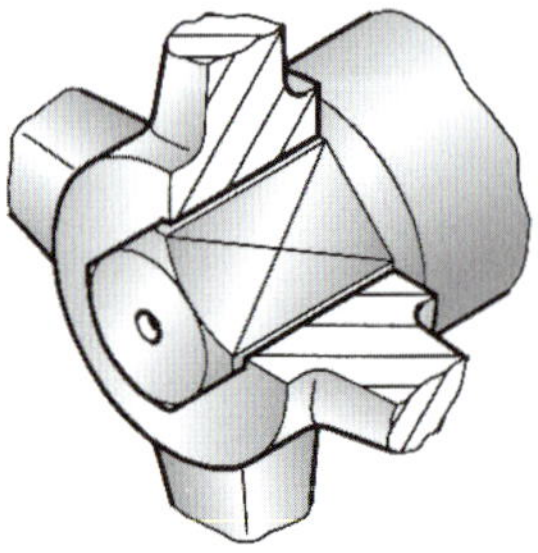

[그림 2-3] 프로파일 키 이음의 예

또 이음 면의 수는 임의로 정할 수 있으나 실제 설계에서는 그림 2-4와 같이 8면 이상은 전달 효율이 극히 떨어지므로 사용하지 않으며 프로파일 면의 제조가 복잡하므로 프로파일 이음의 응용이 제한된다.

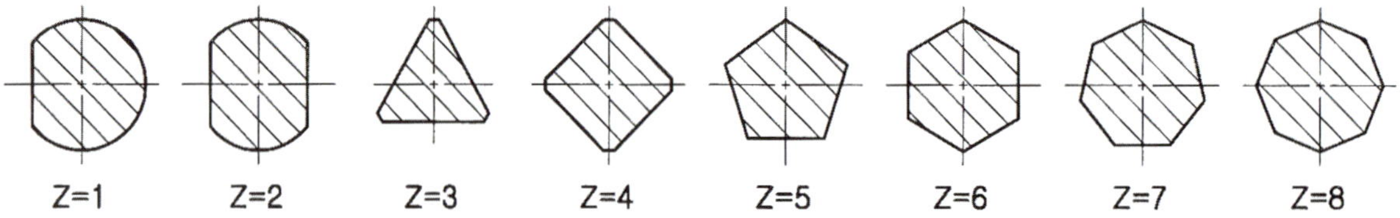

참고 Z는 키 역할을 하는 면의 수를 나타낸다.

[그림 2-4] 프로파일 키 이음의 단면모양

2.3 핀

기계 부품을 고정하거나 부품위치를 결정하는 용도와 접촉면의 미끄럼 방지나 나사풀림 방지용으로도 많이 사용되고 비교적 힘이 적게 걸리는 부품의 고정용으로 사용되며 설치방법이 간단하기 때문에 키의 대용으로도 널리 적용되지만 작용 하중이 적은 경우에만 사용한다.

1 핀의 종류

핀은 모양에 따라 평행 핀, 테이퍼 핀, 분할 핀 등이 있다.

(1) 평행 핀

평행 핀은 그림 2-5의 A종과 같이 한쪽이 둥근 것은 박음을 할 때 망치 등이 닿아야 하는 부분으로써 15°의 모떼기(면취) 부분이 구멍에 삽입안내를 하는 쪽으로써 억지끼움이 필요한 곳에 사용한다. B종과 같이 양 쪽이 삽입안내 모떼기가 된 것은 가볍게 끼워지는 핀으로서 망치 등으로 심하게 박음을 하지 말아야 하는 핀이며, C종과 같이 양 쪽이 삽입안내 모떼기가 없는 것은 가볍게 헐거운 끼움이 필요한 곳에 사용하며 망치 등을 사용하지 말아야 하는 핀이다.

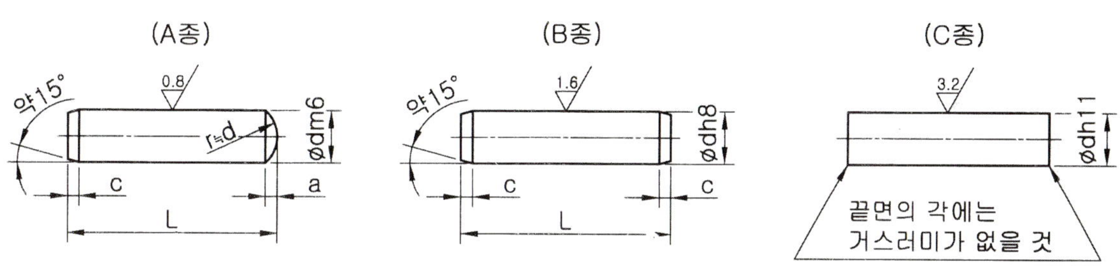

[그림 2-5] 평행 핀의 종류

(2) 분할 핀

분할 핀은 그림 2-6과 같이 두 갈레로 나뉘어 끝이 뾰족하거나 납작한 모양을 갖고 있는데 부품에 끼워 넣은 후 양쪽으로 구부려 놓는다.

부품 교체나 수리 등으로 자주 분해를 하는 곳에 사용하지만 특히 안전을 요하는 놀이기구 등의 기계장치에 고정용으로 사용된다.

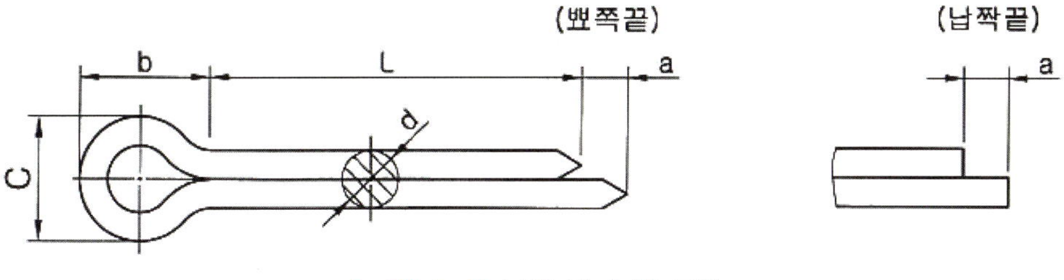

[그림 2-6] 분할 핀과 끝 모양

(3) 테이퍼 핀

테이퍼 핀은 그림 2-7과 같이 한쪽 끝 지름이 작고 양쪽 끝이 둥근 핀으로서 부품의 분해와 조립이 수시로 이루어져야 하는 부품들의 고정용으로 사용된다.

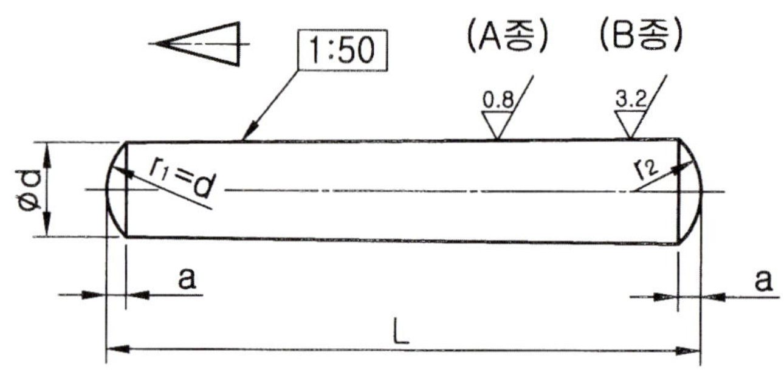

[그림 2-7] 테이퍼 핀과 끝 모양

2 핀의 호칭표시

표 2-1은 평행 핀의 호칭표시에 대한 보기이다.

[표 2-1] 평행 핀의 재료와 호칭표시 KS B 1320

구 분	열처리	재 료	경 도	
			비커스	로크웰
강핀	하지 않는다	KS D 3567(황 및 황 복합 쾌삭 강재)의 SUM22-D ~SUM24L-D 혹은 KS D 3561(마봉강)의 SGD41-D 또는 KS D 3752(기계구조용 탄소 강재)의 SM43C~SM45C	HV 125~ HV 245	HRB 70~ HRC 21
	퀜칭 템퍼링	KS D 3752의 SM43C~SM50C	HV 255~ HV 327	HRC 23~ HRC 33

[호칭 방법] ☞ [규격번호 또는 규격명칭]·[종류]·[호칭지름] × [호칭길이]·[재료]·[지정 사항]

[주] ① 종류의 A종은 A, B종은 B, C종은 C로 하여도 좋다.

② 재료는 한국산업규격에 규정하는 재료 기호에 따르며, 열처리하지 않은 강 핀의 재료는 St의 기호로 표시하여도 좋다.
또한 퀜칭 템퍼링을 한 강 핀의 재료는 그 기호의 뒤에 Q의 기호를 붙인다.
또 조질강을 사용한 경우에도 여기에 준한다.

③ 지정 사항으로서는 표면처리 종류 등을 필요에 따라 나타낸다.

[보기] ☞

KS B 1320	A	6×30	SM45C-Q	
평행 핀	A종	6×30	St	인산염 피막
규격번호 또는 규격명칭	(종류)	호칭지름 × 호칭길이	재료 퀜칭 템퍼링의 표시를 포함	(지정 사항)

2.4 코터(Cotter)

중심 축 방향에서 힘을 받는 봉에 로드(rod)와 소켓(socket)을 만들어 인장력과 압축력에 견디도록 그림 2-8과 같은 코터 핀을 소켓에 끼우고 그림 2-9와 같이 연결하여서 힘을 전달시키는데, 자주 연결과 해체를 하는 경운기의 본체와 화물칸의 연결에서 볼 수 있다.

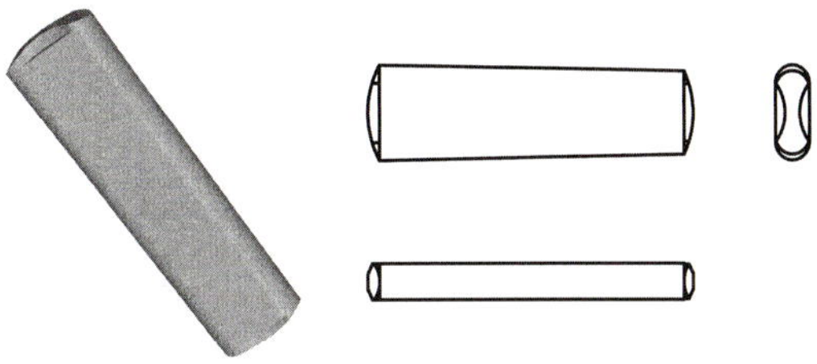

[그림 2-8] 코터(cotter)의 모양

한쪽 구배(one side slope)와 양쪽 구배(both side slope)의 2종류가 있으며, 영구적으로 고정을 하고자 할 때에는 1/20 ~ 1/40의 구배가 사용되고, 자주 분해를 할 때에는 1/5 ~ 1/15의 구배를 사용한다.

소켓은 축 직각 방향으로 힘이 작용할 때 연결 부위가 벌어질 염려가 있는데 이 경우에는 벌어지지 않도록 깁(gib)을 사용한다.

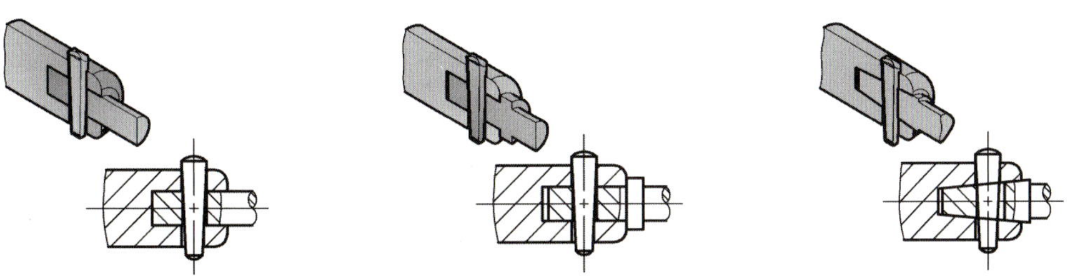

(a) 직선 축이음　(b) 직선 턱 축이음　(c) 테이퍼 축이음

[그림 2-9] 코터이음의 종류와 모양

그림 2-10은 앞에서 설명한 평행 핀의 사용 예시로, 평행 핀이 고정되어 있는 조립도면을 보여준다.

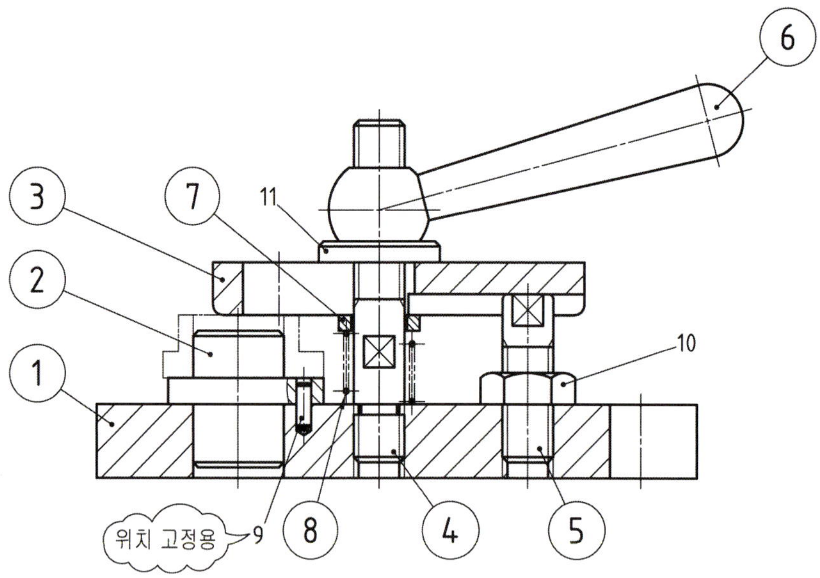

(a) 축 중심으로부터 반지름 거리의 위치고정

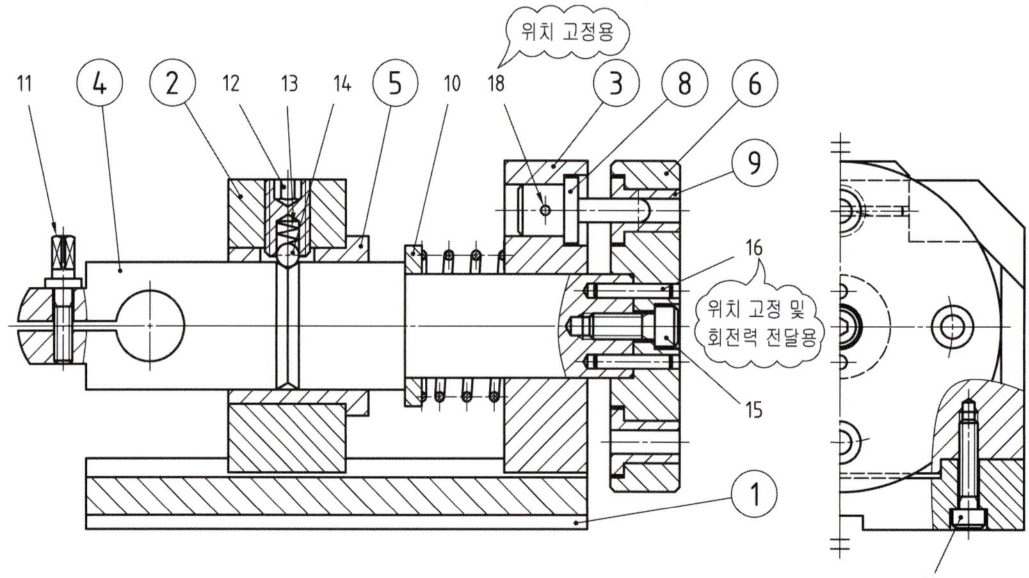

(b) 회전력 전달과 축 중심 길이방향으로의 위치고정

[그림 2-10] 평행 핀의 사용

CHAPTER

03 축과 축 이음

3.1 축

단면의 모양이 대부분 원형으로써 속이 찬 축(중실축, solid shaft)과 속이 빈 축(중공축, hollow shaft)이 있는데 동력을 전달하거나 작용 하중을 지지하는 기능을 하며 기계를 구성하는 중요한 기계요소 중의 하나이다.

3.2 축의 재료

0.4%의 탄소를 함유한 탄소강을 주로 사용하며 큰 하중을 받는 전동축에는 니켈강, 니켈크롬강, 특수강 등이 사용되며 기어, 풀리, 베어링 등을 설치하게 되고 회전 운동 중에 축 방향의 추력을 방지하기 위해서 턱을 만들어 주게 되며 원통을 가공하기 위하여 끝에 센터 구멍을 만들어 준다.

3.3 축 끝의 구석 라운드

회전축의 끝에는 베어링을 설치하여 회전 운동을 할 때 축 방향으로 아주 미미한 추력을 받더라도 베어링이 안전하도록 표 3-1과 같이 연삭 도피 홈을 만들어 주게 되며 그림 3-1과 같이 도시되어 있다.

[표 3-1] 축과 보스(boss) 구멍의 단 구석 홈 가공 크기 DIN 규격(독일공업규격)

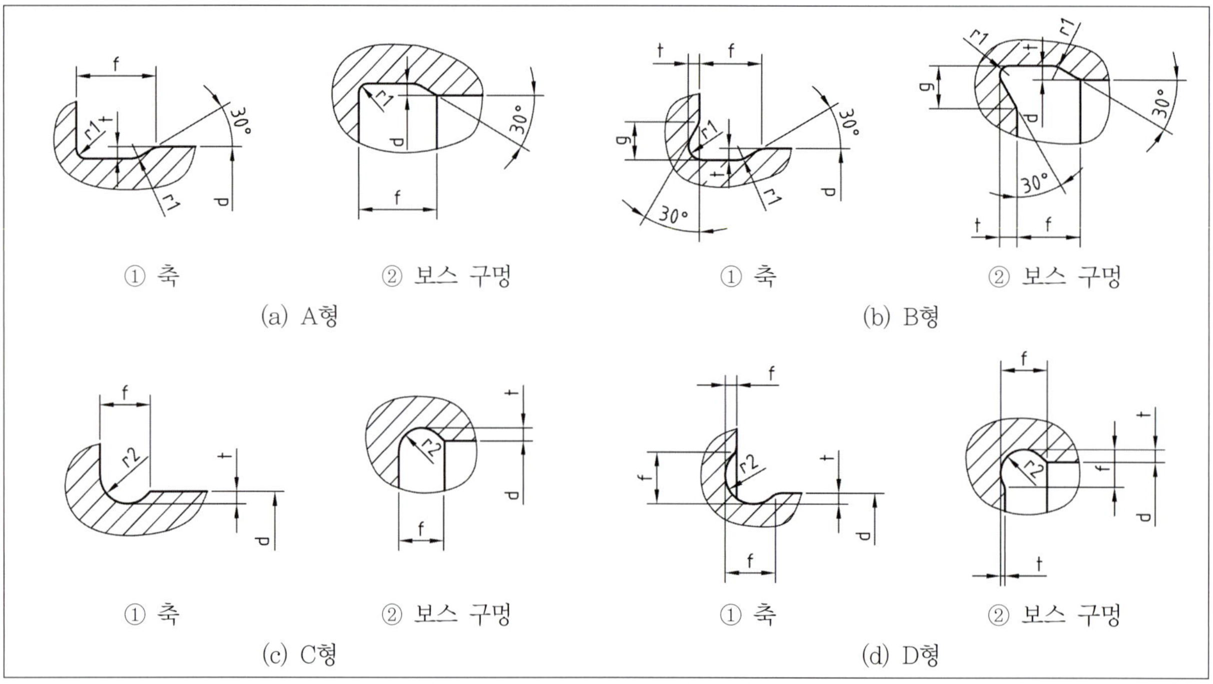

* DIN 규격(독일공업규격) 단위 : mm

<table>
<tr><th colspan="5">A형, B형</th><th colspan="2">C형, D형</th></tr>
<tr><th>축 지름 (d)</th><th>t</th><th>f</th><th>g</th><th>r_1</th><th>r_2</th><th>t</th></tr>
<tr><td>3에서 10까지</td><td rowspan="3">0.2</td><td rowspan="3">2.0</td><td rowspan="3">1.0</td><td rowspan="3">0.4</td><td>–</td><td>–</td></tr>
<tr><td>10 18</td><td>1.0</td><td>0.2</td></tr>
<tr><td>18 30</td><td>1.6</td><td rowspan="3">0.3</td></tr>
<tr><td>30 80</td><td>0.3</td><td>4.0</td><td>1.5</td><td>0.6</td><td rowspan="2">2.5</td></tr>
<tr><td>80 이상</td><td>0.4</td><td>6.0</td><td>2.3</td><td>1.0</td></tr>
</table>

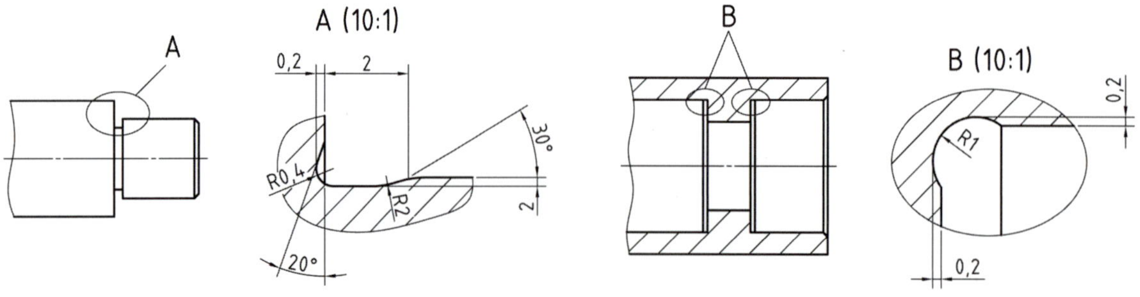

(a) 축 (b) 보스

[그림 3-1] 축과 보스 구멍의 단 구석 홈 가공 부 도시

3.4 센터 구멍

그림 3-2와 같이 60°, 75° 및 90° 의 A형, B형, C형 및 60°의 R형이 있으며, 센터 구멍의 모양에 대한 상세한 도시를 보여준다.

표 3-2는 센터 구멍의 도시기호와 지시보기이며, 그림 3-3은 센터 구멍이 지시된 부품도이다.

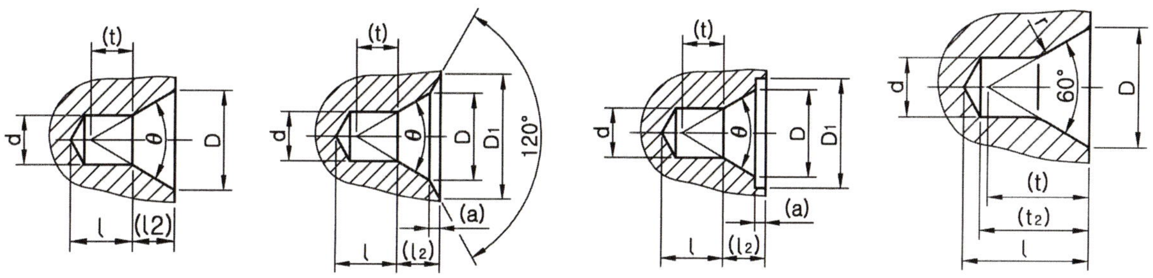

(a) A형 (b) B형 (c) C형 (d) R형

[그림 3-2] 센터 구멍의 모양

[표 3-2] 센터 구멍의 도시기호와 지시보기 KS B 0618

센터 구멍 필요 여부(도시된 상태로 다듬질 되었을 때)	도시 기호	센터 구멍, 규격번호, 호칭방법을 지정하지 않는 경우	센터 구멍, 규격번호 및 호칭방법을 지정하는 경우	
			도시 방법	표시 보기
반드시 남겨둔다.	<	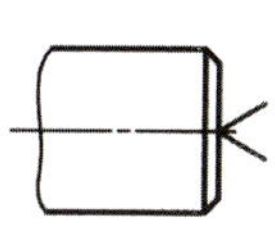	 규격번호, 호칭방법 규격번호, 호칭방법	 KS B 0410, 60° A형, 10 KS B 0410, 60° A형, 10
남아 있어도 좋다.	—	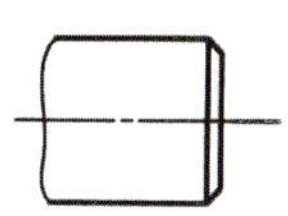	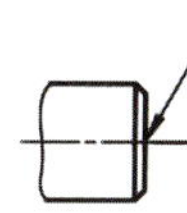 규격번호, 호칭방법	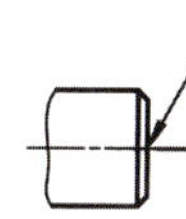 KS B 0410, 60° A형, 10
남아 있지 않아야 한다.	K	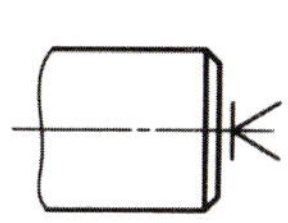	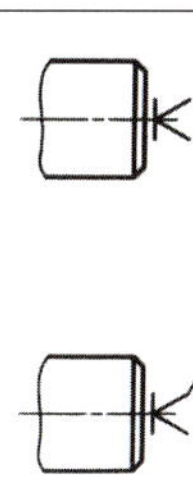 규격번호, 호칭방법 규격번호, 호칭방법	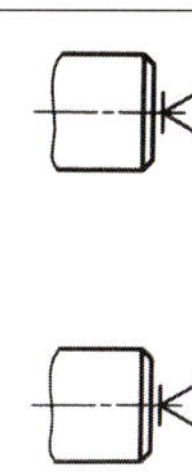 KS B 0410, 60° A형, 10 KS B 0410, 60° A형, 10

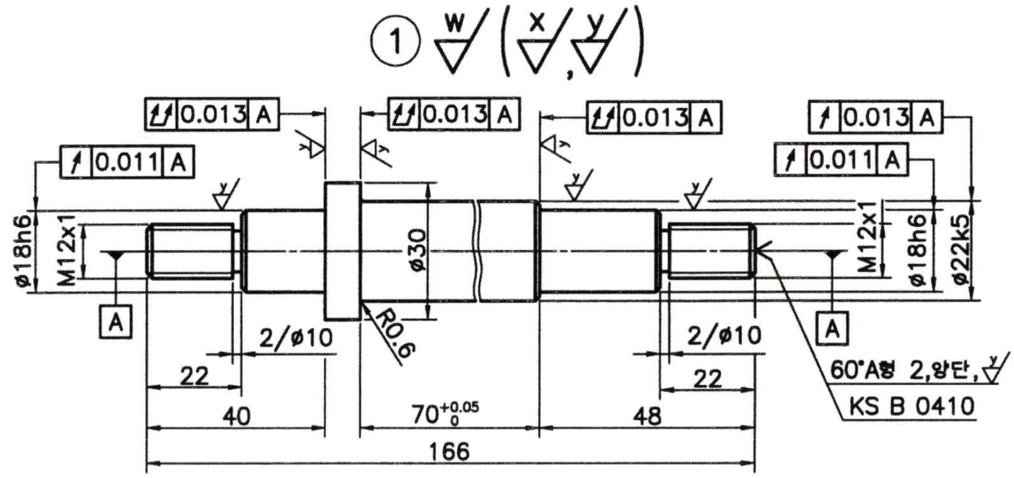

(a) 센터 구멍을 반드시 남겨 두어야 할 상태의 예

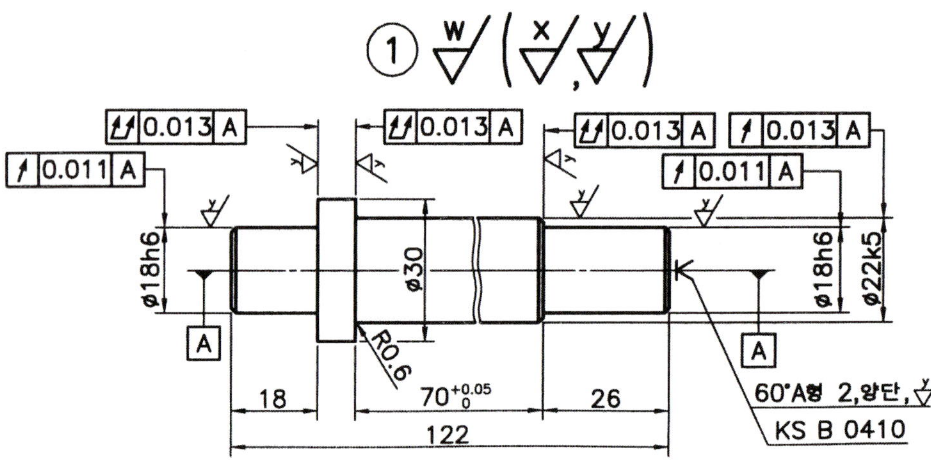

(b) 센터 구멍을 남기지 말아야 하는 상태의 예

[그림 3-3] 센터 구멍을 지시한 부품도

3.5 축의 부품도 보기

축의 지름을 결정할 때에는 구름 베어링의 주요 치수(KS B 2013), 원통 축의 끝 지름(KS B 0701), 표준 수(KS B 0401) 등에 따라 규정한 축의 지름(KS B 0406)을 적용해 제도되어 있다. 표 3-3은 축의 부품도를 해석하고 설계 및 제도(도면화) 하는 데 있어, 알아 두어야 할 사항 즉 설계요점을 설명한다.

[표 3-3] 축의 부품도 해석에서 알아둘 사항(요점)

입체도와 제도된 보기	설 명
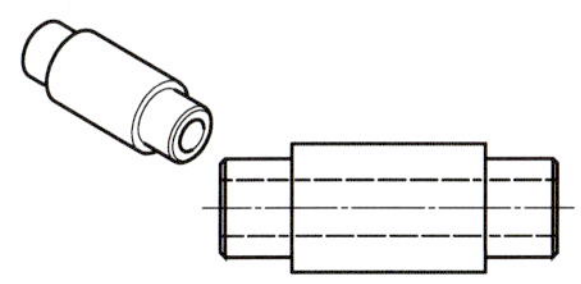	중심선을 수평 방향으로 놓고 축을 옆으로 길게 뉘어 놓은 상태로 도시한다.
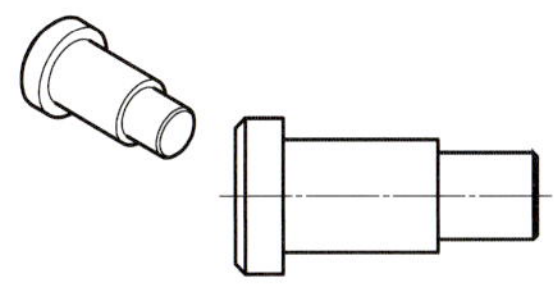	축의 가공 공정을 고려하여 왼쪽으로 큰 지름이 있도록 뉘어서 도시한다.
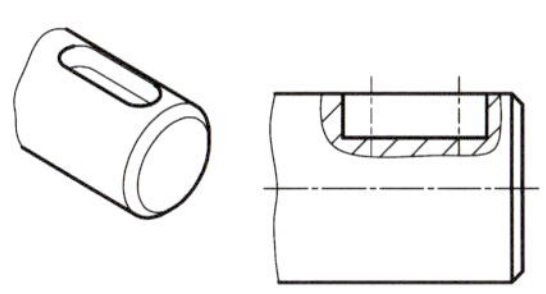	축은 길이 방향으로 절단하여 전 단면도(온 단면도)로 도시하지 않으며, 키 홈의 모양을 표시할 필요가 있을 경우에는 위에 위치하도록 하고 부분 단면도로 도시한다.
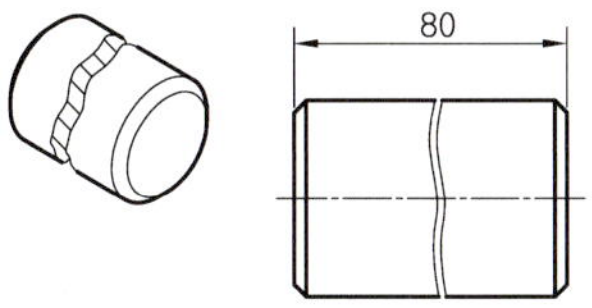	단면 모양이 같은 길이가 긴 축이나, 긴 테이퍼 축 등은 도면 용지의 여백을 효과적으로 활용하기 위해서 중간 부분을 가는 실선으로 파단(파단선)을 하여 짧게 도시하고, 전체 길이를 기입한다.
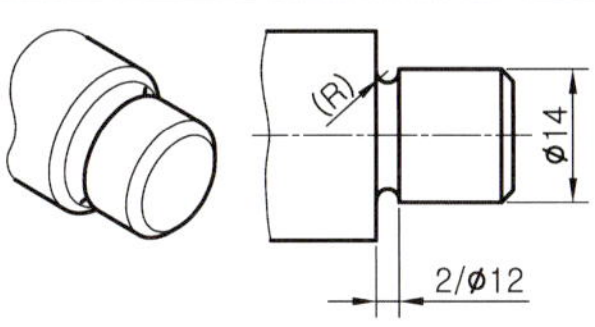	축의 단에 구석 홈을 만들어 주는 부분의 치수를 기입하며, 왼쪽 그림의 2/Ø12는 단의 홈 폭이 2㎜이고, 단의 지름이 12㎜임을 뜻한다.
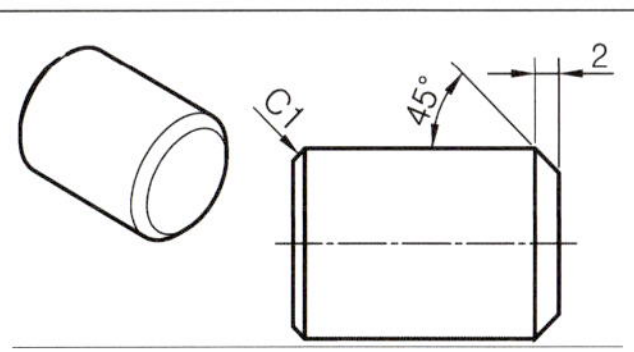	축 끝에는 조립을 쉽고 정확하게 하기 위해서 모떼기(면취)를 하고 치수를 기입한다. 모떼기 치수는 축 끝의 기준 치수를 규정한 KS B 0701을 참조한다.
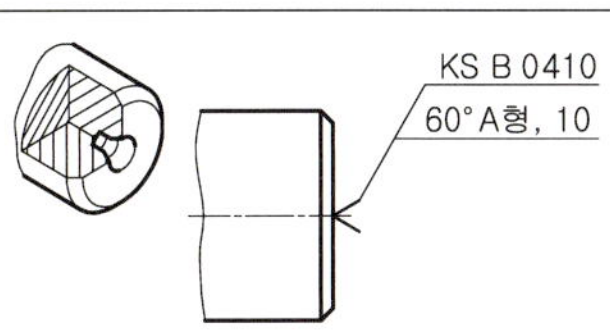	특히 열처리나 표면경화처리를 하는 축에는 센터 구멍을 만들어 주며 그 도시 방법은 KS B 0410을 따르며, 센터 구멍의 그림 기호와 지시 방법은 KS B 0618을 참조한다.
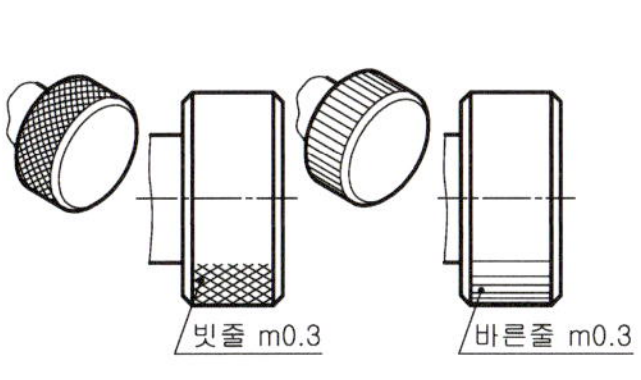	축에 널링(knurling)을 표시할 경우에는, 왼쪽 그림과 같이 도시한다. 빗줄 널링(크로스 널링, 다이아몬드 널링)의 경우에는 축 선에 대하여 30°로 엇갈리게 아래나 위 부분에 일부분만을 도시한다. 널링의 호칭 방법은 종류 및 모듈(m, module)에 따른다. 여기서 모듈 m = 0.3이면 피치는 0.942㎜이다. 널링에 대한 모양 및 치수는 KS B 0901을 참조한다.

3.6 멈춤 링(Retaining ring or Snap ring)

축을 지지하는 베어링과 같은 부품이 축이나 보스의 구멍으로부터 축 방향으로 빠지는 것을 방지하는데 사용하고 C형 멈춤 링, E형 멈춤 링, C형 동심 멈춤 링 등이 있으며 그림 3-4는 멈춤 링의 모양과 설계에서 설치되는 보기(예시)이다.

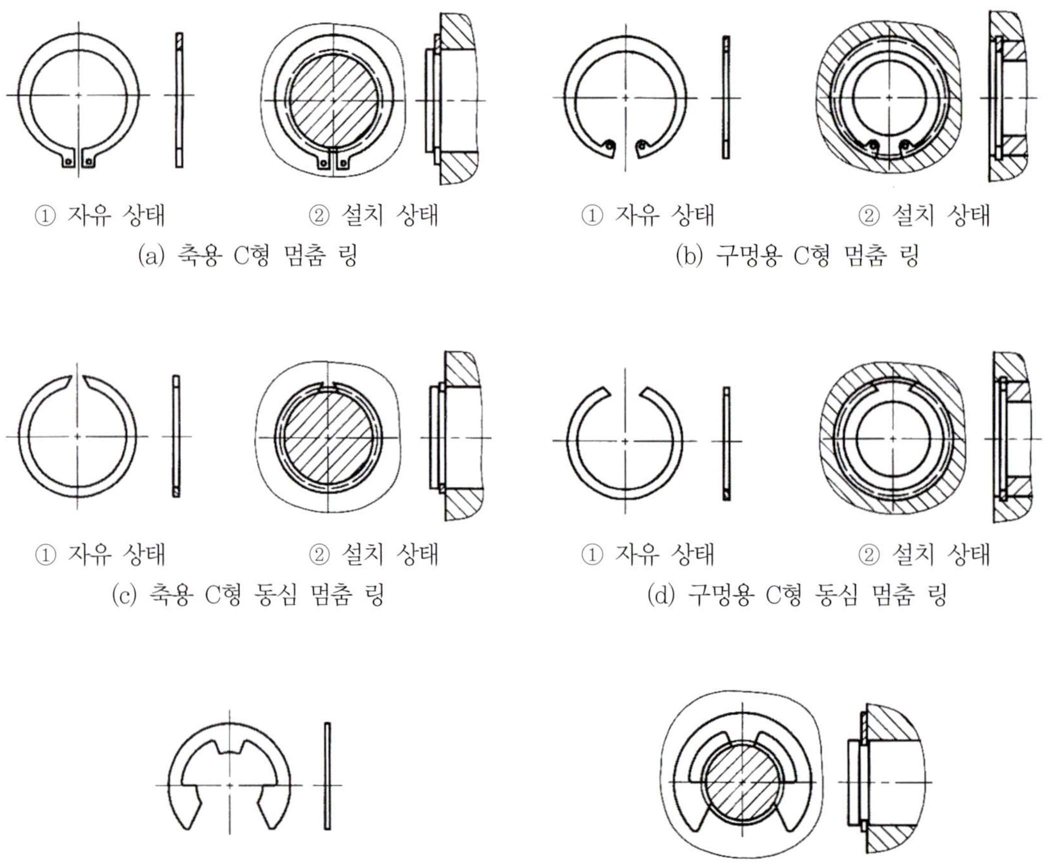

① 자유 상태 ② 설치 상태
(a) 축용 C형 멈춤 링

① 자유 상태 ② 설치 상태
(b) 구멍용 C형 멈춤 링

① 자유 상태 ② 설치 상태
(c) 축용 C형 동심 멈춤 링

① 자유 상태 ② 설치 상태
(d) 구멍용 C형 동심 멈춤 링

① 자유 상태 ② 설치 상태
(e) 축용 E형 멈춤 링

[그림 3-4] 멈춤 링의 종류와 설치 보기

3.7 축 이음

원동기에서 발생한 동력을 축에 전달하거나, 여러 개의 짧은 축을 서로 연결하여 동력을 전달할 때 사용하는 것을 축 이음(shaft coupling)이라 하며, 원동기 축과 전동축을 회전 동작 중에 두 축의 연결 상태를 풀 수 없도록 한 커플링(coupling)과 두 축을 결합시키거나 떼어놓을 수 있도록 한 클러치(clutch)가 있다.

(1) 플랜지 커플링(Flange coupling)

그림 3-5와 같이 가장 많이 사용하는 축 이음으로서, 두 축의 양끝에 플랜지를 마주대어 끼우고 키로 고정한 다음 두 플랜지를 리머 볼트로 고정하는 축 이음을 말하며 플랜지 고정 축 이음이라고도 한다.

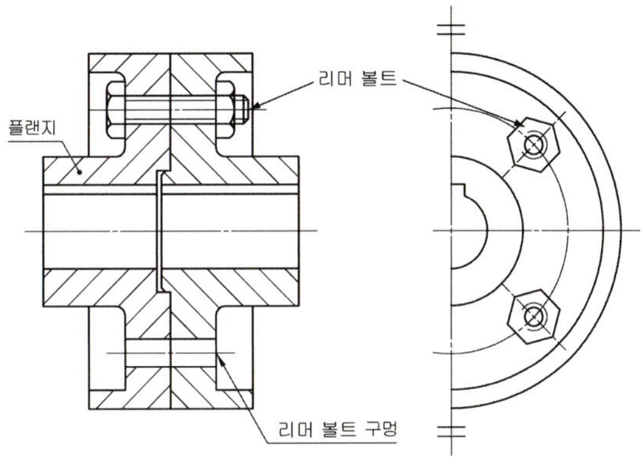

[그림 3-5] 플랜지 커플링

(2) 플렉시블 커플링(Flexible coupling)

그림 3-6과 같이 두 축의 중심을 정확하게 맞출 수 없는 축 이음이나 진동이 많은 전동 장치에 사용하는 축이음으로서 고무나 가죽 벨트 및 스프링 등의 탄성체를 사용하여 동력의 급격한 전달에서도 충격을 완화시키는 유연한 축 이음이다. 엄밀히는 플렉시블 플랜지 커플링이라고 할 수 있다.

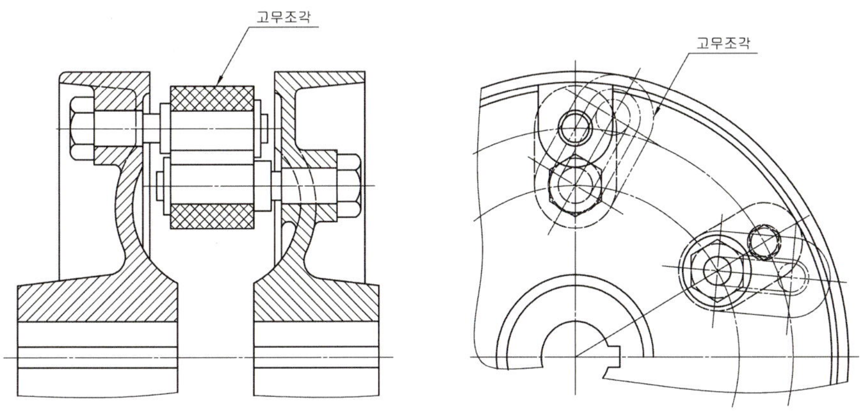

(a) 단면도(정면) (b) 우측면도

[그림 3-6] 플렉시블 커플링

(3) 원통 커플링(Cylindrical coupling)

① 머프 커플링(Muff coupling)

그림 3-7과 같이 주철재 원통 속에 축의 양 끝을 끼워 맞추고 키로 고정하는 축 이음을 말한다.

② 분할 머프 커플링(Split muff coupling)

그림 3-8과 같이 원통을 두 쪽으로 분할하여 두 축의 끝에 덮어서 끼우고 분할된 원통을 볼트와 너트로 고정하는 축 이음을 말한다.

③ 셀러 커플링(Seller's coupling)

그림 3-9와 같이 바깥 원통에 2개의 주철재 원통 뿔을 박은 다음 3개의 볼트로 고정하는 축 이음을 말한다.

④ 마찰 원통 커플링(Friction clip coupling)

그림 3-10과 같이 원뿔형으로 된 주철재의 분할 통을 두 축의 끝에 끼우고 분할 통의 양쪽에 링을 때려 박아 졸라맨 형식의 축 이음을 말한다.

⑤ 올덤 커플링(Oldham's coupling)

그림 3-11과 같이 두 축 끝 간의 거리가 가깝고 축 중심이 어긋나 있더라도 평행한 경우의 축 이음으로서, 서로 90° 방향으로 키가 만들어진 원판을 키 홈이 파진 2개의 플랜지 사이에 끼워 맞추어 저속 회전력 전달용의 축 이음을 말한다.

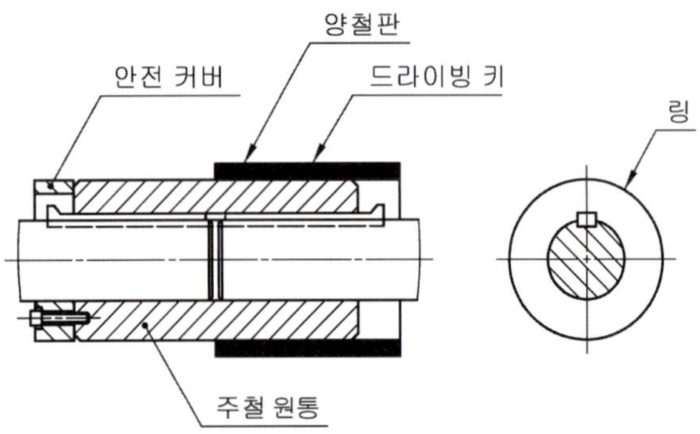

[그림 3-7] 머프 커플링의 모양과 구조

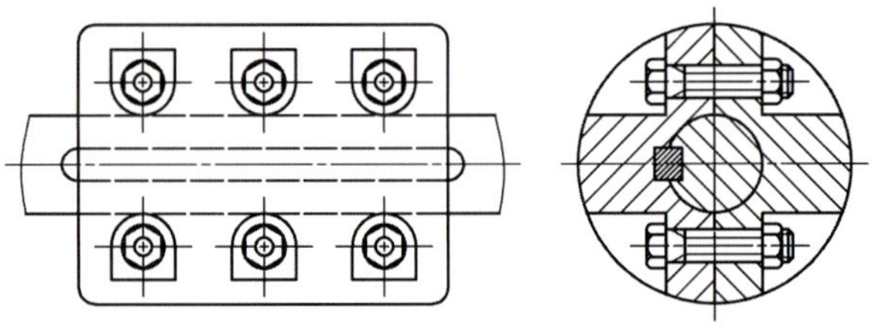

[그림 3-8] 분할 머프 커플링의 모양과 구조

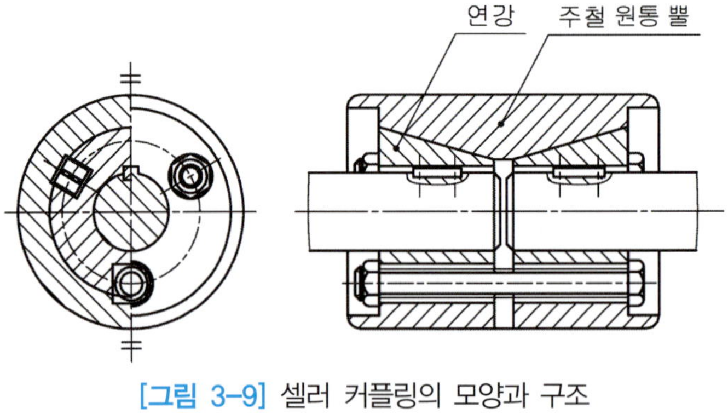

[그림 3-9] 셀러 커플링의 모양과 구조

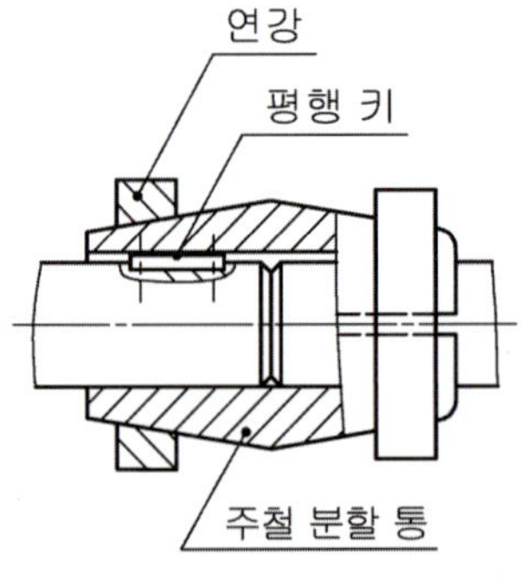

[그림 3-10] 마찰 원통 커플링의 모양과 구조

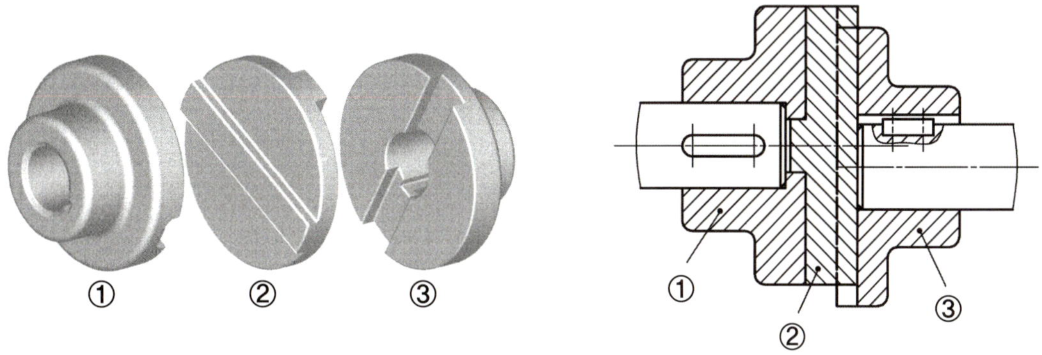

(a) 분해 등각 입체부품도(등각 투상도) (b) 조립도

[그림 3-11] 올덤 커플링의 구조

(4) 만능 이음(Universal joint)

그림 3-12와 같이 두 축이 만나거나 평행한 경우나 회전 동작 중에 두 축의 만나는 각이 변화하는 곳에 사용하는 축 이음으로서 자동차의 앞 차축과 뒤 차축간의 동력 전달이나 공작기계에 주로 사용하며 요크(york)가 있는 2개의 축을 십자형 핀으로 연결하여 동력을 전달한다.

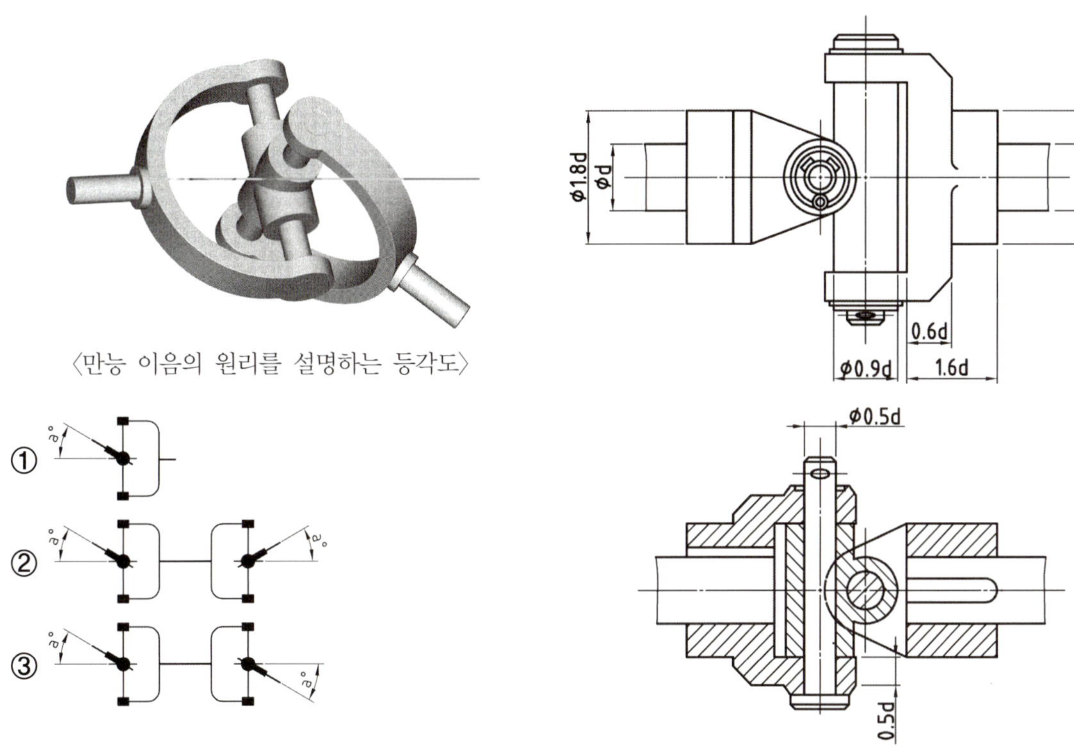

(a) 만능 이음의 원리와 축 중심 교차 변화 각 (b) 만능 이음의 설계 값 설정

[그림 3-12] 만능 이음의 원리와 축 중심 교차 변화 각 및 설계 값

3.8 클러치(Clutch)

1 맞물림 클러치(Jaw clutch or Dog clutch)

그림 3-13과 같이 턱(jaw)을 가진 플랜지 하나는 원동축에 고정하고 다른 플랜지는 종동축에 미끄럼 키로 부착시켜서 축 방향으로 플랜지가 움직이게 하여 서로 맞물림을 하거나 물림을 푸는 축 이음을 말한다.

[그림 3-13] 맞물림 클러치 모양과 기본 구조

재료는 주로 철강재로 제작하여 표면경화처리를 하며 그림 3-14의 **(a)**, **(b)**와 같은 직4각형이거나 사다리꼴형의 턱 모양인 경우에는 역회전이 가능하고 맞물림 단속이 용이하나 **(c)**, **(d)**와 같은 톱날형과 덩굴형의 턱은 역회전을 할 수 없다.

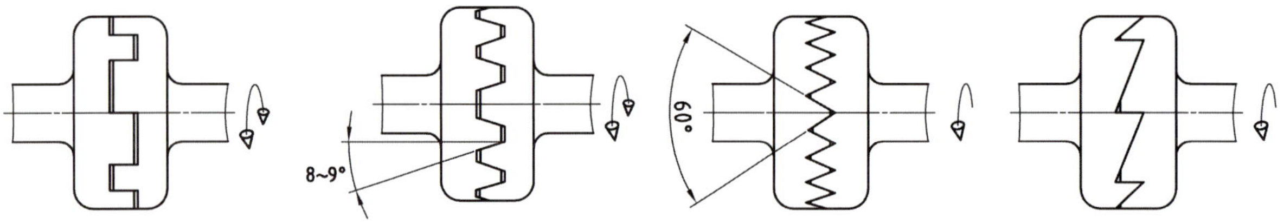

(a) 직4각형 (b) 사다리꼴형 (c) 톱날형 (d) 덩굴형

[그림 3-14] 맞물림 클러치의 종류와 구조

2 마찰 클러치(Friction clutch)

원동축에는 원판을 고정하고 종동축에는 미끄럼 키로 부착하여 축 방향으로 움직이게 하고 두 면의 마찰력에 의해 회전력을 전달하며 맞물림 단속이 용이하고 회전과 역회전이 용이하다.

① 원판 클러치(Disc clutch)는 그림 3-15와 같이 두 평면의 압착 힘을 이용한 마찰력에 의해 회전력을 전달하는 축 이음을 말한다.

② 원뿔 클러치(Cone clutch)는 그림 3-16과 같이 원동축에 원뿔형 드럼을 고정하고 종동축에 원뿔형을 축 방향으로 움직이도록 부착하여 원추면의 쐐기 원리를 이용한 압착 마찰력으로 회전력을 전달하는 축 이음을 말한다.

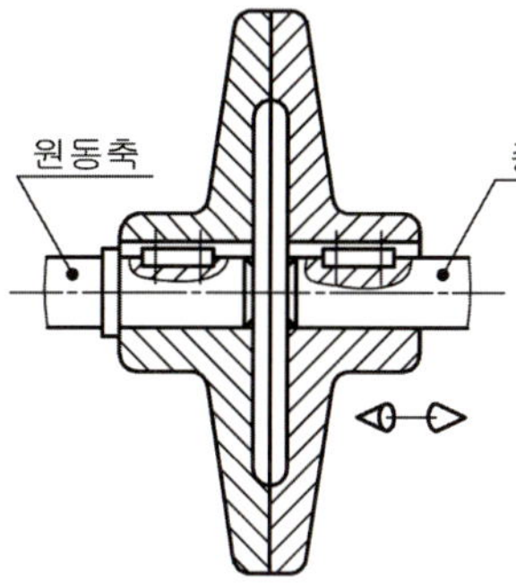

[그림 3-15] 원판 클러치

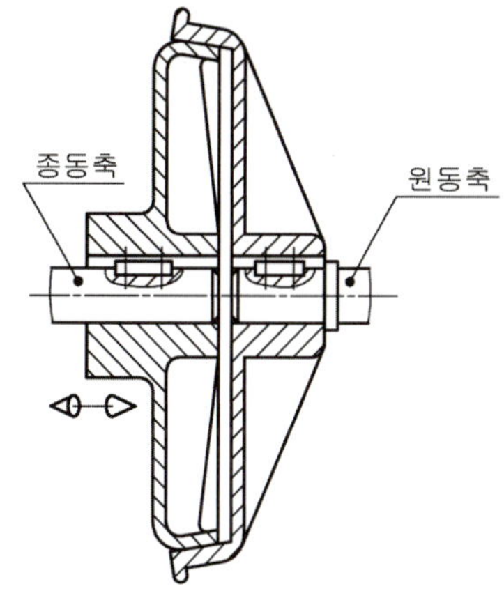

[그림 3-16] 원뿔 클러치

3.9 스플라인(Spline)

그림 3-17과 같이 보스의 구멍과 축에 6개, 8개, 10개로 규정된 홈 수 중에서 어느 것을 선택하여 오목 및 볼록 홈을 판 후 끼우고 보스가 축 중심 방향으로 움직이게 하는 것을 말하며 경량용으로 사용되는 Ⅰ형과 중량용으로 사용되는 Ⅱ형이 있다.

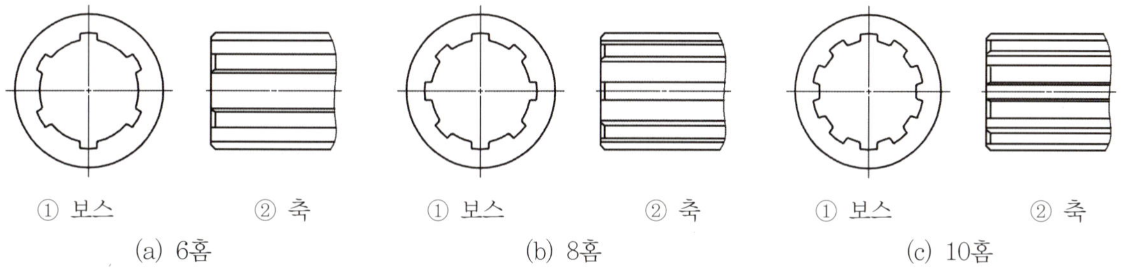

[그림 3-17] 각형 스플라인의 홈 수와 모양

3.10 인벌류트 세레이션(Involute serration)

그림 3-18과 같이 보스와 축에 톱니 모양의 오목 홈과 볼록 홈을 파서 서로 끼워 맞추는 이음으로서 보스나 축이 축 중심 방향으로 움직이지 않아야 한다.

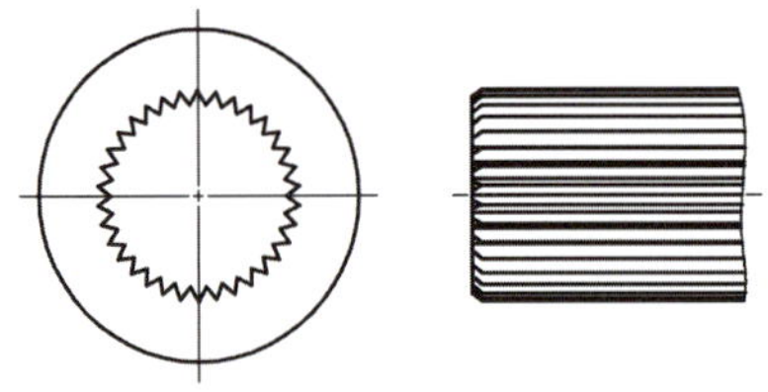

(a) 보스 (b) 축

[그림 3-18] 인벌류트 세레이션

(1) 인벌류트 세레이션 이(齒)의 기본 모양(치형, 齒形)

세레이션의 기준 피치원은 기준 랙의 이 절삭 피치선에 접하며 그 기본 모양(치형이라 한다)은 그림 3-19와 같다.

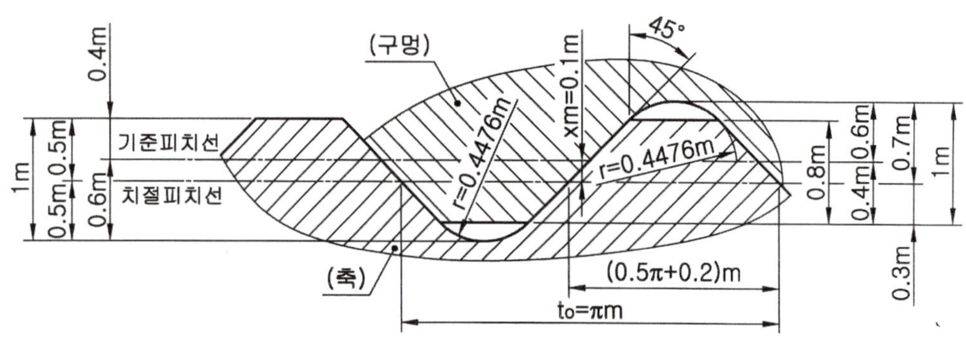

[그림 3-19] 인벌류트 세레이션 이(齒)의 기본 모양(x=0.1m)

(2) 인벌류트 세레이션 각 부분의 치수산출 계산공식

여기서 m은 모듈(module), Z는 잇수, α_0는 압력각이다. 그리고 $x = 0.1$m(모듈)이다(즉 $x = 0.1$ 값).

계산 공식은 다음과 같다.

① 호칭지름은

$d = (Z+0.8+2x)m = (Z+1)m$

[왜냐하면 (Z+0.8+2x0.1)m = (Z+1)m 이므로]

② 기준 피치는 $t_0 = \pi m$

③ 기초원 지름은 $d_g = d_0 \cos\alpha_0$

④ 기준 피치원 지름은 $d_0 = mZ$

⑤ 구멍의 큰 지름은

$D = (Z+1.4)m = d+0.4m$

[왜냐하면 $(Z+1+0.4)m = (Z+1)m+0.4m = d+0.4m$ $\langle d = (Z+1)m \rangle$ 이므로]

⑥ 구멍의 작은 지름은

$D_k = (Z-0.6)m = d-1.6m$

[왜냐하면 $(Z+1-1.6)m = (Z+1)m-1.6m = d-1.6m$ $\langle d = (Z+1)m \rangle$ 이므로]

⑦ 인벌류트 한계 지름은

$D_{TIF} = (Z+1.1)m$

⑧ 이끝 높이는 $h_{k1} = (0.4-x)m = 0.3m$

[왜냐하면 x=0.1 이므로]

⑨ 이뿌리 높이는 $h_{f1} = (0.6+x)m = 0.7m$

[왜냐하면 $x = 0.1$ 이므로]

⑩ 기준 피치원 상의 이형 홈의 나비(호)는 $\omega_0 = \left(\frac{\pi}{2} + 2x\tan\alpha_0\right)m = (0.5\pi + 0.2)m$

[왜냐하면 $x = 0.1$, $\tan\alpha_o = \tan 45° = 1$ 이므로]

⑪ 축의 큰 지름은 $d = (Z+0.8+2x)m = (Z+1)m$

[왜냐하면 $x = 0.1$ 이므로]

⑫ 축의 작은 지름은 $d_r = (Z-1)m = d-2m$

[왜냐하면 $(Z+1-2)m = (Z+1)m-2m = d-2m$ $\langle d = (Z+1)m \rangle$ 이므로]

⑬ 인벌류트 한계 지름은 $d_{TIF} = (Z-0.7)m = d-1.7m$

[왜냐하면 $(Z+1-1.7)m = (Z+1)m-1.7m = d-1.7m$ $\langle d = (Z+1)m \rangle$ 이므로]

⑭ 이끝 높이는 $h_h = (0.4+x)m = 0.5m$

[왜냐하면 $x = 0.1$ 이므로]

⑮ 이뿌리 높이는 $h_f = (0.6-x)m = 0.5m$

[왜냐하면 $x = 0.1$ 이므로]

⑯ 기준 피치원상의 이 두께(호)는 $s_0 = \left(\frac{\pi}{2} + 2x\tan\alpha_0\right)m = (0.5\pi + 0.2)m$

[왜냐하면 $x = 0.1$, $\tan 45° = 1$ 이므로]

(3) 보스 측의 오버 핀 측정의 계산공식

보스 측의 오버 핀 위치는 그림 3-20에서 보여주는 바와 같다.

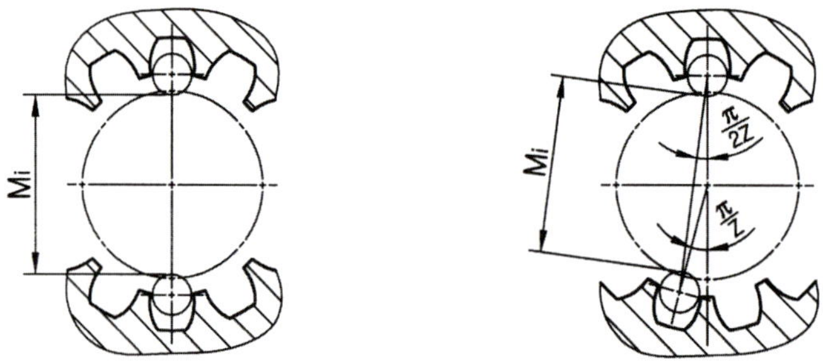

(잇수가 짝수일 때) (잇수가 홀수일 때)

[그림 3-20] 보스 측의 오버 핀 위치

α_i를 핀의 중심에서의 압력각이라 하면,

$$inv\alpha_i = inv\alpha_0 + \frac{\omega_0}{d_0} - \frac{U}{d_g}$$

① Z가 짝수일 때는 $M_i = \dfrac{d_g}{\cos\alpha_i} - U$

② Z가 홀수일 때는 $M_i = \dfrac{d_g}{\cos\alpha_i} \cdot \cos\dfrac{90°}{Z} - U$

③ Z가 짝수일 때의 계수는 $F = \dfrac{dM_i}{d\omega_e} = \dfrac{\cos\alpha_o}{\sin\alpha_i}$

④ Z가 홀수일 때의 계수는 $F = \dfrac{dM_i}{d\omega_g} = \dfrac{\cos\alpha_0}{\sin\alpha_i} \cdot \cos\dfrac{90°}{Z}$

(4) 축 측의 오버 핀 측정의 계산 공식

축 측의 오버 핀 위치는 그림 3-21에서 보여주는 바와 같다.

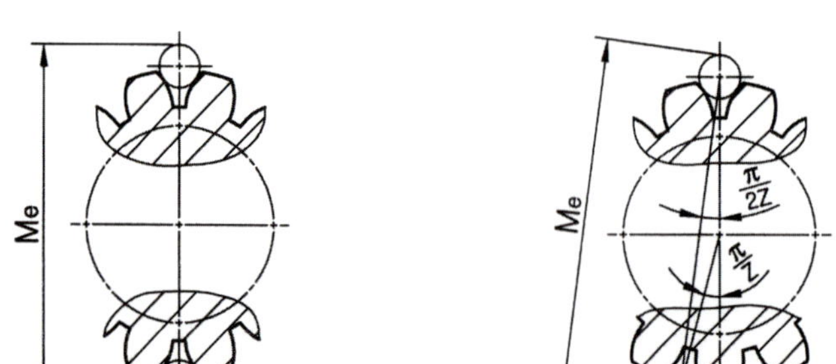

(잇수가 짝수일 때) (잇수가 홀수일 때)

[그림 3-21] 축 측의 오버 핀 위치

α_e를 핀의 중심에서의 압력각이라 하면,

$$inv\alpha_e = inv\alpha_0 + \frac{s_0}{d_0} + \frac{U}{d_g} - \frac{\pi}{Z}$$

① Z가 짝수일 때는 $M_e = \dfrac{d_g}{\cos\alpha_0} + U$

② Z가 홀수일 때는 $M_e = \dfrac{d_g}{\cos\alpha_0} \cdot \cos\dfrac{90°}{Z} + U$

③ Z가 짝수일 때의 계수는 $E = \dfrac{dM_e}{ds_e} = \dfrac{\cos\alpha_0}{\sin\alpha_0}$

④ Z가 홀수일 때의 계수는 $E = \dfrac{dM_e}{ds_0} = \dfrac{\cos\alpha_0}{\sin\alpha_0} \cdot \cos\dfrac{90°}{Z}$

(5) 인벌류트 세레이션의 가공 공구의 이(齒) 형과 호칭지름

보스 측의 가공은 브로치, 축 가공은 호브로 하는 경우, 공구의 표준 이 형이 m = 1일 때는 그림 3-22와 같다.

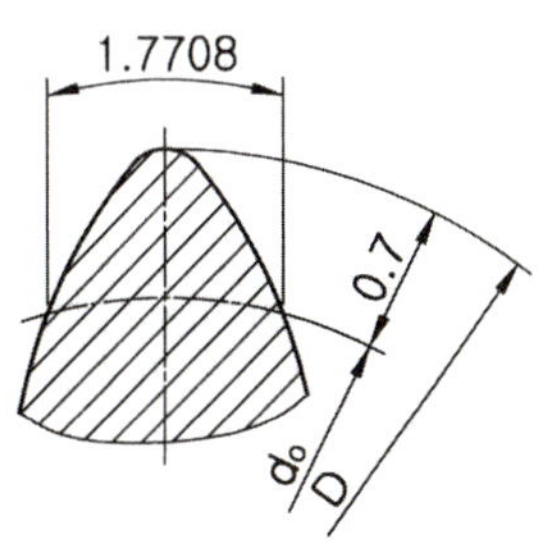

(a) 브로치(broach) 이 형

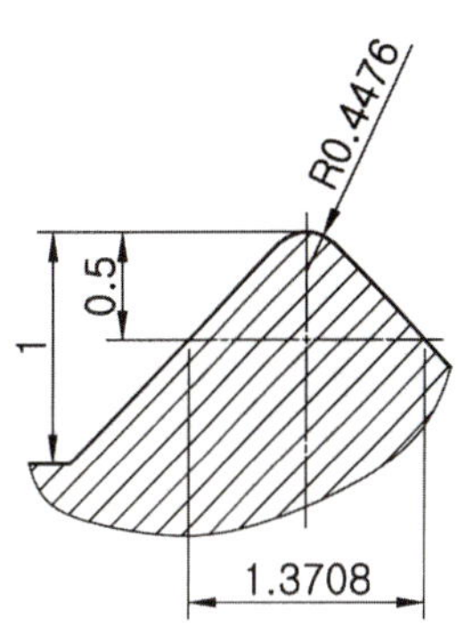

(b) 호브(hob) 이 형

[그림 3-22] 브로치와 호브로 가공한 이의 형

(6) 인벌류트 세레이션 호칭

인벌류트 세레이션 축 또는 구멍의 호칭은, 호칭지름×잇수×모듈로 표시된다.

[보기] ① 인벌류트 축 37×36×1

② 인벌류트 구멍 37×36×1

(7) 인벌류트 세레이션의 보스의 해석

① 조립도 등에서 상세히 도시할 필요가 없을 때는 그림에서 인출선을 사용하여 그림 3-23 오른쪽의 요목표와 같이 호칭 방법에 따라 표시되어 있다.

② 부품도에 상세히 도시될 때는 그림 3-23과 같이 지시되어 있다.

[비고] 큰 지름 아래의 치수 차만으로 하며 위의 치수 차는 규정하지 않으며 작은 지름치수 차는 H10으로 하고, 기타 각 부분의 주요 치수는 KS B 2007을 참조한다.

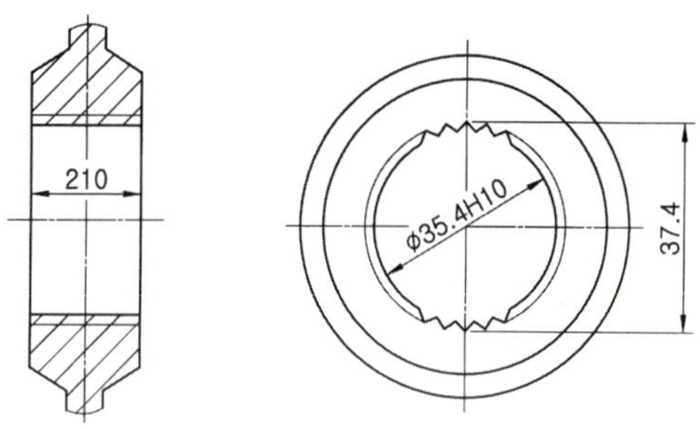

요목표	단위 : mm
인벌류트 세레이션 구멍 37×36×1	
모듈	1
압력각	45°
잇수	36
기준피치원 지름	$\phi 36$
오버 핀 지름	$32.926^{+0.092}_{+0.051}$ (핀 지름 $\phi 2.000$)

[그림 3-23] 인벌류트 세레이션의 보스의 도시

(8) 인벌류트 세레이션의 축의 해석

① 조립도 등에서 상세히 도시할 필요가 없을 때는 도형에서 인출선을 사용하여 요목표로 호칭 방법에 따라 표시되어 있다.

② 부품도에 상세히 도시될 때는 그림 3-24와 같이 지시되어 있다.

[비고] 큰 지름 위의 치수 차는 0으로 하고 아래의 치수 차는 $-0.1\times m$(여기서 m은 모듈이고, 치수는 mm)로 하고, 기타 각 부분의 주요 치수는 KS B 2007를 참조한다.

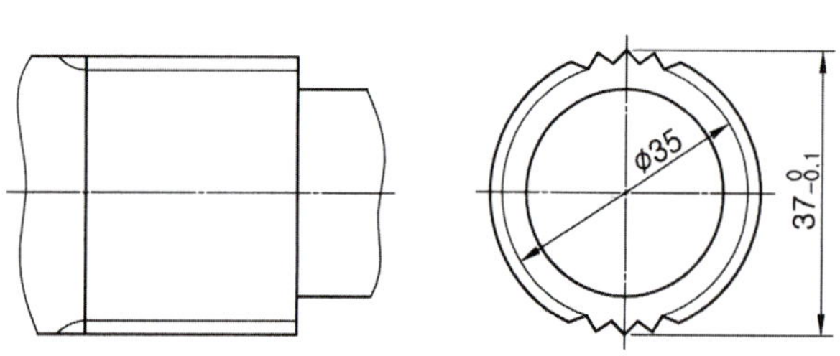

요목표	단위 : mm
인벌류트 세레이션 축 37×36×1	
모듈	1
압력각	45°
잇수	36
기준피치원 지름	$\phi 36$
오버 핀 지름	$39.431^{+0.028}_{-0.067}$ (핀 지름 $\phi 2.000$)

[그림 3-24] 인벌류트 세레이션의 축의 도시

그림 3-25는 앞에서 설명한 플랜지 커플링, 스플라인, 세레이션 등이 조립·설치 되어진 조립 단면도의 예시이다.

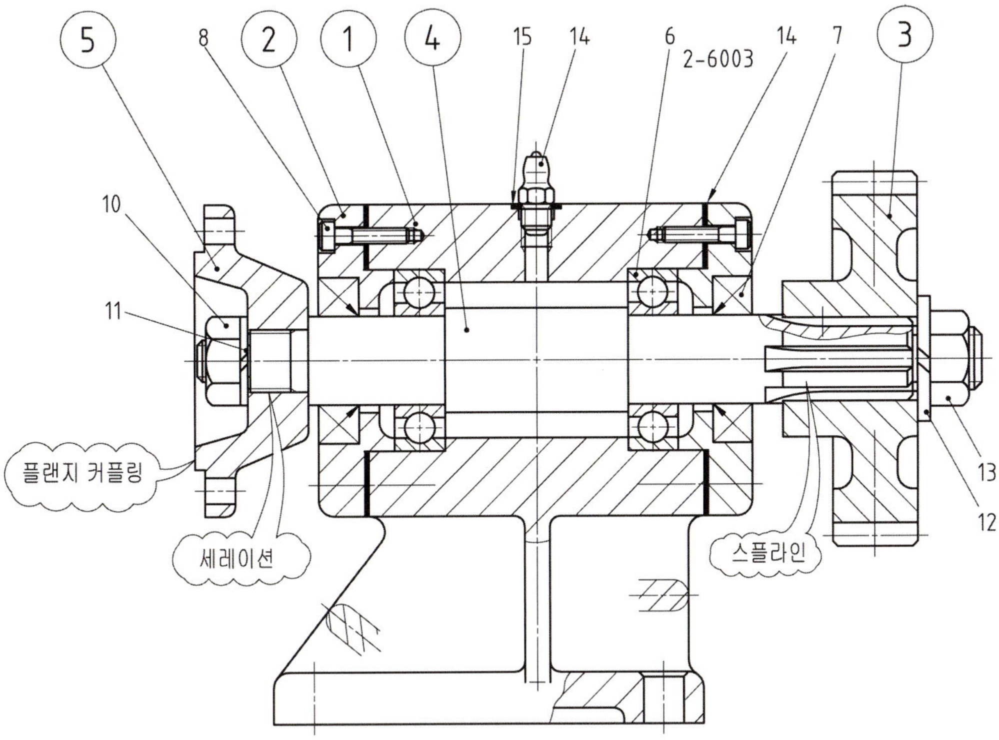

[그림 3-25] 플랜지 커플링, 스플라인과 세레이션이 설치된 설계도(조립도)

CHAPTER

04 베어링

4.1 베어링(Bearing)

회전짝을 이루는 두 요소가 직접 접촉하면 마찰에 의해서 소음과 열이 발생하고 마멸이 촉진되는데, 회전 또는 왕복운동을 하는 축과 축을 지지하는 기계요소 사이의 마찰을 줄이고 원활한 상대운동을 유지하기 위해서 축에 설치하는 기계요소를 베어링이라 한다.

4.2 베어링의 종류

구조상의 형식에 따라 축의 원통면과 베어링의 원통 안지름이 직접 접촉하는 미끄럼 베어링(Sliding bearing)과 축의 원통 면의 위를 전동체(볼, 원통 롤러, 니들 롤러, 테이퍼 롤러, 구면 롤러)가 굴러가는 접촉을 하는 구름 베어링(Rolling bearing)으로 크게 대별된다.

- 미끄럼 베어링 (Sliding bearing)
  - 레디얼 미끄럼 베어링 (Radial sliding bearing)
    - 통 쇠 베어링(journal bearing)
    - 분할 베어링(split bearing)
  - 스러스트 미끄럼 베어링 (Thrust sliding bearing)
    - 피봇 베어링(pivot bearing)
    - 피봇 컬러 베어링(pivot collar bearing)
- 구름 베어링 (Rolling bearing)
  - 레디얼 볼 베어링 (Radial ball bearing)
    - 깊은 홈 볼 베어링
    - 앵귤러 볼 베어링
    - 자동 조심 볼 베어링
  - 레디얼 롤러 베어링 (Radial roller bearing)
    - 원통 롤러 베어링
    - 테이퍼 롤러 베어링
    - 자동 조심 롤러 베어링
    - 니들 롤러 베어링
  - 스러스트 볼 베어링 (Thrust ball bearing)
    - 단열 스러스트 볼 베어링
    - 구면자리 형 단열 스러스트 볼 베어링
    - 복열 스러스트 볼 베어링
    - 구면자리 형 복열 스러스트 볼 베어링
  - 스러스트 롤러 베어링 (Thrust roller bearing)
    - 스러스트 원통 롤러 베어링
    - 스러스트 테이퍼 롤러 베어링
    - 스러스트 자동 조심 롤러 베어링
    - 스러스트 니들 롤러 베어링

1 미끄럼 베어링(Sliding bearing)

(1) 레디얼 미끄럼 베어링(Radial sliding bearing)

그림 4-1과 같이 하중방향이 축과 직각방향으로 작용하는 베어링을 레디얼 미끄럼 베어링이라 한다.

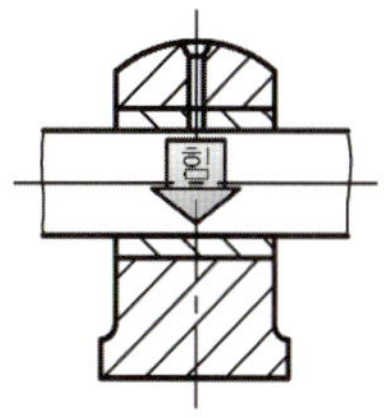

[그림 4-1] 레디얼 미끄럼 베어링

① 통 쇠 베어링(journal bearing)은 그림 4-2와 같이 가장 간단한 구조의 베어링으로서, 저속의 경 하중에 사용되는 베어링을 말하며 단체 베어링이라고도 하는데, 통 쇠 베어링은 제작하기는 쉬우나 축을 빼내기가 곤란하며 마멸되었을 때 바꾸어 줄 수 있도록 청동 또는 황동재의 베어링 메탈을 주입시켜서 사용한다.

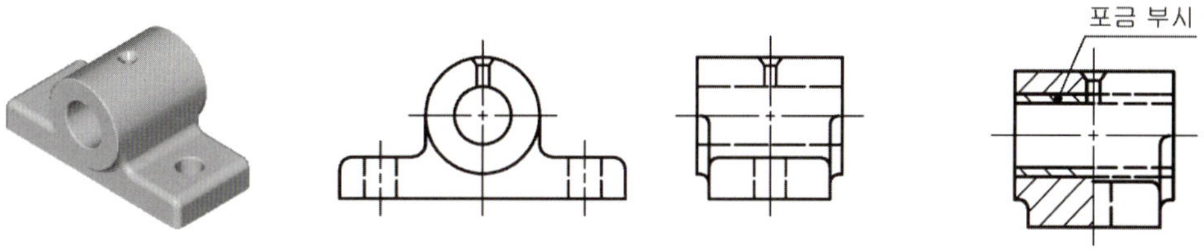

(a) 등각도 (b) 모양과 구조 (c) 동재(銅材) 부시 삽입

[그림 4-2] 통 쇠 베어링의 모양과 구조

② 분할 베어링(split bearing)은 그림 4-3과 같이 일반적으로 많이 사용하는 베어링으로서 몸체, 뚜껑, 베어링 메탈(bearing metal), 볼트, 너트로 구성된다.

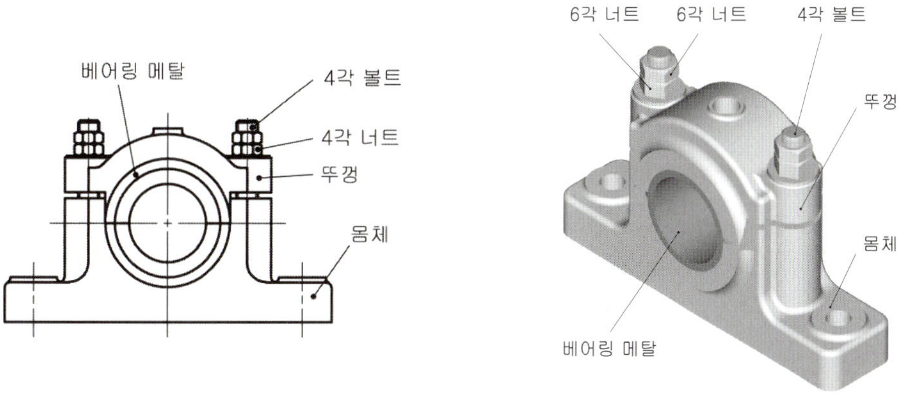

(a) 모양과 구조 (b) 등각 입체도

[그림 4-3] 분할 베어링의 모양과 구조

그림 4-4와 같은 구조로 된 베어링 메탈의 재질은 저속용은 주철, 저속 및 중속용은 청동, 고속용은 황동을 사용하며, 이들의 안쪽에 화이트 메탈(white metal), 인청동, 함유 소결 합금, 합성수

지 등을 주입시켜서 사용하기도 하는데 축과의 마찰 면에 기름 홈을 만들어 주고 급유를 하여 마찰력에 의한 마멸과 열 발생을 감소시킨다.

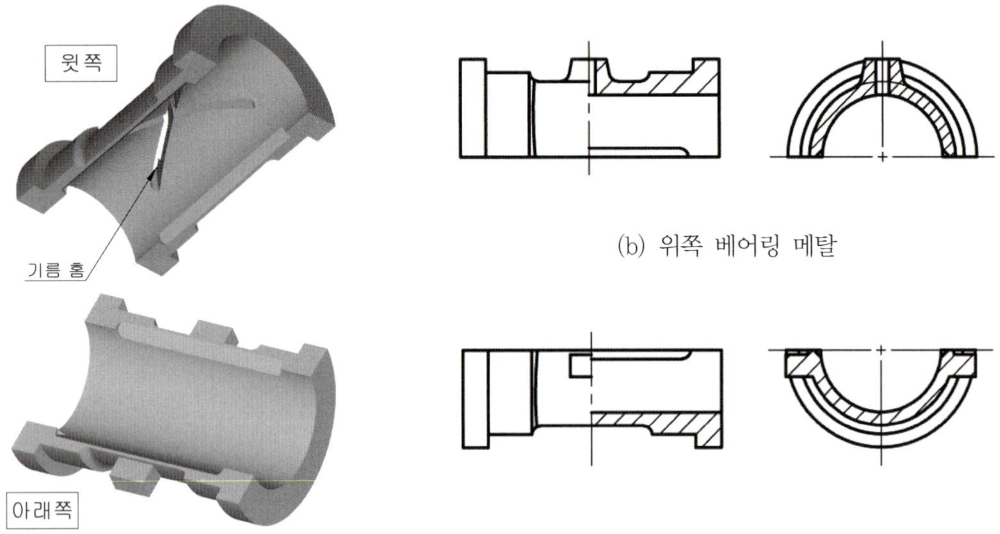

(a) 위와 아래의 베어링 메탈 등각도 (c) 아래쪽 베어링 메탈

[그림 4-4] 분할 베어링 메탈의 모양과 구조

(2) 스러스트 미끄럼 베어링(Thrust sliding bearing)

하중이 수직 축 방향이나 수평 축 방향으로 작용하도록 사용하는 베어링을 스러스트 베어링이라 한다.

① 피봇 베어링(pivot bearing)은 보통 수직축 방향으로 작용하는 힘이 비교적 적은 경우에 사용하며, **그림 4-5**의 **(a)**와 같이 축 끝은 평면이나 구면형의 철강재나 황동재의 받침대를 설치한다.

② 피봇 컬러 베어링(pivot collar bearing)은 **그림 4-5**의 **(b)**와 같이 수평축의 바깥지름 부분에 턱을 만들어 바깥지름 면과 턱의 측면이 동시에 힘이 작용하는 부분에 사용하는 베어링으로서 주로 선박의 프로펠러 축이나 원심 펌프의 축 등에 사용한다.

(a) 피봇 베어링 (b) 피봇 컬러 베어링

[그림 4-5] 스러스트 미끄럼 베어링

2 구름 베어링(Rolling bearing)

미끄럼 베어링에 비해 마찰이 적고 고속회전이 가능한 베어링으로서 **그림 4-6**의 **(a)**와 같이 볼(ball) 또는 롤러(roller), 외륜(outer race), 내륜(inner race), 리테이너(retainer)의 네 부분으로 구성되어 있으며 볼과 롤러 배열에 따라 **(b)**, **(c)**와 같이 단열·복열로 구분하고 구면자리로 된

것은 자동조심(자동 중심조절, self aligning)이 가능한 베어링이다.

회전체의 종류에 따라 볼 베어링(ball bearing)과 롤러 베어링(roller bearing)으로 구분된다.

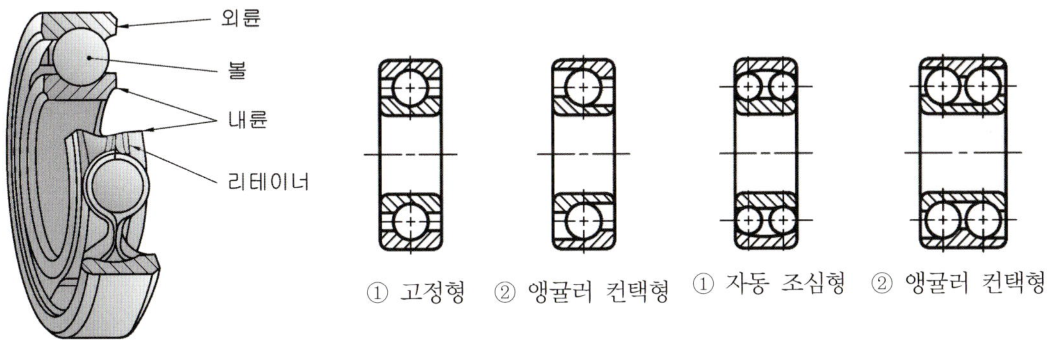

(a) 레디얼 볼 베어링의 구조 (b) 단식 (c) 복식

[그림 4-6] 레디얼 볼 베어링의 모양과 구조

(1) 볼 베어링(Ball bearing)

① 레디얼 볼 베어링(radial ball bearing)은 그림 4-7과 같이 축과 직각 방향으로 힘이 작용할 때 사용하는 베어링으로서 깊은 홈 볼 베어링, 앵귤러 볼 베어링, 자동 조심 볼 베어링이 있다.

② 스러스트 볼 베어링(thrust ball bearing)은 그림 4-8과 같이 축 방향으로 힘이 작용할 때 사용하는 베어링으로서 단열 스러스트 볼 베어링, 복열 스러스트 볼 베어링, 구면자리 형 단열 및 복열 스러스트 볼 베어링이 있다.

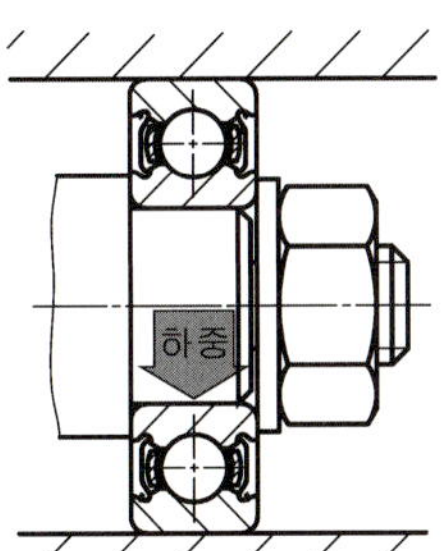

[그림 4-7] 레디얼 볼 베어링

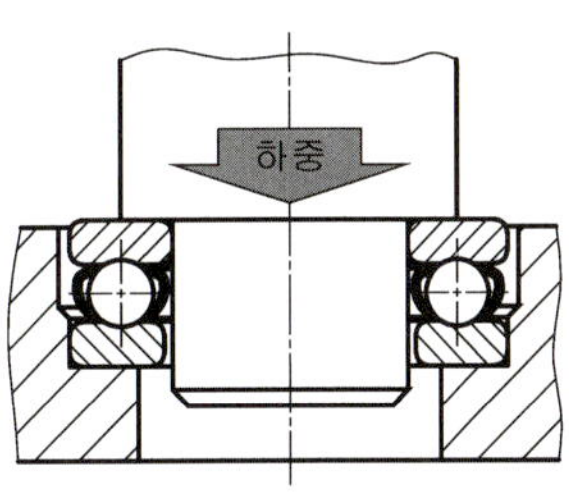

[그림 4-8] 스러스트 볼 베어링

(2) 롤러 베어링(Roller bearing)

① 레디얼 롤러 베어링(radial roller bearing)은 축과 직각 방향으로 힘이 작용할 때 사용하는 베어링으로서 볼 베어링보다는 중 하중, 저속 및 충격을 받는 축 부분에 사용하는 베어링이다. 대표적으로 자동차의 차축용으로 사용되며 원통 롤러 베어링, 테이퍼 롤러 베어링, 자동 조심 롤러 베어링, 니들 롤러 베어링이 있다.

② 스러스트 롤러 베어링(thrust roller bearing)은 축 방향으로 힘이 작용할 때 사용하는 베어링으로서 스러스트 롤러 베어링, 스러스트 테이퍼 롤러 베어링, 스러스트 자동 조심 롤러 베어링, 스러스트 니들 롤러 베어링이 있다.

4.3 구름 베어링의 호칭번호

베어링의 호칭번호를 붙이는 목적은 제조나 사용 시 혼란을 방지하고 구별을 쉽게 하기 위해서이며 베어링의 호칭은 다음과 같이 표시된다.

계열 번호	안지름 번호	접촉각 기호	보조 기호	
〈예〉 63	12		Z	(6312Z)

설명 :
▶계열 기호(형식 : 단식 깊은 홈 볼 베어링, 치수 계열 : 03)
▶안지름 번호(베어링 안지름 60㎜)
▶보조 기호(한쪽 실드)

계열 번호	안지름 번호	접촉각 기호	보조 기호	
〈예〉 72	06	C	DB	(7206C DB)

설명 :
▶계열 기호(형식: 단식 앵귤러 볼 베어링, 치수 계열: 02)
▶안지름 번호(베어링 안지름 30㎜)
▶접촉각 기호(호칭 접촉각 10° 초과 22° 이하)
▶보조 기호(배면 복합)

1 계열 번호

(1) 형식

계열 번호의 첫 번째 숫자는 베어링의 형식을 나타내고 있으며, 표 4-1은 베어링의 형식의 예이다.

[표 4-1] 베어링 형식 KS B 0004

종 류	복식 자동 조심	단식 깊은 홈	단식 앵귤러 볼	원통 롤러
형 식	1	6	7	N

(2) 치수 계열

베어링의 형식을 나타내는 숫자 다음에는 베어링의 안지름에 대한 폭과 바깥지름과의 계열을 나타내고 치수 계열은 폭 계열을 나타내는 숫자와 지름 계열을 나타내는 숫자를 조합하여 나타내며, 표 4-2는 치수 계열을 나타내는 예를 보여주고 있다.

뒤의 표 4-6에서는 형식과 치수 계열을 설명하고 있다.

[표 4-2] 치수 계열 표시

치수 계열	02	03	04	10	11	12	13	14	18	19	22	23	24
표 현	2	3	4	0	11	12	13	14	8	9	22	23	24

(3) 안지름 번호

베어링의 계열 번호 다음에는 안지름 번호를 기입하며, 베어링의 안지름 치수를 표현하는 구름 베어링에 있어 안지름 번호는 **표 4-3**과 같다.

① 베어링의 안지름 치수가 1㎜에서 9㎜인 경우에는, 안지름 치수를 그대로 안지름 번호로 사용한다.

② 베어링의 안지름 치수가 10, 12, 15, 17㎜인 경우의 안지름 번호는 각각 00, 01, 02, 03으로 표현한다.

③ 베어링의 안지름 치수가 20㎜ 이상 480㎜ 이하인 경우에는 5로 나눈 값을 안지름 번호로 사용한다.
단, 안지름 치수가 22, 28, 32㎜인 경우에는 5로 나누어서 떨어지지 않기 때문에 안지름 치수를 그대로 안지름 번호로 사용하며 안지름 번호 앞에 「 / 」를 붙인다.

④ 베어링의 안지름 치수가 500㎜ 이상인 경우에는 안지름 치수를 그대로 안지름 번호로 사용하며 안지름 번호 앞에 「 / 」를 붙인다.

[표 4-3] 구름 베어링의 안지름 번호 및 안지름 치수 KS B 2012

안지름 치수	1	2	3	4	5	6	7	8	9	10	12	15	17
안지름 번호	1	2	3	4	5	6	7	8	9	00	01	02	03
안지름 치수	20	22	25	28	30	32	35	40	45	50	55	60	65
안지름 번호	04	/22	05	/28	06	/32	07	08	09	10	11	12	13
안지름 치수	70	75	80	85	90	95	100	105	110	120	...	480	500
안지름 번호	14	15	16	17	18	19	20	21	22	24	...	96	/500

(4) 접촉각 기호

베어링 형식에 따른 접촉각 기호는 **표 4-4**와 같다.

[표 4-4] 접촉각 기호 KS B 0004

베어링 형식		접촉각 기호
단열 앵귤러 볼 베어링	호칭 접촉각 10° 초과 22° 이하	C
	호칭 접촉각 22° 초과 32° 이하(보통 30°)	A(생략 가능)
	호칭 접촉각 32° 초과 45° 이하(보통 40°)	B
단열 테이퍼 롤러 베어링	호칭 접촉각 24° 초과 32° 이하	D

(5) 보조 기호

보조 기호의 표시는 **표 4-5**와 같다.

[표 4-5] 보조 기호

<table>
<tr><th>구 분</th><th>기 호</th><th>내 용</th><th>구 분</th><th>기 호</th><th>내 용</th></tr>
<tr><td>리테이너 기호</td><td>V</td><td>리테이너 없음</td><td rowspan="3">틈새기호</td><td rowspan="3">C1
C2
무 기호
C3
C4
C5</td><td rowspan="3">C2보다 작음
보통 틈새보다 작음
보통 틈새
보통 틈새보다 큼
C3보다 큼
C4보다 큼</td></tr>
<tr><td>밀봉 기호
또는
실드 기호</td><td>UU
U
ZZ
Z</td><td>양쪽 밀봉
한쪽 밀봉
양쪽 실드
한쪽 실드</td></tr>
<tr><td rowspan="2">레이스(race)
모양
기호</td><td rowspan="2">K
N
NR</td><td rowspan="2">내륜 테이퍼 구멍 테이퍼 1/12
스냅 링 홈 붙이
스냅 링 붙이</td></tr>
<tr><td rowspan="2">등급기호</td><td rowspan="2">무 기호
P6
P5
P4</td><td rowspan="2">0급
6급
5급
4급</td></tr>
<tr><td>복합 표시
기호</td><td>DB
DF
DT</td><td>뒷면 복합
정면 복합
병렬 복합</td></tr>
</table>

[표 4-6] 베어링 계열번호 KS B 2012

<table>
<tr><th colspan="7">베어링 형식</th><th>단면 약도</th><th>형식
기호</th><th>치수
계열</th><th>베어링
계열번호</th></tr>
<tr><td rowspan="4">레디얼
볼
베어링</td><td>레디얼
콘택트
베어링</td><td>깊은 홈
볼
베어링</td><td rowspan="2">단
열</td><td rowspan="4">비
분
리
형</td><td colspan="2" rowspan="2">홈
없음</td><td>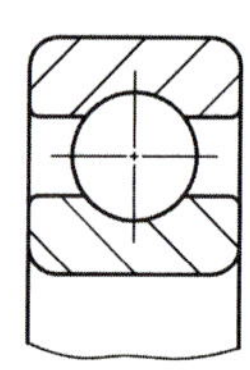</td><td>6</td><td>18
19
10
02
03
04</td><td>68
69
60
62
63
64</td></tr>
<tr><td rowspan="3">앵귤러
콘택트
베어링</td><td>앵귤러
볼
베어링</td><td>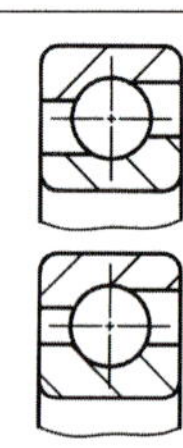</td><td>7</td><td>10
02
03
04</td><td>70
72
73
74</td></tr>
<tr><td rowspan="2">자동
조심
볼
베어링</td><td rowspan="2">복
열</td><td colspan="2" rowspan="2">외륜
궤도면
구면</td><td rowspan="2">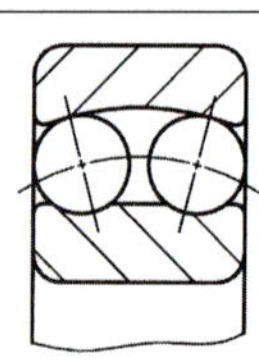</td><td>1</td><td rowspan="2">02
03
22
23</td><td rowspan="2">12
13
22
23</td></tr>
<tr><td>2</td></tr>
<tr><td>레디얼
롤러
베어링</td><td>레디얼
콘택트
베어링</td><td>원통
롤러
베어링</td><td>단
열</td><td>분
리
형</td><td>내륜
턱 없음</td><td>외륜
양쪽
턱붙이</td><td>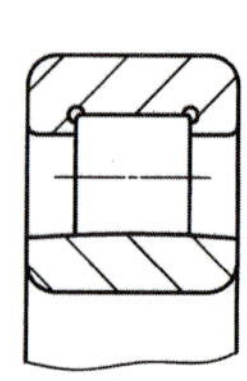</td><td>NU</td><td>10
02
22
03
23
04</td><td>NU 10
NU 2
NU 22
NU 3
NU 23
NU 4</td></tr>
</table>

					내륜 한쪽 턱붙이			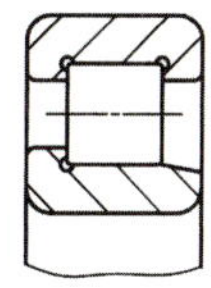	NJ	02 22 03 23 04	NJ 2 NJ 22 NJ 3 NJ 23 NJ 4
					내륜 한쪽 턱붙이	턱륜 조합		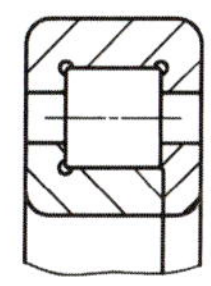	NUP	02 22 03 23 04	NUP 2 NUP 22 NUP 3 NUP 23 NUP 4
						L형 턱륜 조합		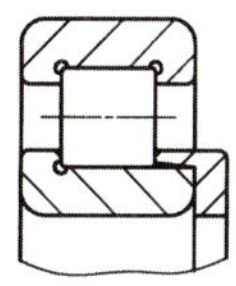	NH	02 22 03 23 04	NH 2 NH 22 NH 3 NH 23 NH 4
레디얼 롤러 베어링	레디얼 콘택트 베어링	원통 롤러 베어링	단 열	분 리 형	내륜 양쪽 턱붙이		외륜 턱 없음	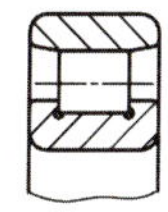	N	02 03 04	N 2 N 3 N 4
							외륜 한쪽 턱붙이	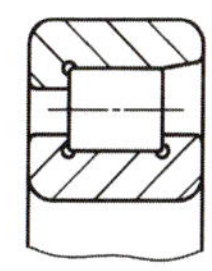	NF	02 03 04	NF 2 NF 3 NF 4
			복 열		내륜 턱붙이		외륜 턱 없음	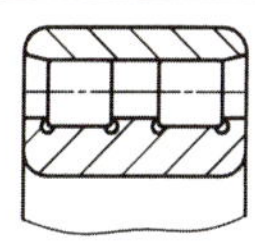	NN	30	NN 30
		솔리드형 롤러 침상 베어링	단 열		내 륜 붙 이	내 륜 턱 없 음	외륜 양쪽 턱붙이	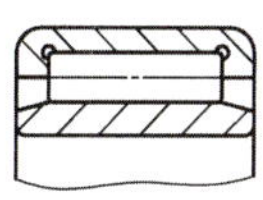	NA	48 49	NA 48 NA 49
					내 륜 없 음	–		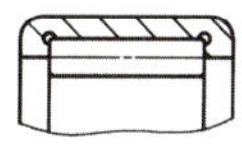	RNA	–	RNA 48(1) RNA 49(1)
	앵귤러 콘택트 베어링	원추 롤러 베어링			–				3	20(2) 02(2) 22(2) 03(2) 23(2)	320 302 322 303, 303D 323
		자동조심 롤러 베어링	복 열	비 분리 형	외륜 궤도면 구면			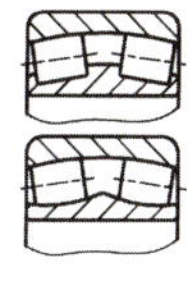	2	30 31 22 32 03 23	230 231 222 232 203 223

스러스트 볼 베어링	액시얼 콘택트 베어링	평면자리 스러스트 볼 베어링	단식	분리형	평면 자리형	–	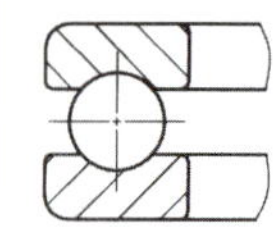	5	11 12 13 14	511 512 513 514
			복식			–	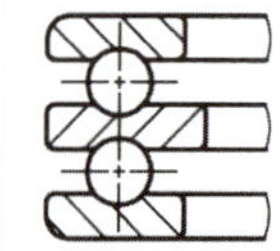		22 23 24	522 523 524
스러스트 롤러 베어링	앵귤러 콘택트 베어링	스러스트 자동조심 롤러 베어링	단식			외륜 궤도면 구면	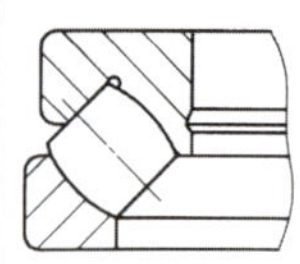	2	92 93 94	292 293 294

[주] (1) 베어링 계열 NA 48 및 NA 49의 베어링에서 내륜을 제외한 베어링의 베어링 계열기호이다.
(2) KS B 2013에 규정하는 원추 롤러 베어링의 2란의 치수계열이다.
또한, 그 1란의 치수계열에 의한 베어링 계열기호는 규정하지 않는다.

4.4 구름 베어링의 간략도시

1 구름 베어링의 간략도시와 그림기호

그림 4-9는 구름 베어링에 대한 간략도시(간략도)와 이에 따른 그림기호를 보여준다.

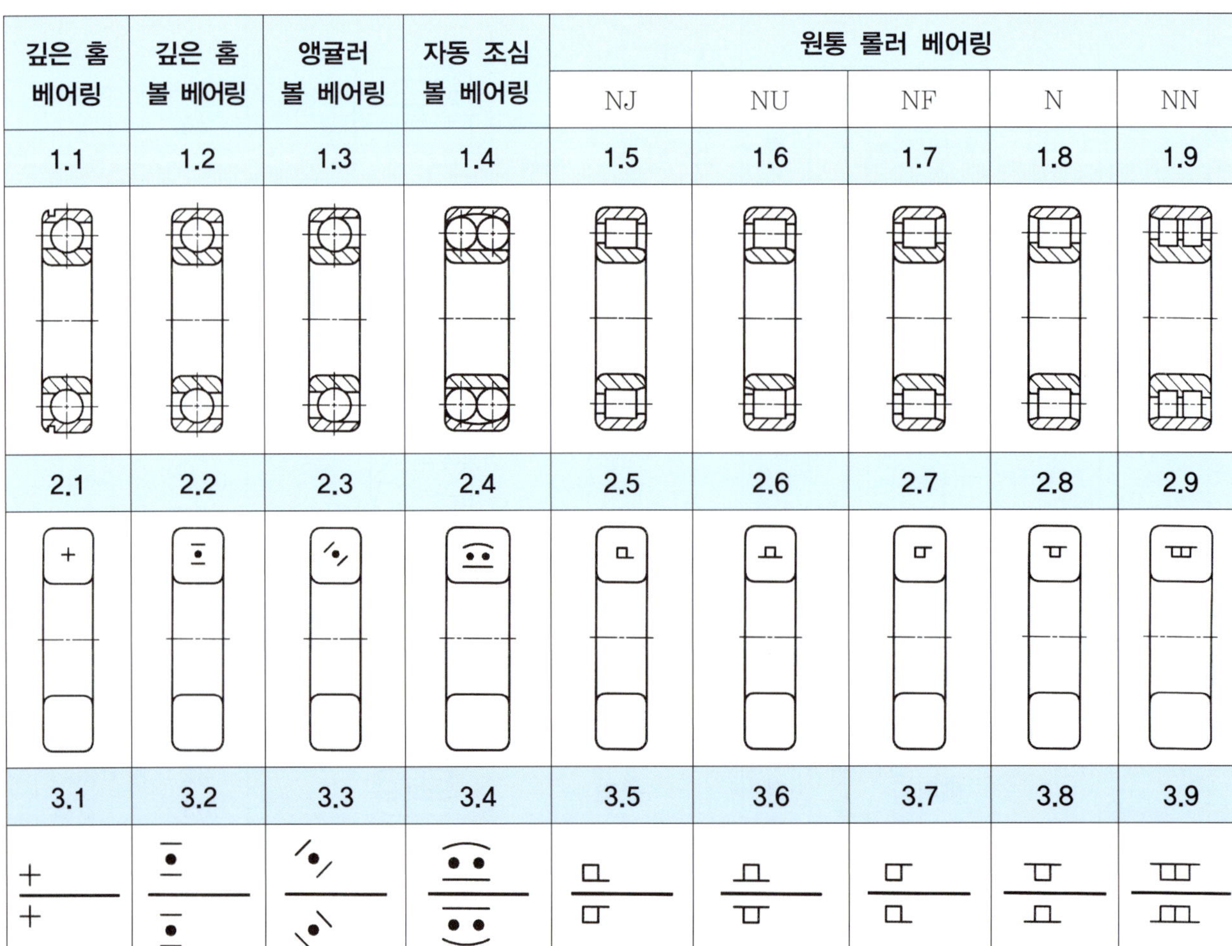

니들 롤러 베어링		테이퍼 롤러 베어링	자동 조심 롤러 베어링	평면 자리 형 스러스트 볼 베어링		스러스트 자동 조심 롤러 베어링	깊은 홈 볼 베어링
NA	RNA			단식	복식		
1.10	1.11	1.12	1.13	1.14	1.15	1.16	1.21
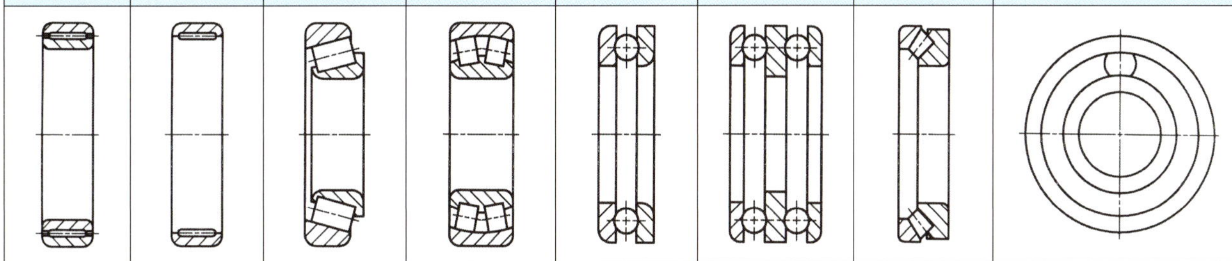							
2.10	2.11	2.12	2.13	2.14	2.15	2.16	2.21
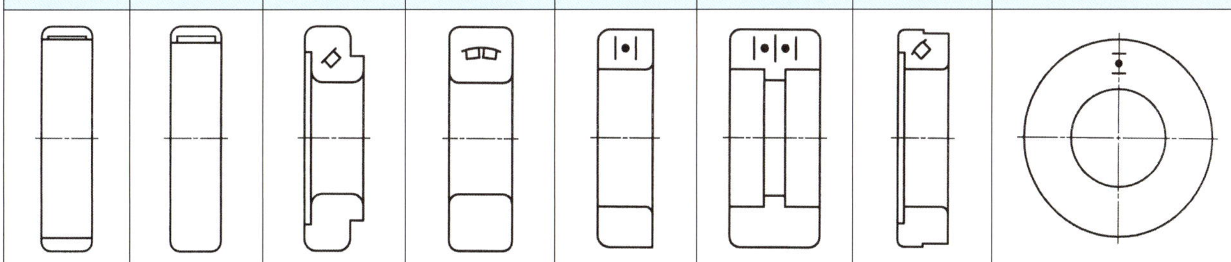							
3.10	3.11	3.12	3.13	3.14	3.15	3.16	
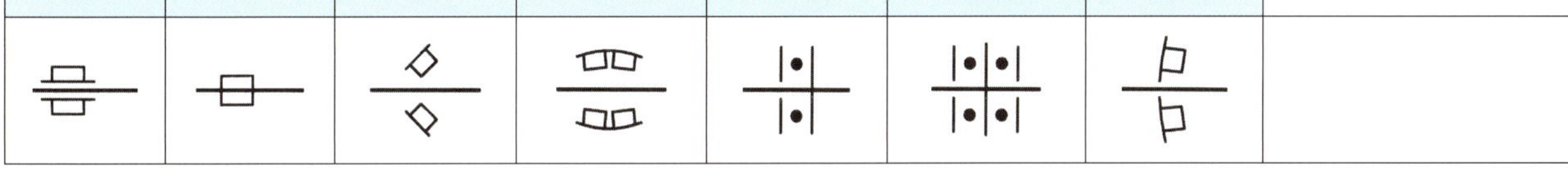							

[그림 4-9] 구름 베어링의 간략도시(간략도) 및 그림기호

2 구름 베어링의 설계와 설치에 대한 주의사항

구름 베어링이 설치되는 축이나 구멍에 대한 합리적인 설계를 해석함에 있어서 다음의 사항에 유의한다.

① 전문 공장에서 만들어지기 때문에 생산회사의 안내서(catalogue)를 참조하여 설계되었는지를 파악한다.

② 내륜과 볼의 접촉에서 소음이 나거나 열이 많이 날 때에는 바꿔 끼우기 쉽도록 설계되었는지를 파악한다.

③ 베어링의 설치를 너트로서 고정할 때는 축의 회전과 고정나사의 방향이 반대로 설계되었는지를 파악해야 한다.

④ 긴 전동축에는 설치 부분에 어댑터 슬리브(adapter sleeve)가 붙은 베어링이 사용되었는지를 파악해야 한다.

⑤ 베어링을 오랫동안 사용하기 위해서는, 주유하고 이물질이 들어가지 않도록 밀봉장치가 되어 있는지를 파악해야 한다.

⑥ 축의 이탈을 방지하기 위해서 축에 턱을 만들어 설치되었는지를 파악한다.

⑦ 축을 지지하는 2개의 베어링 설치간격은 베어링의 바깥지름의 최소한 1.5배 이상을 유지하도록 설계되었는지를 파악한다.

⑧ 베어링이 조립되는 축과 보스의 설계 시에는 동심과 자세를 규제하는 기하공차 기호를 알맞게 규제했는지를 파악한다.

3 구름 베어링 부착관계의 끼워 맞춤 공차기호

표 4-7은 구름 베어링의 바깥지름(구멍)에 대한 끼워 맞춤 공차기호를 나타낸다.

[표 4-7] 구름 베어링의 바깥지름(구멍)과 부착관계의 끼워 맞춤 공차기호 KS B 2051

<table>
<tr><td rowspan="4">[레디얼 베어링의 바깥 지름에 대한 끼워 맞춤]</td><td rowspan="2">레디얼 베어링의 등급</td><td colspan="9">축의 종류와 등급</td></tr>
<tr><td colspan="7">내륜 회전 하중 및 방향 부정 하중의 경우</td><td colspan="2">외륜 회전 하중의 경우</td></tr>
<tr><td>0급, 6급</td><td>r 6</td><td>p 6</td><td>n 6</td><td>m 5
m 6</td><td>k 5
k 6</td><td>j 5
j 6
js 6</td><td>h 5</td><td>h 5
h 6</td><td>g 5
g 6</td></tr>
<tr><td>5급, 4급</td><td>—</td><td>—</td><td>—</td><td>m 5</td><td>k 4</td><td>js 4</td><td>h 4</td><td>h 5</td><td>—</td></tr>
</table>

<table>
<tr><td rowspan="4">[레디얼 베어링의 바깥 지름에 대한 끼워 맞춤]</td><td rowspan="2">레디얼 베어링의 등급</td><td colspan="10">구멍의 종류와 등급</td></tr>
<tr><td colspan="4">내륜 회전 하중의 경우</td><td colspan="3">방향 부정 하중의 경우</td><td colspan="3">외륜 회전 하중의 경우</td></tr>
<tr><td>0급, 6급</td><td>—</td><td>J 6
J 7</td><td>H 6
H 7</td><td>G 7</td><td>M 7</td><td>K 6
K 7</td><td>J 6
J 7</td><td>P 7</td><td>N 7</td><td>M 7</td></tr>
<tr><td>5급, 4급</td><td>K 5</td><td>Js 5</td><td>H 5</td><td>—</td><td>—</td><td>—</td><td>—</td><td>—</td><td>—</td><td>M 5</td></tr>
<tr><td colspan="12">[비고] 마그네토 볼 베어링은 제외한다.</td></tr>
</table>

<table>
<tr><td rowspan="3">[스러스트 베어링의 안지름 또는 중앙 륜의 안지름에 대한 끼워 맞춤]</td><td rowspan="2">스러스트 베어링의 등급</td><td colspan="5">축의 종류와 등급</td></tr>
<tr><td>중심 스러스트 하중의 경우</td><td colspan="4">합성 하중(스러스트 자동 조심 롤러 베어링)의 경우</td></tr>
<tr><td>0급</td><td>j 6, js 6</td><td>n 6</td><td>m 6</td><td>k 6</td><td>j 6, js 6</td></tr>
</table>

<table>
<tr><td rowspan="3">[스러스트 베어링의 바깥지름에 대한 끼워 맞춤]</td><td rowspan="2">스러스트 베어링의 등급</td><td colspan="3">구멍의 종류와 등급</td></tr>
<tr><td>중심 스러스트 하중의 경우</td><td colspan="2">합성 하중(스러스트 자동 조심 롤러 베어링)의 경우</td></tr>
<tr><td>0급</td><td>—</td><td>M 7</td><td>H 7</td></tr>
</table>

표 4-8은 구름 베어링의 안지름(축)에 대한 끼워 맞춤 공차기호를 나타낸다.

[표 4-8] 구름 베어링의 안지름(축)과 부착관계의 끼워 맞춤 공차기호 KS B 2051

<table>
<tr><th colspan="2" rowspan="2">하중 조건</th><th colspan="3">축지름(㎜)</th><th rowspan="2">축의 종류와 끼워 맞춤 공차 기호의 등급</th><th rowspan="2">비고
(적용 보기)</th></tr>
<tr><th>볼 베어링</th><th>원통 롤러 베어링, 테이퍼 롤러 베어링</th><th>자동 조심 롤러 베어링</th></tr>
<tr><td colspan="7">원통 구멍의 베어링인 경우</td></tr>
<tr><td rowspan="2">외륜회전하중</td><td>내륜이 축 위를 쉽게 움직일 필요는 없다.</td><td colspan="3">온축 지름</td><td>g 6</td><td rowspan="2">정밀을 요하는 경우에는 g5, h5를 사용한다.
큰 베어링은 쉽게 이동할 수 있도록 f6 이라도 좋다.</td></tr>
<tr><td>외륜이 축 위를 쉽게 움직일 필요는 없다.</td><td colspan="3">온축 지름</td><td>h 6</td></tr>
<tr><td rowspan="12">내륜회전하중 또는 방향부정하중</td><td rowspan="4">경 하중 및 변동 하중</td><td>18 이하</td><td>—</td><td>—</td><td>h 6</td><td rowspan="4">정밀을 요하는 경우에는 j6, k6, m6 대신에 j5, k5, m5를 사용한다.</td></tr>
<tr><td>18 초과 100 이하</td><td>40 이하</td><td>—</td><td>j 6</td></tr>
<tr><td>100 초과 200 이하</td><td>40 초과 140 이하</td><td>—</td><td>k 6</td></tr>
<tr><td>—</td><td>140 초과 200 이하</td><td>—</td><td>m 6</td></tr>
<tr><td rowspan="5">보통 하중 및 중 하중</td><td>18 이하</td><td>—</td><td>—</td><td>j 5</td><td rowspan="5">단열 테이퍼 롤러 베어링 및 앵귤러 볼 베어링의 경우에는 끼워맞춤에 의한 틈새의 변화를 고려할 필요가 없으므로 k5, m5 대신에 k6, m6을 사용할 수 있다.</td></tr>
<tr><td>18 초과 100 이하</td><td>40 이하</td><td>40 이하</td><td>k 5</td></tr>
<tr><td>100 초과 200 이하</td><td>40 초과 100 이하</td><td>40 초과 65 이하</td><td>m 5</td></tr>
<tr><td>—</td><td>100 초과 140 이하</td><td>65 초과 100 이하</td><td>m 6</td></tr>
<tr><td>—</td><td>140 초과 200 이하</td><td>100 초과 140 이하</td><td>n 6</td></tr>
<tr><td rowspan="3">대단히 큰 중 하중 및 충격 하중</td><td>—</td><td>50 초과 140 이하</td><td>50 초과 100 이하</td><td>n 6</td><td rowspan="3">보통 틈새보다 더 큰 틈새의 베어링을 필요로 한다.</td></tr>
<tr><td>—</td><td>140 초과 200 이하</td><td>100 초과 140 이하</td><td>p 6</td></tr>
<tr><td>—</td><td>200 초과</td><td>140 초과</td><td>r 6</td></tr>
<tr><td colspan="2" rowspan="2">중심 스러스트 하중</td><td colspan="3">250 이하</td><td>j 6</td><td rowspan="2">—</td></tr>
<tr><td colspan="3">250 초과</td><td>js 6=j 6</td></tr>
</table>

테이퍼 구멍 베어링(슬리브 붙임)인 경우			
각하중	온축 지름	h9/IT5	전동축 등에는 h10 / IT7로 해도 좋다. IT5, IT7은 축의 기하 공차의 오차(진원도, 원통도 등)가 각각 IT5, IT7의 공차범위 내에 있어야 한다는 것을 나타낸다.

4 힘(하중)의 작용방향 용어

① 내륜회전 하중은 내륜・외륜의 회전의 여하에 불구하고 하중 방향에 대하여 상대적으로 외륜이 정지하고 내륜이 회전하고 있는 경우의 레디얼 하중을 말한다.

② 외륜회전 하중은 내륜・외륜의 회전의 여하에 불구하고 하중 방향에 대하여 상대적으로 외륜이 회전하고 내륜이 정지하고 있는 경우의 레디얼 하중을 말한다.

③ 방향 부정 하중은 내륜 및 외륜이 정지하고 있지 않는 경우의 레디얼 하중을 말한다.

④ 중심 스러스트 하중은 구름 베어링의 중심축을 지나서 작용하는 하중을 말한다.

⑤ 합성 하중은 레디얼 하중과 스러스트 하중이 합성되어서 구름 베어링에 작용하는 하중을 말한다.

a) 레디얼 베어링은 레디얼 베어링이 내륜 회전 하중을 받는 경우 베어링 안지름과 축의 끼워 맞춤은 억지 끼워 맞춤으로 해야 하며 하중이 클수록 그 죔새를 줄 필요가 있으며, 베어링 바깥지름과 하우징(housing)의 끼워 맞춤은 헐거운 끼워 맞춤으로 족하다.
외륜 회전 하중을 받는 경우에는 베어링 안지름과 축의 끼워 맞춤은 헐거운 끼워 맞춤으로 하고 베어링 바깥지름과 하우징은 억지 끼워 맞춤으로 하며, 방향부정 하중의 경우에는 내륜・외륜 모두 헐거운 끼워 맞춤은 피해야 한다.

b) 스러스트 하중은 베어링 안지름 축의 끼워 맞춤은 중간 끼워 맞춤 또는 억지 끼워 맞춤으로 써 중심 스러스트 하중을 받는 경우에는 외륜의 궤도가 내륜에 따라서 스스로 조정될 수 있도록 베어링 바깥지름과 하우징 사이에 틈새를 두며 합성하중의 경우의 끼워 맞춤은 ①의 레디얼 베어링과 동일한 원칙에 따른다.

표 4-9는 구름 베어링의 안지름(축)에 있어 하중 조건에 따른 끼워 맞춤 공차기호를 나타낸다.

[표 4-9] 구름 베어링의 안지름(축)과 부착관계의 끼워 맞춤 공차기호 KS B 2051

<table>
<tr><th colspan="2">하중 조건</th><th>축 지름(㎜)</th><th>축의 종류와 등급</th></tr>
<tr><td colspan="2" rowspan="2">중심 스러스트 하중(스러스트 볼 베어링 및 스러스트 자동조심 롤러 베어링)</td><td>250 이하</td><td>j 6</td></tr>
<tr><td>250 초과</td><td>js 6 = j 6</td></tr>
<tr><td rowspan="5">합성 하중
(스러스트 자동조심 롤러 베어링)</td><td rowspan="2">외륜 회전 하중</td><td>250 이하</td><td>j 6</td></tr>
<tr><td>250 초과</td><td>js 6 = j 6</td></tr>
<tr><td rowspan="3">내륜 회전 하중
또는
방향 부정 하중</td><td>200 이하</td><td>k 6</td></tr>
<tr><td>200 초과 400 이하</td><td>m 6</td></tr>
<tr><td>400 초과</td><td>n 6</td></tr>
<tr><td colspan="4">[레디얼 베어링(마그네토 볼 베어링을 제외)의 하우징의 끼워 맞춤 공차기호]</td></tr>
</table>

<table>
<tr><th>구 분</th><th colspan="2">하중 조건</th><th>구멍 종류의 등급</th><th>외륜의 이동</th><th>비 고</th></tr>
<tr><td rowspan="5">단일 몸체 하우징</td><td rowspan="3">외륜회전 하중</td><td>중 하중이 두께가 얇은 하우징에 작용하는 경우 및 충격하중</td><td>P 7</td><td rowspan="4">이동할 수 없다.</td><td>바깥지름 500㎜를 초과하는 베어링은 P7 대신에 N7을 사용한다.</td></tr>
<tr><td>보통 하중 및 중 하중</td><td>N 7</td><td>바깥지름 500㎜를 초과하는 베어링은 N7 대신에 M7을 사용한다.</td></tr>
<tr><td>경 하중 및 변동 하중</td><td rowspan="2">M 7</td><td rowspan="2">—</td></tr>
<tr><td rowspan="3">방향부정 하중</td><td>중 충격 하중</td></tr>
<tr><td>중 하중 및 보통 하중 : 외륜이 축 방향으로 이동할 필요가 없는 경우</td><td>K 7</td><td>원칙적으로 이동할 수 없다.</td><td>정밀을 요하는 경우에는 단일 몸체의 하우징으로 하고 K7, J7, H7 대신에 K6, J6, H6을 사용한다.</td></tr>
<tr><td rowspan="5">단일 몸체 또는 이분할 하우징</td><td>보통 하중 및 경 하중 : 외륜의 축 방향 이동이 바람직한 경우</td><td rowspan="2">J 7</td><td rowspan="2">이동할 수 있다.</td><td rowspan="2">전동 장치 등에는 H7 대신에 H8을 사용해도 좋다.</td></tr>
<tr><td rowspan="3">내륜회전 하중</td><td>충격 하중 : 일시적으로 무부하 상태로 되는 경우</td></tr>
<tr><td>모든 종류의 하중</td><td>H 7</td><td rowspan="3">쉽게 이동할 수 있다.</td><td></td></tr>
<tr><td>축을 통하여 열전도가 있는 경우</td><td>G 7</td><td>—</td></tr>
<tr><td colspan="2">중심 스러스트 하중</td><td>—</td><td>외륜은 반지름 방향의 틈새를 줄 수 있도록 적당한 끼워 맞춤 공차기호로 부착한다.</td></tr>
</table>

[주] (1) 이 표는 주철재 또는 강재 하우징에 적용한다. 경합금재 하우징에 대하여는, 일반적으로 표 중의 허용차로 얻어진 것보다 약간 빡빡한 끼워 맞춤이 사용된다.
(2) 외륜의 이동은 비 분리형 베어링에 대하여 외륜이 축 방향으로 이동할 수 있는가, 없는가의 구별을 표시한 것이다.

<table>
<tr><th colspan="4">[스러스트 베어링 하우징의 끼워 맞춤 공차기호]</th></tr>
<tr><th colspan="2">하중 조건</th><th>구멍의 종류와 등급</th><th>비 고</th></tr>
<tr><td>중심 스러스트 하중
(모든 스러스트 베어링)</td><td>다른 베어링으로써 레디얼 하중을 부하하는 경우</td><td>—</td><td>외륜에 반지름 방향의 틈새를 줄 수 있도록 적당한 허용차로 부착한다.
스러스트 볼 베어링으로써 정밀을 요하는 경우에는 H8로 한다.</td></tr>
<tr><td rowspan="2">합성 하중
(스러스트 자동조심 롤러 베어링)</td><td>내륜 회전 하중 또는 방향 부정 하중</td><td>H 7</td><td>—</td></tr>
<tr><td>외륜 회전 하중</td><td>M 7</td><td>—</td></tr>
</table>

그림 4-10은 앞에서 설명한 축과 베어링이 설치 · 조립된 조립도면의 예시이다.

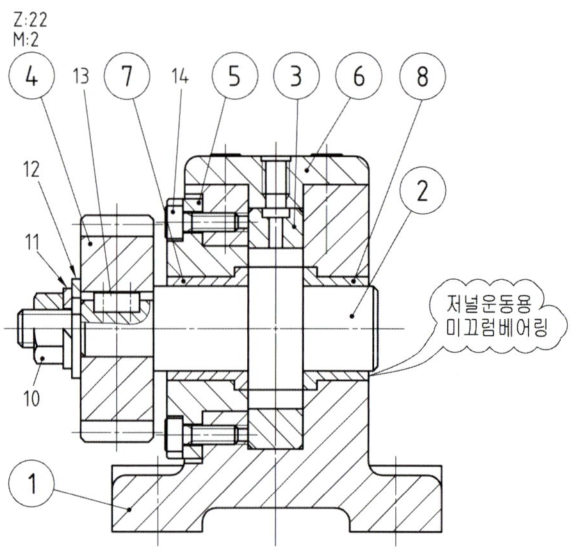

(a) 미끄럼 베어링의 설치

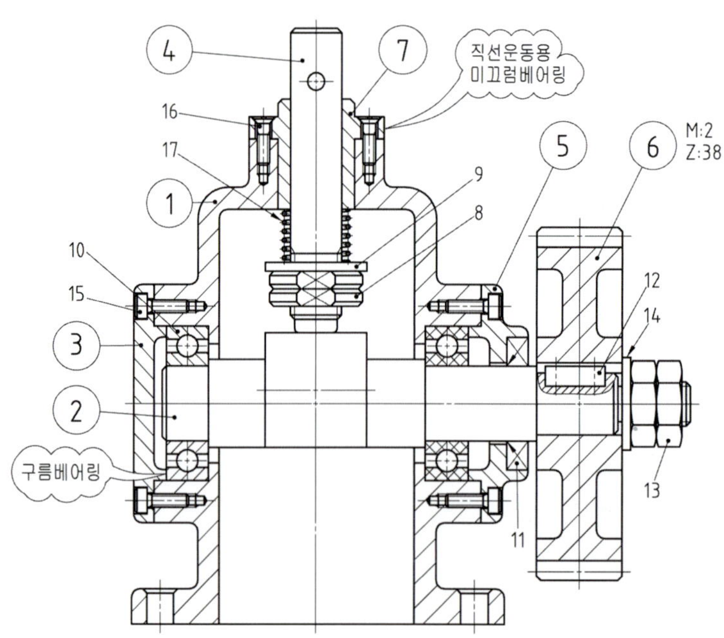

(b) 구름 베어링의 설치

[그림 4-10] 축과 베어링이 설치된 조립도

CHAPTER

05 전동용 부품

5.1 평 벨트(Flat belt)와 평 벨트 풀리(Flat belt pulley)

평 벨트는 두 개의 축간 거리가 10m 이하로써 속도 비율이 최소 1 : 1~6에서 최대 1 : 1~15 이하이며 회전 원주 속도가 최소 10~30m/sec에서 최대 10~50m/sec로 회전 운동을 전달하는 전동 요소이다.

평 벨트 풀리는 두개의 축에 평 벨트 풀리를 고정하고 평 벨트를 걸어서 풀리 면과의 마찰력에 의해 회전 동력을 전달하는데 정확한 회전 비를 얻을 수는 없으나 회전 과부하가 걸릴 때는 미끄러짐이 발생하여 안전하다는 장점이 있다.

1 평 벨트의 종류

평 벨트는 주 재료에 따라 가죽벨트(leather belt), 고무벨트(rubber belt), 직물벨트(textile belt), 발라타 벨트(balata's belt), 강철벨트(steel belt) 등이 있다.

2 벨트의 이음

두 축간 거리에 따라 벨트를 걸기 위해서 벨트 끝을 서로 이어야 하는데 재봉틀과 같이 저속의 전달력이 작은 경우에는 아교 이음, 노끈 이음, 가죽 끈 이음, 철사 이음, 그립 이음(grip joint)에 의해 맞대기 이음으로 하고, 고속의 전달력이 큰 경우에는 볼트 이음(bolt joint)을 한다.

3 벨트의 호칭

가죽벨트는 재료의 품질에 따라 1급, 2급이 있으며 고무벨트는 층(겹, ply)을 이루는 직물의 품질에 따라 1종, 2종, 3종으로 나누는데 그 호칭 방법은 다음과 같다.

	벨트의 재료에 의한 명칭	등급 또는 종류	벨트 폭	×	층(ply) 수
[호칭 방법 보기]	평 가죽벨트	1급	76	×	2
	평 고무벨트	3종	65	×	3

4 평 벨트를 거는 방법에 의한 동력 전달방법

(1) 두 축이 평행할 때

두 축의 회전 방향이 서로 같아야 할 때는 **그림 5-1**의 **(a)**와 같이 바로 걸기(open belt)를 하고 두 축의 회전 방향이 서로 반대이어야 할 때는 **(b)**와 같이 엇걸기(cross belt)를 하여 회전 동력을 전달한다.

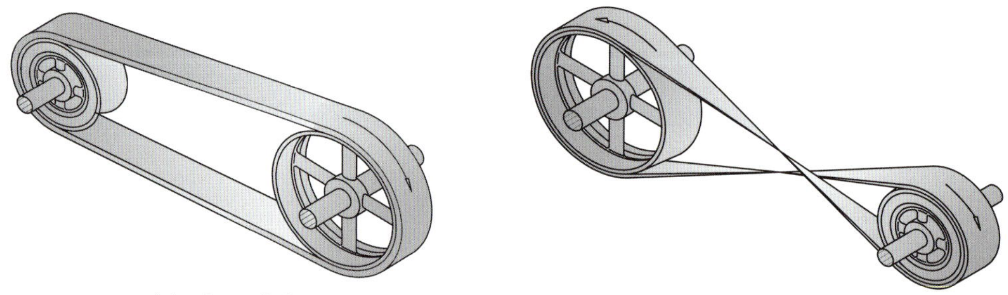

(a) 바로 걸기　　　　(b) 엇걸기

[그림 5-1] 두 축이 평행할 때의 벨트걸이

(2) 두 축이 평행하지 않을 때

두 축이 서로 직각 방향일 때는 **그림 5-2**와 같이 직각 걸기(quarter turn belt)를 하고, 서로 직각 또는 평행도 아닐 때는 **그림 5-3**의 **(a)**, **(b)**와 같이 서로 임의의 방향으로 회전 동력을 전달할 수는 있으며 안내 풀리(guide pulley)를 이용한 걸기를 한다.

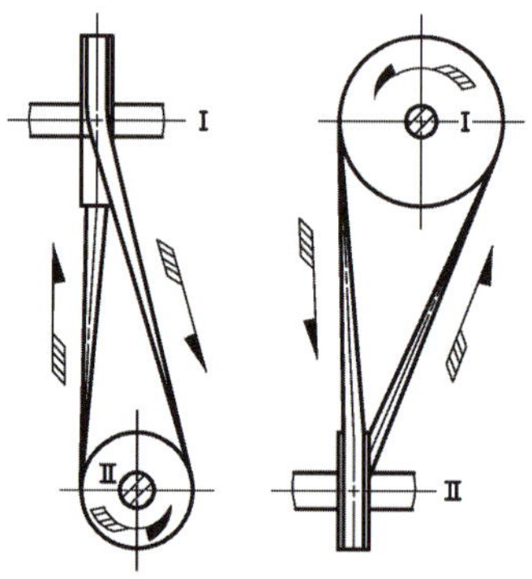

[그림 5-2] 두 축이 직각일 때

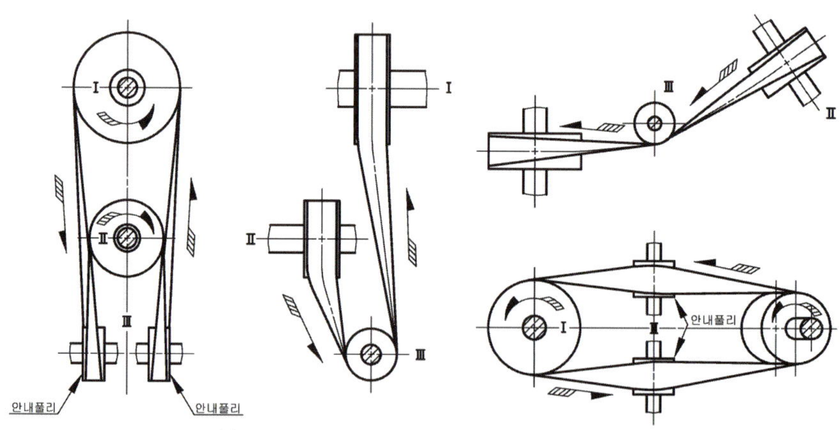

(a)　　　　(b)

[그림 5-3] 두 축이 직각이나 평행하지 않을 때

5 평 벨트 풀리(Flat belt pulley)의 구조와 종류

구조에 따라 **그림 5-4**와 같이 일체형과 분할형이 있으며 **그림 5-5**와 같이 바깥지름 면의 모양에 따라 Ⅰ형, Ⅱ형, Ⅲ형, Ⅳ형(KS 규격에서는 Ⅰ형을 C형으로, Ⅳ형을 F형으로 한 2종류)이 있으며, 암의 모양에 따라 **그림 5-6**과 같이 직선 암 형(straight type), 곡선 암 형(curve type), S자 암 형(s-type)이 있다.

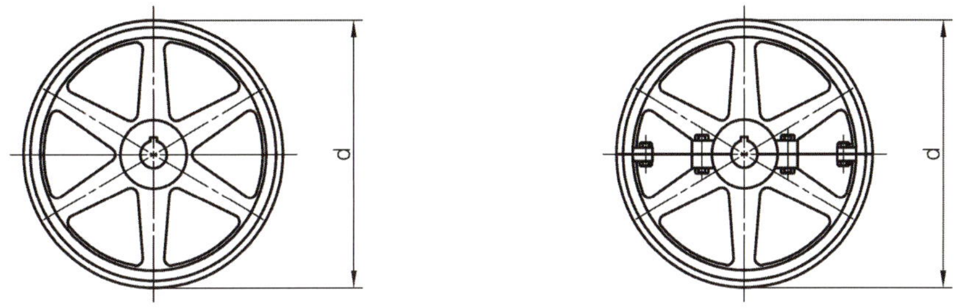

(a) 일체형 (b) 분할형

[그림 5-4] 구조에 따른 평 벨트 풀리의 종류

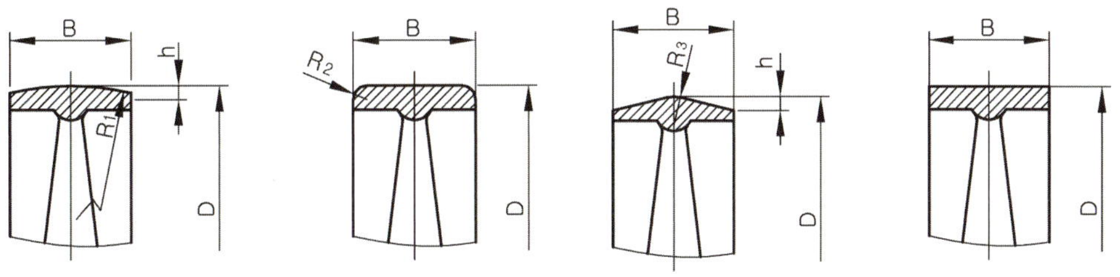

(a) Ⅰ형(C형) (b) Ⅱ형 (c) Ⅲ형 (d) Ⅳ형(F형)

[그림 5-5] 바깥지름 단면의 모양에 따른 평 벨트 풀리의 종류

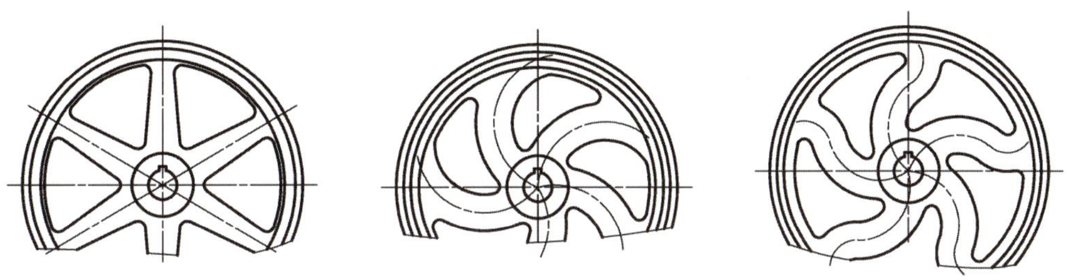

(a) 직선 암 형 (b) 곡선 암 형 (c) S자 암 형

[그림 5-6] 암(arm)의 모양에 따른 평 벨트 풀리의 종류

6 평 벨트 풀리의 재질

주로 주철, 주강, 강판, 경합금 등의 재질을 사용하며, 주강 또는 강판으로 만든 평 벨트 풀리는 30m/sec 이상의 회전 원주 속도에 적합하다.

7 평 벨트 풀리의 부품도 해석

다음의 원칙에 따라 그림 5-7과 같은 방법으로 제도한다.

① 축 직각 방향에서 본 투상도가 정면도이다.

② 대칭형이므로 대칭기호를 사용하여 반만을 도시하였거나 일부분만을 도시한 경우도 있다.

③ 암이 방사형으로 배치되므로 단면을 하여 측면도로 도시할 경우에는 회전 투상이 되어 있다.

④ 암은 길이 방향으로 절단하여 단면을 하지 않고 도시되어 있다.

⑤ 암의 단면 모양은 투상도의 안이나 밖에 회전 단면도로 도시되며, 투상도의 안에 도시할 때에는 가는 일점쇄선으로, 밖에 도시할 때에는 굵은 실선으로 도시되어 있다.

또 단면의 모양은 대개 타원형이며 근사법으로 원호를 그려 도시된 경우도 있다.

⑥ 암의 폭이 테이퍼 모양일 경우의 폭 치수 보조선은 수평으로부터 60°, 수직으로부터는 30°의 경사로 그어져 있다.

⑦ 보스의 밖에 멈춤 나사 구멍을 도시하거나 보스의 안에 키 홈을 도시할 때에는 그 특징 부분이 정면도에서 위쪽에 있도록 도시되어 있다.

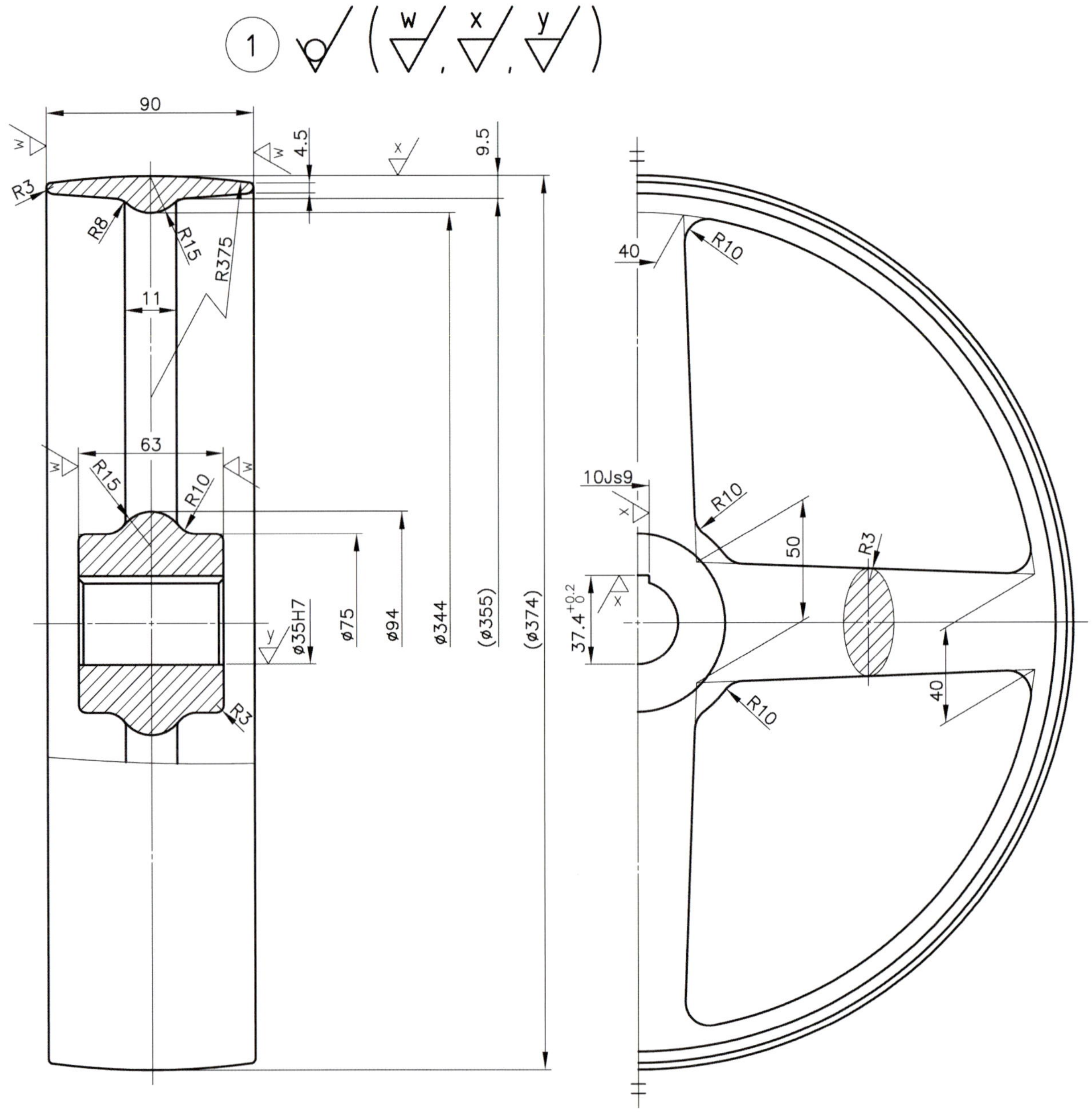

[그림 5-7] 평 벨트 풀리의 부품도

5.2 V벨트(V-belt)와 V벨트 풀리(V-belt pulley)

사다리꼴($\theta = 40° \pm 1°$) 모양의 단면을 가진 고무와 질긴 직물을 여러 겹으로 압착하여 만든 것으로써 V벨트 풀리의 쐐기모양 홈에 끼워져 접촉면이 넓으므로 평 벨트 풀리보다는 미끄럼이 적고 소음이 적은 회전운동을 전달하는 전동 요소이다.

벨트의 길이는 조절할 수 없는 것이 단점이며 이어서 사용할 수 없으며, KS B 1400에서는 주철재 풀리의 홈 모양과 기준치수를 KS M 6535(V 고무벨트)를 사용하는 것에 대해 규정하고 있다.

5.3 로프(Rope)와 로프 풀리(Wire rope pulley)

그림 5-8과 같이 여러 줄의 실(올, yarn)을 꼬아서 한 가닥의 줄을 만들고 다시 3~4 가닥의 줄을 모아 중심에 심을 넣고 한 개로 꼬아서 만든 것으로써 강철선으로 만든 와이어 로프(wire rope), 질긴 섬유로 만든 섬유 로프(textile rope)가 있으며, 꼬는 방법에 따라 그림 5-9와 같은 4종류의 로프가 있다.

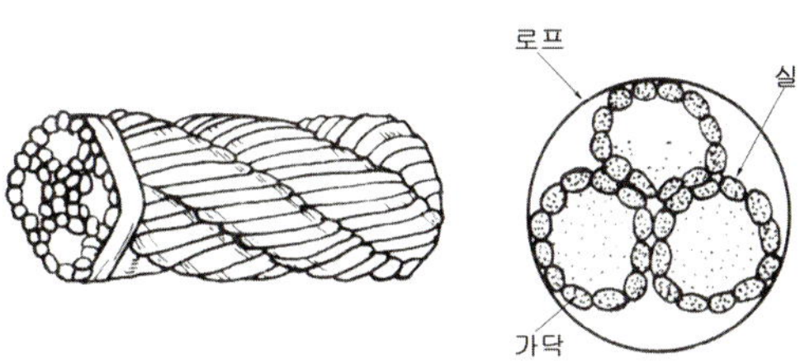

[그림 5-8] 로프의 겉과 단면 모양

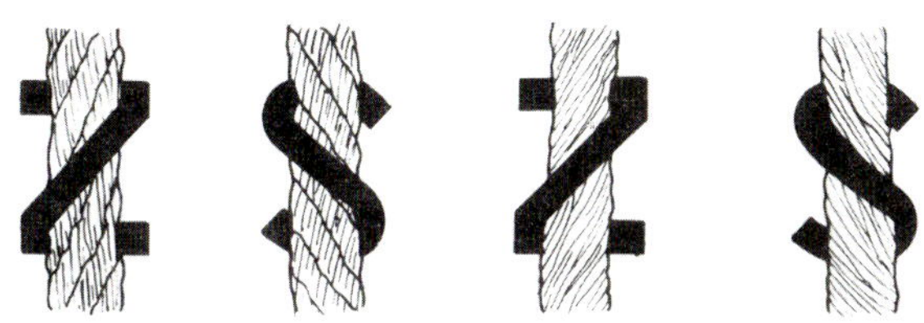

[그림 5-9] 로프 꼬임의 종류

1 로프의 종류

(1) 섬유 로프

무명 로프(cotton rope)와 대마 로프(hemp rope)가 있는데 일본 대마를 원료로 하는 백 로프(white rope)와 마닐라 대마를 원료로 하는 마닐라 로프가 있으며 가벼운 하중을 필요로 하는 것에 사용되는데 특수 염료에 방부시켜서 만든 타르 로프(tar rope)가 있다.

(2) 와이어 로프

중심 부분에 기름을 적당히 적신 대마 심선(hemp core)을 넣고 꼬아 만든 것으로써 연철선 또는 강철선을 사용하며 지름 굵기로 크기를 표시하고 주로 엘리베이터, 기중기, 선박 등에 사용하는데 1호 부터 26호 까지의 종류를 규격으로 정하고 있으며 로프단면 및 구성은 호별마다의 구성기호로 표시된다.

2 로프의 용도

(1) Z 꼬임 로프

대부분 도금을 하고 1호는 움직이지 않는 로프걸이로 사용하며 2호는 움직임용 로프로 사용하고 3호와 4호는 움직이거나 움직이지 않는 로프걸이로 사용하며 5호 이상은 거의 움직임용으로 사용된다.

(2) S 꼬임 로프

도금을 하지 않으며 3호는 기중기, 윈치(winch), 우물파기용으로 주로 사용하고 4호는 움직임용 로프걸이로 사용하고 6호는 기중기용으로만 사용된다.

(3) 랭 Z 꼬임과 랭 S 꼬임 로프

도금을 하지 않으며 1호부터 9호까지는 윈치, 긴 스팬(span)에 로프를 가설하고 여기에 트롤리(trolley, 짐을 매달은 체인을 지지하고 레일 위를 주행하는 브래킷이 달린 작은 쇠바퀴)를 매달아 목재나 광석 등을 운반하는데 사용한다.

3 로프 풀리(Rope pulley)

로프 풀리는 전동 풀리와 안내 풀리로 구성되며 각각 홈의 모양이 다르고 주철이나 주강으로 만든다. 전동 풀리는 보통 **그림 5-10**의 **(a)**와 같이 로프의 양 측면이 닿도록 3개의 홈을 가진 풀리이며, 안내 풀리는 **(b)**와 같이 로프가 홈의 밑바닥에 밀착이 되도록 반달형으로 만들어진다.

(a) 전동용 (b) 안내용

[그림 5-10] 전동 로프 풀리와 안내 풀리

와이어 로프용 풀리에는 **그림 5-11**과 같이 마찰력을 증가시키고 마모되었을 때 쉽게 교체할 수 있도록 목재, 가죽 및 특수 고무재 등을 사용한다.

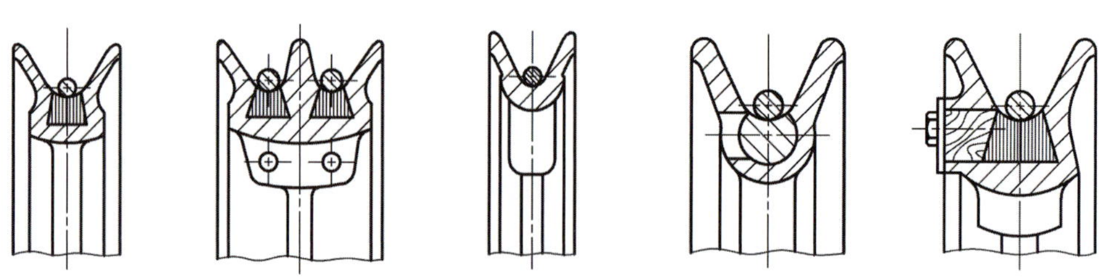

(a) (b) (c) (d) (e)

[그림 5-11] 와이어 로프용 풀리의 홈 구조

4 로프 드럼(Rope drum)

원동기로부터 동력을 전달 받아 로프를 바깥지름 부분에 감아두는 장치로서 보통 주철이나 주강으로 만들고 강판재도 사용하며, 드럼의 지름은 보통 35d(d=로프 지름)를 최소기준으로 한다.

5.4 체인(Chain)과 체인 스프로킷 휠(Chain sprocket wheel)

체인 전동은 기어 전동에 의하지 못하는 4m 이하의 축간 거리에 대하여 속도비가 비교적 적은 회전력을 전달하는데 사용하는 방법이며 그림 5-12는 핀(pin), 링크(link), 부시(bush), 롤러(roller)의 부품으로 구성된 롤러 체인으로서 기어의 이 모양으로 된 스프로킷 휠로 전동이 이루어진다.

이 방법은 큰 마력으로 동력을 전달할 수 있으며 베어링 마모도 적고 전달 효율이 95% 이상으로서 고온의 환경에서도 사용이 가능하다.

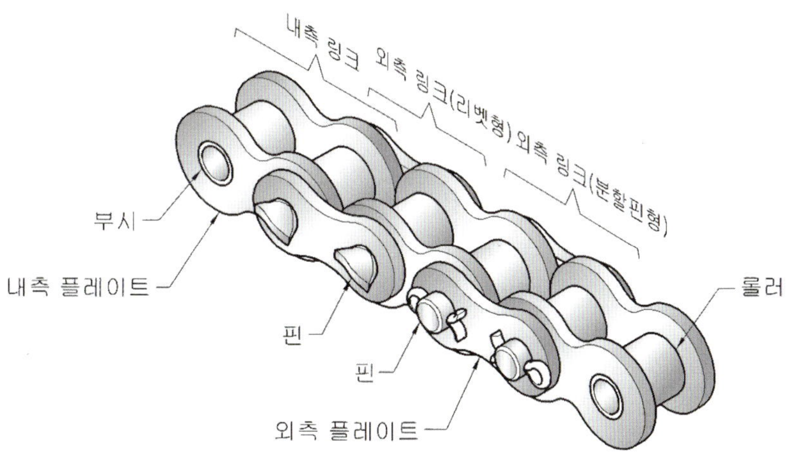

[그림 5-12] 롤러 체인의 구조와 모양

1 체인의 종류

그림 5-13과 같이 동력 전달용으로 롤러 체인(roller chain), 사일런트 체인(silent chain)이 있으며 운반용으로는 링크 체인(link chain)이 있다.

(1) 전동용 롤러 체인

핀, 링크, 부시, 롤러의 부품으로 구성된 것으로써 체인을 쉽게 걸고 벗겨지게 하기 위하여 체인의 이음매를 한 부분을 코킹(caulking)해 고정하지 않고 분할 핀(split pin)이나 스프링 클립(spring clip)을 끼워서 조립하며 오래 사용할 경우에는 늘어나서 물림상태가 좋지 않거나 소음이 발생하는 단점이 있다.

링크의 수가 짝수일 때는 이음 링크가 핀 링크에 의해 이음이 되지만 홀수인 경우에는 옵셋 링크(offset link)를 사용한다.

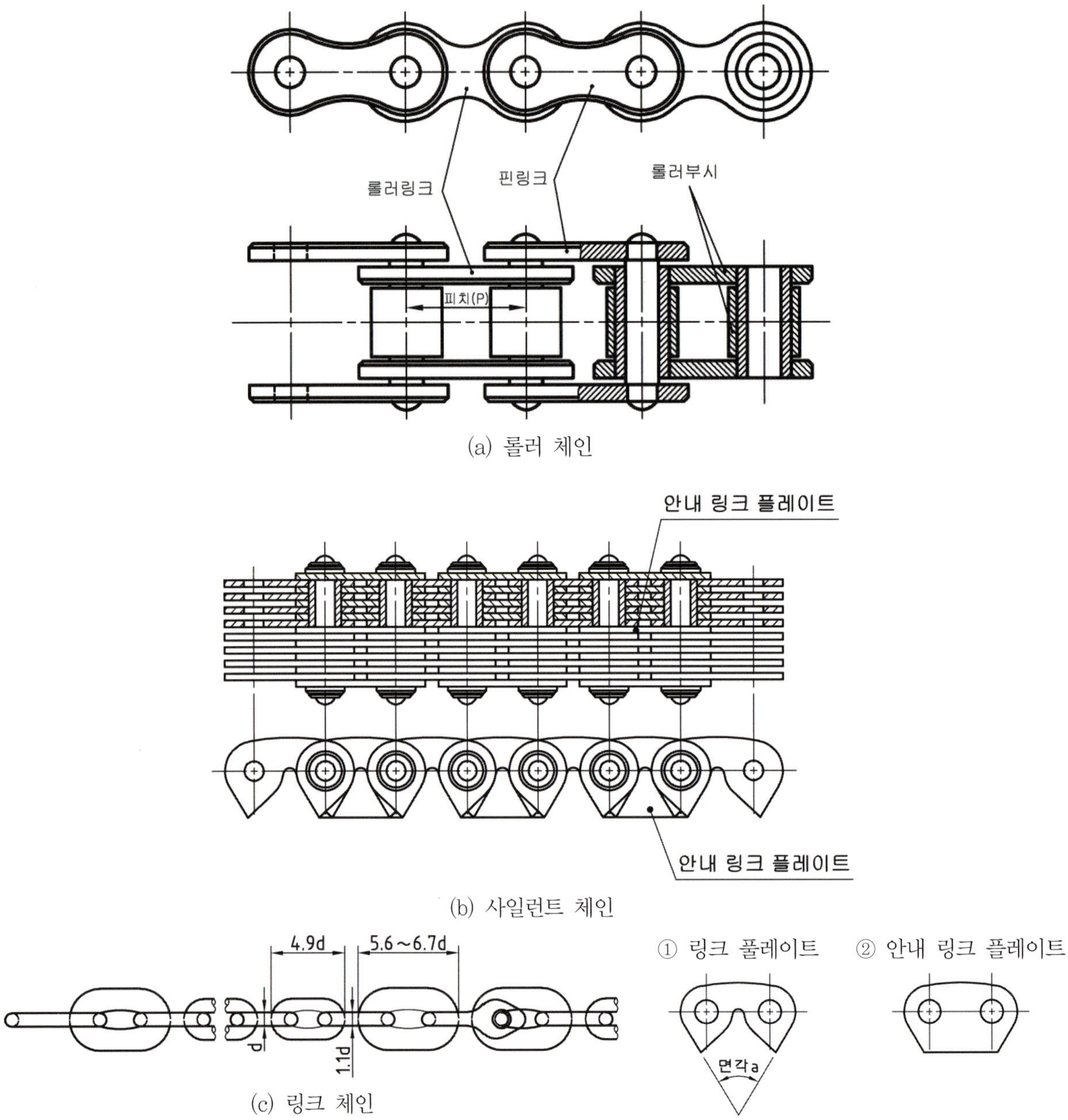

[그림 5-13] 체인의 종류와 구조

표 5-1은 전동용 롤러 체인의 구조와 부품 명칭을 나타낸다.

[표 5-1] 전동용 롤러 체인의 구조와 부품 명칭 KS B 1407

링크 명칭	약 도	부품 번호	부품 명칭	비 고
핀 링크	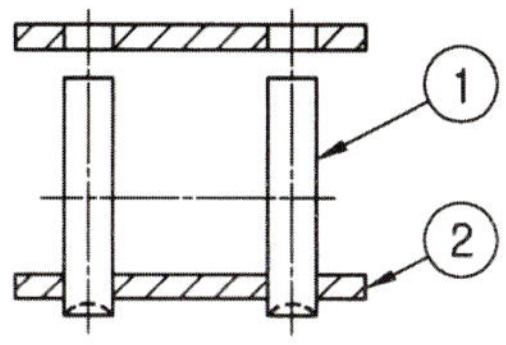	①	핀	2개의 핀이 2장의 핀 링크 판에 압입되어, 핀 링크를 형성한다. 핀의 양끝을 때려서 머리를 만드는 형식과 한끝을 분할 핀 또는 그 밖의 방법으로 고정하는 형식이 있다.
		②	핀 링크 판	
롤러 링크	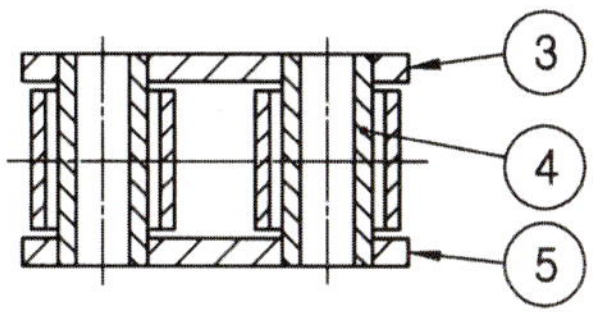	③	롤러 링크 판	2개의 부시가 2장의 롤러 링크 판에 압입되어, 부시의 바깥쪽에서 롤러가 회전할 수 있도록 끼워져 있다.
		④	부시	
		⑤	롤러	
이음 링크	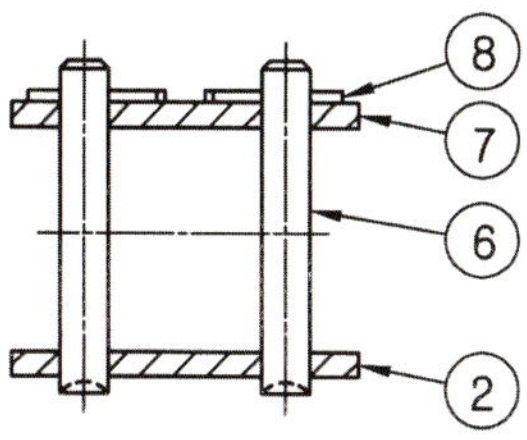	②	핀 링크 판	2개의 이음 판의 한 끝은 핀 링크 판에 압입되고, 다른 끝은 쉽게 빼 낼 수 있도록 이음 링크 판에 끼워져 있다. 이음 링크는 일련의 롤러 체인의 접합부에 사용한다. 그림은 분할 핀을 사용한 경우를 표시하고 있다.
		⑥	이음판	
		⑦	이음 링크 판	
		⑧	분할핀	
옵셋 링크	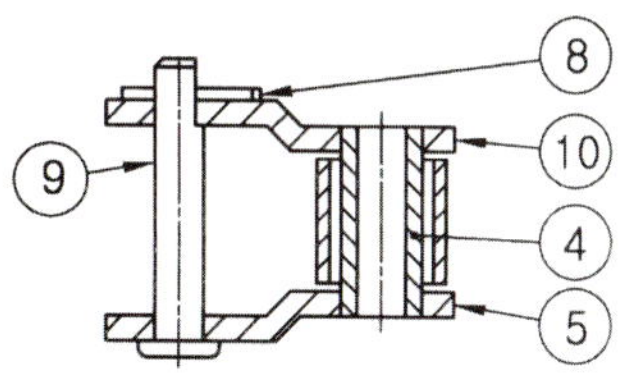	④	부시	부시가 2개의 옵셋 링크 판에 압입되고, 그 바깥쪽에 롤러가 있다. 옵셋 핀은 쉽게 빼낼 수 있으나, 핀 링크 판에 대하여 핀이 못 돌아가도록 홈을 파거나 그 밖의 방법으로 회전을 방지하는 구조로 되어 있다. 그림은 분할 핀을 사용한 경우를 표시하고 있다. 롤러 체인 전체가 홀수의 링크로 되는 경우 접합부에 사용한다.
		⑤	롤러 (1)	
		⑧	분할핀	
		⑨	옵셋핀	
		⑩	옵셋 링크 판	

[주] 호칭 번호 25, 35의 롤러 체인은 롤러가 없는 구조의 것이다.

① 피치 크기에 따른 종류로는 한 줄 롤러 체인은, 피치 크기에 따라 25, 35, 41, 40, 50, 60, 80, 100, 120, 140, 160, 200, 240의 호칭 번호(13종류)가 있으며, 끝 숫자가 「**0**」일 때에는 롤러가 있는 것, 「**5**」일 때에는 롤러가 없는 것, 「**1**」일 때에는 경량 형이다.

여러 줄 롤러 체인은 피치의 크기에 따라 한 줄 롤러 체인의 호칭 번호 뒤에 「**–**」를 붙이고 그 다음에 열의 수를 나타내는 숫자를 쓴다.

② 핀 링크의 형식에 따른 종류로는 리벳 형은 핀의 양끝을 때려서 머리부를 만들고 분할 핀 형은 핀의 한 끝을 분할 핀 또는 그 밖의 방법으로 고정한다.

표 5-2는 롤러 체인용 스프로킷 휠의 모양과 기준 치수 계산식을 나타내고, 표 5-3은 스프로킷 휠의 측정 방법이다.

[표 5-2] 롤러 체인용 스프로킷 휠의 모양과 기준 치수 계산 KS B 1408

(1열의 경우) (2열 이상의 경우)

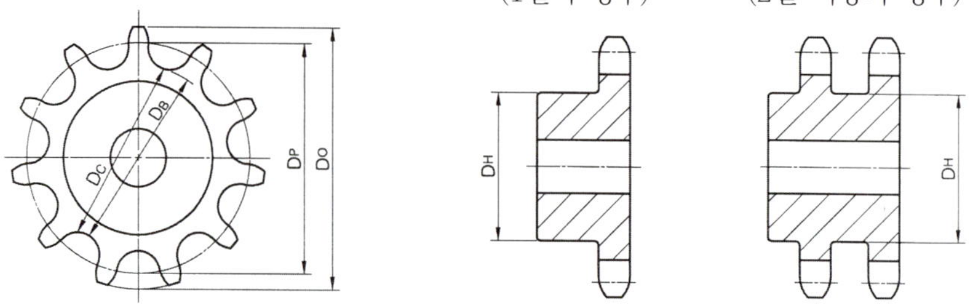

[비고] 스프로킷 휠의 호칭 번호는 그 스프로킷 휠에 감기는 전동용 롤러 체인(KS B 1407)의 호칭 번호로 한다.	[롤러 체인용 스프로킷 휠의 기준 치수 계산식]	
	항 목	**계산식**
	피치원 지름(D_p)	$D_p = \dfrac{p}{\sin\dfrac{180°}{N}}$
	바깥지름(D_0)	$D_0 = p\left(0.6 + \cot\dfrac{180°}{N}\right)$
	이뿌리원 지름(D_B)	$D_B = D_p - D_r$
	이뿌리 거리(D_c)	(짝수 이) $D_c = D_B$ (홀수 이) $D_c = D_p\cos\dfrac{90°}{N} - D_r = p \cdot \dfrac{1}{2\sin\dfrac{180°}{2N}} - D_r$
	최대 보스 지름과 최대 홈 지름(D_H)	$D_H = p\left(\cot\dfrac{180°}{N} - 1\right) - 0.76$
	여기에서 p : 롤러 체인의 피치, D_r : 롤러 체인의 롤러 바깥지름, N : 잇수	

[표 5-3] 롤러 체인용 스프로킷 휠의 측정 방법 KS B 1408

직접 측정 방법		**오버 핀 측정 방법**	
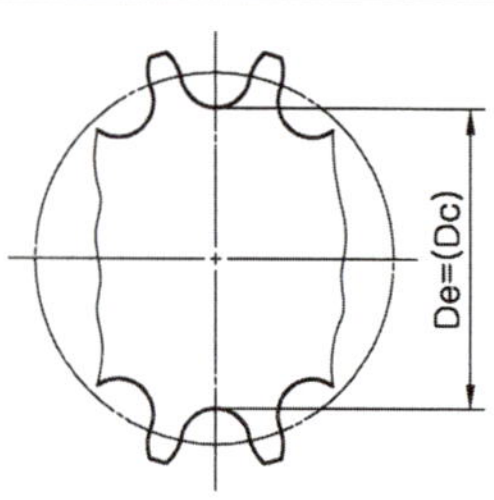	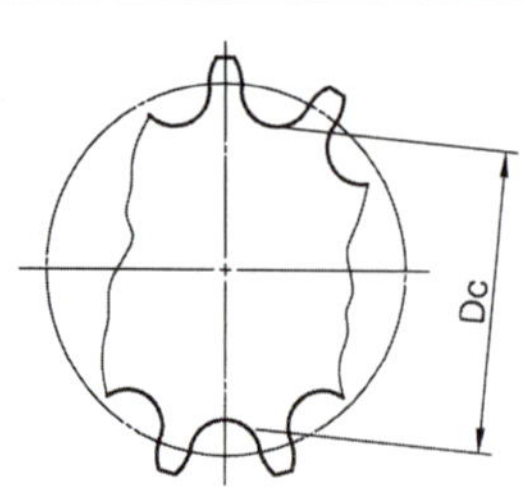	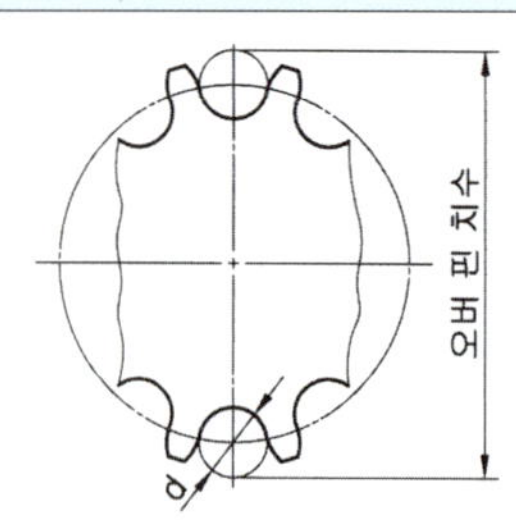	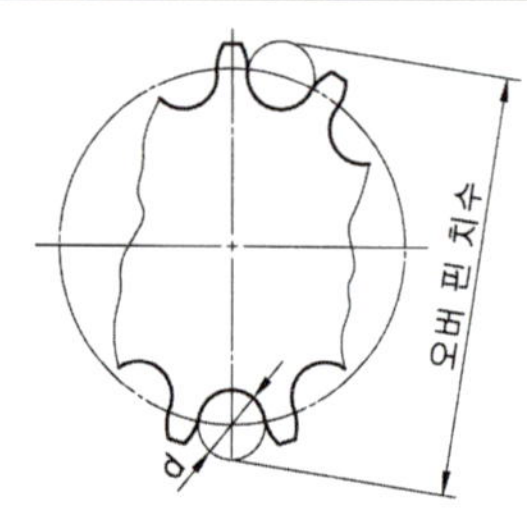
(a) 짝수 이	(b) 홀수 이	(a) 짝수 이	(b) 홀수 이
[비고] $D_B(=D_c)$ = 오버 핀 치수 $-\,2d$, D_c = 오버 핀 치수 $-\,2d$ 다만, $d < D_s$(보통 d는 대략 D_r과 같다)			

(2) 사일런트 체인

체인이 늘어나서 물림상태가 나빠지는 것, 소음이 적어야 할 부분에 사용하는 체인을 말하며 고속운전, 정숙운전에 좋으며 체인이 휠에서 벗겨지지 않도록 안내 링크를 중앙 또는 양면에 넣으며 사일런트 링크의 휠 이면은 직선형이며 접촉 면각은 52°, 60°, 70°, 80°가 있으나 주로 52°나 60°가 사용된다.

(3) 링크 체인

공장에서 무거운 물건을 운반할 때 수동 또는 저속으로 사용하는 체인블록(chain block), 크레인(crane) 등의 하역 장치나 선박의 닻(anchor)용으로 주로 사용된다.

주로 주강재, 전기용접재, 단접재 등이 사용되고 체인 스프로킷 휠은 주철재가 사용된다.

2 롤러 체인 스프로킷 휠(Roller chain sprocket wheel)의 형식과 호칭, 도면해석

(1) 롤러 체인 스프로킷 휠의 형식

일반적으로 가장 많이 사용되는 형식은 그림 5-14와 같다.

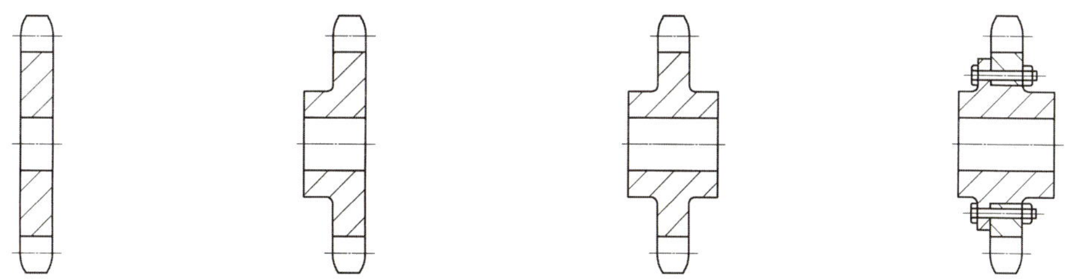

(a) A형-평판 형 (b) B형 - 한쪽 보스 형 (c) C형 - 양쪽 보스 형 (d) D형 - 보스 분리 형

[그림 5-14] 롤러 체인 스프로킷 휠의 형식

(2) 제품의 호칭

[명칭] · **[호칭 번호]** · **[잇수]** · **[이형]**으로 표시한다.

[보기] (1) (1열의 경우) 호칭 번호 40, 잇수 30, S 이형의 경우 : 스프로킷 휠 40, N 30 S

(2) (2열의 경우) 호칭 번호 60-2, 잇수 20, U 이형의 경우 : 스프로킷 휠 60-2, N 20 U

(3) 롤러 체인 스프로킷 휠의 도면해석

① 그림 5-15와 같이 스프로킷 휠의 부품도는 주로 소재를 가공하는 치수만이 표시되고, 요목표를 병용하되 표에는 이의 특성을 나타내는 사항이 표시된다.

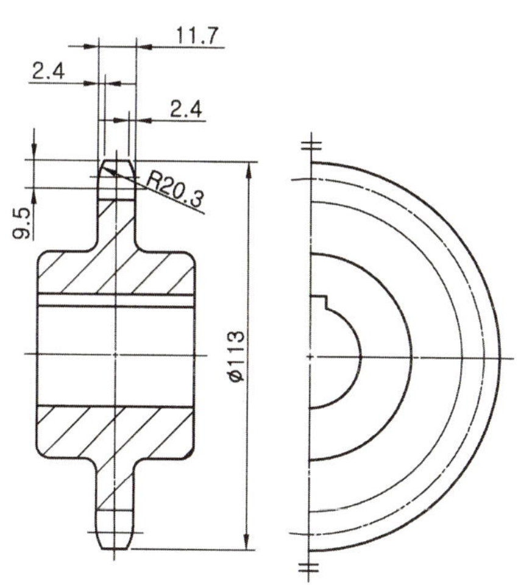

[스프로킷 휠 60, N 17 S의 경우]

요목표		단위 : mm
	피치	19.05
롤러 체인	롤러 바깥지름	ϕ11.91
스프로킷 휠	D_p	ϕ103.67
	D_0	ϕ113
	D_B	ϕ91.76
	D_c	ϕ91.32
[비고] 기계 이 절삭		

[그림 5-15] 스프로킷 휠의 부품도

② 이 가공에 필요한 치수는 피치원 지름(D_p), 바깥지름(D_0), 이뿌리원 지름(D_B), 이뿌리 거리(D_c)를 사용하여 반드시 표 안에 표시되어 있다.

③ 바깥지름은 굵은 실선, 피치원은 가는 일점쇄선, 이뿌리원은 가는 실선 또는 굵은 파선으로 표시하며, 이뿌리원은 도시가 생략되어 있을 수 있고 축에 직각인 방향에서 본 도형이 단면으로 도시될 때는 이뿌리의 선은 굵은 실선으로 도시되어 있다.

그림 5-16은 체인과 스프로킷 휠이 설치된 조립도와 부품도의 예시이다.

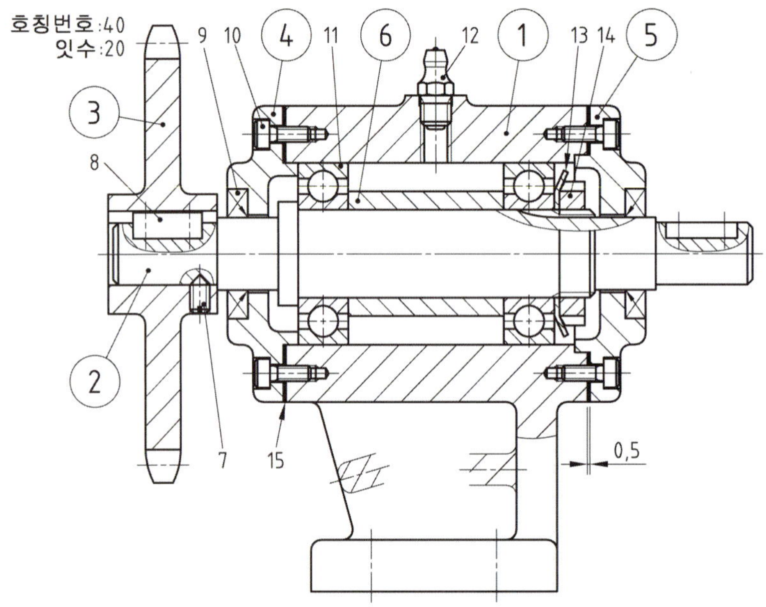

(a) 조립도

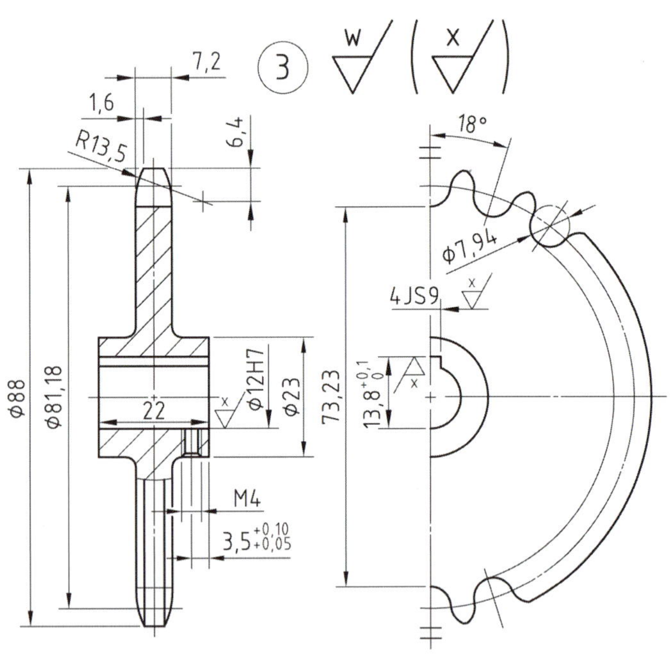

체인 · 스프로킷 요목표		
체인	호칭	40
	원주피치	12.70
	롤러 외경	φ7.95
스프로킷	잇수	20
	치형	U형
	피치원 지름	φ81.18

(b) 부품도

[그림 5-16] 스프로킷 휠이 설치된 조립도와 부품도

그림 5-17은 앞에서 설명한 스프로킷 휠, V벨트 풀리가 설치·조립된 조립도면과 V벨트 풀리의 부품도면의 예시를 보여준다.

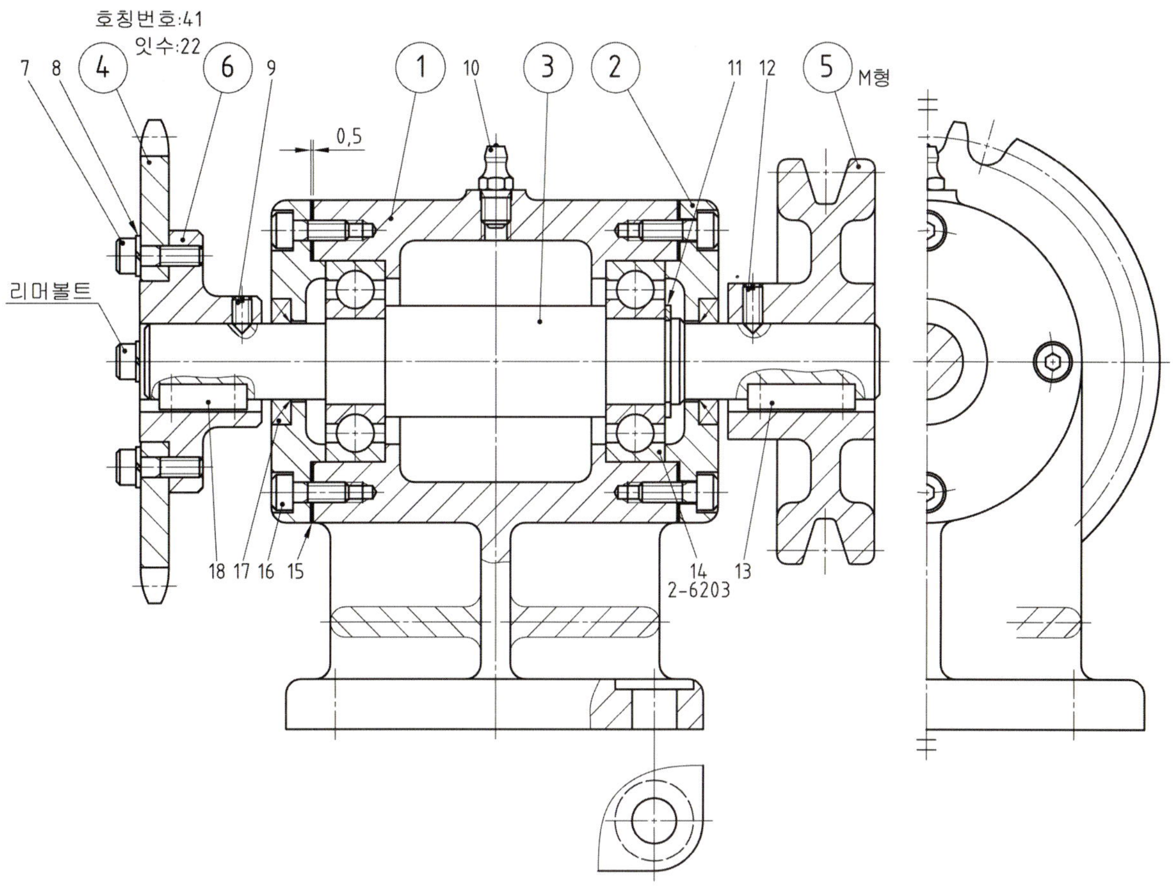

(a) 조립도

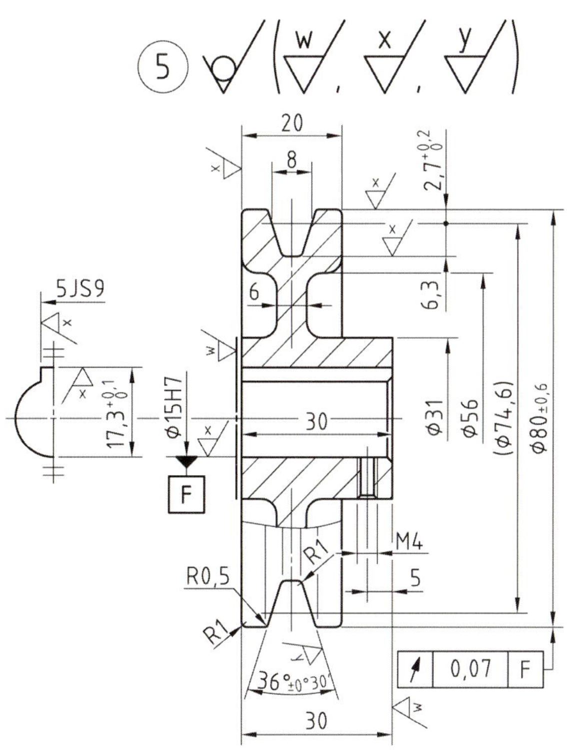

(b) 부품도

[그림 5-17] 스프로킷 휠과 V벨트 풀리가 설치된 조립도와 V벨트 풀리의 부품도

CHAPTER

06 기어(Gears)

6.1 기어 전동(Gear transmission)

그림 6-1과 같이 각각 서로 맞물려 돌아가는 한 쌍의 마찰차 접촉면에 이(tooth)를 만들어 미끄러지지 않고 연속적으로 정해진 동력을 전달할 수 있도록 한 기계요소를 기어(치차, 齒車)라 하고 두 쌍의 기어가 맞물려서 동력을 전달하는 것을 기어 전동(gear transmission)이라고 한다.

기어 전동은 축과 축 사이의 거리가 짧을 때에 큰 동력을 일정한 속도 비로 정확하게 전달할 수 있기 때문에 기계장치에서 가장 많이 사용되고 있다.

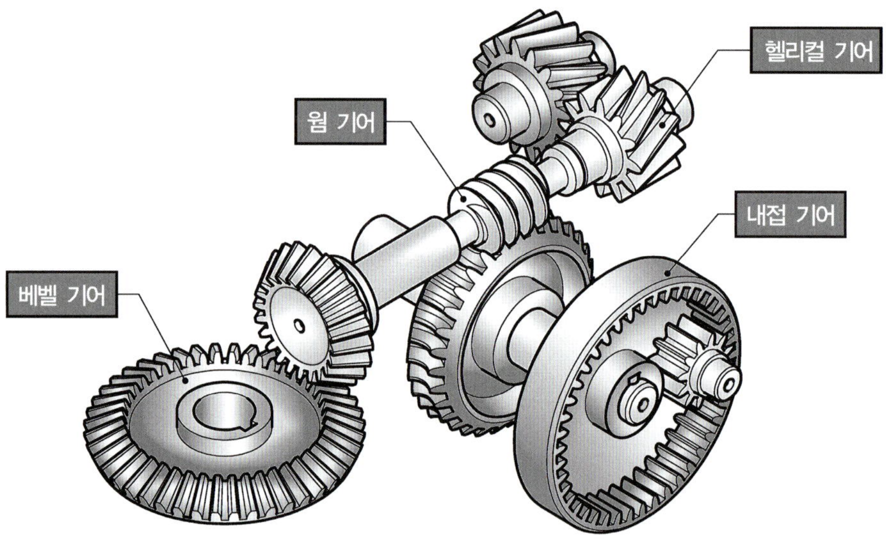

[그림 6-1] 여러 가지 기어 전동의 구성

두 축의 상대 위치 및 용도에 따라 기어의 모양, 크기, 이의 접촉방법, 사용재료, 가공방법 등이 달라지며 가장 자주 쓰이는 기어의 종류는 다음과 같다.

(1) 스퍼 기어(Spur gear)

두 축이 평행할 때 사용하는 기어로서 그림 6-2의 (a)와 같이 두 쌍의 기어 이의 접촉 상태와 이 끝이 직선이며 축에 평행한 원통 기어인데, 평 기어라고도 한다.

(2) 헬리컬 기어(Helical gear)

두 축이 평행할 때 사용하는 기어로서 그림 6-2의 (b)와 같이 두 쌍의 기어 이의 접촉상태와 이끝이 서로 반대방향으로 각을 가진 직선 이의 기어이며 축에 평행한 원통 기어로서 스퍼 기어보다 같은 크기의 조건에서 소음이 적어서 정숙한 운전이 되며 이 접촉면이 길어서 큰 회전력(증·감속비 1:10)을 전달할 수 있고 맞물리는 기어는 서로 반대의 축 방향으로 추력(thrust)이 발생한다.

(3) 이중 헬리컬 기어(Double helical gear)

두 축이 평행할 때 사용하는 기어로서 그림 6-2의 (c)와 같이 두 쌍의 기어 이의 접촉 상태와 이끝이 서로 반대 방향으로 각을 가진 직선 이의 헬리컬 기어를 반대의 두 줄로 배열하여 축에 평행한 이중 원통 기어인데 헤링본 기어(Herringbone gear)라 하고 나선형이서 산형 기어라고도 한다.

이중 헬리컬 기어는 헬리컬 기어보다 같은 크기의 조건에서 소음이 더 적어서 정숙한 운전이 되며 이 접촉면이 2배로 길어서 더 큰 회전력을 전달할 수 있는데 축 방향으로 발생하는 추력(thrust)이 없다.

(4) 랙(Rack)과 피니언 기어(Pinion gear)

두 축이 평행할 때 사용하는 기어로서 그림 6-2의 (d)와 같이 두 쌍의 기어 이의 접촉 상태와 이끝이 직선이며 축에 평행한 원통 기어와 원통 기어의 피치원 지름을 무한대로 펼쳐서 평면 상태로 된 랙으로 구성되므로 직선 왕복운동을 회전운동으로 바꾸어 전달하거나 회전운동을 직선 왕복운동으로 바꾸어 사용하는 장치에 사용된다.

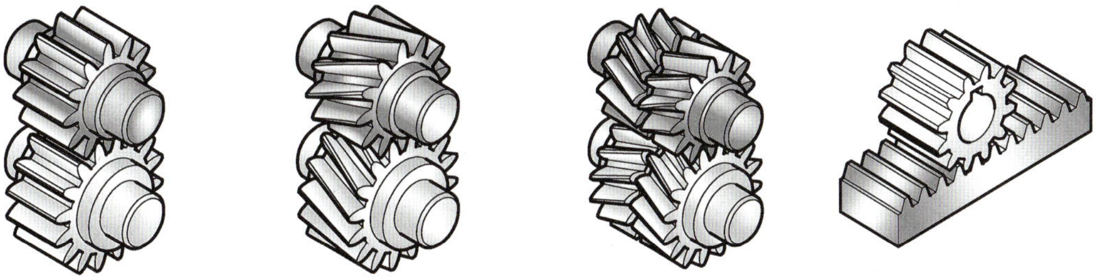

(a) 스퍼 기어 (b) 헬리컬 기어 (c) 이중 헬리컬 기어 (d) 랙과 피니언 기어

[그림 6-2] 두 축이 평행한 조건에 사용하는 기어 종류

(5) 헬리컬 랙(Helical rack)과 피니언 기어(Pinion gear)

두 축이 평행할 때 사용하는 기어로서 두 쌍의 기어 이의 접촉 상태와 이끝이 서로 반대방향으로 각과 직선 이를 가진 기어이며 랙과 피니언 기어보다 정숙하고 큰 전동이 된다.

(6) 내접 기어(Internal gear)

두 축이 평행할 때 사용하는 기어로서 그림 6-3과 같이 두 쌍의 기어 이의 접촉상태와 이끝이 서로 직선이며 축에 평행한 원통 기어와 원통 안쪽 기어로 구성되며 내(內) 기어라고도 하는데, 스퍼 기어나 헬리컬 기어보다 큰 회전비를 얻고자 할 때 사용하는 기어이다.

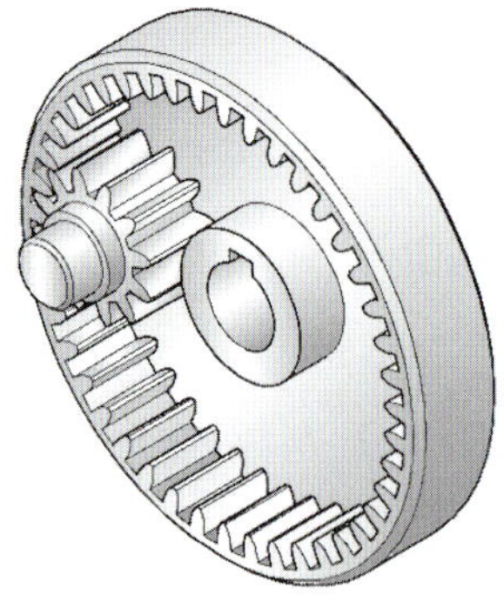

[그림 6-3] 내접 기어

(7) 직선 베벨 기어(Straight bevel gear)

두 축의 원추 꼭지점이 어느 각도로 만나는 기어로서 그림 6-4의 (a)와 같이 두 쌍의 기어 이의 접촉 상태와 이 끝이 직선이며 원추형으로 이를 가진 기어인데 두 쌍의 기어가 각각 크기가 다른 기어로서, 두 쌍의 기어 크기가 같아서 서로 축 직각으로 만나는 기어를 마이터 기어(Miter gear)라고 한다.

(8) 스파이럴 베벨 기어(Spiral bevel gear)

두 축의 원추 꼭지점이 어느 각도로 만나는 기어로서 그림 6-4의 (b)와 같이 두 쌍의 기어 이의 접촉상태와 이 끝이 곡선이며 원추형의 이를 가진 기어인데, 두 쌍의 기어가 각각 크기가 다른 기어를 말한다.

(9) 하이포이드 베벨 기어(Hypoid bevel gear)

두 축의 원추 꼭지점이 서로 만나지 않으면서 90°를 유지하는 기어로서 그림 6-4의 (c)와 같이 두 쌍의 기어 이의 접촉 상태와 이 끝이 곡선이며 원추형으로 이를 가진 기어인데 두 쌍의 기어가 각각 크기가 다르고 자동차의 차동기어 장치의 감속기어로 사용된다.

이 기어와 비슷한 것으로 회전 쌍곡면 일부를 피치면으로 하고 두 축이 평행도 교차하지도 않는 회전 쌍곡면 기어(Hyperboloidal gear)가 있는데 스큐 베벨 기어(Skew bevel gear)라고도 한다.

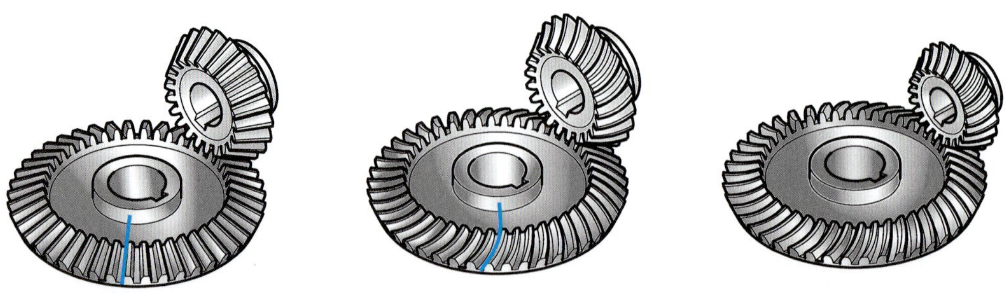

(a) 직선 베벨 기어 (b) 스파이럴 베벨 기어 (c) 하이포이드 베벨 기어

[그림 6-4] 두 축이 만나는 조건에 맞추어진 베벨 기어

(10) 웜과 웜 기어(Worm and Worm gear)

두 축이 서로 직각을 이루고 그림 6-5와 같이 두 쌍의 기어 이의 접촉 상태는 웜 축이 마치 나사의 조임과 풀림과 같은 원리로 웜 휠을 회전시키는 기어로서 감속비가 큰 감속기나 자동차의 핸들 축에 주로 사용된다.

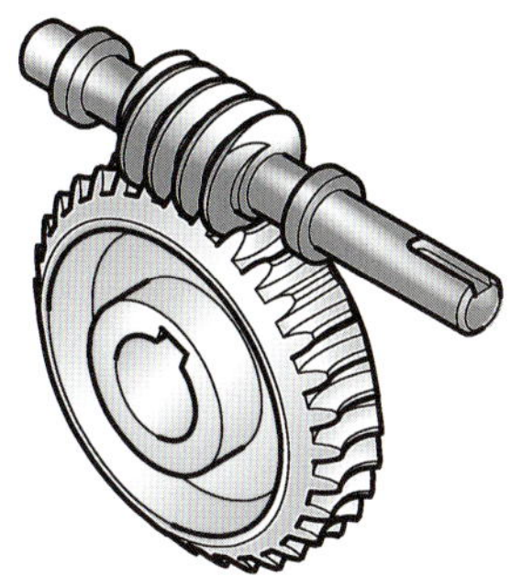

[그림 6-5] 웜과 웜 기어

6.2 스퍼 기어의 각부 명칭과 계산공식

1 각부 명칭

기어의 각 부 명칭은 KS B 0102로 규정되어 있으며 각 부분들의 명칭과 기호들은 그림 6-6과 같다.

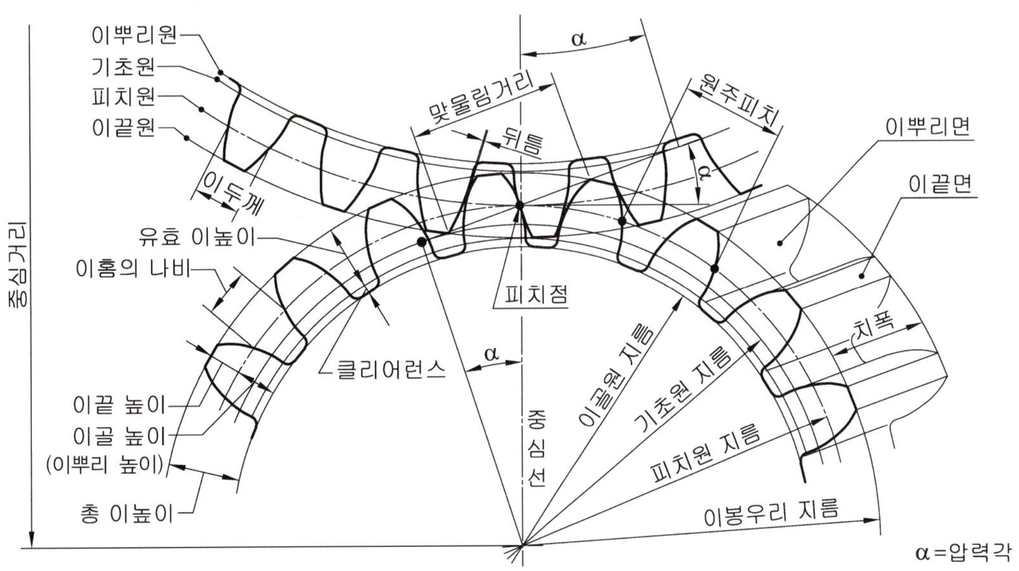

a : 중심거리	s_0 : 원호 이두께	h : 전체 이높이	t : 원주 피치	h_a : 유효 이높이
t_e : 법선 피치	h_f : 이뿌리 높이	d : 피치원 지름	h_k : 이끝 높이	d_g : 기초원 지름
c_k : 이끝 간격	d_k : 이봉우리 원지름(이끝원 지름)		d_r : 이골원 지름(이뿌리원 지름)	

[그림 6-6] 기어의 각부 명칭

2 이의 크기와 계산공식

이의 크기를 나타내는 방법으로는 모듈, 원주 피치, 지름 피치 등과 같이 세 가지 방법이 있으며 KS 규격에서는 표 6-1과 같이 모듈을 0.1 ~ 50㎜까지 제시하고 있으며 「m」이라는 기호로 표시된다. 모듈의 값은 클수록 이의 크기가 크게 되며 표 6-2는 스퍼 기어의 각 부에 대한 계산 공식을 나타낸다.

[표 6-1] 모듈의 표준값(단위: ㎜) KS B 1404

제1계열															
0.1	0.2	0.3	0.4	0.5	0.6	0.8	1	1.25	1.5	2	2.5	3	4	5	6
8	10	12	16	20	25	32	40	50							

[표 6-2] 스퍼 기어의 계산 공식과 계산 보기

기어의 계산 공식			(보기) $Z_1 = 20$, $m = 3$일 경우
모듈	KS B 1404의 모듈의 표준값을 사용한다.	$m = p/\pi$	3㎜
원주 피치	t = 모듈 × π	$t = \pi \times m$	3 × 3.14 = 9.42㎜
피치원 지름	d = 모듈 × 잇수	$d = m \times Z$	3 × 20 = 60㎜
전체 이높이	h = 2 × 모듈 + 이끝 간격(보통 이)	$h = (2 \times m) + c_k$	(2×3) + 0.25 = 6.25㎜
이끝(h_k) 높이	h_k = 모듈	$h_k = m$	3㎜
이뿌리(h_f) 높이	h_f = 모듈 + 이끝 간격	$h_f = m + c_k$	3 + 0.25 = 3.25㎜
이끝원 지름	d_k = d + 2배의 이끝 높이	$d_k = d + 2m$ $d_k = m(Z+2)$	60 + 6 = 66㎜
이골원(이뿌리원) 지름	dr = d − 2배의 이뿌리 높이	$dr = d - 2h_f$	60 − 6.5 = 53.5㎜
중심 거리	a = 피치원 반지름의 합 Z_1 = 작은 기어1의 잇수 Z_2 = 큰 기어2의 잇수	$a = m(Z_1 + Z_2)/2$ $a = (d_1 + d_2)/2$	[보기] $Z_2 = 40$이라고 가정하면, a = 3(20 + 40)/2 = 90㎜ (맨위 보기에서 $Z_1 = 20$이므로)
참고 이끝 간격은 0.1m~0.3m(모듈)이며, 보통 이에서는 0.25m(모듈)이다.			

(1) 모듈(module)

피치원 지름(㎜)을 잇수(Z)로 나눈 값을 말하며, 계산식은 m = 피치원 지름 / 잇수 = d/Z(㎜)

(2) 원주 피치(circular pitch)

피치원의 원주를 잇수로 나눈 값을 말하며, t = 피치원의 원주 / 잇수 = πd/Z(㎜ 또는 inch)

(3) 지름 피치(diametral pitch)

잇수를 피치원의 지름(inch)으로 나눈 값을 말하며,

P(inch) = 잇수 / 피치원의 지름(inch) = Z/d(inch) 또는 P(㎜) = (25.4×Z)/d(㎜)

위의 **(1)**, **(2)**, **(3)** 사이에는 다음과 같은 관계가 있다.

$m = t(mm)/\pi =$ 원주 피치 / $\pi = d/Z = 25.4/P$, $P = 25.4Z/d = 25.4/m = 25.4\pi/t$

3 스퍼 기어 부품도 해석

(1) 조립도

① 정면도는 **그림 6-7**과 같이 이끝원은 굵은 실선, 피치원 지름은 가는 일점쇄선, 이뿌리원 지름은 가는 실선으로 도시되어 있으며 키 홈 등의 특징 부분의 위치는 위에 있도록 도시되어 있고 모떼기를 할 경우의 모떼기를 나타내는 굵은 실선은 관례적으로 도시하지 않는다.

② 단면을 할 경우의 측면도는 **그림 6-7**의 **(a)**와 같이 이끝원 지름은 굵은 실선, 피치원 지름은 가는 일점쇄선, 이뿌리원 지름은 굵은 실선으로, 맞물리는 부분의 이끝원 지름은 어느 한 기어를 굵은 파선으로 도시되어 있고 단면을 하지 않을 경우의 측면도는 **(b)**와 같이 이끝원 지름은 굵은 실선, 피치원 지름은 가는 일점쇄선, 이뿌리원 지름은 가는 실선으로 도시되어 있으며, 맞물리는 부분의 이끝원 지름과 이뿌리원 지름은 어느 한 기어(주로 구동 기어)를 굵은 파선으로 도시되어 있다.

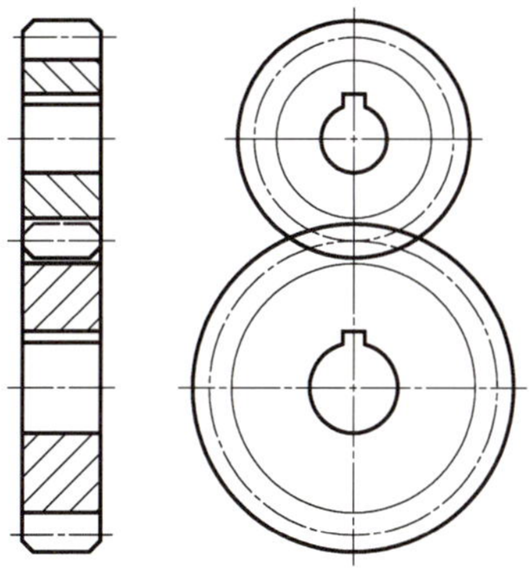

(a) 단면을 한 경우

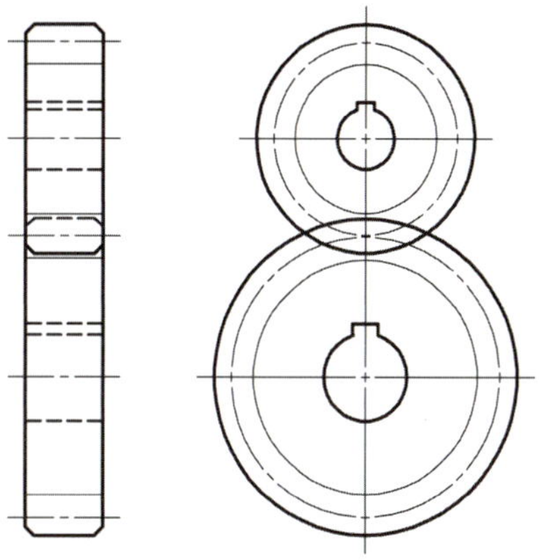

(b) 단면을 하지 않을 경우

[그림 6-7] 맞물리는 스퍼 기어의 조립상태

(2) 부품도

그림 6-8과 같이 도시되어 있고 KS B 0002에서 규정한 요목표가 만들어져 있다.

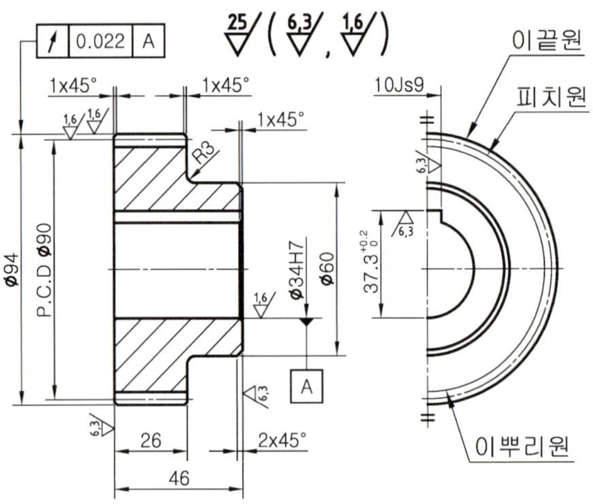

요목표		단위 : mm
기어 이(치) 형		표준
기준 랙	이(치) 형	보통 이
	모듈	2
	압력각	20°
잇 수		45
피치원 지름		Ø90
전체 이높이		4.5
다듬질 방법		호브 절삭
벌림 이두께		33.73
정밀도		KS B 1405 5급

[그림 6-8] 스퍼 기어의 부품도

① 정면도의 이끝원은 굵은 실선, 피치원 지름은 가는 일점쇄선, 이뿌리원 지름은 가는 실선으로, 키 홈 등의 특징이 있는 부분의 위치는 위에 있도록 도시되어 있다.

② 단면을 할 경우의 측면도의 이끝원 지름은 굵은 실선, 피치원 지름은 가는 일점쇄선, 이뿌리원 지름은 굵은 실선, 단면을 하지 않을 경우의 측면도의 이끝원 지름은 굵은 실선, 피치원 지름은 가는 일점쇄선, 이뿌리원 지름은 가는 실선으로 도시되어 있다.

그림 6-9는 스퍼 기어의 가공과 제작된 여러 가지 종류의 스퍼 기어를 보여주고 있다.

(a) 스퍼 기어의 연삭 가공 (b) 스퍼 기어의 호브 가공 (c) 여러 가지 스퍼 기어

[그림 6-9] 스퍼 기어의 가공과 종류

6.3 헬리컬 기어(Helical gear)

1 이 형(치형, 齒形)의 종류

헬리컬 기어의 이 형은 측정 방식에 따라 이 직각 방식과 축 직각 방식의 2종류가 있다.

(1) 이 직각 방식은 그림 6-10의 (a)와 같이 이의 직각 방향에서 측정한 이의 크기를 나타내는 방식으로서 이 직각 원주피치(t_n)와 이 직각 모듈(m_n)로 이 크기를 나타낸다.

(2) 축 직각 방식은 그림 6-10의 (b)와 같이 축 직각 방향에서 측정한 이의 크기를 나타내는 방식으로서 축 직각 원주 피치(t)와 축 직각 모듈(m)로 이의 크기를 나타낸다.

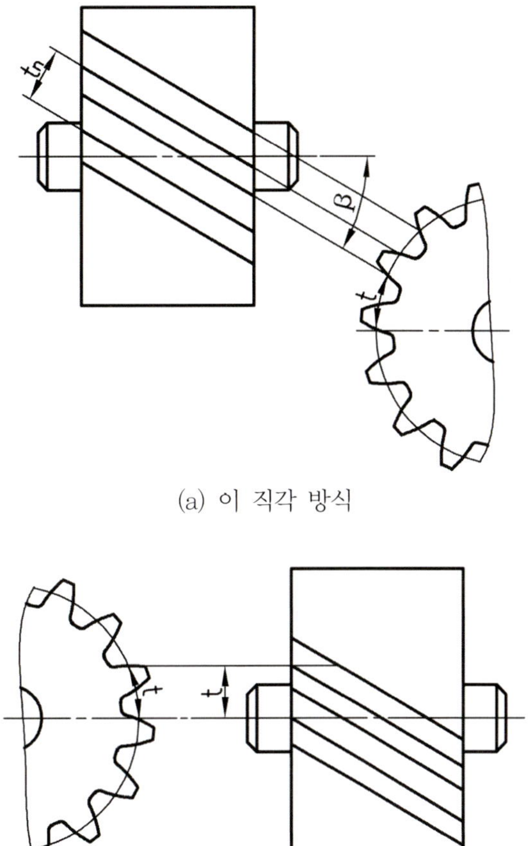

(a) 이 직각 방식

(b) 축 직각 방식

[그림 6-10] 헬리컬 기어의 이 형(치형)

2 헬리컬 기어와 이중 헬리컬 기어의 각 부분 계산식

표 6-3은 헬리컬 기어의 계산식이다.

[표 6-3] 헬리컬 기어의 계산식

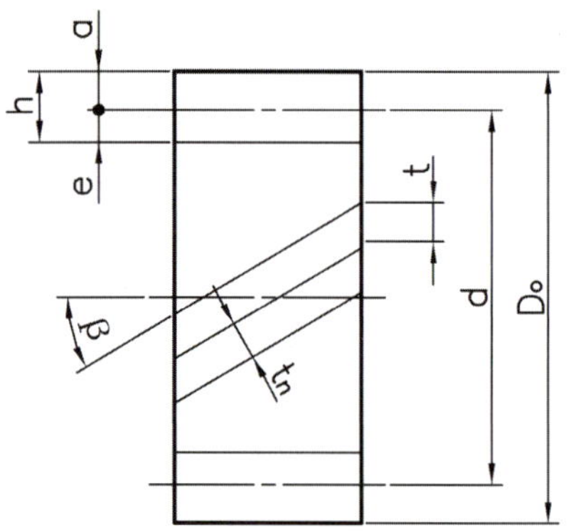

(a) 싱글 헬리컬 기어

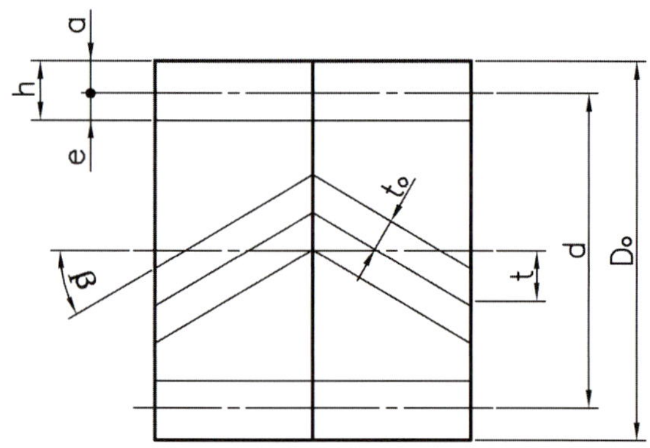

(b) 이중 헬리컬 기어

각 부분의 명칭과 기호		헬리컬 기어(이 직각 방식)	이중 헬리컬 기어(축 직각 방식)	
			사이크스(Sykes) 식	샌더랜드(Sanderland) 식
이끝 높이	a	$1m_n$	0.89m	0.8796m
이뿌리 높이	e	$1.157m_n$	1.10m	1.0053m
전체 이높이	h	$2.157m_n$	1.99m	1.8849m
이 직각 원주 피치	t_n	$3.14m_n$	$3.14m\cos\beta$	
축 직각 원주 피치	t	$t_n/\cos\beta$	3.14m	
이 직각 모듈	m_n	$t_n/3.14$	$m\cos\beta$	
축 직각 모듈	m	$m_n/\cos\beta$	$t/3.14$	
피치원 지름	d	$Zm_n/\cos\beta$	Zm	
이끝원 지름	D_0	$d+2a$	$d+2a$	
잇수	Z	$d\cos\beta/m_n$	d/m	
상대 기어 잇수	Ze	$Z/\cos^3\beta$		
리드(lead)	ℓ	$3.14d/\tan\beta$		

[비고] 사이크스(Sykes) 식과 샌더랜드(Sanderland) 식은 각각 기어 제작회사의 이름이다.

3 헬리컬 기어의 비틀림 방향, 회전방향 및 추력(Thrust) 관계

(1) 맞물림 헬리컬 기어, 이중 헬리컬 기어의 비틀림 방향은 그림 6-11과 같이 서로 반대로 도시되어 있다.

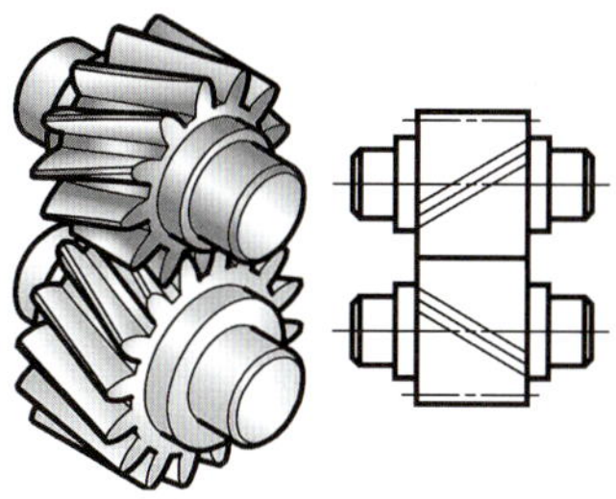

(a) 맞물림 헬리컬 기어

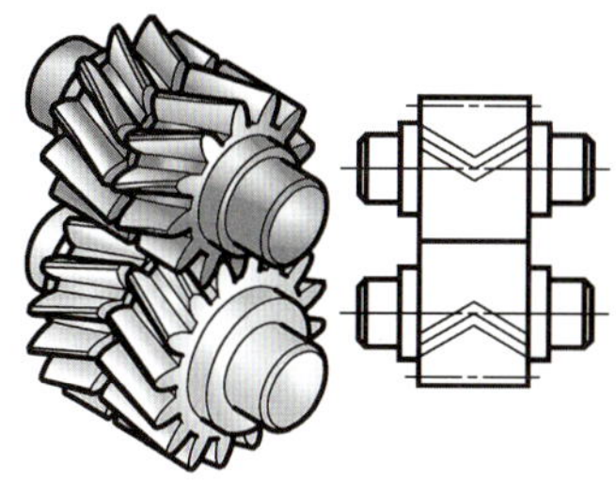

(b) 맞물림 이중 헬리컬 기어

[비고] 간략 방법으로 도시한 헬리컬 기어의 도시 보기이며, 비틀림 방향의 도시 보기만을 참고한다.

[그림 6-11] 맞물림 헬리컬 기어와 이중 헬리컬 기어의 비틀림 방향 도시(간략도)

(2) 이중 헬리컬 기어의 생김새 종류는 그림 6-12와 같다.

(a) 각 형　(b) 둥근 형　(c) 지그재그 형　(d) 중 홈 형　(e) 중 홈 지그재그 형

[그림 6-12] 이중 헬리컬 기어의 모양

(3) 헬리컬 기어의 비틀림 방향과 회전방향의 관계는 그림 6-13과 같다.

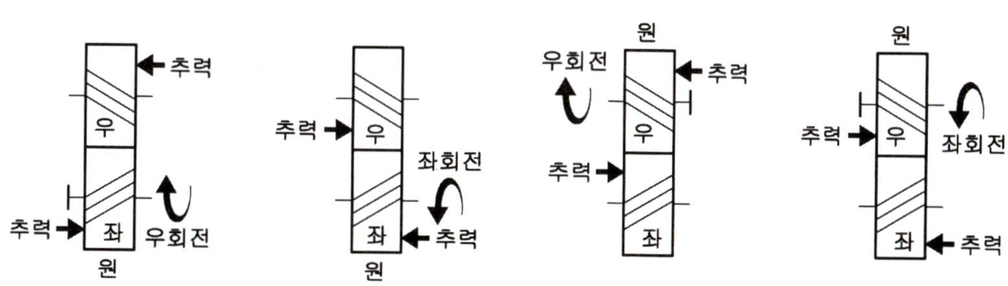

(a)　(b)　(c)　(d)

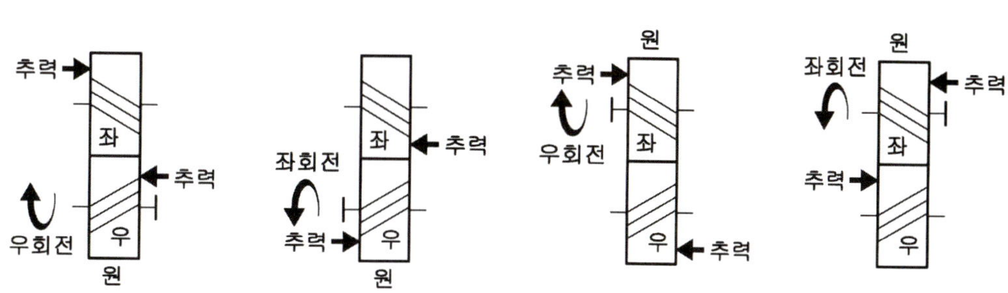

(e)　(f)　(g)　(h)

[그림 6-13] 헬리컬 기어의 비틀림 방향과 회전방향 관계

4 헬리컬 기어의 부품도 해석

부품도는 스퍼 기어와 같으며 비틀림 방향은 그림 6-14, 그림 6-15, 그림 6-16과 같이 조립도와 부품도에서 3줄의 30° 경사선으로 도시되는데, 단면을 한 측면도에서는 비틀림 방향대로 3줄의 가는 실선을 그어준다.

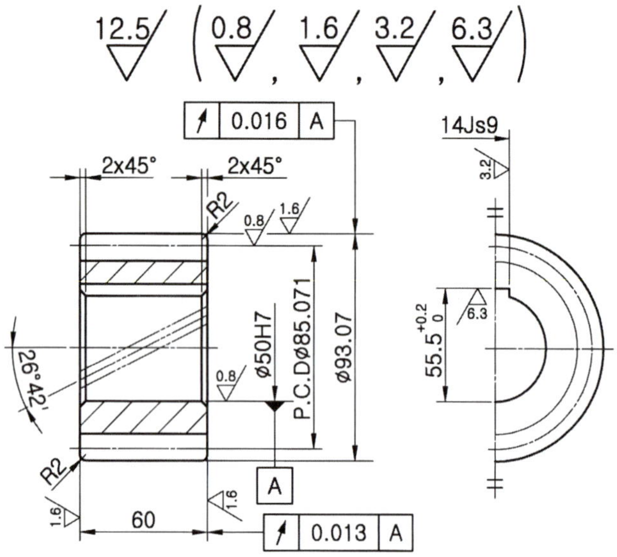

요목표		단위: mm
기어 이형		표준
이형 기준 평면		이 직각
기준랙	이형	보통이
	모듈	4
	압력각	20°
잇수		19
비틀림각		26.7° (26°42′)
비틀림 방향		왼쪽
리드		531.385
기준 피치원 지름		ϕ85.071
전체 이높이		9.40
이 두께(오버 핀 치수)		$95.19^{-0.17}_{-0.29}$ 핀 지름(ϕ7.144)
다듬질 방법		연삭 다듬질
정밀도		KS B 1405 5급

[그림 6-14] 헬리컬 기어의 부품도

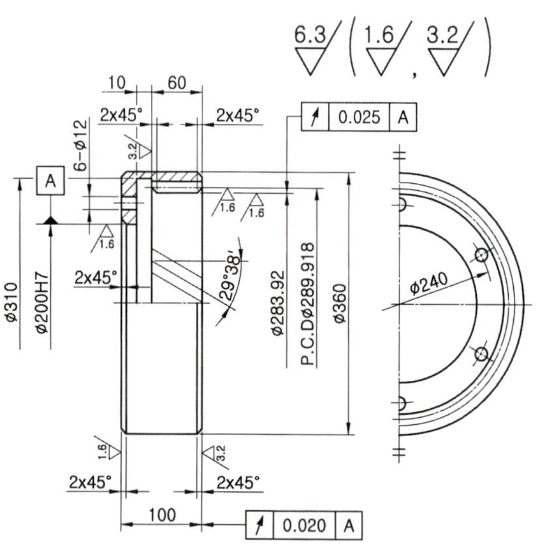

요목표		단위: mm
기어 이형		표준
이형 기준 평면		이 직각
기준랙	이형	보통이
	모듈	3
	압력각	20°
잇수		84
비틀림각		29.633° (29°38′)
비틀림 방향		부품도에 도시
리드		
기준 피치원 지름		ϕ289.918
전체 이높이		6.75
이 두께(오버 핀 치수)		$283.219^{+0.979}_{+0.221}$ 핀 지름(ϕ5.000)
다듬질 방법		연삭 다듬질
정밀도		KS B 1405 5급

[맞물림 기어의 비틀림 방향]

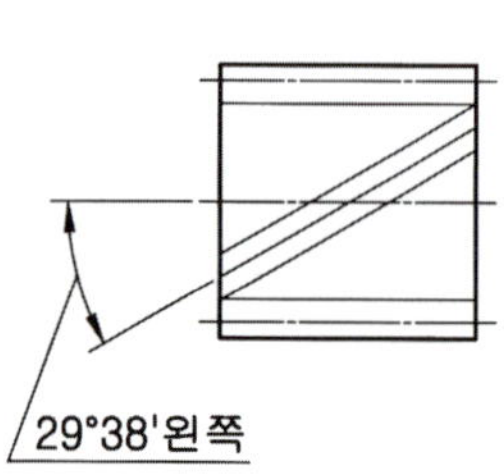

[그림 6-15] 내접 헬리컬 기어의 부품도

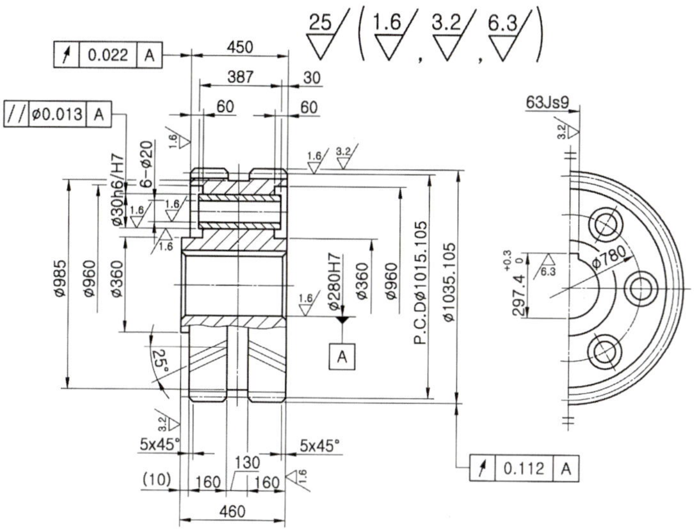

요목표		단위 : mm
기어 이형		표준
이형 기준 평면		이 직각
기준랙	이형	보통이
	모듈	10
	압력각	20°
잇수		92
비틀림각		25°
비틀림 방향		부품도에 도시
리드		
기준 피치원 지름		ϕ1015.105
전체 이높이		22.5
활줄 이두께 (이 직각)		$15.71^{+0.15}_{+0.50}$ 캘리퍼 이높이=10.05
다듬질 방법		호브 절삭
정밀도		KS B 1405 4급

[그림 6-16] 이중 헬리컬 기어의 부품도

6.4 직선 베벨 기어(Straight bevel gear)

1 베벨 기어의 종류

서로 교차하는 두 축 사이의 동력 전달용으로 사용되는 기어로서, 기어 이의 모양에 따라 앞의 그림 6-4의 **(a)**와 **(b)**, 그림 6-4의 **(c)**와 같이 직선 베벨 기어, 스파이럴 베벨 기어, 하이포이드 베벨 기어[(스큐 베벨 기어, Skew bevel gear)] 3종류로 분류되고 두 축이 맞물리는 각도에 따라 그림 6-17과 같은 종류가 있다.

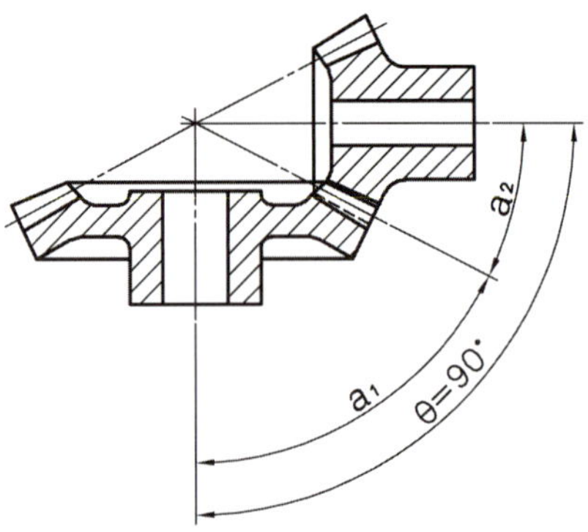

(a) 보통의 베벨 기어

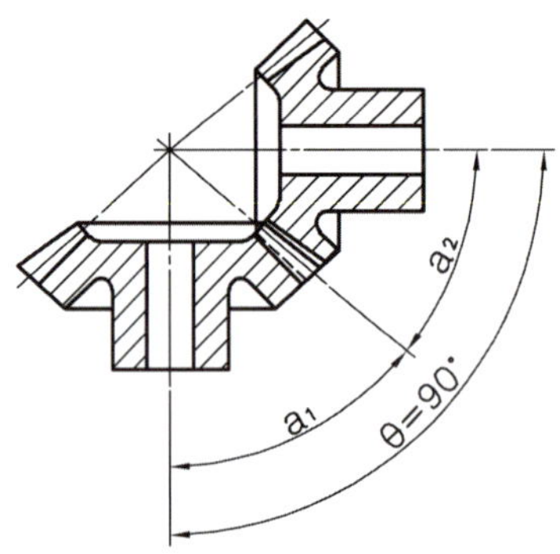

(b) 마이터 베벨 기어

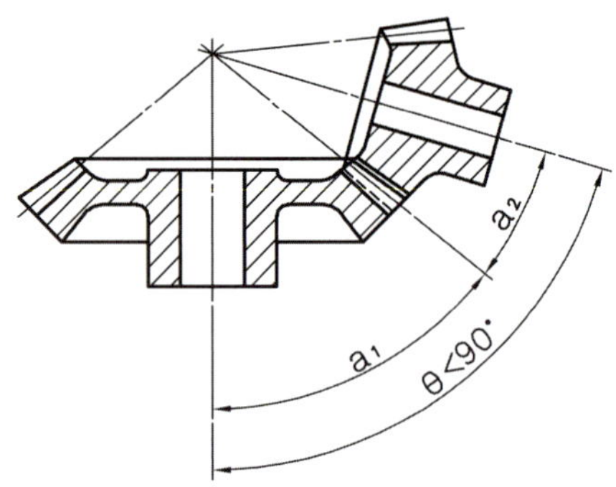

(c) 예각 베벨 기어

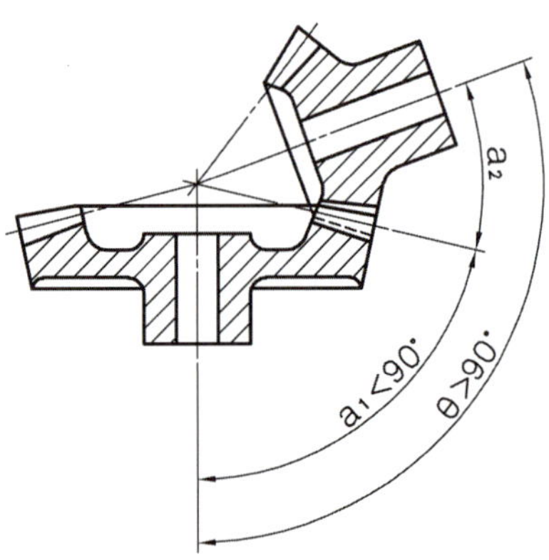

(d) 둔각 베벨 기어

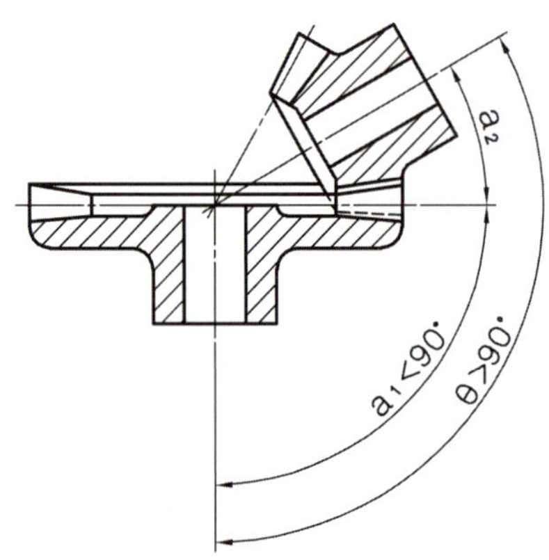

(e) 크라운 베벨 기어

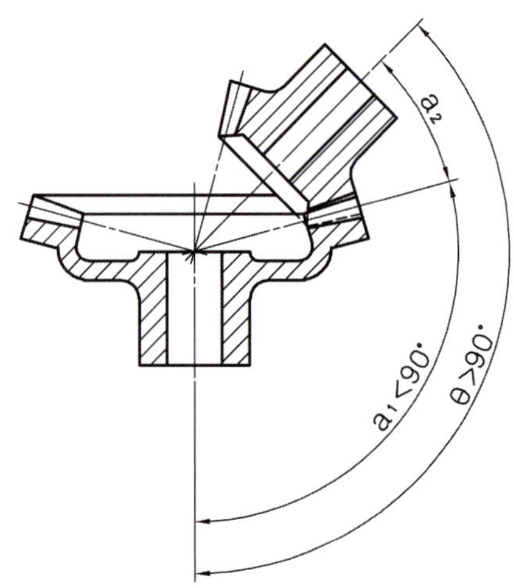

(f) 안쪽 베벨 기어

[그림 6-17] 베벨 기어의 종류

2 베벨 기어의 각 부분 명칭과 기호

그림 6-18은 베벨 기어 각 부분의 명칭과 기호를 나타낸다.

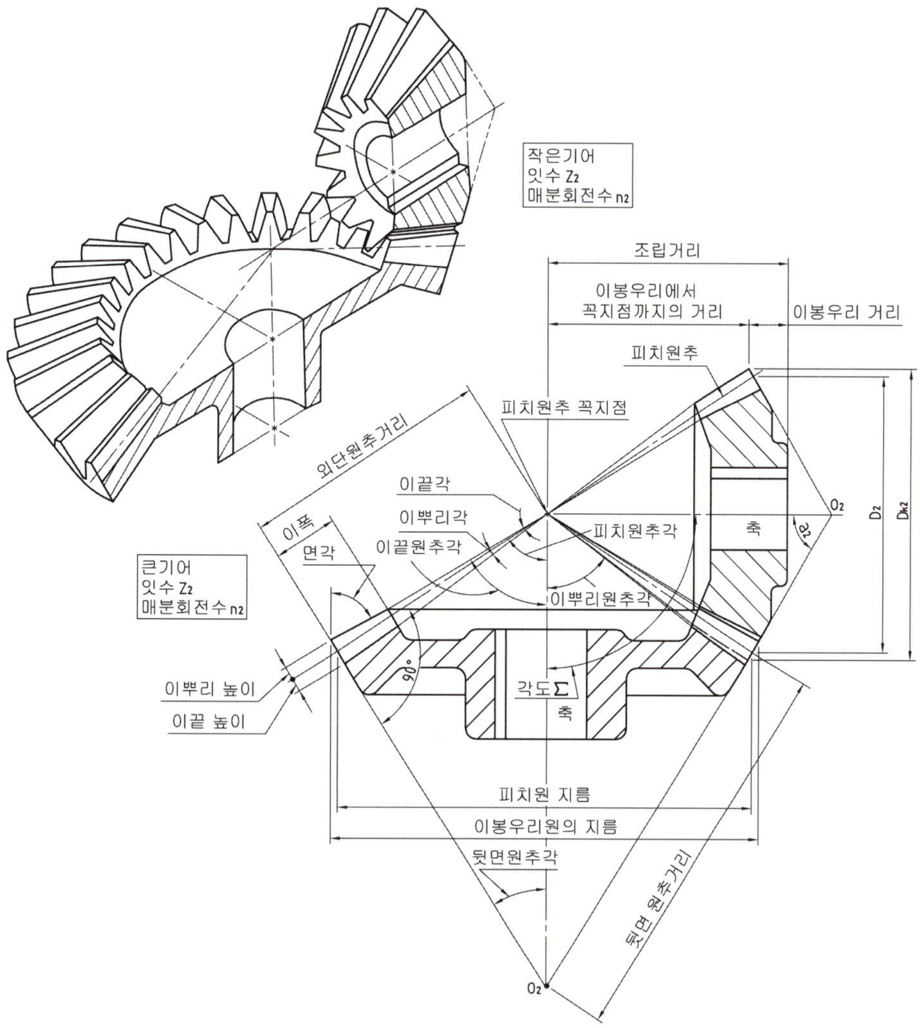

δ : 피치 원추각	a : 뒤면 원추각	Σ : 축 각	D : 피치원 지름	d_k : 이끝원 지름
h_k : 이끝 높이	h_f : 이뿌리 높이	h : 전체 이높이	Ra : 원추 거리	θ_k : 이끝각
θ_f : 이뿌리각	δ_k : 이끝 원추각	δ_f : 이뿌리 원추각	Z : 잇수	

[그림 6-18] 베벨 기어의 각 부분 명칭과 기호

그림 6-19는 베벨 기어의 가공과 제작된 여러 가지 종류의 베벨 기어를 보여주고 있다.

(a) 베벨 기어의 가공

(b) 여러 가지 베벨 기어

[그림 6-19] 베벨 기어의 가공과 종류

(3) 베벨 기어의 각 부분 계산식

표 6-4는 베벨 기어의 계산식이다.

[표 6-4] 베벨 기어의 계산식

각 부분의 명칭	기호	큰 기어	작은 기어
피치 원추각	δ	$\tan\delta_1 = \dfrac{\sin\theta}{\dfrac{Z_2}{Z_1}+\cos\theta}$	$\tan\delta_2 = \dfrac{\sin\theta}{\dfrac{Z_1}{Z_2}+\cos\theta}$
뒤면 원추각	a	$a_1 = 90° - \delta_1$	$a_2 = 90° - \delta_2$
축 각	Σ	$\Sigma = \delta_1 \times \delta_2$	
피치원 지름	D	$D_1 = m \cdot Z_1$	$D_2 = m \cdot Z_2$
이끝원 지름	d_k	$d_{k1} = D_1 + 2h_k\cos\delta_1$	$d_{k2} = D_2 + 2h_k\cos\delta_2$
이끝 높이	h_k	$h_k = m$	
이뿌리 높이	h_f	$h_f \geqq 1.25$	
전체 이높이	h	$h = h_k + h_f \geqq 2.25$	
원추 거리	R_a	$Ra = D_1/2\sin\delta_1 = D_2/2\sin\delta_2$	
이끝각	θ_k	$\tan\theta_k = h_k/R_a$	
이뿌리각	θ_f	$\tan\theta_f = h_f/R_a$	
이끝 원추각	δ_k	$\delta_{k1} = \delta_1 + \theta_k$	$\delta_{k2} = \delta_2 + \theta_k$
이뿌리 원추각	δ_f	$\delta_{f1} = \delta_1 - \theta_{f1}$	$\delta_{f2} = \delta_2 - \theta_{f2}$

(4) 베벨 기어 부품도 해석

스퍼 기어 부품도 해석 방법과 같으며 그림 6-20, 그림 6-21과 같이 스파이럴 베벨 기어와 하이포이드 기어의 비틀림을 표시하는 선은 한 개의 굵은 실선으로 도시해주고 비틀림 방향은 요목표에 표시된다.

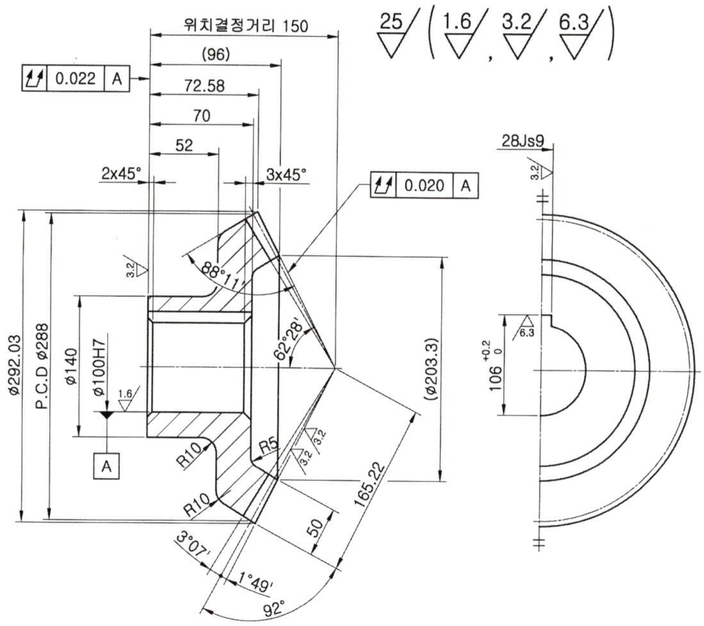

요목표		단위 : mm
구분	기어	(피니언)
치형	글리손식	
모듈	6	
압력각	20°	
잇수	48	(27)
축각	90°	
기준 피치원 지름	ϕ288	(ϕ162)
이 높이	13.13	
이끝 높이	4.11	
이뿌리 높이	9.02	
원추 거리	165.22	
기준 피치 원추각		
이뿌리 원추각		
이끝 원추각		
이두께 측정 위치		
활줄 이두께 (이 직각)	$8.08^{-0.10}_{-0.15}$ 캘리퍼 = 4.14	
다듬질 방법	연삭	
정밀도	KS B 1412 4급	

[그림 6-20] 직선 베벨 기어의 부품도

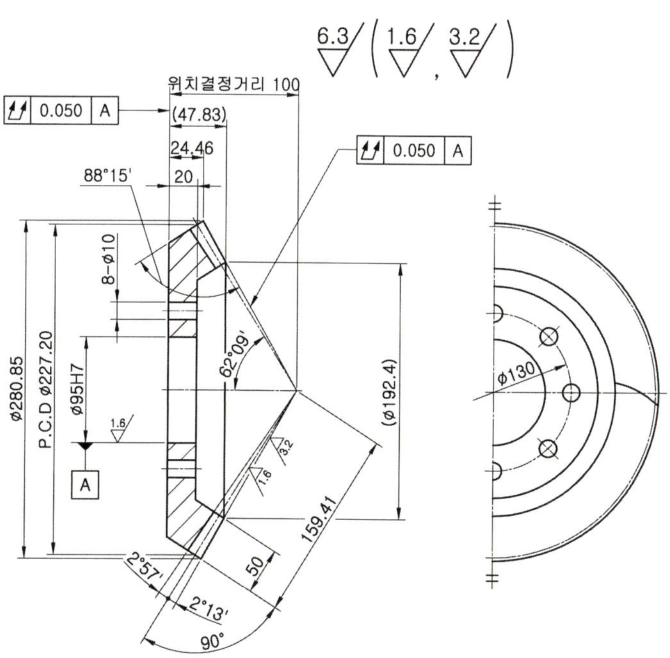

요목표		단위 : mm
구분	기어	(피니언)
치형	글리손식	
이절삭 방법	스프레이드 블레이드 법	
커터 지름	ϕ304.8	
모듈	6.3	
압력각	20°	
잇수	44	(25)
축각	90°	
비틀림각	35°	
비틀림 방향	오른쪽	
기준 피치원 지름	ϕ277.2	
이 높이	11.89	
이끝 높이	3.69	
이뿌리 높이	8.20	
원추 거리	159.41	
기준 피치 원추각	60° 24′	
이뿌리 원추각	57° 27′	
이끝 원추각	62° 09′	
이두께 측정위치	바깥 끝 이끝원 부	
원호 이두께	8.06	
다듬질 방법	래핑	
정밀도	KS B 1412 3급	

[그림 6-21] 스파이럴 베벨 기어의 부품도

6.5 웜(Worm)과 웜 휠(Worm wheel)

1 웜 기어의 맞물림 원리

물림각이 90°인 한 쌍의 기어에 있는 피니언 기어의 잇수가 1~4개가 되면 나사 모양의 기어가 되는데, 볼트 모양의 막대 기어를 웜(Worm)이라 하고 이와 한 쌍이 되는 상대 기어를 웜 휠(Worm wheel)이라고 하는데 그림 6-22와 같이 웜과 웜 휠이 맞물려서 이루는 한 쌍의 기어를 웜 기어(Worm gear)라고 한다.

웜 기어는 동력 전달이 원활하고 큰 감속비(1:8~1:140 까지)를 얻을 수 있으며 역회전 방지가 가능하므로 감속기나 윈치(winch) 등에 사용한다.

2 웜 기어의 종류와 모양

웜 기어는 웜 휠의 구조와 모양에 따라 소형인 경우에는 일체형을 사용하고 대형인 경우에는 보스 부분과 기어의 림(rim) 부를 분할한 분할형이 있는데, 그림 6-23은 소형인 경우의 일체형 웜 기어의 종류를 보여준다.

[그림 6-22] 웜 기어(웜과 웜 휠)

[그림 6-23] 웜 기어의 종류

3 웜 기어의 각 부분의 명칭과 기호

그림 6-24는 웜 기어인 웜과 웜 휠의 각 부분의 명칭과 기호를 나타낸다.

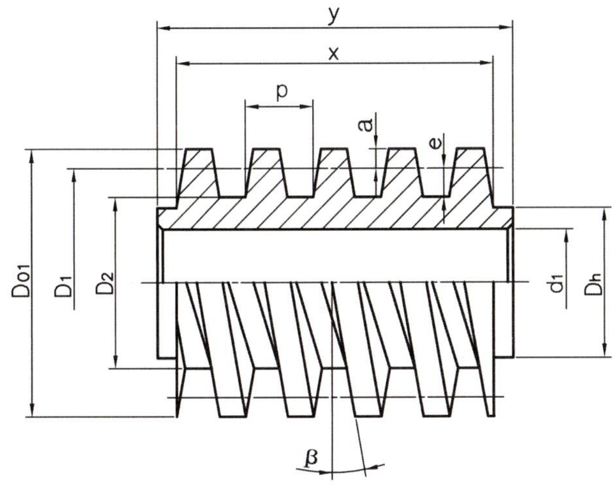

(a) 웜(Worm)

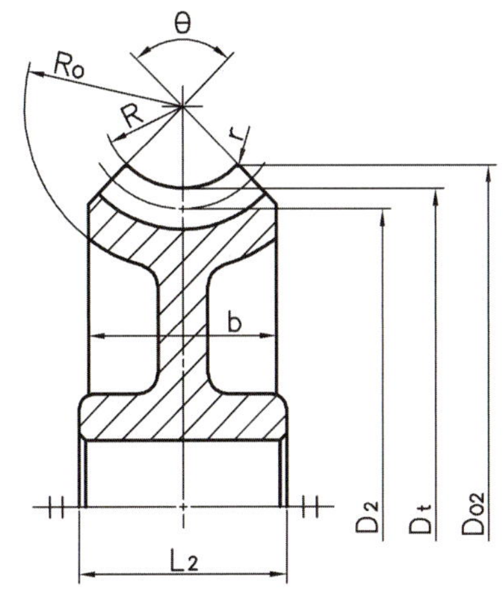

(b) 웜 휠(Worm wheel)

[그림 6-24] 웜과 웜 휠의 각 부분의 기호

(1) 웜(Worm)의 각 부분 명칭과 기호

ⓐ 이끝 높이 : a

ⓑ 이뿌리 높이 : e

ⓒ 전체 이높이 : h

ⓓ 피치원 지름 : D_1

ⓔ 이끝원 지름 : Do_1

ⓕ 이뿌리원 지름 : D_2

ⓖ 보스의 바깥지름 : D_h

ⓗ 보스의 안지름 : d_1

ⓘ 웜 나사의 길이 : x

ⓙ 보스의 길이 : y

ⓚ 비틀림각 : β

ⓛ 리드 : ℓ

ⓜ 압력각 : ϕ

ⓝ 축 방향 피치 : t_a

ⓞ 축 방향 모듈 : m_a

(2) 웜 휠(Worm wheel)의 각 부분 명칭과 기호

ⓐ 피치원 지름 : D_2

ⓑ 목 지름 : D_t

ⓒ 이끝원 지름 : Do_2

ⓓ 이 폭 : b

ⓔ 보스의 길이 : ℓ_2

ⓕ 면의 반지름 : R

ⓖ 면 각 : θ

ⓗ 림의 반지름 : R_o

ⓘ 끝 목의 이뿌리 반지름 : r

ⓙ 중심 거리 : C

ⓚ 압력각 : ϕ

4 웜 기어의 계산 식

웜의 줄 수를 Z_1, 웜 휠의 잇수를 Z_2라고 하면 계산식은 표 6-5와 같다.

[표 6-5] 웜과 웜 휠의 계산식

구분	각 부분의 명칭	기호	1~2줄	3~4줄
웜	ⓐ 이끝 높이	a	$0.3183t_a$	$0.2865t_a$
	ⓑ 이뿌리 높이	e	$0.3683t_a$	$0.3365t_a$
	ⓒ 전체 이높이	h	$0.6866t_a$	$0.6230t_a$
	ⓓ 피치원 지름	D_1	$2.4t_a+2.8Cm$	
	ⓔ 이끝원 지름	Do_1	D_1+2a	
	ⓕ 이뿌리원 지름	D_2	D_1-2e	
	ⓖ 보스의 바깥지름	D_h	$1.644t_a+2.5Cm$	$1.726t_a+2.5Cm$
	ⓗ 보스의 안지름	d_1	$t_a+1.6Cm$	
	ⓘ 웜 나사의 길이	x	$t_a(4.5+0.02Z_2)$	
	ⓙ 보스의 길이	y	$x+2t_a$	
	ⓚ 비틀림각	β	$\tan\beta=Z_1t_a/3.14D_1$	
	ⓛ 리드	ℓ	Z_1t_a	
	ⓜ 압력각	ϕ	14.5°, 20°	20°
	ⓝ 축 방향 피치	t_a	$3.14m_a$	
	ⓞ 축 방향 모듈	m_a	$t_a/3.14$	
웜 휠	ⓐ 피치원 지름	D_2	$Z_1t_a/3.14$, mZ_2	$Z_2t_a/3.14$, mZ_2
	ⓑ 목 지름	D_t	D_2+2a	
	ⓒ 이끝원 지름	Do_2	$D_1+0.477t_a$	$D_1+0.3183t_a$
	ⓓ 이 폭	b	$1.5t_a$~$2.5t_a$	
	ⓔ 보스의 길이	ℓ_2	$b+0.5d_2$(d_2는 웜 휠의 보스 안지름)	
	ⓕ 면의 반지름	R	$0.882t_a+1.4Cm$	$0.914t_a+1.4Cm$
	ⓖ 면 각	θ	60°~80°	
	ⓗ 림의 반지름	R_o	$2.2t_a+1.4Cm$	$2.1t_a+1.4Cm$
	ⓘ 끝 목의 이뿌리 반지름	r	$0.25t_a$	
	ⓙ 중심 거리	C	$(D_1+D_2)/2$	
	ⓚ 압력각	ϕ	14.5°, 20°	20°

5 웜 기어의 비틀림 방향과 회전방향의 관계 해석

웜 기어인 웜과 웜 휠의 상대운동으로, 웜 기어의 비틀림 방향과 이에 따른 회전방향을 도시하면 그림 6-25와 같다. 웜의 회전방향에 따라 웜 휠의 회전방향이 결정된다.

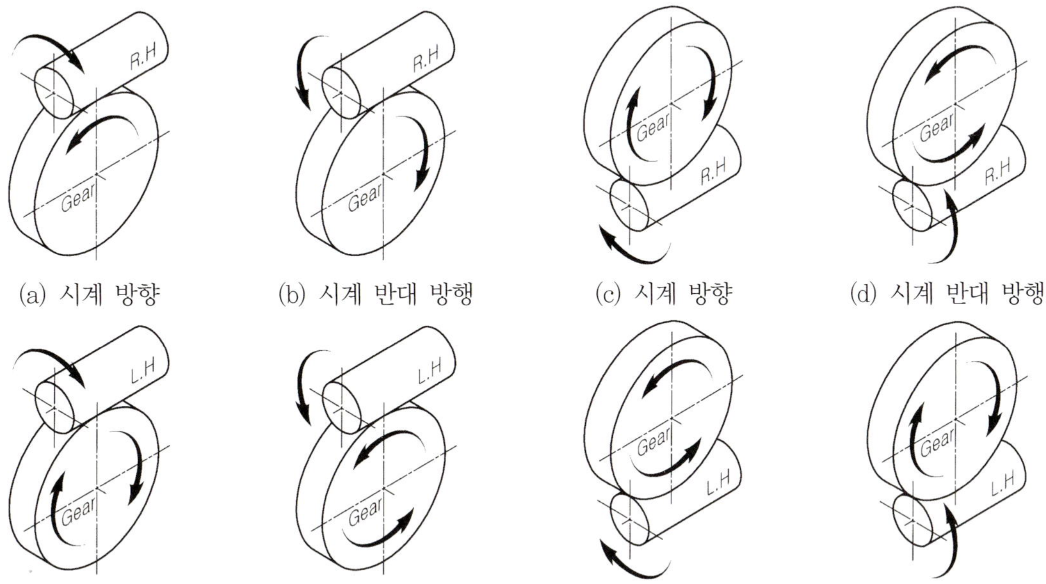

(a) 시계 방향 (b) 시계 반대 방행 (c) 시계 방향 (d) 시계 반대 방행

(e) 시계 방향 (f) 시계 반대 방행 (g) 시계 방향 (h) 시계 반대 방행

[비고] 비틀림 방향의 기호에서 R.H는 오른쪽 비틀림(Right Hand), L.H는 왼쪽 비틀림(Left Hand)을 뜻한다.

[그림 6-25] 웜 기어의 비틀림 방향과 회전방향

6 웜 기어의 부품도

(1) 웜의 부품도는 그림 6-26과 같이 스퍼 기어의 제도 방법과 같게 도시되며 비틀림 방향과 비틀림각의 실제 방향으로 3줄의 가는 실선으로 도시하는데, 만약 기어 이의 직각방향으로 단면을 하여 이 모양의 크기와 치수를 지시하고자 할 때는 가까운 곳에 확대도가 도시되어 있다.

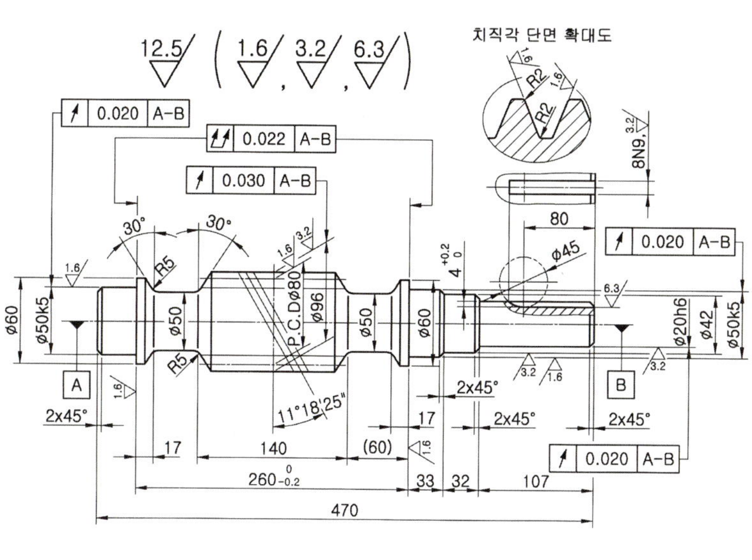

웜 요목표	
이형	KS B 1416 3형
축방향 모듈	8
줄수	2
비틀림 방향	오른쪽
기준 피치원 지름	$\phi 80$
지름 계수	10.00
리드각	11°18′36″
다듬질 방법	연삭
정밀도	5급
활줄 이두께 (이 직각)	$12.32\ ^{0}_{-0.15}$ 캘리퍼 높이 = 8

[그림 6-26] 웜의 부품도

(2) 웜 휠의 부품도는 **그림 6-27**과 같이 정면도에서 이끝원의 지름은 굵은 실선으로, 피치원 지름은 가는 일점쇄선으로 도시되어 있는데, 이뿌리원 지름과 목 지름 선은 도시되지 않는다.

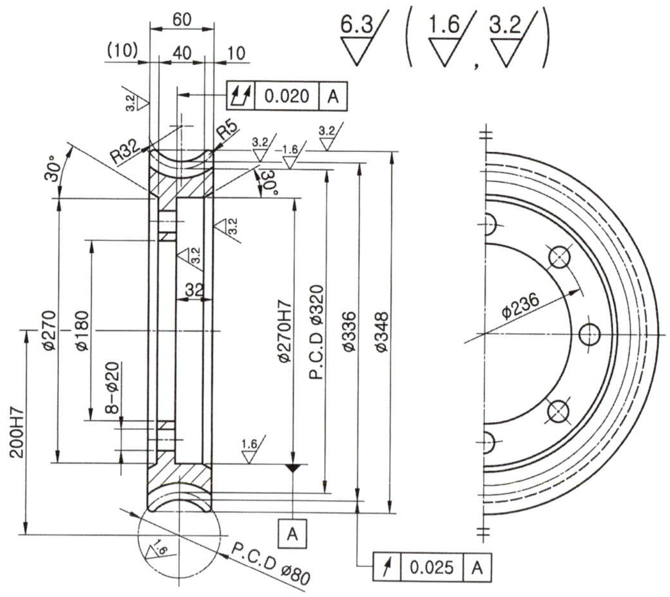

웜 휠 요목표		
상대 웜 이형		KS B 1416 3형
축방향 모듈		8
잇수		40
기준 피치원 지름		ϕ320
상대 웜	줄수	2
	비틀림 방향	오른쪽
	기준 피치원 지름	ϕ80
	리드각	11°18′36″
다듬질 방법		호브 절삭
정밀도		5급

[그림 6-27] 웜 휠의 부품도

6.6 랙(Rack)

그림 6-28의 (b)와 같이 랙의 기어 이가 시작되고 끝난 부분의 모양을 도시해주고 이 끝선은 굵은 실선으로 도시하며 이뿌리 선은 가는 실선으로 도시한다.

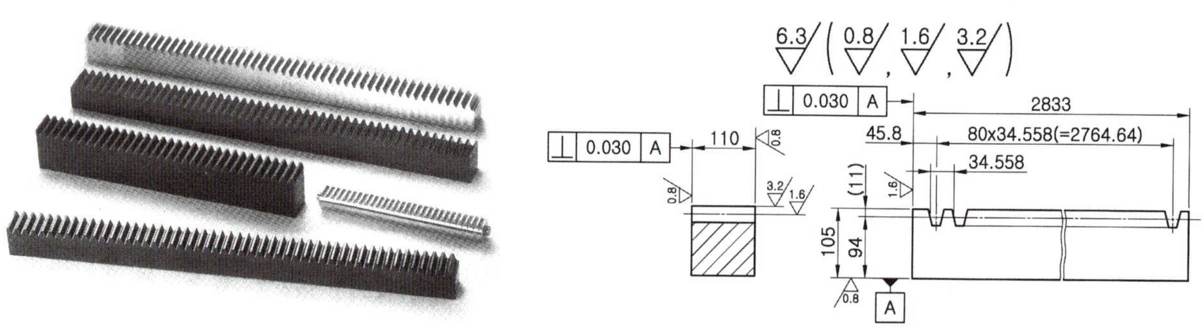

(a) 랙의 실제 모양 (b) 부품도

[그림 6-28] 랙의 실제 모양과 부품도

그림 6-29는 랙의 가공 사진이다.

(a) 랙의 이 연삭 (b) 랙의 이 가공

[그림 6-29] 랙의 가공

그림 6-30은 앞에서 설명한 기어와 랙이 구성된 조립도면의 예시이다.

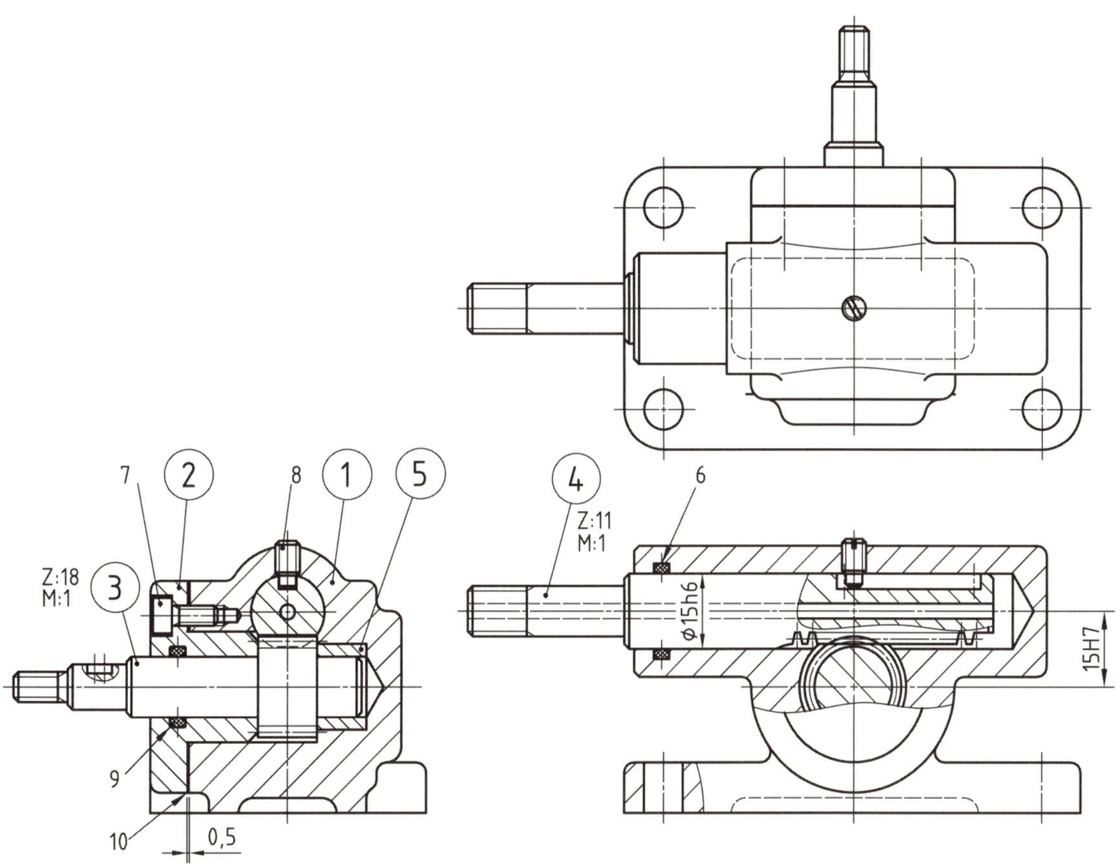

[그림 6-30] 기어와 랙이 구성된 조립도

CHAPTER

07 스프링 · 래칫 휠 · 캠

7.1 스프링(Spring)

탄성을 이용하여 충격과 진동 하중을 받을 때 완충 작용을 하고 외부로부터 힘을 받아 에너지를 일시적으로 축적하여 다시 쓰이거나 운동과 압력을 억제하며 힘의 측정 등에 사용되는 부품으로서 자동차나 철도 차량 등의 현가장치, 보일러 등의 안전밸브, 전동장치의 마찰 클러치, 각종 측정기 및 기계나 자동화 기계장치의 부품으로 폭 넓게 사용된다.

재질은 철강재나 동 합금의 금속 스프링과 고무나 합성수지로 만든 비금속 스프링 및 공기, 물, 오일 등에 사용되는 유체용 스프링도 있는데, 제조된 원자재에 따라 코일 스프링, 판 스프링으로 크게 분류된다.

1 코일 스프링의 종류

재료단면이 원형, 각형의 봉재나, 직사각형 각재를 감은 스프링을 말하며 감은 모양에 따라 원통 형, 원뿔 형, 장고 형, 드럼(북록) 형이 있으며, 스프링 힘의 작용방향에 따라 압축, 인장, 비틀림 스프링으로 나뉜다.

(1) 압축 코일 스프링(Compression coil spring)

그림 7-1과 같이 코일 중심선의 방향으로 압축 하중을 받는 스프링으로서 대표적인 사용 보기를 들면 원통 형은 자전거의 새들, 침대용 스프링 등에 사용되고 원뿔 형은 재봉틀의 권선기의 동선에 대한 장력 조정용 등으로 쓰인다. 그림 7-2는 압축 코일 스프링의 끝 부분에 대한 가공 보기이다.

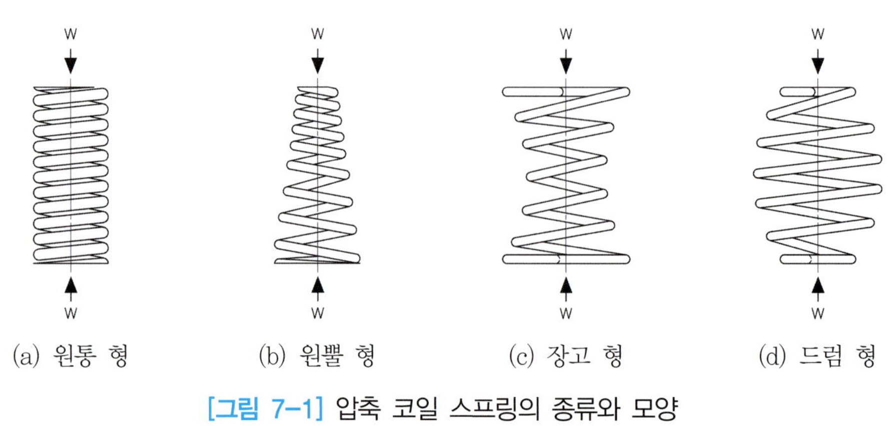

[그림 7-1] 압축 코일 스프링의 종류와 모양

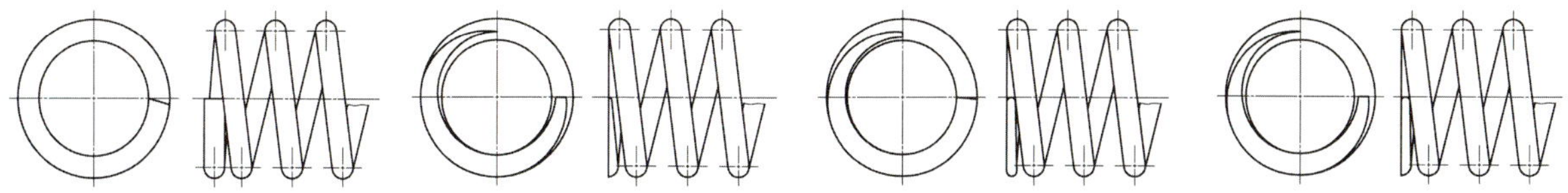

(a) 연삭 없음　(b) 연삭　(c) 테이퍼　(d) 오프(off) 끝 연삭

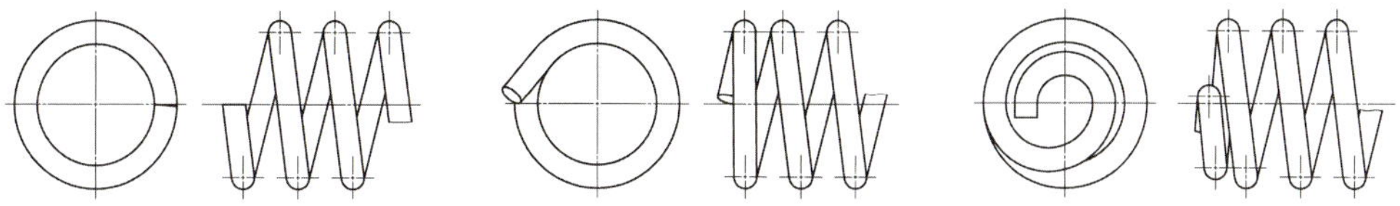

(e) 오프(off) 끝 연삭 없음　(f) 탄젠트 꼬리　(g) 피크 꼬리

[그림 7-2] 압축 코일 스프링의 끝 부분 모양 종류

(2) 인장 코일 스프링(Extension coil spring)

원통 형으로 감은 스프링의 끝 부분에 훅(hook)을 만들고 코일의 중심 방향으로 인장 하중을 받는 스프링으로서 스프링 저울, 자전거의 스탠드 스프링 등에 사용되며 그림 7-3과 같이 끝 부분에 훅이 만들어진다.

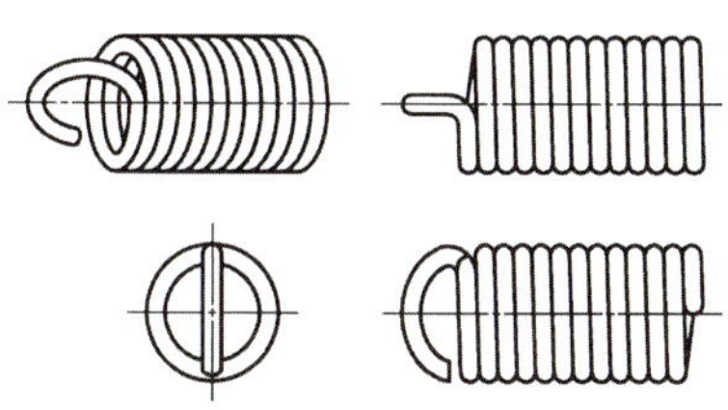

(코일의 반 감김이 된 상태를 중앙에 일으켜 세운 것)
(a) 반 둥근 훅

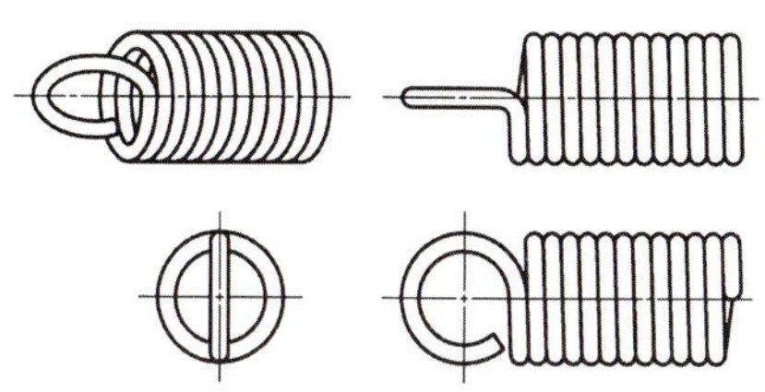

(코일의 한 감김이 된 상태를 중앙에 일으켜 세운 것)
(b) 둥근 훅

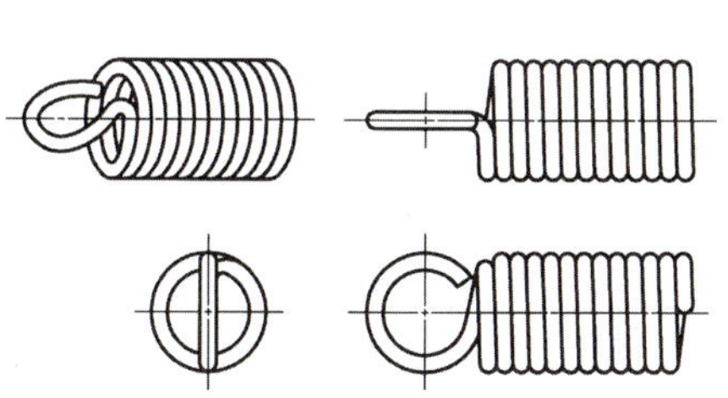

(코일의 한 감김의 상태를 비틀어서 중앙에 일으켜 세운 것)
(c)

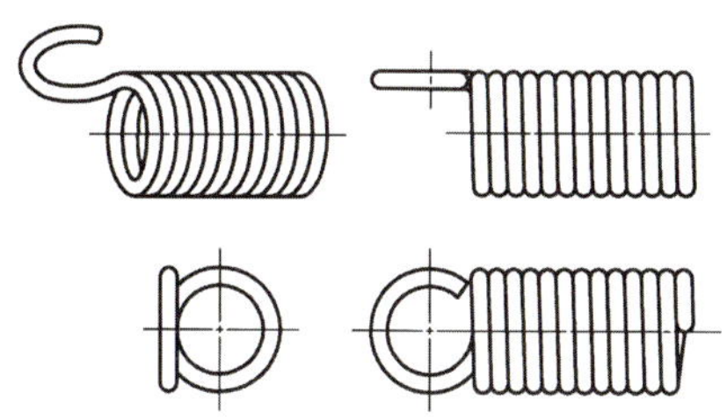

(코일의 한 감김이 된 상태를 측면으로 일으켜 세운 것)
(d)

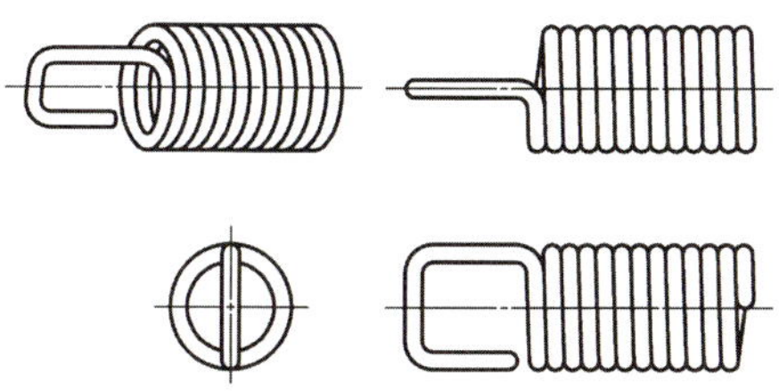

(코일의 한 감김이 된 상태를 중앙에 사각형으로 일으켜 세운 것으로서, 훅의 길이는 필요한 만큼 만든다.)
(e)

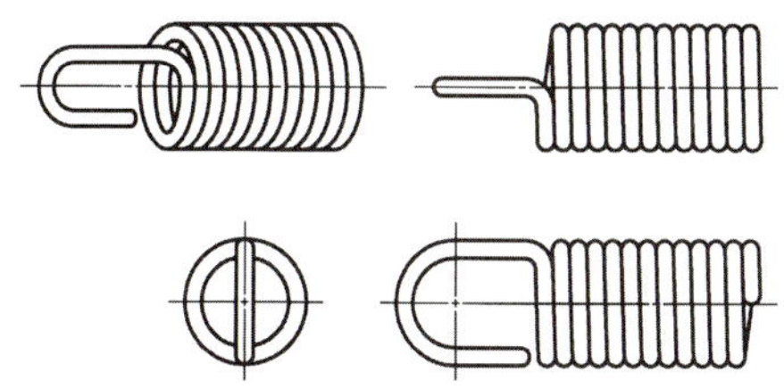

(코일의 한 감김이 된 상태를 중앙에 U자형으로 일으켜 세운 것으로서, 훅의 길이는 필요한 만큼 만든다.)
(f)

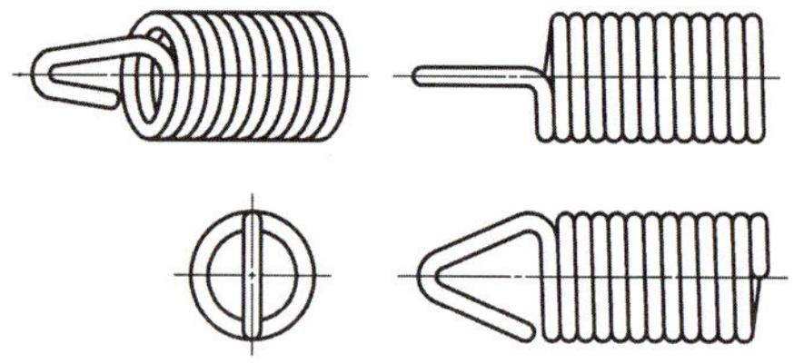

(코일의 한 감김이 된 상태를 중앙에 V자형으로 일으켜 세운 것으로서, 훅의 길이는 필요한 것만큼 만든다.)

(g)

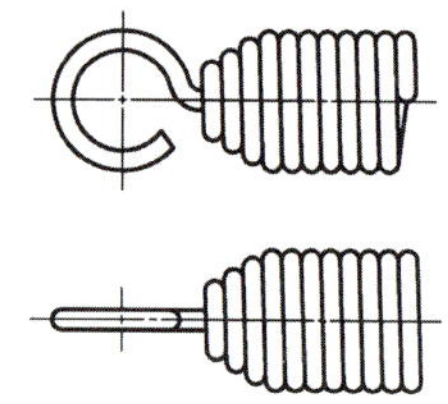

(끝 부분의 감김을 순차적으로 작게 하여 중앙에 일으켜 세운 것)

(h)

ⓐ

ⓑ

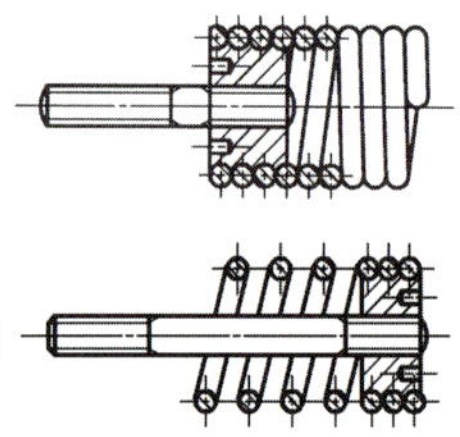

① 플러그 형

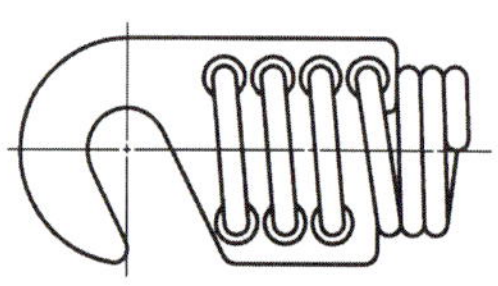

② 판자 형

(코일 끝 부의 안쪽에 별도의 쇠붙이를 끼워 넣고 볼트를 박은 것)

(i) 나사 박음 훅

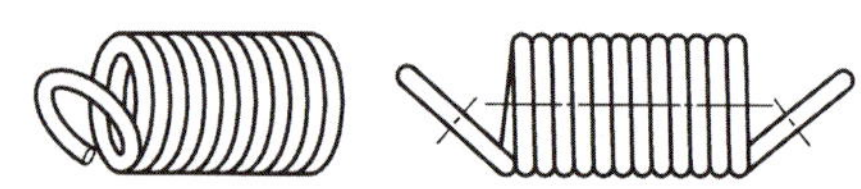

(코일의 한 감김이 된 상태를 비스듬하게 측면으로 일으켜 세운 것)

(j)

[그림 7-3] 인장 코일 스프링의 훅 종류와 모양

(3) 비틀림 코일 스프링(Torsion coil spring)

그림 7-4와 같이 코일의 양 끝이나 또는 중간에서 팔을 내어 축선의 둘레에 비틀림 모멘트를 받도록 한 스프링이며 일반적으로 소량으로 생산한 것이 많으며 일상 생활용품이나 가정용 전기제품에 널리 쓰이고 있다.

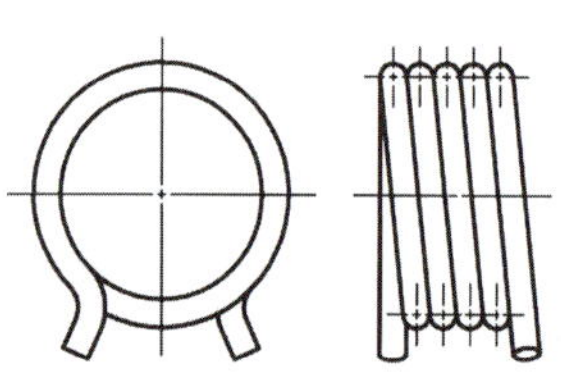

① 짧은 훅(short hook) 형

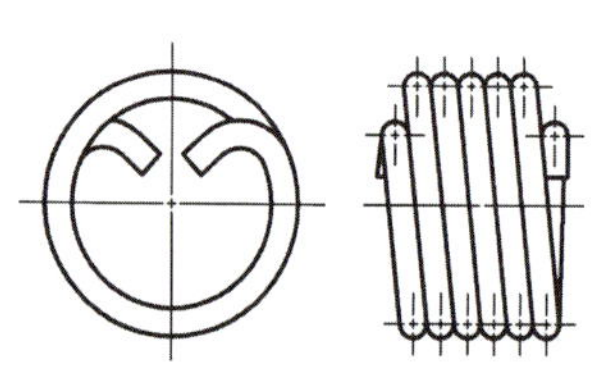

② 힌지(hinge) 형

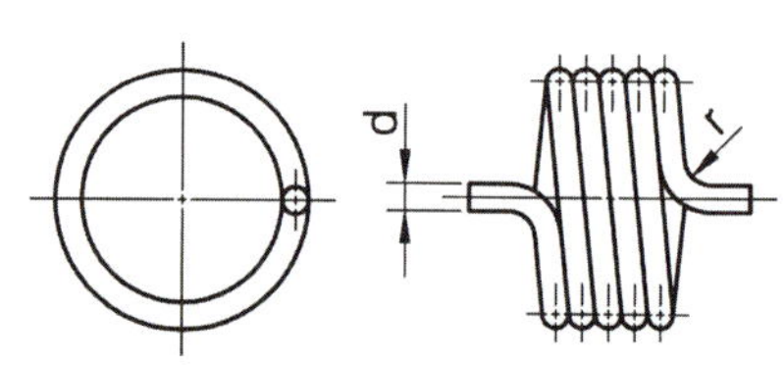

③ 직선(straight) 형

(a) 암의 길이가 짧은 경우

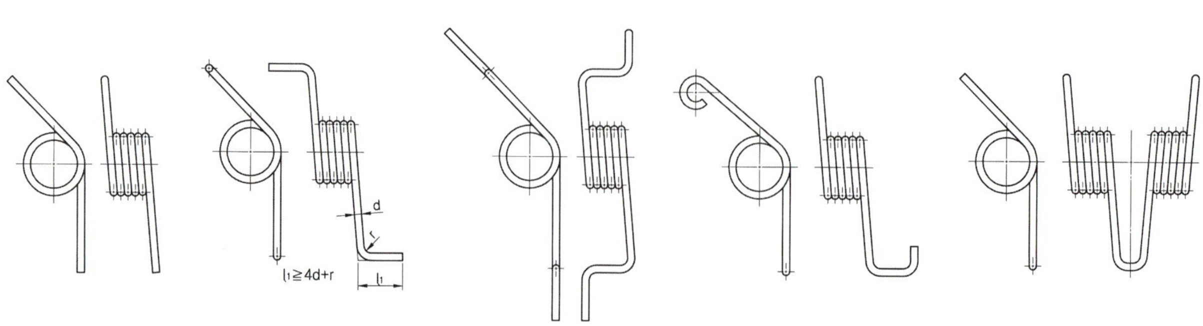

① 긴 직선 형 ② 1단 굽힘 형 ③ 2단 굽힘 형 ④ 훅 형 ⑤ 양쪽 비틀림 형

(b) 암의 길이가 긴 경우

[그림 7-4] 비틀림 코일 스프링의 종류와 모양

2 판 스프링의 종류

(1) 볼류트 스프링(Volute spring)

그림 7-5와 같이 얇은 강판이나 띠강을 감아서 볼류트 스프링이 만들어지며 감김 지름이 달라지는 스파이럴 스프링으로서 적은 용적으로 비교적 큰 하중에 견딜 수 있고 판 사이의 마찰에 의한 진동의 감소가 이루어진다.

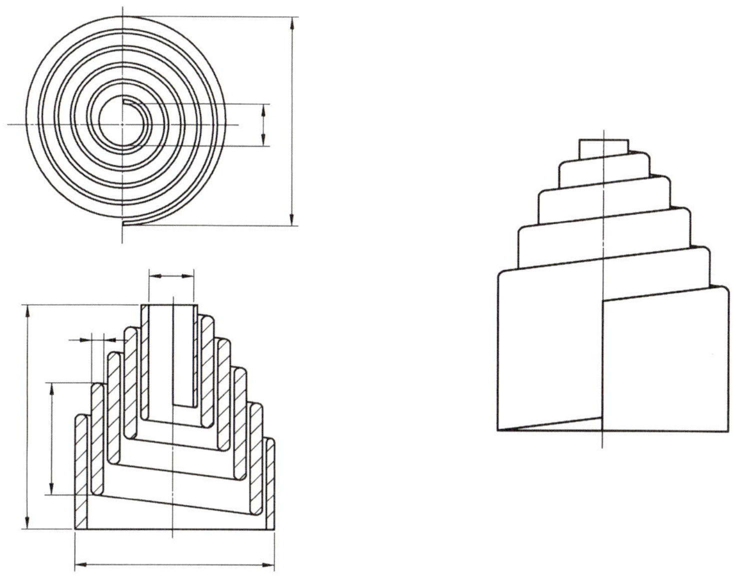

(a) 단면 모양 (b) 겉모양

[그림 7-5] 볼류트 스프링의 부품도

(2) 스파이럴 스프링(Spiral spring)

그림 7-6과 같이 얇은 강판 또는 띠강(강대)을 동일한 평면상으로 감은 것으로서 감김 판이 서로 접촉하여 태엽이라고도 하는데 시계와 장난감 등의 동력용으로 주로 많이 사용하고 있으며 판끼리 접촉하지 않는 것은 수엽 태엽이라 하고 시계의 추나 계기 등의 지침 등에 쓰인다.

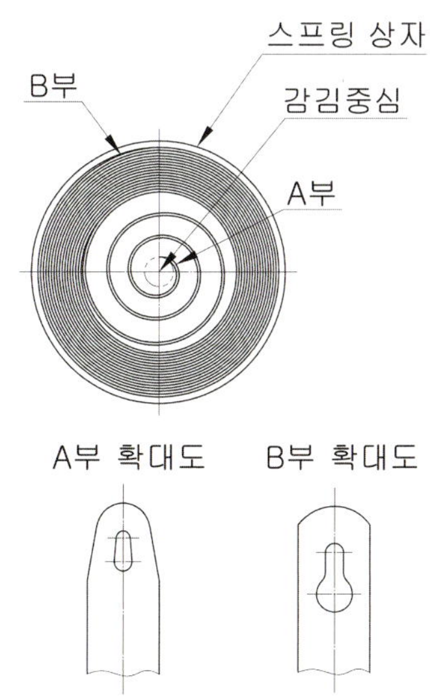

[그림 7-6] 스파이럴 스프링

(3) 접시 스프링(Initially coned disk spring)

바닥이 없는 접시 형을 한 스프링을 말하며 작은 모양을 갖고도 비교적 큰 하중에 견딜 수 있는데, 그림 7-7과 같이 여러 장의 접시 스프링을 직렬 또는 복렬로 조합해서 사용하면 큰 범위의 스프링 특성을 얻게 된다.

와셔, 클러치 스프링, 프레스 금형 등의 완충용으로 주로 많이 사용된다.

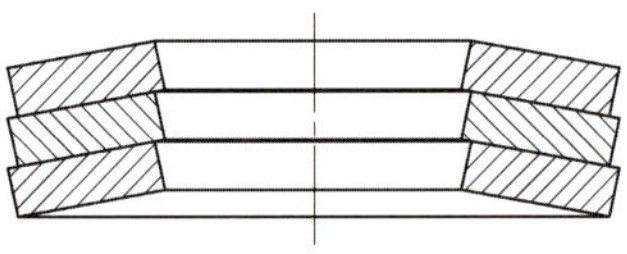

(a) 직렬 조합

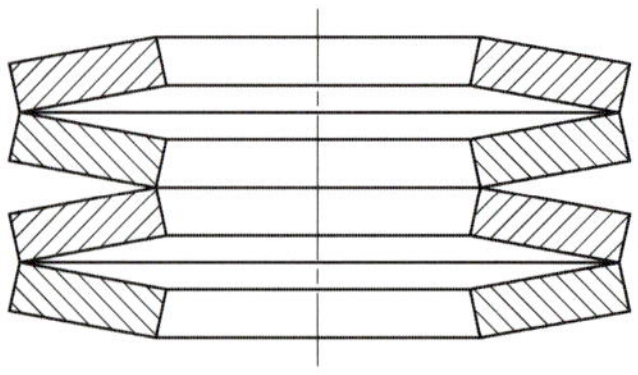

(b) 복렬 조합

[그림 7-7] 접시 스프링의 조합방법

(4) 겹판 스프링(Laminated spring)

주로 자동차, 철도차량의 바퀴나 위에서부터 차체로 전달되는 진동하중을 억제하는 작용과 함께 스팬 기구의 구조부재로서의 역할까지 겸하고 있으며 스프링 판 사이에 생기는 마찰력에 의해 적당한 정도로 감소하는 점이 다른 스프링에서 볼 수 없는 큰 특징을 가지고 있는데, 스프링 강판을 여러 장 겹쳐서 만들어지며 하중 특성은 지정하중 시의 처짐이나 높이를 지정하게 된다.

3 스프링 부품도의 해석

스프링은 규격(KS B 0005)에 의해 간략도시와 요목표로 표시되며, 요목표만으로도 스프링의 제작은 가능하기 때문에 표에는 가급적 필요한 것을 모두 기입한다.

(1) 스프링의 도시해석

① 그림 7-8의 코일 스프링 부품도와 같이 볼류트 스프링, 코일 스프링, 접시 스프링은 원칙상 무 하중의 상태에서 도시되어 있다.

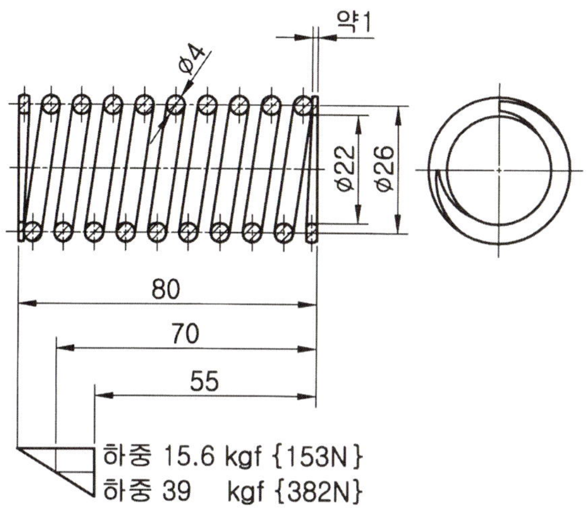

요목표		
재료		PW3
재료 지름(㎜)		4
코일 평균 지름(㎜)		26
코일 안지름(㎜)		22±0.4
유효 감김수		9.5
총 감김수		11.5
감김 방향		오른쪽
자유 높이(㎜)		80
부착 시	하중(kgf){N}	15.6±10% (153±10%)
	높이(㎜)	70
최대 하중 시	하중(kgf){N}	39(382)
	높이(㎜)	55
스프링 상수(kgf/㎜){N/㎜}		1.56(15.3)
표면 처리	성형 후의 표면 가공	쇼트 피닝
	방청 처리	ZPC2

[그림 7-8] 압축 코일 스프링의 부품도

② 하중과 높이(또는 길이) 또는 힘과의 관계는 그림 7-8과 같이 굵은 실선의 직선으로 투상도 아래에 선도로 도시되어 있으며, 스프링의 특징에 직선적 경향을 요구하는 뜻은 아니므로 하중의 높이(또는 길이) 또는 휨을 나타내는 좌표축과 그 관계를 표시하는 선은 스프링의 모양을 나타내는 선과 같은 굵기의 선으로 도시되어 있다.

③ 부품도에 감김 방향에 대한 별도의 주서가 없는 코일 스프링 및 볼류트 스프링은 그림 7-8의 요목표에서와 같이 감김 방향란에 「**오른쪽**」 또는 「**오른쪽 감기**」로 표시되어 있으며 왼쪽 감기인 경우는「**왼쪽**」 또는 「**왼쪽 감기**」로 표시되어 있다.

④ 스프링의 모든 부분이 도시된 경우 그림 7-9와 같이 코일 스프링의 코일부분은 나선모양으로 도시되어 있고, 감김의 양 끝의 시트 근접부분의 피치와 각도가 연속적으로 변하는 부분은 직선으로 도시되어 있다.

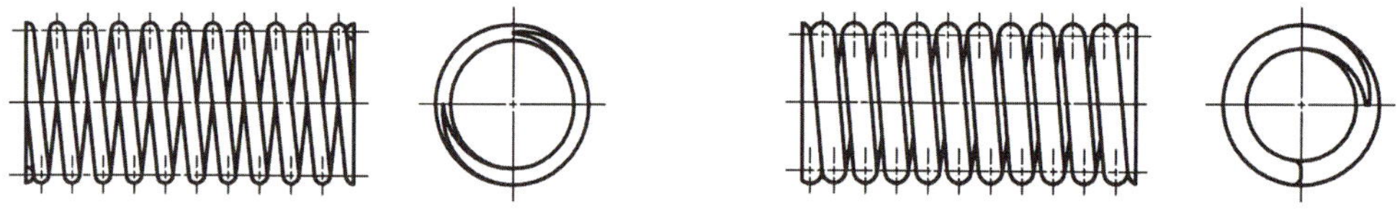

(a) (b)

[그림 7-9] 코일 스프링의 겉모양 제도방법 보기

⑤ 양끝을 제외한 동일 모양 부분을 일부 생략하여 도시된 경우는, 생략된 부분의 스프링 중심은 가는 일점쇄선으로 도시되어 있거나 그림 7-10과 같이 스프링 선 중심선 도시를 포함하여 감김(감긴) 안지름과 바깥지름을 가는 이점쇄선으로 같이 도시된 경우도 있다.

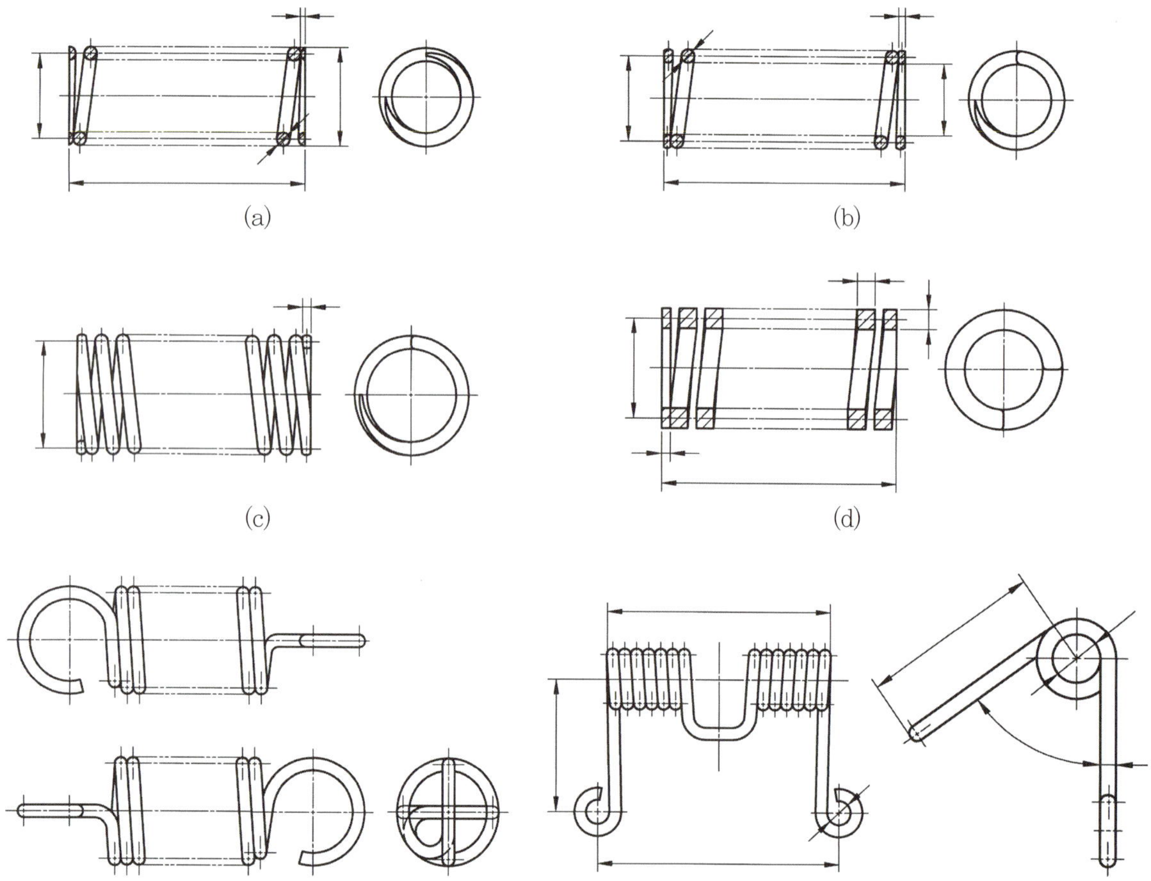

(a) (b) (c) (d) (e) (f)

[그림 7-10] 코일 스프링의 중간 부분을 생략한 부품도

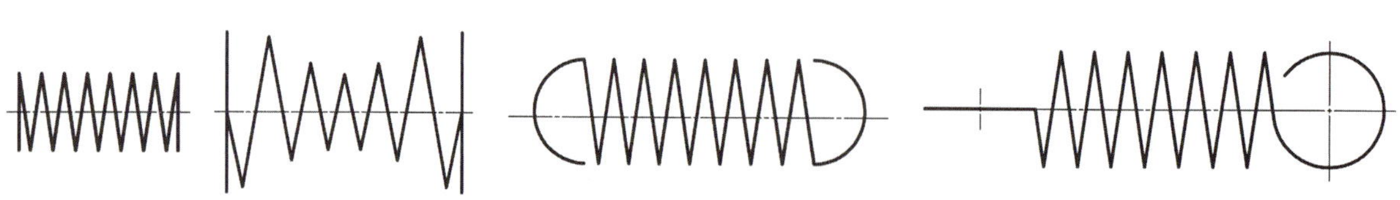

(a) (b) (c) (d)

[그림 7-11] 코일 스프링을 굵은 실선으로 도시한 간략도

⑥ 스프링의 종류 및 모양만을 간략하게 도시하고자 할 때는 그림 7-11과 같이 스프링 재료의 중심을 굵은 실선으로 도시하는데 조립도나 설명도 등에서는 그림 7-12와 같이 코일 스프링을 그 단면만으로 도시하기도 한다.

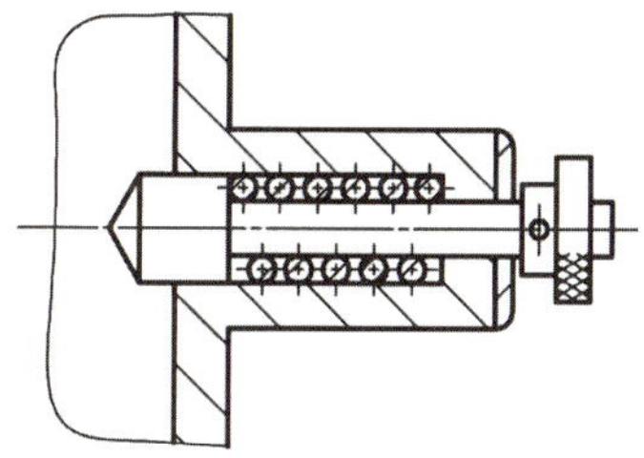

[그림 7-12] 조립도로 표시된 스프링

⑦ 그림 7-13의 겹판 스프링 부품도와 같이 수평상태로 도시(무 하중의 상태는 가상선으로 도시)되는 것이 원칙이나, 「**스프링의 수평 상태 시**」라는 개별주서로 구체적으로 투상도 밑에 명확히 표시해 주기도 한다.

⑧ 부품도에 표시하기 어려운 사항은 일괄하여 요목표에 표시되어 있다.

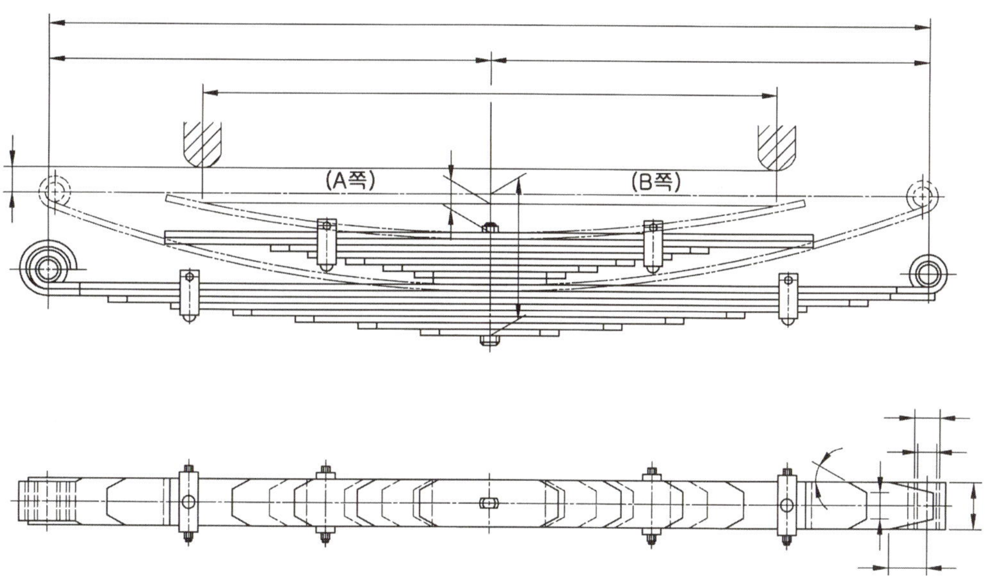

[그림 7-13] 수평 상태로 도시된 겹판 스프링의 부품도

(2) 기타

① 압축 코일 스프링의 끝 부분의 모양이 정확히 도시된 경우에는 코일의 처음 감김과 끝 감김을 표시하는 단면도가 도시되어 있으며 양 끝 부분의 두께는 재료의 1/4을 표준으로 하여 그 두께가 표시되어 있고, 인장코일 스프링 그림 7-14와 같이 훅 부분의 모양도 명확하게 도시되어 있어야 한다.

② 겹판 스프링은 주로 볼트, 너트, 쇠붙이 등을 모두 조립한 상태로 도시되지만 이들 부품의 상세도는 따로 도시되어 있으며 스프링 판의 치수는 보통 규격화되어 있으므로 그림 7-15와 같이 조립된 상태에서 그 전개 길이가 표시되어 있다.

③ 스파이럴 스프링은 토크를 지정하기 위해 그림 7-16과 같이 스프링의 감김 중심과 외부장치의 위치와 거리가 표시되어 있으며 죄어서 감김 상태는 가상선으로 도시되어 있다.

④ 태엽 스프링은 아르키메데스 곡선이라는 것을 명확히 하기 위해 판 간격이 균등하게 도시되어 있다.

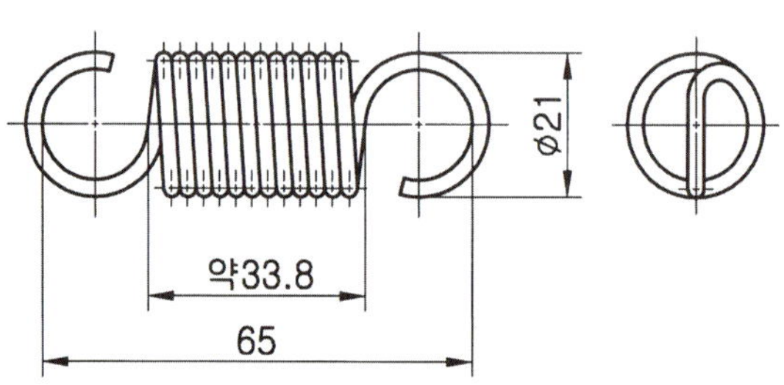

요목표		
재료		PWR
재료의 지름(㎜)		2.6
코일 평균 지름(㎜)		18.4
코일 바깥지름(㎜)		21±0.3
총 감김 수		12
감김 방향		오른쪽
자유 길이(㎜)		65±1.6
초장력(kgf){N}		약 4{39}
스프링 특성 지정	지정 길이(㎜)	87
	지정 길이일 때의 하중(kgf){N}	17.3{169.7}
	길이 75~87사이의 스프링 상수 (kgf/㎜){N/㎜}	0.61{5.98}
지정 길이일 때의 응력(kgf/㎟){N/㎟}		57{559}
시험 하중(kgf){N}		22.5{220.7}
시험 하중일 때의 응력(kgf/㎟){N/㎟}		72.6{712}
최대 허용 인장 길이(㎜)		95
고리의 모양		둥근 고리
방청 처리		방청 유 도포

[그림 7-14] 인장코일 스프링의 부품도

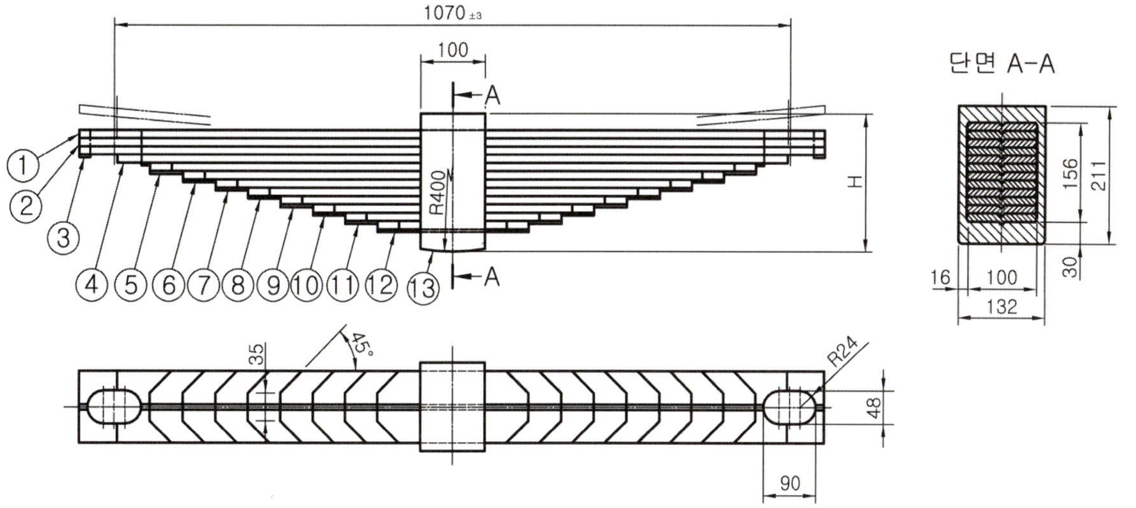

요목표			
구분	하중(kgf){kN}	높이 H(mm)	스팬(mm)
무 하중 시	0{0}	224	
상용 하중 시	5120{50.21}		
최대 하중 시	5840{57.27}	186±4	1070±3
시험 하중 시	10250{100.52}		

<table>
<tr><th colspan="4">스프링 판 치수(KS D 3701 A종 단면)</th></tr>
<tr><th>번호</th><th>전개 길이</th><th>두께</th><th>나비</th></tr>
<tr><td>1</td><td>1200</td><td rowspan="12">13</td><td rowspan="12">100</td></tr>
<tr><td>2</td><td>1200</td></tr>
<tr><td>3</td><td>1200</td></tr>
<tr><td>4</td><td>1050</td></tr>
<tr><td>5</td><td>950</td></tr>
<tr><td>6</td><td>850</td></tr>
<tr><td>7</td><td>750</td></tr>
<tr><td>8</td><td>650</td></tr>
<tr><td>9</td><td>550</td></tr>
<tr><td>10</td><td>450</td></tr>
<tr><td>11</td><td>350</td></tr>
<tr><td>12</td><td>250</td></tr>
<tr><th>번호</th><th>명칭</th><th>재료</th><th>갯수</th></tr>
<tr><td>13</td><td>허리 죔 띠</td><td>SM10C</td><td>1</td></tr>
</table>

[그림 7-15] 겹판 스프링의 부품도

⑤ 스프링의 치수와 특성의 허용차는 각 스프링의 규격에 규정되어 있으므로 필요에 따라 표시되어 있으며, 스프링 제조의 난이도는 그 가격에 현저히 영향을 미치므로 필요 이상 엄격한 허용차가 지시되어 있지 않다.

⑥ 이 밖의 필요에 따라 다듬질기호 및 치수 허용차나 끼워 맞춤 기호 등이 표시되어 있다.

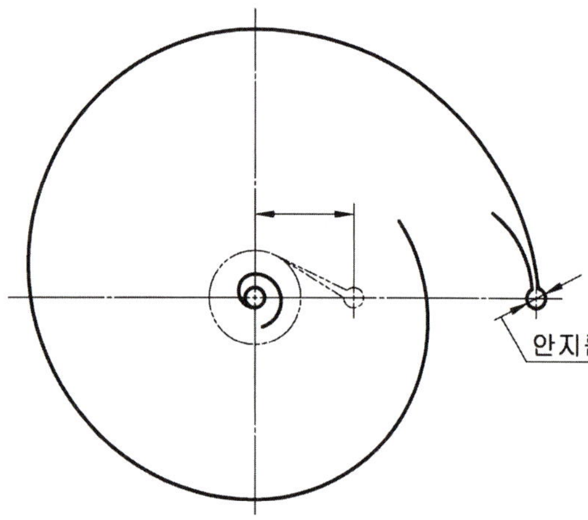

(a) 스파이럴 스프링의 외부 장치 위치 도시

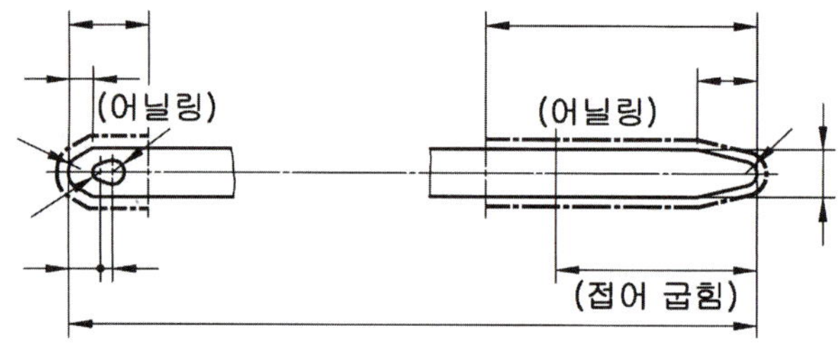

(b) 스파이럴 스프링의 전개도

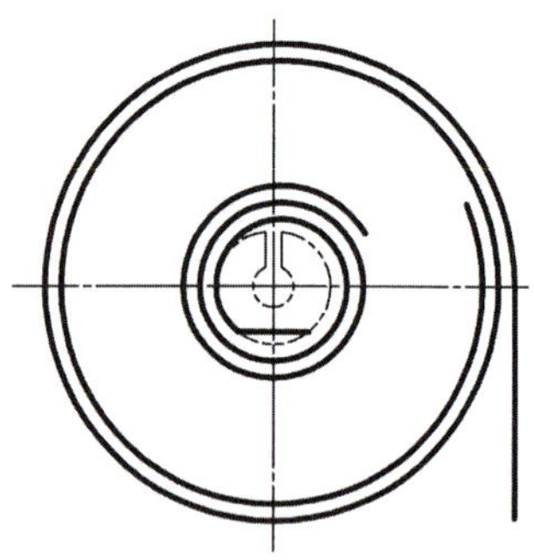

요목표	
재료	
나비×두께	
온 길이	
피치	
감김수	

(c) 태엽 스프링의 부품도

[그림 7-16] 스파이럴 및 태엽 스프링의 부품도

7.2 래칫 휠과 폴

1 래칫 휠(Ratchet wheel)

그림 7-17과 같은 기본 구조를 가지고 있는 것으로서 새 발톱과 같이 생긴 갈고리의 폴(pawl)을 걸어서 간헐적인 운동을 할 수 있도록 톱의 이 모양을 가진 바퀴를 말하며, 윈치(winch)나 역회전 방지장치 및 간헐운동을 필요로 하는 자동화 기계장치 등에 사용된다.

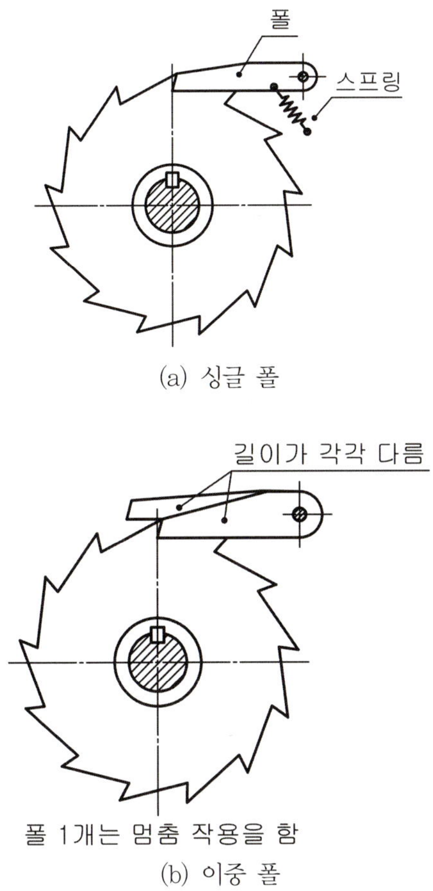

[그림 7-17] 래칫 휠과 폴의 기본 구조

2 폴(Pawl, Claw, Click)

폴의 위치는 래칫 휠의 힌지 중심에서 외접원의 접선 위에 놓이도록 설계되어 있는 것이 좋으며, 폴이 래칫 휠의 이뿌리에 안정적으로 쉽게 들어가도록 이의 각도(α)를 14°~18°로 하나 보통 15°로 설계되는 것이 원칙인데, 그림 7-18의 **(e)**와 같이 폴과 볼 베어링을 응용하면 간헐운동 및 브레이크 역할도 할 수 있다.

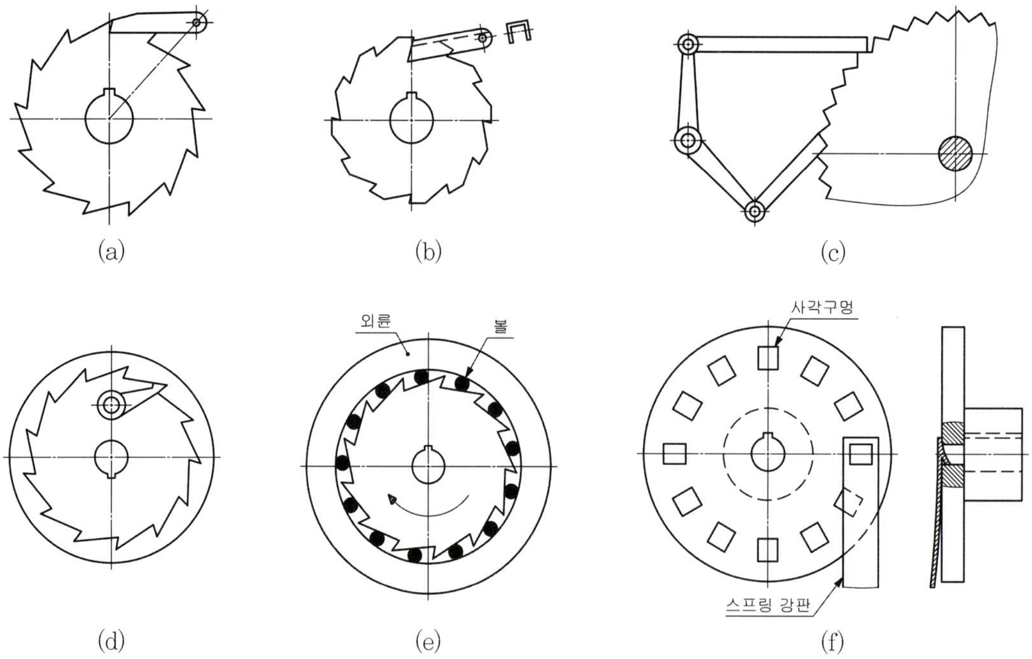

[그림 7-18] 래칫 휠과 폴의 모양과 구조

3 래칫 휠과 폴의 종류 및 재질

그림 7-18과 같이 래칫 휠의 이 모양과 폴의 구조에 따라 여러 가지 형태의 종류가 있으며 그림 7-19와 같이 폭 넓게 응용되는데, 래칫 휠은 주강이나 기계구조용 탄소강을 주로 사용하되 폴은 침탄경화를 한다.

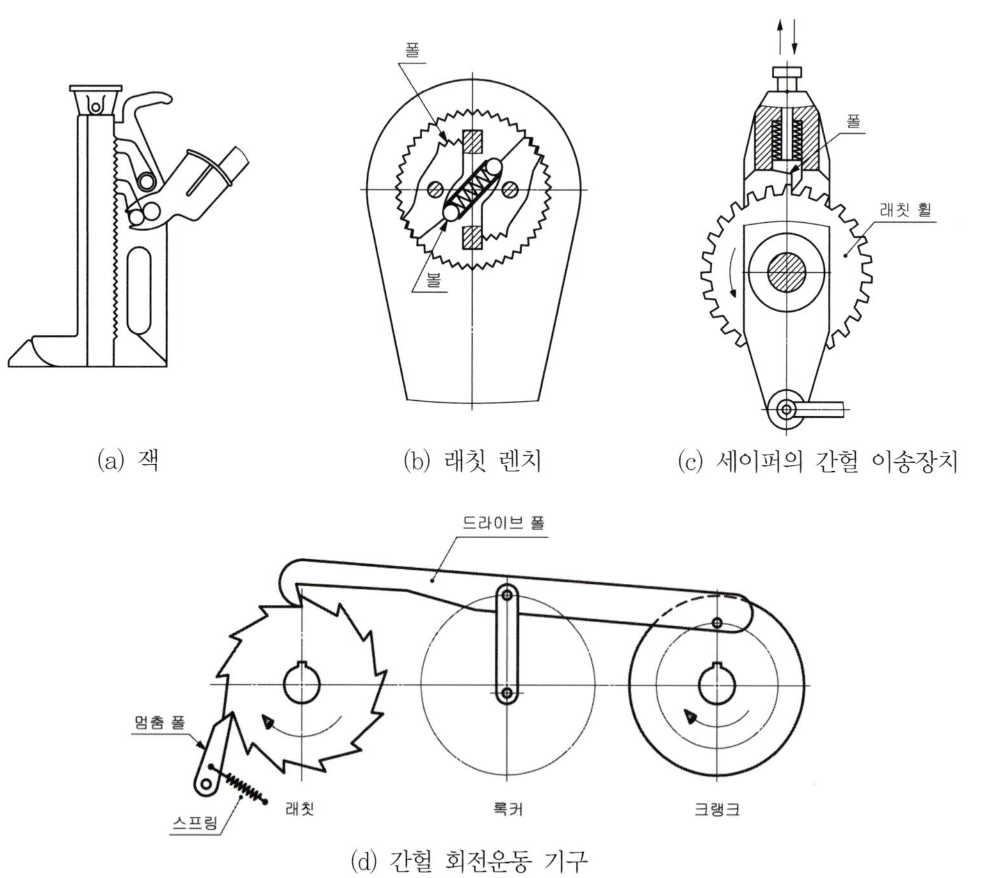

[그림 7-19] 래칫 휠과 폴의 응용

4 래칫 휠의 부품도 해석

스퍼 기어와 같은 방법으로 도시되어 있으며 이의 모양이 모두 도시되어 있으면 더 좋으나 간략 방법에 의해 도시된 경우에는 그림 7-20과 같이 대표적으로 몇 개의 이 모양이 도시되고 바깥지름, 원주 피치와 이의 각이 지시되어 있다.

① 정면도의 이끝원 지름은 굵은 실선으로 도시되어 있다.

② 정면도의 이뿌리원 지름은 가는 실선으로 도시되어 있다.

③ 측면도에서 단면을 할 경우의 이뿌리원 선은 굵은 실선으로 도시되어 있고, 단면을 하지 않을 경우에는 가는 실선으로 도시되어 있다.

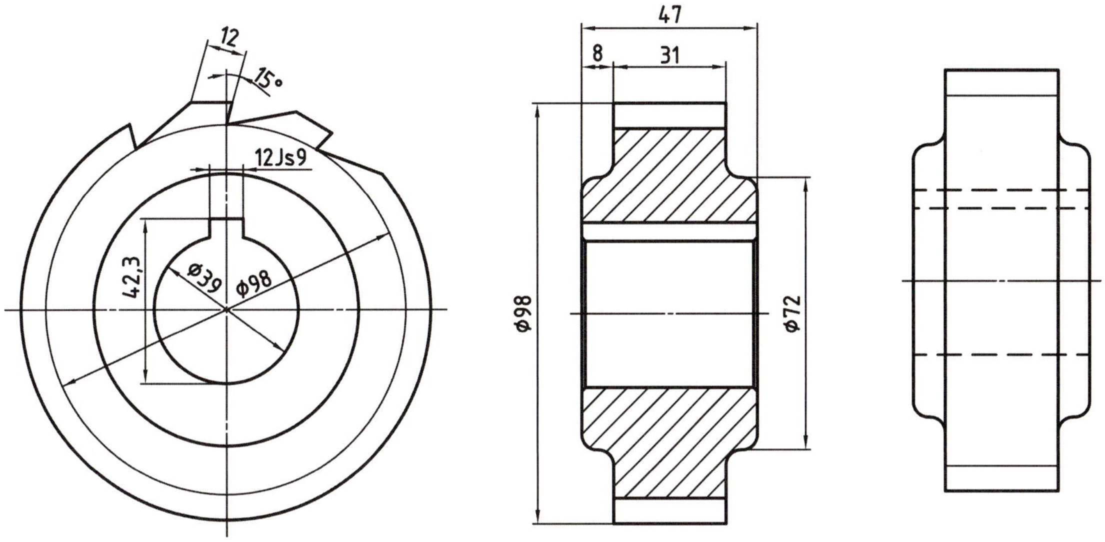

(a) 정면도 (b) 측면도 (c) 단면하지 않은 측면도

[그림 7-20] 래칫 휠의 부품도

7.3 캠 장치(Cam mechanism)

그림 7-21과 같이 면 또는 홈의 비교적 간단한 구조에 의해 회전운동 또는 직선 왕복운동을 함으로써, 주기적인 운동을 하는 기구를 캠 장치(Cam mechanism)라 하며 자동차의 엔진 밸브 개폐 장치, 미싱, 인쇄기, 직조기, 자동 선반, 자동화 기계장치 등에 주로 응용된다.

캠 장치는 모양에 따라 평면 캠과 입체 캠으로 크게 나눈다.

그림 7-22는 캠의 각 부분 명칭과 캠이 운동하며 그리는 궤적인 캠 선도(diagram)를 보여준다.

1 평면 캠

(1) 판 캠(Plate cam)은 캠의 윤곽 면에 의해 종동절(follower)이 캠축과 수직 방향으로 운동하는 기구장치이며 종류는 다음과 같다.

① 하트 캠(heart cam)

② 머시룸 캠(mushroom cam)

③ 접선 캠(tangential cam)

④ 요동 암 캠(swing follower arm cam)

⑤ 삼각 캠(triangular cam)

(2) 정면 캠(Face cam)은 캠 정면의 캠 윤곽 곡선에 필요한 홈을 파서 종동절의 롤러를 끼운 구조의 장치로서 종동절이 필요한 운동을 정확하게 전달할 수 있는 기구장치이다.

(3) 왕복 캠(Reciprocating cam)은 주동절의 수평 왕복운동을 종동절의 수직 왕복운동으로 바꾸는 기구장치이다.

(4) 와이퍼 캠(Wiper cam)은 주동절의 왕복 각 운동을 종동절의 왕복 직선운동으로 바꾸는 기구장치이다.

(5) 가역 캠(Inverse cam)은 주동절의 회전운동을 종동절의 왕복 직선운동으로 바꾸는 기구장치이다.

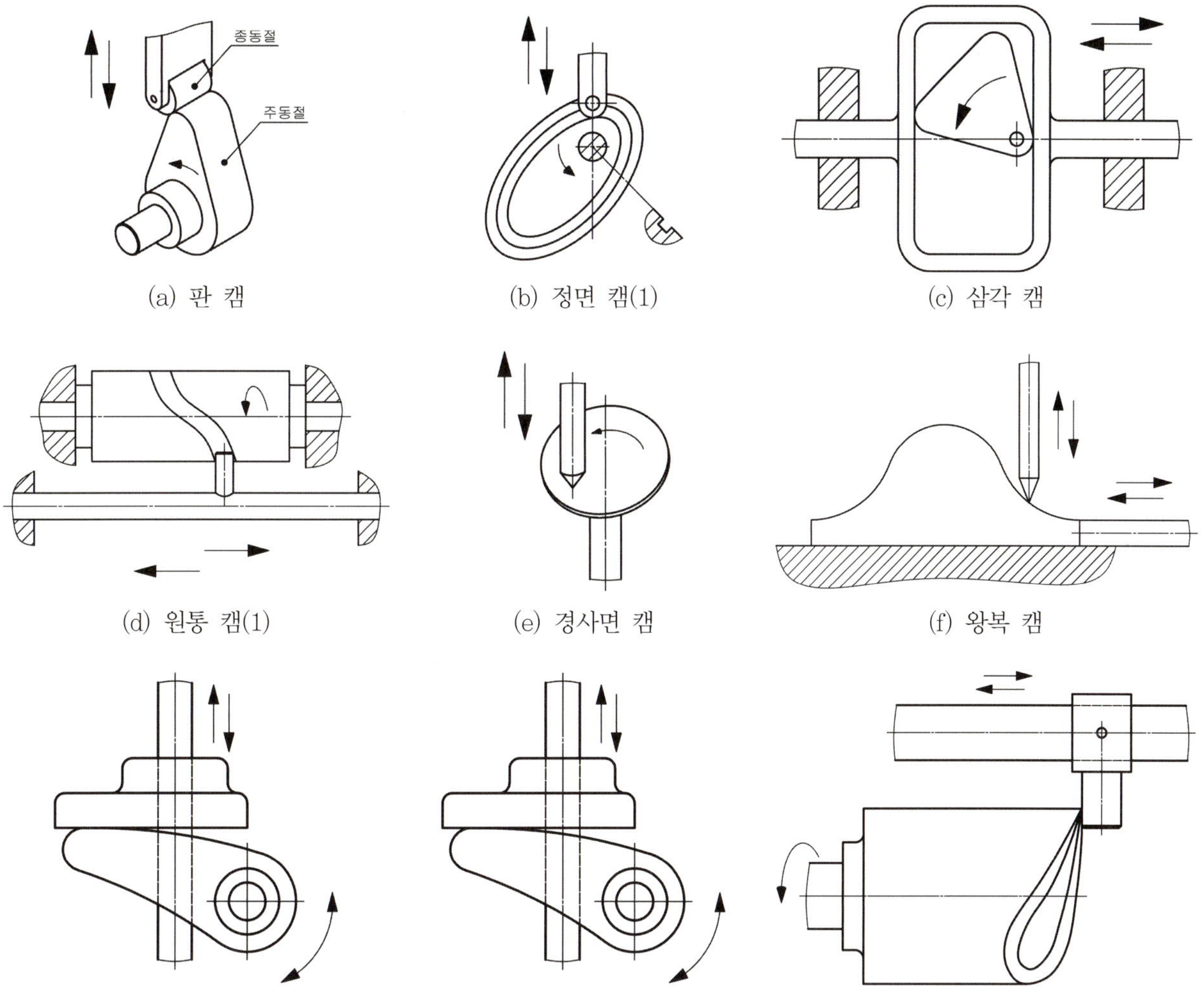

(a) 판 캠 (b) 정면 캠(1) (c) 삼각 캠

(d) 원통 캠(1) (e) 경사면 캠 (f) 왕복 캠

(g) 가역 캠 (h) 정면 캠(2) (i) 원통 캠(2)

[그림 7-21] 캠의 종류

2 입체 캠

(1) 통 쇠 캠(Solid cam)은 캠 축선을 중심으로 하여 회전체의 표면상에 닫힌 캠 곡선의 홈을 파서 여기에 따라 종동절이 운동을 하도록 하는 기구장치이며 종류는 다음과 같다.

① 원통 캠(cylindrical cam)

② 원뿔 캠(conical cam)

③ 쌍곡선 캠(hyperbolic cam)

④ 원호 캠(arc cam)

⑤ 구형 캠(spherical cam)

(2) 단면 캠(End cam)은 캠 축선을 중심으로 하여 회전체의 표면상에 닫힌 캠 곡선의 홈을 파서 여기에 따라 종동절이 왕복운동을 하도록 하는 기구장치이다.

(3) 회전 사면 캠(Swash plate cam)은 캠 축선의 끝에 평면 판의 회전체를 경사지게 고정하여 종동절이 왕복운동을 하도록 하는 기구장치이다.

(4) 조정 캠(Adjustable cam)은 원통의 주위에 나사 구멍을 뚫어 놓고 각각 다른 캠 평면 판을 고정하여 여러 가지 운동을 할 수 있도록 조정이 가능한 기구장치이다.

3 캠의 각 부분 명칭

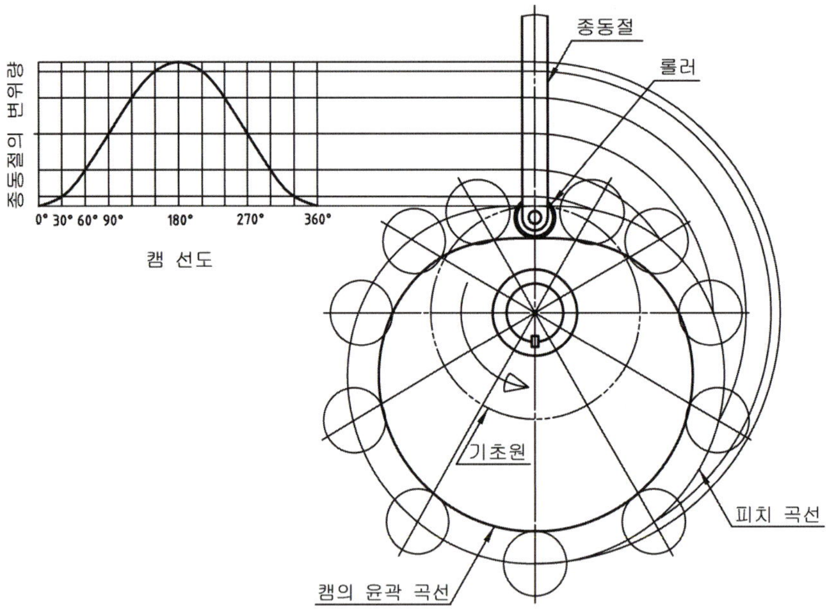

[그림 7-22] 캠의 각 부분 명칭과 그리는 궤적

4 캠의 구조

캠의 구조는 대표적으로 주동절(Cam)과 종동절(Follower)로 되어 있으며 그림 7-23과 같다.

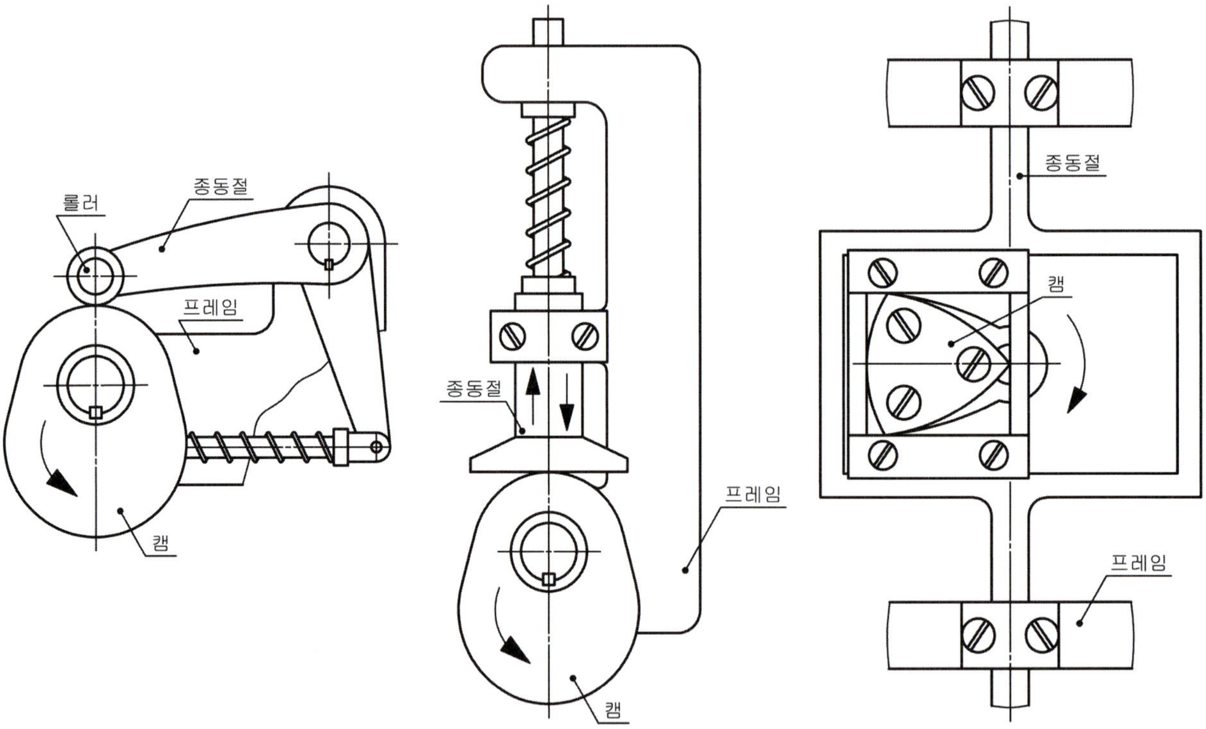

[그림 7-23] 캠의 구조

5 캠 선도(Cam diagram)

캠의 회전각인 0°~360°를 가로축으로 하고, 종동절(Follower)의 변화된 위치(변위)를 세로축으로 하여 그림으로 그린 것을 캠 선도라고 한다.

종동절의 운동은 등속운동, 단현운동, 등가속운동으로 나뉜다.

(1) 등속운동 선도

동일한 시간 동안 동일한 거리를 움직이는 운동을 등속운동이라 하며, 그림 7-24와 같이 직선으로 되어 있다.

① 세로축에는 종동절의 변위를 잡아 a~g로 등분된다.

② 가로축에 임의의 길이(세로축의 1행정에 상당하는 캠의 각도)를 잡아 a~6으로 등분된다.

③ 각 점에서 가로축, 세로축으로 평행선을 그어 만나는 교점을 연결하면 a~g′의 등속 캠 선도가 된다.

④ 위의 등속운동은 시작점과 끝점에서 운동에 충격을 주게 되므로, 시작점과 끝점의 변위량의 약 1/3을 원호로 하여 수정을 하면 원만한 등속운동을 하게 되는데 이러한 운동을 수정 등속운동이라 하며, 그림 7-25는 수정 등속운동을 나타낸 것이다.

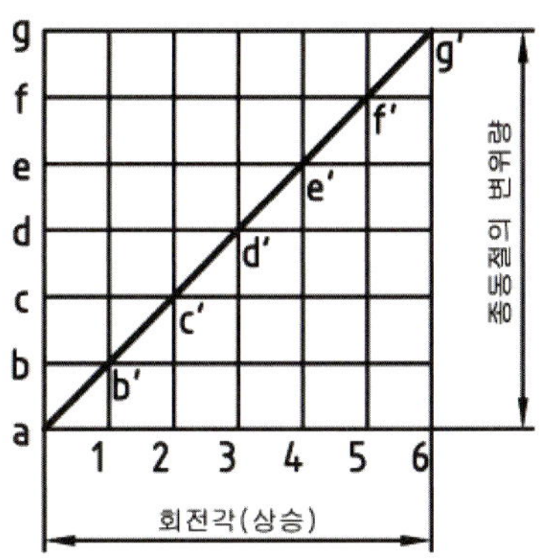

[그림 7-24] 등속운동의 캠 선도

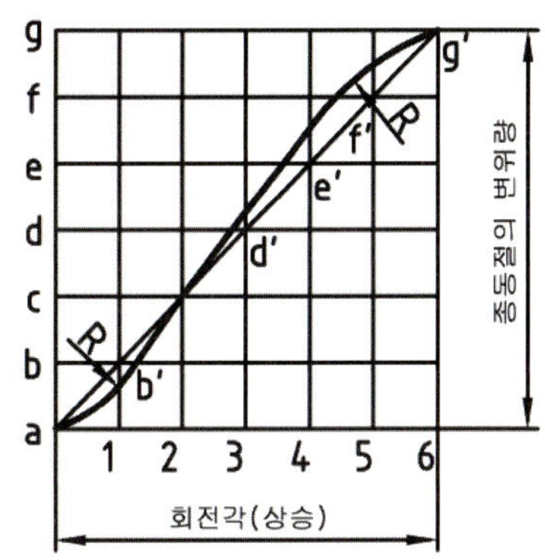

[그림 7-25] 수정 등속운동의 캠 선도

(2) 단현운동 선도

진자의 운동과 같이, 속도는 변위의 중앙에서 최고가 되고 양 끝에서는 0이 되므로 캠 선도는 그림 7-26과 같이 사인(sine)곡선이 된다.

① 변위를 지름으로 하는 원을 그리고, 반원과 가로축이 같은 수로 등분된다.

② 각 점에서 가로축과 세로축에 평행선이 그어졌고 각각 그 만나는 점 b″~g″가 구해졌다.

③ a~g″를 매끄러운 곡선으로 연결하면 변위의 시작점과 끝점에서 최저 속도가 되고 중앙에서 최고 속도가 된다.

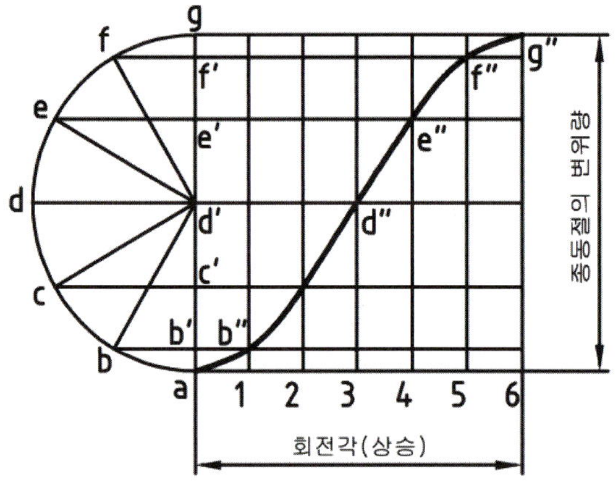

[그림 7-26] 단현운동의 캠 선도

(3) 등가속운동 선도

낙하하는 물체와 같은 운동으로서 종동절이 같은 시간 안에 증속될 때는 1:3:5:7:.... , 감속될 때는 7:5:3:1의 거리를 운동하기 때문에 캠 선도는 그림 7-27과 같다.

① 변위의 길이는 직선을 임의의 길이로 등분하는 요령으로 1:3:5:3:1의 비율로 나누어 a~f′가 된다.

② 가로축을 변위와 같은 수로 나누고 각 점에서 세로축과 가로축에 평행선이 그어지면 각각 그 만나는 점 b″~f″가 된다.

③ a~f″를 매끄러운 곡선으로 연결하면 등가속운동의 캠 선도가 된다.

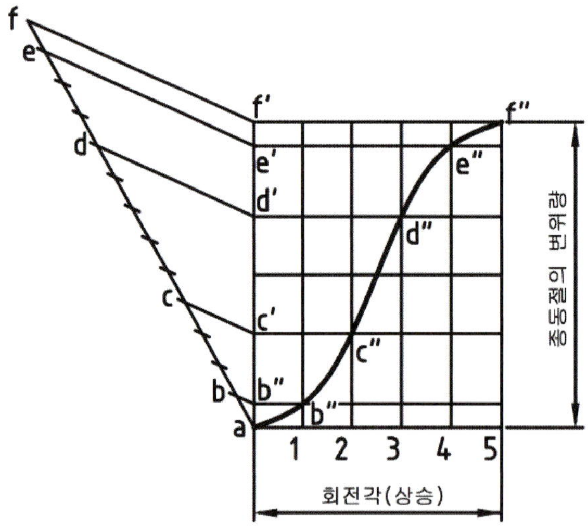

[그림 7-27] 등가속운동의 캠 선도

6 캠의 재료와 열처리

주로 주강 또는 단강품을 많이 사용하고 저속용은 주철을 사용하기도 하는데, 정밀을 필요로 하는 캠의 곡선 표면은 침탄경화 후 연삭이나 래핑 가공을 하며 롤러는 담금질용강으로 하고 나이프 에지(knife edge)에는 고속도강 또는 초경합금강을 사용하기도 한다.

7 종동절 끝의 롤러 모양과 운동방향

그림 7-28은 종동절의 끝 부분에 설치된 롤러 모양과 구조의 보기를 나타낸다.

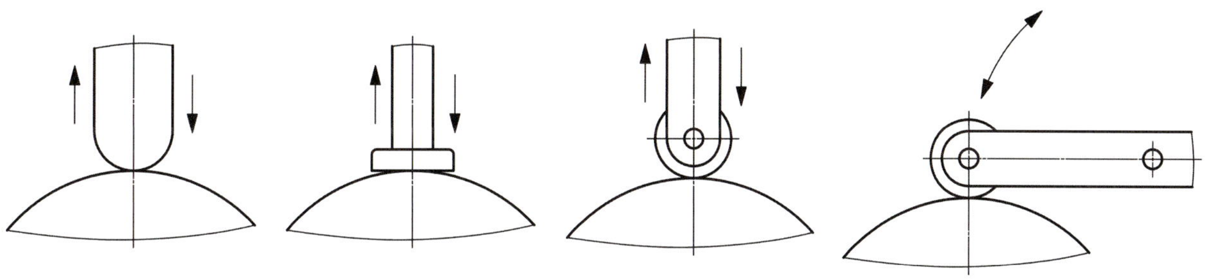

(a) 구형　(b) 평형　(c) 롤러형　(d) 옵셋(편심) 롤러형

[그림 7-28] 종동절 끝 부분의 롤러 모양과 운동 방향

그림 7-29는 앞에서 설명한 래칫과 폴이 설치된 조립도면의 예시이다.

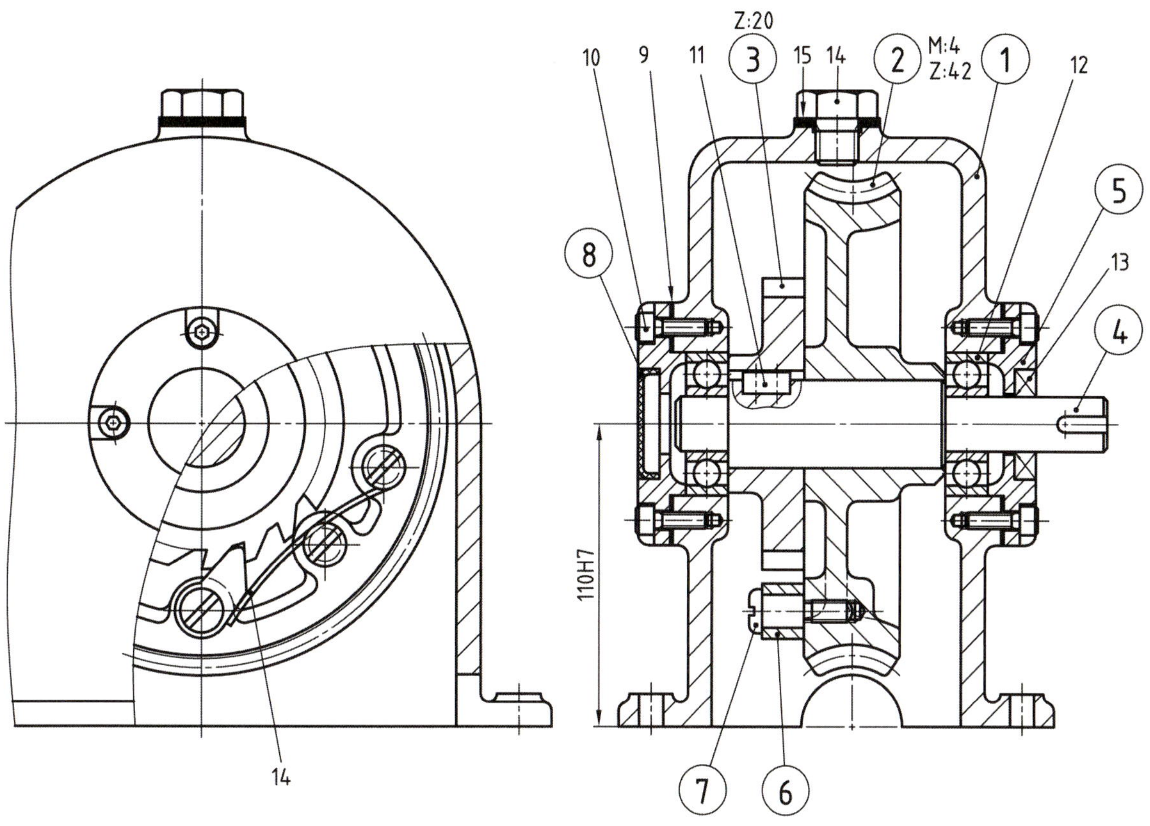

[그림 7-29] 래칫과 폴이 설치된 조립도

CHAPTER

08 관 이음과 밸브

8.1 관 이음(Pipe joint)

관 이음은 액체·가스·증기와 같은 유체의 수송은 물론이고 가루로 된 고체까지도 액체 또는 가스의 흐름에 띄워 원거리로 수송할 수 있도록 배관을 하게 되는데, 여러 가지의 유체 운반수단으로 사용되는 배관에는 금속계통의 주철 배관, 강재 배관, 비금속 계통의 구리 배관, 황동 배관, 납 배관, 석유화학 계통의 염화비닐(PVC) 등이 있다.

1 관 이음의 종류

(1) 주철관(Cast iron pipe)

주철은 잘 깨지는 성질이 있으나 녹이 슬지 않고 값이 싸므로 수돗물, 가스의 수송, 위생 설비의 배수관 등의 7~10kg_f/mm^2의 저압 배관용으로 사용된다.

(2) 강관(Steel pipe)

배관 제조방법이 발달하여 이음이 없는 강관과 용접한 이음이 있는 강관이 있으며 용접한 강관은 강도가 좋아서 지름 1m 이상이 되는 수력 발전과 고온·고압의 화학 공장에 많이 사용되고 있다. 배관용, 압력 배관용, 고온·고압용 및 특수 고압, 화학 공업용 등이 있으며 압력 배관용으로는 이음이 없는 강관이 사용되고 물, 기름 및 가스 등의 수송에는 배관용 탄소강이 사용된다.

(3) 구리 및 황동관(Copper and brass pipe)

굽힘 가공, 용접, 납땜 등의 가공이 쉽고 열전달이 잘 되어서 주로 냉동장치의 배관이나 화학 공업용 배관에 이용된다.

(4) 납관(Lead pipe)

산성에 강하고 구부리기 쉬우므로 가스, 산성 액체 또는 폐수용으로 이용된다.

(5) 신축관(Flexible pipe)

강, 구리 및 구리 합금, 알루미늄 등의 얇은 판을 접어서 나선 모양으로 주름이 지게 만들어 구부리기 쉬워서 물, 기름 등의 수송, 전선의 보호 이음으로 이용된다.

(6) 염화비닐관(Poly-vinyl chloride pipe)

이음 부분이 없는 관으로 연질과 경질의 두 종류가 있는데, 연질은 내약품성이 있으며, 경질은 내산 · 내알칼리 · 내식성 등이 좋고 전기 절연성이 우수하여 점차 사용량이 증가하고 있다.

2 관 이음의 기호

일반 광업 또는 공업에서 사용하는 계획도, 계통도, 설계도 등의 도면에 관 및 부속품을 기호로써 나타내는 방법은 KS B 0051에 규정되어 있다.

(1) 관(Pipe)

1줄의 실선으로 표시되고 같은 도면에는 같은 굵기로 그려져 있다.

(2) 유체의 종류와 상태

주서 및 문자기호로써 그림 8-1의 **(a)**와 같이 도시되지만 문자기호만으로 나타낼 때에는 **(b)**와 같이 도시되기도 한다.

유체의 종류기호를 보면 공기는 A(Air), 가스는 G(Gas), 유류는 O(Oil), 수증기는 S(Steam), 물은 W(Water)로 표시되어 있다.

(3) 유체의 흐름방향

그림 8-1의 **(c)**와 같이 관을 표시하는 실선에 화살표로 방향을 표시한다.

(4) 관의 굵기 및 종류

관의 굵기만을 표시할 때는 그림 8-1의 **(d)**와 같이 표시되어 있고 굵기와 종류를 동시에 나타낼 때는 **(e)**와 같이 관의 굵기를 표시하는 숫자 옆에 관의 종류를 표시하는 기호나 글자를 기입하여 표시되어 있다.

다만, 복잡한 도면에서는 혼동을 피하기 위하여 **(f)**와 같이 지시선으로 표시할 때도 있고 또 관의 이음쇠 굵기 및 종류도 지시선을 따라 표시되며 **(g)**와 같이 주류 방향에 따라 기입하여 표시되고 지류는 굵은 쪽을 먼저 기입하여 표시하고 있다.

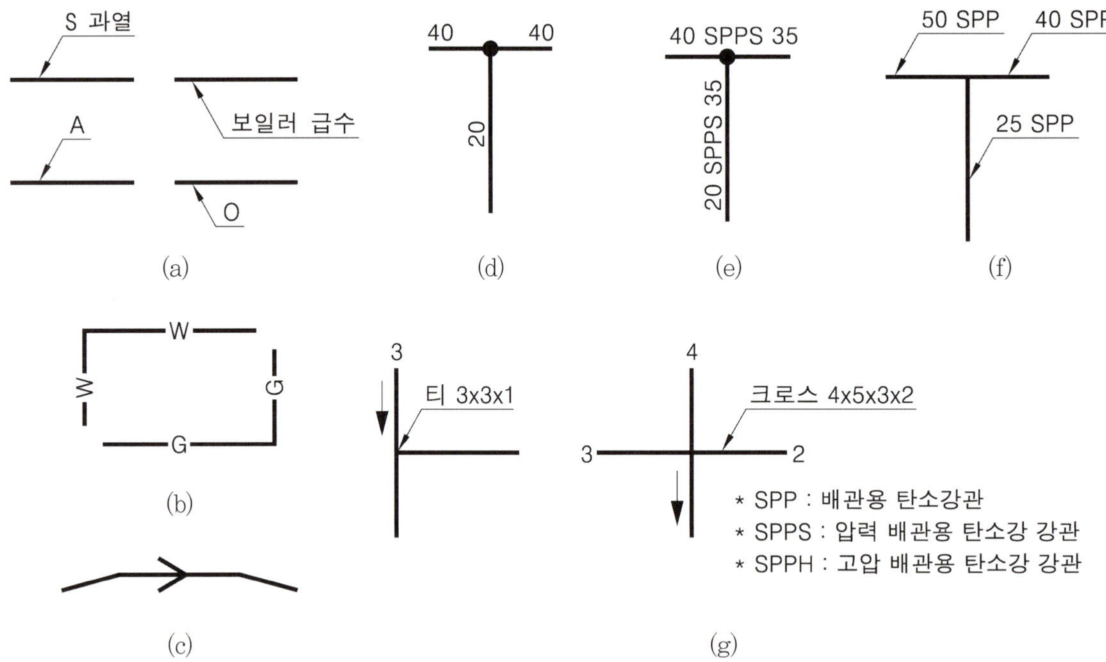

[그림 8-1] 관의 그림기호와 기입하기

(5) 관의 접속

관의 접속 상태는 그림 8-2와 같은 그림기호로 도시되어 있다.

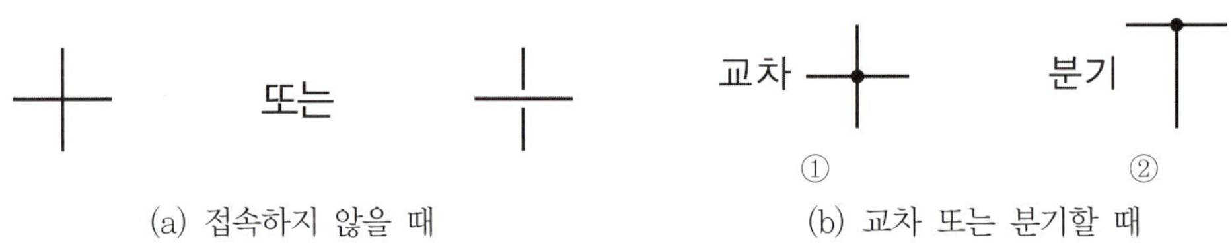

[그림 8-2] 관의 접속 상태 그림기호

(6) 계기 표시

표 8-1과 같이 표시하고 있으며 계기의 종류를 나타낼 때는 ○표 안에 문자기호를 표시하고 있다.

[표 8-1] 계기 표시의 그림기호

압력계	P	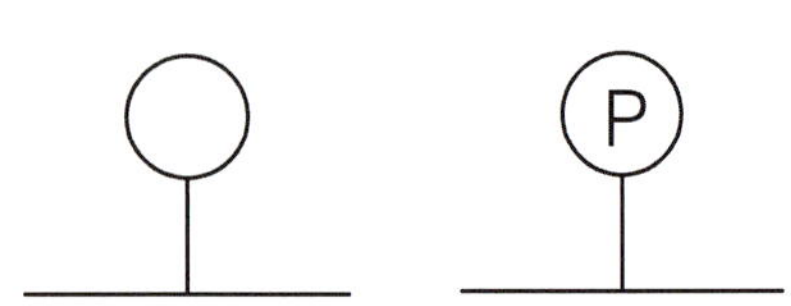
온도계	T	
유량계	F	

(7) 지지 장치

지지 장치의 표시는 그림 8-3과 같은 기호로 도시되어 있다.

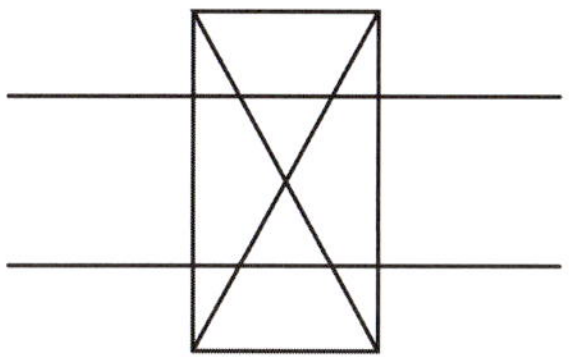

[그림 8-3] 지지 장치의 그림기호

3 관 이음쇠의 종류

관과 관을 연결할 때는 나사식 이음, 플랜지식 이음, 용접식 이음, 신축 이음 등이 많이 이용된다.

(1) 나사식 관 이음쇠의 종류

KS B 1531에서 규정한 여러 가지 모양의 나사 이음쇠의 종류 중 대표적인 것은 그림 8-4에서 나타낸 것과 같다.

① 관 이음쇠의 호칭방법은 종류와 호칭으로 나타내고 종류에 따라서 「**나사식 가단 주철제**」라고 머리에 붙여져 있다.

② 이음쇠의 간략기호에 대한 호칭의 표시방법은 그림 8-5와 같이 표시되어 있다.

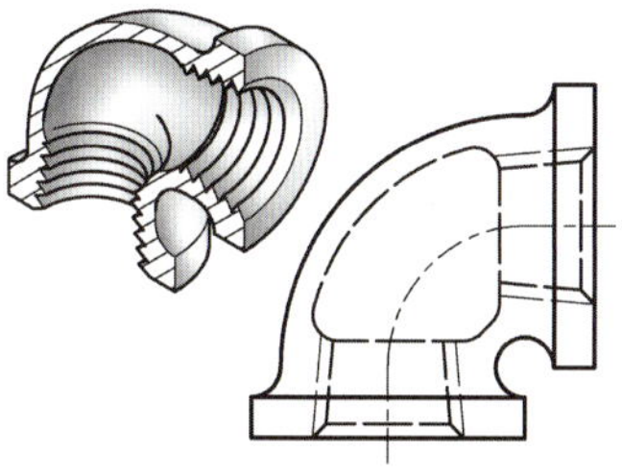

(a) 90° 엘보형 이음쇠

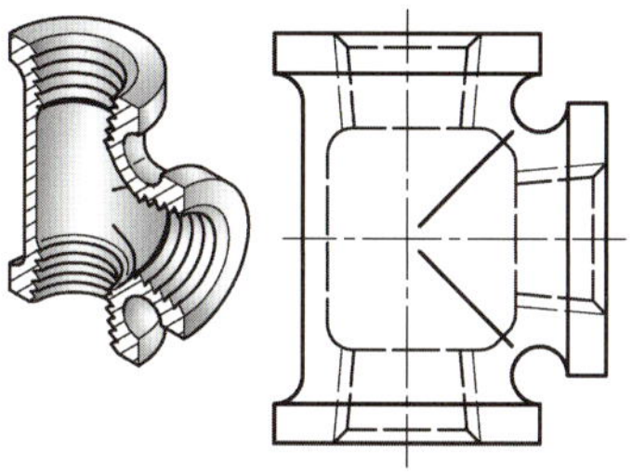

(b) T형 이음쇠

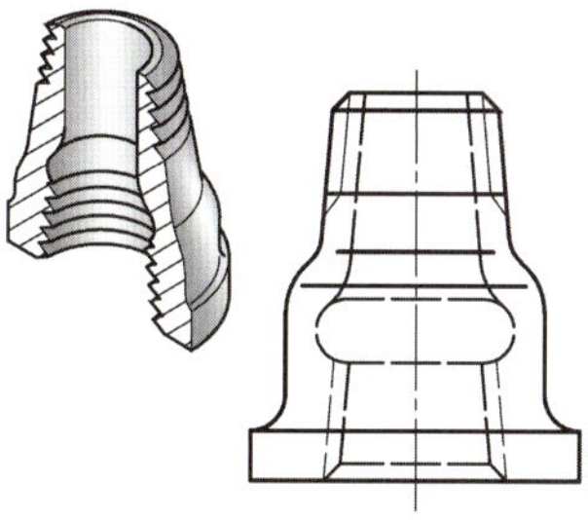

(c) 부시형 이음쇠

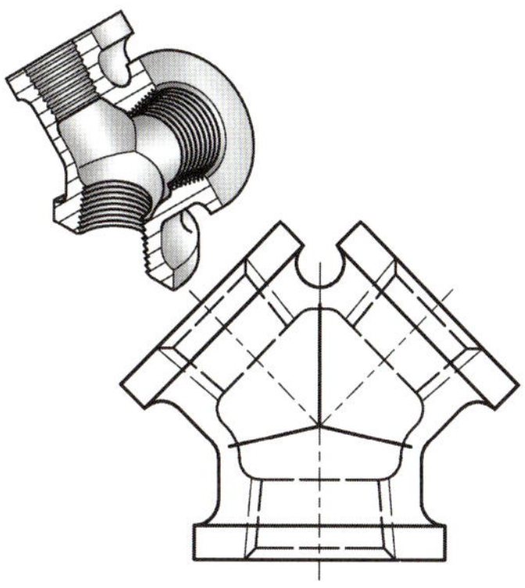

(d) 90° Y형 이음쇠

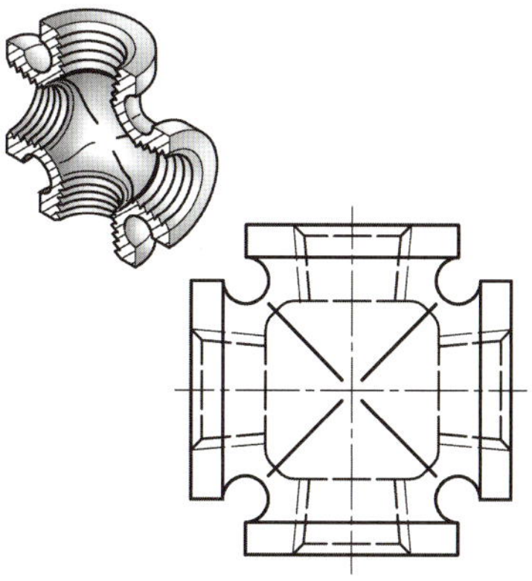

(e) 지름이 다른 크로스형 이음쇠

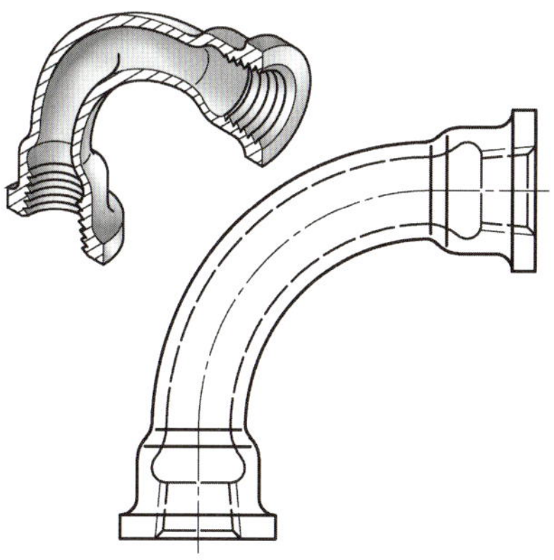

(f) 45° 밴드형 이음쇠

[그림 8-4] 나사식 관 이음쇠의 종류

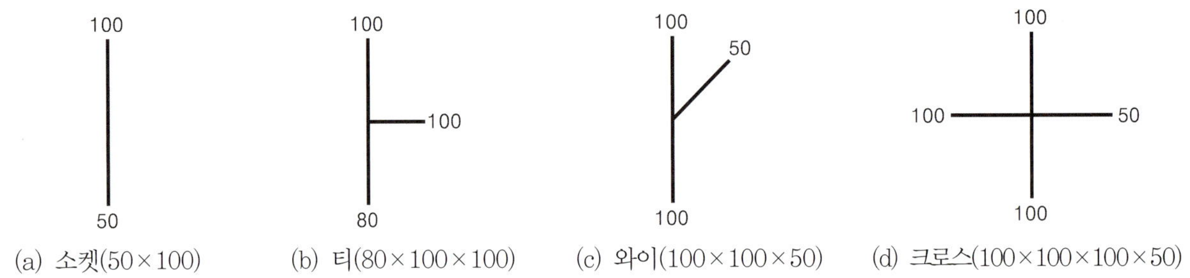

[그림 8-5] 이음쇠의 크기와 호칭

(2) 주철관 이음

① 플랜지 이음(Flange joint)은 플랜지와 플랜지 사이의 기밀 유지를 위해 개스킷을 끼우고 볼트와 너트로 고정시키는 방법으로써 그림 8-6의 **(a)**와 같고 관 지름이 크거나 압력이 높을 때에 사용된다.

② 턱거리 이음은 **(b)**와 같은 방법으로 상·하수도의 지하 매설용으로 사용된다.

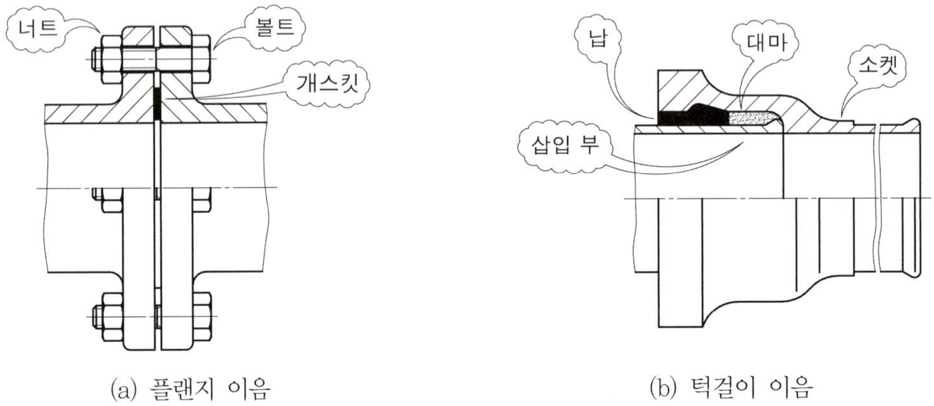

[그림 8-6] 주철관 이음의 종류와 구조

(3) 강관 이음

관 끝에 플랜지를 만들어 볼트와 너트로 고정되는 것으로써 그림 8-7과 같이 여러 가지가 있다.

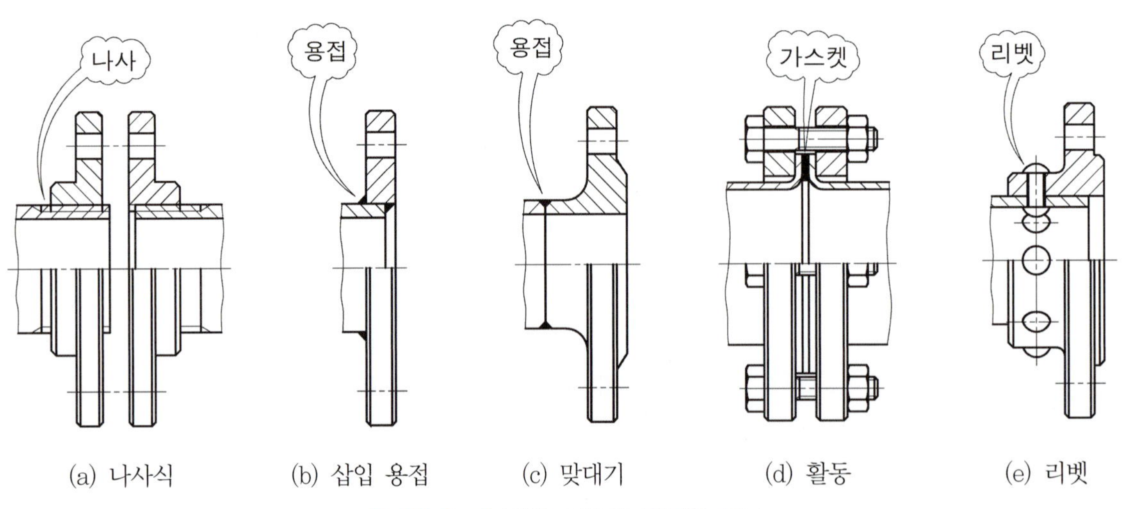

[그림 8-7] 강관 이음의 종류와 구조

(4) 신축 이음

관이 열을 받을 때는 관 벽에서 응력이 발생하여 배관구조의 안전에 위협을 받게 되므로 그림 8-8과 같은 신축 이음은 신축량의 정도, 압력 및 강도 등에 따라 선택된다.

4 관 이음의 그림기호

관 이음이 도시될 때는 표 8-2의 그림기호를 사용하고 있다.

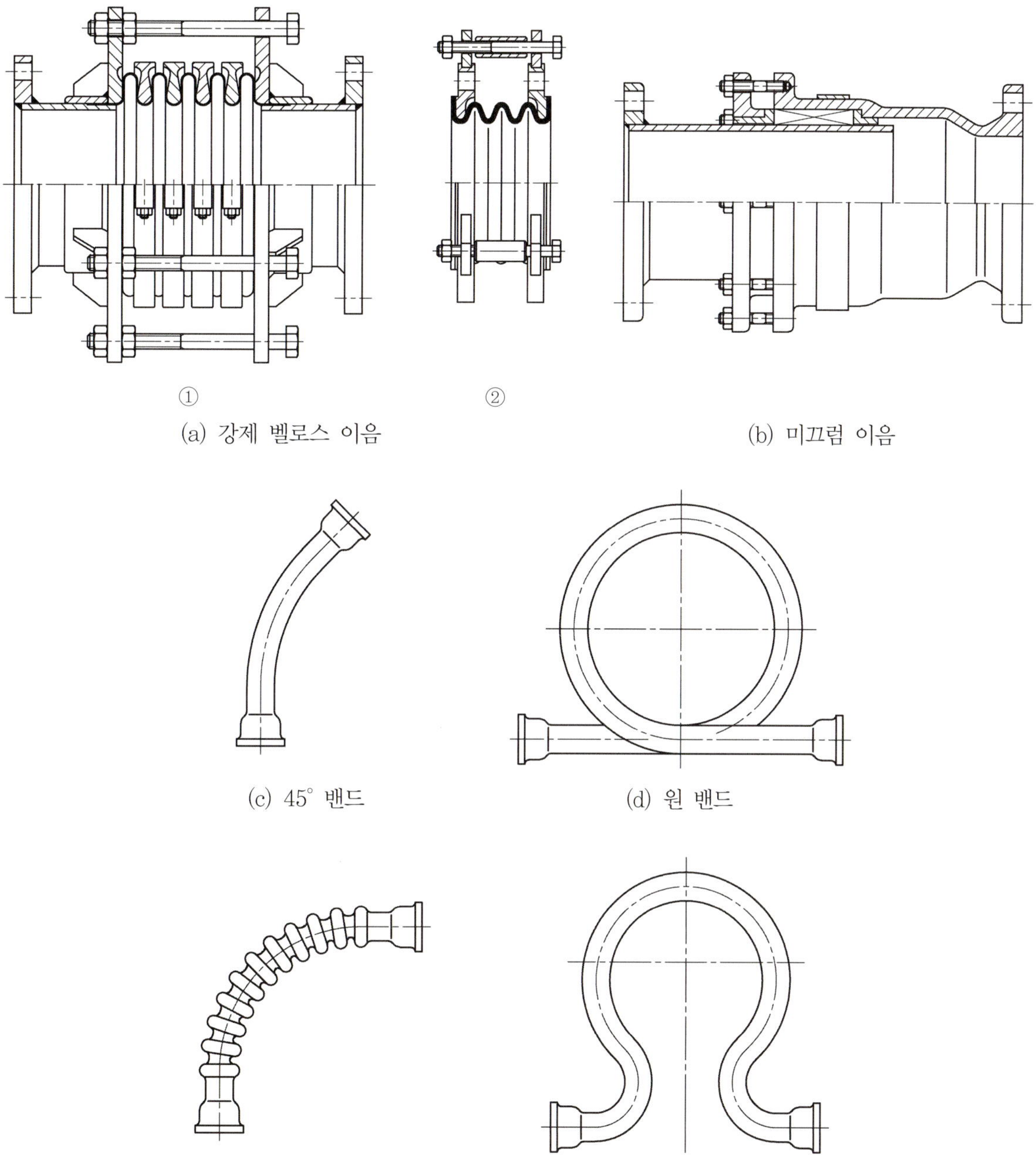

①　②
(a) 강제 벨로스 이음　(b) 미끄럼 이음

(c) 45° 밴드　(d) 원 밴드

(e) 주름 달린 밴드　(f) 신축 밴드

[그림 8-8] 신축 이음의 종류와 구조

[표 8-2] 관 이음의 그림기호

부품 명칭	그림기호		부품 명칭	그림기호	
	플랜지 이음	나사 이음		플랜지 이음	나사 이음
엘 보	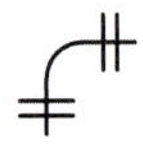	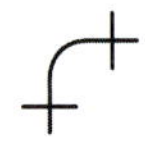	와이	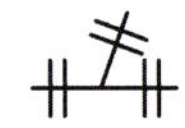	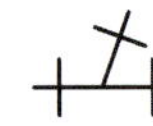
45° 엘보	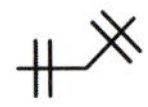	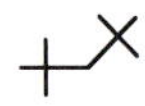	조인트	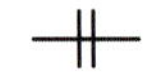	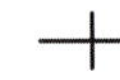
오는 엘보			팽창 조인트	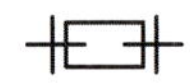	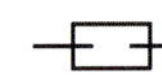
가는 엘보			줄이개		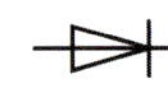
티	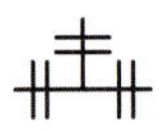	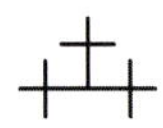	유니언	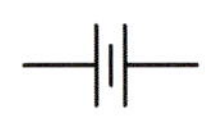	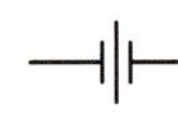
가는 티	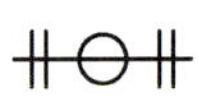	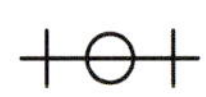	캡		
오는 티			부시		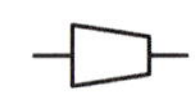
크로스			플러그		

5 관 끝 부분의 도시

관의 끝 부분을 도시할 때는 표 8-3의 그림기호를 사용하여 도시되고 있다.

[표 8-3] 관의 끝 부분 도시 그림기호

끝 부분의 종류	막힌 플랜지	나사 박음식 캡 및 플러그	용접식 캡
그림기호			

8.2 밸브(Valve)

공기, 증기, 물 등의 량(量), 압력 및 온도를 제어하기 위하여 사용되는 것을 밸브라 하며 사용목적에 따라 다음의 종류가 있다.

1 밸브의 종류

(1) 스톱 밸브(Stop valve)

그림 8-9의 **(a)**와 같이 입구와 출구가 일직선상에 있고 밸브 시트(Valve seat)에 대하여 수직방향으로 움직이는 글로브 밸브와 **(b)**와 같이 입구와 출구가 수직인 앵글 밸브(Angle valve)가 있다.

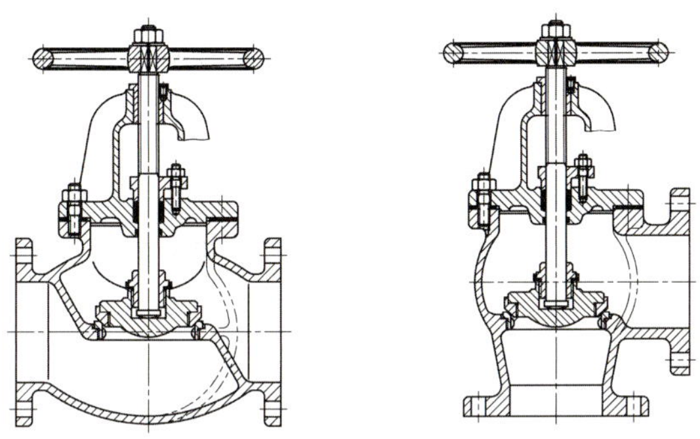

(a) 글로브 밸브　(b) 앵글 밸브

[그림 8-9] 스톱 밸브

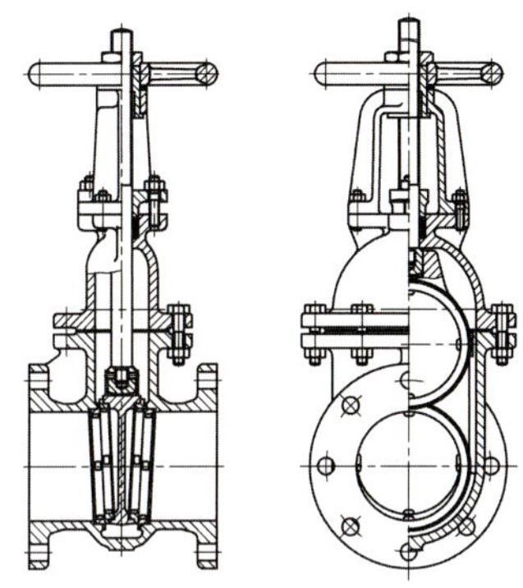

[그림 8-10] 슬루스 밸브(게이트 밸브)

(2) 슬루스 밸브(Sluice valve) 또는 게이트 밸브(Gate valve)

그림 8-10과 같이 밸브가 관 축선에 직각 방향으로 개폐되는 밸브로서, 상수도관과 같이 지름이 크고 밸브를 자주 개폐할 필요가 없는 곳에 사용된다.

(3) 체크 밸브(Check valve)

그림 8-11과 같이 유체를 한 방향으로만 흐르게 하여 역류를 방지하는 밸브로서 **(a)**는 스윙(Swing)형, **(b)**는 리프트(Lift)형이다.

(4) 콕(Cock)

그림 8-12와 같이 원뿔형 또는 볼형의 플러그를 회전시켜 열림 면적에 변화를 주어서 유량을 조절하며 지름이 작은 경우에 사용된다.

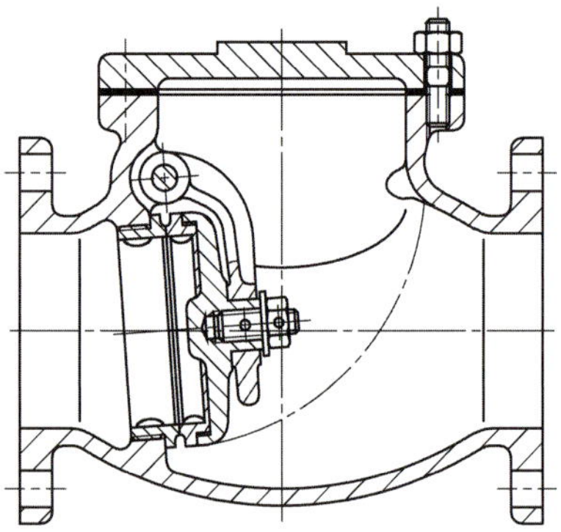

(a) 스윙 형

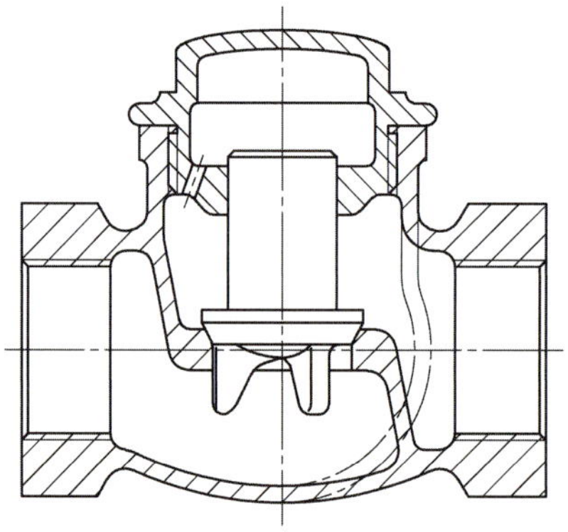

(b) 리프트 형

[그림 8-11] 체크 밸브

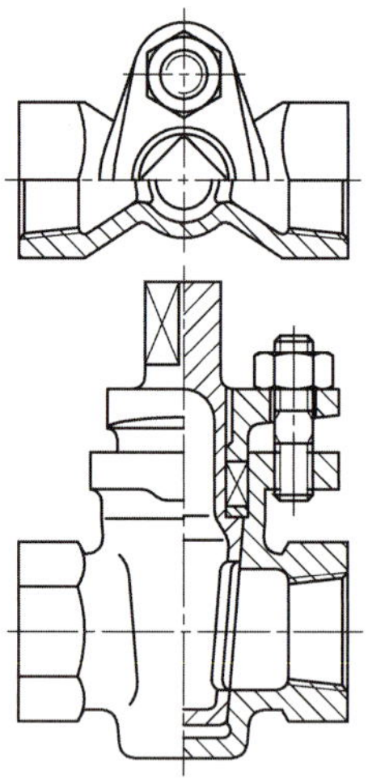

[그림 8-12] 콕

(5) 다이어프램 밸브(Diaphragm valve)

그림 8-13과 같이 다른 밸브와 다르게 구조적 특징으로 흐름저항이 작아서 흐름이 매끄럽게 이루어지며 부식, 마멸, 오염, 누설 및 보수에 유리하여 부식성 유체나 청량음료 그리고 점도가 높은 유체 수송에 사용된다.

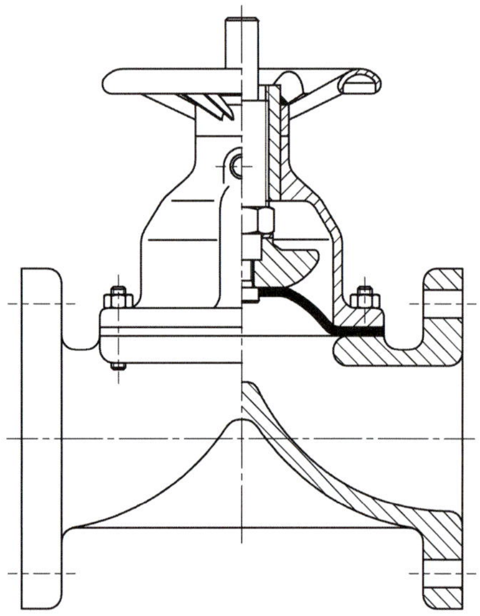

(a) 열린 상태

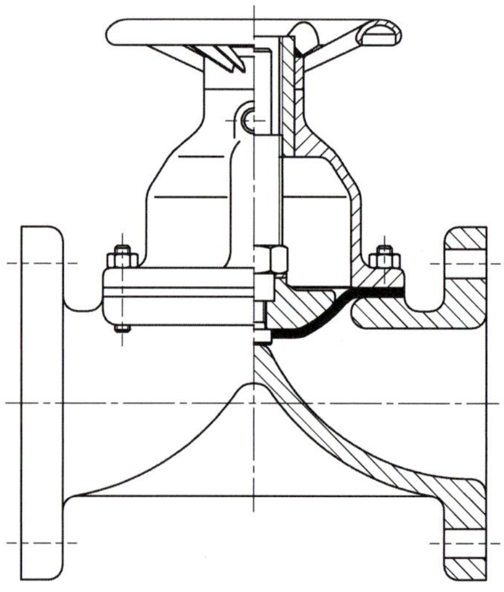

(b) 닫힌 상태

[그림 8-13] 다이어프램 밸브

(6) 안전 밸브(Safety valve)

보일러 또는 압력 용기에서 실제 발생하는 사용 압력이 설계에서 정한 규정 압력보다 높아지면 밸브가 열려 사용 압력을 조정하는데 사용되며, 그림 8-14와 같은 스프링식 안전 밸브와 수직 안전 밸브가 있다.

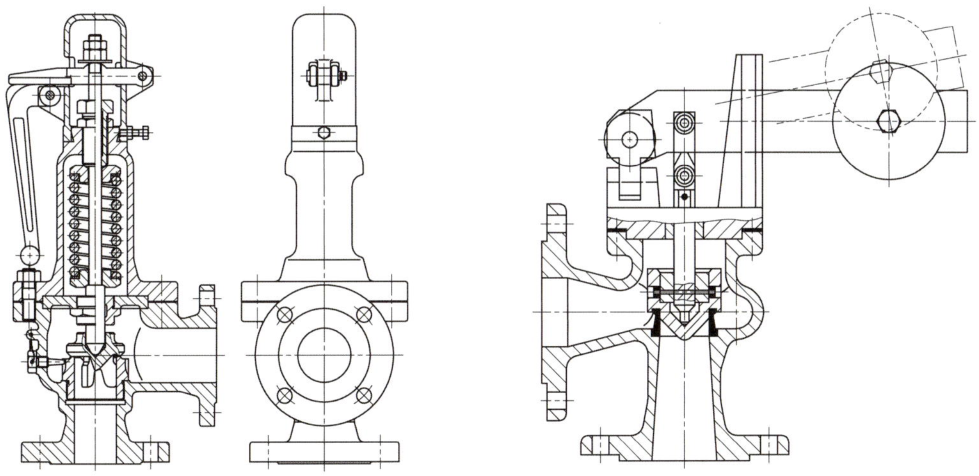

(a) 스프링식 안전 밸브 (b) 수직 안전 밸브

[그림 8-14] 안전 밸브

2 밸브 그림기호

밸브를 도시할 때는 그 복잡성 때문에 표 8-4와 같은 기호를 사용하여 도시되어 있다.

[표 8-4] 밸브 및 콕의 그림기호

명 칭 \ 기 호	플랜지 이음	나사 이음	명 칭 \ 기 호	플랜지 이음	나사 이음
글로브 호스 밸브	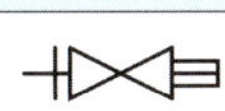	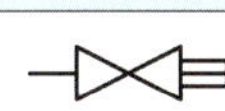	글로브 밸브	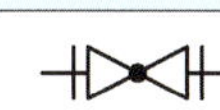	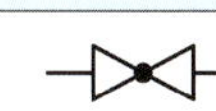
앵글 밸브			콕	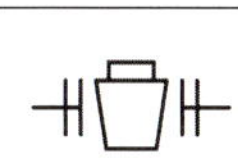	
체크 밸브	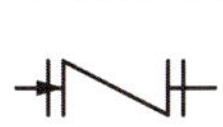		전동 슬루스 밸브	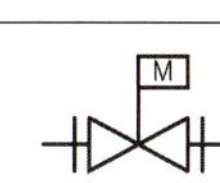	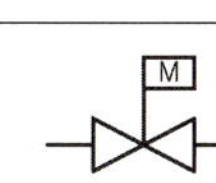
게이트 밸브	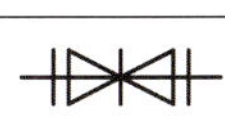	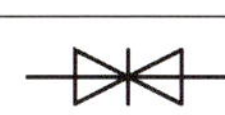	슬루스 밸브		
안전 밸브			플로트 밸브	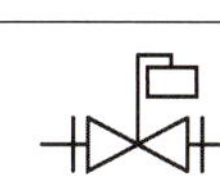	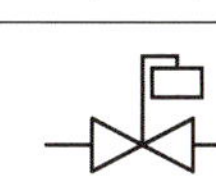
다이어프램 밸브	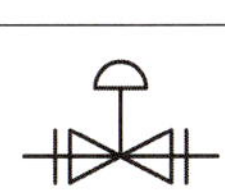	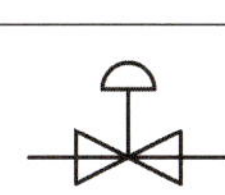	자동 밸브	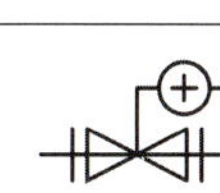	

① 밸브 및 콕 몸체의 그림기호는 **표 8-5**의 그림기호로 도시하는데, 밸브 및 콕이 닫혀 있는 상태를 표시할 필요가 있을 때는 **그림 8-15**와 같이 그림기호를 칠하여 도시되어 있든가 또는 닫혀 있는 것을 표시하는 글자(「**폐**」, 「**C**」)를 덧붙여서 도시하기도 한다.

[표 8-5] 밸브 및 콕 몸체의 그림기호

밸브·콕의 종류	그림기호	밸브·콕의 종류	그림기호
밸브 일반		앵글 밸브	
게이트 밸브		3방향 밸브	
글로브 밸브	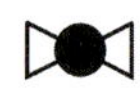	안전 밸브	
체크 밸브	 또는 		
볼 밸브		콕 일반	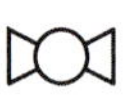
버터플라이 밸브	 또는 		

① ② ③

(a) 닫혀 있는 상태 (b) 닫혀 있음을 나타내는 문자기호

[그림 8-15] 밸브 및 콕의 닫힌 상태 도시기호의 별도 표시

② 밸브 및 콕의 조작부 그림기호는 밸브 개폐 조작부의 동력 조작·수동 조작의 구별을 할 필요가 있을 때는 **표 8-6**과 같이 도시되어 있다.

[표 8-6] 밸브 및 콕 조작부 그림기호

개폐 조작	그림기호	비 고
동력 조작		조작부·부속기기 등의 상세에 대하여 표시할 때에는 KS A 3016(계장용 기호)에 따른다.
수동 조작	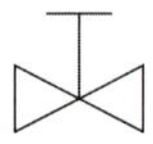	특히, 개·폐를 수동으로 할 것을 지시할 필요가 없을 때에는 조작부의 표시를 생략한다.

3 배관도의 해석

유체의 흐름을 제어하기 위해 관과 부착 부품들로 구성되므로 관을 설치하는 장치의 도면은 간단하게 그 외형만을 가상선으로 표시되어 있는 것이 보통이다.

(1) 배관도의 도형

표 8-4와 표 8-5의 기호를 사용하여 관, 관 이음, 밸브 등을 기호와 굵은 실선의 단선으로 도시된 것과 관 이음, 밸브 등을 실물에 가깝게 약도의 복선으로 도시된 것이 있다.

① 그림 8-16과 같이 단선으로 도시된 도면은 간단한 수리작업이나 스케치로 배관도를 그리는 방법으로 쓰이며 그림 8-17과 같은 도시방법의 종류가 있다.

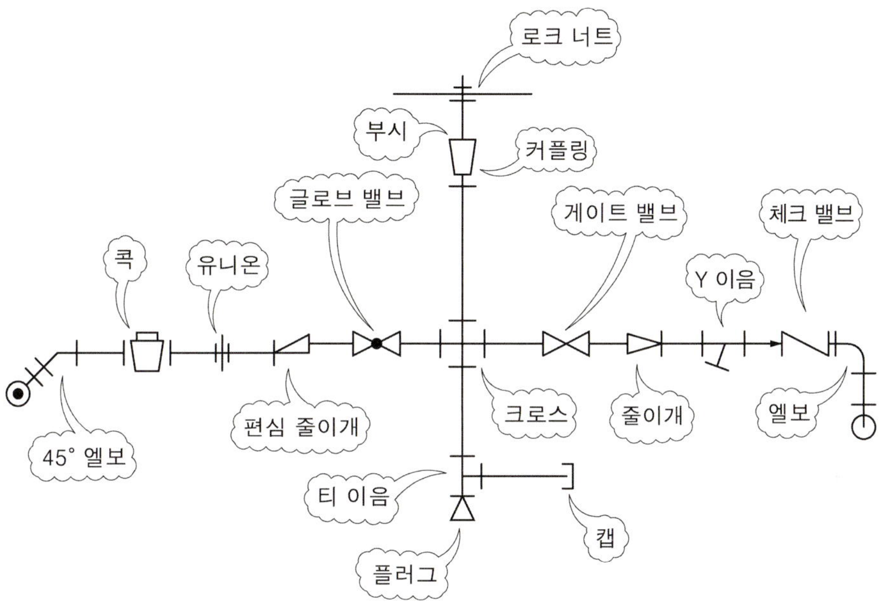

[그림 8-16] 배관도의 단선 도시

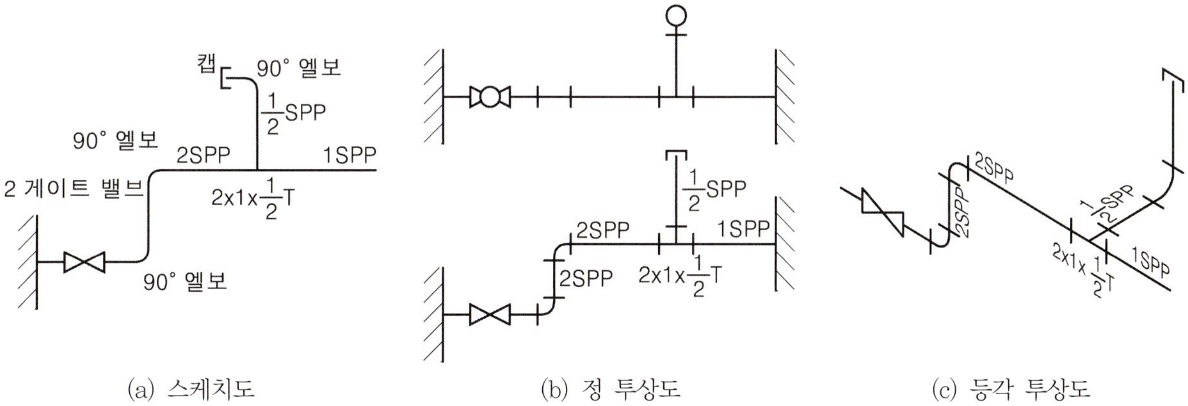

(a) 스케치도 (b) 정 투상도 (c) 등각 투상도

[그림 8-17] 단선 도시의 종류

② **그림 8-18**과 같이 복선으로 도시된 도면은 관 이음 및 밸브의 그림기호를 사용하지 않고 관과 관 이음을 빨리 알아 볼 수 있도록 모양과 크기를 축소하여 도시되어 있다.

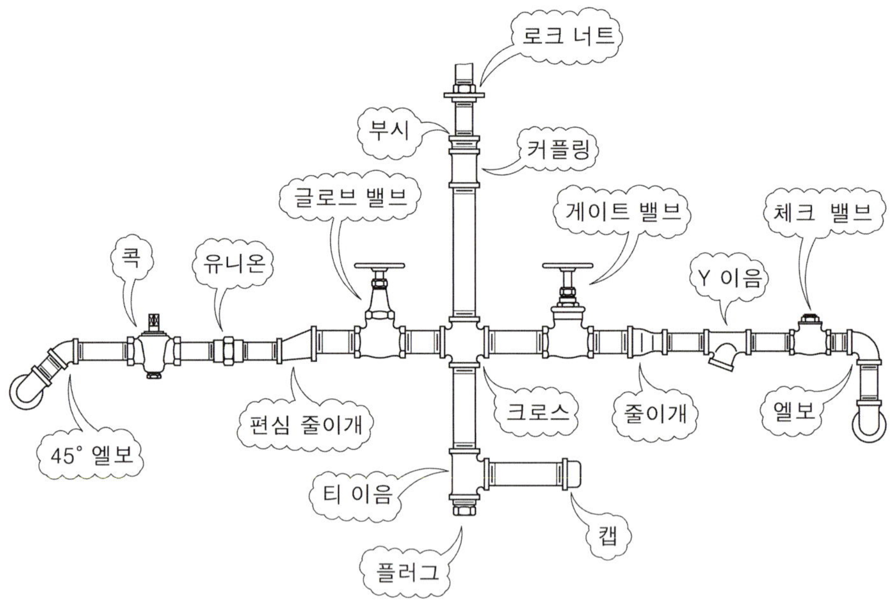

[그림 8-18] 배관도의 복선 도시

(2) 배관도의 치수

① **그림 8-19**와 같이 표시된 치수는 관, 관 이음, 밸브의 목 입구의 중심에서 중심까지의 길이로 해석한다.

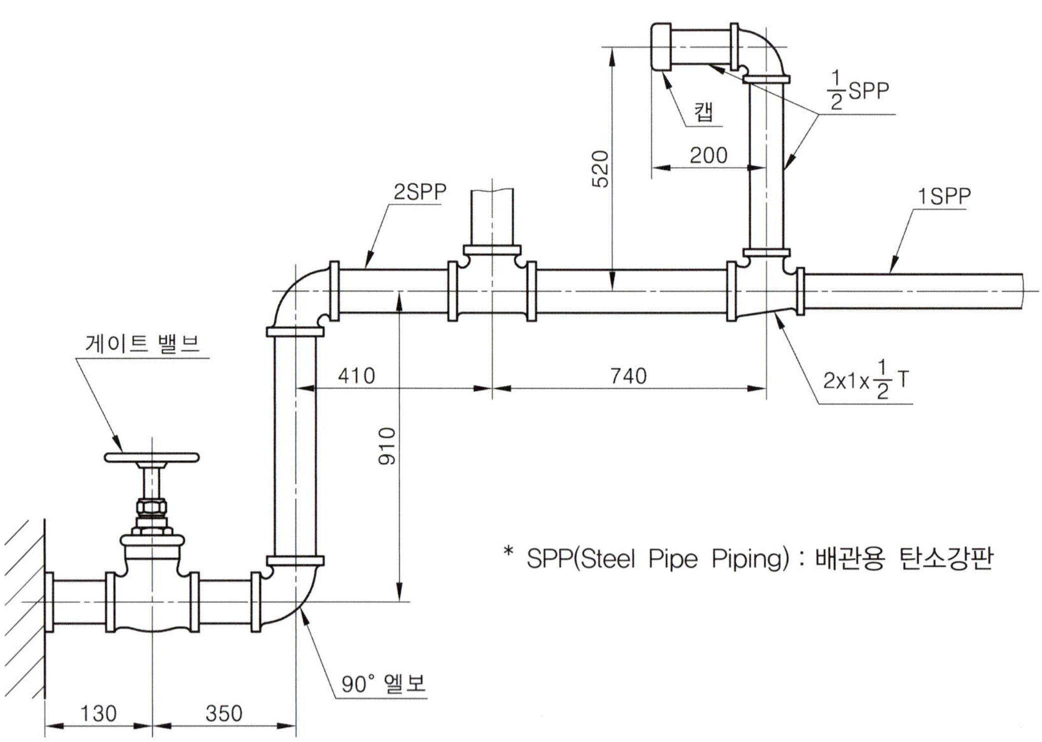

[그림 8-19] 배관의 치수

② 관, 밸브 등의 호칭 지름은 복선이나 단선으로 표시된 관선(pipe line) 밖으로 지시선을 끌어 내어 표시되어 있다.

③ 여러 가지 크기의 많은 관이 근접해서 설치되어 있거나 또는 설치 이유가 중요한 장치에서는 복선 도시방법으로 된 배관도로 그려져 있다.

④ 관의 끝 부분에 나사가 없거나 왼나사가 필요할 때는 지시선으로 표시되어 있다.

⑤ 관의 자리는 기계중심이나 또는 기준이 되는 면으로부터 정확하게 표시되어 있다.

그림 8-20은 앞에서 설명한 밸브의 조립도면의 예시이다.

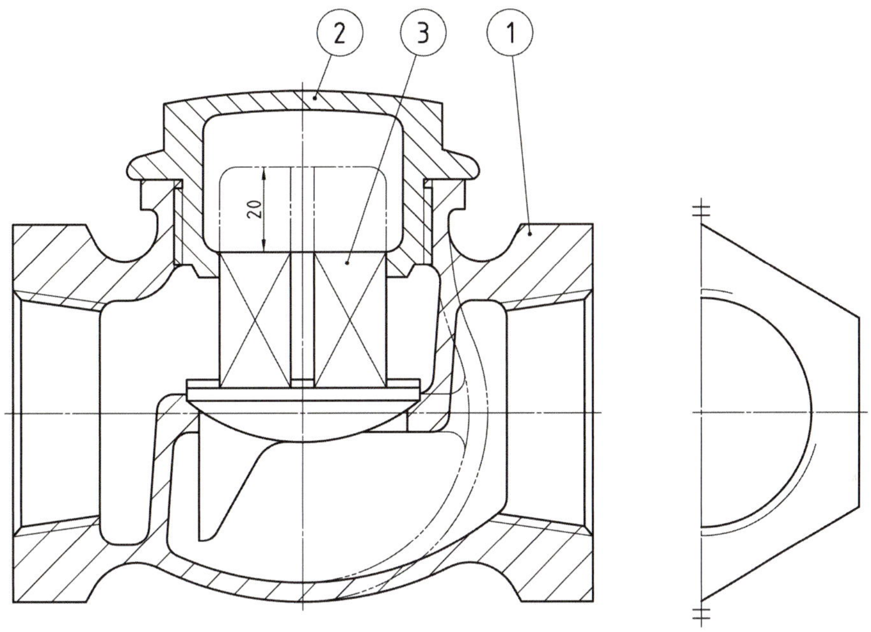

(a) 나사식 리프트 체크 밸브

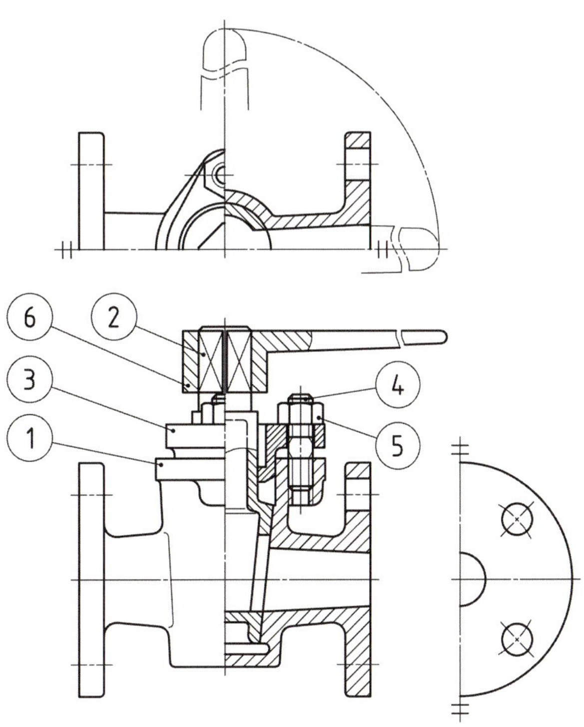

(b) 양방향 콕

[그림 8-20] 밸브의 조립도

CHAPTER

09 용접 이음

9.1 용접 이음(Welding joint)

금속을 전기나 가스 등의 열로 녹여서 금속 재료간의 영구적인 접합 방법으로서 재료와 공정 수의 절약, 성능 및 수명의 향상 등에서 대단히 경제적이며 특히 재료의 절약과 노동력 감소의 요구에 따라 전통적 기술이지만, 핵심 요소기술로 지속적으로 큰 성과를 거두고 있다.

근대식 전기용접은 작업이 신속하고 간단하며, 제품의 강도, 재료 및 경비의 절약 등 여러 방면에서 우수성을 보여 주었고 조선, 항공기, 건축, 기계, 철도 및 소규모의 공업으로부터 귀금속 공업 등에 이르기까지 광범위하게 이용되는 공업의 중요한 일부분으로 되어 있다.

9.2 용접 이음과 자세

용접 이음의 종류는 부품의 결합위치에 따라 그림 9-1과 같이 맞대기 이음, 겹치기 이음, 모서리 이음, T 이음, 끝단 이음, 양면 덮개 이음 등이 있으며, 그림 9-2와 같이 이음의 종류에 따라 아래 보기 자세, 수직 자세, 수평 자세, 위 보기 자세 등이 있다.

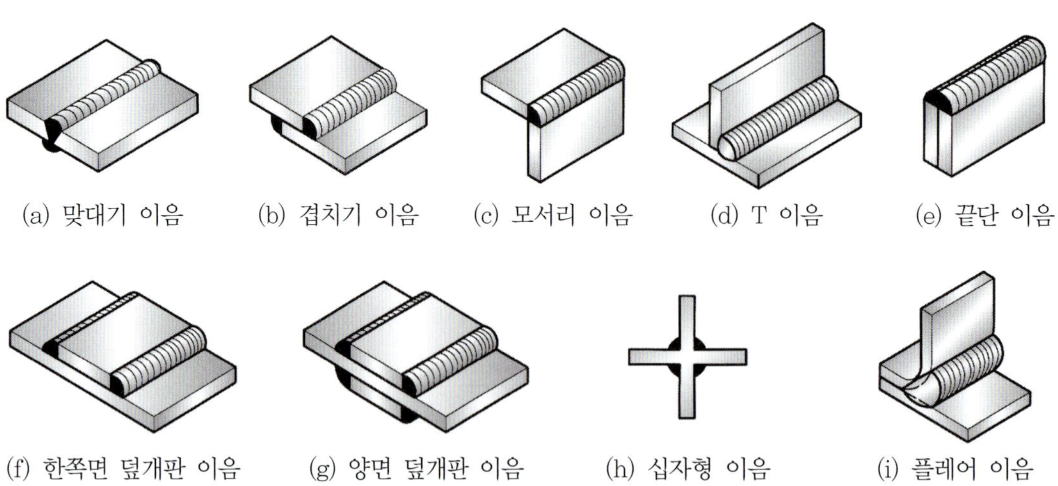

[그림 9-1] 용접 이음의 종류

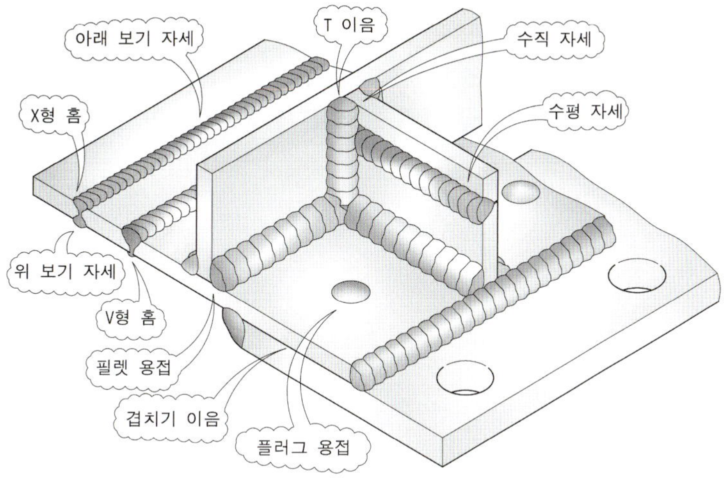

[그림 9-2] 용접 이음의 자세와 종류

9.3 용접기호

용접 종류와 형식 등의 도시는 각각 표 9-1과 표 9-2의 기호를 사용하여 도시된다.

[표 9-1] 용접부의 기본기호

용접부의 모양	기호	실제 모양	기호표시 (용접하는 곳이 화살표의 앞쪽)	비 고
양쪽 플랜지형		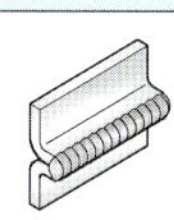	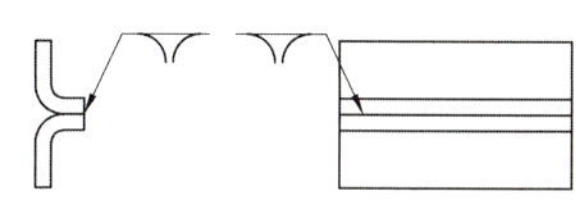	–
한쪽 플랜지형		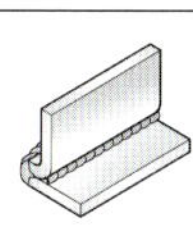	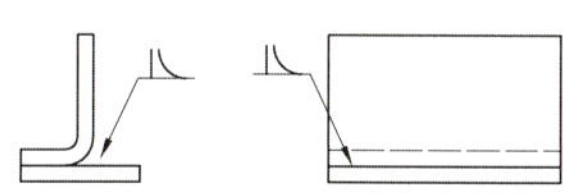	–
I 형		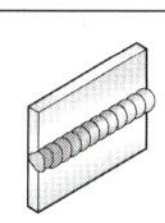	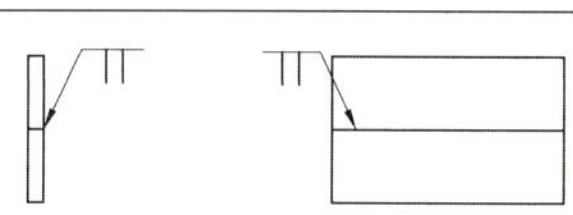	업셋 용접, 플래시 용접, 마찰 용접 등을 포함한다.
V형		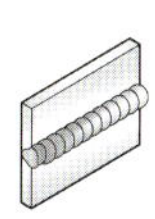	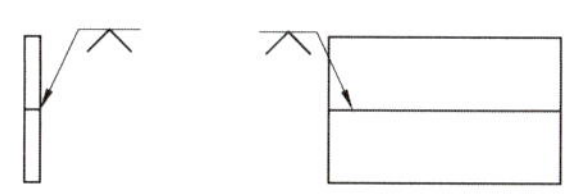	V형은 설명 선의 기선에 대칭으로 이 기호를 기입. 업셋 용접, 플래시 용접, 마찰 용접 등을 포함한다.
K형		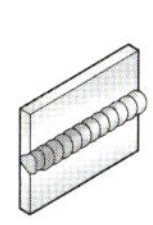	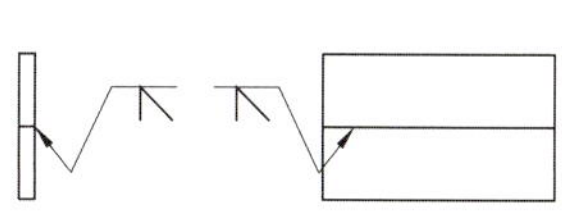	K형은 기선에 대칭으로 이 기호를 기입하고 기호의 세로선은 왼쪽에 긋는다. 업셋 용접, 플래시 용접, 마찰 용접 등을 포함한다.
J형		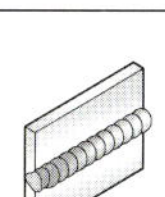	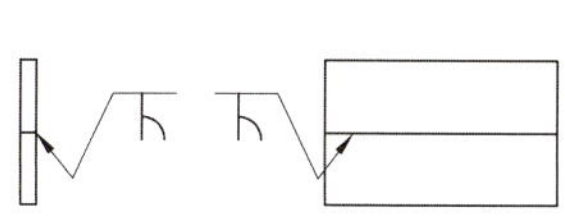	양면 J형은 기선에 대칭으로 이 기호를 기입하고 기호의 세로선은 왼쪽에 긋는다.
U형		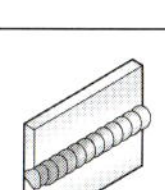	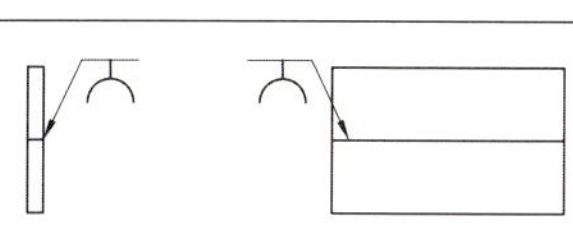	U형은 기선에 대칭으로 이 기호를 기입하고 왼쪽에 긋는다.

[표 9-1] 용접부의 기본기호(계속)

용접부의 모양	기호	실제 모양	기호표시 (용접하는 곳이 화살표의 앞쪽)	비 고
플레어 V형		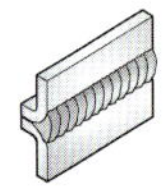	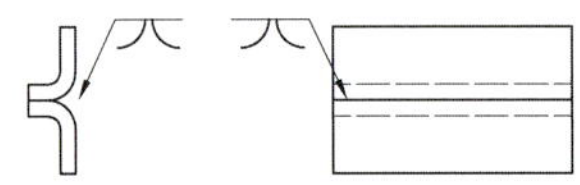	플레어 V형은 기선에 대칭으로 이 기호를 기입한다.
플레어 K형		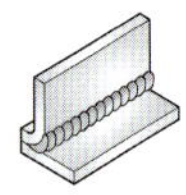	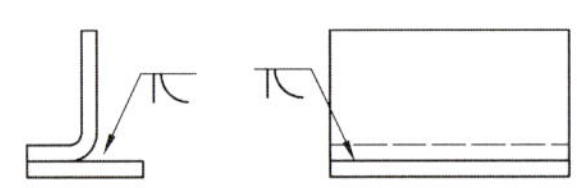	플레어 K형은 기선에 대칭으로 이 기호를 기입하고 기호의 세로선은 왼쪽에 긋는다.
필렛		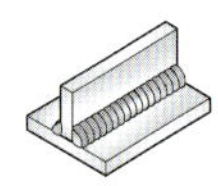	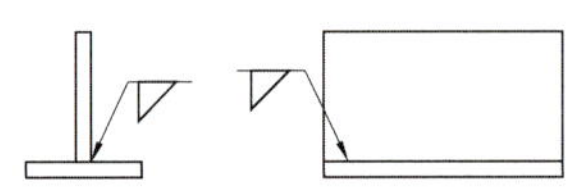	병렬 용접인 경우는 기선에 대칭으로 이 기호를 기입하고, 기호의 세로선은 왼쪽에 긋는다.
플러그, 슬롯	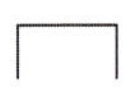	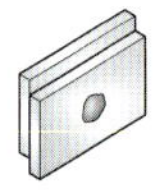	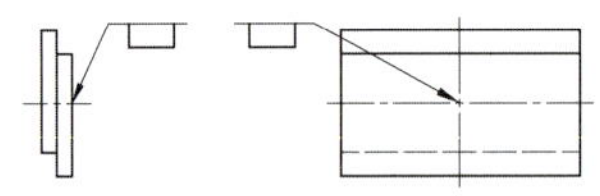	–
비드 덧붙임	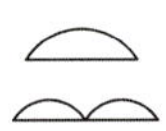	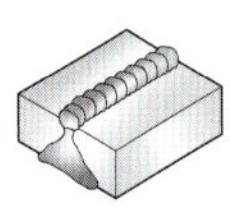	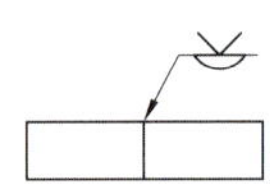	덧붙임 용접인 경우는 이 기호 2개를 나란히 기입한다.
점, 프로젝션, 심		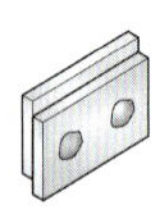	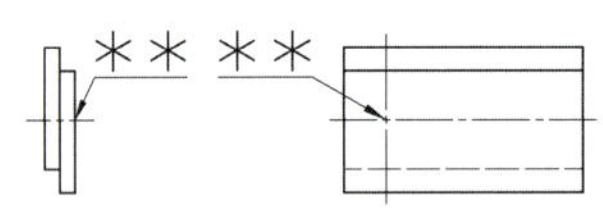	겹치기 이음의 저항 용접, 아크 용접, 전자빔 용접 등에 의한 용접부를 나타내며, 필렛 용접은 제외한다.

[표 9-2] 용접부의 보조기호

구 분		보조기호	비 고
용접부의 표면모양	평탄	—	–
	볼록	⌒	기선의 바깥쪽을 향하여 볼록하다.
	오목	‿	기선의 바깥쪽을 향하여 오목하다.
용접부의 다듬질 방법	치핑	C	(Chipping)
	연삭	G	그라인더 다듬질의 경우
	절삭	M	기계 다듬질의 경우
	지정하지 않음	F	다듬질 방법을 지정하지 않을 경우
현장 용접			온 둘레 용접이 분명할 때에는 생략해도 좋다.
온 둘레 용접		○	
온 둘레 현장 용접			

9.4 용접부의 기호 해석

1 설명선

① 용접기호는 치수와 더불어 설명선에 표시되어 있다.

② 용접기호는 비드 및 살 붙이기를 제외하고 두 부재간의 접합부 용접의 종류를 나타낸다.

③ 설명선은 **그림 9-3**의 **(a)**, **(b)**와 같이 기선, 화살표, 꼬리로 구성되고 꼬리는 필요가 없으면 생략되어 있다.

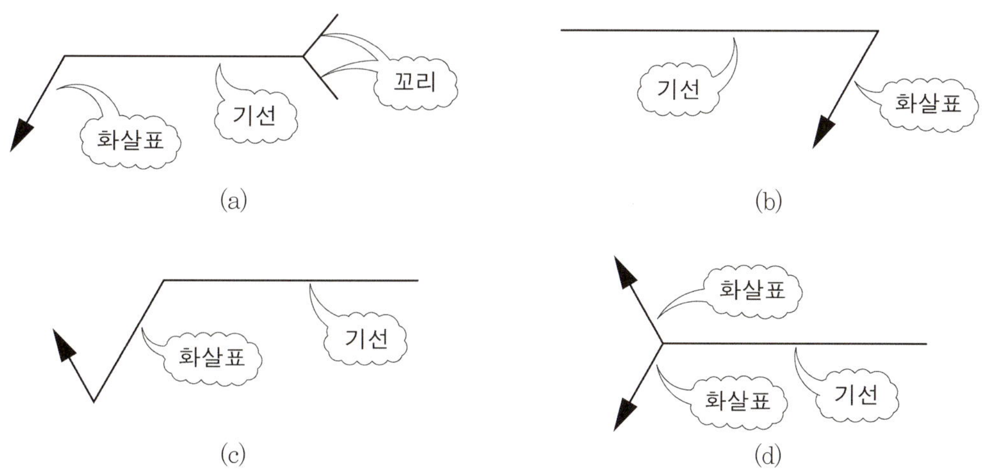

[그림 9-3] 용접의 설명선

④ 화살표는 용접부를 지시하는 것으로 기선에 대하여 되도록 60°의 직선으로 표시되어 있다. 다만, V형, K형, J형 및 양면 J형은 홈이 파인 부재의 면을, 또 플레어(flare) V형 및 플레어 K형에서 플레어가 있는 부재의 면을 지시할 필요가 있을 때는 **그림 9-3**의 **(c)**와 같이 화살표를 꺾은선으로 하고 홈이 파인 면 또는 플레어가 있는 면에 화살표의 끝을 향하게 되어 있다. 또 필요하면 **(d)**와 같이 기선의 한 끝에서 2개 이상 붙여서 도시되어 있으나 기선의 양끝에 화살표를 붙여서 나타낼 수는 없다.

⑤ 기선은 **그림 9-4**와 같이 보통 수평선으로 하고 기선의 한쪽 끝에는 화살표가 붙여져 있다.

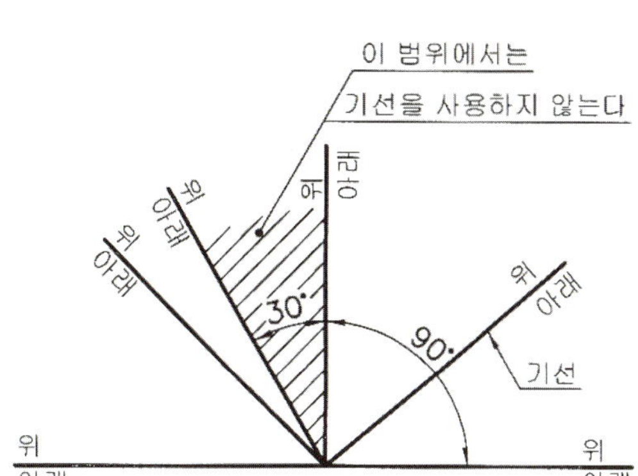

[그림 9-4] 기선의 위쪽과 아래쪽의 위치 관계

2 기본기호

① 기본기호가 용접하는 쪽이 화살표 쪽 또는 앞쪽일 때는 기선의 아래쪽에 **그림 9-5**의 **(a)**와 같이 표시되어 있다.

② 용접을 하는 쪽이 화살표의 반대쪽 또는 맞은쪽에 있을 때는 기선의 위쪽에 **그림 9-5**의 **(b)**와 같이 밀착시켜 표시되어 있다.

① 화살표 쪽 또는 앞쪽의 용접　　② 화살표 반대쪽 또는 뒤쪽의 용접

(a) 실제 모양

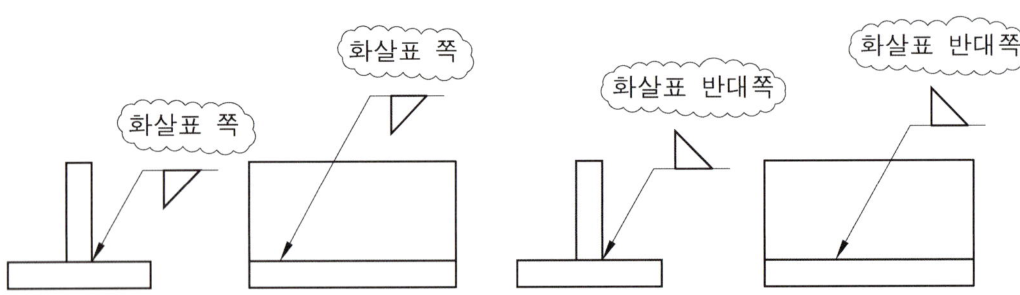

① 화살표 쪽 또는 앞쪽의 용접　　② 화살표 반대쪽 또는 뒤쪽의 용접

(b) 기호의 표시방법

[그림 9-5] 기선에 대한 기호의 상하위치 관계

3 보조기호

① 용접 보조기호, 치수 및 강도 등의 용접시공 내용의 표시는 기선에 대하여 기본기호와 같은 쪽에 **그림 9-6**과 같이 표시되어 있다.

② 표면 모양 및 다듬질 방법의 보조기호는 용접부 모양기호의 표면 가까이에 표시되어 있다.

③ 현장용접, 온 둘레 용접 등의 보조기호는 기선과 화살표 선이 만나는 점에 표시되어 있다.

④ 비파괴 시험의 보조기호는 꼬리 안에 표시되어 있다.

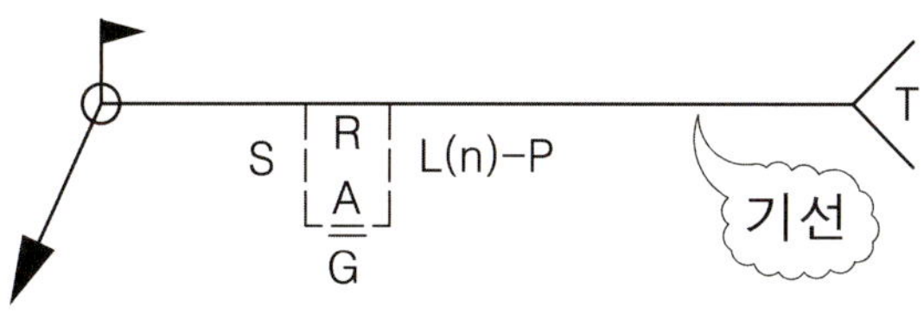

(a) 용접이 화살표 쪽 또는 앞쪽일 때

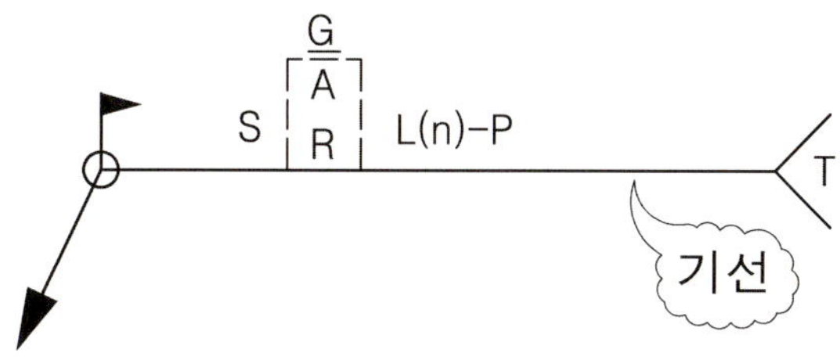

(b) 용접이 화살표 반대쪽이나 건너 쪽일 때

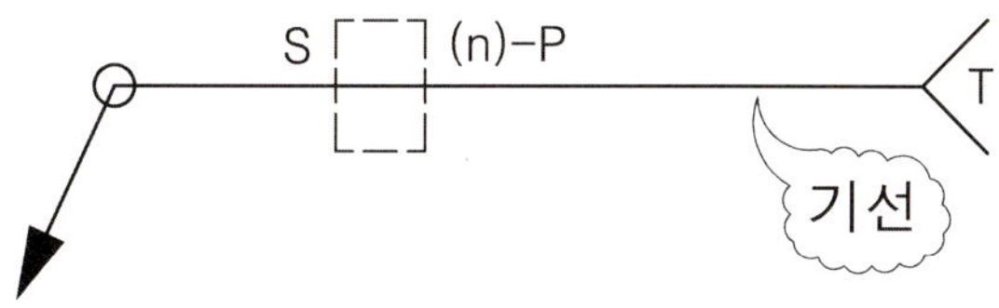

(c) 겹치기 이음부의 저항용접(점용접) 등일 때

[그림 9-6] 용접 시공내용

참고 그림 9-6의 기호 설명

기호	설명
	기본기호
S	용접부의 단면치수 또는 강도(홈 깊이, 필렛의 다리 길이, 플러그 용접 구멍의 지름, 슬롯 홈의 나비, 심의 나비, 점 용접의 너깃(nugget, 덩어리) 지름 또는 단점의 강도 등)
R	루트의 간격
A	홈의 각도
L	단속 필렛 용접의 길이, 슬롯 용접의 홈 길이 또는 필요할 경우에는 용접 길이
n	단속 필렛 용접, 플러그 용접, 슬롯 용접, 점 용접 등의 수
P	단속 필렛 용접, 플러그 용접, 슬롯 용접, 점 용접 등의 피치
T	특별 지시사항(J형, U형 등의 루트 반지름, 용접 방법, 비파괴 시험의 보조 기호, 기타)
−	표면 모양의 보조기호
G	다듬질 방법의 보조기호
	온 둘레 현장 용접의 보조기호
O	온 둘레 용접의 보조기호

⑤ 홈 용접의 단면치수는 특별한 지정이 없는 한 다음과 같이 표시되어 있다.

- S : 홈 깊이 S로서 완전 용입 홈 용접
- Ⓢ : 홈 깊이 S로서 부분 용입 홈 용접
- S를 지시하지 않는 경우에는 완전 용입 홈 용접한다.

⑥ 필렛 용접의 단면치수는 다리 길이로 표시되며 등변 필렛 용접일 경우는 한쪽 다리 길이만을 표시한다.

부등변 필렛 용접일 경우에는 작은 쪽 다리 길이(S_1)를 앞에, 큰 쪽 다리 길이(S_2)를 뒤로하여 ($S_1 \times S_2$)로 표시되어 있다.

⑦ 플러그 용접, 슬롯 용접의 단면치수 및 용접선 방향의 치수는 구멍 바닥의 치수로 하고, 단면치수만을 기재할 경우에는 충전 용접을 표시하는 것으로 하며, 부분 충전 용접일 경우에는 단면치수인 구멍 바닥의 지름 또는 나비를 앞에, 용접 깊이를 뒤로하여(구멍 바닥의 지름 또는

나비×용접 깊이)로 표시되어 있다.

⑧ 점 용접 및 프로젝션 용접의 단면치수는 너깃(nugget, 덩어리)의 지름으로 해석한다.

⑨ 기선의 상하 양쪽에 기재할 치수가 같을 경우는 위쪽에만 표시한 경우도 있다.

⑩ 용접 방법 등 특별히 지정할 필요가 있는 사항은 꼬리 부분에 표시되어 있다.

그림 9-7은 앞에서 설명한 용접 이음의 예로써, 용접 이음으로 설계된 감속기 몸체에 대한 조립도면의 예시이다.

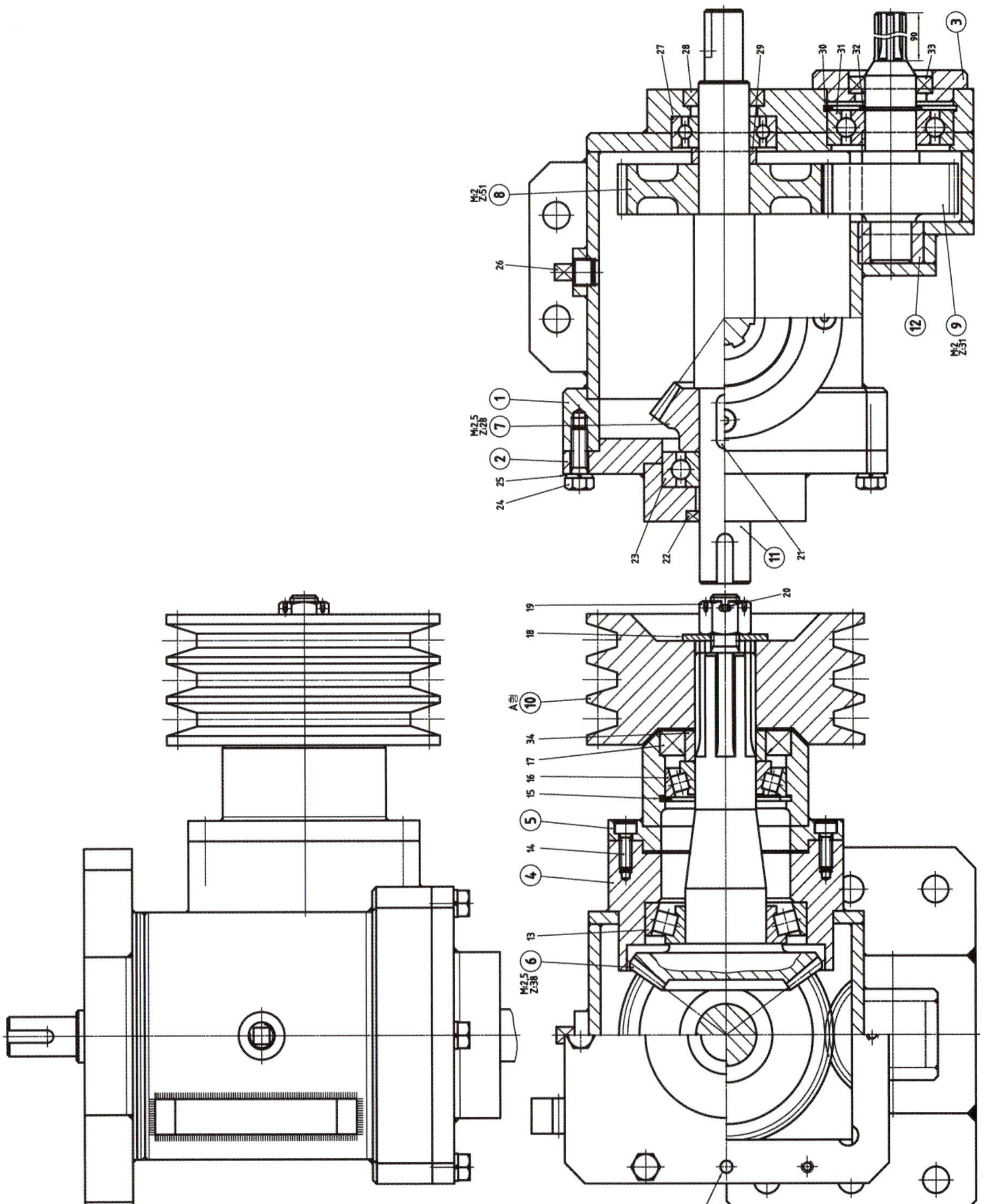

[그림 9-7] 용접 이음으로 설계된 감속기 몸체 조립도

찾아보기

ㅎ

저자소개

이국환 한국공학대학교 기계설계공학부
고병갑 인하공업전문대학 기계공학과
박종남 조선이공대학교 기계과
양진호 한국폴리텍대학 컴퓨터응용기계
이양창 대림대학교 기계공학과
이태근 대덕대학교 정밀기계공학과
김영상 대한민국 기계제도 명장

알기쉬운 기계제도 도면해석

수정발행 | 2025년 1월 10일
저 자 | 이국환 · 고병갑 · 박종남 · 양진호 · 이양창 · 이태근 · 김영상 공저
발 행 인 | 최 봉 조
발 행 처 | 진샘미디어
주 소 | 서울시 은평구 연서로5길 28 부호아파트 102동 상가 5호
전 화 | 02)353-4421 / FAX 02)353-4431
홈페이지 | www.jinsaem.co.kr

신고번호 | 제311-2005-000025호
I S B N | 979-11-91419-27-6 (93550)

정가 29,000원